Umweltpsychologie

Andreas Ernst • Gerhard Reese • Laura Henn

Umweltpsychologie

Mensch-Umwelt-Systeme verstehen

Andreas Ernst
Center for Environmental Systems
Research (CESR)
Universität Kassel
Kassel, Deutschland

Laura Henn
Fachgebiet Nachhaltiges Handeln und
Wirtschaften
Universität Hohenheim
Stuttgart, Deutschland

Gerhard Reese
Fachbereich Psychologie
RPTU Kaiserslautern-Landau
Landau in der Pfalz, Deutschland

ISBN 978-3-662-69165-6 ISBN 978-3-662-69166-3 (eBook)
https://doi.org/10.1007/978-3-662-69166-3

Die Deutsche Nationalbibliothek verzeichnet diese Publikation in der Deutschen Nationalbibliografie; detaillierte bibliografische Daten sind im Internet über https://portal.dnb.de abrufbar.

Planung/Lektorat: Simon Shah-Rohlfs
Springer Spektrum ist ein Imprint der eingetragenen Gesellschaft Springer-Verlag GmbH, DE und ist ein Teil von Springer Nature.
Die Anschrift der Gesellschaft ist: Heidelberger Platz 3, 14197 Berlin, Germany

Vorwort

Das geflügelte Wort „Kein Mensch ist eine Insel" (No man is an island – Joe Donne) beschreibt ganz gut, worin es in diesem Lehrbuch *Umweltpsychologie – Mensch-Umwelt-Systeme verstehen* geht. Wir möchten mit diesem Buch zum wissenschaftlichen Verständnis der Situationen beitragen, in welchen Menschen mit ihrer natürlichen und künstlichen Umwelt (also Ökosystemen, dem Klima, urbanen Räumen usw.) in Beziehung treten. Die Menschen können dabei einerseits Verursachende von Umweltveränderungen, andererseits aber selbst auch Betroffene von Umweltveränderungen sein. Beides ist Thema dieses Buchs. Mensch-Umwelt-Systeme bestehen aber nicht nur aus der Beziehung der Menschen zur natürlichen Umwelt: Die Menschen stehen auch untereinander in Beziehung, z. B. bei der Nutzung derselben Umwelt. Oft stehen zwischen den Menschen und der Natur auch noch technische Geräte oder künstliche Stoffe (z. B. Bohrinseln, Kläranlagen, Flugzeuge, Düngemittel usw.), die sowohl auf das Verhalten als auch auf die Natur messbare Auswirkungen haben. All das ist ebenfalls Thema dieses Buchs. Es soll dabei ein Bild von der Komplexität der Zusammenhänge zeichnen, insbesondere aber auch ein klares Verständnis des Weges, auf den sich die Menschheit machen muss: ein auf Dauer gerechtes, gesundes und zivilisiertes Leben auf dem Planeten Erde für alle Menschen zu ermöglichen.

Das Buch geht diese Themen aus der Perspektive der Psychologie an. Unser Wissen, unsere Gedanken, Wünsche, Gefühle, aber auch unsere Möglichkeiten und Randbedingungen (wie z. B. Wirtschaftssysteme oder Infrastrukturen) sind handlungsleitend für jeden und jede von uns, und unsere Handlungen wiederum schlagen auch auf die Gesellschaften durch, in denen wir leben. Sie prägen unsere Gesellschaft, und diese prägt wiederum uns, ein immerwährender Kreislauf. Das Buch ist also für alle diejenigen geschrieben, die Interesse an der Psychologie des Umweltwissens, der Umweltwahrnehmung und des Umweltverhaltens haben, die verstehen und neu denken, aber auch in Richtung ökologisch und sozial nachhaltiger Gesellschaften Veränderungen bewirken wollen.

Es ist ein Psychologielehrbuch nicht nur für Psychologen und Psychologinnen. Vielmehr war es unser Anliegen, das Buch so zu schreiben, dass – auf der Basis psychologischer und systemwissenschaftlicher Forschungsergebnisse – alle Themenbereiche auch von Fachfremden fundiert verstanden werden können. So können sich Interessierte aus der Ökonomik, den Sozialwissenschaften, den Natur- und Ingenieurwissenschaften, aber auch im Umwelt- und Nachhaltigkeitsbereich Aktive oder Beauftragte in Institutionen, Unternehmen und Organisationen gezielt über die für sie wichtigen Teilbereiche von Mensch-Umwelt-Systemen informieren. Dabei versucht das Lehrbuch immer auch den Blick zu weiten und die Sachverhalte in ihrem Zusammenhang darzustellen, also einen systemischen Blickwinkel einzunehmen.

Das Buch kann gezielt und in Ausschnitten als Informationsquelle dienen. Es ist allerdings mit einem roten Faden und innerem Aufbau geschrieben, sodass sich für ein umfassenderes Verständnis ein Lesen von vorne nach hinten empfiehlt. Wo wir es für sinnvoll erachten, geben wir weiterführende Literatur sowie elektronische Quellen an die Hand. Sie sollen eine tiefer gehende Auseinandersetzung mit den behandelten Themen und darüber hinaus ermöglichen.

Wir wünschen uns, dass am Ende der Lektüre ein differenziertes Verständnis all jener Fragen besteht, die (nicht nur) uns ständig begleiten: Warum scheint so lange nichts passiert zu sein auf dem Weg zu einer wirklich nachhaltigen Welt? Welche Verantwortung haben Individuen und welche Verantwortung tragen Unternehmen und Politik? Wie kann nachhaltiges Leben, eine gerechte Welt aussehen und ist das alles überhaupt noch zu schaffen? Was sind dafür die Voraussetzungen und die nächsten Schritte?

Wir danken Paula Rosendahl, Hannah Jungmann, Marissa Reiserer, Veronique Holzen, Martin Löhr, Johanna Holzberg, Amira Mehr, Jana Guschlbauer, Leonie Ströbele und Marlene Batzke für Recherche und überaus wertvolle Hinweise zum Text, Veronique Holzen, Laurenz Breitinger, Paula Rosendahl und Carola Zick für die Mithilfe beim Einholen der Bildrechte und Marissa Reiserer für die klaren und schönen Grafiken. Wir danken aber auch den unzähligen Studierenden, die mit ihren Fragen und Diskussionen unsere Sichtweise auf das Thema ständig herausforderten, erweiterten und bereicherten.

Besonderer Dank gebührt unseren Familienmitgliedern, die in besonderer Weise die Fertigstellung dieses Buch unterstützt haben.

Andreas Ernst
Kassel, Deutschland

Laura Henn
Stuttgart, Deutschland

Gerhard Reese
Landau in der Pfalz, Deutschland

Inhaltsverzeichnis

Mensch-Umwelt-Interaktionen

Inhaltsverzeichnis

A. Ernst et al., *Umweltpsychologie*, https://doi.org/10.1007/978-3-662-69166-3_1

In diesem einführenden Kapitel geht es um die Einbettung von Menschen in ihre natürliche Umwelt. Nach einem kurzen Blick auf die Herkunft der Umweltpsychologie nehmen wir eine Perspektive ein, die Menschen und ihre natürliche Umwelt als ein System ansieht. Es werden die grundlegenden Eigenschaften von Systemen vorgestellt und wichtige Begriffe wie Kipppunkte und Nachhaltigkeit erläutert. Danach wenden wir uns dem aktuellen Zustand des Erdsystems zu und besprechen vertiefend die Klimaerwärmung, ihre Ursachen und Auswirkungen. Abschließend stellen wir die daraus entstehenden Herausforderungen für die Umweltpsychologie und den Aufbau der Kapitel dieses Buches dar.

Menschen interagieren auf verschiedenste Weise mit ihrer natürlichen Umwelt. Einerseits verändern sie die Umwelt: Sie nutzen z. B. Land in unterschiedlichster Weise, sie entnehmen Ressourcen oder laden gasförmigen Abfall in die Atmosphäre. Andererseits sind sie aber auch Betroffene von Umweltauswirkungen: Sie sind z. B. Erdbeben, Dürren, Überflutungen und dem Wetter ausgesetzt. Die menschengemachten Veränderungen der Umwelt wirken jeweils wieder auf die Verursachenden zurück. Und das ist auch der Grund für dieses Buch: Die Veränderungen, die Menschen am Erdsystem – unserem Lebensraum – in den letzten Jahrzehnten verursacht haben, haben ein Ausmaß angenommen, welches das menschliche Leben in Zukunft mindestens deutlich verändern, wenn nicht sogar stark einschränken wird.

Die Interaktion von Mensch und Umwelt kann auf verschiedene Weise beschrieben werden. Der Psychologie kommt dabei eine besondere Rolle zu, da sie die Wissenschaft vom menschlichen Wahrnehmen, Erleben und Verhalten ist. Umweltpsychologie ist damit die Wissenschaft von der menschlichen umweltbezogenen Wahrnehmung, dem Denken über und Erleben von Umwelt sowie vom menschlichen umweltbezogenen Verhalten. Dabei möchten wir von Anfang deutlich machen, dass diese Prozesse niemals in einem psychologischen Vakuum stattfinden – stattdessen ist alles, was wir wahrnehmen, denken und wie wir handeln, eine Funktion unseres sozialen, kulturellen und gesellschaftlichen Umfelds und wird im ständigen Wechselspiel geprägt.

Umweltpsychologie

Umweltpsychologie ist die Wissenschaft von der menschlichen umweltbezogenen Wahrnehmung, dem Denken über und Erleben von Umwelt sowie vom menschlichen umweltbezogenen Verhalten.

Die Veränderungen am Erdsystem seit Beginn der Industrialisierung sind mittlerweile naturwissenschaftlich sehr gut verstanden (Richardson et al. 2023). Sie zeigen eine beispiellose Veränderung dieses Systems, der einzelnen Elemente wie Land, Ozeane, Atmosphäre oder Artenvielfalt in den letzten eineinhalb Jahrhunderten. Die Veränderungen beschleunigen sich. Daher rücken die Verursachenden, d. h. die Menschen, und ihre Versuche, mit den sich zuspitzenden bedrohlichen Veränderungen umzugehen, in den Mittelpunkt der Betrachtung. Da

Politik, Gesellschaften und auch die Vorstellungen von Wohlstand, Glück und Wachstum alle von Menschen gemacht werden, treten das individuelle Handeln, die individuellen Motive und Beweggründe, aber auch nicht zielführende Wahrnehmungsverzerrungen oder Kurzsichtigkeit als wichtige Faktoren hervor. Menschen gestalten nicht nur ihr gesellschaftliches Leben, sie gestalten auch ihre Beziehung zur natürlichen Umwelt. Die Art, wie diese Beziehung derzeit gestaltet ist, lässt sich nicht auf Dauer aufrechterhalten, geschweige denn ausweiten. Grund genug also, einen Blick auf die Psychologie des Umwelthandelns zu werfen.

1.1 Mensch-Umwelt-Interaktionen in der Psychologie: eine Einbettung

Der Begriff „Umwelt" taucht in der Psychologie an einigen Stellen auf. Er bezeichnet generell das, was außerhalb einer betrachteten Person ist, also das, was den Kontext ihres Wahrnehmens und Handelns bildet.

Deutlich wird das an den sogenannten *Behavior Settings* von Barker (1963). Sie beschreiben die Relevanz einer Vielfalt alltäglicher Umwelten oder Umgebungen für unser Verhalten und lenken damit den Blick darauf, wie stark dieses Verhalten von Umgebungsvariablen bestimmt wird: Eine Vorlesung in einem Hörsaal einer Universität ist ein solches *Behavior Setting*, ein Konzert in einem Club ein anderes, ein Frühstück zu Hause wieder ein anderes. In jeder dieser Umwelten haben Personen eine andere Rolle und sie verhalten sich dementsprechend anders.

Noch kleinschnittiger sind die Wahrnehmungsumwelten in der Teildisziplin der Allgemeinen Psychologie (wie viele und welche Wahrnehmungsreize gibt es in einer Situation?), die sozialen Umwelten in der Sozialpsychologie (welche Personen und welche Gruppen haben Einfluss auf mein Verhalten?) oder die Entwicklungsumwelten in der Entwicklungspsychologie (welchen Einfluss üben Erziehende und Lehrende in der Entwicklung eines Kindes aus?).

Zum expliziten Thema wurde die Wechselwirkung von Mensch und Verhaltensumwelt in der sogenannten Interaktionismuskontroverse in der Persönlichkeitspsychologie (Mischel 1973). Bei dieser Kontroverse standen sich einerseits die Annahme, dass Menschen in ihrem Verhalten überwiegend genetisch determiniert seien, und andererseits die Annahme, dass Menschen im Gegenteil stark von der jeweiligen Handlungssituation beeinflusst würden, gegenüber. Nach vielen Jahren Forschung deutet alles darauf hin, dass es hier um eine Wechselwirkung geht: Man hat eine gewisse genetische Ausstattung – diese tritt aber in ganz bestimmter Art und Weise über die Zeit hinweg in Wechselwirkung mit den jeweiligen Situationen, in denen dann ein bestimmtes Verhalten gezeigt wird. Diese Situationen (also Verhaltensumwelten) können wiederum selbst herbeigeführt sein oder aber zufällig oder durch die Handlungen anderer Menschen bedingt.

Die Psychologie der Mensch-Umwelt-Wechselwirkungen wurde im deutschsprachigen Raum zum ersten Mal von Graumann und Kruse (2008) als „Ökologische Psychologie" eingeführt. In diesem Buch wollen wir uns auf die Beziehung von Menschen zum Erdsystem fokussieren. Da es bei vielen Fragen eher um den

Umgang der Menschen als Gruppe (d. h. als Menschheit) mit der Erde geht, spielen die Interaktionen von Menschen untereinander im Umgang mit der Umwelt eine entscheidende Rolle. Menschen sind soziale Wesen und organisieren sich in Gruppen, auch bei der Nutzung von Natur, d. h. bei ihrem Umgang mit dem Erdsystem. Die sozialen (und damit auch die kulturellen) Kontexte haben starken Einfluss auf menschliches Umweltverhalten, wie wir noch sehen werden.

Umweltpsychologie ist ein Teil der Umweltsozialwissenschaften, genauso wie Umweltrecht, Umweltökonomie, Umweltsoziologie, Umweltanthropologie oder Umweltphilosophie. Sie reiht sich dort mit ihrem besonderen Fokus auf das Verständnis individuellen Handelns ein. Alle Disziplinen der Umweltsozialwissenschaften haben auf verschiedenen Ebenen oder mit unterschiedlichem Schwerpunkt Menschen und ihr Verhalten zum Thema. Die Umweltnaturwissenschaften hingegen erforschen die Prozesse in der Natur, wie z. B. die Atmosphärenchemie, Gletscherkunde oder Ozeanografie.

Umweltpsychologische Sachverhalte kann man nicht verstehen, wenn man nur auf die Psychologie schaut, also auf das, was in den Köpfen der Leute passiert. Man versteht ein Energieproblem nicht, wenn man nicht zumindest eine grundlegende Kenntnis hat über die verwendeten Techniken der Energieerzeugung, über die Versorgungsinfrastrukturen und deren Entstehungsbedingungen oder über die Mengen und Arten zu bestimmten Zwecken verbrauchter Energie. Es wird deutlich, dass hier ein Blick auf gleich mehrere Disziplinen aus den Sozial-, Natur- und Technikwissenschaften nötig ist. Umweltpsychologie schaut also zwingend immer über den Tellerrand der eigenen Disziplin: Umweltpsychologie ist von Natur aus *interdisziplinär*.

Bei den Mensch-Umwelt-Wechselwirkungen gibt es eine Fülle von Problemen zu lösen. Genau dafür soll die Umweltpsychologie Wege aufzeigen. Denn Kenntnisse über das Erdsystem oder Lösungsstrategien allein reichen nicht – sie sind allenfalls eine notwendige Bedingung. Hinreichend wird es erst, wenn Wirksamkeit und tatsächliches Handeln entstehen. Die Umweltpsychologie will die Werkzeuge bereitstellen, um im Anwendungsfall praktisch wirksam zu werden und Teil von Lösungen für aktuelle, angewandte Probleme zu sein. Damit ist Umweltpsychologie auch *transdisziplinär* – sie will mit der Gesellschaft und in der Gesellschaft Probleme lösen helfen.

In diesem Buch wird es also zentral um den großen Bereich der Interaktion zwischen Menschen und ihrer natürlichen Umwelt gehen. Um dies als Prozess besser zu verstehen, nehmen wir eine systemische Sicht auf menschliches Verhalten ein.

1.2 Eine systemische Sicht auf Verhalten

Bei oberflächlicher Betrachtung zeigt ◘ Abb. 1.1 eine Bisonherde, vielleicht in einem Nationalpark. Sie ist schön anzusehen und weckt möglicherweise Assoziationen von unberührter, weiter Natur, urigen Tieren, Abenteuer. Was aber hat diese Herde mit einer systemischen Sicht auf Verhalten, was mit Umweltpsychologie zu tun?

Abb. 1.1 Bisons im Nationalpark

Wir können uns ein paar Fragen stellen zu den Hintergründen und Ursachen dessen, was wir sehen. So z. B.:

- Warum gehen die Bisons gerade in diese Richtung? Eine Antwort könnte sein: Die Tiere ziehen mit den Jahreszeiten dahin, wo die Nahrungssuche am meisten Erfolg verspricht. Vielleicht bricht der Winter dieses Jahr besonders früh herein, sodass sich die Tiere auf den Weg in das Tal machen müssen.
- Was bestimmt den genauen Pfad in der Landschaft? Hier könnte man vermuten, dass das Gras mal mehr, mal weniger lecker aussieht und die Tiere vielleicht deshalb auch mal einen Bogen laufen. Hindernisse auf dem Weg hätten denselben Effekt.
- Warum halten sich manche Tiere mit dem Grasen auf, andere wiederum nicht? Eine Vermutung könnte hier sein, dass manche Tiere hungriger sind als andere. Es mag sein, dass manche Tiere in den letzten Tagen einfach nicht genug zu fressen finden konnten.
- Warum laufen die Bisons alle in mehr oder weniger dieselbe Richtung? Hier wäre eine Antwort, dass die Tiere Teil einer Herde sind und ihrem Leittier folgen. Dieses kennt aus Erfahrung die Richtung, in die die Herde ziehen soll.
- Und was bedingt den Abstand der Tiere voneinander? Manche laufen eng nebeneinander, andere sind eher außen zu finden. Hier könnte man antworten, das müsse etwas mit den Beziehungen der Tiere untereinander zu tun haben, vielleicht eine Mutter mit ihrem Kind oder Geschwistertiere, also solche, die besonders eng sozial verbunden sind.

Wir sehen schon, dass wir zur (hier etwas spekulativen) Begründung des beobachteten Verhaltens eine Reihe von Faktoren heranziehen müssen:

- *Die Umweltfaktoren* auf verschiedenen Skalen (Makroskala: Jahreszeit, Klima; Mikroskala: Temperatur, die Qualität des Grases auf der Weide, Hindernisse),
- *die inneren Bedürfnisse der Akteure* (ihre Ziele und Absichten, ihre organismischen Bedürfnisse wie z. B. Hunger),
- *die soziale Umwelt der Akteure*, also ihre sozialen Rollen, ihre Bezugsgruppen (hier die Herde) und ihre sozialen Beziehungen untereinander,
- *die Geschichte, also die von den Akteuren erlebte Vergangenheit* z. B. in Form von Hunger (weil es in der letzten Zeit nicht genug zu fressen gab), aber auch in

Form von Erfahrungswissen, was die Leitkuh in den letzten Jahren ansammeln konnte, oder in Form der Erfahrung, die die Tiere untereinander gemacht haben, und

- schließlich und ganz wichtig *die Wechselwirkung, die Interaktion zwischen all den genannten Faktoren*. Um das konkrete Verhalten auch nur eines Tieres zu beschreiben und zu verstehen, müssen wir auf alle genannten Faktoren und ihr Zusammenwirken zurückgreifen.
- Alle genannten Faktoren und die Art ihres Zusammenwirkens *verändern sich über die Zeit*.

Es geht hier natürlich nicht wirklich um die Psychologie von Bisons, sondern wir interessieren uns für menschliche Ressourcennutzung, den menschlichen Umgang mit Umwelt. So wie die Bisons auch nutzen wir die Umwelt und diese wirkt auf unser Verhalten zurück. Diese geobiophysikalische Umwelt besteht u. a. aus Boden, Luft und Gewässern unterschiedlicher Qualität, aus Lebensbedingungen für Pflanzen, Tiere und Menschen, aus vielfältigen natürlichen Ressourcen, aus Gebäuden, Stadtvierteln, Lärm, aber auch Wetter und Klima. So wie die Bisons verfolgen wir individuelle Ziele, haben Bedürfnisse und Absichten. Unsere soziale Einbettung in Familien, Gruppen, in gesellschaftliche und kulturelle Zusammenhänge formt das, was wir für angemessen und nicht angemessen halten, unsere Rollen und unsere Beziehungen. Von unserem aktuellen Hunger- oder Durstzustand bis zu dem, was wir in der Lebensspanne erfahren und gelernt haben, bestimmt die Vergangenheit zu einem großen Teil mit, was wir denken und tun. Und all das verändert sich mit der Zeit.

Das System „Mensch-Umwelt-Verhalten"

Mensch-Umwelt-Verhalten kann nur verstanden und erklärt werden unter *gleichzeitiger* Berücksichtigung

- der Gelegenheiten und Barrieren in der geobiophysikalischen Umwelt,
- der inneren Ziele und Bedürfnisse der handelnden Menschen,
- ihrer sozialen und kulturellen Umwelt,
- ihrer Erfahrungs- und Lerngeschichte.

Diese Faktoren stehen in Wechselwirkung miteinander.

Eine Beschränkung auf nur einen der Faktoren (z. B. nur auf Anreize in der Umwelt oder nur auf die Ziele der Handelnden) greift zu kurz, wenn man das größere Ganze verstehen will.

Alle Faktoren in dem betrachteten System „Menschliches Umweltverhalten" und ihre Interaktion verändern sich über die Zeit – sie sind ein Prozess, das System ist dynamisch.

In der Psychologie wird häufig der Fokus ausschließlich auf die inneren Bedingungen gelegt. Eine solche Betrachtung führt in Fragen des Verhaltens von Menschen in ihrer Umwelt nicht weit: Auch ein starker Wunsch, mit dem Bus zur Arbeit zu fahren, erzeugt nicht das entsprechende Verhalten, wenn es keinen Bus gibt, der eine Person zur Arbeit bringen könnte.

1.2.1 Grundlegende Eigenschaften von Systemen

Schon früh wurde mit der allgemeinen Systemtheorie (von Bertalanffy 1950) ein theoretischer Rahmen geschaffen, um allgemein über Systeme zu reden. Eine der hervorstechendsten Eigenschaften von Systemen ist, dass sie *wieder aus (Teil-)Systemen bestehen* können und dass diese Teil- und Gesamtsysteme miteinander nach bestimmten – für das System jeweils typischen – Regeln interagieren, also miteinander wechselwirken. Das Gesamtsystem beeinflusst die Teilsysteme, die Teilsysteme das Gesamtsystem. Es ist wie im menschlichen Körper: Die Funktionsweise eines Organs beeinflusst das Funktionieren des Körpers als Einheit (das merkt man oft erst, wenn das Organ nicht so funktioniert, wie es sollte). Umgekehrt hat der Allgemeinzustand des Körpers (z. B. durch einen gesunden Lebenswandel beeinflusst) einen Einfluss auf die Funktionsweise der einzelnen Organe.

Durch die Aufteilung in einzelne, kleinere Einheiten und ihre Vernetzung lassen sich sehr *komplexe Systeme gut organisieren*. Das können wir in der Natur gut beobachten, etwa bei Ökosystemen: Hier sind auf eine komplexe Weise viele Arten von Lebewesen miteinander vernetzt, bilden Nahrungsketten und beeinflussen sich gegenseitig auf vielfältige Weise.

Mit der Chaostheorie (z. B. Gleick 2008) wurde der Grundstein für das Verständnis gelegt, dass kleinste Veränderungen der Welt große Wirkungen nach sich ziehen können, sogar räumlich weit entfernt. Der Satz, dass alles mit allem verbunden sei, ist in dieser Allgemeinheit zwar nicht falsch. Es bedarf aber genauerer Kenntnisse eines betrachteten Systems, um zu verstehen, was genau mit was in welcher Stärke interagiert (Bossel 2007) und zu welchen Effekten das im System führt.

Die Theorie der adaptiven Systeme (Holland 2000) legte schließlich den Fokus darauf, dass höhere und komplexe Systeme sich selbst anpassen können an sich verändernde äußere Bedingungen. Oft organisieren diese Systeme ihre Komplexität so, dass aus dem Zusammenwirken neue Eigenschaften entstehen (die sogenannte *Emergenz*, vgl. ► Abschn. 2.2), die dem System die Anpassung und das Überleben auch unter neuartigen Bedingungen ermöglichen können.

1.2.2 Stabilität von Systemen, Kipppunkte und Resilienz

Doch nicht immer gelingt es Systemen, sich erfolgreich anzupassen. Daher müssen wir hier auch über Formen der Stabilität und Instabilität von Systemen sprechen.

Mit einem *stabilen Gleichgewicht* bezeichnet man die Situation, bei der ein System nach einer Störung (einem sogenannten Schock) wieder in den Ausgangszustand zurückschwingt. Ein Stehaufmännchen ist der Inbegriff des stabilen Gleichgewichts: Egal was passiert – es stellt sich immer wieder auf.

Eine Variante von Stabilität ist das sogenannte *Fließgleichgewicht*. Wenn man sich eine Badewanne vorstellt, in die genauso viel hineinfließt wie hinaus, dann bleibt der Wasserspiegel gleich hoch. Zu- und Abfluss sind im Gleichgewicht.

Ein System mag aus der Perspektive eines Beobachtenden mehrere für eine gewisse Zeit stabile Zustände einnehmen. Ökosysteme können z. B. den Zustand eines Waldes, einer Savanne oder einer Wüste haben. Diese Zustände unterscheiden sich jedoch in ihrer Bewertung: Wald gilt als das reichere Ökosystem als Savanne und die wiederum als Wüste. Durch Abholzung kann aus einem Wald aber eine Savanne entstehen, unter Umständen wächst dann für lange Zeit kein Wald mehr nach. Solche Zustandsübergänge können Einbahnstraßen darstellen, wenn beispielsweise ein voriges Ökosystem nicht wiederherstellbar ist. Zwar können unter Umständen sogar Wüstengebiete wieder bewaldet werden. Aber ein komplexes Regenwaldsystem wiederherzustellen, nachdem es einmal zerstört wurde, ist nicht ohne Weiteres möglich. Ein Abschmelzen der Polkappen oder von Gletschern wäre endgültig, in menschlichen Maßstäben gemessen. Solche Übergänge sind durch sogenannte Kipppunkte gekennzeichnet.

▪ Kipppunkte

Gerade im Rahmen der in diesem Buch besprochenen Umweltprobleme haben wir es mit Systemen zu tun, die durch massiven menschlichen Eingriff in das Erdsystem aus ihrem über lange Zeit stabilen Zustand oder Fließgleichgewicht hinausgeworfen wurden. Was passiert, wenn die Grenzen des Gleichgewichts überschritten werden? Bei Vorträgen zum Thema spielt einer der Autoren dieses Buchs (AE) das gerne in realistischer, aber am Ende doch hypothetischer Form durch. Das Glas Wasser, das gerne einer vortragenden Person zur Verfügung gestellt wird, lässt sich auf dem Rednerpult langsam zum Rand hin schieben, natürlich nicht ohne den Hinweis darauf, dass gerade ein eigentlich bislang stabiles System (Glas auf Pult) gestört wird. So wird das Glas zum Rand geschoben und etwas darüber hinaus. Spätestens dann erfolgt der Verweis darauf, dass – leider – nicht alle Systeme wieder von allein in ihren Ursprungszustand zurückfinden können. Die ersten Personen in der ersten Reihe springen auf und zur Seite, um nicht nass zu werden. Das Glas wird noch ein wenig geschoben, und am Ende sieht es so aus wie bei ◘ Abb. 1.2. Der *Kipppunkt* wurde noch nicht erreicht! Aber jetzt wissen alle, was ein Kipppunkt ist.

Ein wesentliches Element eines Kipppunktes lässt sich gut an diesem Glas verdeutlichen: Nach dem Kippen ist nicht nur das Wasser verschüttet, sondern vielleicht auch das Glas zersprungen, sodass es nicht mehr möglich ist, das Wasser zurück ins Glas zu befördern. Der Ursprungszustand lässt sich nicht mehr herstellen – es gibt keinen Weg zurück. Ein anderes Element eines Kipppunktes ist, dass der letzte Stupser, der das Glas zu Fall hätte bringen können, beliebig leicht hätte sein können. Wenn ein System bereits „auf der Kippe steht", dann kann es eine weitere kleine Störung zu Fall bringen.

In der Biologie ist die Eutrophierung (das „Umkippen") eines Sees (van Vierssen et al. 1994) bekannt. Werden in einen See über längere Zeit zu viele Nährstoffe eingetragen (z. B. durch Überdüngung der umliegenden Wiesen), passiert lange gar nichts Sichtbares. Allerdings kommt das System „See" immer näher an einen sogenannten kritischen Zustand, also nahe an einen Kipppunkt. Manchmal genügt ein Gewitter, welches das Wasser aufwühlt und durchmischt, damit aus dem bis dahin klaren See eine trübe Brühe mit starker Veralgung und geringem Sauerstoffgehalt wird. Ein eutrophierter See lässt sich nun nicht auf demselben Wege wieder in den

Abb. 1.2 Ein Kipppunkt

Ausgangszustand zurückführen. Trotz Reduktion des Nährstoffeintrags (z. B. keine Düngung mehr) kann es mehrere Jahrzehnte dauern, bis sich wieder ein biologisch guter Zustand eines gesunden Gewässers einstellt.

Im Prozess der Eutrophierung werden nämlich auch andere Variablen im System See verändert, z. B. verschwinden manche Spezies aus dem See und andere können sich ausbreiten. Ist das einmal passiert, geht es nicht mehr zurück. Dasselbe passiert, wenn sich eine Lawine im Gebirge löst, weil sie z. B. durch eine Person auf Skiern über den Kipppunkt getrieben wird. Die Lawine gibt die in ihr gespeicherte Energie plötzlich ab und das lässt sich nicht mehr auf gleichem Weg rückgängig machen. Besonders bei fortschreitender Klimaerwärmung werden einige Kipppunkte im Erdsystem befürchtet (s. ▶ Abschn. 1.4.3).

Kipppunkte gibt es auch im gesellschaftlichen Bereich. Unmut über gesellschaftliche oder wirtschaftliche Missstände können eine Gesellschaft in einen kritischen Zustand versetzen, von wo aus es nur noch ein kleiner Schritt zum Kippen ist (Gladwell 2006; Otto et al. 2020). In ▶ Abschn. 4.4.2.1 findet sich eine Abbildung, die die Anzahl der Teilnehmenden an den Montagsdemonstrationen in Leipzig zeigt, welche im Jahr 1989 stark zum Ende der DDR beitrugen. Kipppunkte spielen bei der Besprechung der Eigenschaften komplexer Systeme (▶ Abschn. 2.2) und bei den Kriterien für einen erfolgreichen Umgang mit komplexen Systemen (▶ Abschn. 2.6.2) noch eine Rolle.

Resilienz

An dieser Stelle wird der Begriff der *Resilienz* (d. h. Widerstandsfähigkeit) von Systemen wichtig. Bei einem resilienten System können natürliche oder menschlich erzeugte Schocks und Störungen so aufgefangen werden, dass das System weder langsam zugrunde geht noch plötzlich in einen weniger erwünschten Zustand kippt. Das System kann sich weiterentwickeln, zeigt aber im Wesentlichen dieselben Funktionen wie vorher bei ähnlicher Struktur und Identität (Folke et al. 2005; Walker et al. 2004; ► http://www.resalliance.org/). Ein resilienter Wald würde sich also unter einer Belastung nicht in eine Savanne verwandeln, sondern noch als Wald mit seinen Funktionen erkennbar sein.

Resilienz

Ein System wird als resilient bezeichnet, wenn es trotz Störungen Kipppunkte vermeiden kann.

Resilienz wird detaillierter in ► Abschn. 2.6.4 besprochen. Wie wir als Menschen zu resilienten natürlichen Systemen beitragen können und entscheidende Kipppunkte möglicherweise verhindern können, erfahren wir im folgenden Abschnitt.

1.2.3 Nachhaltigkeit und nachhaltige Entwicklung

Der Begriff der Nachhaltigkeit stammt aus der deutschen Forstwirtschaft des 18. Jahrhunderts. Er bezeichnet ein „forstwirtschaftliches Prinzip, nach dem nicht mehr Holz gefällt werden darf, als jeweils nachwachsen kann" (von Carlowitz 1732). Das leuchtet unmittelbar ein. Auf diese Weise arbeiten Stiftungen: Solange nur der jeweilige *Ertrag* aus dem finanziellen Kapital für die Zwecke eingesetzt, das Kapital selbst aber nicht angetastet wird, solange wirtschaftet eine Stiftung nachhaltig (in diesem Beispiel sei Inflation einmal vernachlässigt). Auf die Natur übertragen heißt das, dass man nicht die Substanz schädigt, sondern nur das nutzt und entnimmt, was auch wieder selbstständig regeneriert werden kann. Das bezieht sich nicht nur auf die Menge von Ressourcen wie Holz aus einem Wald oder Fisch aus Gewässern, sondern auch auf Luft-, Wasser- und Bodenqualität.

Nachhaltige Entwicklung

Menschliche Gesellschaften sind nicht statisch, sondern sie verändern sich ständig und wollen sich weiterentwickeln. Daher hat die UN-Weltkommission für Umwelt und Entwicklung (die sogenannte Brundtland-Kommission nach dem Namen ihrer Vorsitzenden) den Begriff der *nachhaltigen Entwicklung* geprägt und wie folgt definiert:

Nachhaltige Entwicklung

„Entwicklung zukunftsfähig zu machen heißt, dass die gegenwärtige Generation ihre Bedürfnisse befriedigt, ohne die Fähigkeit der zukünftigen Generationen zu gefährden, ihre eigenen Bedürfnisse befriedigen zu können" (World Commission on Environment and Development 1987).

Entwicklung meint hier insbesondere wirtschaftliche Entwicklung, also das Mehren des materiellen Wohlstandes eines Landes und seiner Bewohnerinnen und Bewohner. Diese Mehrung von Wohlstand geht stark auf Kosten der Natur und von Menschen. Historisch haben sich die frühindustrialisierten Länder unverhältnismäßig bereichert, auf Kosten von Menschen in weniger entwickelten Ländern (vorwiegend im globalen Süden) und auf Kosten von zukünftigen Generationen, denen solche Ressourcen dann nicht mehr zur Verfügung stehen werden.

Auf die Definition der nachhaltigen Entwicklung aus der Brundtland-Kommission aufbauend entwickelte die Enquete-Kommission des Deutschen Bundestages „Schutz des Menschen und der Umwelt" das sogenannte *Drei-Säulen-Modell der Nachhaltigkeit* (Enquete-Kommission „Schutz des Menschen und der Umwelt" des 13. Deutschen Bundestages 1998). Dabei wird Nachhaltigkeit als die *dauerhafte zukunftsfähige Entwicklung der ökonomischen, ökologischen und sozialen Dimension menschlicher Existenz* definiert.

Dimensionen von Nachhaltigkeit

Nachhaltigkeit besteht nach dem Drei-Säulen-Modell aus der Entwicklung
1. der ökologischen,
2. der sozialen und
3. der ökonomischen Dimension.

Eine Aktualisierung und Verfeinerung dieses Konzepts erfolgte durch die nachhaltigen Entwicklungsziele der UN von 2015 (vgl. ▶ Abschn. 7.2).

Allerdings haben die entwicklungsorientierten Definitionen auch dazu geführt, dass gerne der Blick auf die erste Hälfte des Brundtland-Satzes („dass die gegenwärtige Generation ihre Bedürfnisse befriedigt") gerichtet wurde und die Bedürfnisse der kommenden Generationen aus dem Blick gerieten. Auch bei den Entwicklungszielen der UN wird der wirtschaftlichen wie der sozialen Weiterentwicklung breiter Raum eingeräumt und die Frage, ob diese Ziele denn tatsächlich mit den Umweltzielen vereinbar seien, nicht schlüssig beantwortet.

Eine offene Frage bleibt also, wann es genug ist – wann also die Grenzen der Nachhaltigkeit erreicht sind, wann es an die Substanz der Erde zulasten jetzt lebender junger Menschen und kommender Generationen geht. Die Konzepte der *planetaren Grenzen* und der sogenannten *starken Nachhaltigkeit* helfen hier weiter.

Planetare Grenzen und starke Nachhaltigkeit

Nachhaltigkeit ist ein geradezu universell eingesetzter Begriff und oft ist gar nicht klar, was jemand darunter genau versteht. Um ein bisschen Klarheit in die Debatten zu bringen, wurde die Unterteilung in schwache und starke Nachhaltigkeit eingeführt. Das Konzept der *schwachen Nachhaltigkeit* erlaubt es, ökologische, ökonomische und soziale Ressourcen gegeneinander aufzuwiegen. Ein ökologischer Schaden wird also hingenommen, wenn dafür der ökonomische Ertrag entsprechend hoch ist. Das ist das, was mit dem Drei-Säulen-System ausgedrückt wird: Wenn eine Säule in Not ist, dann lässt sich das durch eine der anderen Säulen kompensieren. Das entspricht auch dem Handeln der Regierungen in der Welt und die Bundesregierung ist davon nicht ausgenommen. Wie das Beispiel der Finanz- und Wirtschaftskrise 2008/2009 zeigt, wurde die Wirtschaft mit enormen Beträgen gestützt – mit dem Ziel, soziale Verwerfungen zu vermeiden. Allerdings resultiert der erneute und angestrebte Wachstumsschub der Wirtschaft in noch mehr Ressourcenausbeutung und in mehr Energieverbrauch und damit z. B. auch in mehr Klimaerwärmung. Die ökologische Nachhaltigkeit musste bislang oft hinter der wirtschaftlichen und sozialen Nachhaltigkeit zurückstehen (etwa in der Wirtschaftskrise 2009, als mit der sogenannten Abwrackprämie der Konsum von Pkws angekurbelt wurde).

Eines ist aber bereits jetzt klar: Die Entwicklungsfähigkeit der zukünftigen Generationen ist schon jetzt stark eingeschränkt. Das wird deutlich, wenn man sich verschiedene Ressourcen (z. B. das Klima, die Biodiversität, die Wasserverfügbarkeit oder die Versauerung der Ozeane) ansieht und diese nach ihrer Tragfähigkeit in der Zukunft einschätzt. Dem wird in ► Abschn. 2.6.2 noch detaillierter nachgegangen. Der Gedanke macht aber deutlich, warum das Drei-Säulen-Modell, also das Konzept der schwachen Nachhaltigkeit, einen Denkfehler hat: Es sind die Grenzen des Planeten, die all unser Handeln und Wirtschaften begrenzen und auch in Zukunft begrenzen werden. Sie sind der sprichwörtliche Ast, auf dem die Menschheit sitzt und an dem sie sägt. Und – noch weiter gedacht – ist Wirtschaft dazu da, die Gesellschaft zu versorgen, nicht umgekehrt. Das führt weg von dem Konzept der drei gleichberechtigten Säulen und hin zu einem hierarchischen Konzept, dem sogenannten *Vorrangmodell der Nachhaltigkeit* oder der *starken Nachhaltigkeit*. Es bekräftigt, dass Naturkapital nicht ersetzbar ist, sondern erhalten werden muss. Ökologische „Leitplanken" definieren den nachhaltigen Korridor, an dem sich alles Weitere zu orientieren hat. ◘ Abb. 1.3 zeigt die Konzepte der schwachen und der starken Nachhaltigkeit (Vorrangmodell) im Vergleich.

Im Modell der schwachen Nachhaltigkeit (links) wird jeder der drei Bereiche als gleich wichtig angesehen. Nachhaltig ist etwas nach diesem Modell dann, wenn alle Bereiche gleichermaßen berücksichtigt werden. Das Modell der starken Nachhaltigkeit verdeutlicht, dass es keine Gesellschaft ohne Natur und keine Wirtschaft ohne Gesellschaft geben kann. Nachhaltigkeit für Gesellschaften oder Wirtschaft

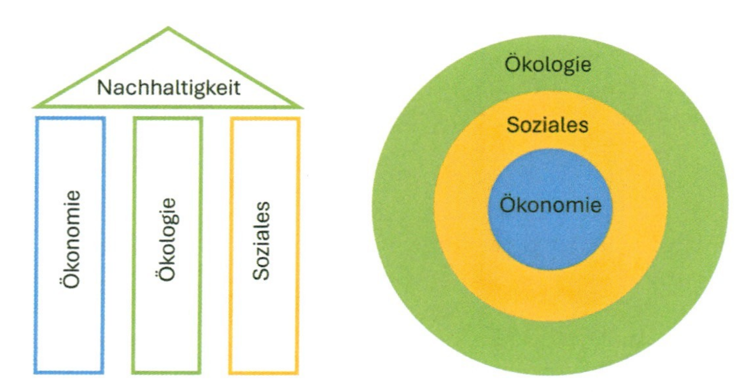

◘ **Abb. 1.3** Die Konzepte der schwachen (links) und der starken (rechts) Nachhaltigkeit. (Eigene Darstellung)

wird es nur geben können, wenn die Tragfähigkeit der verschiedensten natürlichen Ressourcen als ihre Basis langfristig erhalten bleibt.

Im Konzept der starken Nachhaltigkeit ist also angelegt, dass es eine Grenze gibt, bis zu der natürliche Ressourcen genutzt werden dürfen, ohne die Zukunft einzuschränken. Diese Grenze besteht dort, wo die dauerhafte Verfügbarkeit bzw. vollständige Regenerationsfähigkeit nicht mehr gegeben ist. Aus dieser Beschreibung wird klar, dass gemäß der starken Nachhaltigkeit endliche Ressourcen nicht weiter genutzt werden können (sofern sie nicht unbegrenzt kreislaufförmig wiederverwendet werden können). Aber auch für die Ressourcen aus den Ökosystemen, also saubere Luft, sauberes Wasser, natürliche Stoffkreisläufe und -balancen, gibt es Grenzen der Belastung für den Planeten Erde. Diese Grenzen werden in ► Abschn. 2.6.2 genauer besprochen.

1.3 Aktueller Zustand des Erdsystems

Zunächst ist festzuhalten, dass die aktuelle Art des Wirtschaftens und der wirtschaftlichen Entwicklung einer immer größeren Anzahl Menschen eine enorme Steigerung des Lebensstandards, der Gesundheit, der Bildung, aber auch der Mitsprache, der Meinungsäußerung und Verfolgung persönlicher Ziele ermöglicht hat. Die aktuelle Art des Wirtschaftens ist ein „Erfolgsmodell" (Welzer 2013). Beispielhaft soll das hier durch die Lebenserwartung seit dem 18. Jahrhundert illustriert werden (◘ Abb. 1.4).

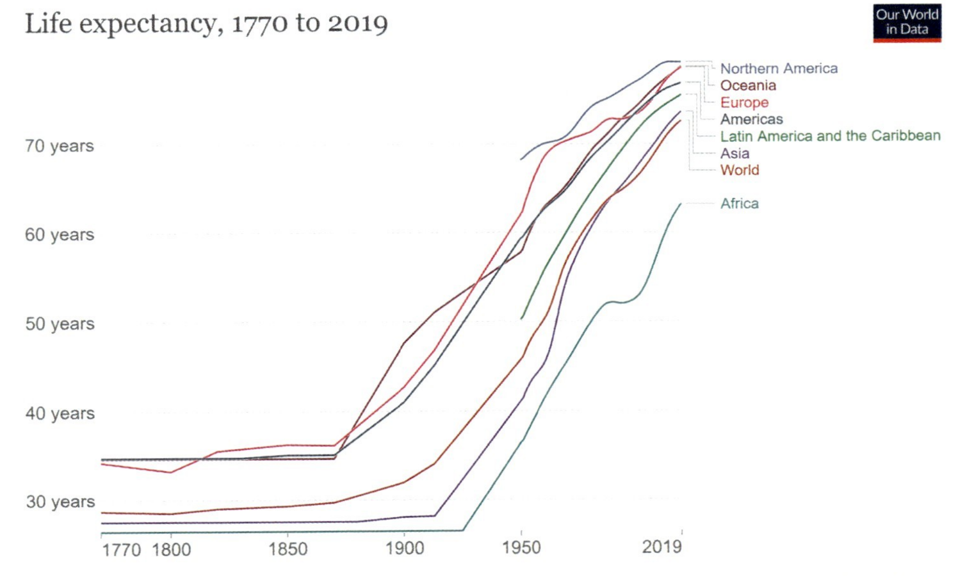

◘ **Abb. 1.4** Lebenserwartung weltweit seit 1770. (Quelle: ► https://ourworldindata.org/life-expectancy)

Dem stehen allerdings Entwicklungen entgegen, die sämtliche Nachhaltigkeitskonzepte (s. ► Abschn. 1.2.3) verletzen und das Erdsystem – die Grundlage menschlicher Gesellschaften und Kultur – auf Dauer in seiner Tragfähigkeit für den Menschen einschränken werden, sofern sich diese Entwicklungen nicht umkehren lassen.

◘ Abb. 1.5 zeigt, wie sich verschiedene Faktoren ansteigend und beschleunigend entwickeln. Diese Faktoren geben wichtige Hinweise auf die Tragfähigkeit der Erde: Klimagase, Ozon, Temperatur, Ozeanversauerung, Verlust an tropischem Urwald, Bodenunfruchtbarkeit. Die Kurven zeigen alle gleichförmig steil und zum Teil ungebremst nach oben.

◘ Abb. 1.6 stellt dar, wie die Entwicklungen des Erdsystems begleitet werden von parallelen Entwicklungen des sozialen und ökonomischen Systems. Es haben

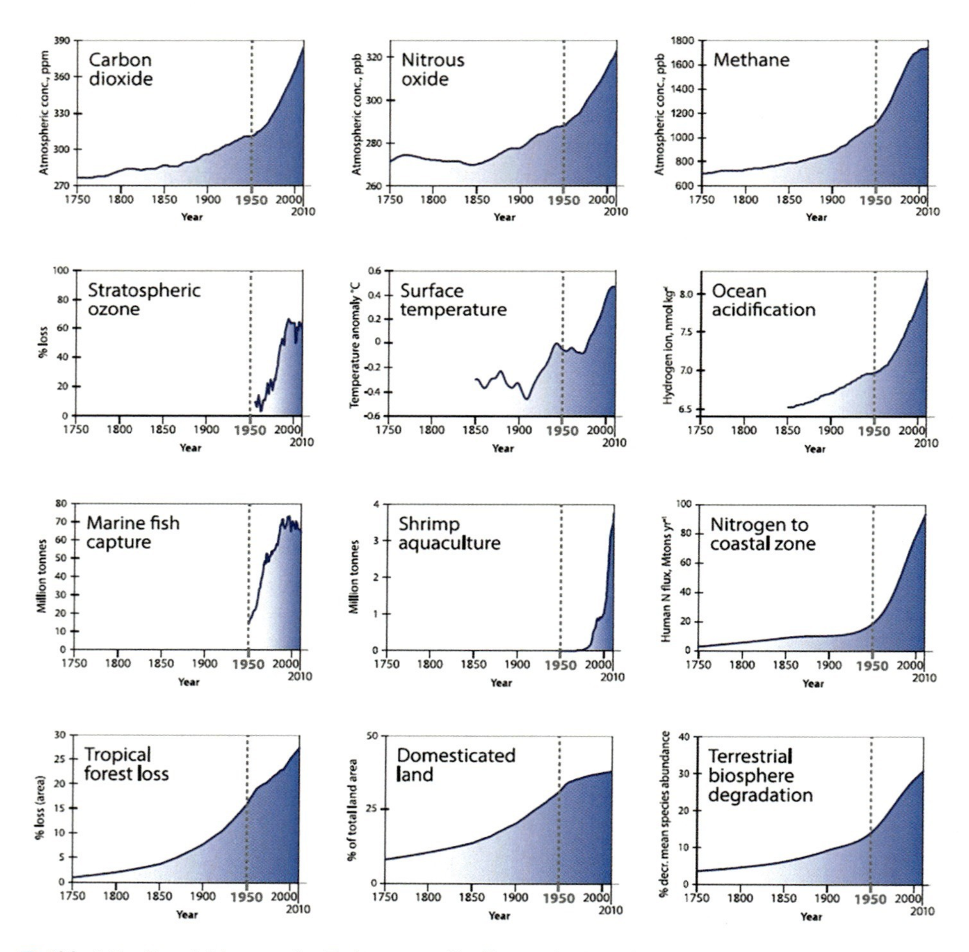

◘ **Abb. 1.5** Entwicklungen des Erdsystems. (Steffen et al. 2015, S. 87; Reprinted by Permission of SAGE Publications)

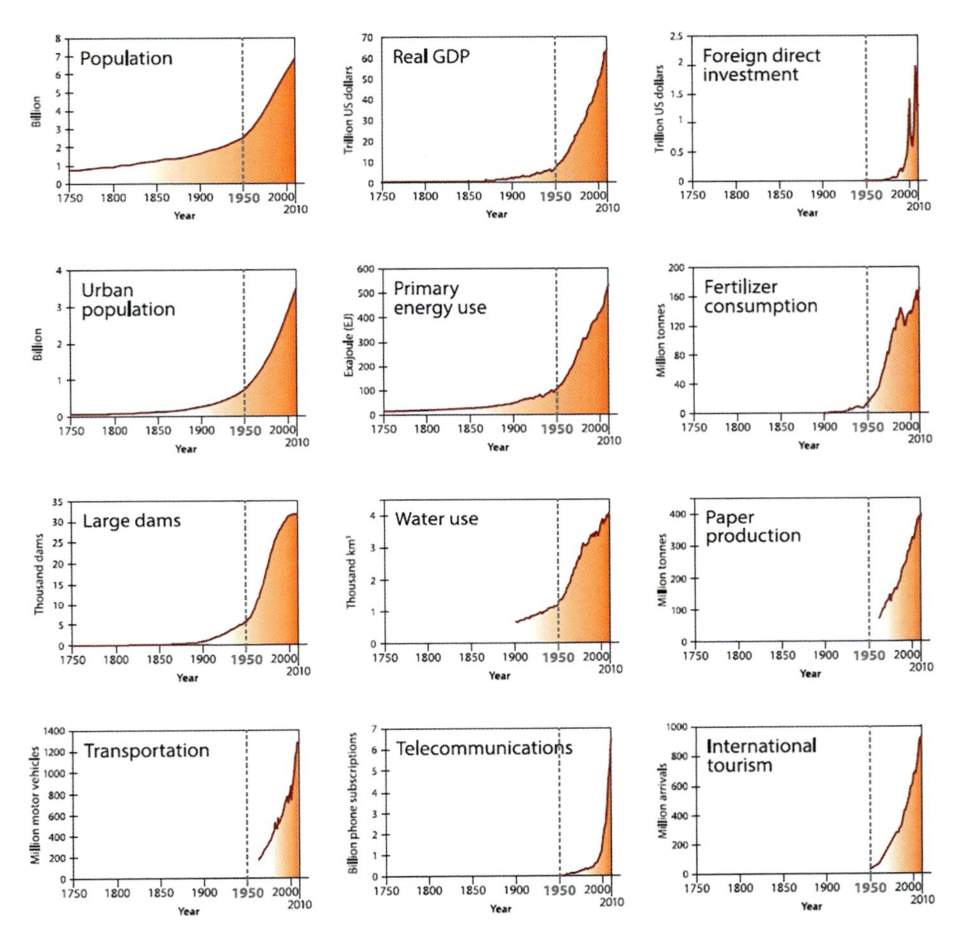

Abb. 1.6 Entwicklungen des sozialen Systems. (Steffen et al. 2015, S. 84; Reprinted by Permission of SAGE Publications)

nicht nur die Bevölkerung, sondern auch die wirtschaftliche Tätigkeit, der Eingriff in natürliche Stoffkreisläufe und der Konsum von Ressourcen über die Jahrzehnte massiv zugenommen. Auch diese Kurven zeigen ungebremst nach oben.

Gleichzeitig besteht eine sehr große weltweite Ungleichheit im Einkommen, im Lebensstandard, in der Lebenserwartung, Bildung, Gesundheitsversorgung und in den Entfaltungsmöglichkeiten fort. Die Verbesserung der Lebensbedingungen hat bei Weitem nicht alle Menschen gleichermaßen erfasst.

Wir können feststellen, dass der aktuelle Umgang mit der Umwelt überhaupt nicht nachhaltig ist – nicht nach der Definition von von Carlowitz, nicht nach der der Brundtland-Kommission oder nach dem Drei-Säulen-Modell und erst recht nicht im Sinne einer starken Nachhaltigkeit. Wir leben auf Kosten der Zukunft und beschneiden damit die Möglichkeiten zukünftiger Generationen.

1.4 Klimaerwärmung

Unter der Vielzahl von – miteinander zusammenhängenden – drängenden Problemen, die jedes für sich gefährlich für eine nachhaltige Zukunft werden können, greifen wir exemplarisch die Klimaerwärmung heraus. Sie ist auch insofern besonders, als dass sie Ökosysteme und menschliche Gesellschaften und Wirtschaft insgesamt betrifft und sehr weitreichende, miteinander verbundene Auswirkungen haben wird. Zunächst wenden wir uns der Frage zu, wie es zur Klimaerwärmung überhaupt kommt, und dann, was den menschlichen Einfluss darauf ausmacht. Doch bevor es um die Erwärmung des Klimas geht, soll noch der wichtige Unterschied zwischen Wetter und Klima definiert werden.

▪ Wetter vs. Klima

Wetter – Unter Wetter versteht man den physikalischen Zustand der Atmosphäre zu einem bestimmten Zeitpunkt (Deutscher Wetterdienst 2024). Das ist das, was wir als Sonnenschein, Bewölkung, Regen, Wind, Hitze oder Kälte sehen und spüren.

Klima – Das Klima ist definiert als die Zusammenfassung der Wettererscheinungen, die den mittleren Zustand der Atmosphäre an einem bestimmten Ort oder in einem mehr oder weniger großen Gebiet charakterisieren (Deutscher Wetterdienst 2024). Dabei werden die Wettererscheinungen einschließlich aller Schwankungen im Jahresverlauf als Zeitreihe üblicherweise über 30 Jahre zusammengefasst.

Wetter ist also das, was wir jeweils wahrnehmen, z. B. der Grund, eine Regenjacke mitzunehmen. Klima ist hoch aggregiert, d. h. zusammengefasst, und verändert sich daher langsam. Wir nehmen eher die täglichen Schwankungen wahr als die langfristigen Trends (▶ Abschn. 3.5.1). Daher sind wir bei der Klimabeobachtung auf Messungen, Messreihen und Statistiken angewiesen.

1.4.1 Der Treibhauseffekt

▫ Abb. 1.7 erklärt den Treibhauseffekt der Erdatmosphäre. Wir wollen sie Schritt für Schritt durchgehen.

Die Erdatmosphäre ist auf der Abbildung zwischen Erdoberfläche (unten) und Weltall (oben) dargestellt. Sie bildet eine Schutzhülle für die Erde gegen Partikel und Strahlung aus dem All, die für das Leben auf der Erde gefährlich wären. Sie besteht im Wesentlichen aus den Gasen Stickstoff und Sauerstoff. Aus dem Weltall dringt Lichtstrahlung der Sonne in die Erdatmosphäre ein (der breite gelbe Pfeil; dabei wird die Energie in W/m^2, also Watt pro Quadratmeter Erdoberfläche, gemessen. Es werden in Klammern jeweils auch die Vertrauensintervalle 5 % bis 95 % um den Mittelwert genannt). Dieses Licht wird zum Teil wieder an Wolken oder an der Erdoberfläche reflektiert und gelangt zurück ins Weltall. Der andere Teil des

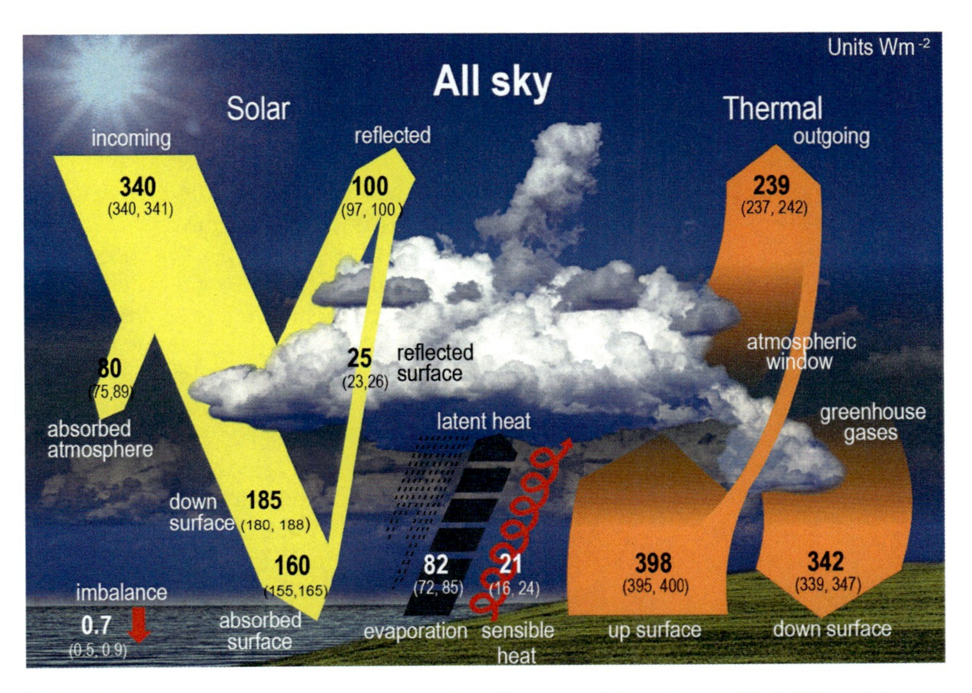

Abb. 1.7 Strahlungsbilanz der Erde. (IPCC 2021a; adapted from Figure 7.2, S. 934; mit freundlicher Genehmigung des IPCC)

Lichts aber wird in der Atmosphäre oder auf der Erdoberfläche absorbiert. Was heißt das? Je dunkler eine Wolke oder die Erdoberfläche ist, desto mehr erwärmt sie sich durch das Sonnenlicht. Dort wird also (kurzwelliges) Licht in (langwellige) Wärmestrahlung umgewandelt. Ein Teil dieser Wärme wird wieder an das All abgegeben (der linke orange Pfeil), sei es von der aufgewärmten Atmosphäre oder von der Erdoberfläche. Der rechte orange Pfeil beschreibt den eigentlichen Treibhauseffekt: Insbesondere die Treibhausgase, aber auch Wasserdampf (z. B. in Form von Wolken) halten einen Teil der Wärme in der Atmosphäre zurück, sodass sie nicht an das Weltall abgegeben wird. Auf der Erde wäre es unerträglich kalt (im Mittel etwa – 18 °C), wenn es diese „Gegenstrahlung" durch die wärmehaltende Schutzhülle nicht gäbe. Dieser Treibhauseffekt ermöglicht erst das Leben auf der Erde, wie wir es kennen, da er die mittlere Temperatur auf einem für biologisches Leben günstigen Bereich stabilisiert. Innerhalb der Atmosphäre spielen sich auch noch eine Reihe anderer Effekte ab, wie z. B. Wärmetransport durch aufsteigende Luft (Konvektion) oder durch Verdunstung von Wasser an Blättern von Pflanzen (Evapotranspiration).

Lange Zeit war das Klima der Erde ein Fließgleichgewicht: Es kam so viel an Energie hinaus wie herein. Das hat dazu geführt, dass es angenehme und relativ konstante Lebensbedingungen gab, in denen sich die verschiedenen Lebensformen und schließlich auch der Mensch entwickeln konnten. Für alle Lebensformen gilt, dass es eine relativ enge Spanne von Umweltbedingungen wie z. B. der Temperatur gibt, in welcher der Lebenserhalt möglich ist. Weichen die Bedingungen in einem Lebensraum für längere Zeit davon ab, kann die Anpassungsfähigkeit einer Spezies möglicherweise nicht mehr ausreichen. Wenn es um Temperatur geht, darf also das Fließgleichgewicht in der Erdatmosphäre zwar schwanken, aber nicht massiv und dauerhaft in eine Richtung ausgelenkt werden.

Wir wenden uns noch einmal ◘ Abb. 1.7 zu und schauen auf die Zahlen der dicken Pfeile aus dem oder in das Weltall hinein. Tatsächlich haben wir es nicht mit einem Fließgleichgewicht zu tun, sondern es bleibt ein Überschuss von etwa 0,7 W/m^2 übrig (in der Abbildung unten links). Das ist die Energie, die die Erde kontinuierlich wärmer macht. Tatsächlich gerät das Fließgleichgewicht der Atmosphäre seit Beginn der Industrialisierung in Schieflage und dieser Trend beschleunigt sich seit den 1950er-Jahren: Es geht weniger Energie hinaus als hereinkommt. Das hat Konsequenzen.

◘ Abb. 1.8 zeigt den Anstieg der sogenannten globalen Oberflächentemperatur. Sie repräsentiert den Mittelwert der oberflächennahen Temperaturen aus allen Messungen und Interpolationen von der gesamten Erdoberfläche wiederum gemittelt über das ganze Jahr. Es ist die Abweichung vom langjährigen Mittel abgetragen. Wir sehen: Die 19 wärmsten Jahre seit Beginn der Temperaturaufzeichnungen im Jahr 1880 waren alle nach 2000. Dabei waren die Jahre 2016, 2020 und 2023 die bislang wärmsten überhaupt bis zum Schreiben dieses Kapitels im Jahr 2024.

Ein Grad Temperaturanstieg klingt zunächst nicht dramatisch. An vielen Tagen im Jahr würde uns doch ein Grad mehr nichts ausmachen, nicht wahr? Aber Vorsicht: Das eine Grad bezieht sich auf die globale Oberflächentemperatur. In der vorindustriellen Zeit betrug sie etwa 14 °C, mit einer großen Spannbreite zwischen

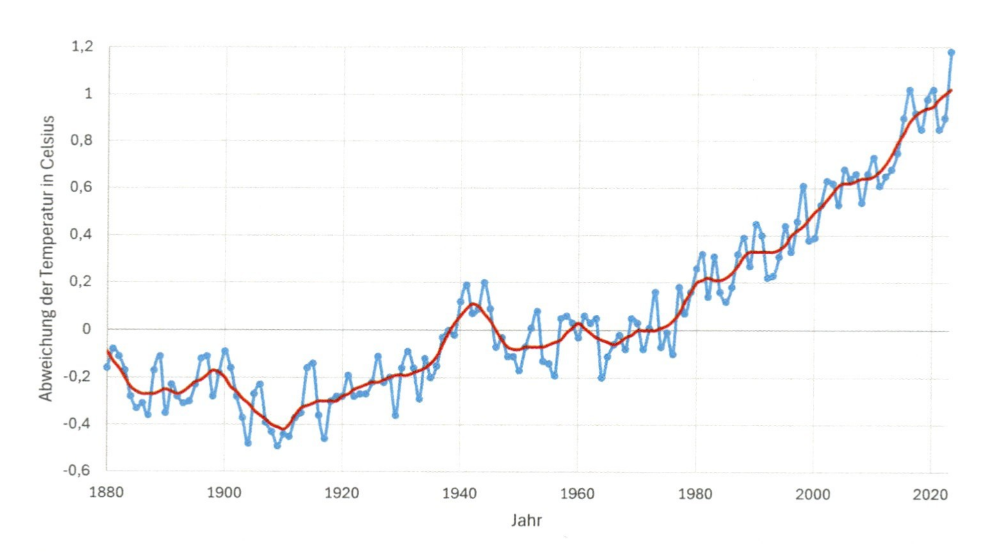

◘ **Abb. 1.8** Anstieg der globalen Oberflächentemperatur. (Eigene Darstellung mit Daten der National Aeronautics and Space Administration [NASA]/NASA's Goddard Institute for Space Studies, 2024; ► https://climate.nasa.gov/vital-signs/global-temperature/?intent=121)

dem Äquator und den Polen. Ein Grad Erwärmung ist dadurch schon als substanziell zu bewerten, aber mehr noch: Schon jetzt steigt die Temperatur über den Landflächen schneller (1,7 °C seit der vorindustriellen Zeit) als über den Ozeanen (0,8 °C; Intergovernmental Panel on Climate Change [IPCC], 2018). Ein weiteres Verschieben dieser mittleren Temperatur gefährdet Flora und Fauna und die Lebensgrundlagen für sehr viele Menschen. Leider ist ein baldiges Ende des Temperaturanstiegs nicht in Sicht, wie der folgende Abschnitt zeigt.

1.4.2 Ursachen der Klimaerwärmung

Um die wissenschaftliche Grundlage für die Erforschung der Klimaerwärmung bereitzustellen und eine jeweils aktuelle Abschätzung ihrer Auswirkungen vorzunehmen, ist eine einzigartige, von der UN initiierte zwischenstaatliche Institution entstanden: der Weltklimarat oder IPCC.

Weltklimarat (IPCC)

„Der Intergovernmental Panel on Climate Change (IPCC), deutsch Zwischenstaatlicher Ausschuss für Klimaänderungen (oft als Weltklimarat bezeichnet), wurde im November 1988 vom Umweltprogramm der Vereinten Nationen (UNEP) und der Weltorganisation für Meteorologie (WMO) als zwischenstaatliche Institution ins Leben gerufen, um für politische Entscheidungsträger den Stand der wissenschaftlichen Forschung zum Klimawandel zusammenzufassen" (Intergovernmental Panel on Climate Change 2024).

Der IPCC hat bisher sechs sogenannte Sachstandsberichte vorgelegt, den bislang letzten 2022/23. Deren „Zusammenfassung für Entscheidungsträger" wird von den Forschenden sowie den Regierungen der Länder in der UN in einer Vollversammlung gemeinsam verabschiedet.

Auch ◘ Abb. 1.9 stammt vom IPCC. Sie zeigt oben die Abweichungen der globalen Oberflächentemperatur in Modellrechnungen mit einem sogenannten natürlichen Antrieb, d. h. mit ausschließlich aus der Natur (Sonne, Vulkane etc.) stammenden Klimaveränderungen. Die Modellrechnungen werden durch die grüne und braune Linie dargestellt. Sie zeigen das Ergebnis von zwei verschiedenen sogenannten Modellensembles, also Bündeln von Klimamodellen von Forschungsinstituten auf der ganzen Welt. Man erkennt auch die Unsicherheitsbereiche in hellgrün und hellbraun, die mit den Rechnungen einhergehen. Die schwarze Linie zeigt die tatsächlich bisher beobachtete Erderwärmung. Es ist klar zu erkennen, dass die natürlichen Antriebe nicht die alleinige Ursache für die Erwärmung des Klimas sein können. Erst die Hinzunahme des „menschlichen Antriebs", also der Einflüsse von Treibhausgasen wie CO_2 und Methan sowie von Aerosolen (kleinsten Partikeln), wie sie von industriellen Prozessen oder von Flug- und Fahrzeugen ausgestoßen werden, bringt die Kurve der Simulationen mit der tatsächlich beobachtete Temperaturkurve in Übereinstimmung. Nicht nur ist die Chemie der

Der Einfluss des Menschen hat das Klima in einem Maße erwärmt, wie es seit mindestens 2 000 Jahren nicht mehr der Fall war

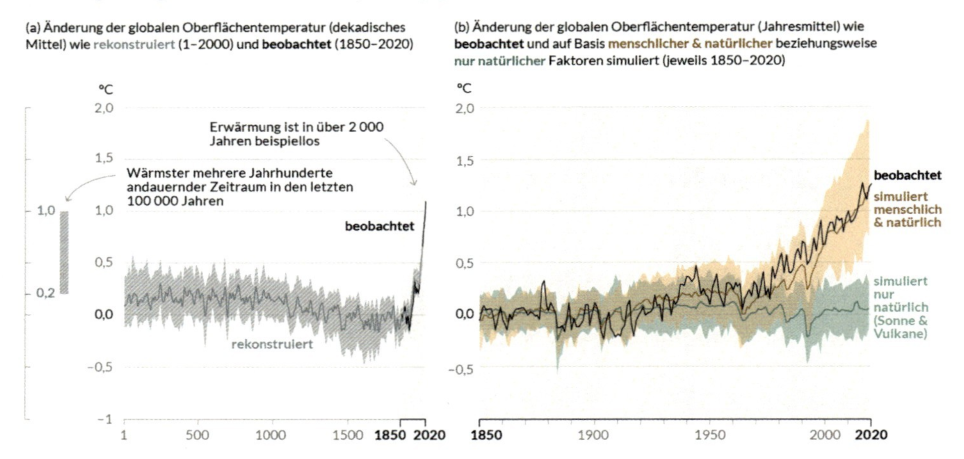

AR6-WGI Abbildung SPM.1

Abb. 1.9 Ursachen der Klimaerwärmung. (IPCC 2021b, Abbildung SPM.1, S. 5, mit freundlicher Genehmigung des IPCC)

Atmosphäre hinsichtlich der Klimaerwärmung mittlerweile sehr gut verstanden, sondern die beobachtete Erwärmung kann *nur mit dem menschgemachten Anteil* erklärt werden.

Anthropogene Klimagase sind also wichtig. Abb. 1.5 hatte schon gezeigt, dass die Kurve des globalen CO_2-Ausstoßes ungebremst nach oben zeigt. Ebenfalls hat der Ausstoß von Methan stark zugenommen, aus Viehhaltung oder aus dem Nassreisanbau. CO_2 entsteht bei Energienutzung aus fossilen Brennstoffen wie Holz, Kohle, Öl und Gas. Beide Gase sind zwar nur zu einem kleinen Anteil in der Atmosphäre vorhanden (CO_2 etwa zu 0,04 %, Methan noch weniger, jedoch mit einer 25-mal so großen Wirkung wie CO_2). Sie sind nichtsdestotrotz für den Großteil der Reflektion der Wärmestrahlung zurück zur Erde (vgl. Abb. 1.7) und damit für den Treibhauseffekt und die Klimaerwärmung verantwortlich.

Die fossilen Brennstoffe sind das Ergebnis eines Prozesses, der Jahrmillionen dauerte: Durch Fotosynthese in Pflanzen wurden Kohlenstoffe erzeugt und angelagert und damit die Sonnenenergie „eingefangen" und gespeichert. Wälder, Muschelbänke und anderes organisches Material wurde im Verlauf der Erdgeschichte unter Erd- und Wassermassen stark komprimiert und so entstanden Kohleflöze, Gas- und Ölvorkommen. Dadurch wurde aber auch der Kohlenstoff der Atmosphäre zunächst dauerhaft entzogen. Die massiv verstärkte Nutzung (Verbrennung) dieser komprimierten Energiequellen durch die Industrietätigkeit und Mobilität seit Mitte des 19. Jahrhunderts jedoch setzt den darin gespeicherten

Kohlenstoff wieder frei. Er gelangt in die Atmosphäre und wird dort als Treibhausgas wirksam. Es besteht also ein direkter und enger Zusammenhang zwischen der Nutzung fossiler Brennstoffe und der Klimaerwärmung.

1.4.3 Auswirkungen der Klimaerwärmung

Um abzuschätzen, wie es mit der Klimaerwärmung weitergeht, berechnet man aus dem erwarteten weltweiten Ausstoß von Treibhausgasen die daraus resultierende Erwärmung. Da dieser Ausstoß nicht im Vorhinein mit Sicherheit bestimmt werden kann, werden bestimmte Annahmen darüber getroffen und zu sogenannten *Szenarien* kombiniert.

Die Annahmen betreffen zum einen die absolute Treibhausgaskonzentration in der Atmosphäre. Diese Annahmen werden repräsentative Konzentrationspfade (engl. *representative concentration pathways*, daher abgekürzt RCP) genannt. Es gibt vier solche Pfade, die jeweils nach dem physikalischen Strahlungsantrieb (ein Maß für die Erwärmung durch die Treibhausgase, gemessen in W/m^2) benannt sind: RCP2.6, RCP4.5, RCP6.0 und RCP8.5. RCP2.6 entspricht dabei einem Szenario mit massiven Anstrengungen beim Klimaschutz. RCP8.5 entspricht einem „Weiter-so-wie-bisher"-Szenario.

Dazu kommen Annahmen, wie sich die Gesellschaften hinsichtlich der Bevölkerung, der Wirtschaft oder der Bildung weltweit entwickeln. Dafür gibt es die „gemeinsam genutzten sozioökonomischen Pfade" (engl. *shared socioeconomic pathways*, SSPs). Sie werden so mit den passenden RCPs kombiniert, dass sich fünf Szenarien der Entwicklung bis zum Jahr 2100 ergeben (Intergovernmental Panel on Climate Change 2021b): SSP1-1.9, SSP1-2.6, SSP2-4.5, SSP3-7.0, SSP5-8.5 (der SSP4 „Ungleichheit" wird hier nicht weiter berücksichtigt; er hat ähnliche Eigenschaften wie SSP3). Dabei gibt jeweils die erste Zahl die SSP-Annahmen an und die zweite die entsprechende zu erwartende Erwärmung der Erde durch Strahlung in W/m^2. SSP1 ist dabei ein nachhaltiger Pfad (die sogenannte grüne Route), SSP2 ein mittlerer Pfad, SSP3 repräsentiert die Annahme einer Welt mit Konkurrenz der Regionen und Weltmächte und SSP5 schließlich die Annahme unverminderter Nutzung fossiler Ressourcen (ein „Weiter-so"-Szenario). Die fünf Szenarien sind die Grundlage von ◘ Abb. 1.10. Wie bei allen Szenarien gilt auch hier, dass die Projektionen (d. h. die erwarteten Werte) nur so lange Bestand haben, wie die für das Szenario gewählten Voraussetzungen gleich bleiben.

Die Abbildung zeigt die Projektionen für vier Variablen, die für die Ökosysteme und mittelbar auch für das menschliche Leben von zentraler Bedeutung sind. Es werden in (a) bis (d) jeweils die Werte von 1950 bis 2100 gezeigt. Bis zum Jahr 2015 sind die jeweiligen Messwerte abgetragen, danach die Berechnungen unter der Annahme der fünf gerade geschilderten Szenarien. Die Variablen sind im Einzelnen:

- *Globale Oberflächentemperatur* (a). Wir sehen, dass nur die beiden auf SSP1 (der „grünen Route") beruhenden Projektionen die Erwärmung unter 2 °C halten können. Das „Weiter-so"-Szenario kann (jedoch mit einer entsprechend großen Unsicherheit) bis zum Ende des Jahrhunderts zu mehr als 4 °C Temperaturanstieg führen.

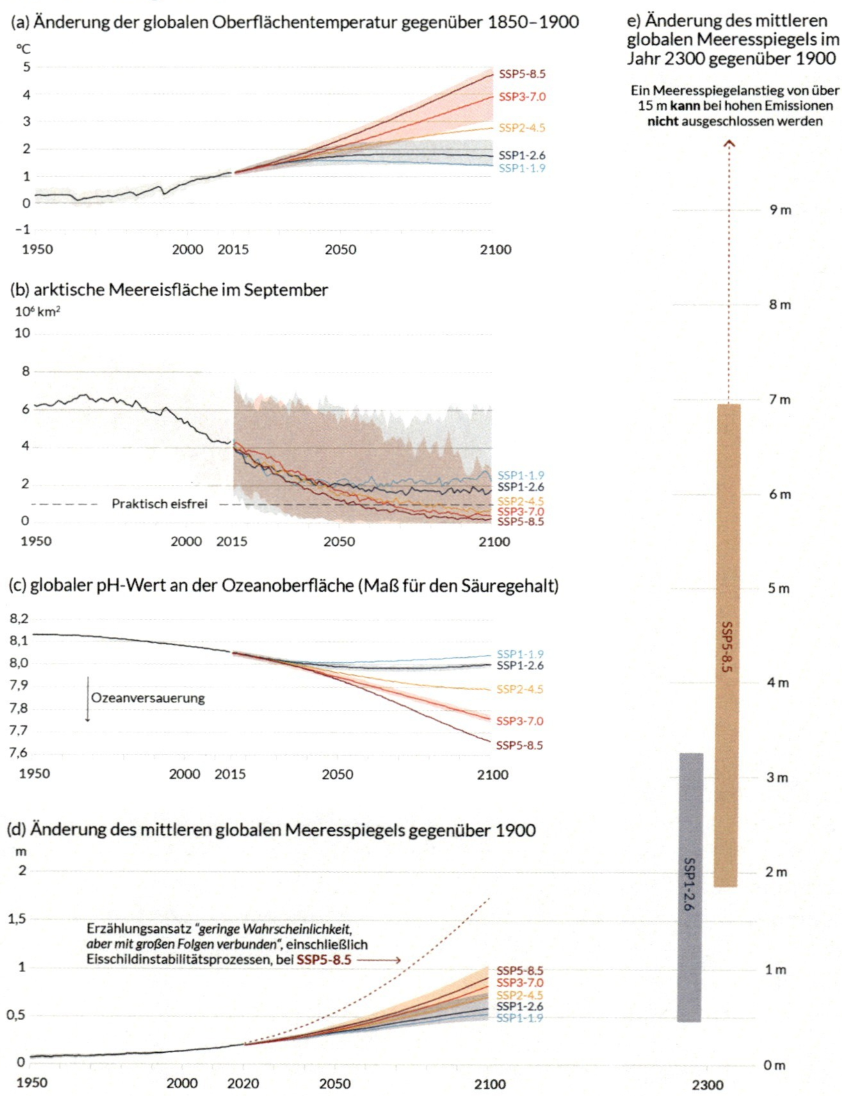

Abb. 1.10 Auswirkungen der Klimaerwärmung. (IPCC 2021b, Abbildung SPM.8, S. 23, mit freundlicher Genehmigung des IPCC)

- *Eisfläche in der Arktis* (b). Nachdem die Eisfläche der Arktis bis heute schon um ein Drittel abgenommen hat, zeigen alle Projektionen außer der „grünen Route“ ein vollständiges Verschwinden der Arktis als schwimmende Eisfläche.
- *Versauerung der Ozeane* (c). Da sie überwiegend durch Aufnahme von CO_2 aus der Atmosphäre verursacht wird, spiegelt sie den Verlauf der Emissionen wider.
- *Anstieg des Meeresspiegels* (d) und (e). An dieser Variable sieht man, dass die durch die Klimaerwärmung einmal angestoßenen Entwicklungen nicht mit dem Jahr 2100 aufhören, sondern zum Teil noch sehr lange nachwirken können (e). So nimmt der Meeresspiegelanstieg noch über Jahrhunderte zu und könnte damit immer größere Küstenregionen unbewohnbar machen.

Diese vier Variablen skizzieren das Grundgerüst für die zu erwartenden Auswirkungen einer zu wenig oder gar nicht gebremsten Erwärmung des Erdklimas. Die Erwärmung erzeugt Wetterextreme, bedroht Menschen und einzigartige Ökosysteme, führt zu einer großflächigen Verschiebung der Vegetationszonen. Aus großskaligen Einzelereignissen oder global aggregierten Auswirkungen können regionale oder globale Versorgungsengpässe und Hungersnöte entstehen. Sie betreffen die Lebensgrundlage der Menschen.

Darüber hinaus kann die schleichende Klimaerwärmung plötzliche Folgen haben. Wir haben solche Folgen bereits in ► Abschn. 1.2.2 als Kipppunkte kennengelernt. Bei einer Erwärmung von bis zu 2 °C wird erwartet (Armstrong McKay et al. 2022), dass die Eisschilde Grönlands und der westlichen Antarktis zusammenbrechen und für das bisherige Klima wichtige Meeresströmungen im Nordatlantik zum Erliegen kommen. Ebenso ist wahrscheinlich, dass Permafrostböden regional auftauen und Korallenriffe in Äquatornähe absterben. Steigt die Temperatur weiter an, droht das Absterben des Amazonasregenwalds (bei mehr als 2,0 bis 3,7 °C) oder gar das Zusammenbrechen des Golfstroms (bei mehr als 3,7 °C). Allen diesen schon an sich katastrophalen Entwicklungen ist gemeinsam, dass sie ihrerseits weitere Katastrophen auslösen: Das Schmelzwasser stört Meeresströmungen, die ihrerseits die bisher bekannten atmosphärischen Bewegungen umlenken. Das Auftauen von Permafrostböden setzt Methan frei. Der Eisschild Grönlands reflektiert, solange intakt, mit seiner weißen Oberfläche Sonnenenergie zurück in den Weltraum. Fehlt er, wärmt sich die Landmasse zusätzlich auf.

Die schleichenden wie plötzlichen, nicht kurzfristig rückgängig zu machenden Auswirkungen werden auch und vor allem soziale Auswirkungen haben. Die klimabedingte Verminderung von nutzbaren Süßwasserressourcen, ein Rückgang der Nahrungsmittelproduktion und die Zunahme von Sturm- und Flutkatastrophen werden zu umweltbedingter Migration führen. Brennpunkte werden vor allem da erwartet, wo schon jetzt Nahrungsmittelsicherheit ein kritisches Thema ist und wo Staaten womöglich schlecht auf solche Szenarien vorbereitet sind. Insgesamt wird man damit rechnen müssen, dass aus den Kipppunkten des Erdsystems soziale, gesellschaftliche Kipppunkte werden, die ihrerseits Migrationswellen auslösen.

1.4.4 Klimaanpassung und Klimaschutz

Klimaanpassung (oder *Adaptation*) bezieht sich auf die Anpassung von Infrastruktur an die Auswirkungen der Klimaerwärmung, die uns – trotz Klimaschutz – trifft. Dazu zählen z. B. Dämme gegen Überschwemmung an Flüssen oder an der Küste, Maßnahmen gegen Überwärmung in Innenstädten oder sturmsichere Gebäude.

Auf Verhaltensänderung angewiesen ist aber vor allem der *Klimaschutz* (oder *Mitigation*): Er bezeichnet die *Reduktion und letztlich die Vermeidung von Treibhausgasemissionen*. Das bedeutet im Wesentlichen die Reduktion aller durch fossile Brennstoffe getriebenen Verbrennungsprozesse in Industrie, Mobilität und Haushalten auf null.

Zur Beantwortung der Frage, wie viel denn bis wann an Treibhausgasen „eingespart", d. h. nicht mehr ausgestoßen werden darf, ist der sogenannte Budgetansatz hilfreich: Wenn wir uns die Atmosphäre als eine Badewanne vorstellen, die nicht überlaufen darf, dann haben wir eine definierte Menge an Wasser, die die Badewanne noch in der Lage ist aufzunehmen. Die Kante des Überlaufens wird durch die mit dem Pariser Klimaschutzabkommen 2015 beschlossene Grenze für die globale Erwärmung von „2 °C oder deutlich darunter" im Jahr 2100 definiert. Bis zu dieser Grenze gelten die Auswirkungen der Klimaerwärmung als noch weitgehend beherrschbar. Wie viel dürfen wir also global (und heruntergebrochen: jedes Land und letztlich jede Person) noch an Treibhausgasen produzieren, und bis wann?

Für die jeweils aktuellen Daten zum Stand der globalen Klimaschutzbemühungen, aber auch derjenigen der einzelnen Länder, ist ein Blick auf die Karten von ► climateactiontracker.org sehr aufschlussreich. Es klafft eine deutliche Lücke zwischen dem, was die einzelnen Staaten an Klimaschutzmaßnahmen versprochen (noch nicht einmal zwingend umgesetzt!) haben und dem, was für ein 1,5-°C-Grad-Ziel notwendig ist. Die meisten der analysierten Staaten haben demnach eine „ungenügende" Klimapolitik, viele eine „hoch ungenügende" und einige eine „kritisch ungenügende". Auch Deutschland wird mit „ungenügend" bewertet. Global spiegelt sich all das in einem immer noch ansteigenden – nicht abfallenden! – CO_2-Ausstoß wider.

Erinnern wir uns noch einmal an die Badewanne: Je länger wir warten, den Hahn mit dem einlaufenden Wasser zuzudrehen, desto mehr nähert sich das Wasser der Kante. Das heißt auch: je länger wir mit dem Zudrehen warten oder nur zögerlich zudrehen, desto rascher müssen wir das Wasser ganz abstellen, sonst läuft die Wanne über. Je später also die globalen Treibhausgasemissionen sinken, desto steiler muss die Absenkung sein, um auf dem Pfad des Paris-Abkommens zu bleiben. Im Moment ist es aber so, dass die Welt den Hahn immer noch weiter aufdreht, während sich das Wasser der Kante immer schneller nähert.

Tatsächlich scheint es unwahrscheinlich, dass die globale Emissionsminderung auf einem sanften Pfad noch hinreichen wird. Daher werden zunehmend auch sogenannte *negative Emissionen* diskutiert. Damit ist das Entnehmen von Treibhausgasen (zumeist CO_2) aus der Atmosphäre durch technische Vorrichtungen oder massenhafte Aufforstung von Wäldern gemeint. Beides bringt eine Vielzahl ungelöster und vielleicht auch unlösbarer Probleme mit sich und wird nicht in naher Zukunft die Emissionspfade bedeutsam beeinflussen können.

Wo ist denn hier eine Lösung in Sicht?

1.5 Herausforderungen für die Umweltpsychologie – Überblick über die Kapitel des Buchs

Bisweilen hört man, die Transformation zur Nachhaltigkeit sei notwendig, um den Planeten, die Erde, zu retten. Das ist ein Missverständnis, denn es geht nicht um die Erde. Sie und mit ihr vermutlich viele Spezies würden wohl auch das überleben, was wir eine Klimakatastrophe nennen würden. Ob Menschen allerdings dazugehören würden und in welchem Umfang, ist völlig unklar. Vor allem werden aber, sollten die Lebensgrundlagen knapp werden, als Erstes der würdige Umgang der Menschen untereinander und die kulturellen Errungenschaften der Menschen darunter leiden. Es geht also um nichts weniger als die Bewahrung und Verbesserung einer offenen, fairen, vielfältigen und menschenwürdigen Gesellschaft, die jedoch durch Konkurrenz um Ressourcen und Lebensräume unter Druck gerät.

Die Betrachtung der Geschichte der Industrialisierung, der fortschreitenden Ausbeutung von nachwachsenden wie nicht nachwachsenden Ressourcen und der nach wie vor ungelösten Energie-, Endlager- und Müllprobleme legen die Vermutung nahe, dass technischer Fortschritt allenfalls ein Teil der Lösung sein könnte. Bisher hat dieser Fortschritt tatsächlich dazu geführt, dass die menschlichen Eingriffe in die Ökosysteme, die Ressourcen und das Klima immer tiefgreifender geworden und nicht mehr leicht rückgängig zu machen sind. Die Autoren und die Autorin dieses Lehrbuchs teilen die Ansicht, dass in Ergänzung zu neuen Technologien wesentlich ein grundlegender Verhaltenswandel in den Gesellschaften nötig ist. Das bedeutet umfassende Verhaltensänderungen der einzelnen Individuen – in ihrer Rolle als Privatpersonen, aber auch als Verantwortliche in Politik und Wirtschaft, bei der Mobilität, dem Energieverbrauch, dem Konsum, dem Wohnen. Die Herausforderung für die Umweltpsychologie ist nicht weniger als diesen Übergang (die Transformation) zu einem global nachhaltigen und gerechten Lebensstil zu begleiten und Hinweise zu geben, welche Pfade der Verhaltensänderung vielversprechend sind, wie sie anzugehen sind und wo Fallstricke lauern.

Dieses Lehrbuch soll dazu die Grundlagen aufzeigen. In ► Kap. 2 wird geschildert, was komplexe Systeme sind und warum Umweltprobleme, aber auch die menschliche Gesellschaft selbst solche komplexen Systeme sind. Diese Systeme weisen eine Reihe von Eigenschaften auf, die Menschen eine zielführende Problemlösung erschweren. ► Kap. 3 beschreibt, wie Personen Umweltveränderungen (darunter auch die Klimaerwärmung) sowie die damit verbundenen Risiken wahrnehmen und was das für Auswirkungen auf ihr Verhalten hat. In ► Kap. 4 wird anhand von Theorien und praktischen Beispielen gezeigt, welche Ansatzpunkte es für die Veränderung von Umweltverhalten gibt und wie man soziale Innovationen auslöst. Allgegenwärtige Konflikte und Dilemmata werden in ► Kap. 5 beleuchtet.

▶ Kap. 6 schildert für eine Vielzahl von praktischen Anwendungsfeldern (wie Mobilität, Energie, Ernährung usw.) die empirischen Befunde aus der Forschung zur Verhaltensänderung. In ▶ Kap. 7 wird diskutiert, was für eine Transformation der Gesellschaft zur Nachhaltigkeit notwendig ist und was sie für den Lebensstil und die Zufriedenheit der Menschen bedeutet. ▶ Kap. 8 schließlich gibt einen Überblick über die in der Umweltpsychologie verwendeten Forschungsmethoden, einschließlich moderner Verfahren wie Netzwerkanalyse oder sozialer Simulation. Ein Ausblick in ▶ Kap. 9 schließt das Buch ab.

Die Kapitel stehen jeweils für sich und können auch einzeln gelesen werden. Dennoch ist für ein umfassendes Verständnis der Grundlagen der Umweltpsychologie eine Lektüre des Buches von vorne nach hinten empfehlenswert. Stichwort- und Autorenverzeichnisse erleichtern das gezielte Suchen von Informationen. Am Ende jedes Kapitels werden Informationen zum Weiterlesen gegeben und typische Prüfungsfragen zum Vertiefen gestellt.

Literatur

Armstrong McKay, D. I., Staal, A., Abrams, J. F., Winkelmann, R., Sakschewski, B., Loriani, S., Fetzer, I., Cornell, S. E., Rockström, J. & Lenton, T. M. (2022). Exceeding 1.5°C global warming could trigger multiple climate tipping points. *Science 377*(6611), Artikel eabn7950. https://doi.org/10.1126/science.abn7950

Barker, R. G. (1963). On the nature of the environment. *Journal of Social Issues, 19*(4), 17–38.

Bossel, H. (2007). *Systems and Models: Complexity, Dynamics, Evolution, Sustainability.* Books on Demand.

Deutscher Wetterdienst (2024). *Wetter- und Klimalexikon.* https://www.dwd.de/DE/service/lexikon/lexikon_node.html

Enquete-Kommission „Schutz des Menschen und der Umwelt" des 13. Deutschen Bundestages (1998). *Abschlussbericht, Konzept Nachhaltigkeit* (Drucksache 13/11200). Deutscher Bundestag.

Folke, C., Hahn, T., Olsson, P. & Norberg, J. (2005). Adaptive governance of social-ecological systems. *Annual Review of Environment and Resources, 30*, 441–473. https://doi.org/10.1146/annurev.energy.30.050504.144511

Gladwell, M. (2006). *The Tipping Point: How Little Things Can Make a Big Difference*. Little, Brown Book Group.

Gleick, J. (2008). *Chaos: Making a New Science*. Penguin.

Graumann, C. F. & Kruse, L. (2008). Umweltpsychologie – Ort, Gegenstand, Herkünfte, Trends. In E.-D. Lantermann & V. Linneweber (Hrsg.), *Grundlagen, Paradigmen und Methoden der Umweltpsychologie* (S. 3–65). Hogrefe.

Holland, J. H. (2000). *Emergence: From Chaos to Order*. Oxford University Press.

Intergovernmental Panel on Climate Change. (2018). Summary for Policymakers. In V. Masson-Delmotte, P. Zhai, H.-O. Pörtner, D. Roberts, J. Skea, P. R. Shukla, A. Pirani, W. Moufouma-Okia, C. Péan, R. Pidcock, S. Connors, J. B. R. Matthews, Y. Chen, X. Zhou, M. I. Gomis, E. Lonnoy, T. Maycock, M. Tignor & T. Waterfield (Hrsg.), *Global Warming of 1.5°C. An IPCC Special Report on the impacts of global warming of 1.5°C above pre-industrial levels and related global greenhouse gas emission pathways, in the context of strengthening the global response to the threat of climate change, sustainable development, and efforts to eradicate poverty (S. 3–24)*. Cambridge University Press. https://doi.org/10.1017/9781009157940.001

Intergovernmental Panel on Climate Change (2021a). In: *Climate Change 2021: The Physical Science Basis. Contribution of Working Group I to the Sixth Assessment Report of the Intergovernmental Panel on Climate Change* [Forster, P., T. Storelvmo, K. Armour, W. Collins, J.-L. Dufresne, D. Frame, D.J. Lunt, T. Mauritsen, M.D. Palmer, M. Watanabe, M. Wild, and H. Zhang, 2021:

The Earth's Energy Budget, Climate Feedbacks, and Climate Sensitivity. In Climate Change 2021: The Physical Science Basis. Contribution of Working Group I to the Sixth Assessment Report of the Intergovernmental Panel on Climate Change [Masson-Delmotte, V., P. Zhai, A. Pirani, S.L. Connors, C. Péan, S. Berger, N. Caud, Y. Chen, L. Goldfarb, M.I. Gomis, M. Huang, K. Leitzell, E. Lonnoy, J.B.R. Matthews, T.K. Maycock, T. Waterfield, O. Yelekçi, R. Yu, and B. Zhou (eds.)]. Cambridge University Press, Cambridge, United Kingdom and New York, NY, USA, pp. 923–1054, doi: 10.1017/9781009157896.009.]

Intergovernmental Panel on Climate Change. (2021b). Zusammenfassung für die politische Entscheidungsfindung. In V. Masson-Delmotte, P. Zhai, A. Pirani, S. L. Connors, C. Péan, S. Berger, N. Caud, Y. Chen, L. Goldfarb, M. I. Gomis, M. Huang, K. Leitzell, E. Lonnoy, J. B. R. Matthews, T. K. Maycock, T. Waterfield, O. Yelekçi, R. Yu & B. Zhou (Hrsg.), *Naturwissenschaftliche Grundlagen. Beitrag von Arbeitsgruppe I zum Sechsten Sachstandsbericht des Zwischenstaatlichen Ausschusses für Klimaänderungen*. Deutsche Übersetzung auf Basis der Druckvorlage, Oktober 2021. Deutsche IPCC-Koordinierungsstelle, Bonn; Bundesministerium für Klimaschutz, Umwelt, Energie, Mobilität, Innovation und Technologie, Wien; Akademie der Naturwissenschaften Schweiz SCNAT, ProClim, Bern.

Intergovernmental Panel on Climate Change. (2024, Januar). In *Wikipedia*. https://de.wikipedia.org/wiki/Intergovernmental_Panel_on_Climate_Change

Mischel, W. (1973). Toward a cognitive social learning reconceptualization of personality. *Psychological Review*, *80*(4), 252–283. https://psycnet.apa.org/doi/10.1037/h0035002

National Aeronautics and Space Administration/NASA's Goddard Institute for Space Studies (2024). *Global Land-Ocean Temperature Index*. https://climate.nasa.gov/vital-signs/global-temperature/

Otto, I. M., Donges, J. F., Cremades, R., Bhowmik, A., Hewitt, R. J., Lucht, W., Rockström, J., Allerberger, F., McCaffrey, M., Doe, S. S. P., Lenferna, A., Morán, N., van Vuuren, D. P. & Schellnhuber, H. J. (2020). Social tipping dynamics for stabilizing Earth's climate by 2050. *Proceedings of the National Academy of Sciences*, *117*(5), 2354–2365. https://doi.org/10.1073/pnas.1900577117

Richardson, K., Steffen, W., Lucht, W., Bendtsen, J., Cornell, S. E., Donges, J. F., Drüke, M., Fetzer, I., Bala, G., von Bloh, W., Feulner, G., Fiedler, S., Gerten, D., Gleeson, T., Hofmann, M., Huiskamp, W., Kummu, M., Mohan, C, Nogués-Bravo, D., … Rockström, J. (2023). Earth beyond six of nine planetary boundaries. *Science Advances, 9*(37), Artikel eadh2458. https://doi.org/10.1126/sciadv.adh2458

Steffen, W., Broadgate, W., Deutsch, L., Gaffney, O. & Ludwig, C. (2015). The trajectory of the Anthropocene: The great acceleration. *The Anthropocene Review*, *2*(1), 81–98. https://doi.org/10.1177/2053019614564785

van Vierssen, W., Hootsmans, M. & Vermaat, J. E. (Hrsg.). (1994). *Lake Veluwe, a Macrophyte-Dominated System under Eutrophication Stress.* Springer.

von Bertalanffy, L. (1950). An outline of general system theory. *British Journal for the Philosophy of Science, 1*(2), 134–165. https://doi.org/10.1093/bjps/I.2.134

von Carlowitz, H. C. (1732). *Sylvicultura Oeconomica*. Bey Johann Friedrich Brauns sel. Erben.

Walker, B., Holling, C. S., Carpenter, S. R. & Kinzig, A. (2004). Resilience, adaptability and transformability in social-ecological systems. *Ecology and Society*, *9*(2), *5*. http://www.ecologyandsociety.org/vol9/iss2/art5

Welzer, H. (2013). *Selbst Denken: Eine Anleitung zum Widerstand*. S. Fischer Verlag.

World Commission on Environment and Development. (1987). *Our Common Future.* Oxford University Press.

UN General Assembly (2015). *Sustainable development goals. SDGs Transform Our World*, Agenda 2030, 6–28.

Umwelthandeln als Handeln in komplexen Systemen

Inhaltsverzeichnis

A. Ernst et al., *Umweltpsychologie*, https://doi.org/10.1007/978-3-662-69166-3_2

Sowohl Ökosysteme als auch menschliche Gesellschaften sind komplex. Was die Komplexität ausmacht und was ihre Ursachen sind, zu welchen Konsequenzen sie im Systemverhalten führt, vor welchen Herausforderungen menschliches Handeln in komplexen Systemen steht und wie es erfolgreich sein kann, ist Thema dieses Kapitels. Anhand einer sehr bekannt gewordenen Simulation wird das Erdsystem als komplexes System eingeführt (▶ Abschn. 2.1). Danach werden die Merkmale eines komplexen Systems benannt (▶ Abschn. 2.2) und es wird Komplexität in Gruppen und Gesellschaften behandelt (▶ Abschn. 2.3). Was Komplexität mit Systemen machen kann, zeigt der Abschnitt über Nichtlinearität und extreme Ereignisse (▶ Abschn. 2.4). Während Handeln in komplexen Systemen schwierig sein kann (▶ Abschn. 2.5), gibt es zahlreiche Hilfestellungen für einen erfolgreichen Umgang mit solchen Systemen (▶ Abschn. 2.6).

2.1 Die Erde als komplexes System: die Grenzen des Wachstums

Beschäftigt man sich mit menschlichem Umweltverhalten, stößt man bald darauf, wie verwirrend vielfältig die Sachverhalte sind, sowohl aufseiten der Natur als auch auf der Seite des menschlichen Handelns selbst. Man denke nur an den Wasserkreislauf oder Gasaustauschprozesse an der Blattoberfläche von Bäumen für die Photosynthese. Menschliches Entscheiden oder Gruppenprozesse entziehen sich ebenfalls einer einfachen, formelhaften Beschreibung. Denn diese Phänomene sind komplex.

Komplexes System

Ein komplexes System besteht aus vielen Einzelteilen, die miteinander gekoppelt sind und in Wechselwirkung miteinander stehen. Das führt zu besonderem Verhalten des Systems.

Komplexe Systeme weisen Eigenschaften auf (vgl. ▶ Abschn. 2.2), die das Verständnis des Systems und einen erfolgreichen Umgang damit erschweren können. Viele unserer Alltagshandlungen vermeiden Komplexität und machen sie geradewegs unsichtbar: Den Lichtschalter an- oder auszuschalten blendet die Komplexität des Energiesystems völlig aus, ebenso wie es die Toilettenspülung mit der Trinkwasserbereitstellung und Abwasserbehandlung tut.

Nach einer Zeit in den 1950er- und -60er-Jahren, die von hoher Technikgläubigkeit und einem unbedingten Fortschrittsglauben geprägt waren, erfolgte ab den 1970ern eine kritischere Auseinandersetzung mit Bevölkerungswachstum und Tragfähigkeit von Ressourcen. Der Club of Rome, ein bis heute wirksamer Zusammenschluss von Forschenden verschiedener Disziplinen aus der ganzen Welt, gab eine Studie in Auftrag, die das Zusammenwirken von verschiedenen Wachstums- und Umweltfaktoren und ihre Auswirkungen in der Zukunft ergründen sollte. Dennis Meadows vom Massachusetts Institute of Technology (MIT), seine Frau

Donella und Mitarbeitende legten das Buch *The limits to growth* (1972; dt. *Die Grenzen des Wachstums*, Meadows et al. 1974) vor. Es bediente sich einer neuen und vielversprechenden Methode: der Computersimulation von komplexen Zusammenhängen mittels Systemdynamik (engl. *system dynamics*). Durch diese Methode war es möglich, sogenannte Weltmodelle zu bauen (wie World2; Forrester 1971), die die dynamischen Interaktionen verschiedener Sektoren auf dem Globus verdeutlichen konnten und dadurch die Weltsicht verändert haben. Auf *Die Grenzen des Wachstums* folgten *Die neuen Grenzen des Wachstums* (Meadows et al. 1993), *Grenzen des Wachstums. Das 30-Jahre-Update* (Meadows et al. 2009) und *2052 – A global forecast for the next forty years* (Randers 2012), mit jeweils ähnlichen Ergebnissen wie die ursprüngliche Studie. Herrington (2021) fand eine hohe Übereinstimmung des Business-as-usual-Szenarios (siehe ▶ Abschn. 2.1.1) mit aktuellen Daten.

Solche Weltmodelle sind natürlich immer eine Vereinfachung. Dennoch sind sie sehr nützlich. Denn genauso, wie man zur Orientierung Landkarten und keine Satellitenfotos benutzt, sind in diesen Modellen die wichtigsten Variablen in ihrer Struktur, ihren Ausmaßen und ihrer Zuordnung zueinander dargestellt. Mehr noch: Sie entwickeln sich dynamisch während des Laufs des Modells, also während der Simulation. Im Folgenden wird das Modell World3 (Meadows et al. 1993) vorgestellt. Es ist gegenüber den ursprünglichen Versionen deutlich erweitert und fußt auf einer umfangreichen empirischen Datenbasis. Grundlage der Vorstellung hier ist eine Reimplementation des ursprünglichen Modells in der frei verfügbaren Simulationsumgebung Vensim (Eberlein und Peterson 1992) durch Bossel (2004).

Die Weltmodelle wurden so erstellt, dass sie die interessierenden Variablen in der Vergangenheit hinreichend gut erklären können. Wenn man sie laufen lässt, decken sich die simulierten Daten mit jenen, die man in der Vergangenheit empirisch beobachtet hat. Erst wenn das erreicht ist, d. h., wenn durch diese empirische Passung ein gewisses Vertrauen in die Validität des Modells gegeben ist, lässt man das Modell in die Zukunft weiterlaufen. Je nachdem, welche Annahmen man dem Modell mitgibt (z. B. verschiedene politische Randbedingungen), erhält man mehrere *Zukunftsszenarien* (vgl. ▶ Abschn. 8.6.2). Sie bedeuten keine Vorhersage der Zukunft (denn eine solche Vorhersage gibt es nicht), sondern eine Verdeutlichung, was unter den im Modell angenommenen Randbedingungen passieren kann.

◘ Abb. 2.1 zeigt das sogenannte Systemdiagramm des World3-Modells. In ihm werden die wichtigsten Größen des Modells und ihre Zusammenhänge untereinander grafisch dargestellt. Auch ohne sich vertieft damit zu befassen, sieht man die Komplexität des Modells. Tatsächlich sind aber alle Pfeile noch mit Formeln oder statistischen Zusammenhängen hinterlegt, die festlegen, wie sich der im Pfeil dargestellte Zusammenhang zur Laufzeit des Modells genau verhalten soll.

World3 ist in zehn Teilmodelle aufgeteilt: Umweltbelastung, Nicht erneuerbare Ressourcen, Fertilität (Fruchtbarkeit der menschlichen Bevölkerung), Bevölkerung, Nahrungsmittelproduktion, Bodenfruchtbarkeit, Landentwicklung und Landverlust, Industrieproduktion, Dienstleistungen, Arbeitsplätze. In jedem Teilmodell kann man verfolgen, wie die Zusammenhänge modelliert wurden. Zum Beispiel kann im Teilmodell Umweltbelastung verfolgt werden, welche Faktoren als ur-

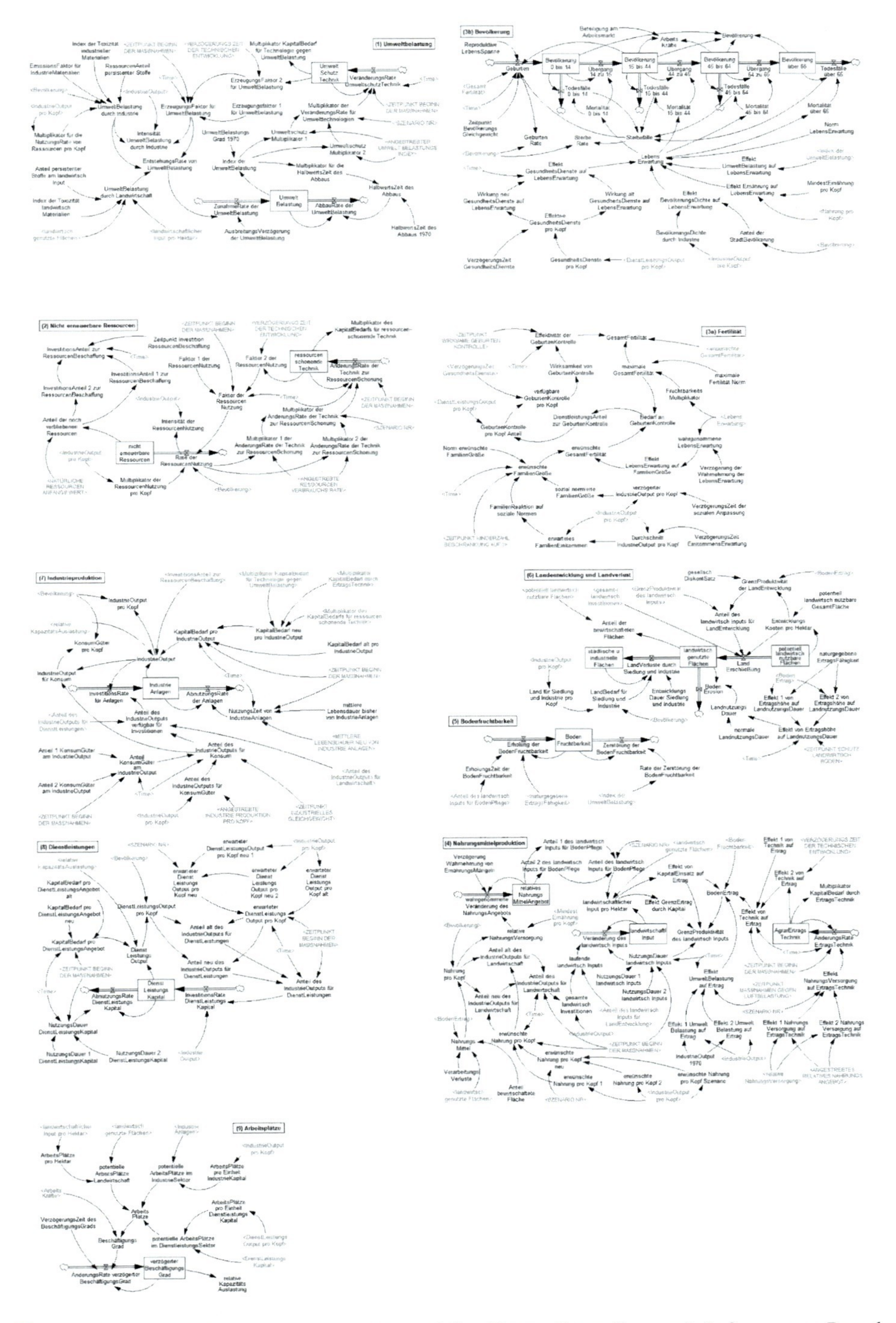

Abb. 2.1 Systemdiagramm des World3-Modells. (Eigene Darstellung mit Software aus Bossel 2004, mit freundlicher Genehmigung des Autors). Weitere Erläuterungen im Text

sächlich für die Variable „Umwelt Belastung“ angenommen werden und wie die Entwicklung von „Umwelt Schutz Technik“ darauf verbessernd Einfluss nimmt.

Neben der prinzipiellen Verbindung der Variablen im Modell untereinander kommt aber den genauen Zahlen, die hinter jedem Pfeil stehen, eine besondere Bedeutung zu. Sie entstammen der Forschung aus dem jeweiligen Fach oder aus Statistiken aus der Vergangenheit. Die Zahlen verändern sich während des Laufs des Modells: Steigt im Bevölkerungsteilmodell der „Index der Umweltbelastung“, hat das einen stärkeren „Effekt Umweltbelastung auf Lebenserwartung“ zur Folge, was letztlich die Sterberaten in den verschiedenen Altersstufen in der Bevölkerung erhöht und damit dämpfend auf die Größe der „Bevölkerung“ wirkt.

Das Modell lässt sich durch sogenannte Eingriffsparameter steuern. Das sind Größen wie „Angestrebte Industrieproduktion pro Kopf“ oder „Zeitpunkt Maßnahmen gegen Luftverschmutzung“, aber auch „Natürliche Ressourcen Anfangswert“ und andere. Mit ihnen lassen sich die verschiedenen gewünschten Szenarien einstellen und vom Modell durchrechnen. Mit solchen Einstellungen wollen wir jetzt einmal drei verschiedene Szenarien definieren und die Simulationsergebnisse auswerten.

2.1.1 Szenario 1: Business as usual (BAU)

Bei einem Business-as-usual-Szenario (einem „Weiter-so-Szenario“) geht man davon aus, dass sich keine Veränderungen in der Steuerung eines Systems ergeben, also keine zusätzlichen Maßnahmen ergriffen werden. Mit einem solchen Szenario fangen wir auch hier an. ◘ Abb. 2.2 zeigt die Ergebnisse des Business-as-usual-Szenarios in World3.

In der Abbildung ist auf der x-Achse die Zeit abgetragen. Das Modell fängt im (Modell-)Jahr 1900 an zu laufen und entwickelt sich dann weiter bis zum Ende des 21. Jahrhunderts. Auf der y-Achse sind verschiedene Variablen abgetragen: die Bevölkerung, die nicht erneuerbaren Ressourcen, die Industrieproduktion, die produzierten Nahrungsmittel und die Umweltbelastung. Mit den nicht-erneuerbaren Ressourcen ist der verfügbare Vorrat an Bodenschätzen gemeint. Alle anderen Variablen sind Ergebnisvariablen und spiegeln den Verlauf des Szenarios wider. Zahlreiche Variablen des komplexen Systems sind hier ausgeblendet, werden aber gut durch die in der Abbildung abzulesenden beschrieben.

Bis in die simulierten 1970er-Jahre scheinen die Ressourcen fast nicht abzunehmen und die Umweltbelastung steigt auch nur unmerklich an. Die Weltbevölkerung steigt moderat an, ebenso wie die Industrie- und Nahrungsmittelproduktion. Wachstum ist ein Erfolgsmodell, so scheint es. Auch die Lebenserwartung steigt (nach dem Ende des Zweiten Weltkriegs 1945) kontinuierlich an. Erst ab dem simulierten letzten Jahrzehnt des 20. Jahrhunderts steigt mit der Industrieproduktion auch die Umweltbelastung deutlicher und die Ressourcen nehmen schneller ab. Die Umweltbelastung läuft der Industrieproduktion ein paar Jahre nach und wirkt dann dämpfend auf die Bodenfruchtbarkeit und das Bevölkerungswachstum, welches bei etwa 8 Mrd. Menschen endet. Die Bevölkerung nimmt bis zum Ende des 21. Jahrhunderts auf etwa 4 Mrd. ab, bei dann stabilisierter Nahrungsmittel-

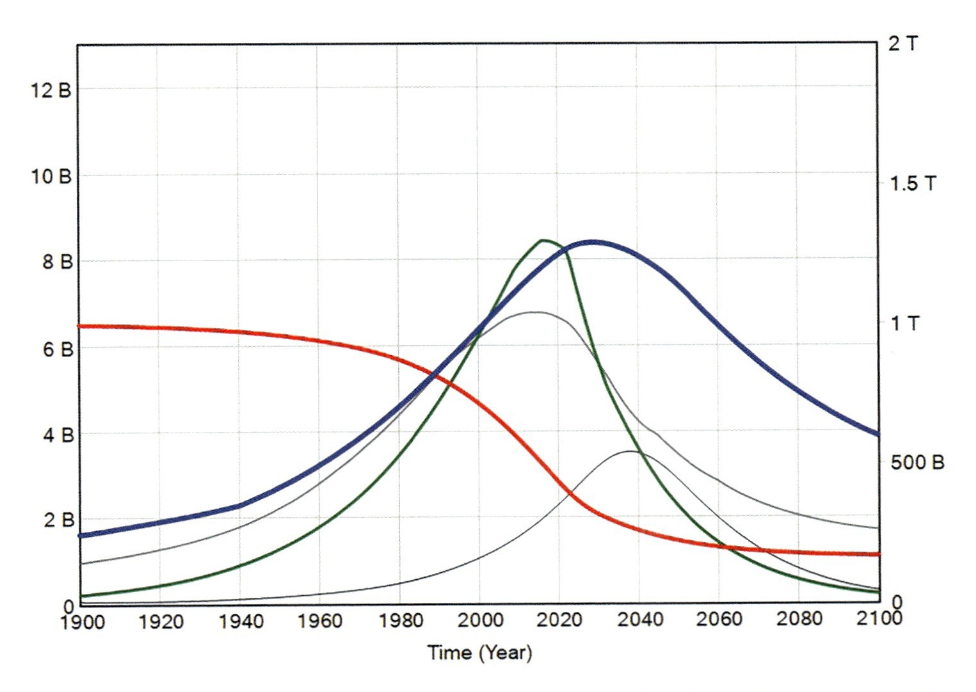

Abb. 2.2 Ergebnisse des Business-as-usual-Szenarios in World3. (Eigene Darstellung mit Software aus Bossel 2004, mit freundlicher Genehmigung des Autors). Blau: (Welt-)Bevölkerung; rot: nicht erneuerbare Ressourcen; grün: Industrieoutput; grau: Nahrungsmittel; schwarz: Umweltbelastung. Achse links: 1 B = 1 Mrd. Menschen

produktion. Die nicht erneuerbaren Ressourcen haben bis auf etwa ein Sechstel ihres Ursprungswertes abgenommen. Diese Simulation enthält also eine Katastrophe: Die Bevölkerung halbiert sich aufgrund von Ressourcenknappheit und Umweltverschmutzung.

2.1.2 Szenario 2: Verdopplung der nicht erneuerbaren Ressourcen

Man könnte nun argumentieren, dass die Ausgangssituation der nicht erneuerbaren Ressourcen zu niedrig angesetzt sei, weil diese Ressourcen z. B. noch nicht entdeckt seien oder eine effizientere Nutzung eine längere Nutzungsdauer ermögliche. Würde eine andere Annahme über die verfügbaren Ressourcen etwas verändern? Das simuliert ein World3-Szenario, in welchem diese Ressourcen zu Beginn doppelt so hoch angesetzt werden wie im BAU-Szenario. Abb. 2.3 zeigt die Ergebnisse.

Zunächst einmal ist zu erkennen, dass tatsächlich die nicht erneuerbaren Ressourcen zu Beginn doppelt so umfangreich sind wie bisher. Bleibt denn die im BAU-Szenario eingetretene Katastrophe aus? Nein, im Gegenteil – was sich gut an

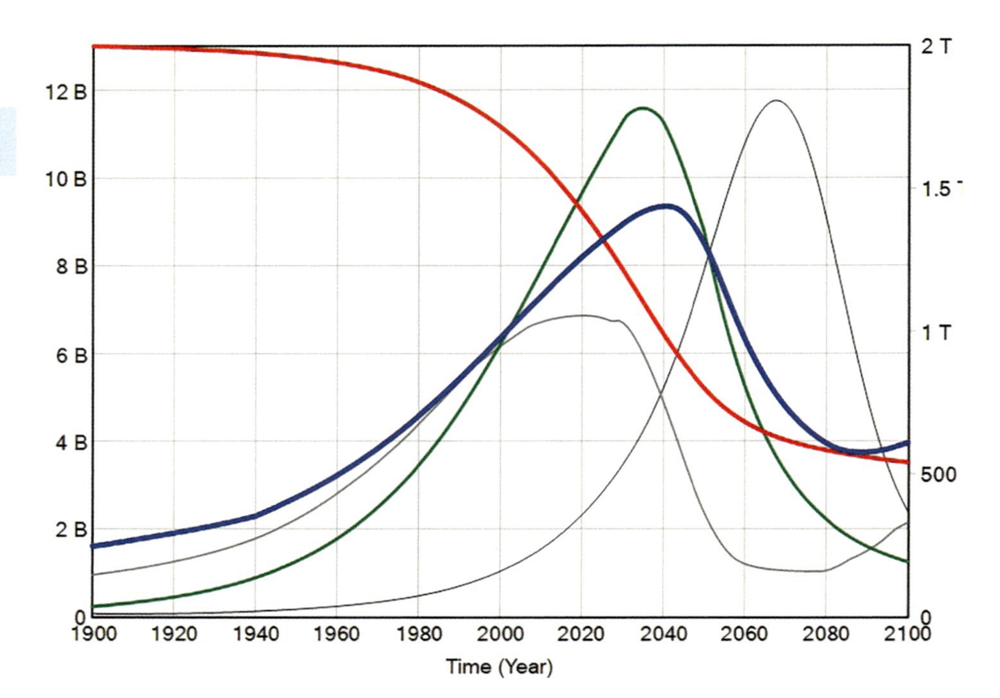

Abb. 2.3 Szenario mit verdoppelten nicht erneuerbaren Ressourcen in World3. (Eigene Darstellung mit Software aus Bossel 2004, mit freundlicher Genehmigung des Autors). Blau: (Welt-)Bevölkerung; rot: nicht erneuerbare Ressourcen; grün: Industrieoutput; grau: Nahrungsmittel; schwarz: Umweltbelastung. Achse links: 1 B = 1 Mrd. Menschen

den Nahrungsmitteln pro Kopf in der simulierten zweiten Hälfte des 21. Jahrhunderts ablesen lässt. Es baut sich im Vergleich zum vorangegangenen Szenario eine deutlich größere Welle an Industrieproduktion, Nahrungsmitteln und Lebenserwartung (also kurz: Wohlstand) auf, die zwar etwas später, dann jedoch umso härter bricht. Das zeigt: Es bringt in der Simulation nichts, mehr Ressourcen zu haben, wenn das System an anderer Stelle übernutzt wird. Das Problem sind nicht die Ressourcen, sondern der Umgang damit. Es ist so, als hätte man hier nochmal Öl in ein schon loderndes Feuer gegossen. Besonders auffällig ist in der Abbildung das starke und zeitverzögerte Ansteigen der Umweltbelastung. Erst deren Abfall ermöglicht wieder eine Erholung des Systems.

2.1.3 Szenario 3: Einführung von Nachhaltigkeitspolitik

Ist World3 denn überhaupt in der Lage, eine stabile, nachhaltige Situation zu simulieren? Ja, und Abb. 2.4 zeigt ein solches Szenario. Der Unterschied zum Szenario mit verdoppelten Ressourcen von eben ist, dass ab Simulationsjahr 1975 politische Maßnahmen ergriffen werden, die der nachhaltigen Ressourcennutzung dienen: Senkung der „Angestrebten Industrieproduktion pro Kopf" von 400 auf 350

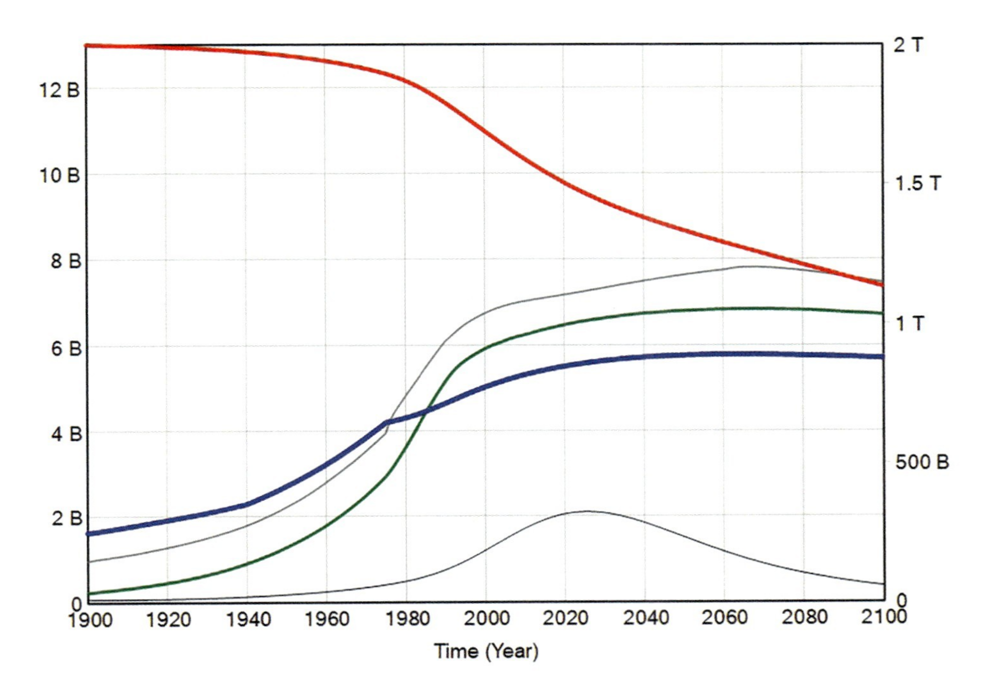

Abb. 2.4 Szenario mit Nachhaltigkeitspolitik in World3. (Eigene Darstellung mit Software aus Bossel 2004, mit freundlicher Genehmigung des Autors). Blau: (Welt-)Bevölkerung; rot: nicht erneuerbare Ressourcen; grün: Industrieoutput; grau: Nahrungsmittel; schwarz: Umweltbelastung. Achse links: 1 B = 1 Mrd. Menschen

Einheiten, Erhöhung der „Mittleren Lebensdauer von Industrieanlagen" von 14 auf 18 Jahre, Einführung von „Schutz der landwirtschaftlichen Böden", von „Wirksame Geburtenkontrolle" und „Beschränkung der Kinderzahl auf 2" sowie „Industrielles Gleichgewicht" (die Industrieproduktion für Konsumgüter wächst nicht weiter). Viele Variablen im System werden auf diese Weise vorsichtig an eine relative Stabilität herangeführt. Allerdings gibt es in diesem Modell keine perfekte Kreislaufwirtschaft, was daran zu sehen ist, dass die nicht erneuerbaren Ressourcen weiter (langsam) abnehmen. Die Umwelt ist in gutem Zustand und die Produktion von Nahrungsmitteln ist auf einem hohen Niveau. Ganz deutlich wird, dass in diesem Szenario die Lebenserwartung einen sehr hohen Wert erreicht, weil die Umweltbelastung so niedrig ist.

Das letzte Szenario lehrt aber auch, dass Maßnahmen frühzeitig zu ergreifen sind, weil sie Zeit benötigen, um zu wirken. In der Simulation werden diese Maßnahmen im Modelljahr 1975 eingeleitet. Das lag zum Zeitpunkt der Veröffentlichung der *Grenzen des Wachstums* (1972) noch in der Zukunft. Die Maßnahmen werden im Modell ergriffen, lange *bevor* sich die Welle der Umweltbelastung aufbaut. In ► Kap. 1 haben wir bereits gesehen, wie weit fortgeschritten die tatsächliche Belastung des Erdsystems heute bereits ist. Alle nun folgenden Maßnahmen müssen also ungleich beherzter erfolgen, als das schon im vorgestellten Modelllauf war (vgl. dazu ► Kap. 7).

Nachdem die Besprechung von World3 die Welt als komplexes System vorgestellt hat, wollen wir nun den Merkmalen komplexer Systeme nachgehen. Die Schwierigkeiten von Personen im Umgang mit komplexen Systemen werden in ► Abschn. 2.5 besprochen.

2.2 Merkmale von komplexen Systemen

Komplexe Systeme weisen zumeist die im Folgenden aufgezählten Eigenschaften auf (Dörner 1989; Gardner und Stern 2002). Diese gelten vielfach genauso auch für soziale Systeme, worauf in ► Abschn. 2.3 unter dem Stichwort „soziale Komplexität" eingegangen wird.

■ Viele Variablen und Vernetztheit

Komplexität entsteht dadurch, dass Systeme viele Variablen enthalten, die miteinander in Verbindung stehen und sich gegenseitig beeinflussen. Schon die Wechselwirkung von drei Variablen kann chaotischen Output erzeugen (Bossel 2004). Die Komplexität eines Systems steigt aber mit der Anzahl der Variablen und der Anzahl und Stärke der Verbindungen unter ihnen. Wie World3 in ◘ Abb. 2.1, so besitzen reale Systeme, seien es technische, ökologische oder soziale Systeme, eine große Anzahl an interagierenden Elementen. Manchmal werden solche Systeme auch Systeme höherer Ordnung genannt, wobei mit Ordnung die Anzahl der Elemente gemeint ist. Im Umkehrschluss heißt das aber auch, dass nicht jede Ansammlung von vielen Elementen ein komplexes System ist – nämlich dann nicht, wenn sie unverbunden sind. Einzeln stehende Bäume werden kein Wald, auch wenn es viele sind.

Weil Menschen so reichhaltige Kommunikations- und Handlungsmöglichkeiten besitzen, können auch schon kleinere soziale Systeme (d. h. Gruppen) Eigenschaften von Komplexität zeigen (vgl. ► Abschn. 2.3).

■ Eigendynamik

Unter Eigendynamik versteht man, dass sich ein System auch ohne Eingriff weiterentwickelt. Das hat zwei für den Umgang mit diesen Systemen wichtige Konsequenzen. Erstens verunmöglicht es das Schaffen einer vollständigen Entscheidungsgrundlage, da sich das System während der Informationssuche weiterentwickelt und daher die Informationssuche unvollständig bleiben muss. Zweitens und damit zusammenhängend erzeugt Eigendynamik Zeitdruck: Man kann mit einer Entscheidung nicht „ewig" warten (Dörner 1989), da sich sonst die Grundlagen der Entscheidung völlig überholt haben.

■ Intransparenz

Komplexe Systeme liefern uns, sofern es nicht technische Systeme sind, keinen Schaltplan und keine Bedienungsanleitung. Das gilt für sämtliche biologische und geophysikalische Systeme, aber auch für soziale Systeme. Hier kommt wissenschaftliche Forschung ins Spiel. Sie versucht, aus empirischen Beobachtungen Schlüsse in Bezug auf die dahinterliegenden Mechanismen zu ziehen. Da viele Abläufe in der Welt nicht unmittelbar menschlicher Sinneserfahrung zugänglich sind, bedarf es hier auch ausgeklügelter Messmethoden, wie man z. B. in den Naturwissenschaften gut sehen kann. Allerdings sind die beobachteten Ereignisse immer lückenhaft. So kann z. B. ein Netz aus Klimamessstationen, und wenn es auch aus Abertausenden Stationen zu Land und zu Wasser besteht, doch nicht permanent und überall alle kleineren, lokalen Entwicklungen des Klimas sofort und perfekt erfassen. Das ist für das große Bild zwar nicht wichtig, wissenschaftstheoretisch allerdings werden dadurch aus den Interpretationen der Daten sogenannte Induktionsschlüsse, die bei möglicherweise neuen, anderen Daten durchaus falsifiziert werden können.

Letzten Endes treffen Menschen also Entscheidungen immer unter Unsicherheit, auch wenn sie diese auf eine große Datengrundlage gründen. Die Diskussion darüber wird in ▶ Kap. 3 bei der Besprechung von Risiko zu führen sein. Es ist sinnvoll zu versuchen, das intransparente System gut verstehen zu lernen und mit ihm umgehen zu lernen (mehr dazu unter ▶ Abschn. 2.5), jedoch hat Abwarten und Hoffen auf neue Erkenntnisse auch seinen Preis. Vielfach ist bereits völlig klar, wohin die Reise der Nachhaltigkeit zu gehen hat und in welche Richtung Schritte nötig sind, um sie zu beginnen – das haben wir ja auch am Beispiel von World3 gesehen.

▪ Positive und negative Rückkopplungen

Rückkopplungen gibt es in zwei Varianten, die unterschiedlicher nicht sein könnten. Dabei bezieht sich positiv und negativ auf das mathematische Vorzeichen in der Gleichung und nicht auf wünschenswerte oder nicht wünschenswerte Eigenschaften der Rückkopplung.

Eine positive Rückkopplung hat einen sich selbst verstärkenden Effekt auf eine Variable. Je größer ihr Wert ist, desto mehr wird im folgenden Zeitschritt zu ihr *addiert*. Wenn wir in einem einfachen Populationsmodell davon ausgehen, dass zwei Hasen pro Jahr zwei kleine Hasen zeugen, die den Hasenbestand vergrößern, dann werden im nächsten Jahr schon vier Hasen dazukommen, dann acht, dann sechzehn usw. Eine ungebremste positive Rückkopplung erzeugt exponentielles Wachstum, bei dem die Kurve immer steiler nach oben zeigt. Für ein System ist ein solches Wachstum kritisch und nicht wünschenswert, da es das Überleben des Systems gefährdet.

Negative Rückkopplung dämpft Entwicklungen, wie bei einem Stoßdämpfer, dessen Auslenkung immer geringer wird, bis das System wieder zur Ruhe gekommen ist. Von einer Variablen wird also im folgenden Zeitschritt umso mehr *abgezogen*, je größer ihr Wert ist. Negative Rückkopplungen beruhigen ein System, machen es aber auch träge. Negative und positive Rückkopplungen halten sich in einem funktionierenden System die Waage.

▪ Nichtlinearität

Die Rückkopplungen, aber auch andere Einflussfaktoren bedingen, dass die Beziehungen zwischen den Variablen eines Systems unter Umständen keinen einfachen Verlauf haben. Wie wir gerade gesehen haben, können exponentielle Wachstumsprozesse eintreten (oder auch ihr Gegenteil: exponentieller Zerfall durch eine negative Rückkopplung). Manchmal haben die Beziehungen aber auch gewisse Schwellenwerte. Wenn diese überschritten werden, nimmt die Beziehung einen anderen Wert an. Das nennt man auch Kipppunkt oder *tipping point* (vgl. ► Abschn. 1.2.2). So kann z. B. auch eine Beziehung zwischen Variablen ab einem gewissen Schwellenwert ganz verschwinden oder es können neue auftauchen (z. B.: Der Schnee schmilzt bei Temperaturerhöhung und fließt als Wasser davon). Allem gemeinsam ist, dass es sich bei den Beziehungen zwischen Variablen eines komplexen Systems nicht um einfache lineare Beziehungen handeln muss, wie wir sie näherungsweise von Lautstärkereglern oder Gaspedalen kennen.

▪ Emergenz und Synchronisierung

Eine ganz wesentliche Eigenschaft von komplexen Systemen ist *Emergenz*. Der Begriff beschreibt die von allein entstehende Herausbildung von neuen Eigenschaften oder Strukturen eines Systems infolge des Zusammenspiels seiner Elemente. Es treten also Verhaltensmuster in Erscheinung, die sich nicht allein aus dem Verhalten der einzelnen Elemente erklären lassen, sondern nur aus deren Wechselwirkung. Emergenz tritt in komplexen physikalischen, biologischen und auch sozialen Systemen auf.

Aus vielen, für sich genommen sinnlosen Pixeln ergibt sich ein Bild, Bäume bilden einen Wald und erzeugen ein typisches Mikroklima darin, einzelne Wassermoleküle formen eine mächtige Welle, Fußballfans eine La Ola – das sind nur einige Beispiele für Emergenz.

An der Welle lässt sich noch eine wichtige Eigenschaft von manchen emergenten Phänomenen verdeutlichen. Wenn einzelne Wassermoleküle in Bewegung sind, üben sie keinen erheblichen Druck aus. Sind sie aber synchron, d. h. bewegen sie sich gleichzeitig und ergeben eine Welle, dann können sie eine gewaltige physische Kraft entwickeln. *Synchronisierung* ist die Gleichzeitigkeit der Bewegung der einzelnen Elemente in einem System. Bewegen sich alle Elemente in zufällige Richtungen, wird das Gesamtsystem keine besondere Bewegung erkennen lassen. Sind die Einzelbewegungen aber synchronisiert, ergibt sich eine sicht- oder fühlbare Bewegung im System. Was so noch abstrakt klingt, lässt sich gut auf menschliche Gesellschaften übertragen: Soziale Bewegungen entstehen erst dadurch, dass sich Menschen zusammenschließen und damit synchronisieren (z. B. um zusammen zu demonstrieren). Insgesamt emergiert gesellschaftliches Handeln also durch synchrone Handlungen von Individuen (siehe auch ► Abschn. 4.2.3 und ► Kap. 7).

▪ Kontraintuitive Eigenschaften

Nach Gardner und Stern (2002) lassen sich Eigenschaften komplexer Systeme ausmachen, die der menschlichen Intuition widersprechen und daher Problemlösen erschweren können. Dazu zählen:

- *Die Entfernung von Symptomen und Ursachen*. Während uns unsere Intuition nach Ursachen in der zeitlichen und räumlichen Nähe der Symptome suchen lässt, muss das bei komplexen Systemen nicht der Fall sein. Effekte können sehr vermittelt und zeitlich wie räumlich sehr entfernt von den Ursachen auftreten, wie z. B. das Ozonloch räumlich und zeitlich weit von der Benutzung von FCKW-haltigen Sprays entfernt war.

- *Wenig Hebelpunkte.* Negative Rückkopplungen in einem System dämpfen von innen oder außen ausgelöste Bewegungen. So ist es nicht verwunderlich, dass die Veränderung von Variablen nicht unbedingt zu einem deutlichen Effekt im System führen muss, da vielleicht eine oder mehrere negative Rückkopplungen diesen Effekt dämpfen. Dann hilft auch nicht zwingend, den Eingriff zu verstärken, denn eine negative Rückkopplung dämpft dann ja umso stärker. Es gilt also, in einem System sensible Variablen zu identifizieren, die als Angriffs- oder Hebelpunkte dienen können.
- *Widerspruch zwischen langfristigen und kurzfristigen Lösungen.* Kurzfristig sinnvoll erscheinende Handlungen in einem System können zugrunde liegende Probleme „verpassen“ und sogar das Gegenteil einer tiefer liegenden, langfristig wirksamen Problemlösung bewirken. So kann der Einsatz von Pestiziden nur kurzfristig sein Ziel erreichen, die Pflanzen zu schützen, jedoch langfristig zu verheerenden ökosystemischen und gesundheitlichen Folgen führen (wie beim für Pflanzenschutz eingesetzten DDT, wie es die Biologin Carson 1962 in *Silent Spring* eindrücklich schilderte).
- *Nicht erwartete Fernwirkungen.* Weil nur ein Teil der Konsequenzen einer Handlung in einem komplexen System wirklich überblickt werden kann, kommt es zu Neben- und Fernwirkungen, die weder beabsichtigt noch vorhergesehen waren. Die Klimaerwärmung ist so eine nicht beabsichtigte und nicht erwartete Neben- und Fernwirkung der globalen Industrietätigkeit seit 150 Jahren.

Laut Gardner und Stern (2002) erhöhen die folgenden Eigenschaften die Wahrscheinlichkeit von Katastrophen im System:
- *Zeitverzögerung zwischen Handlungen und Effekten.* Sie führt dazu, dass man Folgen des Handelns nicht direkt sieht. Je länger diese Verzögerung dauert, desto länger können sich (unerwünschte) Entwicklungen ungehindert aufbauen. Zum Beispiel braucht CO_2 etwa ein Jahrzehnt nach seinem Ausstoß, um sein volles Treibhauspotenzial zu entfalten (Ricke und Caldeira 2014).
- *Exponentielles Wachstum.* Nichtlinearität (s. o.) ist schwer zu begreifen. Exponentielle Entwicklungen beschleunigen sich über die Zeit, was darüber hinaus noch zögerliches Eingreifen bestraft. Das lässt sich z. B. immer wieder am Verlauf der Wellen in Epidemien illustrieren.
- *Irreversibler Schaden.* Hat ein System erst einmal Schaden genommen, sind u. U. Pfade der Selbstheilung oder der Reparatur von außen versperrt. Ein zerstörtes Ökosystem wäre hier ein Beispiel.

Pfadabhängigkeit

Komplexe Systeme haben – wie alles in der Welt – eine Historie, d. h. einen vergangenen Verlauf über die Zeit. Er bestimmt das Verhalten des Systems in der Zukunft mit. Diese Pfadabhängigkeit ist am augenfälligsten, wenn z. B. aufgrund von gebauter Infrastruktur eine Umlenkung des Systems nicht ungebunden und rasch möglich ist, wie etwa bei der bisherigen Ausrichtung von Städten auf motorisierten Individualverkehr.

Die bisher besprochenen Punkte mögen das Gefühl ausgelöst haben, dass Menschen angesichts der Herausforderungen komplexer Systeme kaum eine Chance haben, unheilvollen Entwicklungen rechtzeitig genug entgegenwirken zu können. In ► Abschn. 2.6 werden wir sehen, dass zum erfolgreichen Umgang mit komplexen Systemen auch gehört, dass man sich von der Idee einer strikten Steuerung dieser Systeme (so wie man technische Systeme zu steuern gewohnt ist) verabschiedet. Guter Umgang mit diesen Systemen ähnelt eher einer Navigation (z. B. wie bei einem Segelboot), denn es hat viel mit guter Vorbereitung, Wachsamkeit auf zahlreiche Variablen und permanentem Nachsteuern zu tun.

2.3 Soziale Komplexität

Unter sozialer Komplexität verstehen wir die Komplexität einer Gruppe oder Gesellschaft menschlicher Individuen. Zunächst gehen wir auf persönliche Netzwerke als eine wesentliche Ursache sozialer Komplexität ein und besprechen dann das sogenannte Kleine-Welt-Phänomen, was die Wirkung persönlicher Netzwerke wunderbar illustriert.

2.3.1 Die Ursache sozialer Komplexität: Persönliche Netzwerke

Umweltverhalten ist nicht zu verstehen ohne die Betrachtung des sozialen Einflusses, den andere Menschen auf eine handelnde Person ausüben. Dieser Einfluss im Verhalten, bei seiner Veränderung und bei Verhaltensinnovationen wird in ► Abschn. 4.1.5 besprochen. Auf Methoden der Erhebung, Analyse und Modellierung sozialer Netzwerke geht ► Abschn. 8.5 ein. In dem hier vorliegenden Abschnitt werden *persönliche Netzwerke* (die oft auch soziale Netzwerke genannt werden, was aber nicht oder nur teilweise mit den digitalen sozialen Netzwerken gleichzusetzen ist) eingeführt. Diese persönlichen Netzwerke sind die Transportmittel für den sozialen Einfluss. Sie besitzen ihre eigene Komplexität.

Wichtig in unserem Zusammenhang sind die sogenannten *Cliquen* oder *Cluster* in persönlichen Netzwerken. Dabei sind alle Personen in einer Gruppe auf eine Weise miteinander verbunden – sie kennen sich z. B. oder sie arbeiten zusammen (dann nennt man sie Teams). Personen in solchen Clustern haben also zu jeder anderen Person eine Beziehung. Typischerweise haben solche Gruppen auch relativ klare Grenzen: Man kann gut zwischen innerhalb der Gruppe und außerhalb der Gruppe unterscheiden, weil die Beziehungen nach außen eben nicht vollständig und deutlich weniger zahlreich sind als innerhalb der Gruppe.

Weil solche Cluster sehr häufig auftreten, lohnt es sich, die Frage zu stellen, wie viele soziale Beziehungen in einer solchen Gruppe vorliegen. Dabei muss die Art der Beziehung zunächst nicht weiter definiert werden. Es handelt sich aber jeweils um gegenseitige, reziproke Beziehungen (also z. B. beide kennen sich gegenseitig). Die kleinste Gruppe ist eine Zweierbeziehung: Es gibt genau eine Beziehung zwischen den beiden Beteiligten. In einer Kleinfamilie mit Eltern und einem Kind sind es drei Beziehungen, wie man sich im Kopf schnell klarmachen kann. Das ist auch noch gut überschaubar. Kommt jetzt ein zweites Kind hinzu, sind es schon sechs Beziehungen, bei drei Kindern insgesamt zehn. Da kann es schon mal schwierig werden, allen Beteiligten gleichermaßen gerecht zu werden – dabei sprechen wir hier erst über eine Zahl von fünf Personen!

Die generelle Formel für die Anzahl von Beziehungen in einem vollständigen (Cluster-)Netzwerk lautet:

$$\text{Gesamtanzahl der Beziehungen} = \text{Personenanzahl}^{*}\left(\text{Personenanzahl} - 1\right)/2 \qquad (2.1)$$

Bei 30 Menschen in einem Raum wie z. B. bei einem Seminar an der Universität (alle kennen sich) ergibt diese Formel 435 Beziehungen, bei einer Vorlesung mit 250 Menschen aber schon über 31.000 Beziehungen. Das ist mit sozialer Komplexität gemeint. Überschaubar viele Menschen haben nicht mehr überschaubar viele soziale Beziehungen untereinander. Wenn jetzt – je nach Definition der Beziehung – über sie Informationen ausgetauscht und sozialer Einfluss ausgeübt werden, dann können wir ahnen, auf welch komplexe Art sich schon eine kleinere Gruppe von Menschen entwickelt.

2.3.2 Das Kleine-Welt-Phänomen

Gerade größere Gruppen sind keine Cluster im oben definierten Sinn. Die Beziehungen zwischen den Mitgliedern der Gruppe sind in aller Regel nicht vollständig, im Gegenteil: Die „Dichte“ des persönlichen Netzwerks aller Beteiligten – gemessen als das Verhältnis der tatsächlich vorliegenden Beziehungen zu den rechnerisch möglichen – ist meist extrem gering, nämlich nahe null. Das lässt sich an einer Stadt verdeutlichen: Sie kennen vielleicht 1000 Menschen aus Ihrer Stadt (oder auch deutlich weniger), die vielleicht mehrere Hunderttausend Einwohner und Einwohnerinnen hat. Und dennoch liegt auch hier ein soziales Netzwerk vor, wenn auch eines von geringer Dichte. Und tatsächlich hat diese überall anzutreffende Netzwerkform eine besondere Eigenschaft, die man als *Kleine-Welt-Phänomen* bezeichnet: Jede Person ist mit jeder anderen über eine überraschend kurze Kette von Beziehungen verbunden.

Um dem Kleine-Welt-Phänomen nachzugehen, führte Milgram (1967; Travers und Milgram 1969) ein Postexperiment durch. Er bat Personen in den US-amerikanischen Bundesstaaten Kansas und Nebraska, Pakete an ihre Empfänger weiterzuleiten. Allerdings waren die Pakete nur mit Beruf und Namen des Empfängers sowie dem ungefähren Ort adressiert. Das Ziel waren zwei Adressen in Boston an der Ostküste der USA. Die zufällig ausgewählten Startpersonen und die weiteren Zwischenstationen sollten das Paket nur an Personen weiterleiten, die sie mit Vornamen kannten und von der sie dachten, sie wüssten in Bezug auf die Zielperson weiter. Alle Stationen sollten über eine vorbereitete Antwortkarte Rückmeldung an den Absender geben. Tatsächlich erreichten die Pakete die Empfänger über durchschnittlich 5 Zwischenstationen (in einem ersten Experiment wurden 3 von 60 Päckchen erfolgreich zugestellt, in einem zweiten 64 von 217).

Die Daten von Milgram (1967) zeigen, dass die Pfadlänge, also die Anzahl der Zwischenstationen, sich ungefähr normalverteilt um einen Mittelwert von etwa 5. Fünf Zwischenstationen ergeben 6 Schritte bis zum Ziel, weswegen man auch von *„six degrees of separation"* spricht. Bei aller Kritik an den frühen Studien von Milgram (z. B., dass die mittlere Pfadlänge überschätzt wird, weil Leute beim Weiterleiten Fehler machen, oder unterschätzt, weil längere Pfade fehleranfälliger sind) wurden die Ergebnisse jedoch mehrfach auf globaler Skala repliziert (z. B. auch mit einem Messengerdienst mit 180 Mio. Nutzer*innen; Leskovec und Horvitz 2008).

Das Kleine-Welt-Phänomen ist nicht nur sprichwörtlich, sondern kann auch anhand von Co-Autorenschaft bei wissenschaftlichen Publikationen nachgewiesen werden. Paul Erdõs ist der Mathematiker mit den bislang meisten Publikationen. Da er gerne mit anderen Personen gemeinsam publizierte, lässt sich gut die sogenannte Paul-Erdõs-Zahl für alle anderen publizierenden Forschenden in der Mathematik bestimmen, also über wie viele Zwischenstationen jemand mit Erdõs verbunden ist (Goffman 1969). Die Daten dazu sammelt das Paul-Erdõs-Projekt (▶ https://sites.google.com/oakland.edu/grossman/home/the-erdoes-number-project). Dort zeigt sich, dass es 504 direkte Co-Autoren und Co-Autorinnen, d. h. solche mit einer Pfadlänge von 1 zu Erdõs, gibt. Das Maximum erreicht die Verteilung bei 87.760 Personen mit einer Pfadlänge von 5, der Gesamtmittelwert dieser Zahl liegt bei 4,65. Eine Person hat sogar die Erdõs-Zahl 0 – er selbst.

Die Auswertung von realen Netzwerken über elektronische Datenquellen lässt sich auch mit Filmschauspielern und Filmschauspielerinnen durchführen. Eine Beziehung zwischen ihnen existiert, wenn sie gemeinsam in einem Film gespielt haben. Das wertet das sogenannte Kevin-Bacon-Spiel (▶ https://oracleofbacon.org/) aus. Kevin Bacon ist ein US-amerikanischer Schauspieler, der zwar relativ selten eine Hauptrolle hatte, aber dafür sehr oft unterstützende Rollen in Hollywoodfilmen. Bei über 2 Mio. ausgewerteten Schauspielern und Schauspielerinnen ist die durchschnittliche Kevin-Bacon-Zahl etwas über 3, was die relative Dichte des sozialen Netzes in der Filmbranche verdeutlicht. Auf der Webseite können Sie die Zahl für Ihren Lieblingsschauspieler oder Ihre Lieblingsschauspielerin bestimmen – sie wird überraschend klein sein.

Wir stellen also fest, dass persönliche Netzwerke eine ganz besondere Form besitzen. Der Grund dafür ist, dass solche realen Netzwerke nicht zufällig entstehen, sondern sich Menschen mit bestimmten anderen Menschen umgeben und wiederum andere meiden. Das ergibt Cluster (aus Bekannten- oder Freundeskreisen, Arbeitskollegen und -kolleginnen usw.). Dieses Clustering ermöglicht erst das Kleine-Welt-Phänomen. Das Clustering und das Kleine-Welt-Phänomen sind aber ihrerseits die Ursache für eine weitreichende soziale Beeinflussung in menschlichen Gesellschaften. Die komplexen sozialen Netzwerke erzeugen vielfältige, systematische und gegenseitige Einflüsse der beteiligten Personen. Darüber wird noch detailliert in ▶ Kap. 4 zu sprechen sein.

2.4 Nichtlinearität und extreme Ereignisse in natürlichen und sozialen Systemen

Normalerweise sind natürliche und gesellschaftliche Systeme robust gegenüber Störungen, da diese durch negative Rückkopplungen gedämpft werden. Extreme Einwirkungen (von außen oder auch von innen) können aber auch große, stabile Systeme zerstören. In den folgenden Abschnitten wird zunächst darauf eingegangen, was derartige Einwirkungen in Systemen für Folgen haben können. Dann wenden wir uns Aufschaukelungsprozessen in Systemen bei der gesellschaftlichen Wahrnehmung von Risiken zu. Abschließend wird den Ursachen von Katastrophen und den Schwierigkeiten bei deren Vorhersage nachgegangen.

2.4.1 Kaskadeneffekte

Bei einem großflächigen Stromausfall fallen nicht nur ein paar Steckdosen aus, sondern er hat noch weitere Konsequenzen. Das Mobilfunknetz und das Festnetz funktionieren schlagartig auch nicht mehr, das Internet ist aus, Herd, Mikrowelle und die Heizung auch, weil alles elektrische Energie benötigt. Überraschender ist vielleicht, dass auch keine Tankstelle mehr Treibstoff ausgibt, weil die Pumpen an den Zapfsäulen elektrisch angetrieben sind, oder dass man nach einem Blackout – wenn es schlecht läuft – nur noch einmal auf Toilette gehen kann, weil der Wasserdruck in den Leitungen durch elektrische Pumpen erzeugt wird und kein frisches Trinkwasser mehr in die Wohnungen gelangt. Wenn aus einem Störfall weitere Konsequenzen erwachsen, nennt man das einen *Kaskadeneffekt* (der sich also im System wie ein Wasserfall von einem Element zum nächsten fortsetzt) oder auch Lawineneffekt.

Oft steigern sich das Ausmaß und der entstehende Schaden und können im Extremfall auch zum Gesamtversagen des Systems führen. Sogenannte kritische Elemente dürfen nicht versagen, weil das weitreichende Folgen hätte. Andere Elemente sind dann betroffen, wenn sie mit einem versagenden Element auf irgendeine Art gekoppelt sind. Je enger diese Kopplung, desto stärker sind die Auswirkungen.

Auch im Umweltbereich liegen solche Kaskaden auf der Hand: Auf intensive Ausbeutung landwirtschaftlich genutzten Bodens kann Erosion (als kritische Variable) die Bodenfruchtbarkeit reduzieren, die Nahrungsmittelsicherheit ist nicht mehr gewährleistet und es kommt zu Hungersnot. Oder die Reduzierung von Lebensräumen und damit der Biodiversität lässt die Zahl der Insekten sinken – Pflanzen, darunter auch Nahrungsmittel wie Obstbäume, werden nicht mehr bestäubt, Früchte können nicht wachsen und folglich nicht geerntet werden, was wiederum zu Hungersnot führen kann. Diese wiederum kann zu Konflikten um rare Ressourcen (Lebensmittel) führen, was wiederum dazu führen kann, dass weniger Menschen Felder bestellen können usw. Man sieht also, wohin Kaskadeneffekte führen können.

2.4.2 Soziale Verstärkung in der Risikowahrnehmung

In der Theorie der sozialen Verstärkung von Risiko (*social amplification of risk theory*; Kasperson et al. 1988) wird beschrieben, wie – über die dinglichen Konsequenzen eines Risikoereignisses (siehe hierzu auch ▶ Abschn. 3.2) hinaus – psychologische und im weiteren Sinn soziale Faktoren dazu beitragen können, die Wahrnehmung von Ereignissen so zu verstärken, dass sie ihrerseits wieder starke gesellschaftliche Konsequenzen haben. Die Grundbeobachtung ist hier, dass jede Station in der sozialen Übermittlung von Risikoinformation die Information nicht einfach unverändert weitergibt, sondern sie verstärkt oder auch abschwächt. Das kann man als einen sozialen Kaskadeneffekt bezeichnen.

Abb. 2.5 zeigt die Stationen der Theorie der sozialen Verstärkung von Risiko (Kasperson et al. 1988). Ein Risikoereignis, sei es etwa eine Naturkatastrophe, ein Terroranschlag oder ein Industrieunfall, erleben wir entweder selbst mit (was allerdings nicht zu hoffen ist), oder wir erfahren davon durch andere, die es miterlebt haben (d. h. direkte Kommunikation), oder aus dritter Hand durch jemanden, der oder die davon gehört hat (d. h. indirekte Kommunikation). Je außergewöhnlicher und je bedrohlicher das Ereignis ist, desto größer ist die Wahrscheinlichkeit, dass sich die Information über verschiedene informelle oder professionelle Kanäle weiterverbreitet und an einflussreiche Zwischenstationen gelangt, wie z. B. Meinungsführende, organisierte Gruppen, Behörden oder Medien. Ihnen allen ist gemein, dass sie die Nachricht nach bestimmten Kriterien filtern und ihr auch eine (zumindest vorläufige) Bewertung mit auf den Weg geben. Diese bewirkt bei den adressierten Personen Einstellungs- und Verhaltensänderungen, die auch die Form von politischen Aktionen von Individuen bis hin zu organisiertem Protest an-

Abb. 2.5 Die Theorie der sozialen Verstärkung von Risiko. (Eigene Darstellung nach Kasperson et al. 1988, S. 183, mit freundlicher Genehmigung von John Wiley & Sons Inc.)

nehmen können (Emergenz; vgl. ▶ Abschn. 2.2). Es können aber auch verantwortliche Organisationen zum Handeln bewegt werden, um die Konsequenzen einzudämmen. Aufgrund der Art und Weise, wie Medien funktionieren (z. B. sind sie angewiesen auf Aufmerksamkeit), tendieren diese eher dazu, die Rolle von positiven Rückkopplungen einzunehmen; Verwaltungseinheiten hingegen nehmen eher die Rolle von negativen, also dämpfenden Rückkopplungen ein. Die nunmehr veränderten Informationen lösen Reaktionen bei für unterschiedliche Interessen eintretenden sozialen Gruppen aus, die zu einer Reihe von gesellschaftlichen Konsequenzen führen können: Im schlimmsten Fall sind das finanzielle oder wirtschaftliche Verluste und die Zunahme von Risiken, bis hin zum Verlust von Vertrauen in die Regulation durch Institutionen und gesellschaftliche Aggression. Im besten Fall führt das Risikoereignis jedoch zu organisationalen Veränderungen und zu einer für zukünftige Fälle besser gewappneten Regulation. Beides konnte parallel während der COVID-19-Pandemie beobachtet werden.

2.4.3 Soziale Synchronisierung

Nehmen wir zunächst einmal an, Personen seien gar nicht durch ein soziales Netzwerk verbunden und träfen ihre Entscheidungen unabhängig voneinander. Es gibt tatsächlich solche Situationen. Sie kennen das vielleicht: Ein Eimer oder ein großes Glas ist mit Centstücken gefüllt und es soll geschätzt werden, wie viel Euro das ergibt. Der Mittelwert aller Schätzwerte einer Gruppe von Personen kann dann recht genau sein (und viel genauer als der Wert einer Einzelperson), wenn alle gleichzeitig ohne Kenntnis der Angaben der anderen Personen schätzen – wenn sie also nicht miteinander kommunizieren (Christakis und Fowler 2010). In einer Quizsendung im Fernsehen entspricht das dem „Publikumsjoker“, bei dem der oder die Befragte die Frage an das Publikum im Saal weitergibt und jede und jeder für sich abstimmt. Der Schätzwert verschlechtert sich allerdings deutlich, sobald die schätzenden Personen über die Werte der anderen Bescheid wissen. Dann dienen die früher veröffentlichten Schätzungen als Anker für die darauffolgenden und das stört die Bildung eines unbeeinflussten Mittelwerts von unabhängigen Schätzungen, der aber in dieser Situation die beste Wahl wäre.

Nun wissen wir aber aus den vorangegangenen Abschnitten, dass soziale Systeme stark vernetzt sind, wie z. B. das Kleine-Welt-Phänomen (siehe ▶ Abschn. 2.3.2) gezeigt hat. Wesentlicher psychologischer Wirkmechanismus dieser Vernetzung ist die Kommunikation, die über die Verbindungen zwischen den Menschen stattfindet. Die Kommunikation enthält wesentlich deskriptive und normative Information (siehe auch ▶ Abschn. 4.1.5), die zur eigenen Verhaltenssteuerung und zur eigenen Einordnung in die Gruppe (d. h. als sozialer Vergleich) dient. Durch die Verbindungen in den persönlichen Netzwerken entscheiden Personen also auch auf Basis der sozialen Information und damit nicht unabhängig voneinander, im Gegenteil: Soziale Information stellt einen ganz wichtigen orientierenden Handlungseinfluss dar.

Die Anordnung der Verbindungen zwischen den Personen in realen Gruppen ist nicht zufällig. Gruppen bilden sich durch Gleichgesinnte, durch an derselben

Sache Interessierte oder durch eine gemeinsam durchlebte Situation. Dadurch können Gruppen eine eigene Dynamik entwickeln. Das sieht man an Demonstrationen, Flashmobs, Moden, aber auch in der Wirtschaft: Während in der Theorie wirtschaftliche Handlungssubjekte ihre Entscheidungen am Markt voneinander unabhängig treffen sollten, zeigen *bank runs*, Blasen und Crashes das Gegenteil. Bei einem *bank run* reicht das Gerücht über die mangelnde Zahlungsfähigkeit einer Bank aus, um genau das zu bewirken: Durch die Information angestachelt wollen alle ihr Geld von der Bank holen, die dadurch tatsächlich zahlungsunfähig wird. Blasen am Aktien- oder Immobilienmarkt ergeben sich durch von vielen unkritisch aufgenommene Informationen über Anlagemöglichkeiten. Crashes ergeben sich aus Blasen, wenn die Anleger und Anlegerinnen aussteigen und ihr Geld wiederhaben wollen. Immer sind Informationen im Spiel, die sich über Netzwerke fortpflanzen und zu einem zeitgleichen, d. h. synchronisierten Verhalten führen (siehe ► Abschn. 2.2).

Ein Autor dieses Buchs (AE) hat einmal bei der Kinderuni ein schönes Synchronisationsexperiment gemacht. Es saßen lauter 10- bis 12-jährige Kinder in einem großen Hörsaal. Es ging um Verhaltensänderungen und wie wirkungsvoll gemeinschaftliche Aktionen sein können. Zunächst wurde ein Kind gesucht, um zu helfen. Ein Freiwilliger meldete sich und kam nach vorne. Er wurde gebeten, vor allen so laut wie möglich zu kreischen. Das Kind schrie aus Leibeskräften. Jeder konnte das – natürlich – gut hören. Dann wurde gesagt: Jetzt machen wir das alle zusammen, 3-– 2-– 1! Der Autor wusste ja, was kommen würde, und hat sich schnell die Ohren zugehalten. 450 Kinder schrien – gleichzeitig. Den nicht vorgewarnten begleitenden Erwachsenen haben danach vermutlich die Ohren geklingelt. Synchronisation in Gruppen kann ganz schön mächtig sein – und Wissenschaft richtig Spaß machen.

2.4.4 Normalverteilung und Potenzgesetz

Normalverteilungen (Gauß'sche Normalverteilungen mit ihrer charakteristischen Glockenkurvenform) spielen eine große Rolle in den empirischen Wissenschaften. Das ist gerechtfertigt, weil viele natürliche Phänomene durch eine Vielzahl von sich überlagernden, voneinander unabhängigen Faktoren entstehen. Die Beobachtungen verteilen sich dann normal. Das ist z. B. der Fall bei Körper- oder Schuhgröße. ◻ Abb. 2.6 zeigt zwei Normalverteilungen.

Das hat für den Umgang mit den Daten große Vorteile. Durch Mittelwert und Standardabweichung kann auf knappe Weise die gesamte Beobachtungsreihe charakterisiert werden. In den empirischen Sozialwissenschaften nimmt man zumindest für die parametrischen statistischen Verfahren an, dass die zugrunde liegenden Daten normalverteilt seien (und prüft das auch).

In ◻ Abb. 2.6 können wir den Mittelwert und – für unsere Argumentation wichtig – die Enden der Verteilung sehen. Es gab in der Untersuchung keine Person mit einer Größe von 250 cm oder Autos mit 120 Meilen pro Stunde. Weitergedacht heißt das: Wir würden auch gemäß dieser Daten niemanden von dieser Größe in Zukunft erwarten. Die Normalverteilungen sind nicht nur eine kompakte Be-

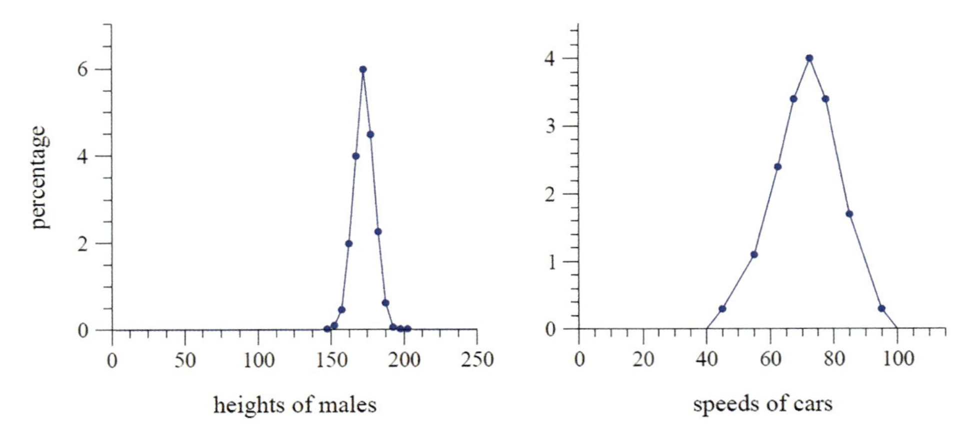

Abb. 2.6 Zwei Normalverteilungen. Links: Größe von Männern in den USA in cm (Daten von 1959–1962); rechts: Geschwindigkeit von Autos auf britischen Autobahnen in Meilen/Stunde (Daten von 2003) (Newman 2005, S. 324, mit freundlicher Genehmigung von Taylor & Francis Ltd.)

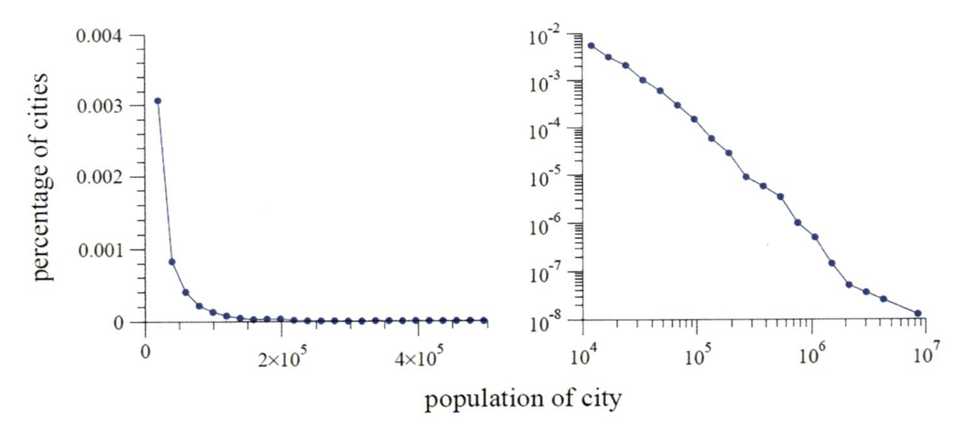

Abb. 2.7 Häufigkeitsverteilung amerikanischer Städte über 10.000 Einwohner (Newman 2005, S. 324). Auf der x-Achse ist jeweils die Bevölkerung einer Stadt abgetragen, auf der y-Achse der Prozentsatz von Städten (von allen) mit einer bestimmten Einwohnerzahl. Die rechte Abbildung ist auf beiden Achsen logarithmisch skaliert. Weitere Erläuterungen im Text. (Abdruck mit freundlicher Genehmigung von Taylor & Francis Ltd)

schreibung bisheriger Beobachtungen – es können auch Erwartungswerte bestimmt werden, wie wahrscheinlich bestimmte Ereignisse (z. B. eine Person mit einer bestimmten Größe) in der Zukunft sind. Wir halten fest: Die Normalverteilung läuft links und rechts gegen Null, oder – genauer gesagt – die Wahrscheinlichkeit von extremen Werten links wie rechts ist extrem gering. Aber das gilt nur für Phänomene, die viele, miteinander nicht verbundene Ursachen haben (wie z. B. Körpergröße).

Doch jetzt kommen wir zurück zu unserem Thema: komplexe Systeme und die Verteilung extremer Ereignisse in ihnen. In Abb. 2.7 ist eine ganz andere Verteilung zu sehen, auf zwei verschiedene Arten dargestellt. Die Abbildung zeigt die Häufigkeitsverteilung amerikanischer Städte mit einer Größe über 10.000 Einwohner.

Wir lesen, dass etwa 0,003 % der amerikanischen Städte eine Größe von etwa 10.000–15.000 Einwohner haben. Je größer die Städte werden, desto seltener sind sie. Schon bei einer Größe von 200.000 Einwohnern ist die Zahl in der Grafik kaum mehr ablesbar. Jedoch gehen die Werte noch viel weiter nach rechts, als in dieser Grafik abgetragen (New York City hat knapp 9 Mio. Einwohner). Wir sehen deutlich, dass die Verteilung der Größe der Städte nicht einer Normalverteilung folgt: Es ist keine Glockenkurve zu sehen, die Verteilung ist extrem schief und geht auch am linken Ende nicht gegen null.

Die Daten in der rechten Grafik in ◘ Abb. 2.7 sind dieselben wie in der linken, jedoch sind die Achsen anders skaliert, und zwar logarithmisch. Pro Abstand auf der Achse verzehnfachen sich die Werte, je weiter man nach rechts oder oben kommt. Wir stellen fest, dass die Kurve aus der linken Grafik, auf beiden Achsen logarithmisch abgetragen, nahezu eine Gerade ergibt. Ist das der Fall, dann spricht man von einer Verteilung nach dem Potenzgesetz (*power law*). Die Größe der Städte folgt also offensichtlich anderen Gesetzmäßigkeiten als die Körpergröße oder andere normalverteilte Phänomene.

Es bleibt noch die Frage danach, warum das so ist. Es hat mit der sozialen Vernetzung zu tun und mit den aus ihr resultierenden gleichsinnigen und gleichzeitigen Handlungen von vielen, *nicht* voneinander *un*abhängigen Personen. Grundsätzlich gilt: Je größer die Stadt, desto mehr Menschen zieht sie an, desto stärker wächst sie. Das große soziale Netzwerk einer großen Stadt zieht also mehr Menschen an als das kleine einer kleinen Stadt – die große Stadt wird noch schneller größer als kleine Städte. Das Ende dieses Prozesses ist nicht in Sicht. Es ist daher auch kein rechtes Ende der Verteilung in der linken Grafik unserer Abbildung auszumachen. Werden Städte noch größer als in der Grafik abgetragen, wandert der Graph weiter nach rechts aus. Bei solchen Phänomenen ist es also schwierig, ein Ende abzusehen oder bestimmte (z. B. noch größere) Werte statistisch auszuschließen, wie man das bei einem normalverteilten Phänomen recht gut könnte.

Die Verteilung der amerikanischen Städte ist kein Einzelfall. Verteilungen nach dem Potenzgesetz sind häufig (Clauset et al. 2009; Newman 2005) und treffen bei den folgenden Beispielen zu:

- Die Anzahl der verkauften Bücher von 633 Bestsellern in den USA mit mindestens einer Auflage von 2 Mio. zwischen 1895 und 1965,
- die Anzahl der von Stromausfall betroffenen Haushalte in den USA zwischen 1984 und 2002,
- die Anzahl der Internetdomänen in einem Ausschnitt des Internets im Mai 2006,
- die Anzahl der bei Kunden der US-amerikanischen Telefongesellschaft AT&T eingehenden Ferngespräche an einem einzigen Tag,
- die Anzahl der Einträge in den Adressbüchern von Nutzern von E-Mail-Accounts einer großen US-amerikanischen Universität,
- die Häufigkeit des Auftretens von Familiennamen im US-Zensus (Bevölkerungsbefragung) von 1990,

- das Vermögen der reichsten US-Amerikaner in US-Dollar im Oktober 2003,
- die Anzahl der Zitationen wissenschaftlicher Zeitschriftenbeiträge, die 1981 publiziert wurden und im Science Citation Index vermerkt sind, zwischen Publikationsdatum und Juni 1997,
- die Anzahl der Toten in Kriegen von 1816 bis 1980, relativ zur Bevölkerungsanzahl der jeweilig kriegführenden Nationen,
- die Anzahl der Toten durch terroristische Anschläge weltweit zwischen Februar 1968 und Juni 2006,
- das Vorkommen von Worten im Roman *Moby Dick* von Melville,
- finanzielle Risiken, Börsenumsätze, Verkaufszahlen, die Ausbreitung von Information über soziale Netze.

All diesen Beispielen ist gemeinsam, dass sie auf vernetzten sozialen Aktivitäten basieren, von der Attraktivität im Internet über Ferngespräche bis zu den Auswirkungen von Kriegen. Wir halten fest: Die Auswirkungen von vernetzten Aktivitäten, von sozial eingebetteten Phänomenen, lassen sich nicht durch Normalverteilungen, sondern durch das Potenzgesetz beschreiben. Darauf aufbauend können wir uns nun der Dynamik solcher Phänomene widmen.

2.4.5 Die Dynamik sozial eingebetteter Phänomene

Wir haben bisher betrachtet, wie sich auf sozialer Vernetzung beruhende Phänomene statistisch verteilen. Jetzt soll die Betrachtung dynamisch werden: Kann man denn Aussagen treffen über die Veränderungen über die Zeit bei solchen Phänomenen? Wie also verändern sich die Umsätze einer Aktie an der Börse von Tag zu Tag? Wie variieren die Verkaufszahlen von Konsumgütern über die Zeit? Wie entwickeln sich Demonstrationen, soziale Bewegungen oder Unruhen über die Zeit? Das ist deswegen wichtig, weil wir ja gerne vom Wert einer Variablen von heute eine Erwartung darüber formulieren würden, wo diese Variable morgen steht. Ist das überhaupt so möglich?

Moss (2002) beobachtet Folgendes: Die Schwankungen z. B. bei Umsatzzahlen sind oft von einem Tag auf den nächsten nicht stark, manchmal aber schon. Das ist nicht völlig zufällig über die Zeit verteilt, sondern manchmal folgen starke Bewegungen direkt aufeinander. Es gibt also Phasen der Ruhe mit geringen Differenzen von t und $t+1$ und Phasen mit hoher sogenannter Volatilität (Schwankung) und großen Differenzen von t und $t+1$.

Wie häufig sind denn ruhige bzw. volatile Tage? Moss (2002) trägt die Abweichungen von einem Tag auf den anderen in einer Häufigkeitsverteilung auf. Dabei befinden sich viele Werte nahe der Mittelachse. Sie bedeuten, dass es viele Zeitpunkte gibt, an denen sich die betrachtete Variable nicht sehr von dem vorigen Zeitpunkt unterscheidet, die Abweichungen von einem Zeitpunkt zum nächsten sind gering (die Phasen der Ruhe). Andere Werte zeigen eine hohe Abweichung: Also entweder gab es eine starke Zunahme oder eine starke Abnahme der Variable von einem Zeitpunkt zum nächsten (Phasen mit hoher Volatilität).

Große und kleine Abweichungen sind auch weit rechts und links in der Verteilung zu finden – und das viel weiter, als es eine Normalverteilung suggerieren würde. Das nennt man die „fetten Enden" der Verteilung: Es treten mehr extreme Ereignisse auf, als nach der Normalverteilung zu erwarten wäre! Solche Verteilungen sind spitz (leptokurtisch) und haben breite Ausläufer (fette Enden) und gehören zur Klasse der Cauchy-Verteilungen. Die Ausläufer sind dabei so breit, dass unter Umständen die Varianz nicht definiert ist (weil sie unendlich ist). Damit lässt sich statistisch keine Vorhersage mehr treffen.

Was tun, wenn eine statistische Vorhersage nicht möglich ist? Es gibt die Möglichkeit, Modelle zu erstellen, die die soziale Einbettung simulieren. Die Modellierung von persönlichen Netzwerken und soziale Simulation als Methoden werden in ► Abschn. 8.5 und 8.6 behandelt. Sie erlauben es unter Umständen, auch nicht lineare Entwicklungen in Systemen abzuschätzen.

2.5 Menschliches Handeln in komplexen Systemen

Nachdem wir natürliche und soziale Komplexität sowie Synchronisation und ihre Folgen besprochen haben, fragen wir uns nun, wie es Menschen gelingt, mit komplexen Systemen umzugehen, ob sie verstanden oder gar gesteuert werden können und was ein guter Umgang mit diesen Systemen beinhaltet.

2.5.1 Schwierigkeiten beim komplexen Problemlösen

Sich der Schwierigkeiten bewusst zu sein, die komplexe Systeme beim Umgang mit ihnen bereiten, ist eine wichtige Voraussetzung, um besser mit ihnen zurechtzukommen. Der Psychologe Dörner hat in zahlreichen Experimenten menschliches Verhalten in komplexen Problemen untersucht. Dabei verwendete er sogenannte Mikrowelten, mit dem Computer simulierte Abbildungen und Abstraktionen von Realitätsausschnitten. Die Versuchspersonen sollten jeweils z. B. eine Kleinstadt (Dörner et al. 1983), ein afrikanisches Dorf (Dörner 1989), ein Kraftwerk, die Feuerbekämpfung in schwedischen Wäldern und viele andere Situationen steuern und in Hinblick auf das jeweilige Spielziel erfolgreich handeln.

Dörner (1993) findet folgende Schwierigkeiten, die Menschen beim Umgang mit komplexen Systemen haben:

- *Mangelnde Zielkonkretisierung.* Handlungsziele können auf verschiedenen Abstraktionsebenen bestehen. Je abstrakter ein Ziel, desto konsensfähiger ist es zwar, desto weniger ist es aber auch eine Richtschnur für das Handeln. Es besteht also die Versuchung, sich auf abstrakte Ziele („den Menschen soll es besser gehen", „wir wollen die Umwelt schützen" usw.) zurückzuziehen. Das wird jedoch mit fehlender Orientierung beim Handeln bezahlt. Richtig schwierig wird es erst, wenn es konkret darum geht, *wie* das abstrakte Ziel denn genau zu erreichen ist. Das sagen erst konkretisierte Ziele.
- *Mangelnde Zielbalancierung.* Der Umgang mit einem komplexen System erfordert es, verschiedene Ziele gleichzeitig zu verfolgen, z. B. bei dem Feuer-

löschspiel von Dörner einen Brand zu bekämpfen, indem man Löschzüge dorthin schickt, aber gleichzeitig auch dafür sorgt, dass genügend Kräfte in anderen Gegenden verbleiben – für den Fall, dass auch dort ein Feuer ausbricht. Verschiedene Ziele müssen also gegeneinander abgewogen und gleichzeitig in ausgewogener Weise bearbeitet werden. Das ist das Gegenteil von dem, was man uns beigebracht hat: sich ganz auf eine Sache zu konzentrieren.

- *Mangelnde Hintergrundkontrolle.* Es gilt, ein Augenmerk auf möglichst alle kritischen Variablen des Systems gleichzeitig zu haben und die Erreichung der gesetzten Ziele auch mehr oder weniger ständig zu überprüfen (*Monitoring*). Dörner (1993) wendet sich gegen das, was er ballistisches Denken nennt: So wie ein Torwart den Ball abstößt und dieser dann ohne weitere Steuerungsmöglichkeit fliegt, so beobachtet Dörner Versuchspersonen, die Entscheidungen in seinen Systemen treffen und sie dann gewissermaßen vergessen – sie nicht überprüfen und daher bei Über- oder Untersteuerung nicht korrigieren können.
- *Unzulänglichkeiten beim Erfassen von Zeitabläufen.* Wir haben bereits gesehen, wie insbesondere aufgrund ihrer positiven Rückkopplungen komplexe Systeme nicht lineare Verläufe entwickeln können. Die wiederum sind allerdings kognitiv schwer zu begreifen. Nicht lineares Wachstum wird ständig unterschätzt. Es gibt zahlreiche Beispiele dafür, z. B. die Frage, wie oft ein dünnes (0,1 mm) Blatt Papier gefaltet werden muss, um bis zum Mond zu reichen. Die Antwort sind erstaunliche 42-Mal. Die permanente Unterschätzung der Wellen während der Coronapandemie auch durch erfahreneres politisches Personal verdeutlicht diesen Punkt ebenfalls.

► Die Geschichte vom Erfinder des Schachspiels

Die sogenannte Weizenkornlegende erzählt die Geschichte des indischen Erfinders des Schachspiels (bzw. einer frühen Form davon), Sissa ibn Dahir. Da der Herrscher des Landes das Schachspiel sehr schätzte, wollte er den Erfinder belohnen und stellte ihm in Aussicht, jeden Wunsch zu erfüllen. Der Erfinder wünschte sich ein Weizenkorn auf dem ersten Feld des Schachbretts, zwei auf dem zweiten Feld, wieder doppelt so viele auf dem dritten usw. (also einer Exponentialfunktion folgend). Der Herrscher soll sich nicht ernst genommen gefühlt haben und sehr wütend gewesen sein. Als der Wunsch allerdings berechnet wurde, stellte sich die unerwartete Mächtigkeit des exponentiellen Wachstums heraus: Das Ergebnis beträgt etwa 730 Mrd. Tonnen oder das Tausendfache einer (modernen) Weltjahresernte („Sissa ibn Dahir" 2023). ◄

- *„Lineares" Denken in Ursache-Wirkungs-Ketten statt in Ursache-Wirkungs-Netzen.* Vielfach konnte Dörner beobachten, dass Versuchspersonen eine Kausalkette im System durchdachten, aber eventuelle Neben- oder Fernwirkungen übersahen. Ein Beispiel dafür stammt aus dem System Tanaland (Dörner 1989), bei dem die Versuchspersonen die Simulation eines afrikanischen Dorfs steuern sollen. Die Ausgangslage war, dass Kleinsäuger die zusammengetragene Ernte wegfraßen. Die Versuchspersonen reagierten mit Bekämpfung der Kleinsäuger. Das hatte jedoch zwei unerwartete Nebenwirkungen: Erstens wurde dadurch die Nahrung für die lokalen Leoparden

weniger, die daraufhin das Vieh des Dorfes angriffen, und andererseits wurden Insekten nicht mehr durch die Kleinsäuger gejagt, sodass die Ernte nun von den Insekten befallen wurde. Durch den einseitigen, linear gedachten Eingriff wurde die Situation verschlimmert.
- *Reduktive Hypothesenbildung.* Je komplexer die tatsächlichen Zusammenhänge sind, desto stärker ist das menschliche Verlangen, mit (zu) einfachen Erklärungen zurechtzukommen. Es ist nicht leicht, sich in ein komplexes System einzuarbeiten und auch anzuerkennen, dass das eigene Wissen vielleicht gar nicht ausreicht. Eine einfache bis einfachste Erklärung für das Schwierige hilft psychologisch – zumindest für kurze Zeit. Verschwörungsmythen gehören genau in die Klasse der stark reduktiven Hypothesen ohne Bezug zum Realsystem.
- *Keine Selbstreflexion.* Es konnte nur selten beobachtet werden, dass Versuchspersonen auf einer Metaebene ihr Verhalten reflektierten und zu einer Verhaltenseinsicht und Verhaltensänderung gelangten. Eine Selbstkritik scheint schwierig zu sein – eher wird ein einmal eingeschlagener Weg vertieft.

Was sind nach Dörner (1993) die Ursachen für die gerade beschriebenen Schwierigkeiten?
- *Ökonomietendenzen*: Durch die beschränkte Kapazität des menschlichen Kurzzeitgedächtnisses gelingt es oft nicht, die Aufmerksamkeit auf allen wichtigen Variablen und Entwicklungen eines komplexen Systems zu halten. Es ist nötig, das Gehirn zu entlasten, damit es fokussiert arbeiten kann.
- *Überwertigkeit des aktuellen Motivs.* Während es gut ist, sich zu konzentrieren, dürfen in komplexen Systemen jedoch nicht die Entwicklungen der anderen kritischen Variablen aus dem Blick geraten. Vielfach wollen wir etwas konzentriert zu Ende bringen und verfolgen daher ein Ziel ausschließlich. Währenddessen „lebt" aber das zu steuernde System weiter (seine Eigendynamik) und stellt die Entscheidenden vor neue Probleme, während sie sich auf etwas anderes fokussieren.
- *Schutz des eigenen Kompetenzempfindens.* Es macht keine Freude, sich scheitern zu sehen. Menschen besitzen eine starke Motivation, Situationen als unter ihrer Kontrolle stehend anzusehen. Droht die subjektive Kontrolle über ein komplexes System verloren zu gehen, bewirkt das nicht unbedingt eine Hinwendung von Aufmerksamkeit zu den kritischen Aspekten des Systems, sondern im Gegenteil ein bewusstes oder unbewusstes Nichthinsehen und Ignorieren.
- *Vergessen.* Trivial, aber wirksam: Versuchspersonen vergessen immer wieder einmal wahrgenommene Zusammenhänge, Effekte von Interventionen, Vorkommnisse oder Entwicklungen im System.

Interessant ist, dass Erfolg im Umgang mit einem komplexen System nach Dörner (1993) weniger mit der allgemeinen Testintelligenz (d. h. dem IQ) zu tun hat als vielmehr mit der Vorerfahrung mit solchen Systemen: Eine gewisse Gelassenheit, gute Beobachtung der verschiedenen Facetten des Systems und ansonsten eine hohe und unvoreingenommene Reaktivität auf aufkommende Probleme scheinen hier wichtiger zu sein.

Gardner und Stern (2002) besprechen die These, dass die Welt eine bisher nicht dagewesene Komplexität repräsentiert, der wir aber mit einem biologisch „alten" Gehirn gegenübertreten. Globale politische, ökonomische und kulturelle Verflechtungen bewirken einerseits eine Vielfalt an Verhaltensmöglichkeiten, bedingen andererseits aber auch Fernwirkungen, wie z. B. die Konsequenzen menschlichen Handelns für globale Umweltsysteme. Menschliches Verhalten hat also weitreichendere Auswirkungen als je zuvor durch Großtechnologien, die Wirtschaftstätigkeit oder Populationswachstum. In der Konsequenz wird die globale Entscheidungs- und Gefährdungssituation immer komplexer. Ein gutes Verständnis für den menschlichen Umgang mit dieser Komplexität ist notwendig, um mit dessen Schwächen gut umgehen zu können.

2.5.2 Können komplexe Systeme verstanden werden?

Eine Aufgabe, vor der üblicherweise Wissenschaft steht, ist es, die Struktur eines Systems aus dessen Verhalten zu erschließen. Der Frage, ob dies auch Versuchspersonen können, gingen Spada et al. (1987) nach. Das untersuchte System bestand aus einer mathematischen Modellierung eines Süßwassersees mit insgesamt sechs Variablen, die auf folgende Art miteinander zusammenhingen: Zwei Arten von Wasserflöhen fressen zwei Arten von Algen. Je mehr Phosphor im See, desto besser gedeihen die Algen. Je mehr Fisch im See, desto stärker werden die Wasserflöhe bejagt.

Den Versuchspersonen war diese Information jedoch nicht bekannt, sondern sollte erschlossen werden. Sie bekamen in dreistündigen Sitzungen in jeder Runde Information über den Zustand der Variablen in numerischer und in grafischer Form. Dabei wurden nur abstrakte Variablennamen verwendet (wie Spezies 1, Spezies 2 usw.), um die Zuhilfenahme von eventuell vorhandenem biologischem Vorwissen zu unterbinden. Die Versuchspersonen sollten in jeder Runde Vermutungen (Hypothesen) über das Verhalten des Systems in der kommenden Runde äußern. In der nächsten Runde konnten die Versuchspersonen dann jeweils ihre Vermutungen überprüfen und anpassen.

Zur Kontrolle des Wissenserwerbs gab es neben den qualitativen Aussagen über die Struktur des Systems noch standardisierte Steuerungsaufgaben (z. B. Maximierung einer Variablen). Nur fünf von 20 Versuchspersonen waren in der Lage, eine der vier Zustandsvariablen (Flöhe oder Algen) der Aufgabe entsprechend kurzfristig zu maximieren. Keiner gelang das jedoch auf lange Sicht. Das spricht für einen Mangel an Verständnis des Zusammenhangs der Variablen untereinander und der daraus resultierenden Dynamik. Die Versuchspersonen hatten eher statische mentale Modelle des Systems erworben.

Funke (1992) beschritt einen ähnlichen Weg, denn er wollte ebenfalls den Umgang von Menschen mit dynamischen, computersimulierten Kleinsystemen beschreiben. Es wurden auch hier alle Bezüge zu eventuell aus dem Alltagswissen bereits bekannten Systemen vermieden. So ist ein typisches System auf einem anderen Planeten angesiedelt. In ihm sind der Zusammenhang von Olschen und Gaseln wichtig, aber auch der von Mukern zu Sisen und deren Querverbindungen zu Schmorken sind nicht zu vernachlässigen. Dieses abstrakte System wird den Versuchspersonen numerisch präsentiert und es können in jeder Runde verschiedene Maßnahmen (Herauf- oder Heruntersetzen von Variablen) vorgenommen werden, um bestimmte im Versuch vorgegebene Zielzustände des Systems zu erreichen. Ziel ist es, am Ende des Versuchs möglichst genau über die vorliegenden Zusammenhänge Auskunft geben zu können. Es zeigt sich, dass „Eingreifende" das System besser kennen lernen als bloß „Beobachtende" und dass mit steigendem Wissen auch die Qualität der Eingriffe steigt. Trotzdem bleibt das Wissen über das System insgesamt lückenhaft. Insbesondere, wenn Nebenwirkungen im System übersehen werden, hat dies einen negativen Effekt auf die Güte des erworbenen Kausalwissens.

Ein interessantes Experiment zum grundlegenden Verständnis des Klimawandels als System haben Sterman und Sweeney (2007) durchgeführt. Es wird im Detail in ▶ Abschn. 3.5.1 beschrieben und zeigt ein weiteres Mal, dass Menschen schon mit dem Verständnis einfacherer dynamischer Prozesse überfordert sein können und falsche Schlussfolgerungen ziehen, die ihrerseits unangemessenes Verhalten zur Folge haben können.

Watts (2013) zieht aus empirischen Ergebnissen wie den gerade berichteten einen klaren Schluss: Die Steuerbarkeit von komplexen Systemen ist eine Illusion, weil Menschen sie nicht oder nur unvollständig erkennen. Aus der Vergangenheit hergeleitete Vorhersagen sind nur in Phasen der Ruhe gut, bei hoher Volatilität versagen sie. Durch Multikausalität (siehe auch ▶ Abschn. 3.2.2) und Zufall schlägt das System einen von sehr vielen möglichen Wegen ein, was nicht mit letzter Sicherheit bedacht oder gar vorhergesagt werden kann. Erst der Rückblick erlaubt vermeintlich kausal konsistente Ex-post-Erklärungen und eine Ursachenzuschreibung. Diese müssen allerdings nicht unbedingt mit den wahren Gegebenheiten zu tun haben oder können stark unvollständig bleiben. Man kann in einem komplexen System letztlich also alles richtig machen und dennoch scheitern. Diese Aussage gilt für Steuerbarkeit im klassischen Sinne, etwa wie man ein Fahrzeug auf einer trockenen Straße in die gewünschte Richtung lenkt.

2.6 Erfolgreicher Umgang mit komplexen Systemen

In dem gerade besprochenen Sinne sind komplexe Systeme (darunter auch Gesellschaften) also nicht steuerbar. Eine hilfreiche Vorstellung ist hier, diese Systeme nicht steuern, sondern navigieren zu wollen, wie etwa ein Segelboot: Es unterliegt vielfältigen interagierenden und hoch variablen Einflüssen von Wind, Strömung, Segel- und Ruderstellung. Wind und Strömung können den direkten Weg zu einem Ziel sogar unmöglich machen. Die Methode, um das Boot erfolgreich an sein Ziel zu bringen, ist es, alle Variablen ständig gut unter Beobachtung zu halten und auf die, die zu beeinflussen sind, in die entsprechende Richtung einzuwirken. Davon handelt dieser Abschnitt.

2.6.1 Regeln für den guten Umgang mit komplexen Systemen

Levin (1999) präsentiert eher aus der Sicht biologisch komplexer Systeme eine Sammlung von Leitlinien, die als Regeln für den guten Umgang mit komplexen Systemen allgemein verstanden werden können.

- *Unsicherheit reduzieren.* Wenn auch Unsicherheit über den zukünftigen Verlauf der Dinge in komplexen Systemen nicht völlig aufgehoben werden kann, so kann sie doch unterschiedlich groß sein. Dabei gibt es zwei Arten von Unsicherheiten: Einerseits unsicheres Wissen über die zu erwartenden Ereignisse und ihre Häufigkeit, andererseits materielle Unsicherheiten von Menschen, die katastrophalen Ereignissen ausgesetzt sind. Die erste Art von Unsicherheit kann durch wissenschaftliche Forschung verringert werden, die zweite durch Netzwerkbildung zur Verteilung von Risiken, also durch Solidarität untereinander. In ihrer institutionalisierten Form nennt man das Versicherung.
- *Überraschungen erwarten.* Ein Teil der Unsicherheit bleibt also. Dafür ist es gut, Überraschungen zu erwarten, weil das System sich gegen alle Vorsicht und Voraussicht weiterentwickeln kann. Es ist nützlich, dann flexibel auf die neue Situation antworten zu können. Damit man nicht unerwünschte Zustände provoziert, ist es notwendig, Eingriffe in das System in einem kleineren Rahmen auszuprobieren, wie bei einer Pilotstudie.
- *Heterogenität erhalten.* Je heterogener ein System ist, d. h., je mehr verschiedene Untergruppen ein System hat, desto robuster ist es. Zum Beispiel ist ein Wald mit nur einer Baumart (Monokultur) anfällig gegenüber klimatischen Gegebenheiten wie Sturm, Trockenheit oder Krankheitserregern. Erst durch die Mischung von verschiedenen Arten, also Heterogenität oder Vielfalt, entsteht Robustheit (vgl. auch ► Abschn. 2.6.3).
- *Modularität erhalten.* Um die oben besprochenen Kaskadeneffekte zu begrenzen, ist es sinnvoll, enge Kopplungen zwischen Elementen des Systems aufzulösen und losere Kopplung anzustreben. Dieses Ziel hat auch die Dezentralisierung oder Regionalisierung des Energiesystems: Wenn eine Region ihre Energie selbst erzeugt und dies auch als „Insel" möglich ist, ohne Anbindung an z. B. das europäische Stromnetz, dann ist durch diese Autarkie eine zusätzliche Sicherheit geschaffen worden.
- *Redundanz erhalten.* Redundanz von Elementen in einem System bedeutet, dass es sie mehrfach gibt. Wenn eines dieser Elemente ausfällt, kann ein anderes, gleichartiges Element seine Funktion übernehmen. Redundanz spielt eine große Rolle bei technischen Systemen, z. B. in Flugzeugen, wo etwa die Steuerleitungen zu den Leitwerken mehrfach vorhanden sind. Stromnetze und Trinkwassernetze sind ebenfalls, wo möglich, redundant, um großflächigere Ausfälle der Versorgung zu vermeiden. Wenn in einem Netzwerk (z. B. einem Versorgungsnetzwerk) ein Knoten am Rand ausfällt, sind die Folgen nicht gravierend. Wenn es allerdings einen zentralen Knoten trifft, von dem viele andere abhängen, dann hat das große Auswirkungen. Daher hat man ein besonderes Augenmerk auf die Funktionstüchtigkeit (und Redundanz) solcher zentralen Knoten.

- *Rückkopplungen zeitlich verkürzen.* Besonders die Dinge, die lange unentdeckt wirken, können kritische Zustände herbeiführen. Das gilt, wie besprochen, insbesondere für nicht lineare, z. B. exponentielle Entwicklungen. Daher sollte Rückmeldung (*Feedback*) über solche Entwicklungen möglichst rasch erfolgen, um frühzeitig reagieren zu können. Das gilt für die täglichen ökologischen Konsequenzen des eigenen Handelns (z. B. Energieverbrauch, Wasserverbrauch) ebenso wie für globale Entwicklungen wie Versauerung der Ozeane und Erwärmung des Klimas.
- *Vertrauen aufbauen.* Regionale und globale Probleme erfordern Kooperation von Menschen bei ihrer Lösung. Das wird besonders deutlich, wenn man die Struktur von sozialen Dilemmata oder ökologisch-sozialen Dilemmata betrachtet (siehe ▶ Kap. 5). Diese Dilemmata können Gruppen von Menschen nur durch gemeinsame Kooperation lösen. Eine Grundvoraussetzung dabei ist gegenseitiges Vertrauen, auch dahingehend, dass nicht ein Mensch einen anderen ausnutzt, sondern ihm dieselben Rechte zubilligt, die er für sich in Anspruch nimmt.

2.6.2 Kriterien für erfolgreichen Umgang mit dem Erdsystem: planetare Grenzen und nachhaltige Entwicklungsziele

An welchen Zielen sollten Eingriffe in ein komplexes System ausgerichtet werden? Man kann hier einerseits Erreichensziele formulieren, so wie Bossels (2018) sogenannte Orientoren, d. h. anzustrebende Punkte, wie z. B. Minimierung der Umweltbelastung oder Maximierung des Wohlstands. An Maximierungszielen allerdings wird schnell deutlich, dass dieses Konzept entgrenzt ist: Erreichensziele können bestehen bleiben, auch wenn deren Erfüllung das zugrunde liegende System gar nicht mehr hergibt und daran zugrunde geht.

Ein begrenztes und damit strengeres Konzept schlagen Rockström und Kollegen und Kolleginnen (2009a) vor. Sie führen den Begriff des *Safe Operating Space* ein, also eines Parameterraumes, innerhalb dessen sich das System einigermaßen gefahrlos bewegen kann. Man kann sich diesen Raum als mit sogenannten Leitplanken begrenzt vorstellen, welche die planetaren Grenzen (Rockström et al. 2009b) darstellen. Die Autoren und Autorinnen begründen diese Sichtweise damit, dass jenseits gewisser Ausprägungen von Variablen des Erdsystems dieses an Kipppunkte (siehe auch ▶ Abschn. 2.2) geraten kann und dass jenseits dieser Punkte ein deutlich erhöhtes Risiko von Katastrophen existiert. Das aktuelle Paradigma des Wirtschaftswachstums sei gegenüber solchen Grenzen taub, so argumentieren Rockström et al. (2009b), und deshalb sollten diese Grenzen in einem wissenschaftlichen Prozess für alle wichtigen Bereiche der Natur bestimmt werden. Diese Bereiche werden so ausgewählt, dass sie die natürlichen Prozesse abbilden, bei denen die Verletzung der Grenzen für die Menschheit nicht akzeptable Konsequenzen zur Folge hätte.

Die planetaren Grenzen werden dort gezogen, wo – nach der jeweils aktuellen wissenschaftlichen Erkenntnis – die „Zone der Unsicherheit" beginnt, d. h., bevor die jeweilige Variable in einen gefährlichen Bereich gelangt. In die Bestimmung der Grenze geht auch das ein, was die Gesellschaft für akzeptabel hält, und ihre Resilienz (► Abschn. 2.6.4). Doch wo sind diese Schwellenwerte nach aktueller Erkenntnis? Das zeigt ◘ Abb. 2.8. Sie teilt die Belastung in verschiedenen Sektoren nach Farben ein: grün (angestrebter Bereich, der *Safe Operating Space*) und jenseits dessen.

Artensterben (d. h. Verlust an genetischer Vielfalt), der Phosphor- und der Stickstoffkreislauf (im Wesentlichen beeinflusst durch Düngemittelproduktion und ihre Verteilung auf landwirtschaftlichen Flächen sowie nachfolgend das Eindringen in die Atmosphäre und den Wasserkreislauf) sowie die Klimaerwärmung werden als weit fortgeschritten angesehen. Die für die Klimaerwärmung von den Staaten im Jahr 2015 in den Klimaverhandlungen festgelegte planetare Grenze liegt bei 2 °C, wenn möglich nur bei 1,5 °C über der vorindustriellen Temperatur. Ende 2020 waren davon bereits 1,1 °C erreicht. ◘ Abb. 2.8 macht auch deutlich, dass sich die Sektoren auf globale Grenzen beziehen. Ein regionales Überschreiten der Grenzen wird bei vielen bereits beobachtet.

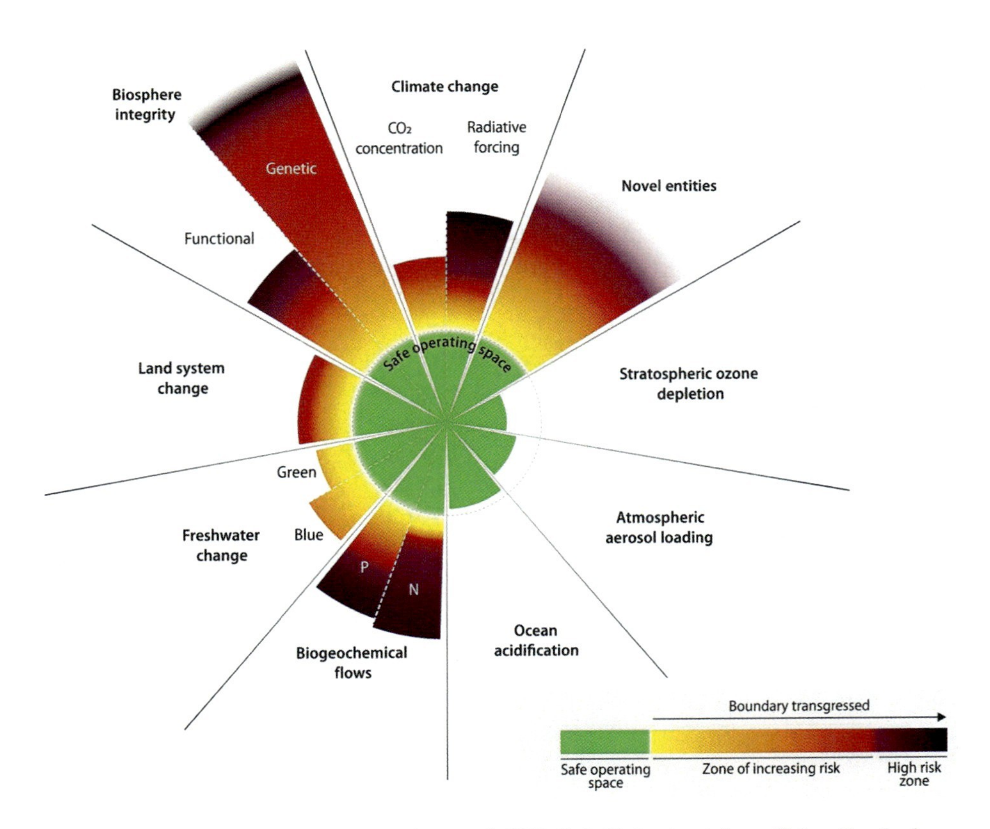

◘ **Abb. 2.8** Planetare Grenzen. (Richardson et al. 2023, S. 4; Abdruck mit freundlicher Genehmigung von AAAS)

Downing et al. (2019) untersuchen, wie die wissenschaftliche Öffentlichkeit auf das Konzept der planetaren Grenzen reagiert hat. Es zeigt sich, dass es deutlich mehr Forschung zur genaueren Bestimmung dieser Grenzen gab als dazu, wie es gelingen kann, im *Safe Operating Space* zu bleiben. Sie plädieren dafür, ein stärkeres Augenmerk auf die sozialen Dimensionen von Menschen als Verursachern und Betroffenen eines Überschreitens der Grenzen zu legen. Rockström et al. (2021) schlagen dementsprechend einen (hinsichtlich der planetaren Grenzen) sicheren und (hinsichtlich der sozialen Verteilungsaspekte) gerechten Korridor der Weiterentwicklung des Erdsystems vor. Ähnlich sind auch die Entwicklungsziele der Vereinten Nationen (Sustainable Development Goals, SDGs) zu sehen, die 2015 von der UN-Vollversammlung als Leitlinien für die globale Politik beschlossen wurden (▶ http://sdgs.un.org; vgl. auch ▶ Abschn. 7.3).

2.6.3 Die Rolle von gesellschaftlicher Vielfalt

Wir haben in ▶ Abschn. 2.6.1 bereits die Rolle von Heterogenität, also der Unterschiedlichkeit von Elementen in einem System, besprochen. Eine solche Vielfalt ist, biologisch betrachtet, eine Grundvoraussetzung für erfolgreiche Anpassung einer Art an sich wechselnde Erfordernisse. Wie wir schon oben gesehen haben, sind Monokulturen unflexibel und anfällig gegenüber Veränderungen in ihrer Umwelt. Wie lässt sich das Konzept auf gesellschaftliche Vielfalt übertragen? Für den Bereich des sozialen Zusammenlebens bedeutet das, dass eine pluralistische (d. h. allen Gruppen Gelegenheit zu ihrer Entfaltung gebende) Gesellschaft deutlich flexibler auf Anforderungen reagieren kann, weil verschiedene Ideen da sind und auch vielleicht bereits ausprobiert wurden. Die Wahrscheinlichkeit, adäquate Anpassungsstrategien zu generieren, ist deutlich höher in einer pluralistischen Gesellschaft.

Wenn wir uns anschauen, wo neue nachhaltige Ideen generiert und auch zum ersten Mal ausprobiert wurden, wie z. B. dezentrale Energieerzeugung, alternative Mobilitätsstrategien, neue Formen des sozialen Zusammenlebens und so weiter, dann waren das eher Randbereiche der Gesellschaft als ihre Mitte. Um diese (mittlerweile im „*Mainstream*" angekommenen) Verhaltensweisen für die Gesellschaft auf lange Sicht nutzbar zu machen, ist soziale Vielfalt also wichtig und notwendig. Der Schlüssel zur Genese und zum Erstarken sozialer Innovationen ist also, inwiefern die Gesellschaft die Möglichkeit des Andersseins und Ausprobierens einräumt. Gesellschaften, die ihre Randbereiche auf totalitäre Weise unterdrücken, fördern dadurch eine Monopolisierung von Ideen und Handlungsstrategien, die ihr Potenzial letztlich schmälert. Wenn Kultur Normen setzt, dann ist also eine Metanorm der Vielfalt nötig. Vielfalt muss aktiv geschützt werden, damit sie nicht untergeht.

Die Stiftung FuturZwei (▶ www.futurzwei.org) erzählt in ihrem „Zukunftsarchiv" solche „Geschichten des Gelingens". Es werden dort mehrere Hundert von solchen Ideen, Initiativen, Geschäftsideen und Möglichkeiten des Ausprobierens beschrieben. Im Übrigen ist Futur II ja eine grammatikalische Form, die die Zukunft aus einer Perspektive noch weiter entfernter Zukunft betrachtet, so wie in „Ich werde es geschafft haben". Jede solche Geschichte des Gelingens zeigt, dass Dinge in der Zukunft möglich sein werden, weil sie bereits ausprobiert wurden und erfolgreich waren.

2.6.4 Resilienz

Wir haben bereits in ▶ Abschn. 1.2.2 definiert, dass ein System dann als resilient bezeichnet wird, wenn es trotz Störungen das Erreichen von Kipppunkten vermeiden kann. *Resilienz* (aus dem Lateinischen *„resilire"*: zurückspringen, abprallen) bezeichnet die Widerstandsfähigkeit eines Systems, mit der es auf Krisen, Störungen, Überraschungen oder Unsicherheiten so reagiert, dass seine ursprünglichen Funktionen und sein Charakter nicht zerstört werden. Resilienz ist damit das Gegenteil von *Vulnerabilität*, also Verwundbarkeit. Ursprünglich kommt dieser Begriff aus der Psychologie und bezeichnet dort die Fähigkeit einer Person, durch Rückgriff auf persönliche und sozial vermittelte Ressourcen auf psychische Belastungen funktional zu reagieren und eine persönliche Krise zu meistern und sogar als Anlass für weitere Entwicklungen zu nutzen. In der Psychologie wird dafür auch der Begriff des Coping (Lazarus und Folkman 1984) benutzt.

Der Begriff der Resilienz bezeichnet in der Ökosystemtheorie die Fähigkeit eines Ökosystems, angesichts von ökologischen Störungen seine grundlegende Organisationsweise zu erhalten, anstatt in einen qualitativ anderen Systemzustand überzugehen. Wenn also das System resilient ist, dann kann es schwingen und kann gewissermaßen zurückspringen in seine eigene Funktionsfähigkeit vor dieser Belastung. Wir sehen, dass diese Definition ihre Unschärfen hat: Was genau ist „Rückkehr", was die „ursprüngliche Funktionen und Charakter"? Wann gilt die Veränderung eines Systems als Verlust der ursprünglichen Funktion und wann ist es Entwicklung oder Lernen? Das lässt sich nur in Hinblick auf konkrete Systeme und vermutlich erst in der Retrospektive festmachen. Dennoch ist der Begriff Resilienz sehr fruchtbar für die Diskussion von menschlichem Verhalten hinsichtlich des Erdsystems und der Ökosysteme gewesen.

Berkes et al. (2003) vom Stockholm Resilience Centre (▶ www.stockholmresilience.org) verdeutlichen, was Resilienz bezogen auf den menschlichen Umgang mit dem Erdsystem bedeutet:

- Es wird als gegeben angenommen, dass Mensch und Natur auf das Engste verbunden sind. Menschen formen die Ökosysteme und funktionierende Ökosysteme sind die Grundlage für menschliches Leben.
- Es wird anerkannt, dass eine immense Beschleunigung der menschlichen Einwirkung auf die Ökosysteme stattgefunden hat, welche noch andauert und sich weiter verstärkt. Das wird als das Zeitalter des Anthropozän (Crutzen und Stoermer 2000) bezeichnet.
- Technische Innovation und Verhaltensänderung (Verhaltensinnovation) hat uns in den jetzigen Zustand geführt. Genau das muss aber auch genutzt werden, um uns wieder möglichst heil aus dem aktuellen Zustand herauszuführen.

- Hier kommen die planetaren Grenzen ins Spiel: Jenseits dieser Grenzen verliert das Erdsystem seine Resilienz und kann wahrscheinlich nicht mehr den Zustand halten, der es den Menschen ermöglicht hat, sich als Art zu entwickeln.

Biggs et al. (2015) nennen sieben Prinzipien, mit denen Resilienz aufgebaut werden kann. Manche davon haben wir bereits kennengelernt:
1. *Diversität (Heterogenität) und Redundanz erhalten.* Das greift zwei bereits weiter oben besprochene Prinzipien für den Umgang mit komplexen Systemen auf.
2. *Vernetzungen im System managen.* Vernetzung hilft einerseits, Risiken zu verteilen. Andererseits können sich über dieselben Verbindungen auch Störungen im System rasch ausbreiten. Hier gilt es, die Verbindungen zwischen den Systemelementen gut zu beobachten und gegebenenfalls einzugreifen, um Störungen zu verringern.
3. *Langsame (sich schleichend verändernde) Variablen und Rückkopplungen besonders beachten.* Länger unbemerkte, aber trotzdem innerhalb des Systems wirksame Entwicklungen sorgen für Überraschungen, wie wir oben bereits gesehen haben. Die Empfehlung ist hier, diese Variablen ausfindig zu machen und besonders gut zu beobachten, damit problematische Entwicklungen rechtzeitig bemerkt und negative Überraschungen vermieden werden. Die wissenschaftliche und politische Beschäftigung mit der Klimaerwärmung gehört dazu.
4. *Adaptives, komplexes Systemdenken fördern.* Denken in Systemzusammenhängen erkennt Fern- und Nebenwirkungen, akzeptiert Unsicherheiten und auch Unvorhersehbares von auf verschiedenen Ebenen ablaufenden Prozessen. Das ist anspruchsvoll und bedarf der Erinnerung und Unterstützung (auch z. B. durch technische Systeme).
5. *Lernen ermutigen.* Lernen ist Erfahrungen sammeln. Dazu wird einerseits bisheriges Wissen auf den Prüfstand gestellt und andererseits werden neue Lerngelegenheiten aufgesucht. Zusammenarbeit mit anderen Menschen und Gruppen hilft dabei.
6. *Partizipation erweitern.* Die faktische Widerstandsfähigkeit von Systemen ist umso höher, je mehr beteiligte Personen in die Entscheidungen und Maßnahmen eingebunden sind. Je größer die Partizipation, desto höher sind Akzeptanz und Unterstützung für kollektive Aktionen. Sie erfordern Vertrauen und Kooperation (▶ Kap. 5).
7. *Polyzentrische Entscheidungen fördern.* Regierungs- und Verwaltungshandeln liefert dann die besten Ergebnisse, wenn es von mehreren, jeweils in ihren Teilaspekten kompetenten, miteinander kooperativ vernetzten Akteuren durchgeführt wird. So gelingt es, verschiedene betroffene Gruppen einzubinden.

Diese sieben Prinzipien sollen Orientierung geben beim Aufbau von Resilienz. Es kann dabei durchaus sein, dass nicht jedes dieser Prinzipien in einem konkreten System gleichermaßen einschlägig oder wirksam ist oder dass nicht alle in gleichem Maße verfolgt werden können. Wir haben gesehen, dass Resilienz gerade nicht Starrheit, sondern viel eher eine permanente flexible Anpassung und Überprüfung an der Wirklichkeit statt Verfolgen eines starren, einmal festgelegten Plans bedeutet – so beim Navigieren in einem Segelboot.

Literatur

Berkes, F., Colding, J. & Folke, C. (Hrsg.). (2003). *Navigating Social-Ecological Systems: Building Resilience for Complexity and Change*. Cambridge University Press.

Biggs, R., Schlüter, M. & Schoon, M. L. (Hrsg.). (2015). *Principles for building resilience: sustaining ecosystem services in social-ecological systems*. Cambridge University Press.

Bossel, H. (2004). *Systemzoo 3: Wirtschaft, Gesellschaft und Entwicklung* (Bd. 3). BoD Books on Demand.

Bossel, H. (2018). *Modeling and simulation*. AK Peters/CRC Press.

Carson, R. (1962). *Silent Spring*. Crest Book.

Christakis, N. & Fowler, J. (2010). *Connected*. Harper.

Clauset, A., Shalizi, C. R. & Newman, M. E. (2009). Power-law distributions in empirical data. *SIAM Review, 51*(4), 661–703. https://doi.org/10.1137/070710111

Crutzen, P. J. & Stoermer, E. F. (2000). *The „Anthropocene". IGBP Global Change Newsletter, 41*, 17–18.

Dörner, D. (1989). *Die Logik des Misslingens. Strategisches Denken in komplexen Situationen*. Rowohlt.

Dörner, D. (1993). Denken und Handeln in Unbestimmtheit und Komplexität. *GAIA, 2*(3), 128–138. https://doi.org/10.14512/gaia.2.3.4

Dörner, D., Kreuzig, H. W., Reither, F. & Stäudel, T. (Hrsg.). (1983). *Lohhausen. Vom Umgang mit Unbestimmtheit und Komplexität*. Verlag Hans Huber.

Downing, A. S., Bhowmik, A., Collste, D. Cornell, S. E., Donges, J., Fetzer, I., Häyhä, T., Hinton, J., Lade, S. & Mooij, W. M. (2019). Matching scope, purpose and uses of planetary boundaries science. *Environment Research Letters, 14*(7), 073005. https://doi.org/10.1088/1748-9326/ab22c9

Eberlein, R. L. & Peterson, D. W. (1992). Understanding models with Vensim™. *European Journal of Operational Research, 59*(1), 216–219. https://doi.org/10.1016/0377-2217(92)90018-5

Forrester, J. W. (1971). *World dynamics*. Wright-Allen Press.

Funke, J. (1992). *Wissen über dynamische Systeme: Erwerb, Repräsentation und Anwendung*. Springer.

Gardner, G. T. & Stern, P. (2002). *Environmental problems and human behavior* (2. Aufl.). Allyn and Bacon.

Goffman, C. (1969). And what is your Erdõs number? American Mathematical Monthly, 76(7), 791. https://doi.org/10.2307/2317868

Herrington, G. (2021). Update to limits to growth: Comparing the World3 model with empirical data. *Journal of Industrial Ecology, 25*(3), 614–626. https://doi.org/10.1111/jiec.13084

Kasperson, R. E., Renn, O., Slovic, P., Brown, H. S., Emel, J., Goble, R., Kasperson, J. X. & Ratick, S. (1988). The social amplification of risk: A conceptual framework. *Risk Analysis, 8*(2), 177–187. https://doi.org/10.1111/j.1539-6924.1988.tb01168.x

Lazarus, R. S. & Folkman, S. (1984). *Stress, appraisal, and coping*. Springer.

Levin, S. (1999). *Fragile Dominion. Complexity and the Commons*. Perseus.

Leskovec, J., & Horvitz, E. (2008). Planetary-scale views on a large instant-messaging network. In Proceedings of the 17th international conference on World Wide Web, pp. 915–924.

Meadows, D. H., Meadows, D. L., Randers, J. & Behrens, W. W., III. (1972). *The limits to growth: a report to the club of Rome's project on the predicament of mankind*. Universe Books.

Meadows, D. H., Meadows, D. L., Randers, J. & Behrens, W. W., III. (1974). *Die Grenzen des Wachstums: Bericht des Club of Rome zur Lage der Menschheit* (H.-D. Heck, Übers.). Rowohlt. (Originalwerk veröffentlicht 1972)

Meadows, D. H., Meadows, D. L. & Randers, J. (1993). *Die neuen Grenzen des Wachstums*. Rowohlt.

Meadows, D. H., Randers, J. & Meadows, D. L. (2009). *Grenzen des Wachstums: Das 30-Jahre-Update*. Hirzel.

Milgram, S. (1967). The small-world problem. *Psychology Today, 1*(1), 61–67.

Moss, S. (2002). Policy analysis from first principles. *PNAS, 99*(3), 7267–7274. https://doi.org/10.1073/pnas.092080699

Newman, M. E. (2005). Power laws, Pareto distributions and Zipf's law. *Contemporary Physics, 46*(5), 323–351. https://doi.org/10.1080/00107510500052444

Randers, J. (2012). 2052: *A global forecast for the next forty years*. Chelsea Green Publishing.

Richardson, K., Steffen, W., Lucht, W., Bendtsen, J., Cornell, S. E., Donges, J. F., ... & Rockström, J. (2023). Earth beyond six of nine planetary boundaries. *Science Advances*, *9*(37), eadh2458.

Ricke, K. L., & Caldeira, K. (2014). Maximum warming occurs about one decade after a carbon dioxide emission. *Environmental Research Letters, 9*(12), 124002.

Rockström, J., Gupta, J., Lenton, T. M., Qin, D., Lade, S. J., Abrams, J. F., Jacobson, L., Rocha, J. C., Zimm, C., Bai, X., Bala, G., Bringezu, S., Broadgate, W., Bunn, S. E., DeClerck, F., Ebi, K. L., Gong, P., Gordon, C., Kanie, N., ... Winkelmann, R. (2021). Identifying a safe and just corridor for people and the planet. *Earth's Future, 9*(4), Artikel e2020EF001866. https://doi.org/10.1029/2020EF001866

Rockström, J., Steffen, W., Noone, K., Persson, Å., Chapin, F. S., III, Lambin, E. F., Lenton, T. M., Scheffer, M., Folke, C., Schellnhuber, H. J., Nykvist, B., de Wit, C. A., Hughes, T., van der Leeuw, S., Rodhe, H., Sörlin, S., Snyder, P. K., Costanza, R., Svedin, U., ... Foley, J. A. (2009a). A safe operating space for humanity. *Nature*, *461*, 472–475. https://doi.org/10.1038/461472a

Rockström, J., Steffen, W., Noone, K., Persson, Å., Chapin, F. S., III, Lambin, E., Lenton, T. M., Scheffer, M., Folke, C., Schellnhuber, H. J., Nykvist, B., de Wit, C. A., Hughes, T., van der Leeuw, S., Rodhe, H., Sörlin, S., Snyder, P. K., Costanza, R., Svedin, U., ... Foley, J. (2009b). Planetary boundaries: Exploring the safe operating space for humanity. *Ecology and Society*, *14*(2), 32. http://www.ecologyandsociety.org/vol14/iss2/art32/

Sissa ibn Dahir. (2023, 10. Januar). In *Wikipedia*. https://de.wikipedia.org/wiki/Sissa_ibn_Dahir

Spada, H., Opwis, K., Donnen, J., Schwiersch, M. & Ernst, A. (1987). Ecological knowledge: Acquisition and use in problem solving and in decision making. *International Journal of Educational Research, 11*(6), 665–685. https://doi.org/10.1016/0883-0355(87)90008-5 auch erschienen in: *Western European Education* (1990), *22*(2), 49–72. https://doi.org/10.2753/EUE1056-4934220249

Sterman, J. D. & Sweeney, L. B. (2007). Understanding public complacency about climate change: Adults' mental models of climate change violate conservation of matter. *Climatic Change*, *80*(3), 213–238. https://doi.org/10.1007/s10584-006-9107-5

Travers, J. & Milgram, S. (1969). An experimental study of the small-world problem. *Sociometry, 32*(4), 425–443. https://doi.org/10.2307/2786545

Watts, D. (2013). *Alles ist offensichtlich – sobald man die Antwort kennt*. Huber/Hogrefe.

Wahrnehmung von Umwelt

Inhaltsverzeichnis

A. Ernst et al., *Umweltpsychologie*, https://doi.org/10.1007/978-3-662-69166-3_3

Handeln fängt mit der Wahrnehmung an – das gilt genauso auch für Umwelthandeln. Dieses Kapitel führt daher darin ein, wie Personen ihre Umwelt wahrnehmen. Es geht hier jedoch nicht nur um die Umwelt, die unmittelbar um uns herum wahrzunehmen ist (wie die natürliche oder die städtische Umwelt), sondern auch um das, was wir an Umweltveränderungen möglicherweise in der Zukunft zu erwarten haben. Daher behandeln wir in diesem Kapitel insbesondere auch die Wahrnehmung von Risiken, d. h. unsicheren Zukünften. Wir werden sehen, dass im Risikobereich unser individuelles Alltagsverständnis von einem naturwissenschaftlichen Verständnis abweicht, was vielfach zu Verwirrung in der Kommunikation führt. Besonderes Augenmerk schenken wir hier dem Verständnis und der Wahrnehmung des Klimawandels. Dazu zählt auch der Glaube, dass es den Klimawandel gar nicht gäbe oder dass er nicht menschengemacht sei, sowie der wissenschaftliche Umgang damit. Das Kapitel schließt mit einer Diskussion des gesellschaftlichen Umgangs mit Risiken ab.

3.1 Wahrnehmung natürlicher und urbaner Umwelten

Wir sind 24 h am Tag von Umwelten umgeben – in urbaner bebauter Umwelt, während wir in einem Büro oder einem Hörsaal sitzen, auf einer Baustelle schuften oder während wir in einem (hoffentlich) gemütlichen Bett schlafen. Oder eben in naturnaher Umwelt, während wir durch den Wald spazieren oder im Park bei schönem Wetter ein Buch lesen. Die Wahrnehmung natürlicher und urbaner Umwelt spielt also eine große Rolle in unserem Alltag. Gerade die urbane Umwelt ist für einen Großteil der Menschen von besonderer Relevanz, da viele Tätigkeiten die Anwesenheit in Städten und Gebäuden erfordern. Folglich ist davon auszugehen, dass wir auf verschiedene Aspekte natürlicher und urbaner Umwelt achten. Gleichzeitig haben Natur und Umwelt einen tiefgreifenden Einfluss auf unsere psychische und physische Gesundheit. Wir beschreiben im Folgenden zentrale Aspekte der Natur-, Landschafts- und Urbanwahrnehmung und für welche Aspekte wir Präferenzen entwickeln. In ► Kap. 6 schauen wir uns dann genauer an, wie natürliche und bebaute Umwelt unsere Gesundheit beeinflusst.

3.1.1 Wahrnehmung und Bewertung von Landschaft und Natur

Menschliches Leben, das vorwiegend in Städten stattfindet, ist noch ein relativ neues Phänomen. Viele Jahrtausende haben die Menschen in offenen Landschaften und in der Natur gelebt und sind dort ihrem Alltag nachgegangen. Vermutlich sind uns aus diesen Gründen auch heute noch Natur und Landschaft wichtig. Allein das Betrachten von Landschaften löst Emotionen aus und kann zu Wohlbefinden oder zur Steigerung der Identifikation (oder: Verbundenheit) mit dem Ort beitragen. Für andere Personen wiederum kann Natur auch bedrohlich sein oder Furcht auslösen. Gehen Sie z. B. gerne nachts im Wald spazieren? Umweltpsychologische

Forschung im Bereich der Bewertung von Landschaft und Natur befasst sich u. a. damit, was genau wir an Landschaft und Natur so gut finden, welche evolutionären und kulturellen Erklärungen es für Landschaftspräferenzen gibt und wie wir solche Landschaftspräferenzen überhaupt messen können. Wenden wir uns zuerst der Frage zu, was Landschaft eigentlich ausmacht.

3.1.1.1 Was ist Landschaft?

Im Alltag würde man vermutlich gar nicht auf die Idee kommen, zu fragen, was Landschaft eigentlich genau ist. Folglich haben sicherlich die wenigsten Personen eine klare Definition für Landschaft parat. Doch: Eine solche Definition gibt es. So hat der Europarat Landschaft definiert als einen geografischen Bereich, dessen Charakter das Ergebnis von natürlichen und menschlichen Einflüssen sowie deren Zusammenspiel ist (▶ https://www.coe.int/en/web/landscape/definition-and-legal-recognition-of-landscapes). Darüber hinaus wird definiert, dass Landschaft ein essenzieller Bestandteil der Umgebung von Menschen und ein Ausdruck ihrer kulturellen und natürlichen Vielfalt ist – und damit ein zentraler Teil ihrer Identität. In der Umweltpsychologie wird diese Form der Identifikation auch „Ortsverbundenheit" (*place attachment*; siehe etwa Scannell und Gifford 2010) genannt. Ein Blick in ein gängiges Wörterbuch verrät, dass Landschaft ein „hinsichtlich des äußeren Erscheinungsbildes in bestimmter Weise geprägter Teil oder Bereich der Erdoberfläche" ist, also „ein Gebiet der Erde, das sich durch charakteristische äußere Merkmale von anderen Gegenden unterscheidet". Das klingt erstmal abstrakt, soll uns aber nicht davon abhalten, zu erkunden, was psychologisch hinter dem Begriff steckt.

Mit diesen Definitionen im Hinterkopf kann man sich nämlich die Frage stellen: Was genau macht Landschaft denn nun aus? Das Bundesamt für Naturschutz hat sich einst dasselbe gefragt und in einer repräsentativen Befragung im Jahr 2009 Deutsche gebeten, anzugeben, was für sie zentrale Elemente von Landschaft sind (Bundesministerium für Umwelt, Naturschutz und Reaktorsicherheit und Bundesamt für Naturschutz 2010). Dabei wurden die Befragten aufgefordert, mindestens fünf und möglichst zehn Begriffe zu nennen, die sie mit Natur assoziieren. Wald und Wiese waren die zu Beginn am häufigsten genannten Begriffe, gefolgt von weiteren Begriffen wie Gewässer oder Berge. Aus den Antworten der am häufigsten genannten Begriffe wurde dann ein Naturbild komponiert (siehe ◘ Abb. 3.1) – eine idyllische, leicht hügelige Wald- und Wiesenlandschaft mit Bergen im Hintergrund und einem sich durch die Landschaft schlängelnden Fluss. Ein Schelm, wer hier an das Auenland aus *Der Herr der Ringe* denkt. Vermutlich handelt es sich hier aber tatsächlich um ein kulturell (und vielleicht auch touristisch) geprägtes Abbild von typischer Landschaft, die viele Befragte als besonders wertvoll und positiv erachten. Da es sich bei dieser Befragung um eine Stichprobe aus Deutschland handelte, liegt die Vermutung nahe, dass Menschen vor allem Landschaften präferieren, die sie kennen. Aber ist es so trivial? Wir zeigen im Folgenden ein paar Ansätze auf, die zu erklären versuchen, warum wir manche Landschaften anderen vorziehen.

Abb. 3.1 Naturbildkomposition auf Grundlage einer repräsentativen Befragung. (Bundesministerium für Umwelt, Naturschutz und Reaktorsicherheit und Bundesamt für Naturschutz 2010; mit freundlicher Genehmigung)

3.1.1.2 Wie werden Landschaften beurteilt?

Daniel und Vining (1983) haben vor längerer Zeit bestehende Modelle der Landschaftsbeurteilung systematisiert und dabei vorgeschlagen, dass sich verschiedene Modelle der Landschaftsqualität anhand einer Dimension von „objektivistisch" zu „subjektivistisch" abbilden lassen. Streng objektivistische Ansätze gehen dabei davon aus, dass die visuelle Qualität von Landschaft allein in den Eigenschaften von Landschaft liegt. Streng subjektivistische Ansätze hingegen besagen, dass die visuelle Qualität von Landschaft in den Augen der betrachtenden Person liegt – also sozial oder zumindest individuell konstruiert ist. Wie so oft liegt die Wahrheit darüber, was Landschaftsqualität ausmacht, vermutlich irgendwo in der Mitte. Aber schauen wir uns die verschiedenen Modelle mal etwas genauer an.

Das sogenannte *ökologische Modell* der Landschaftswahrnehmung befindet sich nach Daniel und Vining (1983) auf der Seite der streng objektivistischen Modelle. Dieses Modell versteht Landschaftsqualität als vollständig definiert durch die ökologischen und biologischen Eigenschaften der Landschaft. Personen, die eine Landschaft betrachten, werden in der Modellvorstellung ausschließlich als Nutzende (oder gar: Störende) der Landschaft gesehen. In anderen Worten: Die Qualität der Landschaft ist vollkommen unabhängig von der beobachtenden Person. Diese ist also eigentlich nur unnötiger Statist für das Landschaftsbild.

Das *formal-ästhetische Modell* gehört ebenfalls zu den eher objektivistischen Ansätzen. In diesem Modell wird Landschaft als eine durch strikte formale Elemente (z. B. Form, Einheitlichkeit, Vielfalt, Linien, Geometrie) geprägte Umgebung verstanden, die ebenfalls vollständig durch biologische und ökologische Eigenschaften definiert wird. Allerdings könnten diese durch geschulte Fachleute (z. B. Landschaftsarchitekten und -architektinnen) beurteilt werden.

Ein Modell, das sich ziemlich genau in der Mitte zwischen objektivistischen und streng subjektivistischen Ansätzen der Landschaftsqualität bewegt, ist das *psychophysische Modell*. Auf der einen Seite basiert es auf den streng formalen

Annahmen des objektivistischen Ansatzes, nämlich, dass Landschaft aufgrund inhärenter Eigenschaften messbar ist. Auf der anderen Seite geht dieser Ansatz davon aus, dass es eine Wechselwirkung zwischen diesen Eigenschaften und persönlichen Präferenzen gibt. Sprich: Die Qualität der Landschaft hängt auch davon ab, welche (landschaftlichen/spezifischen) Eigenschaften bzw. Aspekte eine bestimmte Person eben als ästhetisch oder angenehm empfindet – und an der Stelle gibt es natürlich interindividuelle Unterschiede. Manch eine Person mag tiefe dunkle Wälder, eine andere nicht. Persönliche Erfahrungen können hier prägen, wie eine Landschaft wahrgenommen und beurteilt wird.

Das *psychologische Modell* der Landschaftsqualität geht noch einen Schritt weiter und definiert Landschaft als rein subjektives Modell. Landschaftsqualität basiert hier auf menschlichen Urteilen in Bezug auf bestimmte, weniger streng formalisierte Eigenschaften von Landschaft. Bei diesen Eigenschaften handelt es sich um die Komplexität von Landschaft (also ihre wahrgenommene visuelle Vielfalt und Tiefe), ihre Lesbarkeit (das Verständnis darüber, wie eine Landschaft wohl weitergeht und wie man sich in ihr zurechtfindet), Kohärenz (das Verständnis darüber, wie die einzelnen Elemente einer Landschaft zusammengehören) und schließlich ihre „Mystik" (also die Bewertung dessen, was in der Landschaft zu entdecken ist, wenn man weiter in sie eintaucht). Die Urteile, die wir über diese Eigenschaften fällen, werden nach Annahmen des psychologischen Modells kognitiv und emotional mit eigenen Erfahrungen, die wir in Landschaften gemacht haben, verknüpft.

Schließlich geht das *phänomenologische Modell* davon aus, dass Landschaftsqualität weitestgehend subjektivistisch beurteilt wird. Das heißt, dass für die eigentliche Beurteilung geografische, ökologische und biologische Faktoren so gut wie keine Rolle spielen, sondern vor allem persönliche Erfahrungen mit Landschaft sowie die persönliche Relevanz. Damit geht das phänomenologische Modell auch von den stärksten interindividuellen Unterschieden in Bezug auf die Beurteilung von Landschaft aus.

Diese Systematisierung bietet einen Überblick über die verschiedenen Annahmen, die in der Bewertung von Landschaft vorherrschen – zusammengefasst dargestellt in ◘ Abb. 3.2. In der Umweltpsychologie interessieren wir uns natürlich am ehesten für die eher subjektivistischen Ansätze. Jede und jeder kann sich selbst fragen, was er oder sie beim Betrachten einer bestimmten Landschaft empfindet – und beurteilen, ob die Landschaft für einen persönlich von hoher oder niedriger Qualität ist.

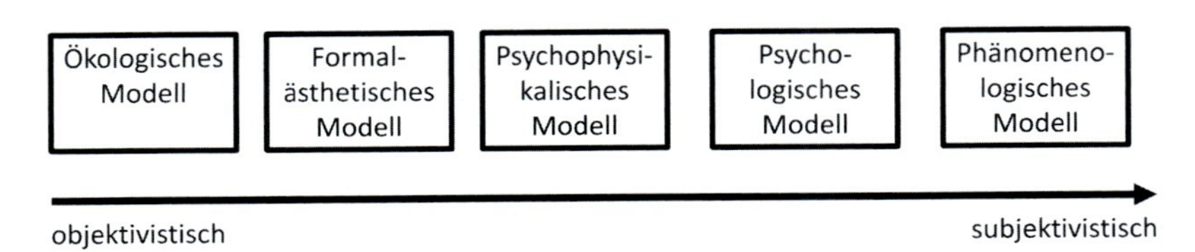

◘ **Abb. 3.2** Übersicht über die Modelle von Landschaftswahrnehmung nach Daniel und Vining (1983; eigene Darstellung)

3.1.1.3 Warum ziehen wir bestimmte Landschaftstypen anderen vor?

Forschende, die sich mit Landschaftspräferenzen beschäftigen, versuchen die Frage zu beantworten, warum wir überhaupt manche Landschaften besonders toll finden und andere wiederum so gar nicht. Hier lassen sich zwei grundlegende Lager ausfindig machen: Einerseits diejenigen, die mit evolutionären Theorien argumentieren, dass Landschaftspräferenz als Konsequenz menschlicher Evolution angeboren ist. Und andererseits gibt es diejenigen, die kulturelle Theorien heranziehen und annehmen, dass Landschaftspräferenz durch Sozialisation, kulturelle Einflüsse und Persönlichkeit bestimmt wird. Um einen Punkt vorwegzunehmen: Es gibt guten Grund zur Annahme, dass uns sowohl die Evolution als auch unser kulturelles Umfeld beeinflussen.

Unter den evolutionären Theorien haben sich vor allem die *Biophiliehypothese* (E. O. Wilson 1984), die *Habitathypothese* (Orians 1980) und die *Prospect-refuge-Hypothese* (Appleton 1975) hervorgetan. Die Biophiliehypothese besagt, dass Menschen eine angeborene Affinität zur Natur und zu natürlichen Lebensformen haben. Diese hat sich über die Evolution hin entwickelt. Daher suchen Menschen vor allem Natur und natürliche Landschaften auf bzw. ziehen diese anderen Lebensräumen vor. Die Habitathypothese geht ebenfalls grundlegend davon aus, dass wir angeborene und evolutionär geprägte Präferenzen für bestimmte Landschaftstypen haben. Nach dieser Hypothese suchen Menschen vor allem Umwelten auf, die ihnen passend erscheinen und das eigene Überleben sichern. Die Prospect-refuge-Hypothese besagt schließlich, dass Menschen vor allem Landschaften vorziehen, in denen sie auf der einen Seite einen guten Überblick über die sie umgebende Welt haben, die gleichzeitig aber Elemente besitzt, die es ermöglichen, sich zu verstecken und möglichen Jagdzielen aufzulauern (siehe ◘ Abb. 3.3).

Unter den kulturellen Theorien sind vor allem die *Topophiliehypothese* (Tuan 1974) sowie die *Ökologische-Ästhetik-Hypothese* (Carlson 2009) hervorzuheben. Beide Hypothesen betonen, dass es vor allem unser kulturelles und soziales Umfeld sowie unsere individuellen Eigenschaften sind, die die Präferenz für bestimmte Landschaften ergeben (siehe auch Steg et al. 2018). Dabei besagt die Topophiliehypothese, dass wir uns vor allem mit Orten und Landschaften verbunden fühlen, die wir kennen. Wenn wir also in bestimmten Landschaften positive Erfahrungen gemacht haben und diese uns bekannt vorkommen, dann sollten wir diese besonders vorziehen. Die Hypothese der ökologischen Ästhetik besagt, dass Wissen über die ökologischen Funktionen einer Landschaft die Präferenzen für diese erhöht. Daraus folgt: Je mehr Menschen über bestimmte Landschaften lernen, umso stärker werden sie sie präferieren. Schließlich spielen bei der Beurteilung von Landschaft auch die (visuelle) Einzigartigkeit, kulturelles Erbe sowie Symbolik eine große Rolle. Wie zu Beginn dieses Abschnitts angedeutet, scheinen sowohl evolutionäre als auch kulturelle Theorien unsere Präferenzen zu formen.

Abb. 3.3 (**a** und **b**) Nach der Prospect-refuge-Hypothese sollte die Berglandschaft eher präferiert werden als die Strandlandschaft. (Fotos: Gerhard Reese)

3.1.2 Urbane Umwelt und architekturpsychologische Aspekte

Wie oben bereits beschrieben, verbringen Menschen in modernen Gesellschaften einen Großteil ihrer Zeit in urbanen Umgebungen. Wie nehmen wir diese urbanen Umwelten wahr und welche Konsequenzen hat das für unsere Psyche? Stellen wir uns vor, Sie spazieren an einem normalen Tag durch eine europäische Innenstadt. Auf welche Aspekte achten Sie? Sind es die alten Gründerzeitviertel, die Ihre Aufmerksamkeit besonders binden? Oder achten Sie eher auf die neueren, moderneren Gebäude? Vielleicht interessiert Sie auch weniger die Fassade als vielmehr die Funktion des Gebäudes, da Sie dringend etwas zu trinken kaufen möchten. Wenn Sie in Ihrer Mobilität eingeschränkt sein sollten – etwa, weil Sie im Rollstuhl sitzen – dann werden Sie womöglich auf ganz andere Aspekte wie Zugänglichkeit oder die Breite der Türen achten. Wenn Sie unter Agoraphobie (d. h. der Angst vor öffentlichen Plätzen oder Menschenmengen) leiden, werden Sie womöglich andere Bereiche einer Stadt aufsuchen als eine Person, die klaustrophobisch veranlagt ist (d. h. die Angst in geschlossenen Räumen hat).

Das ist nur eine kleine Auswahl an psychologisch relevanten Situationen, die die Wahrnehmung von Gebäuden und Städten beeinflussen. Diese Vielfalt macht es für Architekten und Architektinnen und Stadtplanende ungemein schwierig, Gebäude und Straßenzüge zu planen. Und in der Tat gibt es recht große Unterschiede zwischen professionellen Einschätzungen und Laienmeinungen, wenn es etwa um die ästhetische Qualität von Gebäuden geht. Nasar (1988) konnte beispielsweise zeigen, dass Architekten und Architektinnen gar nicht einschätzen können, wie Laien ein Gebäude bewerten würden. Das ist nicht trivial, wenn man bedenkt, dass Architektur im Allgemeinen einen langfristigen und sichtbaren Effekt auf das Stadtbild und alle, die sich darin bewegen, hat. So gab es eine Reihe von Studien, die die Divergenz zwischen Laien und Architekturfachleuten bei der Beurteilung von Gebäuden aufzeigten – häufig derart, dass gerade die Mehrheit der Laien bestimmte Gebäude als absolut unschön beurteilten (für eine Übersicht siehe Nasar 1994). Wir befassen uns daher im Folgenden noch etwas genauer mit den ästhetischen Aspekten bebauter Umwelt.

3.1.2.1 Ästhetische Aspekte urbaner Umwelt

Welche Aspekte sind für die Gestaltung und Nutzung von Gebäuden relevant? Bereits in der Antike hat Vitruvius (um 25 AD/1960) Leitlinien für Gebäude erstellt, die noch heute zentral sind. Das Ziel eines jeden Gebäudes sollte vor allem Langlebigkeit, Zweckmäßigkeit und Schönheit sein. Dabei scheinen für die meisten Laien, die sich in Städten bewegen, vor allem die Zweckmäßigkeit (d. h., was kann ich wie gut in einem bestimmten Gebäude tun) und Schönheit von psychologischer Bedeutung zu sein. Gerade die Schönheit der Fassade eines Gebäudes bestimmt seine wahrgenommene Wertigkeit (Nasar 1994). Während man durchaus argumentieren könnte, dass die Schönheit im Auge der betrachtenden Person liegt, haben Forschende in den vergangenen Jahrzehnten eine Reihe genereller Prinzipien identifiziert, anhand derer sich die optische Qualität von Gebäuden bestimmen lässt. Diese Prinzipien wiederum interagieren mit den Betrachtenden und deren Zielen und Vorstellungen.

Dazu hat Nasar (1994) ein Rahmenmodell entwickelt, das die einzelnen Variablen, die eine Bewertung ästhetischer Qualität beeinflussen, in Relation setzt. Wie in ◻ Abb. 3.4 zu sehen, ist die ästhetische Reaktion auf ein Gebäude primär von emotionalen Reaktionen und der wahrgenommenen Bedeutung des Gebäudes abhängig. Persönlichkeit, emotionaler Zustand, Ziele und Intentionen der Beobachtenden beeinflussen die Wahrnehmung des Gebäudes und die Beurteilung seiner einzelnen Facetten. Diese Wahrnehmungen und Kognitionen wiederum machen die affektiven Reaktionen wahrscheinlicher, die letztendlich die ästhetische Reaktion bedingen. Wichtig ist zu betonen, dass es sich nach Nasar hier um ein probabilistisches Modell handelt. Das heißt, dass die einzelnen Pfeile zwischen den jeweiligen Konstrukten mit einer gewissen Wahrscheinlichkeit die jeweiligen Konstrukte beeinflussen.

Die Attribute, die für die Bewertung von Architektur eine Rolle spielen, lassen sich nach Nasar wiederum in zwei Arten unterteilen: die Struktur der Form und damit die formale Ästhetik sowie die Inhalte der Form, die wiederum eine symbolische Ästhetik widerspiegeln. Bei der formalen Ästhetik spielen vor allem objektive Attribute wie Form, Proportionen, Komplexität, Farbe, Anordnung und Neu-

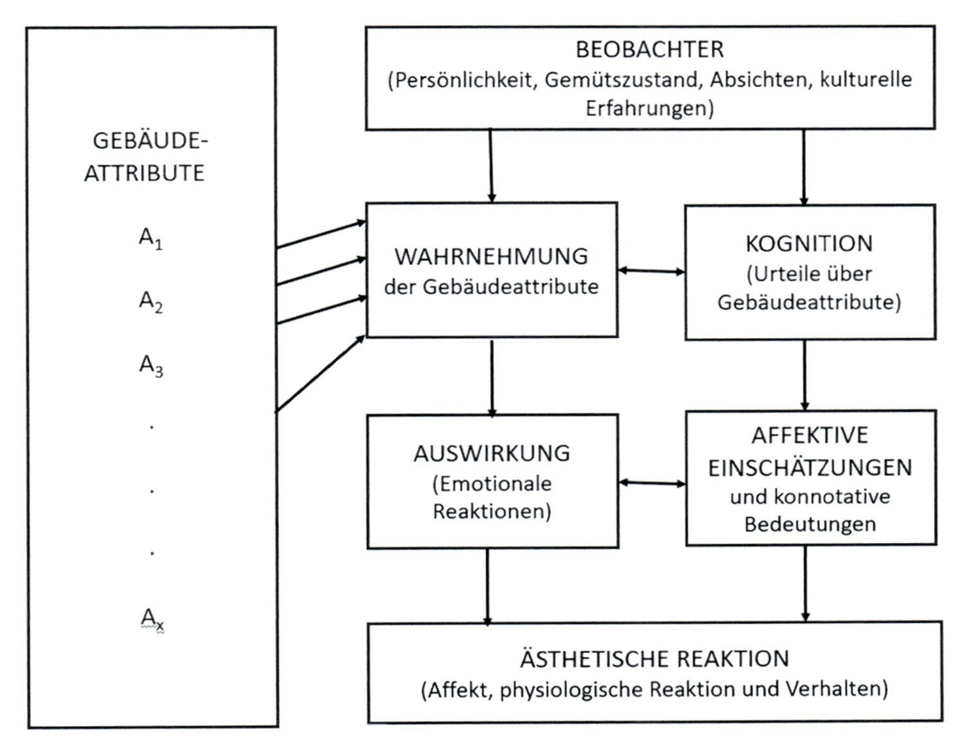

Abb. 3.4 Das probabilistische Modell der Ästhetikwahrnehmung nach Nasar (1994, S. 381; mit freundlicher Genehmigung von SAGE Publications)

artigkeit eine Rolle. Bei der symbolischen Ästhetik wiederum geht es primär um die subjektive Erfahrung, die Menschen mit Gebäuden machen. Sie spiegeln damit die Erfahrungen und Repräsentationen, die Menschen mit oder von Gebäuden haben, wider (Nasar 1994, 1997).

Nun wissen wir, welche Attribute und Aspekte von Gebäuden für die ästhetische Bewertung relevant sind. Doch welche dieser Aspekte sehen Menschen in der Regel als besonders ästhetisch oder angenehm an? Gibt es bestimmte formale Aspekte, die Menschen vorziehen? Nasar hat eine Reihe empirischer Arbeiten zusammengefasst und kommt zu folgenden grundlegenden Schlüssen:

- Menschen scheinen klar umgrenzte offene Räume (etwa in einem strukturierten Park) gegenüber weit offenen Räumen und stark geschlossenen vorzuziehen.
- Menschen zeigen größeres Interesse, je komplexer und atypischer Gebäude sind.
- Der Zusammenhang von Präferenz und Komplexität folgt einer umgekehrten U-förmigen Kurve, sodass moderat komplexe Gebäude am ehesten präferiert werden.
- Je geordneter ein Gebäude wirkt (sowohl in sich als auch im Kontext anderer Gebäude in der Nachbarschaft), umso stärker wird es als angenehm empfunden.

Bezüglich symbolischer Aspekte lassen sich nach Nasar die folgenden Schlüsse ziehen:

- Künstliche Elemente (wie z. B. Kabel, Schilder, aber auch Zerstörung oder Hinweise auf industrielle Nutzung) senken die Präferenz für Gebäude.
- Natürliche Elemente sowie das Einbringen natürlicher Materialien (z. B. Bäume, Gebüsch, Wasser) in Wohngegenden erhöht die Präferenz für Gebäude.
- Elemente ortstypischer Baustile steigern die Präferenz für Gebäude.

Zusammengefasst zeigen diese Befunde, dass es durchaus Stil- und Bauelemente gibt, die die Wahrscheinlichkeit erhöhen, dass eine Mehrzahl von Betrachtenden ein Bauvorhaben positiv bewerten. Allerdings hat bereits Nasar (1994) kritisiert, dass viele dieser Befunde zum Teil mit anderen Variablen, wie etwa dem sozioökonomischen Status, andauernder Erfahrung mit bestimmten Elementen oder der Statik beim Betrachten von Bildern, konfundiert sein können, und bemängelte eine fehlende systematische Forschung, die z. B. explizit die Kontexte und deren Kompatibilität mit dem zu beurteilenden Gebäude experimentell variiert. Hier spielen auch die Zweckmäßigkeit und die Bedeutung der Gebäude wieder eine Rolle. So sind Architektinnen und Architekten auch oft darauf bedacht, dass Gebäude auch funktionell dem entsprechen, was sie sind, sodass etwa eine Bibliothek auch so aussieht, wie man es erwarten würde.

3.1.2.2 Sustainable Design

In diesem letzten Abschnitt zu urbaner Umwelt möchten wir uns noch dem Konzept des Sustainable Design – also der nachhaltigen Gestaltung – widmen. Wie an vielen Stellen in diesem Buch sichtbar, vertreten wir die Ansicht, dass eine Transformation hin zu einer nachhaltig agierenden Weltgemeinschaft absolut notwendig ist. Tatsächlich ist die bebaute Umwelt global gesehen für rund 30 % der CO_2-Emissionen verantwortlich (Fink 2011) und damit ein Haupttreiber des Klimawandels. Der immense Energieverbrauch urbaner Räume geht dabei zur Hälfte auf Heizung und Kühlung dieser urbanen Räume zurück (Park und Ko 2018). Nachhaltiges Design von Lebensräumen kann hier also eine bedeutende Funktion einnehmen. Dieses gilt als eine Schlüsselstrategie, den Einfluss von Gebäuden und urbanen Räumen auf Natur, Umwelt und Klima zu reduzieren (Wijesooriya und Brambilla 2021).

Nachhaltiges Design urbaner Räume kann dabei verschiedene Funktionen erfüllen und auch auf verschiedene Arten und Weisen erreicht werden. Wijesooriya und Brambilla (2021) unterscheiden in ihrer Überblicksarbeit hier etwa zwischen einem sehr technologiebasierten Verständnis von nachhaltigem Design auf der einen und einem auf biophilen Konzepten basierenden Verständnis auf der anderen Seite. Wir werden beide Ansätze im Folgenden genauer beleuchten.

Nachhaltiges Design urbaner Räume lässt sich nach Wijesooriya und Brambilla (2021) als Gestaltung von Gebäuden und urbanen Räumen verstehen, mit dem primären Ziel, deren Verbrauch von Ressourcen zu minimieren und damit den negativen Einfluss auf die Umwelt zu verringern. Daraus ergeben sich quantifizierbare Instrumente, mit denen die Gebäude und Gebäudeveränderungen bezüglich ihrer Nachhaltigkeit (vor allem in Bezug auf Verbrauchsminimierung) objektiv bewertet werden können. Obgleich mit diesem Ansatz große Ressourceneinsparungen möglich sind, wird oft kritisiert, dass die Ansätze des nachhaltigen Designs zu sehr auf neue und oft noch zu erprobende Technologien fokussiert. Dabei würden sie oft „an den Menschen vorbei" designt und ließen die eigentlich notwendige Mensch-Natur-Beziehung außen vor. Diese wiederum scheint aber wesentlich für die Schaffung komfortabler und attraktiver urbaner Räume. Hier setzt das sogenannte Biophilic Design an, das neben den Einsparungen von Ressourcen darauf fokussiert, Mensch und Natur wieder stärker zueinander zu bringen (Gillis und Gatersleben 2015). Eine Kombination aus Ansätzen des nachhaltigen Designs und biophilen Ansätzen könnte also dazu beitragen, eine dauerhaft nachhaltige Symbiose zwischen Mensch und bebauter Umwelt zu schaffen.

Aus psychologischer Perspektive sind vor allem die biophilen Aspekte nachhaltigen Designs interessant, da diese sich sehr stark mit der Mensch-Natur-Beziehung auseinandersetzen. Die bautechnologischen Aspekte – etwa in Bezug auf Passivenergiebauweise, Nutzung von Solar- und Windenergie, Fassadendämmungen oder Frischluftkorridore durch Städte – werden hier nicht weiter vertieft (siehe aber z. B. Kibert 2004, 2016; John et al. 2005). Allerdings ist auch hier wichtig zu verstehen, welche Gruppen und Gemeinschaften welche Maßnahmen zu welchen Bedingungen tragen und akzeptieren. So kann die Umsetzung eines nachhaltigen Designelements wie die Begrünung eines Straßenzugs bei gleichzeitigem Wegfall von Fahrbahnen oder Parkplätzen bei vielen Menschen zu Widerstand führen.

Doch was versteht man nun unter biophilem Design? Die begrünte Fassade einer Markthalle in Avignon (Frankreich) in ▪ Abb. 3.5 vermittelt einen Eindruck: Nach Gillis und Gatersleben (2015) versteht man darunter eine Designphilosophie, die natürliche Systeme und Prozesse in bebaute Umwelt integriert. Diese Philosophie basiert auf dem grundlegenden Verständnis, dass Menschen eine angeborene Verbundenheit zur Natur haben (E. O. Wilson 1984) und Naturelemente damit eine zentrale Rolle für unsere Gesundheit und unser Wohlbefinden spielen. Angesichts der Entwicklung, dass immer mehr Menschen auf der Welt in urbanen Re-

▪ **Abb. 3.5** So kann es auch sein: Begrünte Fassade an einem Gebäude in Avignon, Frankreich. (Foto: Gerhard Reese)

Tab. 3.1 Aspekte biophilen Designs nach Kellert und Calabrese (2015)

Direkte Naturerfahrungen	Indirekte Naturerfahrungen	Erfahrungen von Zeit und Raum
1. Licht 2. Luft 3. Wasser 4. Tiere 5. Wetter 6. Natürliche Landschaften und Ökosysteme 7. Feuer	8. Naturbilder 9. Natürliche Materialien 10. Natürliche Farben 11. Simuliertes natürliches Licht und Luft 12. Natürliche Formen 13. Ausgelöste Natur (z. B. durch Imagination) 14. Informationen über Natur 15. Zeit(alter), Wandel und „Patina der Zeit" 16. Natürliche Geometrie 17. Biomimikry	18. Ausblick und Zuflucht 19. Organisierte Komplexität 20. Integration von Teilen in ein Ganzes 21. Ineinander übergehende Räume 22. Mobilität und Wegfindung 23. Kulturelle und ökologische Bindung an Orte

gionen leben, scheint die Nutzung natürlicher Elemente in urbanen Räumen damit notwendig. In ► Abschn. 6.6 beschreiben wir ausführlicher, warum und wie Natur diese positiven Effekte auf uns auslöst. Klar ist jedoch, dass die überwältigende Evidenz zum Zusammenhang zwischen Natur und Gesundheit darauf hindeutet, dass die Integration von natürlichen Elementen in urbane Räume einen positiven Einfluss auf die Bewohnerinnen und Bewohner haben sollte.

Kellert und Calabrese (2015) haben in einer umfassenden Beschreibung systematisiert, welche Eigenschaften und Erfahrungen biophiles Design prägen. Wie in Tab. 3.1 dargestellt, gehen die Autorinnen und Autoren davon aus, dass es direkte und indirekte Naturerfahrungen sowie die Erfahrungen von Raum und Zeit sind, die Menschen über ihre verschiedenen Sinne erleben. Wir erläutern im Folgenden beispielhaft einige dieser Elemente und verweisen für die Vertiefung auf den Originalbeitrag von Kellert und Calabrese.

Das Erlebnis von natürlichem Licht etwa ist ein fundamentaler Teil unseres Wohlbefindens, was viele Menschen in Deutschland jedes Jahr im Winter (wenn es weniger davon gibt) wieder bemerken. Licht erlaubt uns zudem die Orientierung an Orten und befriedigt unser Bedürfnis nach Klarheit und Ästhetik – etwa, wenn das Lichtspiel im Ozean oder in bunten Herbstblättern unsere Umgebung geradezu magisch verwandelt. Daher ist es im biophilen Design von Gebäuden wichtig, dieses natürliche Licht zu ermöglichen, etwa durch gläserne Wände, reflektierende Wandfarben und Materialien oder andere Designstrategien. In ähnlicher Weise können Pflanzen, Wasser oder natürliche Landschaften in die Bebauung integriert werden – nicht nur außen wie im Beispiel des Gebäudes in Avignon, sondern auch innerhalb von Gebäuden oder urbanen Gebäudeensembles. So können sich selbst erhaltende kleinere Ökosysteme auch in und um Gebäudeensembles erreicht werden und damit durch richtige Sichtachsen, Interaktionsmöglichkeiten oder auch Beobachtungsplattformen zur Mensch-Natur-Verbindung beitragen (Abb. 3.6).

und Attribute von biophilem Design vorliegt. Sie kommen auf Grundlage der von ihnen gesichteten Literatur zu dem Schluss, dass sich die Vorteile biophiler Designelemente auch empirisch belegen lassen. Vor allem in Bezug auf Wohlbefinden und Erholung wurden viele Studien gefunden, die zeigen, dass biophile Elemente in urbanen Räumen uns Menschen guttun. Gleichzeitig betonen die Autorinnen, dass biophiles Design nicht als Gießkannenprinzip funktionieren kann, sondern immer im Kontext von räumlichen Gegebenheiten, Funktionen von Gebäuden und eben deren Nutzenden eingesetzt werden muss. Zudem bemängeln sie, dass sich die meiste Forschung und auch Praxis mit den visuellen Qualitäten von biophilem Design auseinandersetzt, aber gerade die Multisensorik (neben visuellen also auch auditorische, taktile oder olfaktorische Reize) den übergeordneten Reiz biophilen Designs ausmacht. Auch gilt es zu verstehen, welche Kombination einzelner Elemente den stärksten Effekt auf das Wohlbefinden hat.

Schließlich möchten wir noch betonen, dass biophiles Design nicht nur persönliches Wohlbefinden von Menschen steigert, sondern auf verschiedenen Ebenen „wirkt". Wijesooriya und Brambilla (2021) haben in einer umfassenden Arbeit geprüft, welche Stärken und Schwächen (bzw. Herausforderungen) mit biophilem Design einhergehen. Dazu haben sie Evidenz aus rund 100 Studien zusammengefasst. In ◘ Abb. 3.7 und 3.8 sind die Kernbefunde zu den Schwächen und Stärken abgebildet.

Hier ist besonders hervorzuheben, dass biophiles Design neben dem positiven Einfluss auf individuelles Wohlbefinden (wie etwa Senkung des Blutdrucks, Stressreduktion, Erholung) und kognitive Fähigkeiten (z. B. gesteigerte Kreativität und Produktivität) auch positiv auf emotionales Erleben (z. B. gesteigerter Selbstwert, Zufriedenheit) und auf Verhalten (z. B. mehr umweltbewusstes Handeln, ge-

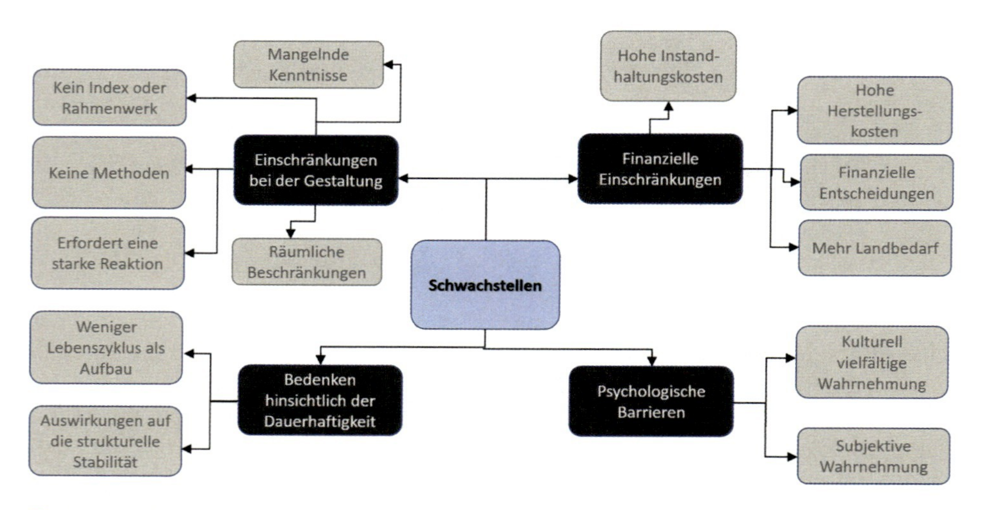

◘ **Abb. 3.7** Schwächen von Biophilic Design nach Wijesooriya und Brambilla (2021, S. 8; mit freundlicher Genehmigung von Elsevier BV via Copyright Clearance Center, Inc.)

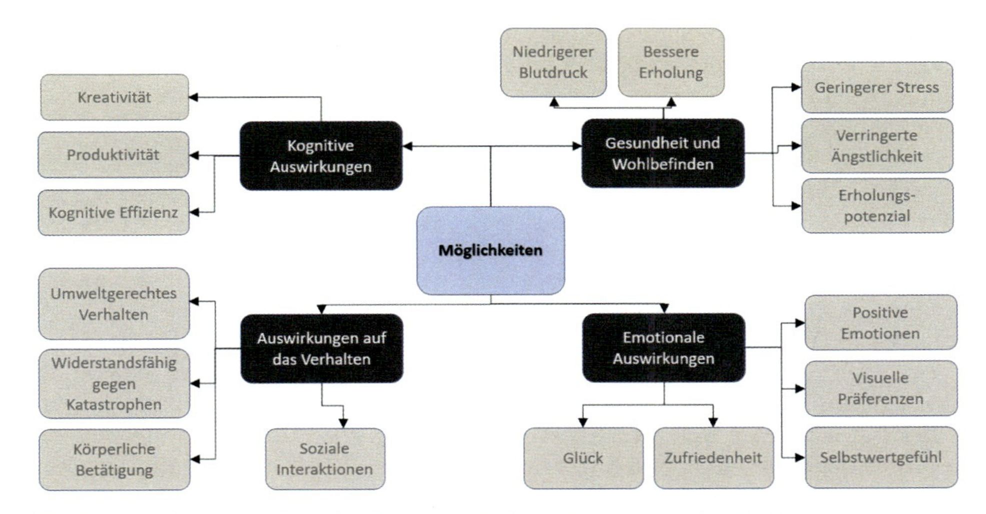

Abb. 3.8 Stärken von Biophilic Design nach Wijesooriya und Brambilla (2021, S. 9; mit freundlicher Genehmigung von Elsevier BV via Copyright Clearance Center, Inc.)

steigerte soziale Interaktionen, Resilienz) wirkt. Dem gegenüber stehen potenzielle Schwächen wie etwa finanzielle Einschränkungen (z. B. hohe Unterhaltskosten), Beständigkeit (z. B. Sorgen um den Einfluss auf die Gebäudestruktur) oder auch Designeinschränkungen (z. B. mehr Raum notwendig, wenig Wissen um Designmöglichkeiten). Daraus schließen die Autorinnen, ähnlich wie Gillis und Gatersleben (2015), dass biophiles Design immer dann geeignet ist, wenn es mit den lokalen Kontexten im Einklang steht und auf bestem aktuellem Wissen basiert.

Wir haben in diesem Abschnitt die Wahrnehmung der natürlichen und der bebauten Umwelt betrachtet. Dabei haben wir zunächst definiert, was Landschaft eigentlich ist und warum wir bestimmte Landschaften anderen vorziehen. Hier haben wir gesehen, dass es sowohl evolutionäre als auch kulturelle Erklärungsansätze für Landschaftspräferenzen gibt. Auch bei der Wahrnehmung von Gebäuden, die wir primär aufgrund ihrer Fassaden und Funktionen beurteilen, gibt es Interaktionen verschiedener Prozesse – Urteile über Landschaft und urbane Umwelten ist niemals monokausal determiniert. Schließlich haben wir beleuchtet, wie Stadtplanung sowohl technologische als auch naturbasierte Elemente nutzen kann, um Gebäude und ihre Infrastruktur nachhaltiger zu gestalten.

3.2 Risiko

Gefahr ist real, Risiko ist sozial konstruiert. So in etwa beschreibt Slovic (1999) den Begriff Risiko. Wenn Menschen ihre Umwelt wahrnehmen, dann richten sie ihre Aufmerksamkeit auch auf die Chancen und möglichen Gefahren, die aus dieser Umwelt entstehen können. Sie richten sie also auf zukünftige Zustände der Umwelt und fragen, ob diese günstige Verhaltensmöglichkeiten bieten oder ob sie

Wohlbefinden und Verhalten erschweren oder unmöglich machen. Da es sich hier um zukünftige Ereignisse handelt, gibt es keine Gewissheit. Unsere Erwartungen unterliegen Unsicherheit, und das deckt sich mit der Definition von Risiko. Es ist – nach ► Kap. 2 über komplexe Systeme – klar, dass auch zu erwartende Entwicklungen in der Umwelt nicht mit Sicherheit eintreten werden, sondern als Risiko bezeichnet werden können, gerade weil wir deren Eintretens nicht sicher sind. Das ist der Grund, warum wir in diesem Kapitel über die Wahrnehmung von Umweltrisiken sprechen. Die menschliche Wahrnehmung von Risiken unterliegt besonderen Einflüssen und Verzerrungen, die hier zusammen mit ihren Auswirkungen im Umweltbereich besprochen werden sollen.

◘ Tab. 3.2 zeigt Daten einer Originalpublikation aus der Hochphase der sogenannten psychometrischen Risikoforschung in den 1970er-Jahren. Sie gibt an, bei welchen Verhaltensweisen sich die Chance zu sterben um 1 Millionstel erhöht. Hier sehen wir den Versuch, Risiken aus einer Quelle mit Risiken aus anderen Quellen quantitativ vergleichbar zu machen. Diese Tabelle löst – so ganz ohne weitere Erklärungen – Unverständnis, Kopfschütteln oder gar Widerspruch aus. Wie kann man denn diese Dinge überhaupt vergleichen? Sind nicht Erdnussbutter und radioaktive Strahlung aus einem Kernkraftwerk grundsätzlich unvergleichbare Dinge? Dazu kommt noch – und das ist dem Alter der Zahlen geschuldet – dass manche Risiken abgenommen haben (beispielsweise hat sich die Luftqualität in den genannten Städten bis heute verbessert und Röntgenaufnahmen sind weniger schädlich geworden). Wie kommen solche Zahlen überhaupt zustande?

◘ **Tab. 3.2** Erhöhung des objektiven (tatsächlichen) Risikos zu sterben um den Faktor 1:1 Mio. bei verschiedenen Risikoquellen. (Nach R. Wilson 1979)

1,4 Zigaretten rauchen
2 Tage in New York City oder Boston wohnen (Luftverschmutzung)
6 min Kanufahren (Unfall)
30 Meilen Autofahren (Unfall)
1000 Meilen fliegen (Unfall)
1-mal Brustkorb röntgen
40 Esslöffel Erdnussbutter essen
30 Dosen Limonade mit Saccharin (Süßstoff) trinken
100 Grillsteaks essen
150 Jahre in 20 Meilen Entfernung eines Kernkraftwerks wohnen
50 Jahre in 5 Meilen Entfernung eines Kernkraftwerks wohnen

Daten aus R. Wilson (1979). Analyzing the daily risks of life. *Technology Report, 81*, 40–46

Risiko

Ein Risiko ist die Summe möglicher Konsequenzen von Handlungen, die nach Einschätzung der meisten Menschen unerwünscht sind.

Beginnen wir mit der Klärung einiger Begriffe. Unter *Risiko* versteht man die möglichen Konsequenzen von Handlungen, die nach Einschätzung der meisten Menschen unerwünscht sind (Wissenschaftlicher Beirat der Bundesregierung Globale Umweltveränderungen [WBGU] 1999). Diese Handlungen beinhalten aber auch oft Chancen, d. h. die In-Aussicht-Stellung von Nutzen. Darauf kommen wir noch einmal zurück.

Bei der Bestimmung des Risikos kommt es – für dessen mathematisch-naturwissenschaftliche Definition – auf zwei Elemente an. Das erste ist der sogenannte Wert (engl. *value*). Er bezieht sich bei Risiko auf einen negativen Wert, mit dem wir das Ausmaß eines Schadens beschreiben wollen, der als Konsequenz einer menschlichen Aktivität oder eines Ereignisses (Erdbeben, Erdrutsch, usw.) entsteht. Dieses Ereignis wird von der Mehrheit der Bevölkerung negativ bewertet. Der Schaden betrifft dabei ein wertvolles Gut: Leben, materielle Güter, Kunstgüter usw.

Schaden

Als Schaden bezeichnet man die Konsequenz einer menschlichen Aktivität oder eines Ereignisses, welches von der Mehrheit der Bevölkerung negativ bewertet wird.

Es kann niemand in die Zukunft schauen. Bei Risiko haben wir es aber mit Ereignissen in der Zukunft zu tun. Wir können daher nur versuchen, aus Vorkommnissen aus der Vergangenheit auf zukünftige Schadensausmaße zu schließen. Deswegen spricht man von *potenziellen Schäden*, also der Summe möglicher Schäden, die von einer Aktivität oder von einem Ereignis herrühren können. Es steht also mal mehr, mal weniger auf dem Spiel, je nachdem, welche Güter betroffen sind. Die Abschätzung dessen beruht auf den vergangenen Erfahrungen mit dieser Aktivität oder diesem Ereignis.

Potenzieller Schaden

Ein potenzieller Schaden ist die Summe möglicher Schäden, welche von einer Aktivität oder von einem Ereignis in der Zukunft herrühren.

Das zweite Element zur mathematisch-naturwissenschaftlichen Bestimmung eines Risikos ist die *Erwartung*, d. h. die erwartete Auftretenswahrscheinlichkeit für ein Schadensereignis aus der Aktivität oder aus dem Ereignis. Wie bei den Schadenshöhen liegen die Ereignisse aber in der Zukunft und eine direkte Messung ist nicht möglich. Man kann also Wahrscheinlichkeiten auf der Grundlage der bisher beobachteten (oder auch nur vermuteten oder geschätzten) relativen Häufigkeiten der Ereignisse extrapolieren (also die Schätzlinie in die Zukunft verlängern). Dies ist die beste Annäherung an die Zukunft, die zu erreichen ist. Allerdings können solche relativen Häufigkeiten weder den exakten Zeitpunkt noch das exakte Ausmaß eines Ereignisses vorhersagen. Das ist und bleibt wohl eine harte Grenze der menschlichen Erkenntnis.

Erwartung

Die Erwartung ist die erwartete Auftretenswahrscheinlichkeit für ein Schadensereignis.

3.2.1 Objektives (wahres) Risiko und seine Schätzung

Aus dem potenziellen Schaden und der Erwartung entsteht durch Multiplikation die numerische Annäherung an das tatsächliche, aber unbekannte wahre Risiko, das sogenannte objektive Risiko.

Mathematisch-naturwissenschaftliche Annäherung an das objektive Risiko

Diese ist definiert als

Potenzieller Schaden eines Ereignisses * dessen Eintrittswahrscheinlichkeit.

Zwar lassen sich die relative Wahrscheinlichkeit eines Ereignisses und das erwartete mittlere Schadensausmaß schätzen. Auf der anderen Seite bleiben aber der exakte Zeitpunkt des Auftretens eines Ereignisses und seine Größenordnung unsicher. Diese prinzipielle Unsicherheit der Zukunft ist psychologisch nicht leicht zu verkraften, da es sich leichter mit Vorhersagbarem leben lässt. Bei prinzipieller Unsicherheit der Zukunft sind Kontrolle und Sicherheit nicht gegeben, obwohl wir das gerne hätten (vgl. auch ► Kap. 2). Das ist wohl ein Grund, warum oft – auch wenn es faktisch nicht geboten ist – von „Vorhersage" oder „Prognose" gesprochen wird, entweder um sich selbst in besserem Licht darzustellen (Politiker X hat selbst die Zukunft im Griff) oder um die Adressaten zu schonen. Vorhersagen sind nicht möglich! Es bleibt eine, wenn auch ungeliebte, grundsätzliche Unsicherheit. Die ist allerdings unterschiedlich groß, je nach betrachtetem System.

Tatsächlich kann das wahre Risiko einer Risikoquelle nur *ex post* (d. h. im Nachhinein) festgestellt werden, z. B. wenn am Ende des Lebenszyklus der Quelle die wahre Verteilung *aller* Ereignisse bekannt ist. Das wollen wir am Beispiel einer Technologie illustrieren: Gegen Ende des 18. Jahrhunderts begann die Ausbreitung der Dampfmaschinen als wichtige Quelle mechanischer Kraft in Bergbau und Industrie. Diese waren jedoch, wenn sie nicht einwandfrei konstruiert, gewartet und bedient wurden, bisweilen lebensgefährlich und konnten explodieren (der heutige TÜV hat seine Vorläufer in sogenannten Dampfkesselüberwachungsvereinen).

Mittlerweile benutzt man Dampfmaschinen nicht mehr im Produktionsbetrieb. Das heißt, dass sich mittlerweile das objektive Risiko von Dampfmaschinen gut abschätzen lässt, da man nicht mehr mit zahlreichen noch kommenden Schadensereignissen rechnen muss. Dabei schauen wir von jetzt in die Vergangenheit, zählen alle Schadensereignisse und bestimmen die jeweils entstandenen Schäden.

Aber bei den Risiken, die uns aktuell umtreiben, ist das so nicht möglich. Das gilt für aktuell benutzte Technologien (z. B. Kernkraft, Dieselmotor usw.), Stoffe (z. B. genetisch modifizierte Organismen, Medikamente, Plastik, Verbundstoffe usw.) oder auch Erdsystemrisiken wie den Klimawandel oder den Verlust an Biodiversität. Bei diesen Risiken bleibt nichts anderes übrig, als Wahrscheinlichkeitsrechnungen über potenzielle Schäden und zu erwartende Eintrittswahrscheinlichkeiten anzustellen. Insgesamt kann man sagen, dass der potenzielle Schaden aus einer Risikoquelle leichter abzuschätzen ist als die Erwartung der Häufigkeit des Auftretens von Ereignissen. Und: Je nach Risikoquelle, nach zugrunde liegendem System, ist das Risiko besser oder schlechter abschätzbar.

Wahres Risiko und seine Schätzung liegen umso näher beieinander, …

- *… je besser das System hinsichtlich seiner Kausalstruktur und seiner Verhaltenstendenzen verstanden ist.* Dieses objektive, also technisch-wissenschaftlich bestimmbare Risiko kommt der Wahrheit, die irgendwo da draußen ist und die wir ja nicht kennen, umso näher, je besser das System hinsichtlich seiner internen Struktur und seiner Verhaltenstendenzen verstanden ist. Bei einfachen technischen Systemen ist das relativ einfach. Und dennoch gibt es Überraschungen. Ein Fahrrad ist nicht wahnsinnig komplex und trotzdem kann mitten auf der Straße und ohne Vorwarnung die Lichtanlage versagen. Auch gering komplexe Systeme können also überraschende Verhaltenstendenzen zeigen. Um wie viel komplexer sind erst große technische Artefakte wie Raumfähren oder Kernkraftwerke? Um wie viel komplexer sind das Erdsystem, das Klima?
- *… je mehr bekannt ist über die relativen Häufigkeiten.* Wenn etwas häufig passiert, gibt es eine gute Datengrundlage. So lässt sich das Risiko von Autounfällen gut abschätzen. Wenn jedoch etwas selten passiert, wie z. B. extreme Wetterereignisse oder das Versagen eines Kernkraftwerks, dann kann man daraus nicht zwingend gute Schlüsse ziehen, weil die Stichprobe der Ereignisse zu klein ist.
- *… je kleiner der Systemwandel ist, d. h., je kleiner der Wandel in den kausalen Beziehungen innerhalb der Variablen des Systems in der Zukunft ist.* Das wissenschaftlich abgeschätzte, objektive Risiko und das tatsächliche (wahre) Risiko liegen umso näher beieinander, je weniger sich das System ändert. Wenn sich ein System ändert, sinkt unser Verständnis dieses Systems. Das bisherige Verständnis wird obsolet. Beim Klimawandel lässt sich vermuten, dass – obwohl die physikalischen Zusammenhänge grundsätzlich dieselben bleiben – sich bisher beobachtete Muster verändern. Die Mechanik des Zusammenspiels der Systemteile hat sich geändert. Und deswegen ist eine Extrapolation von beobachteten Auftretenswahrscheinlichkeiten von z. B. Extremwetterereignissen in die Zukunft mit ziemlicher Sicherheit eine Unterschätzung dessen, was wirklich zu erwarten ist (da durch die Erderwärmung mehr Energie im System ist, die zu mehr Dynamik führt).

3.2.2 Systemische Risiken und Hyperrisiko

Umweltrisiken zeichnen sich durch eine besondere Komplexität aus, die aus ihrer Einbettung in das Erdsystem herrührt. Helbing (2013) schildert sogenannte *systemische Risiken* mit folgenden Eigenschaften:

- **Enge Kopplung von Komponenten**

Ein System besteht aus mehreren oder vielen Teilkomponenten. Diese Komponenten können enger oder loser miteinander gekoppelt sein. Beispielsweise sind zwei allein stehende Häuser in einem Vorort lose miteinander gekoppelt, was das Risiko des Abbrennens angeht. Wenn das eine in Brand gerät, wird das andere nicht direkt mit abbrennen. In einer mittelalterlichen Altstadt war das aber anders: Die eng an eng stehenden Häuser waren alle bedroht, wenn eines in Brand geriet. Technisch ausgedrückt heißt das, dass bei eng gekoppelten Systemen das Versagen der Komponenten nicht statistisch unabhängig voneinander ist.

- **Kaskadeneffekte**

Die räumliche oder funktionale Nähe bei eng gekoppelten Komponenten kann dazu führen, dass eine Störung von einer zur anderen Komponente und so immer weiter springt. Das kann bei Flugzeug- oder Schiffsunfällen beobachtet werden, bei Kraftwerksunglücken, bei Virusinfektionen von biologischen oder digitalen Systemen und vielem mehr. Das gleiche gilt für die Infrastrukturen in einer Gesellschaft, wie Straßen- und Schienennetz, Elektrizität, Wasserbereitstellung, Telefon- oder Bankensystem. Je enger die Komponenten miteinander gekoppelt sind, desto mehr kann man davon ausgehen, dass sich solche Kaskadeneffekte einstellen und durch das System laufen. Je größer und je umfassender das System, desto größer ist der maximale anzunehmende Schaden.

◘ Abb. 3.9 zeigt, warum Kaskadeneffekte schwer vorherzusagen und, wenn sie einmal aufgetreten sind, schwer einzudämmen und zu bekämpfen sind (Helbing 2013). Einerseits kann eine Ursache zu verschiedenen Effekten führen (die orangen und blauen Pfeile), andererseits können zwei Ursachen zum selben Effekt führen (Multikausalität, rote und blaue Pfeile). Zur Vorhersage wäre eine umfangreiche Kenntnis der Systemstruktur, aller aktuellen Systemzustände sowie des Auslösers nötig – eine für die allermeisten realen Systeme völlig unrealistische Annahme. Eine Kaskade kann sich auch in unterschiedliche Richtungen ausbreiten (siehe ◘ Abb. 3.9 unten), z. B. über verschiedene Teile von Infrastruktur oder Gesellschaft hinweg, was es zusätzlich schwerer macht, sie zu beherrschen.

- **Entgrenzte Risiken**

Je größer die Anzahl der eng gekoppelten und von einem Versagen betroffenen Komponenten, desto größer der potenzielle Schaden für das Gesamtsystem. Solange keine fehlende oder nur lose Kopplung der Kaskade Einhalt gebietet, wächst der Schaden im System weiter – daher ist das Risiko „entgrenzt“. Beispiele dafür sind großflächige Stromausfälle, Finanz- oder Wirtschaftskrisen und eben die verschiedenen Umweltkrisen, die weitreichende Verflechtungen in verschiedenste Bereiche des Erdsystems aufweisen, wie den Biodiversitätsverlust oder den Klimawandel.

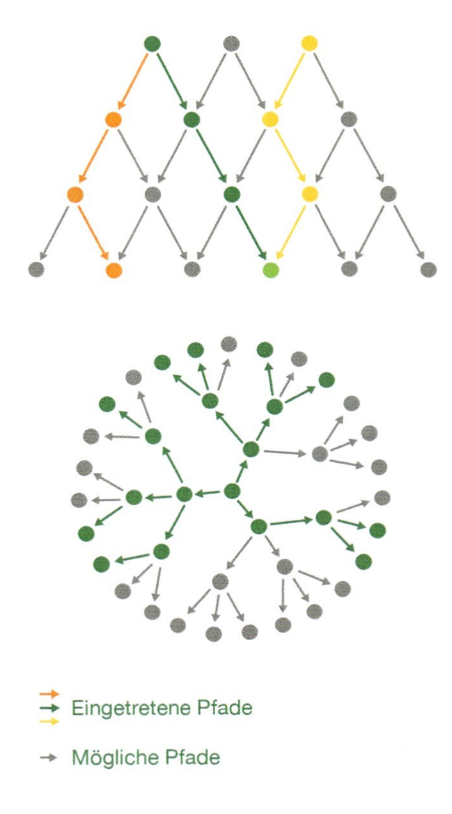

Abb. 3.9 Kaskadeneffekte. (Nach Helbing 2013, S. 54, 56; mit freundlicher Genehmigung von Springer Nature)

Hyperrisiko

Mit Hyperrisiko (Helbing 2013) werden Risiken bezeichnet, die aus systemischen Netzwerken (▶ Abschn. 2.4) bestehen, deren Komponenten jedoch wiederum solche Netzwerke sind. Dazu zählen beispielsweise die wachsenden Abhängigkeiten zwischen Energie, Lebensmittelproduktion und Wasser, zwischen den globalen Versorgungsketten, zwischen digitaler Kommunikation und Finanzen oder zwischen Ökosystem und Klima. Das World Economic Forum (2011) zeigt in seinem Risikobericht die Vernetzung von verschiedenen Teilsystemen der Welt: Infrastrukturen, das Wirtschaftssystem, das politische System, das soziale und das ökologische System. Der Bericht zeigt z. B., dass der Klimawandel über Nahrungsmittelsicherheit (soziales System) und Migration oder geopolitische Konflikte in das politische System hineinspielt, aber auch über den Preis für bestimmte Güter in das ökonomische System.

Zusammenfassung

Die mathematisch-naturwissenschaftliche Annäherung an Risiko besteht aus dem Produkt aus Eintrittswahrscheinlichkeit und Schadensausmaß des Risikos. Bestimmte Faktoren wie wenige Datenpunkte oder gar Systemwandel erschweren eine akkurate Bestimmung des objektiven Risikos. Systemische Risiken rühren von der engen Kopplung von Systemkomponenten her und ermöglichen Kaskadeneffekte, bei denen das Risiko durch ein System hindurchläuft.

3.3 Individuelle Risikowahrnehmung: Subjektives Risiko

Tatsächlich nehmen Menschen die Risiken nicht so wahr, wie es durch die mathematisch-naturwissenschaftliche Definition des objektiven Risikos nahegelegt wird. Die individuelle Risikowahrnehmung wird stark von situativen, individuellen und gesellschaftlichen Faktoren mitbestimmt. Das subjektive Risiko wird von den Wahrnehmenden gewissermaßen konstruiert, wobei verschiedene Faktoren je nach Situation unterschiedlich wichtig sind. Subjektives Risiko ist also ein individuelles und soziales Konstrukt.

Die subjektive Risikoeinschätzung weicht, wenn man sie mit dem objektiven Risiko vergleicht, manchmal nach oben, manchmal nach unten ab. Das heißt: In einigen Kontexten werden Risiken subjektiv überschätzt, in anderen werden sie unterschätzt. Zum Glück geschieht dies nicht unsystematisch, sondern es lassen sich klar die Faktoren angeben, die jeweils eine Über- oder Unterschätzung eines Risikos bewirken. Die folgenden Abschnitte stellen zunächst die Grundkomponenten von Risiko aus psychologischer Sicht dar und wenden sich dann den Phänomenen der individuellen kognitiven wie affektiven Risikobewertung sowie den gesellschaftlichen Bewertungen zu.

3.3.1 Psychologische Grundkomponenten von Risiko

Die psychologischen Grundkomponenten von Risiko sind seine Komplexität, seine Unsicherheit, seine Ambiguität und mangelnde Salienz (Renn 2013).

Die *Komplexität* (vgl. ► Kap. 2) basiert auf der Vernetzung innerhalb des zugrunde liegenden Systems. Aus ihr resultieren multiple Kausalität, Seiteneffekte und Fernwirkungen von Ereignissen oder Aktionen. Die Beziehungen in komplexen Systemen sind deshalb besonders für fachfremde Personen schwer kognitiv nachzuvollziehen, weil Ursache und Wirkung räumlich und/oder zeitlich weit auseinanderliegen können. Komplexität hat auch zur Konsequenz, dass nicht lineare Phänomene auftreten können. Das heißt, dass Dinge sich in kurzer Zeit sehr überraschend entwickeln können.

Unsicherheit entsteht dadurch, dass die Auslöser für Risiken stochastischer Natur sind (d. h. auf Wahrscheinlichkeiten beruhen). Man kann nicht einen individuellen Energieverbrauch für einen Wirbelsturm verantwortlich machen. Aber durch viel Energieverbrauch wird eben die Wahrscheinlichkeit für eine stärkere Klimaerwärmung und daraus folgende Sturmereignisse erhöht. Ereignisse wie Hurrikane werden im Mittel über die Jahre häufiger und nehmen an Stärke zu. Aber es wird Jahre mit mehr und es wird Jahre mit weniger solchen Ereignissen geben. Diese Unsicherheit wirkt in besonderer Weise auf Wahrnehmung und kann die Handlungsbereitschaft zur Risikoeindämmung hemmen (Barrett und Dannenberg 2014). Auch das Phänomen der gelernten Hilflosigkeit (Seligman 1972) beruht auf Unsicherheit, d. h. Infragestellung einer berechenbaren Welt. Unsicherheit wirkt negativ auf Selbstwirksamkeit. Man kann prinzipiell über die Basiswahrscheinlichkeit eines Risikos Bescheid wissen, aber nie über konkrete Ereignisse in der Zukunft. Es ist diese Unsicherheit, die Angst auslöst.

Die *Ambiguität* (Zwei- oder Mehrdeutigkeit) rührt daher, dass sich beobachtete Symptome nicht unbedingt mit Sicherheit einer einzigen Ursache zuschreiben lassen (siehe Kaskadeneffekte). Das heißt, eine kausale Rückverfolgung ist oft erschwert oder gar nicht möglich, wodurch die Eindämmung eines Risikos behindert wird.

Mangelnde Salienz. Unter Salienz versteht man die Herausgehobenheit eines sensorischen Reizes oder einer Information. Saliente Informationen erzeugen Aufmerksamkeit. Viele Risikoquellen wirken kontinuierlich, erzeugen aber nicht ständig Symptome. Wann und wo spezifische Schadensereignisse aus dem Risiko auftreten, bleibt unklar. Wir denken nicht an die vielen ständigen Risikoquellen um uns herum – nur wenn ein Schadensereignis auftritt, tritt das Risiko kurz in unsere Wahrnehmung.

Alle besprochenen Komponenten von Risiko treffen auf zahlreiche Umweltrisiken zu, auf den Klimawandel ebenso wie auf den Biodiversitätsverlust, aber auch zahlreiche andere globale oder großflächige Risiken. Sie erschweren damit eine objektive individuelle Einschätzung. Den Abweichungen der subjektiven Risikowahrnehmung vom objektiven Risiko und deren Ursachen gehen wir in den folgenden Abschnitten nach.

3.3.2 Über- und Unterschätzung von Risiken

◘ Abb. 3.10 zeigt zwei sogenannte Risikoprofile, eines für Atomenergie und eines für Röntgenstrahlung. Sie spiegeln die Mittelwerte der Einschätzung beider Risiken durch Gruppen von Versuchspersonen wider. Diese sollten die beiden Risiken hinsichtlich verschiedener Attribute (Freiwilligkeit des Ausgesetztseins, Anzahl der Toten pro Schadensereignis usw.) auf einer 7-stufigen Likert-Skala einschätzen. Wir sehen zwei Dinge:

- Die dargestellten Profile erschöpfen sich nicht in den beiden zuvor erwähnten Faktoren „Ausmaß des Schadens“ und „Eintrittswahrscheinlichkeit“. Sie wurden aus einer Reihe von für die Risikobewertung psychologisch relevanten Attributen gebildet, die sich nicht aus der mathematisch-naturwissenschaftlichen Definition des objektiven Risikos herleiten lassen.
- Beide Risiken unterscheiden sich psychologisch, obwohl sie physikalisch vergleichbare Phänomene behandeln. Allerdings ist der *Kontext* unterschiedlich: Röntgen dient der Gesundheit, geschieht zumeist gewollt, d. h. absichtlich, und ist ein relativ gewöhnliches Ereignis, während mit Atomkraft verbundenen Ereignissen eher ein katastrophaler Charakter zugeschrieben wird. Die unterschiedlichen Kontexte spiegeln sich in den unterschiedlichen Einschätzungen auf den psychologisch relevanten Attributen wider.

Die Untersuchung zeigt, dass die Versuchspersonen bei ihrer Einschätzung der Risiken von der wahrgenommenen *Schrecklichkeit* und der *Unbekanntheit* des jeweiligen Risikos beeinflusst werden. Je schrecklicher etwas wahrgenommen wird oder je wissenschaftlich unbekannter ein Risiko erscheint, desto höher wird es eingeschätzt (Fischhoff et al. 1978). Diese Faktoren setzen sich im Einzelnen aus den im Folgenden beschriebenen Phänomenen zusammen.

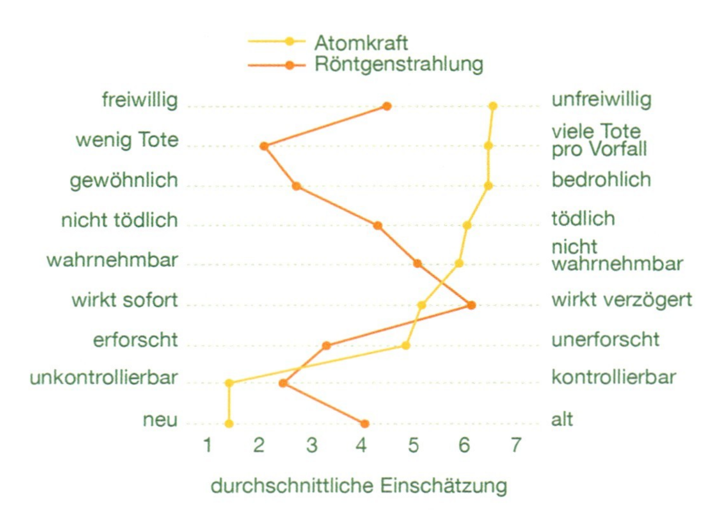

Abb. 3.10 Subjektive Risikoprofile. (Nach Günther et al. 2013, S. 166, mit Daten aus Fischhoff et al. 1978; mit freundlicher Genehmigung von Springer Nature)

Die subjektive Risikoeinschätzung steigt (im Vergleich zum objektiven Risiko) mit …

- … der mangelnden *subjektiven* (d. h. auch nur vermeintlichen) *Kontrollierbarkeit* des Risikos. Im Mittel würde also eine Narkose beim Zahnarzt als riskanter eingeschätzt werden als selbst Motorrad zu fahren, was man glaubt unter persönlicher Kontrolle zu haben. Die objektive durchschnittliche Gefahr der Tätigkeit spiegelt das allerdings nicht wider.
- … dem *Nicht-wissen-Können des Ausgesetztseins*. Die mangelnde Sicht- und Fühlbarkeit eines Risikos gilt für Risiken, für die wir keine Sensorik besitzen, also z. B. Radioaktivität, UV-Strahlung, elektromagnetische Felder.
- … der mangelnden *Freiwilligkeit des Ausgesetztseins*. Hier ist ganz offensichtlich, dass das nichts mit der Definition des objektiven Risikos zu tun hat. Dennoch spielt es psychologisch eine Rolle, da auch der Kontext des Risikos ausgewertet wird.
- … der *unfairen Verteilung von Schaden und Gewinn*. Werden der Gewinn aus dem Betrieb einer risikobehafteten Technologie oder Einrichtung und das damit verbundene Risiko als ungleich verteilt wahrgenommen, wird auch das Risiko höher eingeschätzt.
- … der *Neuheit des Risikos*. Erscheint ein Risiko neu, also noch nicht hinreichend bekannt oder erforscht, wird es höher eingeschätzt. An dieser Stelle wird deutlich, dass die Einbeziehung des Kontextes (hier der Unsicherheit durch mangelnde Erfahrung mit etwas) eine angemessene Strategie sein kann und dass die subjektiven Risikoeinschätzungen ihre sinnvolle Rolle erfüllen.

Aus dem gerade Genannten und der Salienz eines Risikos folgt: *Punktuelle*, seltene, insbesondere schwer kontrollierbare *Risiken* werden in der Regel überschätzt, *schleichende Entwicklungen* werden unterschätzt. So werden Risiken durch Terrorismus in der Bevölkerung überschätzt, die des Klimawandels unterschätzt.

Nicht nur der Kontext selbst, sondern auch die durch ihn hervorgerufenen Affekte spielen eine Rolle. So beobachten Slovic et al. (2005) die sogenannte Affektheuristik: Wird z. B. bei einer Technologie (wie etwa der Atomenergie) die Information eines hohen Nutzens gegeben, so entwickeln Versuchspersonen einen positiven Affekt und schließen, dass die Technologie ein niedriges Risiko habe. Wird die Information eines niedrigen Nutzens gegeben, so wird über einen negativen Affekt auf ein höheres Risiko geschlossen. Umgekehrt wird von einer Risikoinformation (hoch oder niedrig) vermittelt über den entsprechenden Affekt auf einen Nutzen geschlossen.

Anthropogene (d. h. menschengemachte) Risiken führen zu einem anderen Affekt als natürliche Risiken (Böhm et al. 2001). Ein natürlich verursachter Schadensfall (z. B.: ein Frachter läuft in einem Sturm auf Grund und Öl läuft aus) ruft Trauer hervor. Werden jedoch Menschen direkt verantwortlich gemacht für einen Schadensfall (z. B.: der Frachter läuft auf Grund, weil der Kapitän betrunken war), wird eher mit Wut reagiert.

Insgesamt ist damit klar, dass Risikoeinschätzung nicht nur von den objektiven Gegebenheiten einer Gefährdungssituation abhängt, sondern zu weiten Teilen ein individuelles Konstrukt ist. Dieses individuelle Konstrukt bezieht ganz wesentlich den Kontext mit ein. Der Kontext wiederum besteht aus Faktoren, die keinen Eingang in die naturwissenschaftliche Definition des Risikos finden. Subjektives Risiko basiert also auf der Verschmelzung von mehr Faktoren als der reinen Multiplikation von potenziellem Schaden und der erwarteten Wahrscheinlichkeit des Eintretens eines Schadensereignisses. Es werden hier Faktoren relevant, die in unserem Beispiel aus der rein physikalischen Perspektive irrelevant wären. So werden Röntgenstrahlen im Vergleich zu Kernkraft als gewöhnlich und als weniger bedrohlich wahrgenommen, als besser erforscht und als kontrollierbarer. Diese Faktoren haben qualitative Eigenschaften, die zum Teil völlig losgelöst von den objektiven Gegebenheiten sein können. Das führt bisweilen zu Missverständnissen bei der Diskussion zwischen Experten und Expertinnen (zumeist Fachleute in den Natur- oder Ingenieurwissenschaften) und fachfremden Personen, die solche Kontexteffekte mitberücksichtigen oder sogar in den Vordergrund stellen. Beide beziehen sich auf unterschiedliche Verständnisse von Risiko. Dabei kann der Einbezug solcher „nichtwissenschaftlichen" Faktoren durchaus sinnvoll für das eigene tägliche Leben sein. Bei der Wahrnehmung von Umweltrisiken hingegen erweisen sich manche der subjektiven Einschätzungen als problematisch, wie wir weiter unten sehen werden.

Gigerenzer (2004) untersucht ein Beispiel einer dysfunktionalen (d. h. nicht angemessenen) Überschätzung eines schrecklichen Risikos. Eine weit verbreitete Reaktion der US-Bürger und -Bürgerinnen auf die Terroranschläge des 11. September 2001 war es, Flüge zu vermeiden und weitere Strecken stattdessen mit dem Auto zurückzulegen. Die Forschungsfrage ist hier: In welchem Verhältnis stehen die Risiken zueinander, d. h., wie vernünftig war die beobachtete Verhaltensänderung? In der Untersuchung wurden die drei darauffolgenden Monate betrachtet: Im Oktober nahm der Personenluftverkehr um 20 % gegenüber den Vormonaten ab, im November waren es immer noch 17 % und im Dezember 12 % weniger. Selbst wenn man den jährlichen Anstieg der im Personenverkehr gefahrenen Meilen gegenüber dem Vorjahr herausrechnet, wurden nach September 2011 2,9 % mehr Meilen mit dem Auto gefahren (auf den Highways 5,3 % mehr). Damit einhergehend wurden 353 mehr Todesfälle durch Unfälle auf den Autobahnen registriert. Das sind mehr als die 266 Menschen, die am 11. September (nur) in den Flugzeugen durch die Anschläge um ihr Leben kamen. Auch wenn dieses Beispiel nicht aus dem Umweltbereich stammt, so zeigt es doch deutlich, wie sehr sichtbare, plötzliche, weithin bekannt gemachte Risiken das Verhalten beeinflussen können. Dies führt uns zu der Frage, wie soziale Einflüsse die individuelle Risikowahrnehmung mitbestimmen.

Risiko ist mehr als ein naturwissenschaftlich oder mathematisch definiertes Konstrukt, es ist individuell und gesellschaftlich interpretiert. Sowohl potenzielle Schäden als auch Chancen durch eine Tätigkeit oder eine Technologie werden in einem gesellschaftlichen Diskurs abgewogen. Dieser Diskurs fußt wiederum auf der individuellen Risikowahrnehmung, beeinflusst sie aber auch. Was betrachten wir als erwünscht oder als unerwünscht? Im Jahr 2019 sind über 3000 Menschen auf deutschen Straßen bei Verkehrsunfällen umgekommen (Destatis 2020). Es ist schwer vorstellbar, dass, wenn jedes Jahr Terroristen oder Terroristinnen auch nur eine ähnliche Zahl an Menschen in Deutschland umbringen würden, es am Jahresende bloß eine Zeitungsmeldung über die Statistik gäbe. Die deutsche Gesellschaft hat also einen (unausgesprochenen) Konsens darüber, dass die Chancen aus dem (überwiegend motorisierten) Individualverkehr diese Zahl an Toten aufwiegen. Sie sind also der Preis, den die Gesellschaft zu zahlen bereit ist, damit wir alle Auto fahren können, dass der Güterverkehr auf der Straße funktioniert usw. Das ist drastisch, verdeutlicht aber die Rolle der gesellschaftlichen Bewertung von Risiken.

Wie beeinflussen nun soziale Faktoren die individuelle Wahrnehmung von Umweltrisiken? Lassen sich systematische Einflüsse feststellen? ◘ Abb. 3.11 soll hierzu der Einstieg sein.

Die Abbildung zeigt die durch Individuen vermutete Wahrscheinlichkeit und die wahre Wahrscheinlichkeit von verschiedenen Todesursachen. Wären alle Punkte genau auf der Diagonalen, würde das bedeuten, dass die Versuchspersonen die erfragten Risiken perfekt einschätzen würden. Jedoch sehen wir kaum Punkte, die genau auf oder in der Nähe der Diagonalen liegen. Eine Reihe von Punkten weicht nach links von der Geraden ab, d. h. in Richtung Überschätzung, eine andere Reihe nach rechts, d. h. in Richtung Unterschätzung des Risikos. So wurden die Todesfälle durch Tornados auf fast 700 geschätzt, doch ihre tatsächliche Häufigkeit betrug ca. 90. Auf der anderen Seite wurden die Todesfälle durch Herzkrankheiten auf etwa 10.700 geschätzt, faktisch waren es jedoch zur Zeit der Publikation 209.000.

Es lohnt sich, die einzelnen Risiken genauer anzuschauen. Dabei lässt sich feststellen, dass Über- und Unterschätzung systematisch stattfinden: Seltene Risiken erscheinen vorwiegend oberhalb der 45°-Geraden; sie werden also durchweg überschätzt. Häufige Risiken erscheinen unterhalb der Geraden, sie werden also unterschätzt.

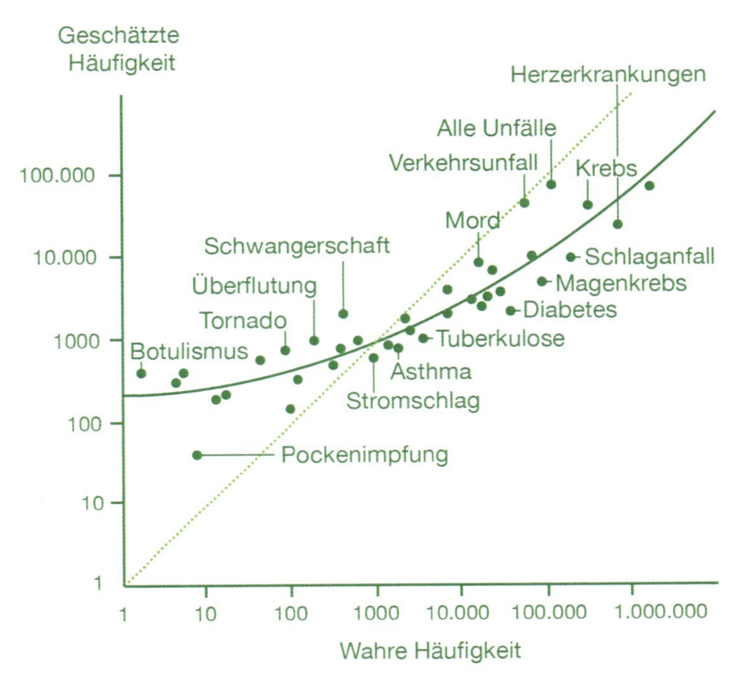

Abb. 3.11 Subjektive Über- und Unterschätzung von Risiken. Abgetragen sind die mittleren Schätzungen von Versuchspersonen hinsichtlich der Todesfälle in den USA durch 41 verschiedene Ursachen (y-Achse) gegen deren tatsächliche Häufigkeit (x-Achse). Man beachte die Skalierung beider Achsen im Zehnerlogarithmus. Die 45°-Gerade stellt die Linie perfekter Schätzungen dar. (Lichtenstein et al. 1978, S. 565; mit freundlicher Genehmigung American Psychological Association. Keine weitere Reproduktion oder Verbreitung gestattet.)

3.3.2.1 Überschätzung von Risiken

Die überschätzten Risiken in Abb. 3.11 sind solche, die selten und ungewöhnlich sind. Daher kommen wir auch selten mit ihnen in Kontakt und erfahren hauptsächlich über die Medien von ihnen. Für die Medien sind dies die Ereignisse, mit denen Aufmerksamkeit generiert wird. Da sie gerne darüber berichten, bedeutet das für uns eine verzerrte Informationslage: Seltene Risiken werden uns häufiger nahegebracht; die *base rate*, d. h., die tatsächliche Grundhäufigkeit spielt dabei eine untergeordnete Rolle. Medien vergrößern also für uns die Risiken, die selten sind und punktuell eintreten, aber eben deswegen auch medienwirksam sind. Tatsächlich begehen mehr als 10-mal so viele Menschen in Deutschland pro Tag Suizid als pro Tag umgebracht werden (Renn 2013). Wer jetzt erstaunt ist über dieses Zahlenverhältnis, hat die Wirkung der medialen Platzierung von Mord und Totschlag erfahren. Diese Platzierung nennt man auch *Agenda Setting*: Nach welchen Kriterien suchen Zeitungen ihre Nachrichten aus? Agenda Setting dient dazu, die Informationsinteressen eines Mediums mit dessen wirtschaftlichem Interesse zu verbinden, und dieses unterscheidet sich auch zwischen gebührenfinanzierten öffentlich-rechtlichen und von Auflage oder Sendequote abhängigen privaten Medien. Da sind Berichte über ein Unglück oder eine Katastrophe als Thema willkommener als Krebs oder Herz-Kreislauf-Krankheiten, obwohl für jeden Einzelnen die Eintrittswahrscheinlichkeit der letzteren Risiken ungleich höher ist. Die aus der medialen Präsenz im Gedächtnis hängenbleibenden Flugzeugabstürze sind tatsächlich faktisch vernachlässigbar im Kontext der Millionen Flugbewegungen pro Tag, die ungestört verlaufen.

Wir sind auf die Medien (z. B. Print, TV, online) als Informationsquelle angewiesen. Wir müssen uns dabei zumeist auf deren Informationen verlassen, denn wir sind ja nicht überall dabei. Wir setzen also unser generalisiertes Vertrauen (siehe dazu auch ▶ Abschn. 3.3.4) in diejenigen, die solche Botschaften senden. Dies lässt bei der die Nachricht empfangenden Person eine Grundunsicherheit aufkommen – bei gleichzeitiger Abhängigkeit von den Informationsvermittelnden. Wir brauchen also idealerweise Medien, denen wir vertrauen können. Das Vertrauen kann nur gewonnen werden durch einen kritischen Journalismus, der uns in ehrlicher und möglichst objektiver Weise begleitet und uns auch aufweckt, wenn Entwicklungen zu beobachten sind, die wir nicht so gerne wahrnehmen würden, wie z. B. die Klimaerwärmung.

3.3.2.2 Unterschätzung von Risiken

Gehen wir noch einmal zurück zu ◘ Abb. 3.11. Was haben die Risiken gemeinsam, die unterhalb der Diagonalen liegen, die also unterschätzt werden?

Einerseits sind sie in den Medien unterrepräsentiert. Bei Nachrichten, die unsere Umweltwahrnehmung betreffen, geht es häufig um unsichtbare oder schleichend stattfindende Sachverhalte, die nur mit einem Messinstrumentarium und möglicherweise über lange Zeit sichtbar gemacht werden können. Damit fallen sie leichter durch das Raster der Medien. Zusätzlich sind solche Risiken aufgrund ihrer Komplexität und Wahrscheinlichkeitsnatur schwerer für eine Kommunikation aufzubereiten. Denn je stärker sich eine Einschätzung dem aktuellen Forschungsstand und all seinen notwendigen Annahmen und Hintergründen verpflichtet fühlt, desto komplexer werden die entsprechenden Aussagen. Diese erzeugen wenig persönliche und soziale Resonanz bei den Empfängern der Nachricht und sind daher nicht so medienwirksam, im Gegensatz z. B. zu Katastrophenmeldungen, die oft leicht zu bebildern und in wenigen Worten zusammenfassbar sind.

Andererseits wollen wir gerade von unserer Verantwortung vielleicht nichts hören und nicht von unserem Lebensstil lassen. Wir finden unter den unterschätzten Risiken mehrfach solche Gesundheitsrisiken, die sich durch Lebensstil, Vorsorge und präventives Verhalten mindern lassen, wie z. B. Schlaganfall oder Herzkrankheiten. Damit unterscheiden sie sich von den Risiken links unten in der Grafik, welche sich unserer Kontrolle entziehen. Diese unterschätzten Risiken sind enger an unser eigenes Verhalten gekoppelt, wir haben – zumindest teilweise – die *Verantwortung* dafür. Dennoch sind diese medizinischen Risiken sehr relevant für uns und betreffen uns alle als Zivilisationskrankheiten – und damit faktisch viel mehr als die „lauten" Risiken links unten in der Abbildung.

Der gefühlte, wenn auch nicht immer bewusst wahrgenommene Widerspruch zwischen unserer eigenen Betroffenheit durch ein Risiko und unserem Unwillen, effektive Bewältigungsstrategien einzuleiten (z. B. den Lebensstil zu verändern),

Abb. 3.6 Integration von Gebäude und Natur kann durch besondere Sichtachsen besonders attraktiv gestaltet werden. (Foto: Gerhard Reese)

Neben diesen direkten Erfahrungen mit natürlichen Elementen können auch indirekte Natureigenschaften und -erfahrungen genutzt werden, um urbane Räume biophil zu gestalten. Dazu gehören etwa Naturbilder wie solche berühmter Landschaftsmalerinnen und -maler oder auch Videoinstallationen oder simulierte virtuelle Umgebungen (siehe auch ▶ Abschn. 6.6). Natürliche Materialien wie Holz oder Naturstein wirken in Gebäuden ebenfalls positiv, sowohl was visuelle als auch auditive (z. B. das Knarzen alter Holzdielen) oder taktile (z. B. barfüßige Berührung von Natursteinboden) Reize angeht. Genauso können Elemente in biophilem Design integriert werden, die imaginative oder fantastische Repräsentationen von Natur widerspiegeln. So können etwa die bogenhaften Elemente des Opernhauses in Sydney als Abstraktion von Flügeln verstanden werden. Auch sichtbares Alter oder Wandel von Materialien gelten als Elemente biophiles Designs: Natur wandelt sich stetig und diese Dynamik bildet sich ab in der „Patina der Zeit" – Dächer werden mit Moos bewachsen, Natursteine verwittern, Holz wird brüchig.

Als dritte Erfahrungsdimension beschreiben Kellert und Calabrese (2015) die Erfahrung von Raum und Ort. So argumentieren sie basierend auf der *Prospect-refuge-Hypothese* (siehe ▶ Abschn. 3.1.1.3), dass sich diese Elemente auch in Gebäuden verwirklichen lassen, durch Ausblicke nach draußen, visuelle Verbindungen (sogenannte Sichtachsen) innerhalb von Gebäuden bei gleichzeitiger Gestaltung sicherer und geschützter Bereiche. Sogenannte Transitionselemente wie z. B. lichtdurchflutete Flure, abgegrenzte Tore aus natürlichen Materialien oder Kolonnaden entsprechen ebenfalls biophilen Designstrategien. Schließlich sind kulturelle und ökologische Ortsbindungen und deren Symbole inhärente Elemente biophilen Designs. So können solche Elemente dazu beitragen, die Bindung an Orte und Umgebungen zu stärken und so Menschen zu motivieren, natürliche und bebaute Umwelten nachhaltig zu nutzen und zu erhalten.

In einer systematischen Überblicksarbeit haben Gillis und Gatersleben (2015) analysiert, inwiefern empirische Evidenz für diese vorgeschlagenen Eigenschaften macht es notwendig, die Risikoinformation oder bestimmte Teile von ihr abzuwehren (Renn 2013). Möglichkeiten dafür sind:

- *Ignorieren*: Selektions- und Aufmerksamkeitsmechanismen bei der Informationssuche und -aufnahme lassen mit geringerer Wahrscheinlichkeit Informationen durch, welche vorgefasste Positionen und Einstellungen gefährden könnten.
- *Enkodierung und Dekodierung*: Solche Informationen werden nicht oder unzureichend im Gedächtnis dauerhaft abgespeichert (enkodiert) oder von dort abgerufen (dekodiert).
- *Unterstützung*: Personen suchen hingegen aktiv nach Informationen, die vorgefasste Positionen und Einstellungen unterstützen können und Belege dafür aufführen, die also generell gut in das Raster des uns Bekannten und Angenehmen passen.
- *Relativierung der Glaubwürdigkeit.* Die Quelle einer dissonanten, d. h. mit unserer Einstellung in Widerspruch stehenden Information wird in ihrer Glaubwürdigkeit herabgestuft oder für inkompetent erklärt.

Informationen werden dann verstärkt selektiv beachtet, wenn sie das durch die zufällige Schwankungsbreite einer komplexen Umwelt verletzte Bedürfnis nach einer „sinnhaften" Erklärung für die Welt zu erfüllen versprechen (Renn 2013). Sie sollen

- Orientierung in der Welt geben und eine fundierte, aber verständliche Einsicht in die ablaufenden Prozesse fördern,
- die Selbstwirksamkeit fördern, d. h. verständliche und subjektiv wirksame Handlungsoptionen eröffnen,
- von ersichtlichem Nutzen sein für die Lösung eines Problems einer Person oder ihr nahestehenden Personen,
- mit den Werten der Person in Einklang sein, d. h. die ethische und moralische Identität einer Person ansprechen.

> Mit dem hier Gesagten lässt sich auch klar eine Richtschnur für die kommunikative Förderung nachhaltigen Verhaltens ausmachen: Es gilt, möglichst konkrete, für den Einzelnen machbare und damit wirksame Verhaltensvorschläge zu machen. Der alleinige Hinweis auf die Umweltprobleme reicht nicht und löst leicht Ratlosigkeit, Ausreden und verschiedene Vermeidungsmechanismen aus.

Die Psychologie hat zur Abwehr von unerwünschter, dissonanter Information mehrere Theorien entwickelt. Eine einflussreiche wie einschlägige Theorie zu *Coping* (Bewältigung) von Lazarus und Cohen (1977) behandelt den – mehr oder weniger – erfolgreichen Umgang mit einer Bedrohung. Stress entsteht, wenn ein Reiz als belastend (sogenannte Erstbewertung, *primary appraisal*) und darüber hinaus als nicht unmittelbar kontrollierbar wahrgenommen wird (Zweitbewertung, *secondary appraisal*). Diesem Stress kann nun auf zwei Weisen entgegengetreten werden. Bei der problemfokussierten Herangehensweise wird eine Lösung für das Problem gesucht und es damit beseitigt. Falls sich keine Lösung finden lässt (oder deren Kosten als zu hoch bewertet werden), findet sogenanntes emotionsfokussiertes Coping statt. Dabei wird die Stressursache gedanklich „kleingeredet", Informationen werden ignoriert, die Überbringer der Information für inkompetent erklärt, das Problem schlicht verdrängt, um sich nicht weiter damit beschäftigen zu müssen. Das trifft auch auf Umweltrisiken zu, da sie häufig keine offensichtliche Möglichkeit zur individuellen Kontrolle und zu problemfokussiertem Coping bieten. Ihre Lösung liegt nicht allein in unserer eigenen Hand, manche Risiken erscheinen derart fern und übermächtig groß (wie z. B. die Klimaerwärmung), dass wir glauben, gar nichts Wirksames unternehmen zu können. Das führt – individuell folgerichtig – zu emotionsfokussiertem Coping, hier zum Leugnen des Umweltproblems durch Abwehr und Ignorieren der zentralen, wirklich relevanten Fragen, und vermeidet so einen gefühlten „Risikostress". Die vielfach beobachtete Verharmlosung der Klimaerwärmung hat genau diese psychologische Grundlage.

Zusammenfassend kann man sagen, dass wir – aus gutem Grund – eine starke Tendenz haben, Alltagsrisiken zu unterschätzen und/oder zu verdrängen. Es ist uns psychisch nicht gut möglich, alle tatsächlichen Risiken gleichermaßen auf dem kognitiven Schirm zu haben. Und wir wären auch nicht glücklich. Deswegen freuen wir uns, wenn unsere Zeitung eine Auswahl trifft. Wenn sie uns ablenkt und in ferne Länder bringt, und sei es auch nur mit Katastrophenmeldungen. Wenn sie uns gerade nicht jeden Tag sagt: Heute wichtig: Abnehmen! Gesund leben! Aufhören mit dem Rauchen! Klimaerwärmung! Energie sparen! Und so weiter. Und deswegen sind wir (durchschnittlich) relativ entspannt, was diese eigentlich relevanten Risiken angeht. Tatsächlich schätzen klinisch depressive Personen im Vergleich zu gesunden die relativen Wahrscheinlichkeiten von Unglücksfällen genauer ein (Taylor und Brown 1988). Bei Gesunden liegt eine Unterschätzung vor und das lässt sie ruhiger leben. Bis zu welchem Punkt das aber gelingt, ist schwer vorherzusehen. In ► Abschn. 7.8 beschreiben wir, welche Ängste und Sorgen mit steigendem wahrgenommenem Risiko von globalen Umweltveränderungen einhergehen.

3.3.2.3 Der zeitliche Verlauf von Unter- und Überschätzung

Große und in den Medien repräsentierte Schadensereignisse folgen hinsichtlich der öffentlichen Wahrnehmung einem typischen zeitlichen Verlauf. ◘ Abb. 3.12 zeigt eine solche Kurve der öffentlichen Aufmerksamkeit in einer idealtypischen Form, zusammen mit dem Verlauf der objektiv angemessenen Einschätzung des Risikos.

Wenn uns eine Katastrophenmeldung erreicht, haben wir vermutlich während des Tages noch nicht an Flugzeugabstürze, Erdrutsche, Unglücke in Kernkraftwerken oder andere Unglücksfälle gedacht. Wir waren zu beschäftigt mit den täglichen Dingen. Wir sind uns – und das folgt den eben gemachten Bemerkungen über die „Psychohygiene" des alltäglichen Funktionierens – der unzähligen uns umgebenden großen und kleinen Risiken und deren Eintretenswahrscheinlichkeit selten bewusst. Sobald es aber zu einem größeren Schadensfall kommt und dieser in den Medien berichtet wird, breitet sich die Nachricht in der Bevölkerung aus (Kasperson et al. 1988). Das gestiegene Interesse unterstützt weitere Meldungen über den Fall und seine Bewältigung, zum Teil über mehrere Wochen. Damit einhergehend ist das Bewusstsein des entsprechenden Risikos in der Bevölkerung

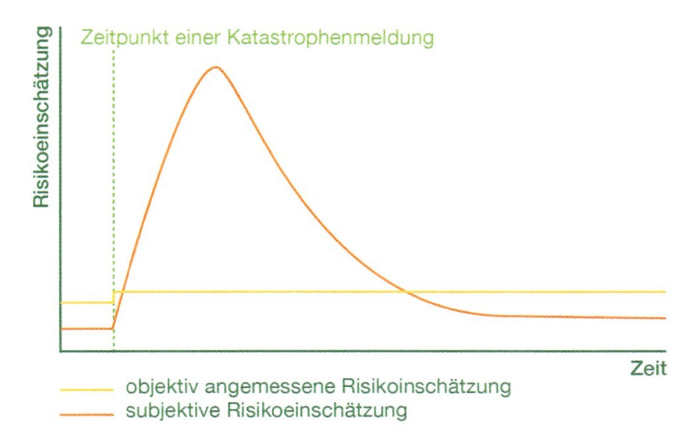

Abb. 3.12 Das soziale Gedächtnis. (Ernst 2008, S. 48; mit freundlicher Genehmigung von Springer Nature)

hoch, viel höher als die Kurve der objektiv angemessenen Risikoeinschätzung. Letztere steigt durch den erneuten Schadensfall nur leicht an.

Die Anzahl der Medienmeldungen und das öffentliche Interesse nehmen jedoch über die Zeit wieder ab. Vielleicht wird an den Jahrestagen eines großen Unglücks noch einmal darüber berichtet, aber insgesamt gerät das Ereignis wieder in Vergessenheit, zu viele neue Dinge stürmen ja täglich auf uns ein. Das öffentliche Bewusstsein für das Risiko sinkt und rutscht schließlich wieder unter die Kurve der objektiv angemessenen Risikoeinschätzung.

3.3.3 *Framing*: Rahmung eines Ereignisses als Gewinn oder Verlust

Stellen Sie sich vor, dass Sie Gesundheitsministerin oder Gesundheitsminister sind und wissen, dass eine bisher unbekannte Grippe in absehbarer Zeit Ihr Land heimsuchen wird. Gegen diese Krankheit sind verschiedene Präventionsprogramme entwickelt worden, über deren Anwendung Sie nun entscheiden sollen. Ihnen werden die folgenden beiden Programme vorgeschlagen:

- Wenn Programm A eingesetzt wird, werden 200 Menschen gerettet werden.
- Wenn Programm B eingesetzt wird, werden mit einer Wahrscheinlichkeit von einem Drittel 600 Menschen gerettet, mit einer Wahrscheinlichkeit von zwei Dritteln wird niemand gerettet.

Gibt man diese Aufgabe Versuchspersonen vor, so entscheiden sich 72 % für Programm A und 28 % für Programm B (Tversky und Kahneman 1981). Es ist schnell offenkundig, dass man es hier mit derselben erwarteten Wirksamkeit zu tun hat, wenn man den Wert des Programms B (in geretteten Menschenleben) mit der Eintrittswahrscheinlichkeit der Rettung multipliziert (1 x 200 = 1/3 x 600 + 2/3 x 0). Jedoch ist den Versuchspersonen auch klar, dass Programm B eben nur eine gewisse Wahrscheinlichkeit hat, dass alles gut geht und es 600 Gerettete gibt. Es kann aber auch richtig schiefgehen und niemand wird gerettet. Der Unterschied zwischen Programm A und B besteht darin, dass in einem Fall das Ergebnis sicher eintritt und im anderen eine Wette mit bestimmten Wahrscheinlichkeiten eingegangen wird.

Nun wird einer anderen Versuchspersonengruppe folgende Wahl gegeben:

- Wenn Programm C eingesetzt wird, werden 400 Menschen sterben.
- Wenn Programm D eingesetzt wird, wird mit einer Wahrscheinlichkeit von einem Drittel niemand sterben, mit einer Wahrscheinlichkeit von zwei Dritteln werden 600 Menschen sterben.

Wir stellen fest, dass die beiden Programme C und D wieder den gleichen Erwartungswert ihrer Wirksamkeit haben wie A und B. Programm C stellt eine statistisch äquivalente Formulierung zu Programm A dar. Es wird jedoch nicht von Geretteten, sondern von Todesfällen gesprochen, und das stellt den entscheidenden Unterschied zu A dar. Auch D stellt rechnerisch die gleiche Wahrscheinlichkeit wie Programm B dar, nur in Form eines Verlustes formuliert. Versuchspersonen reagieren nun auf die neue Formulierung anders als bei A und B: Sie wählen zum großen Teil Programm D (also das mit dem unsicheren Ausgang, 78 %) und meiden eher den sicheren Verlust in Programm C (22 %).

Verlust oder Gewinn werden psychologisch relativ zum sogenannten *Anspruchsniveau* gemessen, was sich im einfachsten Fall aus dem aktuellen Zustand ableitet. Wir sehen in den Ergebnissen dieses Experiments von Tversky und Kahneman (1981), dass sich die Interpretationen und die daraus abgeleiteten Bewertungen verändern, je nachdem, ob man ein Ereignis (oder genereller ein Bewertungsobjekt) als Gewinn oder Verlust darstellt. Die Optionen sind mathematisch äquivalent, psychologisch jedoch nicht. Es verändern sich nämlich die Interpretationen und die daraus abgeleiteten Bewertungen. Programm A erscheint viel attraktiver als B und Programm D ist viel attraktiver als C.

Framing führt zu unterschiedlichem Verhalten. Wir neigen eher zu einem risikoaversen, d. h. risikovermeidenden Verhalten, wenn – vom aktuellen Stand (Anspruchsniveau) aus gesehen – Zusatzgewinne in Aussicht stehen (wie bei Programm A). Wir bevorzugen die sichere Alternative. Wir sind jedoch eher risikofreudig, wenn wir etwas zu verlieren haben, was wir bereits haben. Das illustriert Programm D. Je höher dabei der Einsatz, d. h. der drohende Verlust, desto risikofreudiger sind Menschen. Bei beidem werden immaterielle Werte besonders hoch angesehen, wie etwa Gesundheit oder Menschenleben.

Wenn wir beispielsweise einen nachhaltigen Lebensstil als einen Verzicht gegenüber dem aktuellen Lebensstil schildern, so rahmen wir ihn als Verlust. Die Formulierung als Verlust führt aber dazu, dass die (in Bezug auf den Lebensstil) riskantere Variante tendenziell bevorzugt wird, in diesem Fall also ein nicht nachhaltiger Lebensstil. Dabei wird darauf spekuliert, dass ein nachhaltiger Lebensstil möglicherweise gar nicht notwendig sei. Will man nachhaltiges Verhalten fördern, sollte man eher sagen: Ein solcher Lebensstil ermöglicht erst zusätzliche Entschleunigung, Fokussierung, Beruhigung, Konzentration und seelische Gesundheit. Das wäre dann eine Rahmung (d. h. ein *Framing*) von nachhaltigem Verhalten als Gewinn und damit für eine Verhaltensänderung in die richtige Richtung förderlich.

Die Akzeptanz einer Innovation oder einer politischen Maßnahme leitet sich also nicht nur aus der Bewertung der Sache selbst ab, sondern auch aus Aspekten, die den Kontext betreffen. Dazu gehören das Framing als Gewinn oder Verlust, die moralische Bewertung eines Risikos und das Image des bzw. der „Risikobetreibenden" und Ziele, die man ihnen unterstellt. Hier kommt Vertrauen ins Spiel.

3.3.4 Vertrauen

Wir haben die Wichtigkeit von Information bei der Einschätzung von Umweltrisiken kennengelernt. Da wir oft gar keine Gelegenheit oder kein Sensorium besitzen, um riskante Entwicklungen in der Umwelt wahrzunehmen, sind wir dabei besonders auf die Vermittlung und zum Teil auch Interpretation von Informationen durch Medien angewiesen. Das erfordert Vertrauen in die Menschen, die die Botschaft überbringen.

Vertrauen ist ein Mittel zur Komplexitäts- und Unsicherheitsreduktion (Beck 2016) und ersetzt Kontrolle da, wo wir sie nicht leisten können. Bei Vertrauen unterscheidet man zwischen spezifischem und generalisiertem Vertrauen. *Spezifisches Vertrauen* ist durch persönliche Erfahrungen belegt, wie z. B. bei Familienmitgliedern, Freunden und Freundinnen oder Bekannten. *Generalisiertes Vertrauen* hingegen ist nötig, wenn wir keinen unmittelbaren Zugang zu Informationen haben, die unser Vertrauen in eine Person oder eine Maßnahme rechtfertigen würden. Dann müssen wir uns auf den guten Glauben verlassen, dass auch alles mit rechten Dingen zugeht. Das geschieht, wenn wir in ein Taxi oder ein Flugzeug steigen, wenn wir in eine Klinik gehen oder in eine Zahnarztpraxis, wenn wir uns mit einem Polizisten oder einer Richterin unterhalten. Das Vertrauen wird durch die von uns wahrgenommene Rolle der Person gestützt. Das gleiche generalisierte Vertrauen ist bei der Informationsaufnahme aus Medien im Spiel. Wir verlassen uns darauf, dass eine Eigenschaft eines Journalisten oder einer Journalistin auch ist, der Wahrheit verpflichtet zu sein und uns angemessen zu informieren. Ebenso verlassen wir uns darauf, dass Verantwortliche für Entscheidungen in Wirtschaft und Politik unser Vertrauen auch verdient haben.

Man kann zwei Arten von Vertrauen unterscheiden (Kim et al. 2006; Terwel et al. 2009):

1. *Das Vertrauen in die Kompetenz einer Person mit Entscheidungsbefugnis*. Das ist die Erwartung technisch kompetenter Rollenausübung, d. h. des *Know-hows*, die anstehenden Aufgaben und Probleme tatsächlich lösen zu können.
2. Dazu kommt das *Vertrauen in die Berücksichtigung kollektiver Interessen*, also die Erwartung der Wahrnehmung moralischer Verpflichtungen, die Erwartung der Zurückstellung des Eigeninteresses und die Erwartung des Handelns auf der Grundlage des akzeptierten Wertesystems.

Interessanterweise hat das Vertrauen in die Berücksichtigung kollektiver Interessen einen höheren Stellenwert und damit mehr Gewicht als das Vertrauen in die reine Kompetenz. Nur Vertrauen in die Kompetenz, aber Misstrauen gegenüber der Berücksichtigung kollektiver Interessen durch die entscheidende Person bedeutet, dass ihr unterm Strich wenig vertraut wird.

Die Unterscheidung dieser Arten von Vertrauen ist deswegen hier von besonderem Interesse, weil es beim Umgang mit langfristigen Nachhaltigkeitszielen von entscheidender Bedeutung ist, wie diese Verantwortung in Wirtschaft und Politik, aber auch in der Bevölkerung wahrgenommen wird. Das bedeutet auch unter Umständen z. B. die unternehmenseigenen Interessen zurückzustellen, um moralischen Verpflichtungen gerecht zu werden. Generell erwarten wir, dass auf der Grundlage eines gesellschaftlich akzeptierten Wertesystems gearbeitet wird. Zu diesem Wertesystem gehören nach internationalen Konventionen auch die Nachhaltigkeitsziele, wie z. B. die nachhaltigen Entwicklungsziele (*Sustainable Development Goals*, SDGs siehe ▶ Kap. 7). Misstrauen kann dann entstehen, wenn der Eindruck gewonnen wird, dass diese Ziele nicht konsequent Eingang in Wirtschaft, Politik und das eigene Leben finden.

Zusammenfassung

Viele Entwicklungen, die in der Umweltpsychologie von Interesse sind, sind unseren Sinnen nicht unmittelbar zugänglich und/oder verlaufen schleichend über einen langen Zeitraum. Die subjektive Risikowahrnehmung unterscheidet sich vom mathematisch bestimmten Risiko, indem sie in vielfältiger Weise die persönlichen Kontexte einbezieht. Wir sind für die Wahrnehmung solcher Risiken auf (oft durch Medien) vermittelte Informationen angewiesen. Diese haben einen großen Einfluss – z. B. durch Framing – darauf, ob wir die Risiken angemessen wahrnehmen, sie über- oder unterschätzen. Verschiedene Arten von Vertrauen spielen eine Rolle dabei, wie wir von anderen erhaltene Information bewerten.

3.4 Gesellschaftlicher Umgang mit Risiken

3.4.1 Gesellschaftliche Bewertung von Risiken

Der wissenschaftliche Beirat der Bundesregierung Globale Umweltveränderungen hat eine Typisierung von Risiken vorgelegt, die den gesellschaftlichen Umgang mit Risiken durch eine umfassende Bewertung erleichtern soll (WBGU 1999).

Risikobewertung wird dabei verstanden als eine Methode, um ein bestehendes Risiko relativ zu seiner Akzeptanz und seinem rational bestimmbaren Ausmaß für die Gesellschaft als Ganzes oder für bestimmte Gruppen der Gesellschaft zu bewerten. Sie findet im politischen Prozess Anwendung und folgt dabei folgenden Prinzipien:

- Technische und wissenschaftliche Analysen sind hilfreich und notwendig, um Risiken zu vergleichen und zwischen Risiken zu wählen. Sie sind aber kontextfrei und damit unvollständig.

- Die menschliche Risikowahrnehmung schließt sowohl Risikocharakteristika als auch die Kontexte der Risiken ein. Die Kontexte sind ein zentrales Element der Bewertung und Kommunikation von Risiken. Diese Risikowahrnehmung kann auf wissenschaftliche Weise (z. B. Befragung) festgestellt werden.
- Beide Sichtweisen auf Risiken (die technisch-naturwissenschaftliche und die der Risikowahrnehmung) sind komplementär zueinander, ergänzen sich also.
- Das Ausbalancieren von Risiken und der damit verbundenen Chancen erfordert einen Konsens hinsichtlich gesellschaftlicher Normen. Wie risikobereit soll die Gesellschaft in einem bestimmten Fall sein? Wie erhält oder schafft man Gerechtigkeit hinsichtlich der von jeder Person eingegangenen Risiken? Wie sind die Risiken über die Zeit verteilt, steigen sie etwa in der Zukunft?

Diese gesellschaftliche Bewertung von Risiken besteht dementsprechend aus zwei Elementen, die das in diesem Kapitel Gesagte widerspiegeln: Das erste Element sind die wissenschaftlichen Abschätzungen der objektiven Risiken durch Beobachtung und Messung, Modellierung, Szenarien, im einfachsten Fall auch durch die Extrapolation des statistischen Erwartungswerts. Das zweite Element stellen die gemessenen Risikowahrnehmungen in der Bevölkerung bzw. den betroffenen Bevölkerungsgruppen dar. Hiermit wird die klassische Risikoanalyse (vgl. ▶ Abschn. 3.2.1) durch die deutlich umfassendere, aber auch Verzerrungen unterliegende psychologische Risikowahrnehmung ergänzt.

3.4.2 Risikotypen

Beide Elemente der Risikobewertung werden in der Klassifikation von Risikotypen (WBGU 1999) berücksichtigt. Diese Klassifikation stellt die Risiken auf einer Ebene dar, die von Eintrittswahrscheinlichkeit und erwartetem Schadensausmaß aufgespannt wird, beinhaltet aber auch die Auswirkungen auf die psychologischen Reaktionen in der Gesellschaft (◘ Abb. 3.13). Damit werden die Risiken untereinander gut vergleichbar und sinnvolle gesellschaftliche Maßnahmen können leichter daraus abgelesen werden.

Die Ebene in der Abbildung teilt sich in drei Farben wie eine Ampel: Im grünen Normalbereich finden wir die gesellschaftlich akzeptierten Risiken, also die, bei denen – immer im aktuellen gesellschaftlichen Konsens gedacht – die Chancen aus dem Risiko die Schäden übersteigen. Dies können sowohl weit verbreitete, aber nur lästige Risiken oder aber seltene Risiken mit einem substanziellen Schadensausmaß sein. Oft können sie technisch gut eingedämmt werden oder sind mit dem Rest des Systems nur lose gekoppelt (wie z. B. Auto- oder Flugzeugunfälle).

Übersteigen aber Eintrittswahrscheinlichkeit oder erwarteter Schaden eine gewisse Schwelle, kommen wir in den gelb markierten Grenzbereich. In bestimmten Fällen gehen Gesellschaften große Risiken ein, um das Funktionieren der Gesellschaft mit den aktuellen Lebensstilen zu ermöglichen, oft durch Großtechnologie. Beispiele sind hier Kernkraftwerke oder Sondermülldeponien.

Rot ist schließlich der Verbotsbereich: Eine Gesellschaft will auf jeden Fall vermeiden, in diesen Bereich zu gelangen, da diese Risiken globale Ausmaße haben,

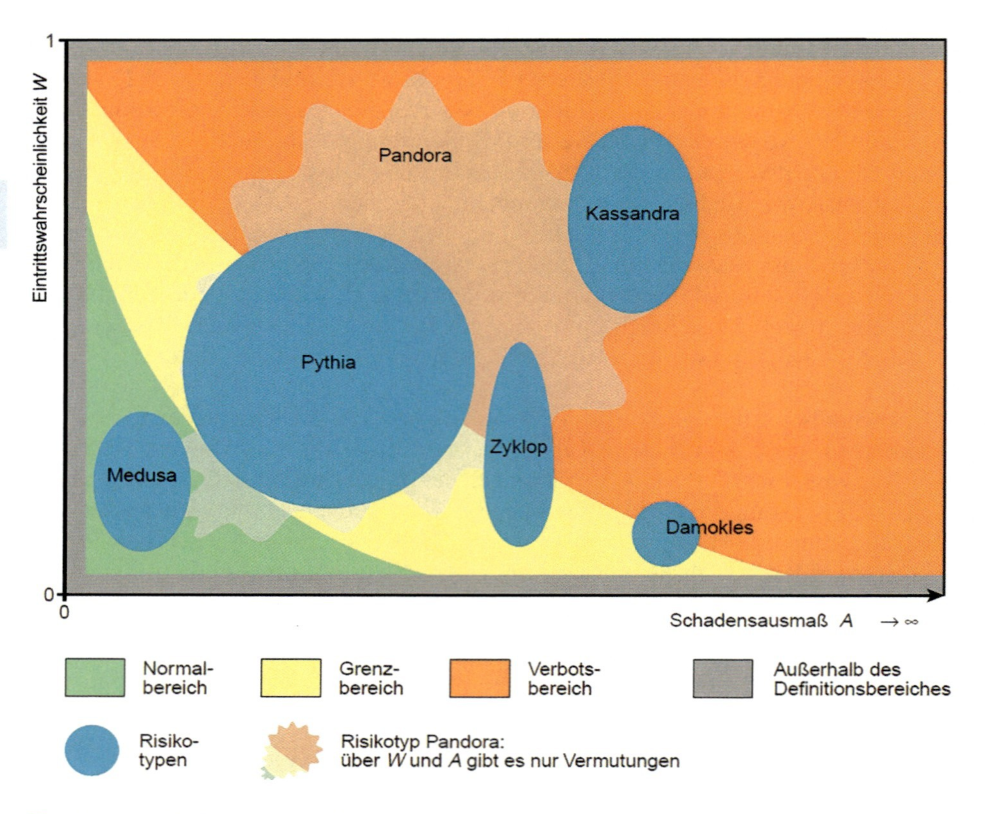

Abb. 3.13 Risikotypen. (WBGU 1999, S. 9; mit freundlicher Genehmigung von Springer Nature)

technologisch nicht zu bewältigen sind und nachhaltige Störungen der gesellschaftlichen Systeme nach sich ziehen, wie z. B. ein Atomkrieg oder eben die Klimaerwärmung.

Der Wissenschaftliche Beirat definiert nun vor dem Hintergrund dieser Risikoampel sechs Typen von Risiken. Sie sind jeweils nach Figuren aus der griechischen Mythologie benannt, in Anlehnung an deren Eigenschaften:

- *Damokles*: Damokles war beim König zu einem Festmahl eingeladen. Über dem ihm angebotenen Platz hing jedoch ein Schwert, welches nur an einem dünnen Pferdehaar befestigt war. Das Schwert des Damokles ist somit ein Sinnbild für eine latente und im Eintretensfall katastrophale Bedrohung. Als Beispiele werden hier Kernkraft, chemische Fabriken oder Staudämme genannt.
- *Zyklop*: Der Zyklop war der Sage nach ein einäugiger Riese. So kann bei diesem Risikotyp zwar das Schadensausmaß, nicht jedoch die Eintrittswahrscheinlichkeit gut geschätzt werden. Beispiele: Flut, Erdbeben, sich global ausbreitende Infektionskrankheiten.
- *Pythia*: Pythia wurden die weissagenden Priesterinnen am Orakel in Delphi genannt, bei denen sich Entscheidungspersonen aus der Gesellschaft Rat holten. Das Problem: Die Weissagungen waren mehrdeutig und damit undeutlich. Der

Typ der Pythia enthält Risiken, die sowohl hinsichtlich Eintrittswahrscheinlichkeit als auch Schadensausmaß (zu einem bestimmten Zeitpunkt) nicht gut abzuschätzen sind, wie z. B. die Polkappenschmelze.
- *Pandora*: Pandora besaß in der Sage eine Büchse, in der alle Übel der Welt (wie auch der Tod) eingeschlossen waren. Als diese Büchse geöffnet wurde, entwichen alle Plagen, bevor die Dose wieder verschlossen werden konnte. Die Fälle in diesem Risikotyp sind oft junge, noch nicht gut erforschte Risiken. Das führt dazu, dass die objektiven Maße bei diesem Risikotyp nicht gut bestimmbar sind. Beispiele: dauerhaft giftige Substanzen, die in der Umwelt verteilt werden, oder Mikroplastik.
- *Kassandra*: Sie war eine Figur mit der Gabe der Weissagung, allerdings fand sie nie Gehör. Kassandrarufe sind vergebliche Warnungen. Das spiegelt die Schwierigkeit des kollektiven Handelns wider angesichts der klaren wissenschaftlichen Aussage, dass dieser Risikotyp klar im Verbotsbereich liegt. Ein Beispiel hierfür ist die Klimaerwärmung.
- *Medusa*: Ihr Anblick war so grausam, dass alle bei ihrem Anblick zu Stein erstarrten. Sinnbildlich gilt das für Risiken, die im Normalbereich zu finden sind und aus wissenschaftlicher Sicht als eher gering zu bewerten sind, aber verbreitet für Angst sorgen. Als Beispiel werden hier elektromagnetische Felder (z. B. durch Handystrahlung) genannt.

3.4.3 Umgang mit Risiken

Ein richtiger Umgang mit den globalen Risiken hilft, Gefahren nicht zur Wirklichkeit werden zu lassen. Aber was ist der richtige Umgang? Renn (2013) nennt hier drei wichtige Kriterien:
- *Resilienz kommt vor Effizienz*: Resilienz (also die Widerstandsfähigkeit der gesellschaftlichen Systeme gegenüber Störungen, vgl. ▶ Abschn. 2.6.4) ist wertvoller in der Bewältigung zukünftiger Herausforderungen für die Gesellschaft als die reine Effizienz der wirtschaftlichen Prozesse. Effizienz ist rein innerhalb des aktuellen (Wirtschafts-)Systems gedacht: Sie ermöglicht, die gleichen Güter oder Dienstleistungen mit weniger Material- oder Energieeinsatz herzustellen. Der Übergang zu einer gegenüber globalen Krisen widerstandsfähigen Gesellschaft erfordert aber eine Transformation dieser Gesellschaft in Teilen: Dazu gehören Dezentralisierung bei der Infrastruktur (wie z. B. beim Energiesystem), Diversifizierung (d. h. Vielfalt in Lebensweisen, Produkten, Herstellung), Redundanz (wichtige Institutionen und Infrastrukturen sind mehrfach vorhanden), robuste Komponenten, lose Kopplung der Komponenten und Fehlerfreundlichkeit der einzelnen Komponenten. All dies beugt Kaskadeneffekten vor (vgl. ▶ Abschn. 3.2.2), damit, wenn etwas schiefgeht, nicht gleich alle anderen Komponenten des Systems in Mitleidenschaft gezogen werden.
- *Soziale Gerechtigkeit hat Vorrang vor optimaler Ressourcenverteilung*: Wirtschaften wird üblicherweise gleichgesetzt mit wirtschaftlich optimaler Verteilung von Ressourcen. Wir erinnern uns aber, dass Nachhaltigkeit neben den

Komponenten der ökologischen und wirtschaftlichen Nachhaltigkeit auch die soziale Nachhaltigkeit beinhaltet (► Abschn. 1.2.3). Sie ist von besonderer Bedeutung für die erfolgreiche, kollektive Bewältigung der globalen Herausforderungen in allen Gesellschaften. Sie wird gefördert durch Chancengleichheit und Leistungs- bzw. Bedürfnisgerechtigkeit.

- *Lebensqualität ist wichtiger als Lebensstandard*: Hier betrifft die Transformation die Konsummuster der Einzelnen, die Lebensstile und den Normkonsens darüber, was man in einer Gesellschaft für erstrebenswert hält. Aus heutiger Perspektive gehören dazu eine ökosoziale Marktwirtschaft und eine starke, offene, deliberative Demokratie. Es sollte also nicht um jeden Preis die Steigerung des Lebensstandards durch Konsum angestrebt werden, sondern das Ziel der Steigerung der Lebensqualität. Das ist in Kurzform die Botschaft der Suffizienz, auf die im Detail in ► Kap. 7 eingegangen wird.

Zentral für den Umgang mit Risiken ist das sog. *Vorsorgeprinzip*. Es besagt, dass es besser (ökonomisch günstiger, mit weniger Schaden verbunden, gerechter, ethischer) ist, vorzusorgen, als später eingetretene Schäden zu beheben. Das Vorsorgeprinzip liegt mehreren internationalen Verträgen und nationalen Umweltgesetzen zugrunde.

Zu Strategien, wie mit Risiken gesellschaftlich umgegangen werden kann, nennt der International Risk Governance Council (IRGC 2018) folgende Bausteine:

1. Untersuche das System, bestimme seine Grenzen und Dynamik.
2. Entwickle Szenarien, die auch verschiedene aktuelle und zu erwartende zukünftige Entwicklungen beinhalten.
3. Bestimme die Ziele zum Umgang mit dem Risiko und die Schwellen für Akzeptabilität von Risiko und Unsicherheit.
4. Entwickle gemeinsam mit allen Beteiligten Strategien, wie mit jedem Szenario umgegangen werden kann.
5. Behandle dabei auch noch nicht beachtete Hindernisse und mögliche plötzliche Veränderungen des Systems.
6. Entscheide über Strategien und teste sie, bevor sie im großen Stil angewendet werden.
7. Überwache den Erfolg, lerne unterwegs und passe die Strategien jeweils an.

Beim gesellschaftlichen Umgang mit Risiko ist also nicht nur die wissenschaftlich korrekte Abschätzung der Risiken nötig, sondern auch der Einbezug der Wahrnehmung dieser Risiken in der Bevölkerung und deren Berücksichtigung im Verlauf des Handelns.

Renn (2013) tritt zwei Mythen entgegen: dem „Mythos Apokalypse“ und dem „Mythos Handlungsunfähigkeit“. Risikoabschätzungen sind der Versuch, eine drohende Gefahr in der Zukunft abzuschätzen. Gedanken an eine vermeintlich unausweichliche Apokalypse jedoch lähmen die notwendige Handlungsbereitschaft. Es mag zwar sein, dass die Gesellschaften, wie wir sie kennen, sich deutlich weiterentwickeln müssen, um kommende Herausforderungen zu bewältigen – das ist aber kein Untergang. Renn (2013, S. 479) schreibt dazu: „Das sollte von uns nicht als eine Beruhigungsmedizin verstanden werden, sondern im Gegenteil als eine Ermunterung, etwas zu tun, denn die Aufgaben, die wir zu bewältigen haben, sind nicht unlösbar und der Preis des Scheiterns überschaubar".

Zusammenfassung

Der gesellschaftliche Umgang mit Risiken stützt sich auf ihre umfassende technische wie soziale Bewertung. Risiken lassen sich in verschiedene Typen klassifizieren, die nicht nur ihre Eintrittswahrscheinlichkeit und ihre Schadenshöhe beinhalten, sondern auch typische gesellschaftliche Reaktionen. So führen Medusarisiken zu (objektiv gesehen) unangemessen viel Furcht, Kassandrarisiken aber zu unangemessen wenig Furcht. Wichtige Grundlage des Umgangs mit Risiken ist das Vorsorgeprinzip. Dabei sollten Resilienz, soziale Gerechtigkeit und Lebensqualität angestrebt werden.

3.5 Wahrnehmung der Klimaerwärmung

Die Klimaerwärmung ist in diesem Buch bereits mehrfach als ein Beispiel für einen komplexen, stochastischen und schleichenden Sachverhalt genannt worden. In diesem Abschnitt geht es um grundlegende Schwierigkeiten beim systemischen Verständnis der Klimaerwärmung und schließlich um Klimawandelskepsis und den psychologisch fundierten Umgang damit.

3.5.1 Schwierigkeiten beim Verständnis der Klimaerwärmung

Die physikalischen Hintergründe des Klimawandels wurden bereits in ► Abschn. 1.4 geschildert. Wir wenden uns nun den psychologischen Aspekten bei dessen Wahrnehmung zu.

Schon bei der Risikowahrnehmung haben wir festgestellt, dass Kontexteffekte psychologisch wirksam sind und in die subjektive Bewertung eines Risikos einfließen, auch wenn sie mit den objektiven Risikocharakteristika nichts zu tun haben. Beim Klimawandel ist es ähnlich: Sachlich irrelevante Information kann psychologisch bedeutsam sein. Li et al. (2011) zeigen, dass Versuchspersonen mehr an den Klimawandel glaubten, besorgter darüber waren und mehr für den Kampf gegen den Klimawandel spendeten, wenn sie glaubten, dass der Tag wärmer als üblich war. Das Gegenteil war der Fall, wenn sie glaubten, dass der Tag kühler als üblich war. Irrelevante, aber unmittelbar sicht- und fühlbare Dinge (hier das aktuelle Wetter) wurden herangezogen, um auf das Klima zu schließen, das sich eben nicht der Wahrnehmung leicht erschließt und komplexe Zusammenhänge und lange Zeiträume beinhaltet.

Guéguen (2012) schildert Experimente, in denen die Versuchspersonen nach ihren Überzeugungen zum Klimawandel befragt wurden. In beiden experimentellen Bedingungen befanden sich eine oder mehrere Zimmerpflanzen im Untersuchungsraum, in dem die Fragebögen beantwortet wurden. In der einen Bedingung waren die Pflanzen in vollem Grün, in der anderen fehlten alle Blätter. Die

Überzeugungen der Versuchspersonen, dass es eine Klimaerwärmung gibt, waren in der Bedingung ohne Blätter stärker als in der mit. Waren drei statt einer Pflanze ohne Blätter, waren die Überzeugungen noch einmal stärker. Es bedingt also der unmittelbare Eindruck der vertrockneten Pflanze die Antwort der Versuchspersonen, die sich aber auf etwas Globales und Langfristiges beziehen sollte. Unmittelbar verfügbare Information aber, wie hier die Zimmerpflanzen, werden heuristisch für die Beantwortung herangezogen.

Das zeigt, wie schwierig das Phänomen Klimawandel psychologisch aufgrund von Komplexität und zeitlichem Verlauf für eine Einzelperson zu umreißen ist. Wir erfahren von Klimawandel durch Daten aus komplizierten Messinstrumenten, durch Forschende und Lehrende, durch Publikationen, die Medien, die Politik. Diese kognitive Route ist komplett losgelöst von der eigenen Erfahrung, von der körperlichen und emotionalen Einbettung. Das zeigen die beiden Studien deutlich. Irrelevante Informationen werden als Hinweisreiz herangezogen, wenn nichts anderes verfügbar ist. Das ist auch auf andere, z. B. komplexe politische Kontexte verlängerbar. So können unmittelbare, persönliche und momentane Erfahrungen und Emotionen (wie z. B. Unzufriedenheit) zu politischem Handeln (wie z. B. Wahlverhalten) führen, was die kognitive Komplexität der Sachlage nicht widerspiegelt.

Wie gut können Menschen denn überhaupt komplexere sachliche Beziehungen verstehen? In ► Kap. 2 zu komplexen Systemen wurde diese Frage bereits eher skeptisch beantwortet. Der Eintrag von weiteren Klimagasen in die Atmosphäre muss möglichst rasch auf null gesenkt werden, um die weitere Klimaerwärmung zu begrenzen. Ganz lässt diese sich nicht mehr verhindern, da bereits in der Vergangenheit emittierte Gase erst in den kommenden Jahrzehnten klimawirksam werden. Diese Zeitverzögerung stellt aus psychologischer Sicht eine zusätzliche Erschwernis dar. Damit die absolute Zunahme von Klimagasen in der Atmosphäre auf null sinkt, muss deren Eintrag in die Atmosphäre unabhängig davon auf das Niveau des natürlichen Abbaus gesenkt werden. Das Bild einer Badewanne verdeutlicht dies anschaulich (◘ Abb. 3.14): Wenn der Wasserhahn weit aufgedreht ist und nur sehr wenig Wasser abfließt (als Bild für den Abbau), läuft die Wanne irgendwann über. Wird der Wasserhahn so weit zugedreht, dass sich die einfließenden und abfließenden Wassermengen entsprechen, bleibt der Wasserstand auf dieser Höhe stehen. Erst wenn der Wasserhahn so weit zugedreht ist, dass mehr Wasser abfließen kann, als hinzukommt, sinkt der Wasserstand wieder. Nicht anders verhält es sich mit atmosphärischem CO_2. Ist das jedoch den verantwortlichen und auch den fachfremden Personen so klar?

Sterman und Sweeney (2007) haben dazu ein sehr aufschlussreiches Experiment durchgeführt. Es sollte die Frage beantworten, ob Versuchspersonen nicht lineare, zeitverzögerte komplexe dynamische Systeme verstehen, oder – spezifischer – ob sie verstehen, wie CO_2-Emissionen die globale Temperatur beeinflussen. Die Versuchspersonen in dieser Studie waren hochgebildete Managementstudierende des Massachusetts Institute of Technology (MIT), einer US-Eliteuniversität, die zu 60 % auch in den Fachrichtungen Ingenieurwissenschaften, Naturwissenschaften und Mathematik unterrichtet worden waren und teilweise bereits einen Abschluss in diesen Fächern besaßen. Es wurde zunächst eine allgemeinverständliche Zusammenfassung des Klimawandels gegeben. Dabei wurde

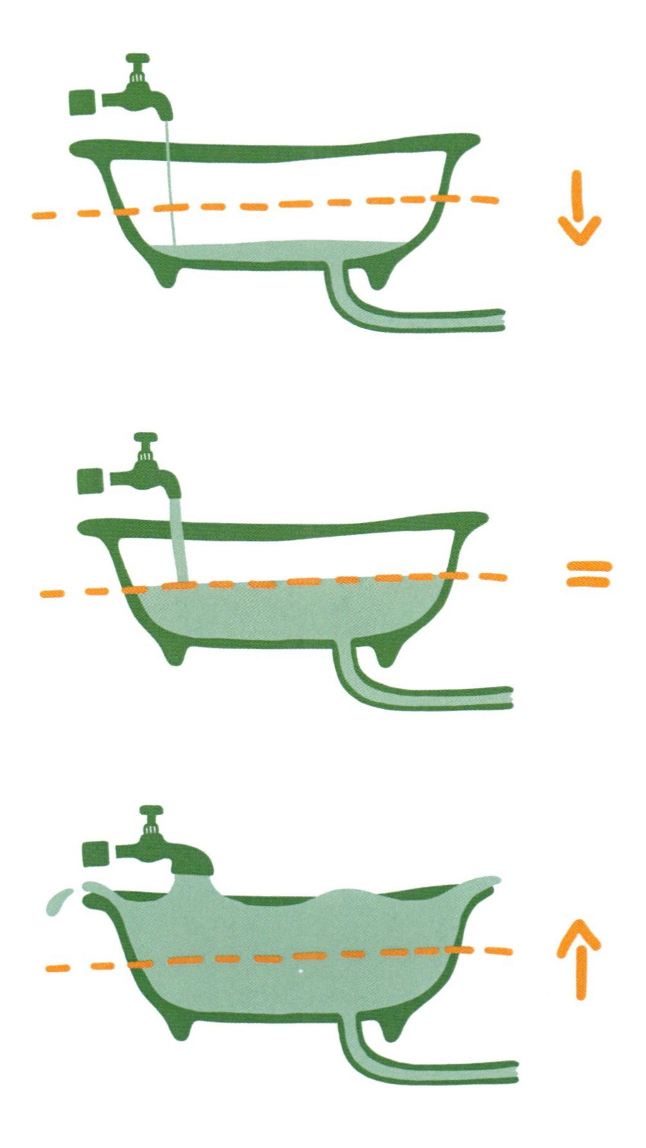

Abb. 3.14 Die „Klimabadewanne“

auf den natürlichen Abbau von CO_2 eingegangen, auf den (den natürlichen Abbau um das Doppelte übersteigenden) menschlichen Eintrag in die Atmosphäre sowie auf die daraus resultierende, ständig steigende Menge an CO_2. Das wurde ergänzt durch Abbildungen der steigenden Kurven der globalen CO_2-Emissionen, des in der Atmosphäre gefundenen CO_2-Gehalts und der gemessenen globalen Temperatur. Eine Variante der eigentlichen Aufgabe für die Versuchspersonen zeigt Abb. 3.15. Der obere Graph zeigt ein Szenario beginnend im Jahr 2000, bei dem sich der CO_2-Gehalt der Atmosphäre bei 400 ppm (*parts per million*, als Maß für den Molekülanteil) stabilisiert und bis zum Ende des Jahrhunderts nicht weiter ansteigt.

Betrachten wir nun ein Szenario, in dem die CO_2-Konzentration in der Atmosphäre allmählich auf 400 ppm ansteigt, etwa 8% höher als heute, und sich dann bis zum Jahr 2100 stabilisiert:

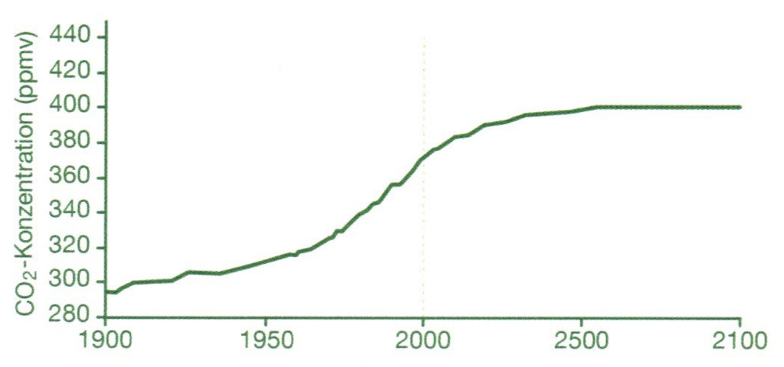

Die folgende Grafik zeigt die anthropogenen CO_2-Emissionen von 1900-2000 sowie das aktuelle Niveau des CO_2-Abbaus aus der Atmosphäre. Skizzieren Sie:

a Ihre Schätzung der Entwicklung des natürlichen CO_2 Abbaus, unter Berücksichtigung des obigen Szenarios.

b Ihre Schätzung der Entwicklung der anthropogenen CO_2-Emissionen, unter Berücksichtigung des obigen Szenarios.

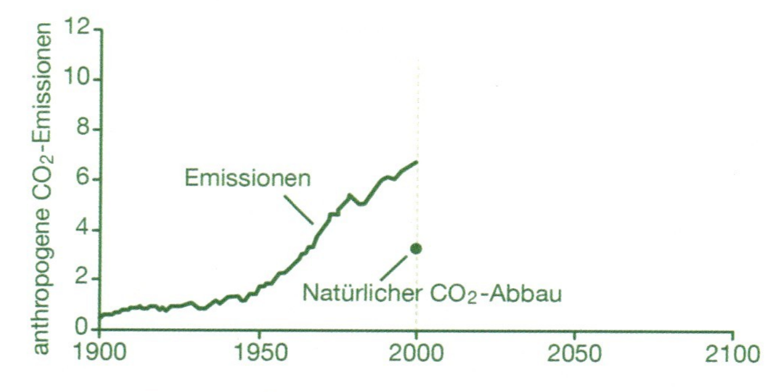

Abb. 3.15 Aufgabenstellung von Sterman und Sweeney (2007, S. 218, mit freundlicher Genehmigung von Springer Nature)

In der Aufgabenstellung ist die beobachtete steigende Emissionskurve bis zum Jahr 2000 sichtbar. Dort endet der Graph. Des Weiteren ist in der Grafik das Niveau des natürlichen CO_2-Abbaus im Jahr 2000 eingetragen. Aufgabe der Versuchspersonen war es nun, die Graphen für Abbau (Aufgabe a) und menschliche Emissionen ab dem Jahr 2000 (Aufgabe b) bis zum rechten Ende der Grafik zu verlängern, und zwar so, dass das Ergebnis die Kurve aus der oberen Grafik ergibt, also eine Stabilisierung auf 400 ppm. Die Frage war also, wenn wir bei unserer Badewannenmetapher bleiben, wie weit man den Hahn zudrehen muss, damit die Badewanne nicht weiter vollläuft, sondern sich der Wasserspiegel stabilisiert.

Abb. 3.16 zeigt typische Antworten auf die gegebene Aufgabe. Tatsächlich sind in der hier geschilderten Versuchsbedingung 52 % aller Versuchspersonen davon überzeugt, dass die Emissionskurve steigen oder zumindest gleich bleiben

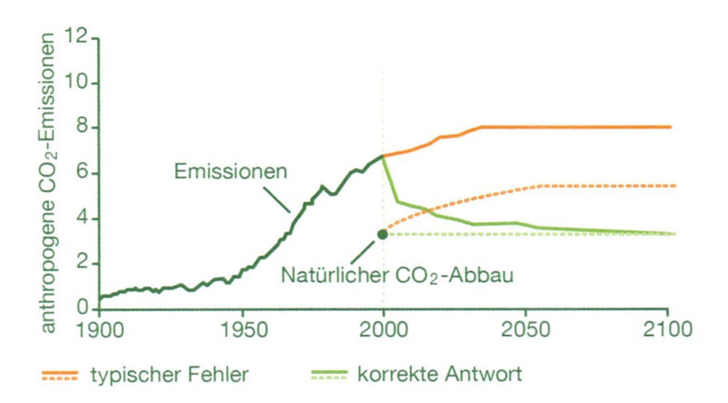

Abb. 3.16 Typische (und falsche) Antworten bei der Sterman-Aufgabe. (Sterman und Sweeney 2007, S. 223; mit freundlicher Genehmigung von Springer Nature)

sollte, und zeichnen das so ein. Das verletzt physikalische Gesetze, da es unmöglich ist, den Zulauf der „Badewanne" nicht zu drosseln und trotzdem einen gleichbleibenden „Wasserstand" zu haben. Selbst hochgebildete Personen sind unfähig, das korrekte Verhalten des Systems zu erschließen. Sie verlassen sich eher auf eine Mustererkennungsheuristik: Bleibt der angestrebte Abfluss gleich (400 ppm), so sollte auch der Zufluss gleich bleiben. Da der aber zu hoch ist, führt diese Heuristik in die Irre. *Akkumulation* (das ist der Fachbegriff für „die Badewanne läuft voll") ist schwer zu verstehen. Sterman und Sweeney (2007) schließen daraus, dass wir es hier mit einem fundamentalen Fehler zu tun haben, der nicht auf einen Mangel an Motivation, formalen Fähigkeiten oder Vorwissen zurückzuführen ist.

Dem Verständnis von Akkumulation gehen Cronin et al. (2009) in mehreren weiteren Experimenten gezielt nach. Stellen wir uns ein Kaufhaus vor, das in jeder Minute von einer bestimmten Anzahl an Personen betreten wird und in jeder Minute auch von einer bestimmten Anzahl an Personen verlassen wird. Uns interessiert hier die Entwicklung der Anzahl der Menschen im Kaufhaus, also der Akkumulation. Abb. 3.17 stellt die Aufgabenstellung und Ergebnisse eines der Experimente (Experiment 5) dar.

In der obersten Zeile sind jeweils die Aufgaben zu sehen. Es werden die Zuströme bzw. Abflüsse von Personen über die Zeit dargestellt. In der mittleren Zeile sind die jeweils richtigen Antworten dargestellt. Wenn also wie in Aufgabe 1 sowohl der Zustrom als auch der Abfluss von Menschen über die Zeit gleich bleiben, aber der Abfluss stärker als der Zustrom ist, nimmt die Anzahl der Personen im Kaufhaus ab, und zwar linear. In der unteren Zeile befinden sich Antworten, die der sogenannten Korrelationsheuristik entsprechend. Cronin et al. (2009) finden sie in diesem Experiment in über 70 % der Fälle. Die Korrelationsheuristik besagt, dass der Bestand eines Systems (also in unserem Beispiel die Anzahl der Personen im Kaufhaus) positiv korreliert ist mit dem Zufluss. Grafisch gesprochen zeichnet man eine Antwortkurve, die der Zuflusskurve aus der Aufgabenstellung entspricht. Das zeigt die untere Zeile in Abb. 3.17. Cronin et al. (2009) bezeichnen das als eine *stock-flow failure*, also das kognitive Versagen beim Erfassen der tiefen Struktur des Akkumulationsproblems. Dabei findet sich das in vielen Alltagskontexten.

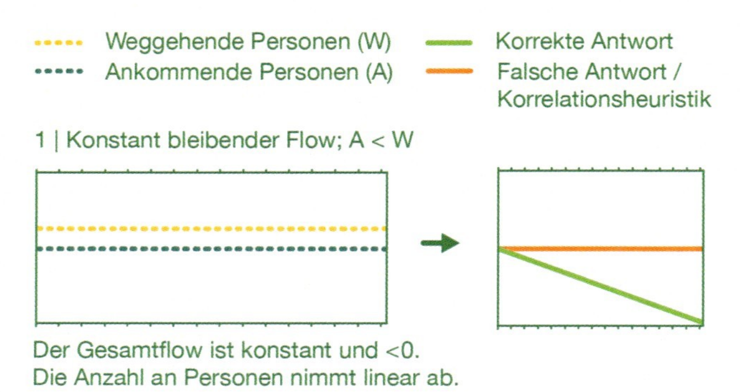

2 | Lineare Abnahme, sowohl bei A als auch bei W;
Wobei A > W.

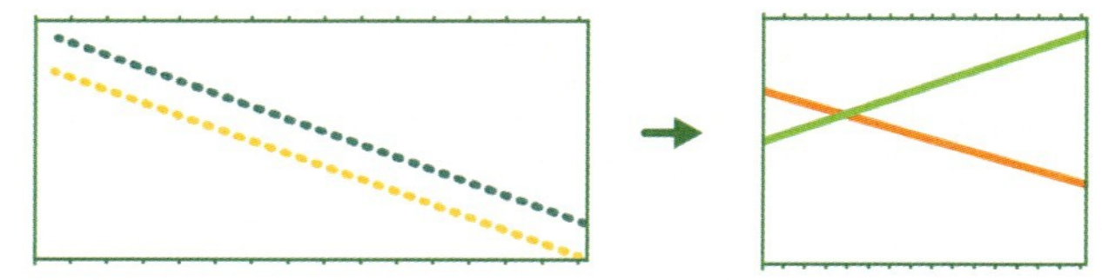

Die Gesamtveränderung ist konstant und > 0.
Die Anzahl an Personen nimmt linear zu.

3 | Konstante Weggänge und linearer Anstieg
bei den Ankommenden; A ≤ W

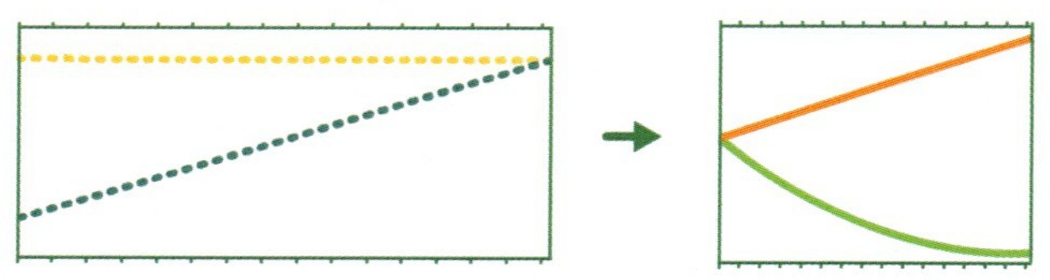

Die Gesamtveränderung ist ≤ 0.
Zu Beginn nimmt die Anzahl an Personen ab,
am Ende bleibt sie konstant.

4 | Konstante Weggänge und linearer Anstieg
bei den Ankommenden; A ≥ W

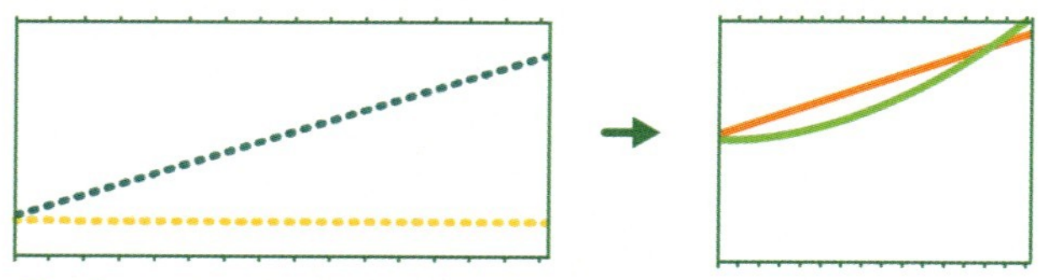

Die Gesamtveränderung ist ≥ 0.
Von einem ausgeglichenen Zustand am Anfang,
steigt die Anzahl an Personen zunehmend stärker.

Abb. 3.17 Ergebnisse des Experiments von Cronin et al. (2009, S. 127, Experiment 5; mit freundlicher Genehmigung von Elsevier BV). Es sind vier von acht Aufgaben dargestellt. Weitere Erläuterungen im Text

Nicht nur Wasser in Badewannen akkumuliert nach genau diesem Prinzip, auch private oder Staatsschulden oder Lagerbestände.

Wir haben in diesem Abschnitt zwei Dinge behandelt. Erstens: Momentanes, irrelevantes Erleben spielt eine deutliche Rolle bei der Einschätzung des Klimawandels durch Personen. Zweitens: Die Kernaussage der Akkumulation von CO_2 in der Atmosphäre wird mehrheitlich missverstanden. Der Fehlschluss vom Zufluss auf den Bestand (also unter Anwendung der Korrelationsheuristik) legt nämlich eine deutlich geringere CO_2-Reduktion nahe als tatsächlich nötig ist.

3.5.2 Klimawandelskepsis

Es besteht ein unumstrittener wissenschaftlicher und auch politischer Konsens über Ursachen und Voranschreiten der Klimaerwärmung (IPCC 2021). Diese Überzeugung hat sich auch in weiten Teilen der deutschen Bevölkerung durchgesetzt. Dennoch ist Klimawandelskepsis, also das Nichtanerkennen der wissenschaftlichen Nachweise der menschgemachten Klimaerwärmung, nach wie vor z. B. in den USA weit verbreitet und wird auch in Deutschland von manchen politisch geschürt. Es gibt also gute Gründe, sie zu beobachten und ihre Struktur und Ursachen zu verstehen.

◘ Tab. 3.3 zeigt die Antworthäufigkeiten der jährlich wiederholten repräsentativen Umfrage des Gallup-Instituts zur Wahrnehmung des Klimawandels in den USA von 2018 (vgl. ► https://news.gallup.com/poll/355427/americans-concerned-global-warming.aspx), aufgeschlüsselt nach der politischen Orientierung der Antwortenden. Sie zeigt, dass die politische Orientierung einen sehr deutlichen Zusammenhang mit dem Antwortmuster auf klimawandelbezogene Fragen aufweist.

◘ **Tab. 3.3** Ergebnisse der Gallup-Umfrage zur Wahrnehmung des Klimawandels in den USA, 2018: der Einfluss der politischen Orientierung

	Demokraten	**Unabhängige**	**Republikaner**
Ich denke, dass das Ausmaß der globalen Erwärmung generell übertrieben wird	4 %	34 %	69 %
Ich würde sagen, dass die meisten Wissenschaftler glauben, dass die globale Erwärmung stattfindet	86 %	65 %	42 %
Ich glaube, dass die Effekte der globalen Erwärmung bereits begonnen haben	82 %	60 %	34 %
Ich glaube, dass die globale Erwärmung durch menschliche Aktivitäten verursacht wird	89 %	62 %	35 %
Ich sorge mich sehr/einigermaßen wegen der globalen Erwärmung	91 %	62 %	33 %
Ich denke, dass die globale Erwärmung eine ernsthafte Bedrohung noch in meiner Lebensspanne darstellt	67 %	45 %	18 %

Anhand der Gemeinsamkeiten in Antwortmustern lassen sich in dieser Umfrage drei Gruppen ausmachen. Die Personen der ersten Gruppe machen sich Sorgen und glauben der wissenschaftlichen Evidenz des Klimawandels; sie sind vom menschengemachten Klimawandel überzeugt. Dann gibt es eine unentschiedene Gruppe, die sich in der Sache nicht ganz sicher ist. Die letzte Gruppe stellt die am menschengemachten Klimawandel zweifelnden Personen dar, also diejenigen, die die wissenschaftliche Evidenz zum Klimawandel ablehnen.

Um den Faktoren nachzugehen, mit denen Klimawandelskepsis in den USA korreliert, sind in ◘ Tab. 3.4 Parteizugehörigkeit, Geschlecht, Bildungsgrad und das Alter mit der Zugehörigkeit zu den drei gerade geschilderten Gruppen verschnitten.

◘ **Tab. 3.4** Ergebnisse der Gallup-Umfrage zur Wahrnehmung des Klimawandels in den USA, 2018: drei Meinungsgruppen und deren Merkmale

	Vom menschengemachten Klimawandel überzeugte Personen (in %)	**Unentschiedene (in %)**	**Am menschengemachten Klimawandel zweifelnde Personen (in %)**
US-Erwachsene	48	32	19
Parteizugehörigkeit			
Demokraten	81	18	1
Unabhängige	44	38	18
Republikaner	17	38	45
Geschlecht			
Frauen	54	33	13
Männer	42	32	26
Bildung			
College-Abschluss	59	23	18
Kein College-Abschluss	44	37	20
Alter			
18 bis 34	58	32	11
35 bis 54	50	30	20
55 und älter	40	35	24

Ergebnisse basieren auf der Clusteranalyse von vier Gallup-Fragen zur globalen Erwärmung: (1) Sorge über die globale Erwärmung, (2) Wahrnehmung, dass das Ausmaß der globalen Erwärmung in den Nachrichten übertrieben wird, (3) ob die globale Erwärmung durch menschliche Aktivitäten verursacht ist und (4) ob sie eine ernste Bedrohung in der eigenen Lebensspanne darstellt

Neben dem bereits bekannten Zusammenhang mit der Parteizugehörigkeit sehen wir, dass sich Männer häufiger bei den Klimawandelskeptischen wiederfinden als Frauen – insgesamt zwei Drittel der Klimawandelskeptischen sind Männer. Klimawandelskepsis ist verbreiteter unter älteren Menschen als unter jüngeren. Ein geringerer Bildungsgrad führt insbesondere zu einer vermehrten Zuordnung in die Mittelkategorie.

Wir haben es also mit der Wahrnehmung eines naturwissenschaftlichen Phänomens zu tun, die hoch mit der Parteizugehörigkeit korreliert. Es ist unwahrscheinlich, dass Republikaner andere wissenschaftliche Evidenz als die Demokraten haben. Eher gehört es bei den Republikanern zum guten Ton, auch klimawandelskeptisch zu sein. Und die allermeisten der Klimawandelskeptischen sind sich sicher: Meinen Lebensstil wird das nicht betreffen, solange ich lebe. Hier können wir vermuten, dass wir hier gerade nicht eine Konsequenz aus dem Klimawandelskeptizismus, sondern eine seiner Ursachen sehen: All das, was meinen jetzigen Lebensstil bedroht, darf und kann nicht sein. Im Folgenden gehen wir der kausalen Struktur klimawandelskeptischer Argumente weiter nach.

3.5.2.1 Die Struktur klimawandelskeptischer Argumente

Soentgen und Bilandzic (2014) untersuchten 97 klimaskeptische Bücher, die im Zeitraum von 1989 bis 2012 erschienen. Während bis 2006 die Gesamtzahl der deutsch- wie englischsprachigen Werke selten drei pro Jahr erreicht, schnellt sie im Jahr 2007 in die Höhe und erreicht mit 19 Werken im Jahr 2010 ihren Höhepunkt. Im Jahr 2007 wurde der 4. Sachstandsbericht des Weltklimarats IPCC veröffentlicht und das IPCC und Al Gore erhielten den Friedensnobelpreis. Das ließ den Klimawandel auch in den Fokus derer geraten, die sich bis dahin nicht darum gekümmert hatten und nun befürchteten, dass mit der Vergabe des Friedensnobelpreises dann auch Taten folgen würden, dass die Arbeit des IPCC nun auch politische Konsequenzen zeigen würden. Die Inhaltsanalyse der Bücher zeigt eine Argumentation auf drei Ebenen.

1. Auf der ersten Ebene werden *Einwände gegen die naturwissenschaftlichen Grundlagen* des Klimawandels und seiner Verursachung vorgebracht. Da das schwierig ist, kommt es zu „Rosinenpicken" (dazu mehr im nächsten Abschnitt) oder schlichten Fehlinformationen, wie z. B., dass die geringe Menge an CO_2 von 0,04 % in der Atmosphäre doch keinesfalls zu einer globalen Erwärmung in der Lage wäre (was aber tatsächlich so ist). Es wird jeweils eine Interpretation (eines Ausschnitts) der Datenlage nahegelegt, die dem klimawandelskeptischen Argument dient.
2. Rein auf der Ebene der naturwissenschaftlichen Argumentation ist der überwältigenden Datenlage zum Klimawandel nicht beizukommen. Also wird versucht, diese naturwissenschaftliche Ebene in der Argumentation zu verlassen. Es kann, so die Argumentation, doch CO_2 nicht die Ursache der Diskussion um die Klimaerwärmung sein (weil man das nicht glaubt) – also muss es eine andere Ursache geben! Es kommt zu sogenannten *wissenschaftssoziologischen Thesen und Erzählungen*, allen voran die von einer Verschwörung der Klimaforschenden. Es wird nahegelegt, dass Wissenschaftler und Wissenschaftlerinnen angetrieben durch materielle und Reputationsanreize und unter Außerachtlassen von ethi-

schen und rechtlichen Standards eine Scheinwahrheit fabrizierten und die Öffentlichkeit kollektiv irreführten. Ist erst ein solches emotionsbeladenes Feindbild gezeichnet, befindet man sich in einem Bereich, in dem man ohne Daten alles behaupten kann. Das Argument erhält dadurch eine aufklärerische Wirkung: Die Empfänger und Empfängerinnen müssen sich einerseits selbst keine Sorgen mehr um den Klimawandel machen und andererseits können sie nun andere vor der angeblichen Scheinwahrheit warnen.

3. Schließlich führen die Argumente auf die Ebene der *politischen und ökonomischen Thesen und Erzählungen*. Dabei werden Vermutungen aufgestellt, die sich auf das weltpolitische Geschehen beziehen und entweder eine kapitalistische oder aber eine kommunistische Verschwörung hinter den Bemühungen, die Klimaerwärmung zu begrenzen, sehen. Tatsächlich ist aber der Weltklimarat (IPCC) eine Institution der Vereinten Nationen (UNO) und es werden die durch den IPCC gesammelten Fakten vor ihrer jeweiligen Veröffentlichung durch die Vollversammlung in der UNO verabschiedet. Es handelt sich also tatsächlich um einen (öffentlichen) Prozess in der Weltgemeinschaft.

3.5.2.2 Rosinenpicken

Auf der Ebene der naturwissenschaftlichen Diskussion ist eine Strategie der Verfälschung das sogenannte Rosinenpicken. Dabei werden einzelne Datenpunkte aus einer Reihe von Daten herausgepickt und z. B. mit anderen Daten verglichen, um eine angebliche Entwicklung zu belegen. Dabei wird der Datenausschnitt zwar wahrheitsgemäß zitiert, aber die nahegelegte Schlussfolgerung stimmt nicht, da weder die gesamte Datenreihe noch deren Varianz gezeigt wird. Das soll an einem Beispiel verdeutlicht werden (▸ https://www.huffpost.com/entry/misrepresenting-climate-s_b_819367). Das Heartland Institute, eine konservative Institution in den USA, veröffentlichte im Januar 2011 folgende Meldung „National Snow and Ice Data Center records show conclusively that in April 2009, Arctic Sea ice extent had indeed returned to and surpassed 1989 levels."

Jedes Jahr im Sommer nimmt das Eis in der Arktis ab, im Winter nimmt es zu. Diese Varianz ist im Vergleich zum Trend enorm. Den Trend kann man aber erst durch Langzeitbeobachtung feststellen (◘ Abb. 3.18). Hier sind die Jahresmittel besonders aussagekräftig. Die gesamte Datenserie zeigt die kontinuierliche Abnahme der Ausdehnung des arktischen Eisschildes.

Rosinenpicken ist unlauter und verstößt gegen ethische Grundsätze des wissenschaftlichen Handelns.

3.5.2.3 Klimawandelskepsis in der Eigen- und Fremdwahrnehmung

Eigen- und Fremdwahrnehmung der Einstellung zur menschengemachten Klimaerwärmung weist einige interessante psychologische Charakteristika auf, wie eine repräsentative Untersuchung an über 5000 Personen in Australien zeigt (Leviston et al. 2012). Sie findet, dass unter den Befragten (zum Erhebungszeitpunkt 2011)

- 7,2 % gar nicht glauben, dass der Klimawandel stattfindet,
- 4,4 % angeben, nicht zu wissen, ob der Klimawandel stattfindet oder nicht,

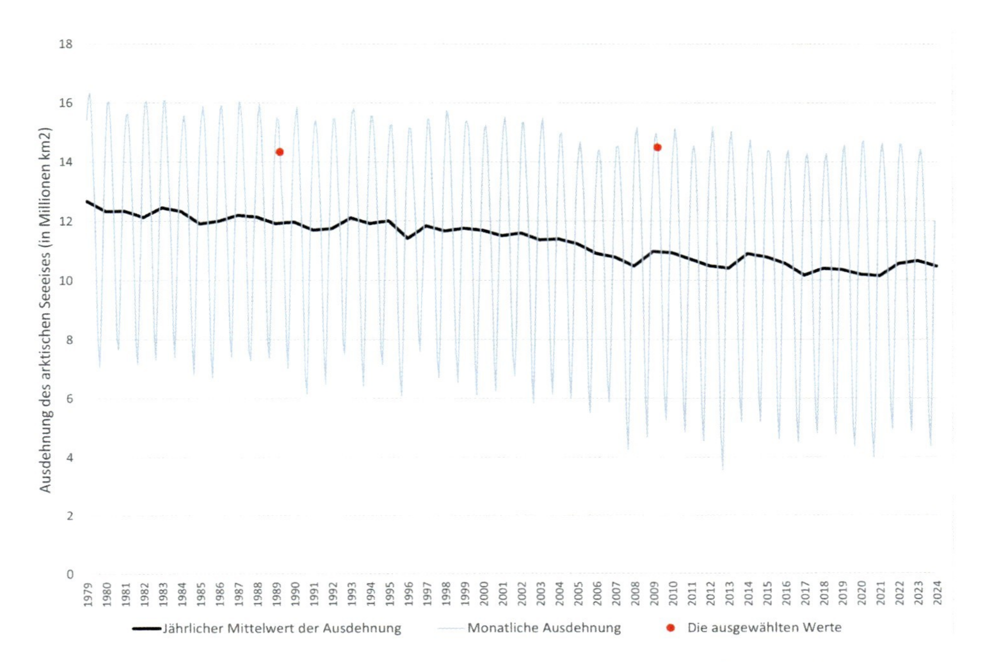

Abb. 3.18 Ausdehnung des arktischen Eises. (Eigene Darstellung mit Daten des National Snow and Ice Data Center; Fetterer et al. 2017)

- 43,8 % denken, dass der Klimawandel stattfindet, aber bloß eine natürliche Fluktuation der Temperatur der Erde ist, und
- 44 % denken, dass der Klimawandel stattfindet und dass Menschen ihn größtenteils verursachen.

Zwar ist Australien durch die Konsequenzen der Klimaerwärmung durchaus gefährdet (z. B. Versteppung, Dürren, Waldbrände, Zyklone, Erwärmung des Meeres), bezieht jedoch einen großen Teil des nationalen Einkommens aus dem Kohleexport nach Asien. Dies mag erklären, warum viele in Australien motiviert sind, dem Klimawandel gegenüber skeptisch zu sein.

Aufschlussreich ist nun die Fremdwahrnehmung dieser vier verschiedenen Gruppen durch die jeweils anderen (Abb. 3.19).

Auf der linken Seite der Grafik sind die gerade berichteten Häufigkeiten der vier Gruppen abgetragen. Auf der rechten Seite ist zu sehen, für wie groß die Antwortenden ihre eigene Gruppe und die anderen Gruppen halten. Es ist überraschend, wie sehr die Anteile der Skeptischen und der Unentschiedenen überschätzt und die der Klimawandelüberzeugten unterschätzt wird: Die skeptischen Personen sind lauter als die Mehrheit (Leviston et al. 2012). Ihre Öffentlichkeitsarbeit bleibt nicht ohne Folgen.

Wenn man die Balken auf der rechten Seite weiter danach aufschlüsselt, aus welcher Gruppe jeweils die Antworten kommen, ergibt sich das Bild in Abb. 3.20.

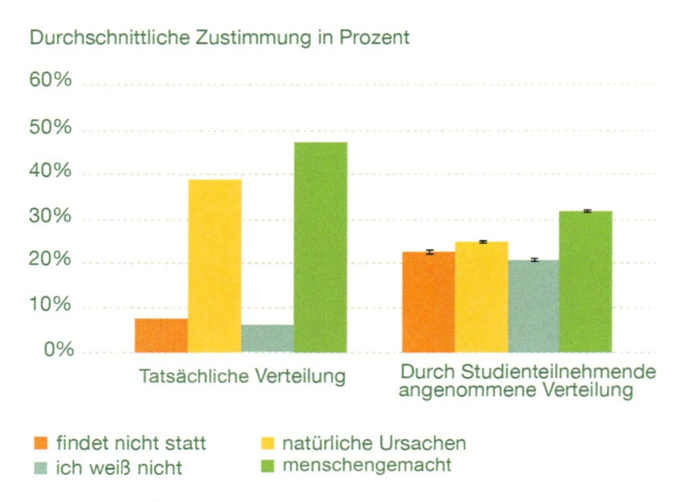

Abb. 3.19 Vergleich der Übereinstimmung der eigenen Meinung zum Klimawandel mit der angenommenen Meinung. (Australien, Erhebung 2 im Jahr 2011, N = 5030; Leviston et al. 2012, S. 334; mit freundlicher Genehmigung von Springer Nature)

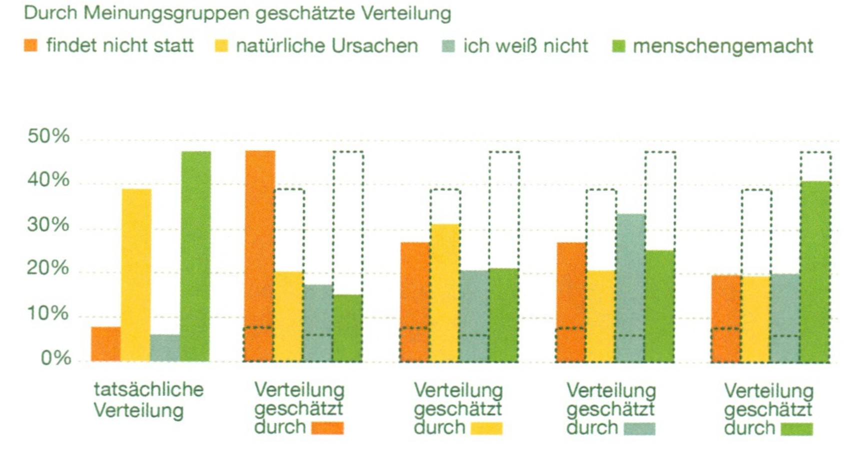

Abb. 3.20 Einschätzung, inwiefern bestimmte Gruppen mit Aussagen zum Klimawandel übereinstimmen. (Australien, Erhebung 2 im Jahr 2011, N = 5030; Leviston et al. 2012, S. 335; mit freundlicher Genehmigung von Springer Nature). Weitere Erläuterungen im Text

Es ist für jede Gruppe markiert, für wie stark (in %) die eigene und die fremde Gruppe gehalten werden. Zum besseren Vergleich ist die tatsächliche Verteilung jeweils gestrichelt hinterlegt. Es ist deutlich eine Überschätzung der jeweiligen eigenen Gruppengröße zu erkennen, in der Sozialpsychologie als falscher Konsensuseffekt (*false consensus effect*) bekannt. Es wird hier das Vorkommen der eigenen Überzeugungen in der Gesamtpopulation überschätzt. Dieser Effekt ist in der

Gruppe der Klimawandelleugnenden besonders stark ausgeprägt: Bei tatsächlichen 7,6 % schätzen sie 47 %. Die Gruppe der vom anthropogenen Klimawandel Überzeugten unterschätzt jedoch ihren Anteil mit 41 %, tatsächlich liegt er ja bei über 47,3 %.

3.5.3 Umgang mit Klimawandelskepsis

Der folgende Abschnitt stützt sich auf die lesenswerte Zusammenfassung im Handbuch *Widerlegen, aber richtig* (Lewandowsky et al. 2020). Es geht darin um einen kognitions- und sozialpsychologisch fundierten Weg des Umgangs mit Klimawandelskepsis.

Falschinformationen können Schaden anrichten

Es ist wichtig, Menschen vor Falschinformationen zu schützen, denn Falschinformationen schaden der Gesellschaft. Dabei unterscheidet man zwischen verschiedenen Arten von falschen Informationen:

- *Falschinformation*: falsche Informationen, die – unabhängig von einer Absicht, in die Irre zu führen – verbreitet werden
- *Desinformation*: falsche Informationen, die mit Absicht zur Irreführung verbreitet werden
- *Fake News*: Falsche Informationen, die den Inhalt von Nachrichtenmedien nachahmen

Häufig gehörte Informationen werden von Menschen eher als wahr angesehen als neue Informationen. Das gilt auch unabhängig von ihrem objektiven Wahrheitsgehalt. Die Ursache liegt in der Vertrautheit mit der – falschen – Information, einfach weil sie öfter gehört wurde. In sozialen Medien oder auch in Parteien und unter befreundeten Personen kann es dazu kommen, dass eine (falsche) Information in der Gruppe kreist und einige Personen sie wiederholen (sogenanntes Echokammerphänomen). Für andere Personen erscheint es dann so, als käme die Information aus vielen, voneinander unabhängigen Quellen.

Falschinformationen sind zudem oft in einer emotionalen Sprache verfasst und so gestaltet, dass sie die Aufmerksamkeit auf sich ziehen und eine überzeugende Wirkung haben. Dies erleichtert ihre Verbreitung und kann ihre Wirkung verstärken. Falschinformationen können auch nur absichtlich angedeutet werden, indem einfach nur Fragen gestellt werden, die aber Bezug nehmen auf eine falsche Information. Das ist eine Technik, die es Menschen mit provokativer Absicht erlaubt, auf Unwahrheiten hinzuweisen und dabei gleichzeitig eine Fassade der Seriosität aufrechtzuerhalten. Dadurch, dass damit auf falsche Informationen angespielt wird, werden diese aber in das Gedächtnis der Zuhörenden geholt und verfestigen sich. Insgesamt erschwert all das die Richtigstellung einer falschen Information. Einmal gehört, können also selbst danach richtiggestellte Falschinformationen lange im Gedächtnis hängen bleiben.

▪ Möglichst verhindern, dass Falschinformationen hängen bleiben

Da Falschinformationen nur schwer wieder loszuwerden sind, ist eine erfolgreiche Strategie, sie gar nicht erst aufkommen zu lassen. Schon allein Menschen davor zu warnen, dass sie falsch informiert werden könnten, verringert die Gefahr, dass sie sich später auf die Falschinformation verlassen. Der Prozess einer „Schutzimpfung" gegen Falschinformation oder einer präventiven Widerlegung baut darauf, Personen darauf vorzubereiten, dass sie mit Falschinformationen konfrontiert werden können. Bildlich wird hier in Analogie zur medizinischen Prävention von Krankheiten von Impfen gesprochen. Dabei werden Menschen einer stark abgeschwächten Gabe der bei der Falschinformation verwendeten Techniken ausgesetzt und die Falschinformation direkt präventiv widerlegt. Man kann z. B. darauf verweisen, wie die Tabakindustrie in den 1960er-Jahren „falsche Experten" einsetzte, um eine scheinwissenschaftliche Diskussion über die Schäden des Rauchens zu initiieren (die Schäden standen bereits fest). Dann werden die Menschen widerstandsfähiger gegen spätere Überzeugungsversuche, die die gleiche irreführende Argumentation im Zusammenhang mit dem Klimawandel verwenden.

▪ Widerlegen

Sollte sich eine Falschinformation schon festgesetzt haben, muss sie widerlegt werden. Dazu schlagen Lewandowsky et al. (2020) folgendes Schema zum Vorgehen in der Kommunikation vor:

- *Die Tatsache.* Nennen Sie die Wahrheit als Erstes, möglichst in prägnanten, kurzen Worten. Die besten Widerlegungen sind genauso prägnant wie die Falschinformation. Eine einfache Widerlegung („Diese Behauptung ist aber nicht wahr") reicht nicht. Die Nennung der richtigen (nicht der falschen) Information setzt nämlich den Rahmen, innerhalb dessen das weitere Gespräch ablaufen kann. Eine Widerlegung sollte nicht einfach eine Lücke in einer Informationskette hinterlassen. Besser ist es, eine korrekte Alternativerklärung so zu formulieren, dass sie statt der falschen Information in die Kette der Argumentation passt. Die Alternative sollte nicht komplexer sein und die gleiche Erklärungsrelevanz haben wie die ursprüngliche Falschinformation.
- *Der Irrglaube.* Weisen Sie auf die Falschinformation hin, aber nur einmal, direkt vor der Richtigstellung. Das hilft bei der Aktualisierung von Überzeugungen. Unnötige Wiederholungen der Falschinformationen sollten also vermieden werden, um sie nicht wahrscheinlicher erscheinen zu lassen.
- *Der Trugschluss.* Erklären Sie, was an der Information falsch ist. Stellen Sie sicher, dass die Widerlegung klar und deutlich ist und sich direkt auf die „Lücke" bezieht, die die Falschinformation hinterlässt. Die Widerlegung soll, auch wenn ein Text nur überflogen wird, nicht zu übersehen oder zu überlesen sein. Erklären Sie, (1) warum die Falschinformation ursprünglich ggf. für richtig gehalten wurde, (2) warum jetzt klar ist, dass sie falsch ist, und (3) warum die Alternative richtig ist.
- *Die Tatsache.* Erwähnen Sie die Wahrheit erneut, damit sie als Letztes besser im Gedächtnis bleibt. Selbst bei guten Widerlegungen wird der Effekt mit der Zeit nachlassen, sodass es gut ist, auch mehrfach zu widerlegen.

Dem gerade beschriebenen Schema folgt das Beispiel in ◘ Abb. 3.21.

Generell sollte eine allzu wissenschaftliche oder komplexe, technische Sprache vermieden werden, da sie eine Distanz zur lesenden bzw. hörenden Person aufbaut. Gut gestaltete Diagramme, Videos, Fotos und andere visuelle Hilfsmittel können hilfreich sein, um Richtigstellungen, die komplexe oder statistische Informationen beinhalten, klar und prägnant zu vermitteln. Die Wahrheit ist oft komplizierter als

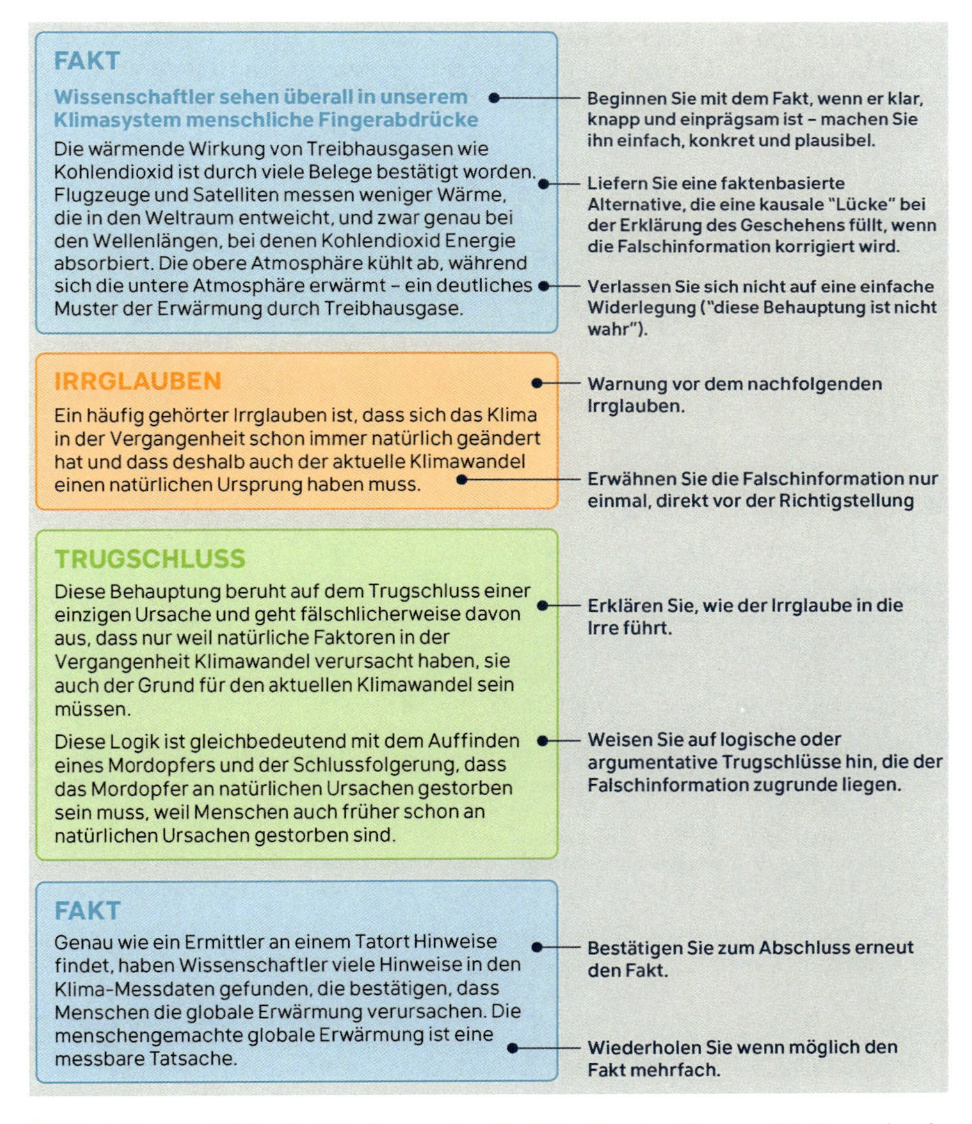

◘ **Abb. 3.21** Beispiel für die Widerlegung eines Gerüchts über den Klimawandel. (Lewandowsky et al. 2020, S. 15)

irgendeine virale Falschbehauptung. Es sollte also gelingen, komplizierte Ideen so zu formulieren, dass sie für das Zielpublikum leicht verständlich sind und daher besser im Gedächtnis haften bleiben.

Widerlegen in den sozialen Medien geht sowohl über eigenes Widerlegen als auch über die Mobilisierung weiterer Nutzender z. B. eines Chatraums, damit sie schnell durch die Weitergabe von korrekten Fakten auf Falschinformationen reagieren. Die Beobachtung, wie jemand anderes in sozialen Medien wegen einer Falschinformation korrigiert wird, kann zu korrekteren Haltungen bei verschiedenen Themen führen. Geschieht das nicht und kommt es zu Schweigen nach einer Falschinformation, könnte das fälschlicherweise dahingehend interpretiert werden, dass die Mehrheit damit einverstanden ist. Dabei ist die Mehrheit nur still (vgl. auch ► Abschn. 3.5.2.2).

Zusammenfassung

Bei der Wahrnehmung des Klimawandels versagt die menschliche Wahrnehmung teilweise und verleitet zu falschen Einschätzungen. So kann Irrelevantes, aber gerade (zufällig) Vorhandenes die Einstellung von Personen beeinflussen. Menschen scheitern oft bei dem Versuch, Akkumulationsprozesse in der Atmosphäre vorherzusagen. Hier hilft die Badewannenanalogie. Die Analyse von Klimawandelskeptizismus zeigt, dass es in dieser Diskussion nicht nur um die Fakten geht, sondern auch um soziologische, ökonomische oder politische Unterstellungen. Der Umgang mit diesem Skeptizismus erfordert die Kenntnis der psychologischen Mechanismen, durch die sich Gerüchte verfestigen, und einen fundierten Umgang damit.

Literatur

Appleton, J. (1975). *The Experience of Landscape.* Wiley.

Barrett, S. & Dannenberg, A. (2014). Sensitivity of collective action to uncertainty about climate tipping points. *Nature Climate Change, 4*, 36–39. https://doi.org/10.1038/nclimate2059

Beck, U. (2016). *Risikogesellschaft: Auf dem Weg in eine andere Moderne*. Suhrkamp Verlag.

Böhm, G., Nerb, J., McDaniels, T. & Spada, H. (Hrsg.). (2001). *Environmental risks: Perception, evaluation and management*. Elsevier Science/JAI Press.

Bundesministerium für Umwelt, Naturschutz und Reaktorsicherheit (BMU) und Bundesamt für Naturschutz (BfN) (2010): *Naturbewusstsein 2009. Bevölkerungsumfrage zu Natur und biologischer Vielfalt*. https://www.bfn.de/naturbewusstsein#anchor-1676

Carlson, A. (2009). *Nature and landscape: an introduction to environmental aesthetics*. Columbia University Press.

Cronin, M. A., Gonzalez, C. & Sterman, J. D. (2009). Why don't well-educated adults understand accumulation? A challenge to researchers, educators, and citizens. *Organizational Behavior and Human Decision Processes, 108*(1), 116–130. https://doi.org/10.1016/j.obhdp.2008.03.003

Daniel, T. C. & Vining, J. (1983). Methodological Issues in the Assessment of Landscape Quality. In: I. Altman & J. F. Wohlwill (Hrsg.), *Behavior and the Natural Environment. Human Behavior and Environment* (Bd. 6, S. 39–84), Springer. https://doi.org/10.1007/978-1-4613-3539-9_3

Destatis. (2020, 27. Februar). *6,6 % weniger Verkehrstote im Jahr 2019* [Pressemeldung]. https://www.destatis.de/DE/Presse/Pressemitteilungen/2020/02/PD20_061_46241.

Ernst, A. (2008). Zwischen Risikowahrnehmung und Komplexität. Über die Schwierigkeiten und Möglichkeiten kompetenten Handelns im Umweltbereich. In I. Bormann & G. de Haan (Hrsg.), *Kompetenzen der Bildung für nachhaltige Entwicklung. Operationalisierung, Messung, Rahmenbedingungen, Befunde* (S. 45–59). Wiesbaden: VS Verlag.

Fetterer, F., K. Knowles, W. N. Meier, M. Savoie, and A. K. Windnagel. (2017). *Sea Ice Index, Version 3 [Data Set]*. Boulder, Colorado USA. National Snow and Ice Data Center. https://doi.org/10.7265/N5K072F8. Date Accessed 05-27-2024.

Fink, H. (2011). Promoting behavioral change towards lower energy consumption in the building sector. *Innovation: The European Journal of Social Science Research, 24*(1-2), 7–26. https://doi.org/10.1080/13511610.2011.586494

Fischhoff, B., Slovic, P., Lichtenstein, S., Read, S. & Combs, B. (1978). How safe is safe enough? A psychometric study of attitudes towards technological risks and benefits. *Policy Sciences, 9*(2), 127–152. https://doi.org/10.1007/bf00143739

Gigerenzer, G. (2004). Dread risk, September 11, and fatal traffic accidents. *Psychological Science, 15*(4), 286–287. https://doi.org/10.1111/j.0956-7976.2004.00668.x

Gillis, K. & Gatersleben, B. (2015). A review of psychological literature on the health and wellbeing benefits of biophilic design. *Buildings, 5*(3), 948–963. https://doi.org/10.3390/buildings5030948

Guéguen, N. (2012). Dead indoor plants strengthen belief in global warming. *Journal of Environmental Psychology, 32*(2), 173–177. https://doi.org/10.1016/j.jenvp.2011.12.002

Günther, A., Haubl, R., Meyer, P., Stengel, M., & Wüstner, K. (2013). *Sozialwissenschaftliche Ökologie: Eine Einführung*. Springer-Verlag.

Helbing, D. (2013). Globally networked risks and how to respond. *Nature, 497*, 51–59. https://doi.org/https://doi.org/10.1038/nature12047

Intergovernmental Panel on Climate Change. (2021). Zusammenfassung für die politische Entscheidungsfindung. In V. Masson-Delmotte, P. Zhai, A. Pirani, S. L. Connors, C. Péan, S. Berger, N. Caud, Y. Chen, L. Goldfarb, M. I. Gomis, M. Huang, K. Leitzell, E. Lonnoy, J. B. R. Matthews, T. K. Maycock, T. Waterfield, O. Yelekçi, R. Yu & B. Zhou (Hrsg.), *Naturwissenschaftliche Grundlagen. Beitrag von Arbeitsgruppe I zum Sechsten Sachstandsbericht des Zwischenstaatlichen Ausschusses für Klimaänderungen* (in Druck, dt. Übers. auf Basis der Druckvorlage 2021). Deutsche IPCC-Koordinierungsstelle; Bundesministerium für Klimaschutz, Umwelt, Energie, Mobilität, Innovation und Technologie; Akademie der Naturwissenschaften Schweiz SCNAT, ProClim.

International Risk Governance Council (2018). *Guidelines for the governance of systemic risks*. IRGC. https://irgc.org/risk-governance/systemic-risks/guidelines-governance-systemic-risks-context-transitions/

John, G., Clements-Croome, D. & Jeronimidis, G. (2005). Sustainable building solutions: a review of lessons from the natural world. *Building and Environment, 40*(3), 319–328. https://doi.org/10.1016/j.buildenv.2004.05.011

Kasperson, R. E., Renn, O., Slovic, P., Brown, H. S., Emel, J., Goble, R., Kasperson, J. X. & Ratick, S. (1988). The Social Amplification of Risk: A Conceptual Framework. *Risk Analysis, 8*(2), 177–187. https://doi.org/10.1111/j.1539-6924.1988.tb01168.x

Kellert, S. & Calabrese, E. (2015). *The practice of biophilic design*. https://www.biophilic-design.com/

Kibert, C. J. (2004). Green buildings: an overview of progress. *Journal of Land Use & Environmental Law, 19*(2), 491–502. http://www.jstor.org/stable/42842851

Kibert, C. J. (2016). *Sustainable construction: green building design and delivery*. John Wiley & Sons.

Kim, P. H., Dirks, K. T., Cooper, C. D. & Ferrin, D. L. (2006). When more blame is better than less: The implications of internal vs. external attributions for the repair of trust after a competence- vs. integrity-based trust violation. *Organizational Behavior and Human Decision Processes, 99*(1), 49–65. https://doi.org/https://doi.org/10.1016/j.obhdp.2005.07.002

Lazarus, R. S. & Cohen, J. B. (1977). Environmental stress. In I. Altman & J. F. Wohlwill (Hrsg.), *Human Behavior and Environment: Advances in Theory and Research* (Bd. 2, S. 89–127). Springer US. https://doi.org/10.1007/978-1-4684-0808-9_3

Leviston, Z., Walker, I., & Morwinski, S. (2012). Your opinion on climate change might not be as common as you think. *Nature Climate Change, 3*(4), 334–337.

Lewandowsky, S., Cook, J., Ecker, U. K. H., Albarracín, D., Amazeen, M. A., Kendeou, P., Lombardi, D., Newman, E. J., Pennycook, G., Porter, E. Rand, D. G., Rapp, D. N., Reifler, J., Roozenbeek, J., Schmid, P., Seifert, C. M., Sinatra, G. M., Swire-Thompson, B., van der Linden, S., … Zaragoza, M. S. (2020). *Debunking Handbook 2020*. https://doi.org/10.17910/b7.1182

Li, Y., Johnson, E. J. & Zaval, L. (2011). Local Warming: Daily temperature change influences belief in global warming. *Psychological Science, 22*(4), 454–459. https://doi.org/10.1177/0956797611400913

Lichtenstein, S., Slovic, P., Fischhoff, B., Layman, M. & Combs, B. (1978). Judged frequency of lethal events. *Journal of Experimental Psychology: Human Learning and Memory, 4*(6), 551–578. https://doi.org/10.1037/0278-7393.4.6.551

Nasar, J. L. (1988). Architectural symbolism: A study of house-style meanings. *EDRA: Environmental Design Research Association, 19*, 163–171.

Nasar, J. L. (1994). Urban design aesthetics: the evaluative qualities of building exteriors. *Environment and Behavior, 26*(3), 277–401. https://doi.org/10.1177/001391659402600305

Nasar, J. L. (1997). New Developments in Aesthetics for Urban Design. In: G. T. Moore & R. W. Marans (Hrsg.), *Toward the Integration of Theory, Methods, Research, and Utilization. Advances in Environment, Behavior and Design* (Bd. 4, S. 149–193). Springer. https://doi.org/10.1007/978-14757-4425-5_5

Orians, G. H. (1980). Habitat selection: General theory and applications to human behavior. In J. S. Lockard (Hrsg.), *The evolution of human social behavior* (S. 49–66). Elsevier.

Park, S. & Ko, D. (2018). Investigating the Effects of the Built Environment on PM2.5 and PM10: A Case Study of Seoul Metropolitan City, South Korea. *Sustainability, 10*(12), 4552. https://doi.org/10.3390/su10124552

Renn, O. (2013). *Das Risikoparadox. Warum wir uns vor dem Falschen fürchten*. Fischer.

Scannell, L. & Gifford, R. (2010). Defining place attachment: A tripartite organizing framework. *Journal of Environmental Psychology, 30*(1), 1–10. https://doi.org/10.1016/j.jenvp.2009.09.006

Seligman, M. E. P. (1972). Learned Helplessness. *Annual Review of Medicine, 23*(1), 407–412. https://doi.org/10.1146/annurev.me.23.020172.002203

Slovic, P. (1999). Trust, emotion, sex, politics, and science: Surveying the risk-assessment battlefield. *Risk Analysis, 19*, 689–701.

Slovic, P., Peters, E., Finucane, M. L. & MacGregor, D. G. (2005). Affect, risk, and decision making. *Health Psychology, 24*(4), 35–40. https://doi.org/10.1037/0278-6133.24.4.S35

Soentgen, J. & Bilandzic, H. (2014). Die Struktur klimaskeptischer Argumente. Verschwörungstheorie als Wissenschaftskritik. *GAIA, 23*(1), 40–47. https://doi.org/10.14512/gaia.23.1.10

Steg, L., van den Berg, A. E. & de Groot, J. I. M. (2018). Environmental Psychology. History, Scope and Methods. In L. Steg & J. I. M. de Groot (Hrsg.), *Environmental Psychology* (S. 1–12). John Wiley & Sons, Ltd. https://doi.org/10.1002/9781119241072.ch1

Sterman, J. D. & Sweeney, L. (2007). Understanding public complacency about climate change: adults' mental models of climate change violate conservation of matter. *Climatic Change, 80*, 213–238. https://doi.org/10.1007/s10584-006-9107-5

Taylor, S. E. & Brown, J. D. (1988). Illusion and well-being: a social psychological perspective on mental health. *Psychological Bulletin, 103*(2), 193–210. https://doi.org/10.1037/0033-2909.103.2.193

Terwel, B. W., Harinck, F., Ellemers, N. & Daamen, D. D. L. (2009). Competence-based and integrity-based trust as predictors of acceptance of carbon dioxide capture and storage (CCS). *Risk Analysis, 29*(8), 1129–1140. https://doi.org/10.1111/j.1539-6924.2009.01256.x

Tuan, Y. (1974). *Topophilia*. Prentice-Hall.

Tversky, A. & Kahneman, D. (1981). The framing of decisions and the psychology of choice. *Science, 211*, 453–458. https://doi.org/10.1126/science.7455683

Vitruvius (1960). *The ten books on architecture* (M. H. Morgan, Übers.). Dover. (Originalarbeit geschrieben um 25 AD, exaktes Datum nicht bekannt).

Wijesooriya, N. & Brambilla, A. (2021). Bridging biophilic design and environmentally sustainable design: A critical review. *Journal of Cleaner Production, 283*, 124591. https://doi.org/10.1016/j.jclepro.2020.124591

Wilson, E. O. (1984). *Biophilia*. Harvard University Press.
Wilson, R. (1979). Analyzing the daily risks of life. *Technology Report, 81*, 40–46.
Wissenschaftlicher Beirat der Bundesregierung Globale Umweltveränderung. (1999). *Welt im Wandel. Strategien zur Bewältigung globaler Umweltrisiken. Jahresgutachten 1998*. Springer.
World Economic Forum. (2011, 11. Januar). *Global Risks Report 2011* (6. Ed.). https://www.weforum.org/publications/global-risks-report-2011/

Umweltverhalten und seine Veränderung

Inhaltsverzeichnis

A. Ernst et al., *Umweltpsychologie*, https://doi.org/10.1007/978-3-662-69166-3_4

Warum bekennen sich so viele Menschen zu Umwelt- und Klimaschutz, ihr konkretes Verhalten jedoch bleibt oft weit dahinter zurück? Wie lässt sich dieses Phänomen erklären und wie lässt sich umwelt- und klimafreundliches Handeln fördern? In diesem Kapitel werden zunächst die Faktoren besprochen, die unser Handeln bestimmen, und damit eine Antwort auf die erste Frage gegeben. Die zweite Frage bestimmt den Rest des Kapitels: Psychologische Ansatzpunkte für Verhaltensänderungen, aber auch ein wichtiges Hindernis, der Rebound, werden vorgestellt. Danach fragen wir uns, wie sich umweltfreundliche Innovationen im Verhalten in der Gesellschaft ausbreiten und mit welchen Methoden Umweltverhalten positiv beeinflusst werden kann.

4.1 Einflussfaktoren des (Umwelt-)Verhaltens

Der Mensch ist ein äußerst komplexes Lebewesen und er hat wiederum hochkomplexe Gemeinschaften und Institutionen geschaffen. Wie wir in ▶ Kap. 2 zu komplexen Systemen gesehen haben, lassen sich diese Systeme nicht durch rein empirisch gewonnene Daten vollständig erfassen. Es sind zu viele Variablen, zu viele Verbindungen, zu viele Einflüsse, die zum Teil auch über mehrere Zwischenstationen laufen können. Um dennoch begründete Aussagen zu treffen, bedient man sich Theorien. Sie sind zwar starke Vereinfachungen der Realität, aber sie lenken gerade deswegen den Blick auf die jeweils für wesentlich gehaltenen Zusammenhänge und leiten die empirische Datenerhebung und Theorieprüfung an. Die Herausforderung besteht also darin, einen Kompromiss zu finden zwischen zu hoher Komplexität einerseits und zu starker Vereinfachung andererseits. Wir werden im Folgenden einige für die Erklärung und Vorhersage von Umweltverhalten wichtige Theorien besprechen. Dazu beginnen wir mit recht einfachen Vorstellungen von menschlichem Handeln und Entscheiden und steigern uns zu zunehmend komplexeren Theorien. Eine weitere wichtige und besonders komplexe Form der Theoriebildung werden wir in ▶ Abschn. 8.6 mit der sozialen Simulation einführen.

4.1.1 Präskriptive Entscheidungstheorie: Das Beispiel der multiattributiven Nutzentheorie

Als Erstes lernen wir ein sehr allgemeines und einfaches Modell kennen, die sogenannte multiattributive Nutzentheorie (oder *multi-attribute utility theory*, MAUT; Pfister et al. 2017). Die multiattributive Nutzentheorie ist keine Theorie zur Beschreibung menschlichen Verhaltens im engeren Sinne. Sie ist eher präskriptiv (eigentlich „vorschreibend", normativ) und damit eine Antwort auf die Frage: Wie können oder sollen optimale Entscheidungen getroffen werden? Wie ist das denn, wenn wir einen neuen Kühlschrank kaufen wollen? Vielleicht erkundigen wir uns im Internet, wir befragen Bekannte, sehen nach, ob die Stiftung Warentest kürzlich dazu einen Test veröffentlicht hat, oder wir gehen einfach in ein Geschäft und schauen die angebotenen Kühlschränke durch. Egal was wir genau tun, wir haben – bewusst oder unbewusst – eine Liste von Kriterien (die sogenannten Präferenzen) im Kopf: Das Gerät soll möglichst preisgünstig sein, es soll z. B. ein Null-Grad-Fach haben, einen geringen Energieverbrauch und es soll in die Küche passen usw. Die präskriptive Entscheidungstheorie stellt uns ein Verfahren zur Verfügung, um die vorhandene Information zu einer „besten" Entscheidung zusammenzuführen.

Was ist in diesem Kontext die „beste", die „optimale" Entscheidung? Wenn eine Entscheidung auf Basis und unter Berücksichtigung und Integration aller verfügbaren Information in objektiver Weise getroffen wird, ohne Einschränkungen durch beispielsweise Zeitdruck oder mangelnde Möglichkeiten der Informationsbearbeitung, dann kann man von einer optimalen Entscheidung sprechen. Das Optimum bezieht sich hier auf das zum Zeitpunkt der Entscheidung mögliche Optimum. Optimale Entscheidungen müssen sich also nicht als *richtig* herausstellen. Hier spiegelt sich wider, dass Entscheidungen in den allermeisten Fällen *Entscheidungen unter Unsicherheit* sind, dass also Ereignisse in der Zukunft (vom Entscheidungszeitpunkt aus betrachtet) die *Ergebnisse* der Entscheidung verändern können. Ob eine Entscheidung richtig oder falsch war, lässt sich also immer erst im Nachhinein feststellen (unabhängig davon, wie lange man warten muss, bis man die Entscheidung abschließend beurteilen kann). Man kann sich z. B. vorstellen, dass sich die zum Entscheidungszeitpunkt optimal getroffene Entscheidung für einen neuen Kühlschrank bereits nach kurzer Zeit als nicht mehr die beste herausstellt, z. B. weil es ein neues Produkt gibt, das viel effizienter ist als das alte.

Die multiattributive Nutzentheorie leitet als Standardparadigma Investitionsentscheidungen von Führungskräften in Unternehmen oder therapeutische Entscheidungen in Psychologie und Medizin, die nicht der Tagesform und dem Zufall überlassen werden sollten. Daher werden z. B. klinische Entscheidungen nach festen Entscheidungsritualen getroffen, die im Prozess die Berücksichtigung aller verfügbarer Daten und gegebenenfalls das Einholen weiterer diagnostischer Information sicherstellen.

▪ Grundbegriffe der multiattributiven Nutzentheorie

Gegenstandsbereich – Der Gegenstandsbereich der multiattributiven Nutzentheorie sind Situationen, in denen sich eine Person zwischen mindestens zwei Optionen entscheiden muss, indem sie eine Option gegenüber den anderen präferiert, d. h. vorzieht.

Entscheidung – Eine Entscheidung ist in der multiattributiven Nutzentheorie durch überlegtes, konfliktbewusstes, abwägendes und zielorientiertes Handeln gekennzeichnet. Damit sind spontane Handlungen kein Gegenstand dieser Theorie. Der Konflikt bezieht sich auf das Bewusstsein, dass erstens eine Entscheidung getroffen wird und dass zweitens auf die (positiven) Konsequenzen (siehe unten) der *nicht* gewählten Handlungsoptionen verzichtet werden muss (sogenannte Opportunitätskosten).

Optionen (Alternativen, Handlungsmöglichkeiten) – Man kann sich zwischen verschiedenen Objekten, Handlungen, Strategien oder Regeln entscheiden. Während die ersten beiden alltäglich für uns sind, kommen die beiden letzten etwas seltener vor. Sie sind aber entscheidend für soziale Absprachen: Wir legen bei solchen Entscheidungen fest, wie wir uns in Zukunft in verschiedenen Situationen verhalten wollen. Die jeweils betrachtete Menge der Entscheidungsalternativen kann den Status quo (wir entscheiden uns, alles so zu lassen, wie es ist) einbeziehen oder nicht.

Konsequenzen (Wert) – Wir bewerten nicht die Option an sich, sondern das, was diese Option voraussichtlich an Konsequenzen zur Folge hat. Wenn man einen Kühlschrank kauft, dann bewertet man nicht den Kühlschrank an sich, sondern das, was man damit tun kann, und andere Folgen, wie etwa die Energiekosten oder die Abnahme des Geldes auf dem Konto durch den Kauf. Das bildet den Wert einer Alternative. Der Wert kann sowohl positiv (also erstrebenswert) als auch negativ (also vermeidenswert) sein.

Attribute und Attributwerte – Die Handlungsoptionen werden durch ihre sogenannten Attribute, die Eigenschaften der Handlungsoptionen, beschrieben. Alle zur Entscheidung stehenden Optionen müssen sich nach gleichen Attributen bewerten lassen, so z. B. die Kühlschränke nach dem Preis usw. Jede Option bekommt – sofern die Information zur Verfügung steht – einen Wert auf dem Attribut (den Attributwert; also beim Kühlschrank ein Preis in €), der die erwartete Konsequenz dieser Option auf diesem Attribut abbildet.

Ziele (Kriterien) – Mit einer Entscheidung streben wir also antizipierte (erwartete) Konsequenzen an. Damit festgestellt (d. h. entschieden) werden kann, ob eine Handlungsoption erwünschte Konsequenzen hat, richtet sich die Bewertung nach einer Menge von Zielen. Man braucht die Ziele also, um bewerten zu können, was überhaupt eine erwünschte oder unerwünschte Konsequenz ist. Idealerweise kann jede der Konsequenzen aller Handlungsalternativen hinsichtlich jedes Ziels bewertet werden. Durch die Bewertung der jeweiligen Konsequenzen wird eine Ordnung (nach „besser“ und „schlechter“) unter den Handlungsoptionen hergestellt. Diese leitet dann die Entscheidung.

Ereignisse – Als Ereignisse werden Vorkommnisse und Sachverhalte bezeichnet, auf die die Entscheidenden keinen Einfluss haben. Das können in der Person liegende, interne Ereignisse sein (kognitive, emotionale oder physische Ereignisse) oder externe, die durch die physische oder soziale Umgebung ausgelöst wurden.

Grundidee Wert x Erwartung – Der zentrale Punkt bei der multiattributiven Nutzentheorie ist, auf welche Weise die Unsicherheit einerseits und andererseits mehrere verschiedene Attribute von Entscheidungsalternativen miteinander zu einer Entscheidung verknüpft werden. Für jedes der Attribute einer Alternative werden ihr Wert (d. h. ihre Konsequenzen) und die Wahrscheinlichkeit des Eintretens der Konsequenzen miteinander kombiniert. Dies geschieht multiplikativ, daher spricht man auch von einem Wert-x-Erwartungs-Modell. Das begegnete uns bereits in ► Abschn. 3.2 bei der Abschätzung von objektivem Risiko.

4.1.1.1 Beispiele für Entscheidungen nach der multiattributiven Nutzentheorie

- **Handlungsoptionen und Ereignisse**

Die genannten Punkte sollen an einem Beispiel illustriert werden. Nehmen wir an, dass Sie eine Wanderung mit Ihren Freunden und Freundinnen vorbereiten. Es stehen drei Wanderwege zur Auswahl (Handlungsoptionen). Der eine ist ein Höhenweg, der über weite Strecken über offenes Feld führt (Option 1). Option 2 geht durch eine tiefe Schlucht, Option 3 führt überwiegend durch einen Wald. Allerdings können Sie sich des Wetters nicht sicher sein. Der Wetterbericht schätzt eine Wahrscheinlichkeit von 20 % für Sonne und 80 % für bedecktes Wetter. Option 2, der Weg durch die Schlucht, ist der spannendste. Allerdings nur bei Sonne, denn bei bedecktem oder gar nassem Wetter ist es dunkel in der Schlucht, die Stufen sind rutschig und der Weg damit nicht attraktiv. Umgekehrt ist der Höhenweg im Vergleich zu der Schlucht eher langweilig und unerträglich bei Hitze, aber genau das Richtige bei bedeckter Witterung, usw. Wir sehen, dass Sie hier das eine Attribut der Wanderwege (die Attraktivität) der einzelnen Handlungsoptionen mit externen Ereignissen (dem Wetter) in Beziehung setzen müssen, um eine passende Entscheidung zu treffen. Die externen Ereignisse liegen in der Zukunft und sind deshalb als Wahrscheinlichkeiten formuliert.

Abb. 4.1 fasst die Situation in Zahlen zusammen. Wie kann uns diese Darstellung als sogenannter Entscheidungsbaum helfen? Wir gehen von den drei bereits eingeführten Handlungsoptionen aus, die sich links in der Abbildung befin-

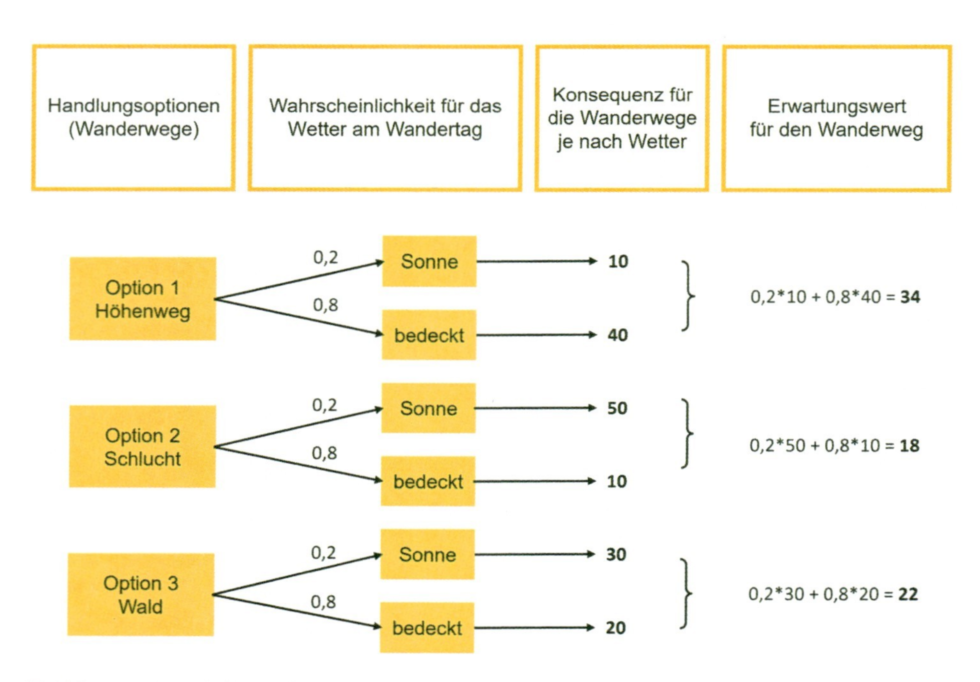

Abb. 4.1 Entscheidungsfindung nach der klassischen Nutzentheorie

den. Jede dieser drei Handlungsoptionen kann, mit den jeweils bekannten Wahrscheinlichkeiten, mit jeder der beiden Wetterlagen kombiniert werden.

Die Konsequenzen für die Verbindung von Weg und Wetter finden sich in der dritten Spalte. Die Bewertung der Konsequenzen in Zahlen folgt dabei praktischen Überlegungen; man könnte sie in unserem Beispiel als „Genusspunkte" bezeichnen. Der Höhenweg bekommt 10 solche Punkte bei Sonne, aber 40 bei bedecktem Wetter. Die Schlucht ist großartig bei Sonne und erhält damit 50 Punkte, jedoch bei Bewölkung nur 10, usw. In der vierten Spalte nun wird der sogenannte Erwartungswert als Summe aller Teilnutzen (sogenannter Partialnutzen) einer Handlungsoption bestimmt. Der Teilnutzen berechnet sich jeweils als Produkt (Multiplikation) der Werte einer Konsequenz mit ihrer jeweiligen Wahrscheinlichkeit. Dabei sehen wir, dass z. B. die 50 Punkte der Schlucht, die ja nur bei Sonne zum Tragen kämen, durch die Multiplikation mit 0,2 nicht wirklich im Endergebnis durchschlagen. Der Höhenweg kann seine gute Passung zum bedeckten Wetter voll ausspielen: Die 40 Punkte werden mit 0,8 multipliziert und machen wesentlich aus, dass dieser Weg aus der Berechnung als derjenige mit dem höchsten Erwartungswert (ganz rechts) hervorgeht.

Der Erwartungswert (hier beim Höhenweg also 34 Punkte) wird natürlich so nie eintreten, denn er setzt sich ja aus zwei unvereinbaren Wetterlagen zusammen (Sonne und bedeckter Himmel). Wählen wir den Höhenweg, kommen wir entweder mit 10 oder aber mit 40 Genusspunkten von der Wanderung zurück. Der Erwartungswert ermöglicht es uns aber, das in der Zukunft liegende und daher heute unbekannte Wetter mit verschiedenen Konsequenzen einer Handlungsoption zusammenzufassen. Er liefert eine vernünftige gemeinsame Abschätzung der je nach Ereignis verschiedenen Ergebnisse einer Handlung.

Eine naheliegende Konsequenz aus den Erwartungswerten unserer Wanderwege ist, den Weg mit der höchsten Punktzahl auszuwählen. Er maximiert unter den gegebenen Bedingungen die erwarteten Genusspunkte, ist also eine optimale Entscheidung. Richtig muss sie nicht sein (siehe oben): Die Sonne scheint vielleicht und die Freunde und Freundinnen haben nur 10 Genusspunkte und einen Sonnenbrand. Die Wahrscheinlichkeit, dass es aber bedeckt ist und alle zufrieden sind, ist hoch (80 %).

Damit liefert dieses Entscheidungsverfahren auch ein psychologisch plausibles Ergebnis. Allerdings ist es kein Modell für das, was wirklich im Kopf von Menschen passiert. Die wenigsten werden bei alltäglichen Entscheidungen Zahlenwerte in ihrem Kopf vergeben, zahlreiche Multiplikationen und Additionen durchführen und so das Maximum unter den berechneten Erwartungswerten bestimmen. Dieser Algorithmus kann jedoch auch mit der Personeneigenschaft der Risikofreude/Risikoaversion in Beziehung treten: Ist jemand risikofreudig, wird die Person eher die Schlucht vorschlagen. Wenn nämlich tatsächlich die Sonne scheinen sollte, dann sind die Freunde und Freundinnen begeistert und freuen sich über die maximal zu erreichenden 50 Genusspunkte. Besser geht es nicht. Ist hingegen jemand risikoavers (d. h. risikofeindlich) eingestellt, wird die Person den schlechtestmöglichen Wert zu maximieren suchen und damit in unserem Fall den Weg durch den Wald wählen: nicht berauschend, dafür aber eine solide Punktzahl, wie auch immer das Wetter wird.

- **Gewichtung von Attributen der Handlungsoptionen**

Das Wanderbeispiel illustrierte die Verbindung von verfügbaren Handlungsoptionen mit einem externen Ereignis. Es gab nur ein Attribut. Doch es findet sich oft der Fall, dass man verschiedene Attribute der Handlungsoptionen gemeinsam für eine Entscheidung betrachten möchte, dass diesen Attributen aber eine unterschiedliche Wichtigkeit zukommt. Diese Wichtigkeit wird in einem Gewicht abgebildet und mit dem Wert, den die Option auf dem Attribut erreicht, multipliziert. Formal heißt das:

$$MAU_i = \sum_{j=1}^{n} w_J * u_j \tag{4.1}$$

Der multiattributive Nutzen (*U* = *Utility*) für eine Option *i* ist also die Summe aus allen Partialnutzen u_j für *i*, die jeweils mit ihrem entsprechenden Gewicht w_j multipliziert werden. Die Partialnutzen ergeben sich aus den Werten der Handlungsoption für das jeweilige Attribut. Die Gewichte werden aus der Wichtigkeit der Kriterien abgeleitet.

Die Tabellen der Stiftung Warentest sind z. B. auf eine solche Weise aufgebaut. Da finden sich verschiedene Optionen (z. B. Fahrradschlösser), die jeweils nach ihrer Güte hinsichtlich verschiedener Attribute (z. B. Preis, Aufbruchsicherheit, Handhabung) bewertet werden. Der Aufbruchsicherheit mag ein hohes Gewicht zukommen (z. B. 70 %) und der Handhabung ein geringes (z. B. 10 %). Die Tabellen der Stiftung Warentest machen diese Werte jeweils kenntlich, sodass für die Leser jeweils ersichtlich ist, wie die summarische Bewertung (von – – bis ++) zustande kam. So lässt sich ein Testsieger bestimmen, aber auch der Weg der Berechnung ist transparent.

4.1.1.2 Voraussetzungen der Theorie und Kritik

Wir haben schon gesehen, dass die multiattributive Nutzentheorie versucht, nach dem Wert-x-Erwartungs-Modell die vernünftigste (d. h. rationalste, beste) Option zu wählen. Damit fällt dieses Vorgehen in die Familie der sogenannten *Rational-Choice*-Theorien. Folgt man allerdings dieser Anleitung zum Treffen optimaler Entscheidungen, stößt man auf eine Reihe von Schwierigkeiten. Sie lassen im Alltag dieses Vorgehen als beschwerlich, unnatürlich und bisweilen auch nicht zielführend erscheinen.

- Die multiattributive Nutzentheorie verlangt vollständige Information: Alle Zellen der Matrix „Handlungsoptionen x Kriterien" müssen ausgefüllt sein, sonst können die Summen nicht berechnet werden. Das ist vielfach nicht oder nicht leicht erreichbar. Der Raum der Handlungsoptionen muss bekannt und darf nicht zu groß sein. Alle Werte müssen vorliegen. Das ist einfacher, wenn man eine endliche Menge Fahrradschlösser miteinander vergleicht, und kann auch funktionieren, wenn man eine Stadt zum Studieren unter fünf möglichen auswählen will. Schon Partnerinnen- bzw. Partnerwahl funktioniert anders (siehe ► Abschn. 4.4.3.3).

- Die Attribute der einzelnen Optionen müssen jeweils über die Optionen miteinander vergleichbar sein. Die Dimensionen, auf denen die Attribute gemessen werden, müssen für alle Optionen dieselben sein. So gelten der Preis oder die Aufbruchsicherheit als Attribute für alle Fahrradschlösser gleichermaßen. Ein sehr großer Vorteil dieses Vorgehens ist die explizite Benennung von Zielkonflikten durch Benennung der Gewichte bei den einzelnen Partialnutzen und ihre Zusammenführung in einer gemeinsamen Metrik (dem multiattributen Nutzen) zur Entscheidungsfindung. So können auch einander widersprechende Ziele miteinander in Beziehung gesetzt und gemeinsam bewertet werden. Allerdings ist diese Zusammenführung – auch *Kommensurabilität*, also Vergleichbarmachung genannt – nicht immer leicht. Bei Versicherungen ist es offenkundig, dass Geld und Schmerz oder gar Tod miteinander kommensurabel gemacht werden müssen. Das ist der Versuch, einen gemeinsamen Wert für physischen oder psychologischen Verlust und Geld zu finden. Aber auch alltäglichere Entscheidungen verlangen nach dieser Kommensurabilität der Werte in der Matrix, z. B. wenn der neue Studienort gleichzeitig hinsichtlich der zu erwartenden Qualität des Studiums und der Nähe zur Familie bewertet werden soll.
- Die Theorie verlangt sogenannte *präferenzielle Unabhängigkeit*. Das heißt, dass die entscheidende Person die Optionen jeweils völlig unabhängig voneinander bewertet und keine Beziehung zwischen ihnen herstellt. Das ist in Alltagskontexten tatsächlich selten gegeben. Wir werden immer wieder sehen, dass (wie schon in ► Abschn. 3.3 zur Risikowahrnehmung) die Kontexte bei der Wahrnehmung und Bewertung eine große Rolle spielen. Die Bewertung einer Option hängt auch davon ab, ob und welche anderen Optionen noch zur Wahl stehen (Huber et al. 1982; Huber und Puto 1983).

Mit den hier skizzierten Einschränkungen lässt sich das Verfahren nach der multiattributiven Nutzentheorie anwenden, um bei einer schwierigen persönlichen Entscheidung systematisch vorzugehen, nichts zu vergessen und zu sehen, ob alle Informationen beisammen sind. Vielleicht wird man dabei feststellen, dass es nicht so leicht ist, die Werte vergleichbar zu machen, oder dass die Gewichte, die für die Entscheidungskriterien aufgestellt wurden, auf einmal unangemessen erscheinen. Das wirft die Frage auf, wie denn empirisch beobachtbare Entscheidungen ablaufen, wie sich also Personen tatsächlich im Alltag und insbesondere in Umweltdingen entscheiden.

4.1.2 Deskriptive Entscheidungsforschung

Eigentlich ist es ein Wunder: Wir haben für die meisten unserer Entscheidungen nicht genug Zeit und kaum hinreichende, fast nie vollständige Information, es gilt häufig, „Äpfel und Birnen zu vergleichen" und gleichermaßen in unsere Entscheidung einzubeziehen. Unsere Präferenzen und Optionen hängen psychologisch in einer verzwickten Art und Weise zusammen, unser Entscheidungsleben wird geradezu von Zeit- und Informationsknappheit geprägt. Und dennoch liegen wir meistens richtig, zumindest so richtig, dass wir in der Regel unser Leben in der gewünschten Form organisieren können und sich das von den täglichen Entscheidungen verursachte Stresslevel, von Ausnahmen abgesehen, in Grenzen hält.

Den Ursachen für dieses Phänomen geht die sogenannte deskriptive, d. h. das reale Verhalten beschreibende, psychologische Entscheidungsforschung nach. Wie treffen Menschen Entscheidungen und wovon hängt das im Einzelfall ab?

> Die *deskriptive psychologische Entscheidungsforschung* liefert Beobachtungen und Theorien zur Erklärung und Vorhersage des realen menschlichen Verhaltens in Entscheidungssituationen.

Wenn wir Situationen betrachten, in denen wir die Wahl zwischen verschiedenen Handlungsoptionen haben, so stellen wir fest, dass diese Situationen sehr unterschiedlich sein können. Wie bereits erwähnt, gibt es große Unterschiede zwischen der Entscheidung zwischen zwei Fahrradschlössern und der Wahl eines Studienortes oder einer Wohnung. Es steht dabei unterschiedlich viel auf dem Spiel. Das wirkt sich in der Regel darauf aus, wie viel Energie und Zeit wir auf die Entscheidung verwenden und welcher Art und wie stark die begleitenden Emotionen sind. Das korreliert gleichzeitig negativ mit der Häufigkeit, mit der wir solche Entscheidungen zu treffen haben.

Auch in ihrer Struktur können sich Entscheidungen stark unterscheiden, je nachdem, ob Sie eine gegebene Optionenmenge haben (etwa bei den Fahrradschlössern) oder eine offene (wie beispielsweise bei der Frage, wie Sie Ihr Leben in Zukunft gestalten wollen). Es lassen sich folgende Arten von Entscheidungen unterscheiden (Pfister et al. 2017):

- *Routinisierte Entscheidungen.* Sie werden aus Erfahrung getroffen und erfordern den geringsten kognitiven Aufwand. Das sind eigentlich Gewohnheiten, die aber durch frühere Entscheidungen gebildet wurden. Der Weg zur Arbeit ist so etwas: Die ersten Wochen probieren wir den besten Weg aus, basierend auf Wissen und Wissenserwerb über mögliche Wege und Verkehrsmittel. Dies zieht eine Entscheidung für den günstigsten Weg nach sich; danach wird dieser zur Routine.
- *Stereotype Entscheidungen.* Sie sind immer wiederkehrende Entscheidungen, die im Gegensatz zu routinisierten Entscheidungen einen höheren kognitiven Aufwand erfordern: Man muss schon einmal genau hinsehen und ein minimaler Bewertungsprozess läuft ab. Dabei sind auch hier die Optionen genau definiert. Beispiele: Wir gehen in die Mensa und wählen zwischen uns bereits bekannten Essensoptionen aus. Ein Arzt oder eine Ärztin sieht eine Patientin oder einen Patienten mit Grippe und weiß genau, was zu tun ist.
- *Reflektierte Entscheidungen.* Es stehen zwei oder mehr Handlungsoptionen zur Verfügung und der/die Entscheidende ist sich darüber bewusst. Allerdings sind die persönlichen Präferenzen für die Handlungsoptionen nicht a priori abrufbar, wir haben schlicht bisher darüber noch nicht nachgedacht. Das führt zu einer Erhöhung des kognitiven Aufwandes. Eine einfache Situation mit einer re-

flektierten Entscheidung wäre die mit den Fahrradschlössern, eine etwas kompliziertere die Wahl zwischen verschiedenen Heizungssystemen für eine Wohnung. Im Wesentlichen geht es darum, die Frage „Welche von den vorliegenden Möglichkeiten wählen wir?" zu beantworten.
- *Konstruktive Entscheidungen.* Diese Art von Entscheidungen geht in ihrem kognitiven und auch motivationalen Aufwand über die reflektierten Entscheidungen hinaus, weil die Optionen nicht a priori vorhanden oder nicht hinreichend genau definiert sind und/oder die Attribute der Optionen unklar sind oder erst generiert werden müssen. Es geht hier um die Frage „Wie stellen wir das an?". Viele politische, aber auch persönliche Entscheidungen sind von dieser Natur. Sie stellen hohe Anforderungen an Vorwissen, Wissenserwerb, Kreativität usw. Die Entscheidungsmenge ist offen, d. h. potenziell unendlich, und vielleicht ist die beste Lösung ja eine, die es vorher noch nicht gab und deren Auswirkungen wir daher auch nicht genau abschätzen können.

Die Aufzählung der verschiedenen Arten von Entscheidungen verdeutlicht uns, dass die multiattributive Nutzentheorie, so wie sie im vorigen Abschnitt vorgestellt wurde, ihre praktische Anwendbarkeit überwiegend in reflektierten Entscheidungen entfaltet. Umweltbezogene Entscheidungen können von der reflektierten Art sein, z. B. wenn eine umweltbezogene Investition ansteht (Verkehrsmittel, Heizung, Kühlschrank usw.), aber auch bei der Auswahl eines Verkehrsmittels zur Arbeit nach einem Umzug. Weitere Umweltentscheidungen sind auch von dem konstruktiven Typ. Er korrespondiert mit den Situationen, die bereits in ► Kap. 2 als komplexe Systeme vorgestellt wurden. Wie ist die Energiewende zu gestalten? Wie kann ich ein nachhaltiges Leben führen? Viele der umweltbezogenen Entscheidungen aber sind bereits routinisiert, d. h. durch vielfache (erfolgreiche) Anwendung zur Gewohnheit geworden. Dazu gehören vielfach die täglichen mobilitäts- oder energiebezogenen Verhaltensweisen.

4.1.3 Gewohnheiten

Gewohnheiten sind Verhaltensweisen oder Sequenzen einzelner Verhaltensweisen, die – abhängig von bestimmten situativen Kontexten – wiederholt ausgeführt werden (Wood et al. 2002). Ihre erfolgreiche Ausführung erfordert nur einen minimalen kognitiven Aufwand, oft haben die mit dem Verhalten einhergehenden Gedanken sogar gar nichts mit ihm zu tun (das Verhalten geschieht „nebenbei"). Gewohnheiten sind nicht zentral für das Selbstkonzept und auf sie bezogene Emotionen wie Stolz oder Scham sind selten (Wood et al. 2002).

Gewohnheiten sind zunächst einmal eine funktionale Anpassung an einen bestimmten Kontext. Wenn man sich zum ersten Mal in diesem Kontext befindet (beispielsweise in eine neue Stadt gezogen ist und die beste Weise sucht, von der Wohnung zur Uni zu gelangen), wird unter bewusster Anstrengung eine Auswahl aus den bekannten Verhaltensmöglichkeiten vorgenommen. Eine davon wird dann ausgeführt und bei Erfolg beibehalten. Sie kristallisiert sich dann unter Umständen zu einer Gewohnheit. Erfolgreiches Verhalten in genau diesem Kontext erfordert so den geringsten kognitiven Aufwand, ist leistungseffizient und erzeugt wenig Anspannung. Allerdings wird gewohntes Verhalten auch noch gezeigt, wenn es nicht mehr die angemessenste Reaktion ist. Das ist z. B. der Fall, wenn für einen Weg gewohnheitsmäßig das Auto genommen wird, dieser Weg aber mittlerweile ebenso gut – oder besser – mit öffentlichen Verkehrsmitteln oder mit dem Fahrrad zurückgelegt werden könnte.

Eine Intervention, die auf veränderte Überzeugungen oder Intentionen abzielt, erreicht möglicherweise die Gewohnheiten gar nicht, da diese sich ja längst automatisiert und von den ursprünglichen Zielen und Gedanken abgekoppelt hat. Sinnvoller ist es hier, den Kontext zu verändern, in welchem die Gewohnheit ausgeführt wird (Verplanken und Wood 2006) und die Ausführung des Verhaltens zu erschweren (und erwünschtes Verhalten zu erleichtern). Gelegenheitsfenster wie ein Umzug oder ein beruflicher Wechsel begünstigen es, Gewohnheiten noch einmal bewusst zu überdenken und neu zu lernen (Verplanken und Roy 2016).

4.1.4 Heuristiken

Heuristiken (auch Daumenregeln genannt) sind einfache kognitive Algorithmen (d. h. geistige Rechenregeln) – also eine Art mentale Abkürzung. Sie geben eine ungewöhnliche Antwort auf die in der multiattributiven Nutzentheorie gestellte Forderung nach vollständiger Informationsverfügbarkeit und Informationsverarbeitung: Sie wollen im Gegensatz dazu mit wenig Information und kurzer Entscheidungszeit auskommen und trotzdem zu guten Entscheidungen führen. Im Gegensatz zu Gewohnheiten (vgl. den letzten Abschnitt), die sehr situationsspezifisch sind, sind Heuristiken flexibler und können jeweils für eine Vielzahl von Situationen angewendet werden.

▶ Beispiel

Eine Person unternimmt eine Fahrradtour in einer ihr nicht bekannten Gegend. Da sieht sie ein kleines Städtchen liegen. Es ist Mittagszeit und die Person beschließt, ein Café zu suchen für eine Pause. Der Akku ihres Handys ist dummerweise leer und so kann das Navi nicht befragt werden. Wohin wendet sich die Person in dem ihr unbekannten Städtchen? Klar: Der Weg führt in die Innenstadt. Denn in Innenstädten sind typischerweise nette Plätze mit Cafés. Der Person hilft ihr Weltwissen, d. h. Wissen, was in anderen, aber ähnlichen Situationen erworben wurde. Der Analogieschluss („In dieser Stadt wird es ähnlich sein wie in anderen Städten“) ist erfolgreich.

Nach der Pause fährt unsere radelnde Person noch eine Weile weiter, bis es dämmert. Wieder sieht sie ein kleines Städtchen liegen, auch dieses kennt sie nicht. Es ist Zeit, einen Campingplatz zu suchen. Immer noch kein Navi. Wohin wendet sich die Person? Klar: nicht in die Innenstadt, sondern an den Stadtrand. Auch hier hilft wieder früher erworbenes Weltwissen: Es kann ohne jedes Wissen (und ohne jeden weiteren Wissenserwerb, denn es werden weder Handy noch Passanten nach dem Weg gefragt) über diese konkrete Stadt eine zielführende Entscheidung getroffen werden. ◀

Während die multiattributive Nutzentheorie frei von kontextuellen Aspekten der Situation ist und auch sein soll (egal ob es regnet oder schneit, die Wahl des Fahrradschlosses sollte sich nicht ändern), nutzen Heuristiken gerade die in einer konkreten Situation (oder einer Klasse von Situationen) vorhandenen Hinweisreize aus. Sie nutzen den *Kontext*. Um Entscheidungen zu treffen, kann die *Struktur der Realität* des Gegenstandsbereichs hilfreich sein, denn die Struktur der Realität ist nicht beliebig. In vielen Städten sind die Campingplätze eher in der Peripherie und die Cafés eher im Zentrum.

4.1.4.1 Begrenzte Rationalität

Der Nobelpreisträger Herbert Simon hat die Sicht auf menschliches Entscheiden durch die Einführung des Begriffs der begrenzten Rationalität (engl.: *bounded rationality*; Simon 1955, 1972) stark beeinflusst. Begrenzte Rationalität steht hier im Gegensatz zur vollständigen Rationalität, die durch die *Rational-Choice*-Theorien zwar gefordert, aber empirisch so nicht beobachtet werden kann. Begrenzte Rationalität stellt eine Alternative zum Programm der Optimierung einer Entscheidung dar, wie es durch die reinen *Rational-Choice*-Theorien in den Kognitionswissenschaften, der Ökonomik oder der Verhaltensbiologie postuliert wird. Für unsere alltäglichen Entscheidungen werten wir eben nicht die komplette Matrix des Lebens aus. Und wir sind dann trotzdem (oder gerade deswegen) oft zufrieden mit der Entscheidung. Lebensfähig zu sein bedeutet, schnelle und gezielte Entscheidungen treffen.

Theorien der begrenzten Rationalität versuchen also eine Antwort auf die Frage zu geben, wie Menschen mit begrenzten Ressourcen (Zeit, Wissen, Geld etc.) Entscheidungen treffen. Es werden Entscheidungen mittels adaptiver, rascher und sparsamer Algorithmen (d. h. Heuristiken) erklärt. Jede Heuristik hat dabei ein umgrenztes, spezielles Anwendungsgebiet. Das führt zu so etwas wie einem „Werkzeugkasten", einer Sammlung von verschiedensten Heuristiken für verschiedenste Zwecke. Es wird kein genereller, für alle Anwendungen passender Entscheidungsalgorithmus (wie in der *Rational-Choice*-Sichtweise) angenommen. Jede Heuristik ist für eine bestimmte Struktur in der Umwelt gut, so wie die „Finde-ein-Café-Heuristik" in unserem Beispiel.

Heuristiken garantieren nicht die beste Lösung eines Problems. In vielen Fällen werden sie aber eine sehr brauchbare Lösung finden, und das mit realistischem Aufwand. Man nennt diese Art von Entscheidungsfindung nach Simon (1955) auch Satisfizierung (*satisficing*, Anspruchserfüllung). Dabei wird die erste Handlungsoption gewählt, die dem Anspruch an das Ergebnis genügt – und nicht die allerbeste. Gigerenzer et al. (2001) nennen diese Form der begrenzten Rationalität auch *ökologische Rationalität*, da sie die spezifische Struktur der Entscheidungssituation, den Entscheidungskontext, wie eine ökologische Nische ausnutzt und sich gut daran anpasst. Eine der Grundideen bei Heuristiken ist, dass solche simplen, anpassungsgetriebenen Strategien robuster sind als Entscheidungsmodelle mit vielen Parametern (Gigerenzer et al. 2001), d. h., dass sie auch bei fehlenden oder fehlerhaften Daten nicht gleich völlig versagen und vielleicht nicht perfekte, jedoch hinreichend gute Entscheidungen liefern. Menschliches Verhalten hat sich gut an die Strukturen der Welt angepasst. Was als „Verzerrung" (engl. *bias*; Kahneman et al. 1982) gegenüber einer perfekt rationalen Entscheidungsweise betrachtet wird, kann aus einer anderen Perspektive vielmehr als eine gelungene Anpassung angesehen werden.

4.1.4.2 Wiedererkennungsheuristik

Das sei an der sogenannten Wiedererkennungs- (oder Rekognitions-)Heuristik (Gigerenzer et al. 2001) illustriert. Fragte man US-amerikanische Studierende, welche von jeweils zwei präsentierten Städten die größere war, so wählten sie in den allermeisten Fällen diejenige Stadt, von der sie vorher schon einmal gehört hatten. Das erscheint auch völlig sinnvoll und funktionierte nicht nur für US-amerikanische, sondern auch für deutsche Städte. Nur in manchen Fällen traten (erwartbare) Fehler auf, etwa dass Bonn (bis 1990 Bundeshauptstadt) für die größte deutsche Stadt gehalten wurde.

Menschen sind offenkundig gut darin, Gesichter, Dinge oder auch Begriffe wiederzuerkennen, wenn sie sie einmal gesehen oder gehört haben. Diese Fähigkeit ist die Grundlage der Wiedererkennungsheuristik. Sie lautet:Wenn eines von zwei Objekten erkannt wird und das andere nicht, dann schlussfolgere, dass das erkannte Objekt den höheren Wert für die Entscheidung besitzt.

Mit welchen Daten wird die Wiedererkennung gespeist? Dazu untersuchten Gigerenzer et al. (2001) den Zusammenhang der Nennung von amerikanischen Großstädten in der deutschen Wochenzeitung *Die Zeit* über einen Zeitraum von zwei Jahren und ihrer Wiedererkennung bei Studierenden der Universität Salzburg sowie die Nennung deutscher Städte in der *Chicago Tribune* aus 12 Jahren mit ihrer Wiederkennung durch Chicagoer Studierende. Berlin hatte mit 3484 Meldungen in der Zeitung eine Wiedererkennung von 99 % bei den amerikanischen Studierenden, München mit nur 1240 Nennungen eine von 100 % (wohl ein Sondereffekt des Oktoberfestes), Duisburg wurde 53-mal genannt und kam auf 7 % Bekanntheitsgrad. Bei den österreichischen Studierenden waren New York und Los Angeles bei 493 und 300 Nennungen zu 100 % bekannt, aber auch Dallas bei nur 39 Meldungen (hier ein Sondereffekt der gleichnamigen Fernsehserie).

Die Wiedererkennungsheuristik hilft allerdings nur, wenn die Hinweise aus dem Wiedererkennen auch zielführend sind (die sogenannte Wiedererkennungsvalidität). In unserem Beispiel ist der Bekanntheitsgrad einer Stadt zielführend für die Frage nach der Größe der Stadt. Wird jedoch z. B. nach der Entfernung der Stadt zum aktuellen Standort des oder der Befragten gefragt, hilft die Wiedererkennung nicht (Pohl 2006).

4.1.4.3 Einfachste Entscheidungen

Was passiert, wenn nun beide Alternativen (also beide Städte) bekannt sind? Dann kann die Wiedererkennungsheuristik ja nicht angewendet werden. Es werden, so Gigerenzer et al. (2001), zusätzliche Attribute für die Entscheidung herangezogen, aber so wenig wie möglich, im besten Fall nur eines. Solche Attribute können bei der Städteaufgabe sein: Ist die Stadt eine Hauptstadt? Ist sie ein Messestandort? Hat sie ein bekanntes Fußballteam? Sobald also bei der Städteaufgabe (Welche

Stadt ist die größere?) ein Attribut für eine Stadt bekannt ist und für die andere nicht, hat die erste gewonnen – sie ist wohl die größere. Diesen Algorithmus, der die Wiedererkennungsheuristik erweitert, nennen Gigerenzer et al. (2001) *Take-the-best*-Heuristik. Gigerenzer et al. (2001) zeigten schließlich auch, dass Heuristiken auch in sozialen Umwelten eine gelungene strategische Anpassung an soziale Kontexte darstellen können (z. B. bei der Partner- oder Partnerinnenwahl).

Im Kontext von umweltrelevanten Entscheidungen spielen neben Gewohnheit auch Zeitnot oder eine begrenzte Informationslage eine Rolle. Darauf antworten Menschen mit Heuristiken, die in anderen Kontexten schon erfolgreich waren – ganz im Sinne der begrenzten Rationalität. Deren Grundlage ist unser Wissen über die Welt, die uns umgibt. Es wird bruchstückhaft für die Herstellung von raschen, hinreichend guten Lösungen von Entscheidungsproblemen herangezogen, wenn keine weiteren Informationen zur Verfügung stehen. Bereits in ► Kap. 2 ist klar geworden, dass die Heuristik des kognitiven Vereinfachens bei der Navigation von komplexen Systemen nicht zielführend sein muss. Ebenso kann kurzsichtiges Verhalten (also solches, was die Auswirkungen des Handelns in der Zukunft nicht hinreichend berücksichtigt) ein grundsätzliches Problem der Anwendung von Alltagsheuristiken im Umweltkontext darstellen (vgl. auch ► Kap. 5).

4.1.5 Sozialer Einfluss und soziale Normen

So wie wir unser Verhalten an unsere physikalische Umgebung anpassen, so tun wir das auch an unsere soziale Umgebung. In unserem Verhalten sind wir mit anderen Menschen verbunden: mit den eigenen Eltern, Kindern, Verwandten, Freunden und Freundinnen, Nachbarn und Nachbarinnen, Kollegen und Kolleginnen usw. Sie stellen eine filigrane soziale Struktur dar, die viele verschiedene Kontexte aufweist, an die wir uns – so gut es geht – anzupassen versuchen. So gibt es auch soziale Heuristiken (Gigerenzer und Todd 1999). Sozialer Einfluss geht aber weit darüber hinaus. Er führt letztlich dazu, dass wir – natürlich in jeweils unterschiedlichem Maße – soziale Normen kennen und auch anerkennen. Auch wenn wir uns dessen nicht in jeder Minute bewusst sind, gibt es eine Vielzahl von solchen sozialen Normen, in verschiedenen Gruppen, aber auch auf vielfältigste Weise in den unterschiedlichen Kreisen der Gesellschaft. Wir wollen an dieser Stelle dem sozialen Einfluss auf den Grund gehen und seine Bedeutung in der Umweltpsychologie herausarbeiten.

4.1.5.1 Soziale Information: Deskriptive und injunktive Normen

Stellen wir uns vor, dass Sie von einer wohlhabenden Person zum Abendessen in einem Sternerestaurant eingeladen werden. Sie machen das nicht oft, vielleicht waren Sie noch nie so schick essen. Da sitzen Sie nun und haben fünf Gabeln, vier Messer, vier Gläser vor sich. Und dann bekommen Sie Muscheln und fragen sich: Wie kriege ich die jetzt auf, darf ich da meine Finger benutzen? Die Frage ist völlig berechtigt, denn schon im Familienkreis oder in der Mensa isst man doch meistens mit Besteck. Die Frage können Sie vermutlich allein in diesem Kontext nicht durch Nachdenken lösen. Was tun Sie also? Sie schauen sich um. Hat noch jemand Muscheln, und wie macht diese Person das? Das Herumschauen ist eine Heuristik: Sie garantiert nicht, dass Sie am Ende das Richtige machen – vielleicht ist die Person, bei der Sie sich das Muschelessen abschauen, ja auch zum ersten Mal hier. Vielleicht sieht das aber alles bei ihr ganz selbstverständlich aus, sodass Sie großes Vertrauen in die soziale Information haben, die Sie – ganz einfach und kostenlos – von dieser Person beziehen.

Diese Information ist eine sogenannte *deskriptive Information*: Sie beschreibt, was die anderen tun. Grundsätzlich gilt: Je mehr Personen etwas tun, desto stärker beeinflusst uns diese deskriptive Information. Wenn sich viele Personen auf eine bestimmte Art und Weise verhalten, drückt diese Information eine *deskriptive Norm* aus.

Die deskriptive Norm ist zu unterscheiden von der *injunktiven Norm*. Sie gibt Antwort auf die Frage: Was *sollte* ich tun, welches Verhalten wird von mir erwartet? Der Unterschied wird besonders augenfällig, wenn injunktive und deskriptive Information etwas Unterschiedliches nahelegen. Um Mitternacht an einer roten Fußgängerampel an einer wenig befahrenen Straße, kein Auto in Sicht – die injunktive Norm bei der roten Ampel sagt: Stehen bleiben! Die anderen in meiner Gruppe laufen munter über die Straße. Die deskriptive Norm sagt: Mitgehen!

Die beiden Arten von Normen sind nicht unabhängig voneinander, d. h., die meisten sozialen Situationen transportieren sowohl deskriptive als auch injunktive Information. Das gilt insbesondere auch für die Art von Situationen, die die Umweltpsychologie interessiert: „Eigentlich sollten wir, aber keiner macht's." Eigentlich sollten wir unseren CO_2-Ausstoß reduzieren, aber … Und dann kommt eine lange Liste an Gründen, warum es jetzt gerade nicht opportun ist, und darunter auch der Verweis auf das, was „die anderen" tun oder eben auch nicht tun. Tatsächlich lässt sich beobachten, dass die deskriptive Norm einen größeren Einfluss auf Verhalten entwickelt als die injunktive, wenn sich beide Normen widersprechen (Keizer et al. 2008). Psychologische (siehe ► Abschn. 4.2), ökonomische und politische Interventionen zur Verhaltensänderung (vgl. ► Abschn. 4.5.2) haben oft zum Ziel, der injunktiven Norm ein zusätzliches Gewicht zu verschaffen.

4.1.5.2 Sozialer Vergleich

Wir können noch eine Stufe detaillierter fragen: Was machen wir denn mit der sozialen Information in unserem Kopf? Der Sozialpsychologe Festinger (1954) sagt: Wenn ich selbst keinen internen Maßstab habe für das, was ich tun soll, dann schaue ich mich um und orientiere mich an einer Vergleichsperson oder einer Gruppe von Personen. Es findet sich meist in der sozialen Umwelt unter den Freunden, Freundinnen oder Bekannten irgendein Anhaltspunkt darüber, was schon einmal geklappt hat, wie sich jemand anderes mehr oder weniger erfolgreich verhalten hat. Die Vergleichsperson oder -gruppe wird nach Passung zu mir selbst und zur aktuellen Situation ausgesucht. Das kann ein sehr subjektiver Prozess sein. Wessen Normen fühlt man sich verpflichtet?

Der soziale Vergleich geht allerdings über die reine soziale, deskriptive Information hinaus. Er wird zur Bewertung des eigenen Verhaltens und damit auch der eigenen Position in der Vergleichsgruppe herangezogen. Verhalte ich mich im Restaurant korrekt? Bin ich für eine Gelegenheit angemessen gekleidet? Ist meine schulische oder berufliche Leistung im Rahmen dessen, was von mir erwartet wird? Oder: Vertrete ich Meinungen, die stark von denen meiner Bekannten abweichen?

Die Bestimmung der eigenen Position relativ zur Vergleichsperson oder -gruppe dient nicht nur der Positionsbestimmung, sondern soll auch eine Richtung für die eigene Entwicklung aufzeigen. Für Festinger (1954) ist es zentral, dass der Vergleich eine Motivation auslöst, sich weiterzuentwickeln, und zwar in Richtung einer Verbesserung auf der für den Vergleich herangezogenen Dimension: Geld, Einfluss, Schönheit, Leistung, Ansehen, Views, Likes, Reichweite im Internet, aber auch Glück oder Zufriedenheit und viele je sehr persönliche andere Dimensionen.

Interessant ist hier, dass der Vergleich nicht unbedingt objektiv sein muss. Er unterliegt bisweilen selbstdienlichen Verzerrungen. Das lässt sich an der wohltuenden Wirkung sogenannter abwärtsgerichteter Vergleiche sehen: Wenn es uns nicht so gut geht, dann ist der Hinweis auf eine Person, der es noch schlechter geht, willkommen. Sieht es auf dieser Vergleichsdimension aber wirklich schlecht für uns aus und es will sich keine Person finden lassen, die noch schlechter abschneidet, bleibt uns noch der Wechsel der Vergleichsdimension. Ja, vielleicht habe ich eine richtig schlechte Klausur geschrieben, aber dafür habe ich doch tolle Partys feiern können.

Sozialer Vergleich spielt beim Umweltverhalten eine wichtige (und nicht immer förderliche) Rolle, und zwar in der Form des aufwärtsgerichteten Vergleichs. Wo kann eine Person besser werden? Auf welcher Dimension kann eine Person weiter aufsteigen? Natürlich ist dieses Bedürfnis sehr von der individuellen Auffassung von verschiedenen Leistungsdimensionen abhängig und variiert stark. Jedoch bauen im Mittel die meisten menschlichen Gesellschaften auf diese Tendenz zur Selbstverbesserung auf. Festinger (1954) begründet den Wunsch nach Selbstverbesserung mit dem Bedürfnis nach sozialer Affiliation, d. h. der Zugehörigkeit zu Bezugsgruppen. Sie wird durch Konformität mit den Verhaltensweisen, Meinungen usw. dieser Gruppe gefördert. Innerhalb der Bezugsgruppen führt das letzten Endes zur Angleichung von Verhalten. Es gibt also Gruppenkonformität nach innen und gleichzeitig eine Abgrenzung nach außen, um die Gruppe auch nach außen erkennbar zu machen.

Was hat das nun mit Umweltverhalten zu tun? Viele Gesellschaften legen materielle Dimensionen als Grundlage für soziale Vergleiche nahe. Soziales Ansehen ist – im Mittel für Individuen in diesen Gesellschaften – an solche Dinge gekoppelt, die einen hohen Umweltverbrauch besitzen (z. B. große Autos, ein großes Haus, immer die neueste Kleidung usw.). Das macht sozialen Vergleich zu einem psychologischen Motor für die Wachstumsspirale, in der Menschen die ihnen zur Verfügung stehenden Mittel für materiellen Konsum ausgeben, weil andere dies ebenfalls tun, was uns in einen immer größer werdenden Material-, Biodiversitäts-, Raum- und Energieverbrauch führt.

4.1.6 Einstellungen

Wenn wir von einer Person sagen, dass sie nicht die richtige Einstellung zu etwas (beispielsweise zu Umwelt- oder Klimaschutz) habe, dann meinen wir damit auch oft, dass sie sich nicht richtig verhalte. Umgekehrt ist die Annahme verbreitet, dass das Umweltbewusstsein (d. h. eine Einstellung) der Menschen zu stärken sei – das richtige Verhalten würde dann schon folgen. Das ist in dieser Form nicht oder nur äußerst eingeschränkt richtig. Um Verhalten auszulösen, bedarf es weit mehr als nur einer Einstellung, wie wir im Folgenden sehen werden. Doch zunächst soll beschrieben werden, was Einstellungen in der Psychologie sind und warum sie nicht die alleinigen Prädiktoren (Vorhersagefaktoren) für Verhalten sind und nicht sein können.

Einstellung

Eine Einstellung einer Person zu einem Objekt ist ihre subjektive Bewertung des Objekts.

Ein Einstellungsobjekt kann alles sein: Dinge (eine Farbe, ein Musikstück, eine Stadt), Personen, Verhaltensweisen (Rauchen, ein Referat halten, Ausüben bestimmter politischer Aktivitäten, Kauf eines Autos), Begriffe und Begriffssysteme (wie Ideologien, religiöse und ethische Standpunkte) usw.

Einstellungen bestehen aus unterscheidbaren Anteilen (z. B. Spada 1990). Zum einen besitzen Einstellungen eine kognitive Komponente, also Wissen über das Einstellungsobjekt. Dieses Wissen ist die Grundlage für eine Bewertung, und mit zunehmendem Wissen differenziert sich die Bewertung aus; diese wird genauer. Ein Wissenselement wäre z. B.: „Ein E-Bike ist ein sehr CO_2-sparsames Verkehrsmittel.“ Zum anderen führen diese Wissenselemente aber zu einer persönlichen, subjektiven Bewertung, z. B.: „Ich finde E-Bikes attraktiv.“ Das ist der affektive, das Gefühl betreffende Anteil der Einstellung. Die Bewertung führt also dazu, dass man das jeweilige Einstellungsobjekt gut oder weniger gut, erstrebenswert, neutral oder eher abzulehnen findet.

Einstellungen können sich auf Objekte unterschiedlicher Abstraktionsebenen, also auf sehr konkrete oder eher allgemeine und abstrakte Objekte beziehen: Wir können die Einstellung einer Person zu E-Bikes (d. h. einem konkreten Objekt) oder zu erneuerbaren Energien (d. h. einem allgemeineren Systemelement) oder auch zu Nachhaltigkeit (d. h. einem sehr globalen, abstrakten Objekt oder Konzept) untersuchen.

Einstellungssysteme sind vollständig oder teilweise miteinander verbundene Einstellungen. Interessant ist hier aber, dass diese Systeme nicht perfekt konsistent sein müssen. Wir sind bis zu einem gewissen Grad tolerant hinsichtlich Widersprüchen innerhalb unserer Einstellungen. Menschen können durchaus positiv gegenüber Klimaschutz eingestellt sein, verhalten sich aber in konkreten Situationen keineswegs klimaschützend. Damit werden Einstellungen und die (wie wir später auch sehen werden, vermeintliche) sogenannte Kluft zwischen Einstellung und Verhalten zu einem wichtigen umweltpsychologischen Thema.

4.1.6.1 Die Inkonsistenz zwischen Einstellung und Verhalten

▶ Eine klassische Feldstudie

Der Soziologe LaPiere von der Universität Stanford unternahm zwischen 1930 und 1932 zusammen mit einem befreundeten jungen chinesischstämmigen Ehepaar ausgedehnte Reisen durch die gesamten USA (LaPiere 1934). Es war die Zeit, in der in den USA nicht nur schwarzen Menschen, sondern auch Asiaten und Asiatinnen eine rassistische Haltung entgegengebracht wurde, die sich auch in Ausgrenzung in öffentlichen Räumen, Verkehrsmitteln usw. niederschlug. Da sich LaPiere zuvor bereits für die Inkonsistenz zwischen (in Fragebogen geäußerten) Einstellungen und beobachtbarem Verhalten interessiert hatte, führte er bei der Reise akribisch Buch, wie sie in Hotels, in Lodges oder Restaurants unterschiedlicher Preisklasse empfangen und ob sie überhaupt als Gäste zugelassen wurden. Er erwartete, dass sie zu dritt öfters abgewiesen würden, mit Hinweis auf eine offizielle „*Whites-only*"-Politik. Oft ließ er die beiden (die akzentfrei Englisch sprachen) zur Rezeption vorgehen und kam später dazu, um nicht seine Anwesenheit das Ergebnis verfälschen zu lassen. Die Resultate überraschten ihn: In insgesamt 67 Hotels und 184 Restaurants wurden sie nur ein einziges Mal abgewiesen.

Nach sechs Monaten schrieb er die besuchten Hotels und Restaurants (und weitere, nicht besuchte als Kontrollgruppe) an mit der Frage, ob denn Personen chinesischer Herkunft als Gäste akzeptiert würden. Er erhielt insgesamt Rückantworten von 256 Häusern: 1 „Ja", 18 „Unentschieden" und 237 „Nein". Die brieflich geäußerte Einstellung war also zu 93 % negativ und stand damit in klarem Widerspruch zu dem tatsächlichen, von der Gruppe auf den Reisen dokumentierten Verhalten. ◀

Was hier in einer eindrücklichen Feldfallstudie zutage tritt, ist die sogenannte Inkonsistenz oder Kluft zwischen verbal geäußerter Einstellung und tatsächlich gezeigtem Verhalten. Der im Beispiel vorgestellte Artikel löste eine intensive Beforschung dieser Inkonsistenz aus, um das Ergebnis mit besser kontrollierten Untersuchungen zu sichern. Zusammenfassend fand eine Metaanalyse von 128 Studien im Umweltkontext (Hines et al. 1986/87) einen durchschnittlichen Zusammenhang (Korrelation) zwischen selbstberichteter Umwelteinstellung und Umweltverhalten von $r = 0{,}38$ und damit eine erklärte Varianz von knapp 15 %. Bamberg und Möser (2007) sammelten Informationen von 57 weiteren Studien im Umweltbereich und fanden eine mittlere Korrelation von $r = 0{,}42$ (erklärte Varianz von $R^2 = 18$ %). Grob gesagt bedeutet das, dass nur ein gutes Sechstel (also 15–18 %) der beobachteten Variation im Umweltverhalten durch Einstellungen erklärt werden kann. Damit ist offensichtlich, dass umweltbezogene Einstellungen bei Weitem nicht ausreichen, um tatsächliches Umweltverhalten zu erklären oder gar vorherzusagen. Auch andere Dinge müssen hier eine Rolle spielen.

4.1.6.2 Gründe für die Inkonsistenz

Spada (1990) nennt eine Liste von fünf Faktoren, die Gründe für die gerade beschriebene Inkonsistenz sind:

1. *Konkurrierende verhaltensrelevante Einstellungen.* Eine Einstellung kommt selten allein. Der erste und einer der wichtigsten Gründe für die mangelnde Konsistenz zwischen Einstellung und Verhalten ist, dass Einstellungen so gut wie

nie allein in unseren Köpfen sind. Wir mögen eine positive Einstellung zum Klimaschutz haben und wir mögen deswegen das Fahrrad als tägliches Verkehrsmittel in Betracht ziehen, aber wir haben auch eine Einstellung dazu, trocken zur Arbeit zu kommen, zu Bewegung im Freien, zur Sicherheit im Straßenverkehr usw. Sie alle konkurrieren darum, welches Verkehrsmittel gewählt wird. Es liegt nun an der jeweils persönlichen Wichtigkeit, also der inneren Rangreihung der Einstellungen, welche genau in einer bestimmten Situation zum Zuge kommt. Kennt man nicht die konkurrierenden Einstellungen und fragt (beispielsweise in einer psychologischen Untersuchung) nur nach der Einstellung zum Klimaschutz, wird man keine hohe Vorhersagekraft der Antworten auf das tatsächliche Mobilitätsverhalten erwarten können.

2. *Mangelnde Gewohnheit.* Ob wir frühstücken oder mobil sind: Oft ist Gewohnheit der beste Prädiktor von Verhalten (vgl. auch ► Abschn. 4.1.3). Zwar ist die Einübung einer neuen Gewohnheit manchmal mit hohem motivationalem und bisweilen kognitivem Aufwand verbunden (wo ist die Bahnhaltestelle, wann fahren die Bahnen, komme ich damit pünktlich an mein Ziel?). Wenn jedoch einmal eine Gewohnheit eingeschliffen wurde, dann sind wir in der guten Lage, mit sehr wenig kognitivem Aufwand unser Verhalten zu steuern, auf Autopilot sozusagen. Das bedeutet: Wir sind nicht in jedem Moment so geistesgegenwärtig, alles nach unseren Einstellungen zu tun; oft steht dem eine eingefahrene Gewohnheit entgegen.
3. *Positive oder negative Verhaltensanreize.* Materielle (meistens Geld) oder immaterielle Konsequenzen (d. h. innere Befriedigung, Lob oder Ablehnung etc.) beeinflussen unser Verhalten stark. Bisweilen kann das dazu führen, dass jemand etwas tut, was eigentlich seiner oder ihrer Einstellung widerspricht, was sich aber für die Person auf eine bestimmte Art lohnt. Zeitbudget und Geldbudget sind dementsprechend begrenzende Faktoren in dem Raum, der durch unsere Einstellungen aufgespannt wird.
4. *Fehlen adäquater Verhaltensmöglichkeiten.* Auch wenn wir das nicht so gerne hören: In fast allen erdenklichen Situationen sind wir nicht frei in dem, was wir tun. Wir können den Raum, in dem wir uns befinden, nicht auf beliebige Weise verlassen, sondern nehmen die Türe. Uns umgeben – und wir nehmen das als ganz natürlich hin – physikalische, geografische, aber auch eine Vielzahl anderer Verhaltensbarrieren oder Handlungsrestriktionen, die den Einfluss unserer Einstellungen einschränken. Wenn jemand einen sehr weiten Weg zu Schule, Uni oder Arbeit hat, hat die Umwelteinstellung weniger Einfluss darauf, ob das Fahrrad als Verkehrsmittel gewählt wird.
5. *Messtheoretische Gründe.* Vielfach versuchen Menschen, von sehr allgemeinen, abstrakten Konstrukten auf sehr spezifisches Verhalten zu schließen. Es ist das eine, Umweltschutz gut zu finden, aber etwas völlig anderes, täglich mit dem Fahrrad zur Arbeit zu fahren. Die Vorhersagekraft von Einstellungen wird genauer, wenn sie auf demselben Abstraktionsniveau wie die vorherzusagende Handlung erfasst werden. Wenn sich die erfragte Einstellung direkt auf die konkrete Handlung bezieht und beide Messungen zeitlich nicht zu weit auseinanderliegen, dann ist die Konsistenz auch entsprechend hoch (Fishbein und Ajzen 1975). Hier sollte man also für eine bessere Vorhersage nach der Einstel-

lung zu täglichem Fahrradfahren und nicht nach der generellen Umweltschutzeinstellung fragen, wenn man die Fahrradnutzung am nächsten Tag vorhersagen will.

Nun wird das Ergebnis der Reisen von LaPiere (1934) nicht mehr verwundern. In dem Konzert der konkurrierenden Einstellungen bei den verantwortlichen Personen in den Hotelrezeptionen oder den Restaurants dominierte wohl die Einstellung, den sehr korrekt auftretenden Gästen, egal welcher Herkunft, ihren Wunsch zu erfüllen. Außerdem weisen auch die in Aussicht stehenden Einnahmen für das Haus (materieller Anreiz) in genau dieselbe Richtung, nämlich die Gäste zu beherbergen. Die schriftliche Anfrage hingegen, ob denn Menschen chinesischer Herkunft in der Einrichtung als Gäste akzeptiert würden, ist etwas abstrakter und losgelöst von der persönlichen Begegnung mit den konkreten Menschen und dem dort von ihnen gewonnenen (und im Beispiel von LaPiere in der Regel positiven) Eindruck. In ► Abschn. 4.1.7 werden wir dazu eine Theorie vorstellen, die die zuvor beschriebenen Gründe für die Inkonsistenz zwischen Einstellung und Verhalten berücksichtigt und dadurch die Kluft schließt. Doch zunächst sollen die für das Umweltverhalten bedeutsamen Handlungsbarrieren besprochen werden.

4.1.6.3 Handlungsbarrieren

Umweltpsychologie im engeren Sinn ist die Wissenschaft des Umgangs mit unserer natürlichen Umwelt. Es liegt daher auf der Hand, dass auch die Einflüsse der Umwelt im weitesten Sinn, also natürliche, gebaute, geografische Umwelten, in einem noch weiteren Sinn auch die sozialen Umwelten, in den Fokus der Aufmerksamkeit rücken. Das Verständnis der Wirkung der Handlungsbarrieren (oder Handlungsrestriktionen, Handlungseinschränkungen) hilft auch bei der Entscheidung darüber, ob und wie wir entweder einen guten Umgang mit diesen Barrieren anstreben oder aber dafür sorgen, dass sie abgebaut oder zumindest in ihrer Wirkung abgeschwächt werden. Letztlich geht es um die Ermächtigung zum Handeln, in unserem Kontext also die Ermöglichung umweltgerechten Verhaltens.

Barrieren verhindern, dass wir uns nach unseren Einstellungen verhalten. Statistisch ausgedrückt: Bei starken Barrieren geht der Anteil der Erklärung von Verhalten durch die Einstellungen gegen null: Ohne individuelle Handlungsspielräume kann es keinen Einfluss von Einstellungen auf Verhalten geben. Manchmal schränken diese Barrieren aber nicht nur die Handlung ein, sondern auch das Denken selbst, den kognitiven Raum, in dem wir nach Handlungsmöglichkeiten suchen. Ermächtigung zum selbstbestimmten Handeln heißt hier auch, den gedachten Handlungsspielraum so weit wie möglich aufzuspannen, um auch noch auf eher ungewohnte oder kreative Dinge zu kommen.

Gessner (1996) listet verschiedene Klassen von Handlungsbarrieren auf, die im Folgenden besprochen werden sollen.

- *Mangel an funktionaler Mengenoptimierung.* Beim Umgang mit technischen Geräten bestimmt oft das Gerät – und nicht wir – die Regelung. Das betrifft auch die Menge an Energie, Waschmittel usw., auf die das Gerät standardmäßig eingestellt ist und es den benutzenden Personen schwer oder sogar unmöglich macht, den Verbrauch umweltfreundlich zu regeln. Das können nicht regelbare Heizungen sein, die zumindest in Deutschland weitestgehend durch Heizkörper mit Thermostaten ersetzt wurden, in anderen Ländern aber durchaus noch nicht. Licht in Fluren muss oft von den nutzenden Personen an- und dann auch eben wieder ausgeschaltet werden. Hier würden z. B. einfache Bewegungsmelder helfen und sicher dafür sorgen, dass die Lichter nicht ungewollt (z. B. des Nachts) weiter brennen. Funktionale Mengenoptimierung fehlt aber auch, wenn in Heizungen alte Brenner ihr Werk tun, die viel Brennstoff für wenig Heizleistung verfeuern, oder wenn ein Wasserkocher nicht entkalkt ist und dadurch mehr Energie verbraucht. Bisweilen setzen Waschmittel- oder Düngemittelhersteller die Dosierung für ihr Mittel zu hoch an. Auch gibt es Konstruktionen, die die Wahl der Verbrauchsmenge verhindern, z. B. bei alten Toilettenspülungen, die man nicht vorzeitig stoppen kann, um Wasser zu sparen.

- *Zwangskopplung getrennter Funktionen.* Besitzen Sie einen Kühlschrank? Sehr wahrscheinlich. Hat dieser Kühlschrank ein Tiefkühlfach? Vermutlich. Dieses Gefrierfach ist oft mit einem eigenen Kühlaggregat ausgestattet und verbraucht damit selbst ungefähr genauso viel Energie wie der eigentliche Kühlschrank. Es ist allerdings gar nicht so leicht, einen Kühlschrank ohne Gefrierfach zu kaufen. Die Zwangskopplung von getrennten Funktionen wird auch ganz deutlich bei Autos als Multifunktionsgeräten: Von Gewicht und Motorisierung ausgelegt für Autobahnlangstrecken mit Geschwindigkeiten jenseits von 150 km/h, jedoch überwiegend benutzt für Stadtmobilität von Ampel zu Ampel. Kurzstrecken sind nur mit maximalem Potenzial möglich und daher nicht aufgabenangepasst. Jenseits der Fortbewegungsfunktion erfüllen große Wagen aber auch Imagefunktionen, die Käufern und Käuferinnen wichtig sein können. Schließlich kann so eine Zwangskopplung auch in der Computertechnik beobachtet werden, wo neue und immer rechenintensivere Software zwar im Prinzip noch funktionstüchtige, aber ältere Hardware entwertet.
- *Mangel an förderlichen Infrastrukturen.* Zu den umweltgerechtes Verhalten hemmenden Infrastrukturen zählen das Fehlen schadstoffarmer, langlebiger und reparabler Konsumgüter, die Abwesenheit von funktionalen und attraktiven Radwegenetzen sowie von geeignetem Nahverkehr oder auch die mangelnde Zugänglichkeit ökologisch erzeugter Lebensmittel. Hier wird besonders deutlich, dass die Infrastrukturen unser Verhalten bisweilen mindestens so sehr determinieren wie unsere Einstellungen. Es besteht eine Wechselwirkung zwischen Verhalten und der Umwelt, der Mensch lebt und handelt in der Umwelt – das ist das Credo der Umweltpsychologie. Ohne Beachtung der Infrastrukturen kann menschliches Verhalten nicht hinreichend erklärt werden.
- *Infrastrukturell negative Lenkungstrends.* Es gibt nicht nur einen Mangel an spezifischen umweltschonenden Infrastrukturen, sondern die großräumige Planung unserer städtischen Räume hat jahrzehntelang eine Trennung der Funktionen Wohnen, Arbeiten, Einkaufen und Freizeit gefördert. Das Ergebnis sind ganze suburbane Wohnstädte „im Grünen", Einkaufszentren auf der grünen Wiese, die Ausdünnung des innerstädtischen Warenangebots sowie eine Entleerung der Innenstädte von Menschen nach Geschäftsschluss. Mittelbar ist damit ein Zwang zur weiträumigen Pendelmobilität verbunden, der von vielen als

Zwang zur Automobilität verstanden wird. Es ist nicht unüblich, dass eine Familie zwei Pkw betreibt, um Arbeit, Ausbildung der Kinder und Freizeitaktivitäten nachzukommen. An diesem Beispiel wird deutlich, dass es Restriktionen gibt, die wir gar nicht mehr als solche bemerken, weil sie einfach zu unserem täglichen Leben gehören. Und dennoch schränken sie faktisch unseren Handlungsspielraum ein.

- *Existenz umweltschädlicher Handlungsgelegenheiten.* In diesem eingeschränkten Spielraum tauchen dann umweltschädliche Handlungsgelegenheiten auf: Vermutlich der Wunsch, bequeme Zugänge für alle zu schaffen, führt zur Allgegenwärtigkeit von Aufzügen, Rolltreppen und Transportbändern. Vielen täte aber mehr Bewegung gut (als Ersatz für Fitnessstudios) und wir kämen hier mit weniger Energie aus. Die Existenz von Schnellstraßen und Autobahnen zieht zusätzlichen Verkehr an und regt zu wenig umweltschonendem Verhalten an. Bestimmte Individualverkehrsmittel (z. B. SUV) oder Massenverkehrsmittel (z. B. Linienflugzeug) schaffen allein durch ihre Existenz Bedürfnisse. Auch die Perfektionierung von Verkehrsleitsystemen, welche die Ampelschaltungen in einer Innenstadt optimieren, damit der Verkehrsdurchfluss steigt, lädt dazu ein, Auto zu fahren. So optimiert können aber eben auch mehr Fahrzeuge schneller fahren, während Fahrradfahrende oder zu Fuß Gehende möglicherweise länger warten müssen.
- *Nicht optimale Rückmeldung.* Eine Handlungsbarriere kann auch Unwissen über die Handlungskonsequenzen durch nicht vorhandene, unzureichende oder zu späte Rückmeldung darstellen. Das gilt für Kraftstoffverbräuche (oder gar CO_2-Emissionen) von Kfz bei unterschiedlichen Geschwindigkeiten und Fahrstil ebenso wie bei Stromverbrauch oder Wasserverbrauch in Wohnungen mit pauschaler Nebenkostenabrechnung. Was sind die Umweltwirkungen von 10 min heiß duschen? Was die von 100 km Auto fahren? Was die von einer laufenden Tiefkühltruhe? Das Problem wird in Einzelfällen noch dadurch verschärft, dass z. B. im Autoinneren durch Lärmdämmung und Reinluftfilter gerade eine Rückmeldung der Konsequenzen zu verhindern gesucht wird (die aber sozialisiert werden, d. h. die alle anderen außer den Verursachenden mitbekommen, vgl. ► Kap. 5).

Gemeinsam ist all diesen Punkten, dass sie verhindern, dass Personen sich nur nach ihren Überzeugungen verhalten. Das bedeutet im Umkehrschluss, dass eine Arbeit an den Überzeugungen (z. B. dem Umweltbewusstsein als Einstellung) hier allein nicht zielführend sein kann. Es muss die Handlungsumgebung so gestaltet sein, dass das Verhalten attraktiv und quasi natürlich erfolgen kann. Um die Handlungsumgebung entsprechend zu gestalten und die Barrieren aus dem Weg zu räumen, sind also nicht nur nachhaltige Verhaltensänderungen von Einzelpersonen nötig, sondern vielmehr auch individuelles und kollektives politisches Engagement und politischer Aktivismus. Diese können natürlich auch vielfältig umweltpsychologisch erklärt und unterstützt werden. Dem wird in ► Kap. 7 zur gesellschaftlichen Transformation zur Postwachstumsgesellschaft nachgegangen.

4.1.6.4 Das Zusammenspiel von inneren und äußeren Handlungsgründen

Wie wir in den vorangegangenen Abschnitten gesehen haben, kommt ein Wandel des Verhaltens auch von außen. Eine nachhaltig wirkende Verhaltensänderung wird deshalb nur in wenigen Fällen allein durch eine Bewusstseinskampagne erreicht, sondern eher durch ein Zusammenspiel von inneren und äußeren Interventionen.

Das lässt sich gut an Beispielen für Investitionsentscheidungen und für Gewohnheitshandlungen zeigen, die beide recht unterschiedliche psychologische Charakteristika haben (◘ Tab. 4.1). Während eine Person, die z. B. eine Waschmaschine kaufen möchte, sehr aufmerksam durch den Laden geht und sehr genau auf die Preisschilder und andere Angaben achtet, werden Gewohnheitshandlungen (z. B. der Kauf von Zahnpasta) wenig bewusst oder gar völlig unbewusst durchgeführt. Dementsprechend sind die psychologischen Kosten beim einen hoch, beim anderen niedrig. Investitionen sind generell seltener, während Gewohnheitshandlungen ständig vorkommen. Bei beiden spielen soziale Einflüsse eine Rolle, aber mit unterschiedlicher Betonung: Vielfach spielen bei Investitionen auch Prestigeüberlegungen oder Selbstdarstellung eine Rolle, bei Gewohnheiten aber eher, ob sie gesellschaftlich akzeptiert sind oder nicht. Während die Kosten einer Investition vordergründig vor allem finanzieller Natur sind, fallen Kosten bei einer Gewohnheitshandlung v. a. dann an, wenn Gewohnheiten umgewöhnt werden, und sind eher psychologischer Natur. Psychologisch gesehen sind Investitionen und Gewohnheiten also zwei unterschiedliche Dinge. Während Ersteres eine sehr bewusste, eher rational durchkalkulierte Entscheidung ist, hat sich das Zweitere im Laufe der Zeit gebahnt (jemand hat es sich so angewöhnt).

Das Zusammenspiel zwischen inneren und äußeren Handlungsgründen lässt sich nun mit Investitionen und Gewohnheiten verbinden. Beide bedingen sich nämlich gegenseitig. Wenn jemand einmal ein Auto gekauft hat und es nun besitzt, benutzt er oder sie es auch – das Auto verändert also die äußeren Bedingungen, in denen sich dann eine Gewohnheit ausbildet bzw. abspielt. Der Typ des Autos de-

◘ **Tab. 4.1** Investitionsentscheidungen und Gewohnheitshandlungen

Investitionsentscheidungen	**Gewohnheitshandlungen**
Bewusste, sehr elaborierte, durchdachte Entscheidung	Überwiegend unbewusste Entscheidung mit sehr wenig Nachdenken, fast „automatisch“
Hohe psychologische Kosten der Ausführung des Verhaltens	Niedrige psychologische Kosten der Ausführung des Verhaltens
Seltener	Mühelose und häufige Durchführung
Sozialer Einfluss („sinnvoll“, „schick“), Prestige, Selbstdarstellung	Sozialer Einfluss („macht man so“), Normen
Hohes Bewusstsein der materiellen Kosten	Hohe psychologische Kosten des Wechsels/der Umgewöhnung

terminiert darüber hinaus in einem hohen Maß den damit verursachten Energieverbrauch über die Zeit seiner Nutzung. Umgekehrt determiniert die Gewohnheit des Autofahrens den Kauf des Autos. Die Gewohnheiten determinieren die in die Investitionsentscheidung eingebrachten Präferenzen. So treten beide – Investitionen und Gewohnheiten – miteinander in Wechselwirkung.

Zur Beschreibung, Erklärung und Veränderung von Umweltverhalten ist also die Betrachtung des Innen *und* des Außen nötig:

Wandel erfordert eine Co-Evolution von Verhalten und seiner materiellen, sozialen und institutionellen Umgebung.

4.1.7 Die Theorie des geplanten Verhaltens

Bewusste Entscheidungen machen – trotz Gewohnheiten und Heuristiken – zum einen immer noch einen großen Teil alltäglicher Handlungen aus. Zum anderen bilden sie auch die ursprüngliche Grundlage für Gewohnheiten, wie etwa bei der Wahl des besten Weges zur Arbeit nach einem Umzug. Die nun vorgestellte Theorie beschreibt solche bewussten Entscheidungen. Ihre Besonderheit ist, dass sie nicht nur sehr gut empirisch unterfüttert ist, sondern auch eine Reihe von Faktoren in den Blick nimmt, die erst zusammen Verhalten gut erklären können. Die Theorie des geplanten Verhaltens (*Theory of Planned Behavior*; Ajzen 1991) kann daher auch als eine Art Checkliste genutzt werden, um zu prüfen, ob man – z. B. beim Entwickeln einer verhaltensändernden Maßnahme – alle Einflüsse auf ein bestimmtes Verhalten berücksichtigt hat.

Die Theorie des geplanten Verhaltens hat sich zu einer sehr populären Theorie zur Erklärung von Umweltverhalten entwickelt. Sie behandelt die Erklärung und Vorhersage geplanten Verhaltens, d. h. Verhalten aufgrund bewussten Nachdenkens. Dazu setzt sie erstens die individuelle Einstellung zu einem Verhalten, zweitens den sozialen Einfluss auf eine Verhaltensweise und drittens die die Entscheidungssituation einschränkenden Randbedingungen (Barrieren) über die Handlungsabsichten mit beobachtetem (oder auch selbstberichtetem) Verhalten in Beziehung. Mit dem Verbund dieser drei Faktoren lässt sich die oft beklagte Kluft zwischen Einstellung und Verhalten (▶ Abschn. 4.1.6.1) leicht erklären. Besonders die explizite Berücksichtigung der Barrieren für eine Handlung, auf die in ▶ Abschn. 4.1.6.3 eigens eingegangen wurde, macht sie zu einer sehr gut anwendbaren umweltpsychologischen Theorie.

Abb. 4.2 gibt einen Überblick über die genannten Faktoren und ihre Beziehungen. Im Folgenden werden diese Faktoren einzeln vorgestellt.

4.1.7.1 Die zentralen Komponenten der Theorie

Wir lesen Abb. 4.2 von rechts nach links. Stellen wir uns vor, wir überlegen uns, ob wir morgen mit dem Fahrrad zur Arbeit fahren wollen. Was geht gemäß der Theorie des geplanten Verhaltens in uns vor? Nehmen wir beispielsweise das Verhalten „Morgen früh das Fahrrad zur Arbeit nehmen“ an. Wie Abb. 4.2 zeigt, ist dieses Verhalten zunächst von einer Intention, also einer Absicht, abhängig. Um

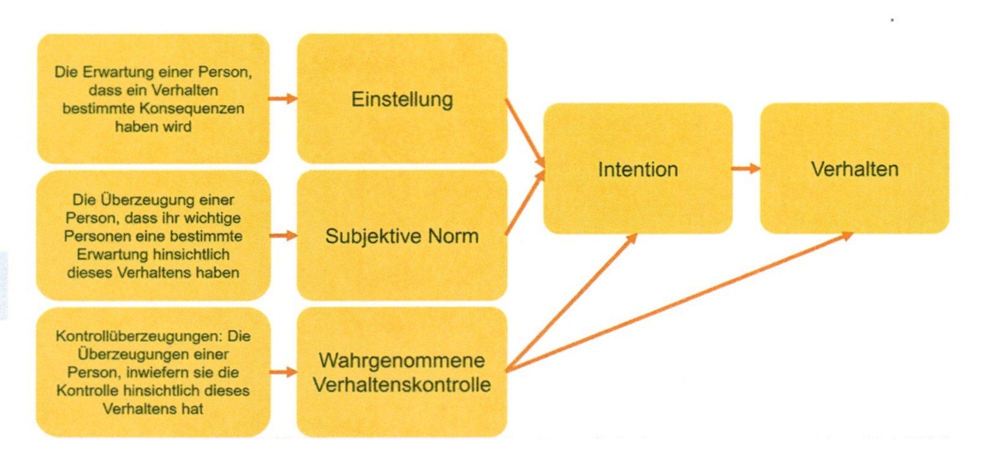

Abb. 4.2 Die Theorie des geplanten Verhaltens. (Eigene Darstellung nach Ajzen 1991, S. 182; mit freundlicher Genehmigung von Elsevier)

morgen das Fahrrad zu nehmen, müssen wir also eine entsprechende Absicht fassen, etwa „Ich plane, morgen früh das Fahrrad zur Arbeit zu nehmen". Nehmen wir an, dass wir eine solche Intention bilden (mit den Gründen beschäftigen wir uns im nächsten Abschnitt). Wir sehen aber auch, dass unser Verhalten nicht ganz allein von unserer Absicht abhängt. Wir treten also morgen früh an unser Fahrrad und stellen fest, dass der Vorderreifen keine Luft hat. Es bleibt nicht genug Zeit, den Reifen zu flicken, und wir wählen einen anderen Weg, um zur Arbeit zu kommen. Wir haben festgestellt (wahrgenommen), dass uns für diesen Augenblick die Kontrolle über unsere erwünschte Handlung fehlt – wir können sie nicht wie geplant durchführen.

Wie aber entwickelt sich eine Intention? Wenn wir den Pfeilen in Abb. 4.2 rückwärts folgen, dann sehen wir zum einen, dass die wahrgenommene Handlungskontrolle auch eine Rolle bei der Bildung der Absicht spielen kann (stellen wir uns dazu vor, wir hätten schon am Vorabend gewusst, dass der Reifen platt ist – das hätte unsere Intention, am nächsten Tag das Rad zu nehmen, möglicherweise bereits geschwächt). Daneben wirken zwei weitere Komponenten: (1) Die Einstellung gegenüber dem Verhalten. Sie bewertet die erwarteten Ergebnisse des Verhaltens als positiv oder negativ für das Individuum. (2) Die subjektive Norm. Sie repräsentiert die individuelle Wahrnehmung des Einflusses der sozialen Umgebung, ein bestimmtes Verhalten durchzuführen oder davon Abstand zu nehmen. Kurz gesagt: Jemand wird ein Verhalten zeigen, wenn er oder sie die Verhaltensergebnisse als positiv bewertet und gleichzeitig annimmt, dass die (für dieses Verhalten) bedeutsamen Personen im sozialen Umfeld es schätzen würden, wenn er oder sie dieses Verhalten zeigt.

Einstellung

Bleiben wir bei unserem Beispiel: Morgen wird es sonnig, es ist kein Regen in Sicht und die Temperaturen sind angenehm. Der Weg zur Arbeit ist nicht weit und mit Fahrradwegen gut ausgebaut. Es gibt keine unüberwindbaren Steigungen (oder wir besitzen ein E-Bike). Wir rechnen damit, dass wir mit dem Fahrrad kaum länger als mit anderen Verkehrsmitteln (beim Auto beispielsweise mit Parkplatzsuche) brauchen. Wir sparen Geld, und wir stoßen erheblich weniger CO_2 aus. Diese Liste kann beliebig lang oder kurz sein, was von der Wichtigkeit der Entscheidung für uns abhängt. In unserem Fall spricht – von unserer Einstellung her – nichts gegen und alles für das Fahrrad. Natürlich lassen sich leicht Situationen ausdenken, in denen nicht alles so rosig aussieht (es regnet, es gibt keine sicheren Fahrradwege usw.).

Jede der Überzeugungen, die eine Einstellung ausmachen, besteht der Theorie nach aus zwei Teilen. Nehmen wir aus unserem Beispiel die Überzeugung, dass es nicht regnen wird.

- Der erste Anteil besteht aus dem für uns subjektiven *Wert* des Handlungsergebnisses (oder der Konsequenz) des Verhaltens, trocken zur Arbeit zu kommen. Dieser Wert kann positiv (etwa im Falle des Sonnenscheins) oder aber negativ sein (z. B. bei Regen). Ausschlaggebend ist hier die Subjektivität: Für die eine ist Regen schön (positiver Wert), für den anderen nicht (negativer Wert). Die numerischen Werte können ebenfalls größer oder kleiner sein, um die unterschiedliche Wichtigkeit widerzuspiegeln.
- Den zweiten Anteil liefert unsere subjektive Abschätzung der *Wahrscheinlichkeit* dieser Konsequenzen beim Ausführen des Verhaltens, nämlich morgen früh trocken zu bleiben. Sie nimmt numerische Werte zwischen 0 (trifft sicher nicht ein) und 1 (trifft sicher ein) an.

Beide Faktoren werden nun miteinander multipliziert und ergeben so eine Überzeugung hinsichtlich des Verhaltens. Dies geschieht nun für alle Überzeugungen: dass es warm ist, dass die Fahrradwege gut ausgebaut sind, dass es nicht länger als mit dem Auto dauert usw. Immer wird der Wert einer Konsequenz mit seiner Eintrittswahrscheinlichkeit multipliziert.

Tatsächlich ist die Theorie des geplanten Verhaltens ein Beispiel eines Wert-x-Erwartungs-Modells. Ihr Pfiff liegt darin, dass die für bewusstes Verhalten wichtigsten psychologischen Faktoren in das *Rational-Choice*-Paradigma (vgl. ► Abschn. 4.1.1) integriert werden und damit einer formalen Beschreibung und nachfolgend einer empirischen Prüfung zugeführt werden.

Eine Frage stellt sich nun: Wie werden denn all diese Erwartungen (oder Überzeugungen, engl. *beliefs*), die sich auf verschiedene Konsequenzen unseres Verhaltens beziehen, zu *einer* Einstellung zusammengeführt? Die Theorie des geplanten Verhaltens geht hier den bereits beschriebenen Weg einer mathematischen Verrechnung: Die Gesamteinstellung gegenüber einem Verhalten ergibt sich aus der *Summe aller Wert-mal-Erwartungs-Produkte*. Dabei wird nicht davon ausgegangen, dass wir im Kopf tatsächlich eine solche numerische Verrechnung durchführen. Es ist vielmehr eine mathematische Beschreibung der Ergebnisse eines gedanklichen Prozesses. Diese lassen sich wiederum empirisch testen.

Subjektive Norm

Die anderen Komponenten funktionieren nach demselben Prinzip. Die subjektive Norm bündelt die Überzeugungen einer Person hinsichtlich der Akzeptanz oder der Ablehnung eines Verhaltens durch relevante Personen oder Gruppen aus seiner oder ihrer sozialen Umgebung. Wie finden es denn meine Kolleginnen und Kollegen, wenn ich mit dem Fahrrad zur Arbeit erscheine? Soziale Billigung führt zu positiven numerischen Werten, soziale Ablehnung zu negativen. Das ist der erste Faktor.

Der zweite Faktor bezieht sich darauf, inwiefern wir einer wahrgenommenen sozialen Erwartung entsprechen wollen. Wie wichtig ist es mir, was meine Kolleginnen und Kollegen zu meiner Arbeitsmobilität meinen? Wie wichtig ist mir das bei meiner Familie? Dieser Faktor wird formalisiert als die Wahrscheinlichkeit, einer bestimmten sozialen Erwartung zu folgen. Das spiegelt auch wider, wie sensibel eine Person gegenüber sozialem Druck vonseiten ihr wichtiger Personen oder Gruppen ist.

Um die subjektive Norm zu bestimmen, wird diese Berechnung der (sozialen) Überzeugungen für jede Person, der ich in meinem Kopf ein „Stimmrecht" zubillige, durchgeführt. Was sagt die Familie, was meine Freunde? Wir können uns leicht vorstellen, dass die einen unser Fahrradfahren mehr, die anderen weniger verstehen. Auch hier werden all diese Stimmen (Wert-mal-Erwartungs-Produkte) zu einer Summe zusammengeführt, die letztlich positiv (d. h., im Mittel sind meine Leute eher dafür) oder negativ (mein relevantes soziales Umfeld findet mein Verhalten so nicht in Ordnung) ausfallen kann.

Schließlich müssen, um auf das Verhalten zu wirken, die beiden Komponenten Einstellung und soziale Norm miteinander verrechnet werden. Dabei wird angenommen, dass sie voneinander unabhängig sind, sodass eine (additive) Kombination leicht möglich ist. Je nach der vorliegenden Situation können die Gewichte der beiden Teilkomponenten variieren: Wenn es z. B. keine für dieses Verhalten bedeutsame Person im Umfeld gibt, wird die Einstellungskomponente höher gewichtet, oder wenn der soziale Gruppendruck hoch ist (hohe Gruppenkohärenz, strenge Gruppenregeln), wird der Einfluss der persönlichen Einstellung niedriger gewichtet. Diese Gewichtung wird letztlich statistisch aus den Daten einer Gruppe von Versuchspersonen bestimmt, die zu einem bestimmten Verhalten befragt werden, und spiegelt dann die beste statistische Anpassung an die Gruppenwerte wider.

Wahrgenommene Verhaltenskontrolle

Intentionen sind nicht die einzige Vorbedingung für Verhalten. Oft ist die persönliche Kontrolle über die Verhaltenskonsequenzen begrenzt. So ist die wahrgenommene Verhaltenskontrolle (*perceived behavioral control, PBC*) die subjektive Wahrnehmung einer Person, ein bestimmtes Verhalten auch ausführen zu können. In ◘ Abb. 4.2 sind zwei Pfeile zu erkennen: Die subjektiv wahrgenommene Kontrolle über ein Verhalten beeinflusst einerseits die Intention, dieses Verhalten überhaupt durchzuführen, und andererseits die Durchführung des Verhaltens selbst, wie oben bereits am Beispiel des platten Fahrradreifens illustriert.

Zur Bestimmung der wahrgenommenen Verhaltenskontrolle wird für jede wahrgenommene äußere Barriere gefragt: (a) In welchem Maß erschwert (oder auch: erleichtert) der Faktor mein Verhalten (angenommene Kontrollüberzeugung)? (b) In welchem Maß kann ich den Faktor erfolgreich beeinflussen, d. h., inwiefern habe ich Kontrolle über den Störfaktor? Je größer der letzte Wert, desto wahrscheinlicher wird das Verhalten.

- **Empirische Messung**

Ajzen (2002) gibt eine Anleitung für die Messung der verschiedenen Komponenten. Darin macht der Autor deutlich, dass die möglichst spezifische Definition des Verhaltens und der Prädiktoren für den Erfolg ihrer Vorhersage ausschlaggebend ist. Zum Beispiel sollte sehr spezifisch nach „Jeden Tag des kommenden Monats mindestens 30 min lang auf dem Stepper im Fitnessstudio trainieren" gefragt werden. Darüber hinaus müssen die Abfragen aller Komponenten der Theorie miteinander in Einklang stehen, d. h., sie müssen sich auf exakt dasselbe Verhalten beziehen. So lassen sich dann alle Abfragen konstruieren. Beispielsweise wird die Intention mit Items wie „Ich beabsichtige, jeden Tag des kommenden Monats mindestens 30 min lang auf dem Stepper im Fitnessstudio zu trainieren" gemessen. Die Abfrage kann durch ähnliche Items wie „Ich werde versuchen, …", „Ich plane, …" usw. ergänzt werden. Die Skala kann eine Likert-Skala oder visuelle Analogskala mit den Ankern „wahr – falsch", „sehr wahrscheinlich – sehr unwahrscheinlich" oder „stimme völlig zu – stimme gar nicht zu" oder ähnlichen Formulierungen sein. Die Abfrage der weiteren Konstrukte der Theorie des geplanten Verhaltens lässt sich dann analog konstruieren, z. B. für die wahrgenommene Verhaltenskontrolle: „Jeden Tag des kommenden Monats mindestens 30 min lang auf dem Stepper im Fitnessstudio zu trainieren, ist für mich …" mit einer Skala „völlig unmöglich – sehr gut möglich".

Die Theorie des geplanten Verhaltens führt zu guten bis sehr guten Resultaten bei der Erklärung von auf diese Weise gemessenem Verhalten, wenn die Intention kurz vor der Verhaltensausführung gemessen wird und wenn Intention und Verhalten sehr konkret definiert werden. „Sich umweltbewusst verhalten" ist also in diesem Sinne nicht zielführend, eher „Morgen mit dem Fahrrad zur Arbeit fahren" (vgl. Punkt 5 in ► Abschn. 4.1.6.2).

4.1.7.2 Erweiterungen der Theorie

Die Theorie des geplanten Verhaltens umfasst mit den drei Komponenten Einstellung, subjektive Norm und wahrgenommene Verhaltenskontrolle zwar schon wesentliche Prädiktoren für Absicht und Verhalten. Dennoch wurde sie bisweilen um spezifische Komponenten ergänzt, um für eine bestimmte Fragestellung die Aussagekraft zu stärken. Ein Beispiel wäre hier die Ergänzung der Variable „Autobesitz", um das Verhalten „Benutzung öffentlicher Verkehrsmittel" besser zu erklären (Thøgersen 2006). Allein die Tatsache, ob jemandem ein Auto zur Verfügung steht (Autobesitz), erhöht die Vorhersagekraft neben Einstellungen, subjektiver Norm und Verhaltenskontrolle.

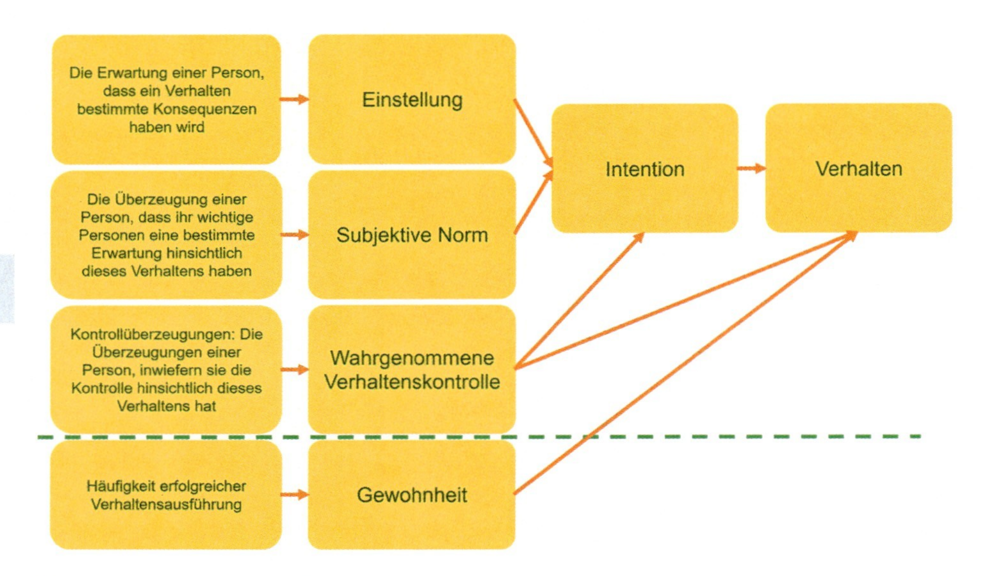

Abb. 4.3 Die erweiterte Theorie des geplanten Verhaltens. (Eigene erweiterte Darstellung nach Ajzen 1991, S. 182; mit freundlicher Genehmigung von Elsevier)

In der Theorie des geplanten Verhaltens sind auch keine Gewohnheiten enthalten. Das ist darauf zurückzuführen, dass die Theorie ja ausschließlich solches Verhalten erklären soll, über das auch bewusst nachgedacht wurde. Dennoch können Gewohnheiten stark verhaltensbeeinflussend auf Umweltverhalten wirken, auch wenn es sich um ein Verhalten handelt, über das man bewusst nachdenkt. So kann man durchaus über einen Wechsel des Verkehrsmittels nachdenken. Das Ergebnis wird aber durch die eigene Gewohnheit, also das bisherige eigene Verhalten mitbestimmt sein. Daher ist es nützlich, Gewohnheiten als einen vierten verhaltensbestimmenden Faktor mitzudenken (Abb. 4.3).

Mit den vier Faktoren Einstellung, sozialer Einfluss, Verhaltensbarrieren und Gewohnheiten haben wir eine Art Checkliste, die hilft, einerseits Verhaltensabsichten oder beobachtetes Verhalten zu erklären und andererseits Ansatzpunkte für Verhaltensänderungen zu finden. Das Zusammenspiel dieser vier Faktoren muss für die Person positiv ausfallen, damit eine Handlung überhaupt ausgeführt wird.

Daher werden auch die Ansatzpunkte für Verhaltensänderung in ► Abschn. 4.2 in dieser Weise gegliedert werden.

4.2 Psychologische Ansatzpunkte für Verhaltensänderungen

Die in ► Abschn. 4.1 vorgestellten theoretischen Überlegungen geben – unter Betonung unterschiedlicher Perspektiven – die wichtigsten Faktoren wieder, die am Zustandekommen von Umweltverhalten beteiligt sind. Insbesondere die erweiterte

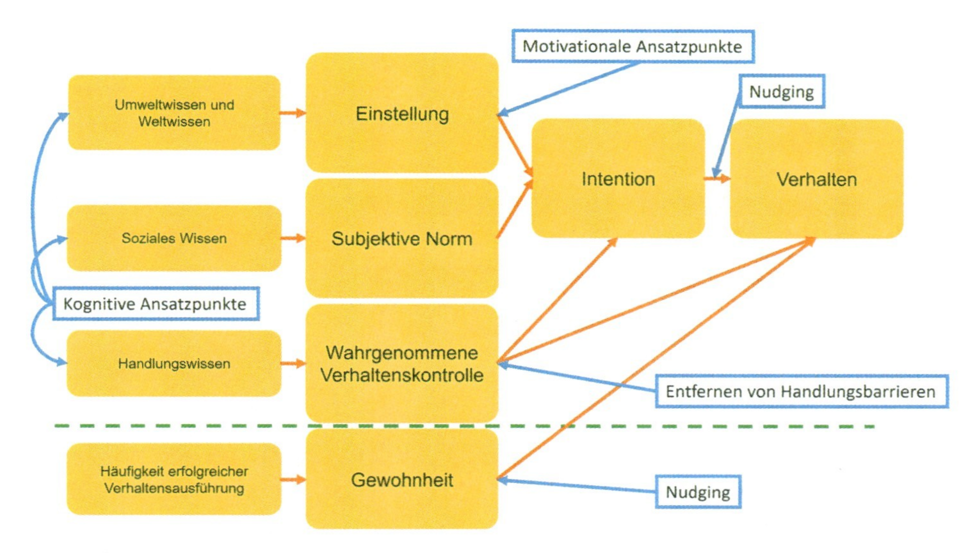

Abb. 4.4 Ansatzpunkte für Verhaltensänderungen. (Eigene erweiterte Darstellung nach Ajzen 1991, S. 182; mit freundlicher Genehmigung von Elsevier)

Theorie des geplanten Verhaltens liefert einen guten und hinreichend vollständigen Hintergrund, um nun die Ansatzpunkte zur Beeinflussung von Umweltverhalten zu verorten.

Abb. 4.4 fasst diese Ansatzpunkte zusammen. Die Abbildung zeigt die Komponenten der erweiterten Theorie des geplanten Verhaltens. Sie sind (ganz links) ergänzt durch die Prozesse, die zu der jeweiligen Komponente führen.

- Einstellungen, die ein umweltbezogenes Verhalten betreffen, werden einerseits durch Wissen über die Umwelt und die Umweltfolgen eines Verhaltens bedingt. Andererseits spielen aber auch eine Fülle von anderen Wissensbeständen (was ist bequem, was ist kostengünstig usw.) eine Rolle. Diese beiden Wissensquellen sind hier mit *Umweltwissen und Weltwissen* bezeichnet; sie bilden den Wissensbestand, aus dem sich eine persönliche Einstellung zu einem bestimmten Verhalten speist.
- *Soziales Wissen* meint die Kenntnis über Bewertungen eines Verhaltens im sozialen Umfeld. Wie stehen die mir wichtigen Personen oder Personengruppen in meiner Umgebung zu einem bestimmten Verhalten (also: was sind die in der Situation geltenden sozialen Normen)? Wie verhalten sich die Personen selbst?
- *Handlungswissen* ist das, was wir über die in einer Situation möglichen Handlungsweisen wissen. Wie geht etwas (z. B. eine Fahrt über eine Mitfahrzentrale organisieren oder in einem Unverpacktladen einkaufen)?
- Bei der Komponente Gewohnheit ist es die *Häufigkeit der Handlungsausführung*, die ihre Stärke bedingt.

In der Abbildung sind nun die zentralen Ansatzpunkte für eine Verhaltensänderung genannt. Alle möglichen Interventionen lassen sich einem dieser Ansatzpunkte zuordnen. Es geht also einerseits um Wissenserwerb in den drei genannten Bereichen und andererseits um das Einüben von umweltgerechten Gewohnheiten.

Weitere Ansatzpunkte setzen da an, wo die Vorbereitung einer Handlung schon weiter fortgeschritten ist. Motivationale Ansatzpunkte verändern Einstellungen. Das Entfernen von Handlungsbarrieren erhöht die wahrgenommene Verhaltenskontrolle. Schließlich wirken Interventionen aus der Klasse des Nudgings oft bei einer direkten, wenig bewussten Änderung von gewohnheitsbedingtem Verhalten sowie an der Schnittstelle von Intention und Verhalten. Die folgenden Abschnitte zur Veränderung von Umweltverhalten sind entlang dieser Ansatzpunkte gegliedert.

4.2.1 Umweltwissen

Wie wir im vorherigen Abschnitt gesehen haben, zielt Informationsgabe über Umweltthemen einerseits auf die Änderung von Einstellungen ab. Das geschieht, indem die Einstellungen durch weitere Wissenselemente angereichert werden, mittels derer entweder die Konsequenzen einer Handlung oder aber deren Wahrscheinlichkeiten verändert werden. Informationen können sich aber andererseits auch auf Handlungsmöglichkeiten beziehen. Das Ziel von Informationskampagnen ist es häufig, das Handlungsrepertoire zu erweitern und die wahrgenommene Handlungskontrolle zu stärken.

Informationen können auf verschiedene Weise vermittelt werden:

- Eine prominente Variante der Informationsvermittlung ist die *direkte Information*, also das explizite Lehren von Fakten und Bewertungen. Bildung und Medien verstehen dies als ihre Aufgabe und oft wird eine Verhaltenslenkung ausschließlich durch die Gabe direkter Information verfolgt.
- Doch es gibt auch Alternativen dazu. Eine ist *Rückmeldung* (Feedback) zu einem von einer Person gezeigten Verhalten. Die Rückmeldung wirkt dann besonders gut, wenn sie möglichst zeitnah zum Verhalten erfolgt (Spada et al. 2018). Eine Rückmeldung zur Verkehrsmittelwahl wäre es beispielsweise, wenn man das Fahrrad direkt vor einem Geschäft in der Innenstadt parken kann und man dort auf einem Schild die Botschaft „Danke, dass Sie mit dem Fahrrad gekommen sind" liest. Anderes Feedback wird auf technischem Weg gegeben, etwa die Rückmeldung über den aktuellen Energieverbrauch eines Haushalts durch sogenannte Smart Meter (vgl. ► Abschn. 6.1.2.2).
- *Lernen am Modell* führt das noch etwas weiter: Hier beobachtet eine Person, wie die Konsequenzen einer Handlung für eine andere Person ausfallen – positiv oder negativ –, und überträgt dies auf sich selbst (Spada et al. 2018). So könnte jemand feststellen, dass die Kollegin auf dem Fahrrad bei gleicher Strecke immer schneller da ist als man selbst mit dem Auto. Diese und andere soziale Information spielt in ► Abschn. 4.2.3 die Hauptrolle.

Wie sich Informationen über persönliche Netzwerke ausbreiten und dort zu großflächigen Verhaltensänderungen führen können, wird in ▶ Abschn. 4.4.3 beschrieben.

Informationen sind eine vergleichsweise sanfte Intervention. Was muss gegeben sein, damit sie gut wirken (Gardner und Stern 2002)?

- Informationen müssen zunächst einmal *Aufmerksamkeit* erzeugen. Ohne Aufmerksamkeit kann eine Information nicht wahrgenommen und verarbeitet werden. Da unsere Aufmerksamkeit begrenzt ist, richten wir sie selektiv auf uns wichtige oder aber auf gut sicht- oder hörbare Dinge.
- Wichtig ist auch die Quelle einer Information, also die Person oder Institution, die die Information bereitstellt. Diese Quelle muss als kompetent und als *glaubwürdig* wahrgenommen werden, damit die Information wirkt. Mangelnde Glaubwürdigkeit macht die Information nicht völlig wirkungslos, schränkt sie aber deutlich ein.
- Die motivationale und kognitive Wirkung einer Information hängt deutlich davon ab, wie stark das Thema eine Person betrifft. Die *Betroffenheit* muss sich dabei nicht nur auf die Person selbst beschränken, sondern schließt auch ihr persönliches Netzwerk mit ein.
- Informationen wirken dann gut, *wenn tatsächlich nur Wissen fehlt* und das Verhalten nicht an externen Barrieren scheitert. Denn externe Barrieren kann Information allein nicht wegräumen.
- Informationen müssen *zu den Werten einer Person passen*. Andernfalls kommen Dissonanzprozesse ins Spiel, die dafür sorgen, dass die Information abgewertet, nicht richtig beachtet oder nicht gespeichert wird. Wenn hingegen eine Information mit den Werten einer Person kongruent ist, dann hat sie eine gute Chance, verhaltensrelevant zu werden.
- Idealerweise sollten *Informationen und Verhalten direkt miteinander verknüpft* werden, d. h. unmittelbare Verhaltensweisen nahelegen (vgl. auch das Beispiel im Kasten). So kann die Information helfen, den Weg von der Einstellung zum Verhalten zu überbrücken.
- Die *zeitliche Nähe der Rückmeldung* von Umweltverhalten und seinen Konsequenzen ist von entscheidender Bedeutung für den Einfluss von Feedbackinformation (d. h. den Lerneffekt). Allerdings ist gerade unser Umweltverbrauch uns oft gänzlich unbekannt (was ist denn z. B. der ökologische Fußabdruck von einem Tag das Zimmer heizen, eines neuen Autos, eines Festivalbesuchs?) oder wird uns zu spät zurückgemeldet. Unsere Energie- oder Wasserrechnungen erhalten wir z. B. normalerweise jährlich und in aufsummierter Form – das ist wenig hilfreich für konkrete Verhaltensänderungen, für die wir besser unmittelbar und kontinuierlich Rückmeldung zum Umweltverbrauch unseres Verhaltens bekämen.

▶ Sofortige Rückmeldung

Stellen wir uns folgende Situation vor: Es ist Abend. Auf einer Berghütte sitzen die Menschen nach einem anstrengenden Aufstieg beim Bier. Die Hütte ist durch eine Solaranlage und einen Stromspeicher energieautark. Im Aufenthaltsraum gibt es eine Anzeige, die – psychologisch wirksam – die Dauer des noch verfügbaren Stroms bei aktuellem Verbrauch in Stunden und Minuten anzeigt. Alles ist gut – die Lampe über dem Tisch brennt und die Wanderer und Wanderinnen haben noch für mehrere Stunden Licht. Bis jemand Lust auf ein Spiegelei bekommt und den Herd anmacht. Die Anzeige fällt sofort auf 12 min. Also entweder Spiegelei und dann sofort ins Bett oder noch zwei Stunden mit Licht sitzen. Die Anwesenden erfahren so unmittelbar, dass das Braten eines Spiegeleis im Energieverbrauch in etwa gleichzusetzen ist mit zwei Stunden Beleuchtung der Hütte. Erst auf dieser Basis kann eine informierte Entscheidung getroffen werden. In vielen Fällen unseres täglichen Lebens liegt eine solche Rückmeldung allerdings nicht vor. ◀

Informationen über Umweltfakten zielen auf unser ökologisches Wissen. Hier gelten alle in ▶ Kap. 2 zu den komplexen Systemen angesprochenen Tatsachen. Ökologische Belange sind komplex. Information darüber kann nur bruchstückhaft sein. Sie trifft manchmal (z. B. bei merkbaren Konsequenzen der Klimaerwärmung) mit langer Zeitverzögerung auf uns Menschen, denen es schwerfällt, mit hochkomplexen Informationen umzugehen (Stichwort: „Altes Gehirn", vgl. ▶ Abschn. 2.5.1). Dies führt auf der Seite der Informierten und je nach persönlicher und faktischer Situation zu Überoptimismus („Es wird schon gutgehen! Es kann gar nicht scheitern!"), zur zeitlichen Diskontierung („In der Zukunft werden Kosten leichter zu ertragen sein als jetzt"), zu Unsicherheit („Habe ich es bisher richtig gemacht? Muss ich etwas ändern? Was ist denn dann richtig?") oder im schlimmsten Fall gar zu Einkapselung (Ignorieren oder Leugnen der Probleme). Gegen all das hilft beständiger, breiter und intensiver Wissenserwerb.

Technische Unterstützung – wie z. B. Smart Meter – kann eine sofortige Rückmeldung über den Strom- oder auch Wasserverbrauch geben. Labels könnten über den ökologischen Fußabdruck von Waren im Supermarkt Auskunft geben usw. Das Ziel ist hier, eine Transparenz und Sichtbarkeit der schleichenden und zeitlich und räumlich fernen Konsequenzen herzustellen, um uns zeitnah beim Konsum zu informieren. Erst dann sind wir in der Lage, Kompetenz zu ökologisch angemessenem Verhalten zu erlangen.

Da sich die Auswirkungen von Umwelthandeln überwiegend in der Zukunft abspielen, geht es auch um eine angemessene Risikokommunikation. Sie sollte bildlich und verständlich sein. Insbesondere Prozentangaben verstehen Leute nicht gut (Gigerenzer et al. 2005). Besser ist es, diese Angaben in Vergleiche von absoluten Zahlen zu übersetzen (also z. B.: „97 von 100 Klimaexperten sind sich einig, dass die Menschen die globale Klimaerwärmung verursachen"; Cook und Lewandowski 2011, S. 6). Die Informationen sollten nüchtern und unbedingt ehrlich sein. Sensationsgier und Übertreibungen, auch wenn sie von den Medien bisweilen mehr oder weniger unterschwellig gefördert werden, haben in der Kommunikation wissenschaftlicher Sachverhalte nichts zu suchen. Übertreibung schadet dem Ansehen und der Glaubwürdigkeit, sowohl der Sache als auch der in der Wissenschaft tätigen Personen.

Gerade bei Informationen über die Klimaerwärmung kommt man ohne eine gewaltige technische Unterstützung durch viele Informationssysteme zur Datensammlung und durch sehr komplexe Klimamodelle nicht aus. Die Anwendung und Analyse der Ergebnisse dieser Rechnungen zeigt ja in die Zukunft. Es sollte hier immer klar sein, dass wir es mit Szenarien, also möglichen Zukünften, und auf keinen Fall mit einer Prognose (also Vorhersage) zu tun haben. Szenariotechniken dienen der Verdeutlichung, welche Zukünfte anzustreben und welche zu vermeiden sind (Alcamo 2008). Auch bei der Erstellung und Auswertung der Klimaszenarien gilt es, möglichst transparent und vorsichtig zu sein. Daher vermerkt der Weltklimarat IPCC bei jedem berichteten Ergebnis dessen statistische Sicherheit und den Grad der Übereinstimmung der Forschenden hinsichtlich des Ergebnisses (Mastrandrea et al. 2011).

In ► Abschn. 3.3.3 wurde bereits auf *Framing* eingegangen, also die unterschiedliche Wirkung der Darstellung einer Zukunft als Verlust oder Gewinn. Angst wirkt nur bis zu einem gewissen Grad motivierend und danach tritt Angststarre ein (Clayton 2020). Drohende Verluste regen eher dazu an, sich risikoreich zu verhalten (Tversky und Kahneman 1991). Eine bedrohliche Zukunft erzeugt somit den falschen Affekt. Bei der Vermittlung umweltbezogener Informationen kann es daher sinnvoll sein, zu betonen, was man durch nachhaltiges Verhalten alles gewinnen kann: Was wird alles möglich, wenn wir jetzt etwas unternehmen? Was für Möglichkeiten bietet uns die Transformation hin zu einer ökologischen und nachhaltigen Zukunft? Welche Geschichte erzählen wir uns? Welche Geschichte wollen wir, dass sich später über uns erzählt wird (Welzer 2019)?

Wenn es gut läuft, können Informationen *indirekte Langzeiteffekte* haben (z. B. bei der Etablierung von sozialen Normen, siehe ► Abschn. 4.1.5). Dabei werden die Informationen individuell, aber bei einer großen Anzahl von Personen wirksam, was sich in einer sich wandelnden gesellschaftlichen Einstellung zu einem Thema niederschlägt. Eine solche Normveränderung haben wir z. B. – allerdings über einige Jahrzehnte hinweg – beim Rauchen in öffentlichen Bereichen erlebt. Wissensvermittlung durch Information spielt daher bei der Transformation zu einer nachhaltigen Gesellschaft eine wichtige Rolle. Speziell ihr hat sich die Bildung für nachhaltige Entwicklung, eine Bildungskampagne der Vereinten Nationen verschrieben. Solcher Wissenserwerb ist eine notwendige Voraussetzung, nicht aber hinreichend für eine Verhaltensänderung.

4.2.2 Motivationale Ansatzpunkte

Wissen ist also Macht – aber Wissen reicht allein nicht aus, um in allen Situationen einen Verhaltensunterschied zu machen. Denn: Die Forschung z. B. zu sozialen Dilemmata (siehe ► Kap. 5) zeigt klar, dass Menschen ohne durchgesetzte, die Gesellschaft stützende Regeln dazu neigen, ihren individuellen Vorteil höher als den gemeinschaftlichen Vorteil zu gewichten. Das lässt sich nicht mit Information allein beheben, denn es mangelt nicht (allein) an Wissen, sondern an Motivation, sich im Sinne einer Gemeinschaft kooperativ, also z. B. umweltfreundlich zu verhalten.

Manchmal beeinflussen auch tief sitzende Werte und Weltanschauungen die handlungsleitenden Überzeugungen, insbesondere bei geringem, wenig ausdifferenziertem Wissen (Gardner und Stern 2002). Das kann die Form einer Ideologie annehmen, z. B.: „Der Mensch soll sich die Welt untertan machen"; „Der Schöpfer wird alles zum Guten wenden"; „Der technische Fortschritt wird die Lösung für alles bringen"; „Die freie Marktwirtschaft muss nur ungestört arbeiten können" usw. Hier wird man nur geringe Verhaltenseffekte mit einfacher Informationsgabe verzeichnen können. Im Gegenteil: Wenn eine feste Weltanschauung (d. h. eine Ideologie) vorliegt, kann weitere Kommunikation – ganz ähnlich wie bei einer Impfung – zur „Immunisierung" der Ideologie führen, da für die Person die Gegenargumente präsenter werden (Cook und Lewandowski 2011). Das heißt: Wenn wir es tatsächlich mit Ideologien zu tun haben, ist es besser, die reine Kommunikation über die Sache einzuschränken.

Motivationale Ansatzpunkte wirken direkt auf die Einstellungen von Handelnden. Sie verändern dort die Anreize, indem entweder die Bewertungen von Handlungskonsequenzen oder deren Eintrittswahrscheinlichkeiten verändert werden. Solche Veränderungen können z. B. durch materielle Anreize geschehen. Sie machen die vorweggenommenen Handlungsergebnisse in einer oder mehreren Einstellungskomponenten attraktiver oder weniger attraktiv. Beispiel: Ein Unternehmen bezuschusst den Mitarbeitenden den Kauf eines Fahrrads. Oder: Eine Stadt verteuert die Parkplätze in der Innenstadt, richtet dafür aber kostenlose Park-and-Ride-Plätze am Stadtrand für den Übergang zum öffentlichen Nahverkehr ein.

Dementsprechend gibt es eine Vielzahl von politischen Steuerungsinstrumenten zur Beeinflussung von Umwelthandeln über die Einstellungen. Eine Klasse von Beeinflussungsmöglichkeiten sind die sogenannten *marktwirtschaftlichen Instrumente* (vgl. ► Abschn. 4.5.2). Sie senken oder steigern die monetären (finanziellen) Kosten für ein Verhalten. Dazu zählen Steuern, Subventionen, Gebühren, Preise oder entsprechende Vergünstigungen für bestimmte Gruppen. Sie umgeben uns überall. Sie sollten gerecht sein, aber auch ehrlich über die Kosten von Umweltnutzung Auskunft geben. Eine CO_2-Bepreisung fällt auch in diese Kategorie: Für das CO_2, was für Produkte und Handlungen anfällt, muss ein Preis entrichtet werden; so werden CO_2-intensive Produkte teurer und es gibt dadurch einen wirtschaftlichen Anreiz, die produktbezogenen CO_2-Emissionen zu verringern.

Manchmal reichen Anreize nicht aus, um Verhalten im nötigen Maß zu verändern. Dann greifen Gesellschaften zu *Geboten oder Verboten* (siehe ► Abschn. 4.5.2). Sie wirken nur, wenn sie kontrolliert werden und Nichtbefolgen auch bestraft wird. Wie bei den marktwirtschaftlichen Instrumenten gilt, dass die Wirkung von der Art des Gebots oder Verbots, der Situation und der handelnden Person oder der Personengruppe abhängt. Letztlich wirken alle Interventionen ja ausschließlich in den Köpfen der Menschen. Sie erfahren dort eine Verarbeitung (Ist das hilfreich? Ist das gerecht? Wird das kontrolliert?). Diese Verarbeitung führt im Idealfall zu Akzeptanz einer Maßnahme und zur *Compliance*, d. h. zur Befolgung der gesellschaftlich erwünschten Verhaltensweise.

Um der Frage nach Verhaltensänderungen näher zu kommen, haben wir uns bis hier vor allem auf individualpsychologische Aspekte wie Einstellungen, wahrgenommene Verhaltenskontrolle oder Entscheidungsprozesse fokussiert. Diese sind hilfreich, um zu verstehen, unter welchen Bedingungen Individuen bereit sind, sich für Belange des Umweltschutzes einzusetzen oder umweltbewusste Verhaltensweisen in ihren Alltag zu integrieren. Allerdings lässt sich an diesem Ansatz kritisieren, dass er die gesellschaftlichen, politischen und globalen Randbedingungen vernachlässigt, die aber sehr wichtig sind, da die Beiträge Einzelner nur begrenzt sichtbare Veränderungen hervorrufen. Diese Kritik ist in der Umweltpsychologie, wenn auch erst seit den 2010er-Jahren, auf fruchtbaren Boden gefallen. Mehr und mehr Forschende beschäftigen sich folglich mit den kollektiven Dimensionen umweltgerechten Verhaltens. Dabei soll kein Missverständnis entstehen: Individuelles Verhalten – sei es der Gang zum Bioladen, der Verzicht auf ein eigenes Auto oder der Bezug von Ökostrom – ist ein zentraler Aspekt des Natur- und Umweltschutzes. Diese Entscheidungen werden aber nicht allein aufgrund individueller Verhaltensdispositionen motiviert, sondern eben auch durch soziale und systemische Prozesse.

4.2.3 Soziale Ansatzpunkte

Als soziale Ansatzpunkte bezeichnen wir solche, die über Gruppen- und Gesellschaftsprozesse wirken. Dazu gehören sowohl soziale Belohnungen oder Bestrafungen als auch die Grundlagen gemeinsamer Aktionen, Bewegungen oder auch Entscheidungsprozesse in Bürger- und Bürgerinnenräten. Grundlegend kann man sagen, dass soziale Ansatzpunkte über das Affiliationsbedürfnis wirken, also den Wunsch, sich anderen Personen oder Personengruppen zugehörig zu fühlen. Die sozial geteilten Ansichten und Wertvorstellungen ergänzen so die eigene Meinungsbildung in den Einstellungen und Wertvorstellungen. Daraus ergibt sich, dass sozialbasierte Anreize sehr stark verhaltenssteuernd sein können, was man beispielsweise bei Modeströmungen, Ernährungstrends, politischen Strömungen oder einflussreichen Blogs gut beobachten kann. Dabei ist die Beeinflussungsrichtung prinzipiell beidseitig, d. h., die soziale Umwelt beeinflusst das Individuum, aber das Individuum trägt mit seinem Verhalten eben auch dazu bei, dass soziale Bewegungen entstehen oder stärker werden. Dabei ist der Einfluss von sozialen Bewegungen auf das Individuum vermutlich deutlich stärker als umgekehrt.

Kollektive Herausforderungen erfordern kollektives Handeln. Zu wissen und zu sehen, dass man nicht allein ökologisch konsumiert oder agiert, ist für uns Menschen wichtig, um ein Gefühl von Wirksamkeit zu erleben. Wie wir schon an anderer Stelle ausgeführt haben, ist ein Gefühl von Selbstwirksamkeit essenziell, um sich umweltgerecht zu verhalten (Hamann und Reese 2020), anstatt sich im Angesicht globaler Krisen in ein Gefühl der Hilflosigkeit zu flüchten.

Die Frage, wie soziale Gruppen unser Denken und Handeln beeinflussen, beschäftigte lange Zeit vorwiegend in der Sozialpsychologie forschende Personen. Hier gibt es eine lange Forschungstradition, die Ende der 1970er-Jahre in die Entwicklung der Theorie der sozialen Identität (Tajfel und Turner 1979) mündete und zusammen mit der Selbstkategorisierungstheorie (Turner et al. 1987) die Grundlage für die Etablierung des Konzepts sozialer Identität stellt. Aufbauend auf diesen Ansätzen haben sich in den vergangenen Jahren für Umweltschutzverhalten sehr nützliche Modelle und Vorhersagen entwickelt. Dazu gehören etwa Modelle kollektiven Handelns, die sich die Bedingungen anschauen, unter denen Menschen sich für gemeinsame Ziele einsetzen (z. B. Duncan 1999; Fritsche et al. 2018; Thomas et al. 2009; van Zomeren et al. 2008). Diese zeigen auch im Umweltkontext überzeugende Belege dafür, dass es oft gruppenbasierte Prozesse sind, die Umweltverhalten motivieren.

Bevor wir nun tiefer in die Rolle sozialer Kontexte im Umweltschutz einsteigen, geben wir zunächst einen kurzen Überblick über den Ansatz sozialer Identität (Reicher et al. 2010). Diese Ausführungen bilden die Grundlage für das Verständnis jener sozialen Prozesse, denen Umweltverhalten unterliegt.

4.2.3.1 Der Ansatz sozialer Identität

Unter sozialer Identität verstehen wir ganz allgemein den Teil unseres Selbst, der durch Beziehungen zu anderen Menschen und Zugehörigkeiten zu Gruppen definiert ist (Tajfel und Turner 1979). Wir sind als Individuen stark dadurch geprägt, welchen Gruppen wir angehören, welchen Menschen wir uns nahe fühlen. Wenn Sie z. B. verärgert darüber sind, welches Bild Männer mit weißen Socken in Trekkingsandalen am Ballermann von der Gruppe der Deutschen vermitteln, dann sind sie vermutlich stärker mit der Gruppe der Deutschen identifiziert, als Sie denken. Sie fühlen sich zu der Gruppe zugehörig und möchten, dass sowohl Sie als auch andere Gruppenmitglieder ein gutes Bild der Gruppe vermitteln, damit Sie sich mit Ihrer Gruppe wohlfühlen können. Wenn Sie Freude verspüren, weil die Nationalmannschaft Ihres Landes einen internationalen Handballwettbewerb gewinnt, dann sind dies emotionale Konsequenzen Ihrer Bindung an diese Gruppe. Genauso kann es sein, dass Sie sich besonders stark als Weltbürger oder Weltbürgerin sehen und dies Ihr Verhalten stärkt, in engen Kontakt mit Menschen anderer Kulturen zu kommen.

Je stärker wir uns mit einer bestimmten Gruppe identifizieren, umso größer ist die Wahrscheinlichkeit, dass wir uns für diese Gruppe einsetzen und uns um das Wohlergehen anderer Gruppenmitglieder sorgen. Dabei wird schnell ersichtlich, dass wir uns im Laufe unseres Lebens mit einer Vielzahl von sozialen Gruppen identifizieren. Diese sind uns jedoch nicht zu jedem Zeitpunkt bewusst. Inwiefern wir uns im Sinne einer bestimmten sozialen Gruppe verhalten, hängt vom sozialen Vergleichskontext ab: Wenn Sie als Deutsche Ihren ökologischen Fußabdruck mit dem einer durchschnittlichen Person aus den USA vergleichen, werden Sie möglicherweise zu anderen Einschätzungen über Ihren Einfluss auf die Umwelt kommen, als wenn Sie sich mit einer durchschnittlichen Person aus dem Kongo vergleichen (siehe auch Rabinovich et al. 2012).

Doch wie kommen wir in einen Denkmodus, der das „Wir" in den Vordergrund hebt? Eine grundlegende Annahme des Ansatzes der sozialen Identität ist, dass Menschen sich ihrer Gruppenzugehörigkeit besonders dann bewusst werden, wenn sie ihre soziale Umwelt in Eigengruppe und Fremdgruppe kategorisieren (z. B. in Linke vs. Rechte, Bayern- vs. Schalke-Fans, Personen aus Thüringen vs. Hessen etc.) und sich mit ihrer eigenen Gruppe hinreichend identifizieren. Dies resultiert in der sogenannten Selbststereotypisierung, d. h., dass identifizierte Gruppenmitglieder die der Eigengruppe zugeschriebenen Eigenschaften (Überzeugungen, Gruppennormen, Verhaltensabsichten) in ihr Selbst übernehmen. Sie internalisieren also die Gruppenidentität und die damit verbundenen Eigenschaften. Daraus folgt wiederum, dass eine saliente – das bedeutet eine zugängliche und in einem Moment hervorstechende – soziale Identität dazu führt, dass Personen weniger im Sinne ihrer einzigartigen, persönlichen Ziele und Vorstellungen agieren, sondern eher im Sinne kollektiver Ziele handeln. Je stärker sich Gruppenmitglieder mit ihrer Gruppe identifizieren, umso eher sollten sie sich für diese kollektiven Ziele einsetzen. Das lässt sich vielleicht anhand des folgenden Beispiels darlegen (entliehen aus Fritsche et al. 2018). Stellen Sie sich eine Person aus dem Ökolandbau vor, die mit einer anderen Person diskutiert, die konventionelle Landwirtschaft betreibt. In einem solchen Kontext ist für die erste Person die Zugehörigkeit zur Gruppe der Ökobäuerinnen und Ökobauern dominant. Sie wird in ihrem Denken und Handeln vermutlich besonders von ihrem Interesse an Tierwohl, Klimaschutz und Artenvielfalt geprägt sein. Allerdings wird die gleiche Person in einem anderen Kontext – vielleicht einer Tagung zu Unterschieden im Ökolandbau zwischen Ost- und Westdeutschland – eine völlig andere Identitätsebene salient haben. Wenn sie – beispielsweise – selbst aus Ostdeutschland kommt, so wird sie möglicherweise ihr Denken und Handeln in dieser Situation aufgrund von regional relevanten Themen wie Deindustrialisierung oder Abwanderung steuern. Der Kontext – und damit die Salienz sozialer Gruppen – verändert also unser Denken, Fühlen und Handeln.

Schließlich geht der Ansatz der sozialen Identität davon aus, dass Menschen sich auf verschiedenen, ineinander verschachtelten Ebenen kategorisieren und identifizieren können. Soziale Identität ist also auf einer Dimension der Inklusivität abbildbar, von kleinsten Gruppen bis hin zur Gruppe der gesamten Menschheit, die theoretisch alle Menschen beinhaltet (Turner et al. 1987). Wir können uns also etwa als Bewohner oder Bewohnerin der Stadt Jena kategorisieren und sind damit gleichzeitig Teil der Gruppe Menschen, die in Thüringen leben. Thüringen wiederum ist Teil Deutschlands, Deutschland ein Teil Europas und Europa ein Teil der Welt (◘ Abb. 4.5). Auf dieser höchsten humanen Ebene würden wir uns möglicherweise als Weltbürger oder Weltbürgerin sehen. Aber dazu später mehr.

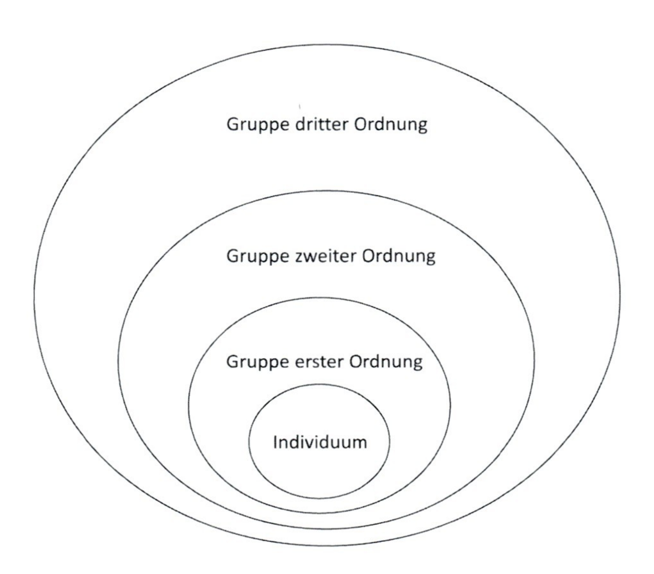

◘ **Abb. 4.5** Beispielhafte geschachtelte Identitätsebenen

Innerhalb des Ansatzes der sozialen Identität gibt es eine Vielzahl an Prozessen und Befunden, deren Vollständigkeit sich im Rahmen dieses Buches nicht abdecken lässt. Wichtiger für das Ziel dieses Lehrbuchs ist die Frage: Wie lassen sich diese Theorie und bestehende Befunde im Umweltkontext nutzen, um Umweltschutzverhalten erklären zu können? Können soziale Identitäten als „Vehikel" zu einer sozial-ökologischen Transformation genutzt werden (siehe auch Rosenmann et al. 2016)? Ein umfassendes Modell, dass die Integration von Umwelthandeln und sozialer Identität vorschlägt, wird im Folgenden erläutert.

4.2.3.2 SIMPEA – ein Modell sozialer Identität im Umweltkontext

Umweltkrisen und Umweltprobleme sind kollektive Phänomene – von vielen Menschen verursacht und nur durch Bemühung vieler Menschen zu bewältigen. Neuere Ansätze der Umweltpsychologie versuchen daher, den sozialen Kern von Umwelthandeln zu identifizieren. Das *Social Identity Model of Pro-Environmental Action* (SIMPEA; Fritsche et al. 2018) geht von der grundlegenden Annahme aus, dass wir Umweltprobleme auf der Grundlage von Gruppenzugehörigkeiten bewerten und auf diese reagieren (siehe auch Fielding und Hornsey 2016).

Dabei wird laut SIMPEA Umwelthandeln im Wesentlichen von drei zentralen Faktoren sozialer Identität beeinflusst (◘ Abb. 4.6), nämlich:

- *Identifikation mit der Eigengruppe*: Das ist die kognitive und emotionale Bindung an eine soziale Gruppe.
- *Eigengruppennormen*: Das sind die Verhaltensregeln, die innerhalb einer sozialen Gruppe geteilt werden.
- *Kollektive Wirksamkeit*: Damit ist das Gefühl gemeint, durch die Handlungen als Gruppe ein kollektives Ziel auch erreichen zu können.

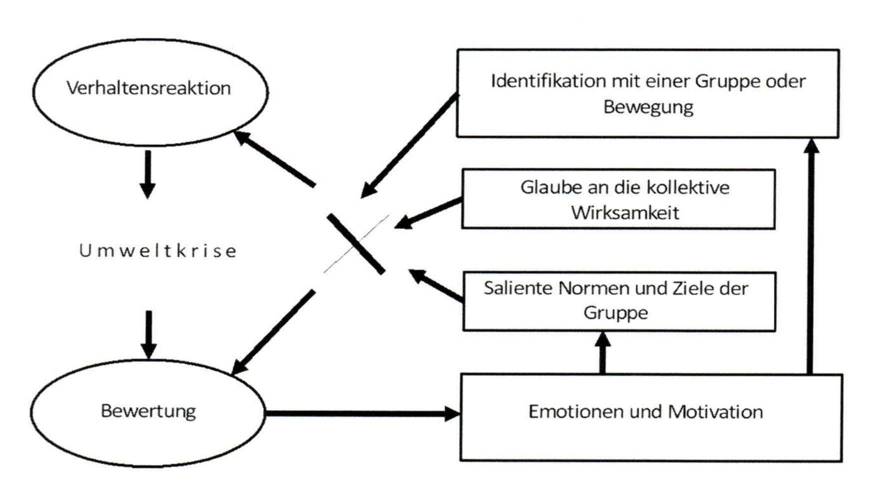

◘ **Abb. 4.6** Das Social Identity Model of Pro-Environmental Action. (SIMPEA; Fritsche et al. 2018, S. 246; mit freundlicher Genehmigung von American Psychological Association)

Wenn wir auf der Wahrnehmungsebene mit der Bewertung (*appraisal*) von Umweltproblemen anfangen, geht das Modell davon aus, dass in Abhängigkeit von diesen drei Faktoren bestimmte Probleme überhaupt erst als solche wahrgenommen werden. Diese grundlegende Annahme ist vielfach belegt – z. B. zeigen McCright und Dunlap (2011a, b) anhand repräsentativer US-Daten, dass die Zugehörigkeit zu ideologischen Gruppen (d. h. Selbstdefinition als Anhänger bzw. Anhängerin der Demokratischen oder der Republikanischen Partei) mit unterschiedlicher Wahrnehmung der Umweltproblematik einhergeht. So sind Menschen, die sich der Demokratischen Partei nahe fühlen, eher davon überzeugt, dass der Klimawandel bereits begonnen hat und menschengemacht ist, als Anhänger und Anhängerinnen der Republikaner. Zu ähnlichen Befunden kommen auch Analysen aus Europa und Großbritannien (Poortinga et al. 2011). Weiter geht das Modell davon aus, dass die Reaktion auf Umweltprobleme – also Umweltschutzverhalten – durch Gruppenprozesse bedingt ist. Eine hohe Identifikation mit der Gruppe *Umweltschützende Personen* geht etwa mit einer größeren Wahrscheinlichkeit einher, nachhaltig zu konsumieren oder in Umweltbewegungen engagiert zu sein (Dono et al. 2010; Fielding et al. 2008).

Während eine solche Vorhersage bei Identitäten, die inhärent mit dem Ziel des Umweltschutzes in Verbindung stehen, schon fast trivial anmutet, postuliert das SIMPEA allerdings auch, dass andere Identitätsebenen (z. B. Geschlecht, regionale Identität oder altersbasierte Identität) ebenfalls Grundlage umweltgerechten Handelns sein können – wenn es motivierende Gruppennormen und kollektive Wirksamkeitserwartungen gibt.

Diese drei Kernvariablen – Identifikation mit der Eigengruppe, Gruppennormen und kollektive Wirksamkeitserwartungen – lassen sich sowohl als kausale Wirkfaktoren verstehen als auch als Schritte in einem zyklischen Prozess: Wir nehmen – durch Gruppenzugehörigkeit geprägt – Umweltprobleme wahr, dies führt zu emotionalen und motivationalen Reaktionen (z. B. Schuldgefühle, Klimaangst, Ärger), die wiederum Normen und Ziele innerhalb einer Gruppe beeinflussen können. Je stärker man sich dann mit der eigenen Gruppe identifiziert und je stärker man das Gefühl hat, die eigene Gruppe könne etwas an den Problemen ändern, desto stärker sollte dann auch die Bereitschaft zu handeln sein. All diese Prozesse haben laut SIMPEA sowohl direkte als auch indirekte und interaktive Effekte auf Umwelthandeln und Bewertung von Umweltproblemen.

Für die Umwelt- und Naturschutzkommunikation ergeben sich aus diesem Modell eine Reihe relevanter Strategien zur Förderung von Umweltverhalten, die hier kurz zur Anregung (und kritischen Auseinandersetzung) aufgezeigt werden:

a. Salient machen von sozialen Identitäten, die von Umweltproblemen betroffen sind oder sein werden
b. Eigengruppenmitglieder nutzen, um entsprechende Umweltinformation zu kommunizieren
c. Schaffung übergeordneter Identitäten, die verschiedene Beteiligte und Gruppen zu gemeinsamen Zielen motivieren
d. Schaffung und Framing eines kollektiven Projekts (z. B. die Energiewende in Deutschland)

e. Stärkung eines Wirksamkeitsgefühls (z. B. durch Aufzeigen erfolgreicher Aktionen)
f. Stärkung von umweltgerechten Normen (z. B. durch Vorbilder oder auch Vorgesetzte, Politiker und Politikerinnen u. a.)

Wie für andere konzeptuelle Modelle gilt auch für das SIMPEA, dass die hier beschriebenen Prozesse keinesfalls deterministisch, sondern probabilistisch sind. Die Effekte sozialer Identität sorgen also mit einer größeren Wahrscheinlichkeit für Umwelthandeln, aber nicht immer und bei allen (vgl. ► Abschn. 4.1.6). Allerdings kann laut SIMPEA über soziale Prozesse vermittelt genau diese Wahrscheinlichkeit erhöht werden.

4.2.3.3 Global denken, lokal handeln – globale Identität

Wie oben beschrieben kann man sich laut der Theorie der sozialen Identität auf verschiedenen Ebenen mit sozialen Gruppen identifizieren. Das geht zumindest theoretisch bis zur Gruppe der gesamten Menschheit – zugegeben, eine riesige und in vielerlei Hinsicht heterogene Gruppe. Forschung zu einer solchen globalen Identität illustriert, dass sich Menschen durchaus mit dieser Gruppe identifizieren können und diese Identifikation Verhaltenskonsequenzen hat (McFarland et al. 2012, 2019; Reese 2016; Rosenmann et al. 2016). Wenn wir uns also mit der Eigengruppe Menschheit hoch identifizieren, dann sollten wir auch Verhalten zeigen, das dem Wohl der Mitglieder dieser Gruppe dient – dazu gehört etwa auch Natur- und Umweltschutz, da dieser die langfristigen Lebensgrundlagen der Menschheit sichert. Dieser Argumentation folgend untersuchten verschiedene Forschungsgruppen, welche Verhaltenskonsequenzen mit einer globalen Identität einhergehen. Es zeigte sich, dass Menschen, je stärker sie sich mit einer globalen Eigengruppe identifizierten, umso eher ethische Konsumentscheidungen treffen (Reese und Kohlmann 2015), sich für Umweltschutz einsetzen (Renger und Reese 2017), positivere Einstellungen zu Nachhaltigkeit haben (Reysen und Katzarska-Miller 2013), eher bereit wären, höhere Steuern für den Umweltschutz zu zahlen (Rosenmann et al. 2016), oder eher auf globaler als nationaler Ebene kooperieren (Buchan et al. 2011). Aktuellere Befunde zeigen, dass eine stärkere globale Identität auch mit einer stärkeren attribuierten Wichtigkeit der Klimakrise (Loy et al. 2022) und mit höherer Akzeptanz potenziell kostspieliger politischer Entscheidungen einhergeht (Loy und Reese 2019; Loy et al. 2021). Eine Übersichtsarbeit zum Zusammenhang zwischen globaler Identität und Umweltschutzverhalten zeigt, dass diese Zusammenhänge über viele Studien hinweg stabil sind (Pong und Tam 2023).

Eine Frage, die sich dann stellt, ist jedoch: Wenn eine saliente globale Identität mit solchen umweltbewussten Verhaltensmustern einhergeht, wie könnte man eine solche globale Identität fördern? Die Forschung dazu ist sich noch uneins, ob es sich bei globaler Identität wirklich um eine variable psychologische Gruppenzugehörigkeit handelt oder doch um eine sehr stabile Eigenschaft, die sich über die Lebensspanne entwickelt. Einzelne Studien deuten darauf hin, dass eine höhere Ausprägung globaler Identität gefördert werden kann, etwa durch (computervermittelten) Kontakt mit Menschen anderer Kontinente (Römpke et al. 2019), die Darbietung internationaler und diverser Symbolik (Reese et al. 2015) oder auch die Erinnerung an Kontakte zu Menschen aus anderen Ländern (Loy et al. 2021) sowie achtsamkeitsbasierte Methoden (Loy et al. 2022; Loy und Reese 2019). Inwiefern solche Effekte von Dauer sind, ist bislang allerdings nicht bekannt.

4.2.3.4 Wir sind hier, wir sind laut!

Das SIMPEA argumentiert, dass soziale Identität, soziale Normen und kollektive Wirksamkeit sowohl individuelles umweltschonendes Verhalten bedingen kann (wie z. B. individuelle Konsumentscheidungen), aber auch kollektives Umweltverhalten, wie z. B. das Unterschreiben von Petitionen oder Teilnahme an Protest vorhersagt. Tatsächlich gibt es eine mittlerweile sehr etablierte Forschungstradition, die sich dem Verständnis von sogenannten kollektiven Handlungen (*collective action*) verschreibt. Diese Forschung untersucht, unter welchen Bedingungen Menschen bereit sind, sich gemeinsam für ein kollektives Ziel einzusetzen. Laut Wright und Taylor (1998) liegt kollektives Handeln dann vor, wenn ein Gruppenmitglied als Repräsentant der Gruppe handelt und diese Handlung dem Ziel dient, die Situation der besagten Gruppe zu verbessern. Diese Definition beinhaltet bereits den Kern kollektiver Handlungen: Er ist gruppenbasiert und in der sozialen Identität verwurzelt.

Die Forschung zu sozialen Bewegungen hat eine Reihe einflussreicher Theorien und Modelle hervorgebracht, die mit relativ wenigen Vorannahmen kollektives Handeln zu erklären versuchen. Innerhalb der Psychologie ist hier das SIMCA (*social identity model of collective action*) von van Zomeren und Kollegen (2008) hervorzuheben. Das Modell besagt, dass die *Identifikation* mit einer benachteiligten Gruppe zentral für kollektive Handlungen ist. Diese Identifikation wiederum sollte mit stärkerem *Ärger oder Ungerechtigkeitserleben* einhergehen und ein *Gefühl kollektiver Wirksamkeit* fördern. Diese drei Voraussetzungen tragen laut SIMCA dazu bei, dass sich Menschen an kollektiven Handlungen beteiligen. Evidenz zu Fridays-for-Future-Demonstrationen oder Extinction-Rebellion-Aktionen lassen darauf schließen, dass dieses Modell in Teilen auch bei diesen Bewegungen angewendet werden kann (für eine Analyse von Fridays-for-Future-Demonstrierenden siehe Wallis und Loy 2021).

4.2.3.5 Betonung von (deskriptiven) sozialen Normen

Wie im SIMPEA dargestellt, spielen saliente bzw. aktivierte soziale Normen eine entscheidende Rolle zur Motivation nachhaltigen Verhaltens. Wie wir bereits in ► Abschn. 4.1.5 gesehen haben, sind soziale Normen sozial geteilte Verhaltensregeln, die innerhalb einer Gruppe oder Gesellschaft herrschen. Damit sind sie natürlich sehr variabel – so ist es etwa in den meisten europäischen Ländern normativ, mit Messer und Gabel zu essen, während es in vielen anderen Ländern der Welt normativ ist, mit Holzstäbchen oder den Händen zu essen. Genauso ist es in einer Klimabewegung vermutlich normativ, pflanzenbasiert zu essen, was in anderen Teilen der Gesellschaft oft weniger der Fall ist. Da wir unser Verhalten oft an anderen Menschen orientieren – aus Gründen des Affiliationsmotivs (das ist der Wunsch nach sozialer Zugehörigkeit) oder auch einfach, da das Verhalten anderer uns wertvolle Infos liefert –, ist die Kommunikation sozialer Normen ein Schlüssel für mögliche Verhaltensveränderungen.

So gingen Goldstein et al. (2008) der Frage nach, inwieweit die gefühlte Zugehörigkeit zu einer Gruppe eine manifeste, d. h. prüfbare Verhaltensänderung hin zu einem umweltfreundlicheren Verhalten hervorrufen kann. Das in der Studie untersuchte Verhalten ist die mehrfache Nutzung von Handtüchern in Hotels. Hotels werben gerne dafür, die Handtücher mehrfach zu benutzen. Sie sparen sich die Wäscherei und auch für die Umwelt gibt es einen Nutzen, da weniger Wasser und Energie für die Reinigung benötigt werden. Eine solche Botschaft lautet typischerweise etwa:

> „HILF MIT, DIE UMWELT ZU RETTEN. Sie können Ihren Respekt für die Natur zeigen und mithelfen, die Umwelt zu retten, indem Sie Ihre Handtücher während Ihres Aufenthalts mehrfach benutzen."

Die Autoren änderten nun die Botschaft in eine, die besonders auf das Affiliationsbedürfnis abhebt, indem sie auf eine (vermeintliche) deskriptive Norm verweist. So lautete der wichtige Satz etwa: „MACHE ES WIE DEINE … UND HILF MIT, DIE UMWELT ZU RETTEN". Neben der bereits vorgestellten Standardbotschaft (1) gab es verschiedene Varianten, bei der statt der „…" jeweils ein Hinweis auf (2) alle Personen, (3) Menschen gleichen Geschlechts, (4) Gäste in diesem Hotel und (5) Gäste in exakt diesem Hotelzimmer zu lesen waren. Dazu gab es eine Prozentangabe, wie häufig die anderen Zimmergäste laut einer (fiktiven) Untersuchung ihre Handtücher mehrfach benutzt hatten. Die Originalbotschaft lautete:

> „JOIN YOUR FELLOW GUESTS IN HELPING TO SAVE THE ENVIRONMENT. In a study conducted in fall 2003, 75 % of the guests who stayed in this room participated in our new resource savings program by using their towels more than once. You can join your fellow guests in this program to help save the environment by reusing your towels during your stay." (Goldstein et al. 2008, S. 476)

Die Ergebnisse zeigt ◘ Abb. 4.7.

Die Standardbotschaft (ohne Verweis auf eine soziale Norm) erreicht, dass 37 % der Gäste ihre Handtücher wiederbenutzten. Der Durchschnitt aller anderen Botschaften (mit Verweis auf die deskriptive Norm) kommt auf 44 % Wiederbenutzung. Der Spitzenreiter ist jedoch die Botschaft, die sich auf das jeweilige Hotelzimmer bezieht, mit über 49 % Wiederbenutzung. Der Zuwachs, ausgelöst allein durch den Hinweis auf die deskriptive soziale Norm, beläuft sich also auf 12 % tatsächliche Verhaltensänderung im Vergleich zur Standardbotschaft.

In dem Fall handelt es sich um ein Feldexperiment, und weitere Studien konnten den grundlegenden Effekt im Hotelkontext belegen (z. B. Reese et al. 2014; für eine Metaanalyse siehe Scheibehenne et al. 2016). In solchen bereits recht lebensnahen Interventionen stößt man allerdings auf ein grundsätzlicheres Problem. Die deskriptiven Normen sind ein mächtiges Instrument – allerdings nur, solange die gegebenen Werte wirklich deutlich in die gewünschte Richtung zeigen. Menschen haben in der Regel ein Gespür dafür, wie ein bestimmtes Verhalten verbreitet ist – oder eben nicht. Schon bei der Information in unserem Beispiel, dass 75 % der

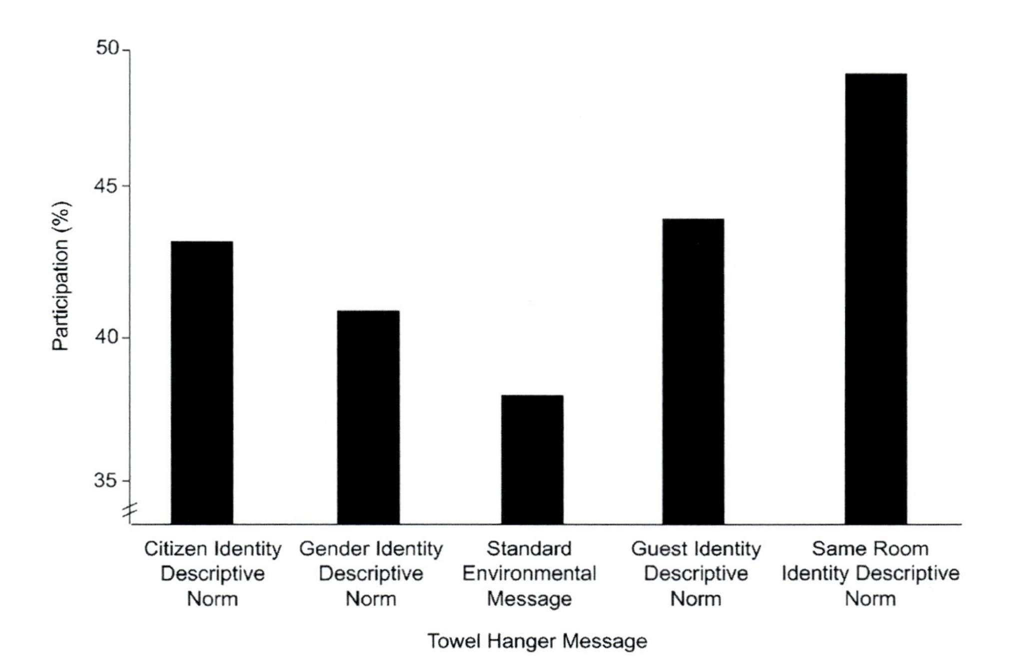

Abb. 4.7 Handtuchbenutzung in Hotels. (Goldstein et al. 2008, S. 478, mit freundlicher Genehmigung von Oxford University Press)

Gäste ihre Handtücher weiterbenutzen, sind vermutlich manche Personen stutzig geworden. Würde man allerdings die tatsächliche Basisrate (also tatsächlich hier nur 37 %) nennen, träte vermutlich also keine Veränderung des Verhaltens ein, denn die deskriptive Norm lautet dann ja „Die meisten Menschen nutzen ihr Handtuch nicht mehrfach“. Die deskriptive Norm ist also in vielen Fällen eher konservativ und weniger dazu geeignet, ein neues, bislang nur von wenigen gezeigtes Verhalten in einer Gruppe zu installieren.

4.2.3.6 Soziale Normen und Feedback: Der Bumerangeffekt

Aus derselben Arbeitsgruppe der originalen Hotelstudie stammt ein Experiment, das die Wirkung von sowohl deskriptiven als auch injunktiven sozialen Normen (vgl. ► Abschn. 4.1.5.1) untersucht (Schultz et al. 2007). In einer kalifornischen Stadt erhielten 290 Haushalte handschriftliche Rückmeldungen über ihre verbrauchte Energie relativ zum Mittelwert des Verbrauchs in ihrem Wohnviertel. In einer Gruppe blieb es bei dieser reinen Information, in einer anderen Gruppe wurde zusätzlich zu dieser deskriptiven Rückmeldung (*Was machen die anderen durchschnittlich?*) noch eine injunktive Rückmeldung in Form eines ebenfalls handgemalten Smileys gegeben: *Was wird für gut erachtet, was nicht?* Das Emoticon lächelte, wenn der eigene Stromverbrauch unter dem Durchschnitt des Wohnviertels lag, es war traurig, wenn er darüber lag. Was passiert in der Folge mit den beiden Gruppen? Abb. 4.8 zeigt die Ergebnisse.

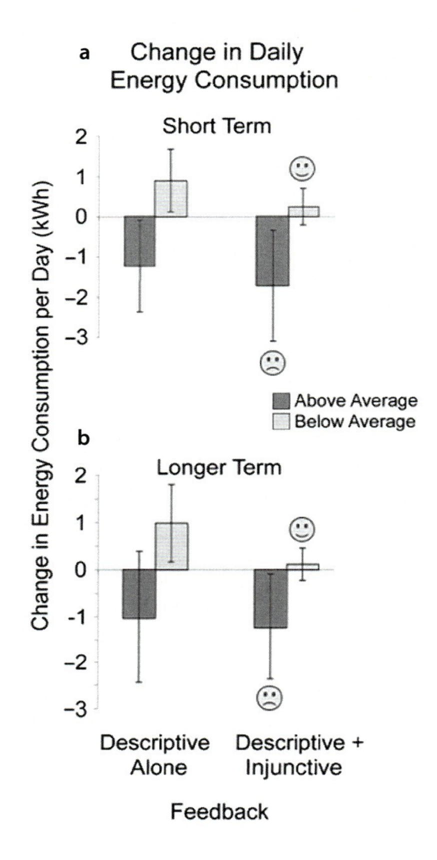

Abb. 4.8 Der Bumerangeffekt. Änderung des täglichen Energieverbrauchs in einem kürzeren (oben, **a**) bzw. längeren Beobachtungszeitraum (unten, **b**) (Schultz et al. 2007, S. 432; mit freundlicher Genehmigung von SAGE Publications). Erläuterungen im Text

Die Abbildung zeigt den Energieverbrauch nach etwa einer Woche (oben, a, short term) bzw. nach drei Wochen (unten, b, longer term) – beide Bedingungen sind im Ergebnis sehr ähnlich. Die linke Hälfte zeigt jeweils die Gruppe, der nur die deskriptive Information über ihren Energieverbrauch zur Verfügung stand. Wir sehen, dass die Haushalte, die zuvor als überdurchschnittliche Verbraucher eingestuft worden waren, bei der folgenden Ablesung ihren Verbrauch um 1 kWh pro Tag gesenkt haben. Dies ist ein gewünschter Effekt der deskriptiven Norm. Doch wir sehen in dem Balken derjenigen Haushalte, die vorher unterdurchschnittlich viel Energie verbraucht hatten, dass diese nun viel mehr verbrauchen. Die Veränderung wurde offensichtlich angeregt durch die Rückmeldung über den höheren Verbrauch der benachbarten Haushalte. Dieser Effekt wird *Bumerangeffekt* genannt. Das ist definitiv unerwünscht und führt dazu, dass außer einer Annäherung aller Haushalte an den rückgemeldeten Mittelwert keinerlei Veränderung des Gesamtstromverbrauchs stattfindet. Das zeigt die Grenzen der rein deskriptiven Rückmeldung.

Aber es gibt ja noch die zweite Experimentalgruppe, die zusätzlich Smileys erhielt. Wir sehen in dem oberen Balken (welcher die Werte der unterdurchschnittlich Energie verbrauchenden Gruppe zeigt), dass der Bumerangeffekt fast vollständig unterdrückt wird, wenn *soziale Anerkennung bzw. Missbilligung* (hier mittels gemalter Emoticons) dazukommt. Die Vermittlung der injunktiven Norm ergänzt also die deskriptive Norm hier in einer Weise, die den Bumerangeffekt verschwinden lässt.

Eine solche injunktive Norm kann auch von künstlichen Agenten (Avataren, Robotern oder sogar nur farbiger Hintergrundbeleuchtung) vermittelt werden. Dabei kann z. B. im Experiment ein künstlicher Charakter in abgestufter Weise mimisches und verbales Feedback geben, was zu einer reduzierten (im Experiment simulierten) Energienutzung führt (Ham und Midden 2014).

Der Frage, wie sich Verhalten in einer gesamten Gruppe, einer Organisation oder einer Gesellschaft ausbreitet, gehen wir in ► Abschn. 4.4 weiter nach. Dort werden Verhaltensänderungen und ihre Ausbreitung als soziale Innovationen und soziotechnische Innovationen (also solche, die mit neuen Technologien einhergehen) besprochen.

4.2.4 Nudging

Wer kennt das nicht: „Ich wollte doch eigentlich …“, und dann ist wieder nichts passiert. In diesem Abschnitt geht es um den Umgang mit Bequemlichkeit und Gewohnheiten. In den in ◘ Abb. 4.4 genannten Ansatzpunkten betrachten wir also nun Nudging („Anstupsen“) als Ansatzpunkt, um Verhalten zu verändern. Es setzt dabei an zwei Stellen an.

Einerseits helfen Nudges (also die Verhaltensstupser) bei der Verknüpfung von Intentionen mit Verhalten. Natürlich lässt sich dies in vielen Fällen auch mit Disziplin oder Willen (manchmal auch Volition genannt) erreichen. Doch Nudges können dabei helfen, den Weg von Intention zu Verhalten müheloser zu überbrücken.

Andererseits können Nudges als äußere Einflüsse gewünschte Verhaltensweisen gezielt unterstützen, ohne dass von der betroffenen Person bewusst eine Intention gefasst wurde. Damit können also existierende Gewohnheiten verändert, d. h. unerwünschte Verhaltensweisen durch erwünschte ersetzt werden. Nudges verändern den Kontext eines Verhaltens so, dass das erwünschte Verhalten ausgelöst wird. Es werden also neue, gewünschte Verhaltensweisen durch veränderte „Umwelten“ angeregt.

4.2.4.1 Verhaltensstupser: Nudges

Ein Nudge lässt sich gut an folgendem klassischem Beispiel illustrieren (Thaler und Sunstein 2009). Man findet empirisch, dass die Anordnung der Speisen in einer Mensa oder in einer Schulcafeteria einen Einfluss auf das Auswahlverhalten der Studierenden oder Schülerinnen und Schüler hat. Wie kommt das? Wir stellen uns also die Schlange vor der Essensausgabe vor und da stehen der Reihe nach die Speisen: der Burger mit Pommes frites, das vegane Gericht, das Schnitzel mit Ketchup, der Salat. Die Frage ist: Wann genau greift jemand zu? Wann läuft die Person vorbei? Nach dem Prinzip der Satisfizierung und der begrenzten Rationalität (vgl. ► Abschn. 4.1.4.1) greift die Person dann zu, wenn ein Essen für sie hinreichend lecker aussieht. Das darf sie dann auch nicht mehr zurückstellen, selbst wenn später ein vielleicht noch leckerer aussehendes Essen kommt. In der Regel hat sich in der Mensa noch niemand grundsätzliche Gedanken über die Reihenfolge der Speisen gemacht. (Anders im Supermarkt: Dort weiß man sehr genau, an welchen Orten Produkte den höchsten Umsatz erzeugen, und auf diese Regalplätze kommen entsprechend solche Produkte, mit denen man den besten Umsatz erzielen kann.) Auch in der Mensa wären verschiedene Regeln möglich, um die Speisen zu platzieren. Thaler und Sunstein (2009) nennen exemplarisch folgende Regeln:

1. Arrangiere die Speisen so, dass der Profit für die Cafeteria maximiert wird.
2. Arrangiere die Speisen so, dass die Schüler und Schülerinnen die gesündeste Wahl treffen.
3. Arrangiere die Speisen zufällig.
4. Arrangiere die Speisen so, dass die Schüler und Schülerinnen die Wahl treffen, die sie sonst, d. h. ohne Nudge, getroffen hätten.

Die erste Regel ist der Regel aus dem Supermarkt nachempfunden. Nun könnte man aber auch sagen: Die Mensa soll sich eher darum kümmern, dass die Schülerinnen und Schüler oder die Studierenden gesund essen (Regel 2). Dann würde man vielleicht den Salat nicht ans Ende stellen, sondern an den Anfang. Die Speisen zufällig zu arrangieren (Regel 3) klingt einfach, ist es aber nicht: Was ist denn hier zufällig? Etwa jeden Tag anders? Aber dann findet sich ja keiner mehr zurecht in der Mensa. Schließlich könnten die Speisen so arrangiert werden, dass alle die Wahl treffen, die sie sonst auch getroffen hätten (Regel 4). Das heißt im Wesentlichen, dass man alles so lässt, wie es war.

Aus diesem Beispiel lernen wir bereits zwei Dinge über Nudging. Erstens: Egal, wie die Speisen angeordnet sind, beeinflusst die Anordnung das Verhalten bei der Essensauswahl. So ist also auch eine zufällige oder eine historisch bedingte Anordnung eine, die das Verhalten beeinflusst. Zweitens: Die Beeinflussung erfolgt nicht durch Zwang – die Besucher und Besucherinnen der Cafeteria haben ungeachtet des Arrangements der Speisen die volle Wahlfreiheit, es kommt weiterhin allein auf ihre Entscheidung an.

Ein weiteres Beispiel zeigt, wie ein Nudge eine klassische Aufforderung zu einem Verhalten durch Information, einen Appell an die Vernunft also, in der Wirkung übertrifft. Ein Autor dieses Lehrbuchs findet in einem Hotel folgende Information: „Klimaanlage und Heizung funktionieren nur bei geschlossenem Fenster.“ Das ist der sachliche Hintergrund. Insbesondere liegt hier aber zusätzlich ein soziales Dilemma (▶ Kap. 5) vor: Alle sollen zwar ihre Fenster geschlossen halten, damit im gesamten Haus die Klimaanlage funktioniert. Es ist jedoch stickig im Zimmer und die Aussicht auf den Fluss lockt – wie viele halten sich also wohl an die Aufforderung? In einem anderen Hotel entdeckte der Autor das in ◘ Abb. 4.9 gezeigte Schild; es hing direkt neben dem Fenster.

Für dasselbe Problem wird hier eine völlig andere Lösungsweise angewandt. Anstatt das Problem der Klimaanlage zu erläutern, wird ein Problem in den Vordergrund gestellt, das den Hotelgast selbst betrifft. Will dieser denn das Risiko eingehen, dass Mücken und Spinnen eindringen und ihn des Nachts überfallen? Auch das ist ein Beispiel für die Herangehensweise bei Nudging: Das gewünschte Verhalten so beschreiben, dass es persönlich relevant wird.

Abb. 4.9 Eine wirksame Aussage: ein Nudge. (Foto: Andreas Ernst)

Ein ganz ähnliches Beispiel fand der Autor in den Alpen. Eine Berghütte, die auch von vielen jungen Familien regelmäßig besucht wird, liegt unmittelbar neben einem Geröllhang. Der ist so steil und die Steine so groß, dass Herumklettern dort zwar verlockend, aber eben auch gefährlich ist. Dort steht aber kein Schild: „Vorsicht, Eltern haften für ihre Kinder – gefährlicher Berghang!“ Dort steht einfach: „Vorsicht, Schlangen.“ Vermutlich gibt es dort auch tatsächlich kleinere Schlangen. Darüber hinaus ist das aber ein vermutlich guter Nudge, weil ihn auch die Kinder oder Jugendlichen respektieren. Der Hinweis auf die reale Gefahr würde vielleicht ein völlig dysfunktionales Verhalten herausfordern, wie z. B. Mutproben.

> Nudges (oder: Verhaltensstupser) sind eine Klasse von verschiedenartigen Maßnahmen, die in der Regel auf einer Umgestaltung der physischen Umwelt basieren und psychologische Effekte erzeugen, die den kognitiven Aufwand von Entscheidungen reduzieren. Ziel sind geringe Umgewöhnungskosten bei der Verhaltensänderung. Nudges lassen den Personen ihre individuellen Freiheitsgrade oder verschaffen ihnen neue. Den zugehörigen ethisch-theoretischen Überbau nennt man libertären Paternalismus.

Das Ziel von Nudging ist, die Leute auf eine subtile Art aus ihren Denkfallen zu holen. Damit sind individuell oder gesellschaftlich hinderliche und dysfunktionale, also dem Überleben nicht nützliche Denk- und Verhaltensverzerrungen (*biases*) gemeint. Beispiele dafür sind gesundheitsschädliches Verhalten, Kurzsichtigkeit (also das Abzielen auf kurzfristigen Nutzen mit langfristig höherem Schaden, vgl. ► Kap. 5) oder mangelhafte Koordination in gesellschaftlichen Kontexten. Mit diesen Denkverzerrungen könnte man nun so versuchen umzugehen, dass man sich die Theorie des geplanten Verhaltens (► Abschn. 4.1.7) anschaut und danach fragt, wie die Einstellungen, das Wissen, der soziale Einfluss oder die Handlungsbarrieren günstig beeinflusst werden können. Dieses Vorgehen führt einen wahrscheinlich zu einer Maßnahme ähnlich dem Informationszettel im Hotel, der über die Klimaanlage erklärt, warum die Fenster geschlossen zu halten sind (d. h. Wissens- und Verständnisvermittlung). Das kann frustrierend sein, wenn sich die Verhaltensänderung nicht so recht einstellen will. In manchen Fällen lassen sich nun die vorliegenden Denkmuster auf eine elegante, schlanke und bisweilen auch humorvolle Art und Weise unterlaufen. Dazu wird der Kontext der Entscheidung genutzt, um ihn so umzukonstruieren – ähnlich einem „Situationsarchitekten" – dass die Personen, um deren Verhalten es geht, ganz natürlich Heuristiken anwenden, die sie zu den gewünschten Verhaltensweisen führen. Das bildet dann im Idealfall die Grundlage für neue Gewohnheiten.

Dabei soll das gewünschte Verhalten den Personen nutzen und sie sollen jeweils selbst entscheiden, was sie tun. Das ist der Kernpunkt: Nudging lässt Menschen alle Freiheiten. Natürlich kann ich – egal wie die Speisen in der Mensa angeordnet sind – an allem vorbeilaufen und den Burger nehmen. Niemand hat es mir verboten, niemand hat den Burger teurer gemacht, niemand schaut mich deswegen schief an. Er steht einfach weiter hinten, und davor der so lecker aussehende Salat, den ich jetzt in Händen halte. Und, ach ja, gesünder ist er auch noch, fällt mir danach ein. Die Bewahrung der Handlungsfreiheit bei Nudging vermeidet Reaktanz, also den Widerstand gegen eine Einschränkung der Verhaltensfreiheit, selbst wenn diese prinzipiell als sinnvoll eingeschätzt wird.

Wir schauen uns nun zuerst die zu den Nudges gehörende Theorie an und die Randbedingungen für gutes Nudging. Im Folgenden werden dann die bekanntesten Nudgingtechniken vorgestellt.

4.2.4.2 Libertärer Paternalismus

Die ethische und theoretische Fundierung der Nudges findet sich im sogenannten *libertären Paternalismus* (Thaler und Sunstein 2009). Libertär bedeutet dabei freiheitsgebend, und Paternalismus ist eine Form der politischen Hierarchie, wo die übergeordnete Ebene in väterlicher Weise für die untergeordnete Ebene sorgt. Libertärer Paternalismus ist ein gewollt widersprüchlicher Begriff, weil er eben die Freiheit mit der Fürsorge verbindet.

▪ Kernpunkte

Folgende Kernpunkte umfasst die Theorie des libertären Paternalismus:

- *Entscheidungsarchitekturen:* Entscheidungsarchitektur (engl. *choice architecture*) bezeichnet die Art, wie eine Entscheidungssituation arrangiert ist, so wie die Reihenfolge der Speisen in der Mensa. Das Arrangement bereitet die Wahlen der Menschen in der Entscheidungssituation vor und beeinflusst sie. Diejenigen, die den Entscheidungskontext designen, nennt man die Entscheidungsarchitekten oder -architektinnen (engl. *choice architects*). Da Entscheidungen nie in einem kontextfreien Raum getroffen werden, gibt es auch keine „neutralen" Arrangements dieses Kontexts. Er hat immer einen Einfluss, auch wenn er zufällig entstanden ist. Das machte schon das Mensabeispiel deutlich. Entscheidungsarchitekturen gibt es also immer. Die Frage ist, welches Verhalten sie begünstigen bzw. für welchen Zweck sie optimiert sind. Nudges sind also nichts Neues, sondern unausweichlich und bereits überall vorhanden. Sie funktionieren auch, wenn sie transparent gemacht werden, d. h., wenn Menschen darüber informiert werden, wie die Entscheidungsarchitektur ausgerichtet ist (Sunstein et al. 2019).

- *Paternalismus ist nützlich, weil Menschen nicht immer in ihrem besten Interesse wählen:* Die Fürsorge durch eine übergeordnete Institution wird damit begründet, dass Menschen bisweilen hinderlichen und dysfunktionalen Denkverzerrungen oder Heuristiken unterliegen: Egoismus, Kurzsichtigkeit, Orientierung am eigenen sozialen Status, Imitation von falschem Verhalten (Herdeneffekte), Überoptimismus usw. Beispiele dafür lassen sich im Gesundheitsbereich (z. B. Übergewicht, Suchtverhalten, Rauchen) oder im wirtschaftlichen Bereich (z. B. Überschuldung) finden sowie in allen ökologisch-sozialen Dilemmata, bei denen ein rasch eintretender individueller Gewinn mit einem zeitverzögert eintretenden großen Schaden für alle bezahlt wird (vgl. ► Kap. 5). Thaler und Sunstein (2009, S. 5) schreiben: „[Nudges] influence choices in a way that will make choosers better off, as judged by themselves.“ Nudges besitzen ein großes Potenzial für eine langfristig verbesserte Lebensqualität, und das oft zu geringen Kosten. Das kann auch insbesondere denjenigen zugutekommen, die am wenigsten besitzen, die am wenigsten Zugang zu Information haben oder die aus anderen Gründen vulnerabel sind.
- *Wahlfreiheit:* Das zentrale ethische Argument bei Nudging ist, dass es freiheitserhaltend und zwangfrei ist (Thaler und Sunstein 2009). Nudges erhalten oder verbessern damit die persönliche Autonomie, Würde und Wahlfreiheit. Das steht im Gegensatz zu Gesetzen, Verboten (z. B. der Burger wird gar nicht mehr in der Mensa angeboten) oder ökonomischer Steuerung durch wirtschaftliche Anreize (z. B. der Burger wird teurer). Im Idealfall helfen Nudges Personen über eigene, durch Gewohnheiten oder Verzerrungen verursachte Grenzen hinweg zu einer größeren persönlichen Verhaltensfreiheit.

■ Ethische Entscheidungsarchitekturen

Um die genannten positiven Effekte zu realisieren, bedarf es aber einiger Eigenschaften, die gute, ethische Entscheidungsarchitekturen besitzen müssen (Sunstein et al. 2019):

- Entscheidungsarchitekturen im Sinne von Nudging sind *streng empirisch fundiert* und müssen an dem jeweiligen Fall getestet werden: „*test – learn – adapt*“ (Behavioural Insights Team 2011). Das entspricht ganz dem psychologisch-wissenschaftlichen Vorgehen: Basierend auf Pilotstudien, z. B. der Beobachtung des Verhaltens in einer bestimmten Situation, werden Interventionen entwickelt und empirisch an Stichproben getestet. Auf der Basis des statistischen Vergleichs gegeneinander wird die erfolgreichste gewählt.
- Entscheidungsarchitekturen müssen *voll transparent* sein, d. h., sie müssen als solche erkennbar sein. Nur so unterliegen sie der öffentlichen Überprüfung.
- Nudging darf *nicht für (gesellschaftlich) schädliche Ziele* angewendet werden. Sie sind nur dann legitim, wenn sie die Lebensqualität erhöhen, bestenfalls von

allen gleichermaßen, oder zumindest einen positiven gesamtgesellschaftlichen Nutzen zur Folge haben. Das muss demokratisch ausgehandelt und bestimmt werden. Die für die Gesellschaft positiven Konsequenzen müssen dann nicht jedem einzelnen Individuum unmittelbar einsichtig sein.

- Entscheidungsarchitekturen *erkennen existierende kulturelle, rechtliche und soziale Systeme an.* Das macht sie akzeptabel für die Menschen und somit wirkungsvoll. Allerdings bedeutet das auch, dass sie nicht automatisch übertrag- oder skalierbar sind. Ein in einer Situation, an einem Ort wirksamer Nudge muss nicht zwingend in einer anderen Situation oder an einem anderen Ort gut funktionieren. Das ist letztlich immer eine empirische Frage. Es gibt jedoch einen Erfahrungsschatz in Bezug auf Beispiele, in denen bestimmte Nudges aus der Sammlung (siehe nächster Abschnitt) erfolgreich waren.

4.2.4.3 Die zehn wichtigsten Nudges

Die folgende Sammlung bespricht wichtige und empirisch bereits erfolgreich angewendete Nudges (Sunstein 2014; Rauber et al. 2018). Sie verdeutlicht auch die Bandbreite der dazu zählenden Interventionen. Viele dieser Interventionen nutzen den Verhaltenskontext (die Entscheidungsarchitektur) und sind damit in unserem Schema der Ansatzpunkte für Verhaltensänderungen (◘ Abb. 4.4) eher bei der wahrgenommenen Verhaltenskontrolle angesiedelt, andere wirken aber auch auf Einstellungen oder die subjektive Norm. Die Liste gibt einen guten Eindruck der „Nudgingwerkzeugkiste".

▪ Default-Regeln: Die Macht der Voreinstellung

Zu den vermutlich wichtigsten Nudges gehören die sogenannten *Defaults* (Voreinstellungen). Es gibt sie überall und sie sind oft hilfreich, wenn eine Entscheidung schnell oder mit wenig kognitivem Aufwand getroffen werden soll. Da Menschen in der Regel bei der Voreinstellung bleiben und nur bei starker Präferenz für eine Alternative davon abweichen, hat eine Voreinstellung (und dementsprechend auch ihre Änderung) starken Einfluss auf das Verhalten der Menschen.

◘ Abb. 4.10 stellt die Häufigkeiten von Organspendern und Organspenderinnen nach verschiedenen Ländern aufgeschlüsselt dar. Es fällt auf, dass es ganz offensichtlich zwei Klassen von Ländern gibt: Solche, bei denen so gut wie jeder Bürger und jede Bürgerin Organspender bzw. -spenderin ist, und solche, bei denen dies kaum bei einem Viertel aller Personen der Fall ist. Was ist der Unterschied zwischen diesen beiden Klassen? Es sind keine nationalen Aufklärungsprogramme, auch keine sonstigen nationalen Unterschiede. Es ist allein die Art und Weise, wie mit dem Default umgegangen wird. In den Ländern auf der rechten Seite der Abbildung gilt: Alle werden einfach als Organspender oder Organspenderin geboren. Wer das nicht mag, dem steht es jederzeit frei, sich auszutragen. Man sieht an den Zahlen, dass das nur ganz wenige wirklich tun. In Deutschland ist man vom Default her kein Spender oder keine Spenderin, wie in den anderen Ländern auf der linken Seite der Abbildung auch. In diesen Ländern geht man nach der sogenannten Entscheidungslösung vor: Menschen müssen aktiv und explizit der Organspende zustimmen. Dies muss z. B. durch das Mitführen eines selbst ausgefüllten Aus-

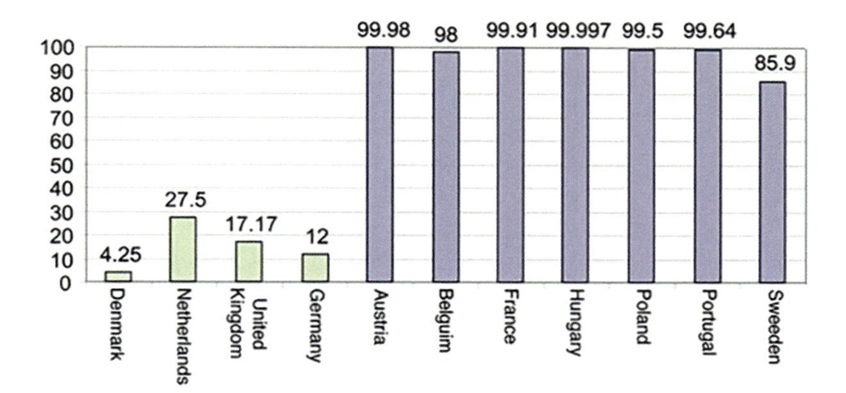

Abb. 4.10 Anteil an Organspendern und Organspenderinnen in verschiedenen Ländern. (Johnson und Goldstein 2004; S. 1715; mit freundlicher Genehmigung von Wolters Kluwer Health, Inc.)

weises dokumentiert werden. Beide Klassen von Ländern unterscheiden sich also darin, ob sie eine Abmeldevariante (*opt-out*) oder eine Anmeldevariante (*opt-in*) vorsehen. In allen Ländern kann man frei wählen, und die Haltung zur Organspende unterscheidet sich in der Bevölkerung wohl auch nicht drastisch – allein der geltende Default entscheidet darüber, ob genügend Organe für Transplantationen vorhanden sind oder eben nicht.

Es gibt eine Reihe weiterer alltäglicher Beispiele für die Wirksamkeit von Defaults (Sunstein und Reisch 2014). Bewegungsmelder für Beleuchtung, z. B. in einem Flur, implementieren den Default „Licht aus". Das Licht geht zwar – technisch unterstützt – mühelos an, ist aber als Standard aus. An der Rutgers University in den USA sparte doppelseitiger Druck als Standardeinstellung an den Druckern 44 % des Druckerpapiers. In der Schwarzwaldgemeinde Schönau erzeugen die dortigen Elektrizitätswerke (EWS) zertifizierten grünen Strom aus regenerativen Energien. Der Bezug dieses Stroms ist der Default in der Gemeinde, mit dem Erfolg, dass 94 % der Einwohnenden diesen zertifizierten Ökostrom beziehen.

Folgendes Experiment (Pichert und Katsikopoulos 2008) zeigt die Wirksamkeit von Defaults in einem gut kontrollierten Rahmen. Versuchspersonen wurden folgende zwei Alternativen mit hypothetischen Stromanbietern geboten:

- „EcoEnergy verkauft saubere Energie aus erneuerbaren Quellen. Tragen Sie zum Klima- und Umweltschutz bei!"
- „Wir bieten den günstigsten Stromtarif – unschlagbar. Sparen Sie richtig Geld mit Acon!"

Die Ergebnisse variieren, je nachdem, welcher der beiden Anbieter der Default war: Bei Default Acon blieben 57 % dabei, 43 % wählten aktiv die Alternative Grünstrom (*opt-in* zu Grünstrom). Bei Default Grünstrom blieben 68 % dabei, 32 % wählten aktiv die Alternative Acon (*opt-out* aus Grünstrom). In diesem Experiment wirken die Defaults nicht so mächtig wie bei den Organspenden. Während sich bei der Organspende viele Menschen noch nie Gedanken darüber gemacht haben, waren die Versuchspersonen in diesem Experiment auf die Situation fokussiert und beschäftigten sich aktiv mit der Wahl.

Was sind die psychologischen Wirkmechanismen von Defaults (Sunstein und Reisch 2014)?

- Zunächst einmal informiert ein Default über das, was „normal“ ist, und liefert damit *soziale Information*, an der sich Verhalten orientieren kann. Damit impliziert der Default eine Befürwortung und Unterstützung einer Mehrheit. Er zeigt, was in der Gesellschaft der Standard sein soll.
- Da man aus Defaults nur aktiv aussteigen kann, erschweren das *Trägheit und Bequemlichkeit*. Wenn ich mich also aktiv gegen einen Default entscheide, muss die Alternative deutlich besser sein als der Default. Andernfalls wird das bevorzugt, wozu keine Entscheidung nötig ist.
- Defaults definieren einen Referenzpunkt, ein *Anspruchsniveau* für eine Person. Sich gegen den Default zu entscheiden, wird oft als Verlust betrachtet. Ein schönes Beispiel ist, wenn Lehrkräfte eine Summe Geld bekommen und sie zurückerstatten müssen, falls ihre Schülerinnen und Schüler nicht die geforderten Leistungen erreichen. Wir spüren förmlich, wie motivierend das ist: Etwas zu verlieren, tut mehr weh, als wenn man das gleiche gewinnt. Das nennt man *Verlustaversion* (Tversky und Kahnemann 1991). Das nutzen Anbieter für Zeitschriften oder Pay-TV aus, wenn man diese Angebote kostenlos eine Zeit lang „geschenkt“ bekommt, dann aber aufgrund des drohenden empfundenen Verlusts (der Referenzpunkt liegt ja jetzt bei „Ich habe Kabelfernsehen“) nicht kündigt.

> Bei der Diskussion um nachhaltige, ressourcensparsamere Lebensstile spielt vielfach auch die Verlustaversion eine Rolle. Der Status quo des materiellen Überflusses definiert das Anspruchsniveau. Doch diese Perspektive ist einseitig. Wie die Überlegungen zur Postwachstumsgesellschaft zeigen (► Kap. 7), spielen dort Entschleunigung, Gerechtigkeit, intensivere soziale Beziehungen eine wesentliche Rolle. Das Anspruchsniveau, also der Ausgangspunkt der Überlegungen, definiert das Framing: Leben wir jetzt in der besten, der gesündesten aller Gesellschaften? Ist also die Gesellschaft, so wie sie aktuell ist, ein wünschenswerter Default? Oder sind wir in der Lage, uns etwas Besseres vorzustellen?

Vereinfachungen

Häufig sind Sachverhalte komplex dargestellt und erschweren Menschen das Verständnis von Informationen. Durch eine vereinfachte Darstellung von Informationen und Prozessen können mögliche Verzerrungen in der Entscheidungsfindung behoben werden. Ein wichtiges Beispiel dafür sind gut lesbare Verträge, z. B. bei der Kreditvergabe. Hier ist es wichtig, dass auch dem Finanzwesen nicht nahestehende Personen Entscheidungen treffen, die ihre Interessen wahren und nicht zu (chronischer) Überschuldung führen. Ein anderes Beispiel stellt der sogenannte Nährwertteller dar, der in der Gesundheitsförderung zur einfachen Kommunikation über gesundes Ernährungsverhalten verwendet wird. Das ist eine Abbildung von einem Teller, auf dem mittels farblicher Sektoren die ungefähre Menge von Fleisch, Beilagen und Gemüse für eine ausgewogene und gesunde Ernährung dargestellt ist.

▪ Soziale Normen

Wie bereits in ► Abschn. 4.1.5 ausführlich besprochen, orientieren sich Personen häufig am Verhalten ihrer Mitmenschen. Soziale Normen unterstreichen, dass ein bestimmtes Verhalten von der Mehrheit angewendet wird oder angewendet werden soll. Das in dem Abschnitt auch besprochene Handtuchexperiment verdeutlichte, dass ein lokaler Bezug hilft, die Wirksamkeit einer deskriptiven Norm zu erhöhen. Ein umweltbezogenes Beispiel wäre dann: „44 % der Deutschen kaufen ihre Eier bei regionalen Händlern."

▪ Erleichterung, Erhöhung der Einfachheit oder Bequemlichkeit

Menschen wählen oft intuitiv die vermeintlich einfachsten oder bequemsten Alternativen. Deshalb kann die Wahl einer gewünschten Option durch den Abbau von offensichtlichen Hindernissen, die Erhöhung der Bequemlichkeit oder auch der Sichtbarkeit (Salienz) gefördert werden. Das lässt sich am Beispiel der Führung von zu Fuß Gehenden verdeutlichen. In einem Einkaufszentrum gibt es üblicherweise breite Gänge mit Geschäften auf beiden Seiten. Damit sich die Besuchenden nicht ständig entgegenkommen und sich behindern, stellt man im Mittelbereich gerne z. B. Blumenkästen auf. Damit wird der Eindruck einer Straße mit zwei Laufbahnen vermittelt, der Personenfluss organisiert sich automatisch, ohne dass es den Besuchenden bewusst ist. Auch hier ist es natürlich nach wie vor möglich, die gegenüberliegende Spur zu kreuzen, um z. B. zu einem gegenüberliegenden Geschäft zu gelangen. Nudges dieser Art lassen sich übrigens im Internet sehr häufig finden, wo (allerdings nicht immer in guter Absicht) ein bestimmtes Klickverhalten bei einer App oder einer Webseite sehr deutlich angeboten und bequem gemacht wird.

▪ Erhöhung der Transparenz

Transparente Information kann Konsumenten und Konsumentinnen dazu dienen, sachkundige Entscheidungen zu treffen. Verständliche und leicht zugängliche Informationen, z. B. am Produkt selbst, erleichtern dies. Dazu gehören etwa die Offenlegung der Herkunft, des Nährwerts oder der Zusammensetzung von Nahrungsmitteln, der Umweltkosten in Energie oder Klimawirkung. Weil lange Tabellen dann unverständlich oder schwer zu interpretieren sind, geht Transparenz auch mit Vereinfachung (siehe oben) einher. Bestes Beispiel dafür sind Labels bei Nahrungsmitteln (z. B. Label für Bioqualität oder Fairtrade) oder einfachste Klassifizierungen in Form von Ampelfarben (z. B. beim Energieausweis oder beim Tierwohllabel).

▪ Warnhinweise

Die Aufmerksamkeit von Menschen ist begrenzt. Durch deutliche und grafisch auffällig aufbereitete Warnhinweise kann die Aufmerksamkeit für gewünschte Verhaltensweisen erregt bzw. erhöht werden. Die Warnhinweise (und Bilder) auf Zigarettenschachteln, die auf die Risiken des Rauchens hinweisen, wurden über die Jahre drastischer und damit in ihrer Wirksamkeit verstärkt (Deutscher Bundestag 2017).

Selbstverpflichtungen und Selbstkontrollstrategien

Menschen haben oft Schwierigkeiten, selbst gesetzte Ziele auch zu erreichen. Durch ein Bekenntnis (Selbstverpflichtung, engl. *commitment*) zu bestimmten Zielen erhöhen sie für sich selbst den Druck. Damit gelingt die Zielerreichung besser. Selbstverpflichtungen können privat, also sich selbst gegenüber erfolgen (z. B. verspricht sich jemand selbst, jede Woche einmal Joggen zu gehen). Deutlich wirksamer aber sind Selbstverpflichtungen, wenn sie öffentlich erfolgen. Jemand verspricht der Arbeitsgruppe, die fertigen Folien für das Referat bis Anfang der nächsten Woche zu schicken. Oder jemand erzählt allen Bekannten, dass sie mit dem Rauchen aufgehört hat. Zu dem Ärger eines Rückfalls käme noch die Kritik und der Spott der Bekannten – nicht auszudenken! Am wirkungsvollsten, aber auch am schwersten herzustellen sind Bedingungen, in denen ein Bekenntnis oder eine Verhaltensintention schriftlich festgehalten wird. Das kann eine Unterschrift bei den Versuchs- oder Kampagnenleitenden sein oder gar eine Veröffentlichung des Namens in der Zeitung. Immer betont eine Selbstverpflichtung die Kongruenz zwischen den eigenen Einstellungen und Normen.

Selbstkontrollstrategien sind eine besondere Art der sich selbst gegebenen Verpflichtung. Bekanntestes Beispiel dafür ist ein Wecker. Das ist ein Nudge, ein Stupser, den wir uns selbst geben. Wir wissen: Wenn wir uns nicht wecken lassen, dann verschlafen wir. Wir entscheiden also in einem Moment der (paternalistischen) Fürsorge für uns selbst vernünftig und meistens am Abend vorher, dass wir uns am nächsten Tag zu einer bestimmten Zeit wecken lassen wollen. Das nimmt vielleicht die Erfahrung vorweg, dass man am nächsten Morgen nicht immer im eigenen Interesse entscheiden kann. Das mag uns also am nächsten Morgen gefallen oder nicht – vernünftig ist es allemal. Wir sind hier – und in vielen anderen Fällen des täglichen Lebens – selbst unsere *choice architects*.

Erinnerungen

Menschen verlieren oft bestimmte Ziele aus den Augen, z. B. aufgrund von Zeitmangel, Vergesslichkeit oder auch Verdrängung. Schon kleine Erinnerungen (engl. *prompts*) an ihre Pläne oder Aufgaben können deren tatsächliche Durchführung fördern. Dazu zählen Aufforderungen, im Büro den Computer herunterzufahren, die Heizung abzudrehen und das Licht auszumachen, wenn man nach Hause geht. Ein gutes Beispiel sind Erinnerungen per Nachricht oder E-Mail, die etwa zum routinemäßigen Gesundheitschecktermin auffordern. Eine Smartwatch fragt eine gesundheitsbewusste Person: „Laufen wir noch heute?“

Implementierungsintentionen

Ist eine Intention bereits gegeben und keine wesentlichen Barrieren stehen ihr entgegen, ihre Verwirklichung will aber nicht so recht gelingen, sind Implementierungsintentionen (engl. *implementation intentions*; Bamberg 2000; Gollwitzer 1993; Gollwitzer und Brandstätter 1997) eine hilfreiche Unterstützung. Stellen Sie sich folgende Situation vor: Zwei Bekannte treffen sich auf der Straße, reden und verabschieden sich dann mit dem Satz: „Oh, wir sollten uns mal wiedersehen!“ Dieser Satz ist nichts wert und enthält das verräterische Wort „sollte“. Deutlich wird, dass hier Zeitpunkt, Ort und Art des ersten Schrittes für ein Treffen im Unklaren bleiben (was manchmal ja auch gewollt sein kann). Eine Implementierungsintention beinhaltet aber genau diese Spezifikationen. Und das wirkt manchmal Wunder. Dann wird aus einer dahingesagten Floskel ein Treffen am nächsten Mittwoch um 15 Uhr in dem netten Café an der Ecke. Wenn Sie sich sagen: „Heute Nachmittag um 15 Uhr werde ich mit den Prüfungsvorbereitungen beginnen. Nur eine halbe Stunde, aber ich werde damit anfangen, festzustellen, was ich von der Prüfungsliteratur bereits besitze.“ Das entfaltet eine völlig andere Dynamik als „Oh, ich *sollte* jetzt endlich mal anfangen“. So reihen sich kleine, aber gut spezifizierte (und damit überprüfbare) Schritte zu einer längeren und erfolgreichen Handlungskette.

■ Feedback zu den Konsequenzen des eigenen Verhaltens

In ► Abschn. 4.2.1 wurde bereits auf die Anforderungen und Wirkungen der Rückmeldung von Verhaltenskonsequenzen eingegangen. Dazu kommt, dass Menschen sich auch nicht oder nur ungenügend an die Auswirkungen ihrer früheren Handlungen erinnern. In jedem Fall kann das Bereitstellen von Feedback helfen, dass sie ihr zukünftiges Handeln optimieren. Verhaltensfeedback ist bei allen Ressourcenverbräuchen ein wesentliches Element. Oft jedoch werden wir (zu) lange im Unklaren gelassen, wie es denn um unseren Verbrauch steht. Die Rechnungen zu Strom, Wasser, Gas usw. erreichen die Verbraucher und Verbraucherinnen erst lange nach dem relevanten Verhalten und ein Rückschluss ist nicht mehr präzise möglich.

4.2.5 Das Phasenmodell der Verhaltensänderung

Bamberg (2013) hat ein Phasenmodell der Verhaltensänderung (Stage Model of Self-regulated Behavioral Change, SSBC) vorgelegt. Es beschreibt, wie zur Vorbereitung einer Handlung (z. B. ein umweltfreundliches Verkehrsmittel zur Arbeit zu nehmen) mehrere Phasen durchlaufen werden. Damit erinnert das Modell an das Rubikonmodell (Gollwitzer 1995), bleibt jedoch eines der wenigen ausformulierten und empirisch gestützten Phasenmodelle in der Handlungspsychologie und erweist sich daher zur Ableitung spezifischer Interventionen als besonders nützlich.

Zwischen jeder der vier Phasen werden bestimmte Intentionen gebildet, die den Übergang in die nächste Phase ermöglichen. In jeder Phase sind bestimmte Informationen oder Kognitionen nötig, um die entsprechende Intention zu bilden. Im Einzelnen sind die Phasen:

- *Die prädezisionale Phase.* Sie liegt vor der eigentlichen Entscheidung, etwas zu tun. Um überhaupt eine Handlungsnotwendigkeit zu erkennen, sind die sozialen, aber auch die personalen Normen, die eigenen Emotionen mit dem Status quo und einer eventuellen Änderung durch eine Handlung, aber auch die Wahrnehmung der eigenen Verantwortung für die Veränderung der Situation von Belang. Sie mündet in die sogenannte *Zielintention*. Ein Beispiel für eine Zielintention wäre: „Ich möchte etwas an meinem Mobilitätsverhalten ändern.“ Wenn sie gefasst ist, geht es in die nächste Phase.

- *Die präaktionale Phase.* Diese Phase liegt vor der Handlung. Hier werden verschiedene Verhaltensstrategien (Fahrrad fahren, den ÖPNV nehmen) durchgespielt und eine davon gewählt. Es wird also eine *Verhaltensintention* (z. B. „Ich möchte gerne mit dem Fahrrad zur Arbeit fahren“) gebildet, die zur nächsten Phase überleitet.
- *Die aktionale Phase.* Damit die Intention, ein bestimmtes Verhalten auszuführen, auch wirksam wird, ist eine weitere Phase nötig. Hier wird die Entscheidung über eine bloße Verhaltensstrategie („Mit dem Fahrrad zur Arbeit fahren“) angereichert mit einer genaueren Planung hinsichtlich Vorbereitung, Ausführung und Zeitpunkt der Handlung. Die resultierende Absicht wird *Implementierungsintention* genannt (vgl. auch den vorigen ▶ Abschn. 4.2.4.3). Sie könnte z. B. lauten: „Morgen früh steht mein Fahrrad aufgepumpt und fahrtüchtig bereit. Um 7:30 Uhr geht es los.“ Nun sollte die Handlung gut ausgeführt werden können.
- *Die postaktionale Phase.* Ist die Handlung einmal ausgeführt, ist daraus noch keine Gewohnheit geworden. Damit das passiert, ist die Fähigkeit nötig, mit Rückschlägen umzugehen.

Vor der Entscheidung, also in der prädezisionalen Phase, wirkt es unterstützend, auf soziale Normen oder günstige personale Normen sowie auf die eigene Verantwortung hinzuweisen. Ziele können auch als gut erreichbar dargestellt werden. In der präaktionalen Phase ist Information über die verschiedenen möglichen Verhaltensweisen und ihr Für und Wider nützlich, um eine gute Entscheidung treffen zu können. Während also der Fokus in der ersten Phase auf der Motivation der Person liegt, liegt sie in der zweiten Phase auf den Handlungsoptionen. In der dritten Phase kann dabei geholfen werden, eine möglichst konkrete Implementierungsintention zu bilden. In der letzten Phase geht es um Rückfallprävention und die Stützung der gewohnheitsmäßigen Durchführung.

4.3 Rebound

Mit dem Reboundeffekt kommen wir zu einem Phänomen, was individuellen und gesellschaftlichen Bemühungen für Nachhaltigkeit häufig entgegenwirkt. Es hängt stark mit der Nachhaltigkeitsstrategie der Effizienz, also einer zunehmenden Ressourcensparsamkeit von Produkten und Prozessen (vgl. ▶ Abschn. 4.5.1), zusammen, hat aber letztlich in der Psychologie und im individuellen Verhalten liegende Ursachen.

> Der *Reboundeffekt* bezeichnet den gesteigerten Konsum von Ressourcen, der von einer oder mehreren Produktivitätssteigerungen bedingt oder zumindest ermöglicht wird (Santarius 2012). Produktivität ist dabei das Verhältnis von eingesetzten Ressourcen zu hergestellten Konsum- oder Servicegütern. Eine Produktivitätssteigerung ist eine Folge von technischen oder organisatorischen Verbesserungen, die die Sparsamkeit oder *Effizienz* der Produktion erhöhen.

Wie stark der Rebound wirken kann, ist in ◘ Abb. 4.11 veranschaulicht. In der Abbildung sind die Daten mehrerer umweltrelevanter Sektoren für Deutschland dargestellt.

Wir können sehen, wie die Effizienz der einzelnen Sektoren aufgrund von technischer Verbesserung über die Jahre zunimmt, also der Umweltverbrauch pro Leistungseinheit über die Zeit überwiegend abnimmt (die im Wesentlichen sinkenden Kurven in der unteren Hälfte der Abbildung). So sinkt z. B. der Kraftstoffverbrauch pro gefahrenem Kilometer, und pro erzeugter Kilowattstunde Strom muss man immer weniger Brennstoff einsetzen. Gleichzeitig wächst aber der Verbrauch des jeweiligen Konsumguts: Es wird mehr gefahren, auf mehr

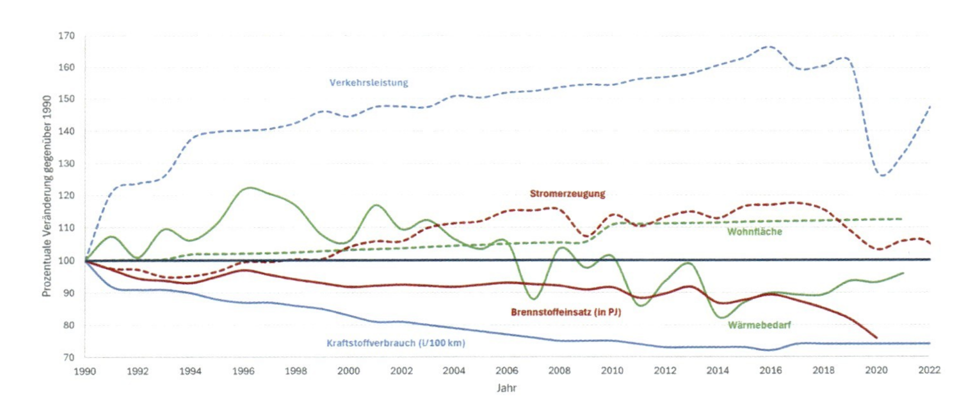

◘ **Abb. 4.11** Rebound: Wachsender Bedarf trotz Effizienzmaßnahmen. (Eigene Darstellung mit Daten aus: ► https://www.umweltbundesamt.de/daten/verkehr/endenergieverbrauch-energieeffizienz-des-verkehrs#durchschnittsverbrauch-bei-pkw-stagniert; ► https://bmdv.bund.de/SharedDocs/DE/Publikationen/G/verkehr-in-zahlen_2000-pdf.pdf?__blob=publicationFile; ► https://www.umweltbundesamt.de/daten/verkehr/fahrleistungen-verkehrsaufwand-modal-split#personenverkehr; ► https://www.umweltbundesamt.de/daten/private-haushalte-konsum/wohnen/energieverbrauch-privater-haushalte#endenergieverbrauch-der-privaten-haushalte; ► https://www.destatis.de/DE/Presse/Pressemitteilungen/2023/06/PD23_N041_31.html; ► https://www.umweltbundesamt.de/sites/default/files/medien/1410/publikationen/2022-05-04_climate-change_20-2022_energiebedingte-emissionen-brennstoffeinsatze_2020_bf_0.pdf; ► https://www.destatis.de/DE/Themen/Branchen-Unternehmen/Energie/Erzeugung/bar-chart-race.html)

Quadratmetern gewohnt, mehr Strom verbraucht (die oberen, überwiegend ansteigenden Kurven). Der Absolutverbrauch nimmt also – trotz der Bemühungen um technische Effizienz – nicht in gleichem Maße oder sogar gar nicht ab. In der Abbildung sind auch zu sehen: die Auswirkungen der deutschen Wende für die Mobilität in den neuen Bundesländern, die Weltwirtschaftskrise in der Stromerzeugung sowie die Auswirkungen der Coronapandemie auf die Mobilität. Der Brennstoffeinsatz zur Stromerzeugung nimmt mit dem Ausbau der erneuerbaren Stromquellen sichtbar ab.

Die Zunahme des Absolutverbrauchs ist natürlich so nicht gewollt. Die Idee der Effizienzstrategie ist ja gerade, den Ressourcenverbrauch (auf der Inputseite) und die Umweltauswirkungen (auf der Outputseite) jedweden Konsums zu reduzieren. Allerdings gilt das pro Konsumeinheit: Ein Auto soll mit weniger Ressourcen, Energieaufwand und Abfall produziert werden als bisher. In ◘ Abb. 4.11 sehen wir, dass das zwar gelingt, aber auch, dass Mehrverbrauch die Gewinne wieder auffrisst. Und tatsächlich sind die Gewinne durch Effizienz (die unteren Kurven in der Abbildung) nicht unabhängig vom (Mehr-)Verbrauch (die oberen Kurven). Dem wollen wir jetzt nachgehen.

4.3.1 Varianten des Rebounds

Die Kernfrage beim Rebound ist, warum sich bei Effizienzmaßnahmen ein gesteigerter Konsum einstellt. Es werden hier ausgehend von Santarius (2012) zehn Varianten des Reboundeffekts in vier Klassen beschrieben.

4.3.1.1 Finanzielle Reboundeffekte

Finanzieller Rebound wird durch Kosteneinsparungen nach Effizienzmaßnahmen ermöglicht. Die gesparten finanziellen Mittel werden in einen Mehrverbrauch investiert.

- Der sogenannte *Einkommenseffekt* liegt dann vor, wenn Effizienzmaßnahmen das frei verfügbare Einkommen eines Menschen erhöhen. So muss jemand für ein effizientes Fahrzeug weniger Treibstoff kaufen und erfährt finanzielle Einsparungen. Dieser Rebound kann wiederum in zwei Varianten vorkommen: als *direkter* Reboundeffekt (es wird mit dem übrigen Geld mehr vom selben Gut, hier also Treibstoff gekauft, um damit weiter zu fahren) oder als *indirekter* Rebound, wenn mit dem gesparten Geld etwas anderes gekauft wird.
- Auf Produzierendenseite wird dieser Effekt *Reinvestitionseffekt* genannt. So können neue Maschinen dafür angeschafft werden, die mehr Güter produzieren. Das bedeutet mehr Ressourcenverbrauch. Es ist aber auch möglich, dass das Geld in die Löhne der Mitarbeitenden investiert wird, was wiederum zu einem Einkommenseffekt führt.

- Wenn alle wegen verbesserter Effizienz weniger von einem Gut (z. B. Energie) verbrauchen, dann wird das Gut billiger auf dem Markt (weil die Nachfrage sinkt), was wiederum dazu führt, dass alle mehr verbrauchen. Das ist der *Marktpreiseffekt*. Er kann Leute auch dazu veranlassen, z. B. Dinge, die vorher nicht motorisiert betrieben wurden, nun motorisiert zu betreiben. Die Straßenreinigung ist nicht mehr mit dem Besen unterwegs, sondern mit motorisierten Laubbläsern. Über den Umweg des Marktes bringt also die Effizienzmaßnahme das gesparte Geld wieder in die Wirtschaft hinein, was dann zu einem Mehrverbrauch an Ressourcen (z. B. Energie) führt.

In allen Fällen ist durch die Effizienzmaßnahmen mehr Geld im System zur Verfügung. Damit wird wieder der Konsum angekurbelt und damit auch der Umweltverbrauch und der Treibhausgasausstoß.

4.3.1.2 Materielle Reboundeffekte

> *Materieller Rebound* beschreibt das Phänomen, dass für effizientere Technologie zusätzlich Energie oder Material aufgewendet wird.

Auch beim materiellen Rebound werden drei Varianten unterschieden:

- Als *Embodied-Energy-Effekt* wird bezeichnet, dass die für die Produktion einer Ware verbrauchte Energie gewissermaßen danach in der Ware enthalten ist. Diese Energie nennt man auch *graue Energie*. Bei der Dämmung eines Hauses (selbst eine Energieeffizienzmaßnahme) beispielsweise ist zu fragen, wieviel Energie für die Produktion, den Transport und die Montage der Dämmung aufgewendet wurde. Diese Energie wurde verbraucht, bevor die Dämmung etwas an Energie einsparen konnte, und sie muss erst wieder „hereingeholt" werden, bevor die Dämmung einen Nettoeffizienzgewinn erzielt. Graue Energie spielt übrigens auch bei Nahrungsmitteln eine Rolle (▶ Abschn. 6.3).
- Der *Neue-Märkte-Effekt* liegt dann vor, wenn eine Innovation eingeführt wird, ohne dass die alten Strukturen abgebaut werden. Das lässt sich gut am Beispiel der Einführung von Elektrofahrzeugen illustrieren: Vergegenwärtigen wir uns, was an Infrastruktur für Automobile bisher gebaut wurde – weltweit. Erdölbohreinrichtungen zu Wasser und zu Land, mehr als 9000 Tanker (▶ https://www.sciencedirect.com/topics/engineering/tankers-ships), die auf den Weltmeeren unterwegs sind, zahlreiche Anlagen, Raffinerien, Tankstellen (allein in den USA über 150.000) und Werkstätten mit den dazugehörigen Fachleuten, die entsprechenden Ausbildungsgänge, von der Motorkonstruktion bis zur Wartung. Wenn nun Autos mit Verbrennungsmotor durch Autos mit Elektroantrieb ersetzt werden, dann hat das – neben dem zunächst positiven Umwelteffekt des Elektroantriebs an sich – auch zur Folge, dass eine neue Ladeinfrastruktur benötigt wird, mit einer dem Verbrauch angepassten Art der Stromerzeugung, Werkstätten mit neuer Expertise, die Ausbildung dafür usw. Nun

haben wir einen neuen Markt, zunächst jedoch ohne den alten abzuräumen. Ganz entgegen der Idee, dass eine Innovation zu mehr Umweltschonung führen soll, findet sich hier materielles Wachstum.

- Beim *Konsumakkumulationseffekt* (also der Effekt der Anhäufung von Konsumgütern) wird ein altes, ineffizientes Gerät nicht aus der Benutzung genommen, sondern einer anderen Verwendung zugeführt. So wandert der alte Kühlschrank in den Partykeller, oder das alte Auto geht an die Kinder. Wenn Sie nicht sehr aufpassen und ein altes Paar Schuhe ausrangieren, sobald Sie ein neues Paar kaufen, erleben Sie den Konsumakkumulationseffekt. Schleichend baut sich die Menge an Konsumgütern über die Zeit auf, jenseits der ständigen Benutzung und Notwendigkeit. Die Minimalismusbewegung ist die radikale Antwort darauf, indem sie sich auf den Umgang mit der Anhäufung von Konsumgütern fokussiert und das Gegenteil davon anstrebt: so wenig wie möglich zu besitzen.

4.3.1.3 Psychologische Reboundeffekte

> Beim *psychologischen Rebound* wandelt sich ein Produkt vom als schädlich Gebrandmarkten zum ökologisch Vertretbaren und führt so zu einer Mehrnachfrage.

Als psychologischer Rebound werden die Effekte bezeichnet, die man nicht unmittelbar auf die Verwendung von Geld oder materiellen Ressourcen zurückführen kann, sondern die ihren Ursprung in den Kognitionen der Konsumierenden haben. Auch hier gibt es drei Varianten:

- Wer in eine effiziente Technologie investiert hat, nutzt diese Technologie in dem Wissen, dass sie eben durch die gesteigerte Effizienz nicht mehr so umweltschädlich ist, gerade umso mehr. Das Phänomen ist aus der Versicherungswirtschaft als *Moral Hazard* bekannt: Abgeschlossene Versicherungen können dazu verleiten, sich weniger risikobewusst zu verhalten. So kommt es vor, dass jemand, der oder die eine Rechtsschutzversicherung abgeschlossen hat, häufiger vor Gericht klagt. Oder dass jemand, der oder die einen Helm beim Skifahren trägt, riskanter fährt. Versicherungen und Helme sind zwar eine gute Sache, führen aber eben auch zu einem gesteigerten Sicherheitsgefühl, was in der Folge riskanteres Verhalten hervorrufen kann.

  Dieser Effekt tritt auch im Umweltbereich auf. Eine Untersuchung findet, dass Personen, die ihr neues Auto mit Hybridantrieb besonders umweltfreundlich finden, 1,6-mal so viele Kilometer mit diesem Fahrzeug unterwegs sind wie mit ihrem vorherigen (Santarius und Soland 2016; vgl. dazu aber auch ► Abschn. 4.3.2). Psychologisch wird die Schädlichkeit des Verhaltens also neu bewertet und entsprechend das (jetzt nicht mehr als so schädlich angesehene) Verhalten intensiviert bzw. die Technologie mehr genutzt.

- Der *Moral-Leaking-Effekt* (also eigentlich: das „Auslaufen" der Sparmoral) ähnelt dem Moral Hazard, geschieht jedoch unbewusst und unabsichtlich: Bei einer effizienten Technologie empfinden es Personen als nicht mehr so wichtig, zu sparen. So wird nach Einbau einer effizienten Heizung weniger genau darauf geachtet, in geeigneter Weise zu lüften (Heizungen bleiben also an beim Lüften, Fenster bleiben gekippt) oder nach der Umstellung auf Ökostrom oder nach Einbau von LED-Beleuchtung das Licht auszuschalten, wenn man es nicht braucht.
- Ein richtig gemeiner und oft anzutreffender Effekt ist *Moral Licensing* (also eigentlich die sich selbst gegebene Erlaubnis, weniger streng mit sich zu sein). Damit bezeichnet man das Phänomen, dass Personen ihre Effizienz, ihre Umweltfreundlichkeit bei *einem* Verhalten als Begründung dafür heranziehen, bei *einem anderen* Verhalten die Umwelt mehr oder gar ganz ignorieren zu können. So könnte jemand beispielsweise Fernflüge oder den Besitz eines schweren Autos mit gutem Recyceln oder dem Verzicht auf Plastik begründen. In dieser Überlegung spielen die tatsächlichen, objektiven Umweltbelastungen der einzelnen Verhaltensweisen eine untergeordnete Rolle.

4.3.1.4 Der Effekt der gesparten Arbeitszeit

Wenn eine erhöhte Arbeitsproduktivität (d. h., es können dieselben Güter oder Dienstleistungen in kürzerer Zeit produziert werden) nicht dazu führt, dass die gleiche Arbeit in weniger Zeit erledigt wird und die Arbeitenden z. B. mehr Freizeit haben, sondern dazu, mehr zu produzieren (d. h., gleich viel Arbeitszeit wie vorher aufzuwenden), führt das zu mehr Energie- und sonstigem Umweltverbrauch (d. h., es wird mehr produziert). Dabei steigt z. B. der Energieaufwand pro geleisteter Einheit des Produkts. Zwei Beispiele zur Verdeutlichung:

Die Erstellung von wissenschaftlichen Manuskripten hat sich in den letzten Jahrzehnten völlig gewandelt. Noch in den 1970er-Jahren wurden Diktate von Sekretären oder Sekretärinnen auf mechanischen Schreibmaschinen verschriftet. Das erforderte z. B. bei fehlenden Sätzen gegebenenfalls ein Neuschreiben der Seite. Mit der Verbreitung von Computern in Büros änderte sich das komfortabel (auch mit dem Effekt, dass der Arbeitsauftrag eines Sekretariats nun fast nie mehr das Abschreiben von Diktaten ist und die Autorinnen und Autoren ihre Texte selbst schreiben, wie auch bei diesem Buch). Generell nahm die Anzahl an wissenschaftlichen Veröffentlichungen nicht zuletzt aufgrund der verbesserten Technologie enorm zu. Allerdings stieg der Energieverbrauch durch Büro-EDV ebenfalls enorm an.

Das andere Beispiel ist die Dauer, die Menschen im Mittel pro Tag für ihre Mobilität aufgewendet haben und immer noch aufwenden. Tatsächlich bleibt die für Mobilität aufgewendete Zeit pro Tag ziemlich konstant – und zwar quer über Kulturen, Länder und Epochen hinweg – und liegt bei etwa 1 h (Marchetti 1994). Je moderner also das Verkehrsmittel, so wird bei gleichbleibender Dauer mehr Wegstrecke zurückgelegt, der Zeitgewinn also in zusätzlichen Weg gesteckt. Gleichzeitig verbraucht moderne Mobilität aber auch ein Vielfaches an Energie, sodass insgesamt auch viel mehr Energie verbraucht wird.

4.3.2 Größenordnungen des Rebounds

Wie stark sind die auftretenden Reboundeffekte? Das ist je nach Sektor (also Verkehr, Elektrogeräte im Haushalt oder Gebäudewärme) unterschiedlich. Als Faustformel schlägt Santarius (2012) 50/50 vor: Es ist von mindestens 50 % Rebound, also höchstens 50 % tatsächlichem Effizienzgewinn nach einer Effizienzmaßnahme auszugehen. Zu 10–30 % direktem Rebound kommen 5–50 % indirekte Effekte hinzu. Dieser Rebound zeigt sich auch in nationalen Statistiken: In den USA und in der EU gab es von 1970 bis 1991 eine Steigerung der Energieeffizienz in der gesamten Volkswirtschaft um 30 %. Im gleichen Zeitraum nahm aber der Energieverbrauch nur um 20 % ab, was einem Rebound von 66 % (abzüglich sonstiger Wachstumseffekte) entspricht.

> Wenn der Rebound mehr als 100 % beträgt, nennt man ihn *Backfire*.

Wir wenden uns nun dem Rebound in den verschiedenen Sektoren zu und beginnen beim Heizen. Rennings (2014) hat Reboundeffekte in verschiedenen Konsumsektoren detailliert an deutschen Haushalten untersucht. Die Befunde zeigen, dass nach einer Modernisierung der Heizung die Heizkörper ca. 40 min länger pro Tag laufen. Bei einer täglichen Heizdauer von ca. 10 h ist das schon ein erheblicher Wert. Ebenfalls findet man, dass in wenig einkommensstarken Schichten der Rebound größer ist: Bei Haushalten mit Nettoeinkommen unter 2500 € tritt ein größerer Reboundeffekt auf (tägliche Heizdauer wird um mehr als 1 h verlängert). Das mag mit vorherigen Einschränkungen aus finanziellen Gründen zu erklären sein.

Bei der Mobilität sind die in Deutschland gefundenen Werte mit 40–60 % noch höher. In der Untersuchung von Rennings (2014) wurden unabhängig von soziodemografischen Merkmalen und sozialem Milieu effizientere Autos nach ihrer Anschaffung häufiger genutzt. Und wenn vorher eher wenig gefahren wurde, dann wird mit einem effizienteren Auto umso mehr gefahren.

Bei der Beleuchtung findet Rennings (2014) Reboundeffekte sowohl wegen einer längeren Brenndauer von Lampen als auch wegen ihrer höheren Helligkeit nach Austausch der Leuchtmittel z. B. auf LED. Bei etwa 30 % der Befragten brennt eine neue, effizientere Lampe im Durchschnitt knapp 10 % länger. Über 50 % der neuen Lampen waren heller als die alten, im Durchschnitt etwa 25 %, was einer 11 min pro Tag längerer Brenndauer jeder Lampe entspricht. Im Ergebnis findet sich insgesamt ein moderater Reboundeffekt von 8,5 % für alle Leuchtmittel.

Eine weitere Untersuchung, deren Ergebnis in ◘ Abb. 4.12 zu sehen ist, verdeutlicht den Rebound bei Beleuchtung global und über mehrere Jahrhunderte. Der gesamte (finanzielle) Gewinn durch immer günstigere Leuchtmittel (von der Öllampe bis zur LED) wurde insgesamt gesehen wieder in die Beleuchtung der Lebenswelt gesteckt. Tatsächlich kann die Verfügbarkeit von Licht als ein zivilisatorischer Kennwert angesehen werden, wie Bilder der NASA von der Erde bei Nacht eindrucksvoll zeigen.

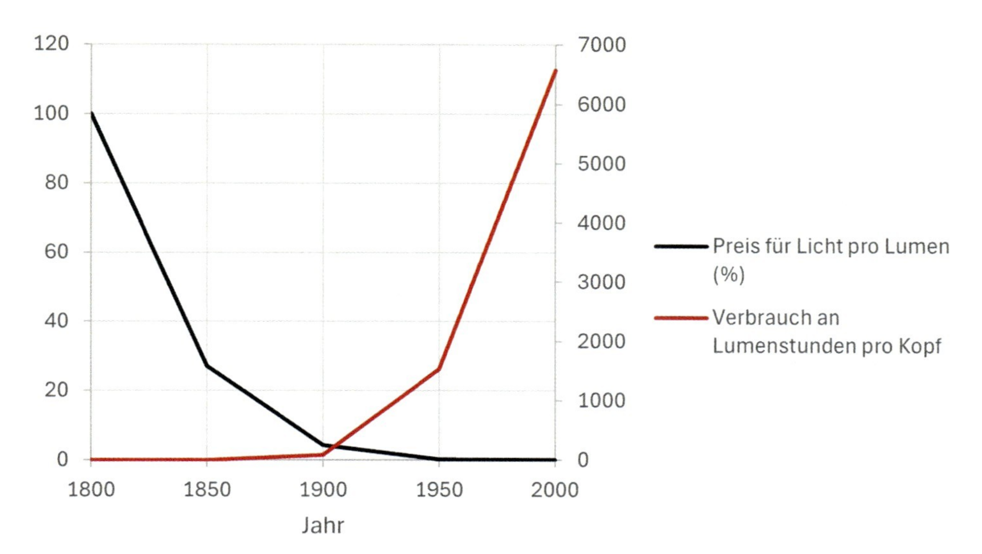

Abb. 4.12 Rebound bei Beleuchtung. (Eigene Darstellung mit Daten aus Fouquet und Pearson 2006)

4.3.3 Das Effizienzparadox

Jetzt können wir das Thema Rebound noch etwas grundsätzlicher betrachten. Wir haben ja gesehen, dass Rebound ein durch Effizienzmaßnahmen ausgelöster Mehrkonsum ist, der sich wiederum in Wirtschaftswachstum niederschlägt (Jevons 1865). Ein Unternehmen, das ein effizientes Produkt anbietet, kann davon mehr verkaufen als von ineffizienten Produkten. Die Person, die das Produkt kauft, spart sich Geld durch die entstehenden Effizienzgewinne. Beide Seiten gewinnen also, und das führt zur hohen Akzeptanz solcher Maßnahmen. Daher ist eine auf Effizienzmaßnahmen basierende Politik gut durchzusetzen – sie stellt keine Verhaltenseinschränkungen oder Notwendigkeit zur Lebensstiländerung dar. Immer effizientere Technik soll bewerkstelligen, dass ohne Einschränkungen des Konsums eine nachhaltige Lebensführung ermöglicht wird. In der Konsequenz allerdings bedingt dies weiteres Wirtschaftswachstum durch den gerade beschriebenen Reboundeffekt, durch Investition in immer neue Technologien und immer mehr Konsum. So gibt es immer mehr weltweiten Konsum von Dienstleistungen und Waren und damit einhergehend immer mehr Umweltverbrauch. Das ist das Effizienzparadox.

Effizienzmaßnahmen dürfen nicht allein nach ihrem Potenzial beurteilt werden, sondern nach dem, was davon nach dem Rebound noch übrig bleibt. Die Rechnung „Steigender Pro-Kopf-Ressourcenverbrauch abzüglich technologischer Effizienzgewinne = Nachhaltige Entwicklung“ ginge nur auf, wenn es eine vollständige doppelte Entkopplung des Umweltverbrauchs (also sowohl jeglichen Energie- und Materialinputs als auch jeglicher Abfallprodukte, wie z. B. CO_2) von Wirtschaftswachstum gäbe. Die Entkopplung gibt es jedoch bisher nicht und sie ist tatsächlich auch schwer vorstellbar.

Die derzeit mehrheitlich angebotenen und politisch wie wirtschaftlich geförderten, auf Effizienz basierenden Lösungen sind systemimmanent, d. h., sie sind nur innerhalb des aktuellen Wachstumspfades gedacht. Sie besitzen für Politik wie für Konsumierende unmittelbar positive Konsequenzen – es sind keine Lebensstiländerungen oder wirtschaftlichen Einschnitte nötig – allerdings nur, solange der Schaden an der Umwelt ausgeblendet wird.

Was könnte man tun? In ► Abschn. 4.5.1 wird die Nachhaltigkeitsstrategie der Suffizienz eingeführt. Sie erkennt an, dass es natürliche Grenzen des Wachstums gibt, und stellt die Frage, was genug ist für ein glückliches Leben. In diesem Sinn ist durch die Effizienzstrategie ausgelöster Rebound nicht zielführend. In der Literatur (von Weizsäcker et al. 2010) wird vorgeschlagen, die Effizienzgewinne nicht wieder in Wachstum zu investieren, sondern zu besteuern und zur Tilgung von Staatsschulden oder zur Stabilisierung der sozialen Sicherungssysteme (z. B. des Rentensystems) zu verwenden.

Einen ähnlichen Effekt könnten absolute Obergrenzen (sogenannte *caps*) für Naturverbrauch haben, z. B. mit einem Zertifikatehandel, der eine immer engere absolute und nach Umweltverbrauch bemessene Grenze z. B. für CO_2-Emissionen zieht. Wachstum wäre dann nur innerhalb dieses Rahmens möglich. Würde also ein neuer Wirtschaftssektor aufgebaut, müsste ein anderer Sektor schrumpfen (eine sogenannte Exnovation, das Gegenteil von Innovation). Am Beispiel der Autoindustrie bedeutet das: Wenn die Einführung von Elektromobilität der nachhaltigen Entwicklung dienen soll, muss mit dem Aufbau dieses Sektors parallel die Schrumpfung des Sektors der Verbrennungsmotorentechnologie einhergehen. Das führt uns zu der Frage, wie sich denn Innovationen in einer Gesellschaft ausbreiten.

4.4 Ausbreitung von Verhaltensinnovationen

Umweltgerechtes Verhalten findet, wie wir gesehen haben, bislang nicht bei allen Anklang. Der vorliegende Abschnitt handelt von der Ausbreitung neuartigen Verhaltens in einer Gesellschaft, den Grundlagen und Begriffen, den Pfaden der Ausbreitung und den Eigenschaften von sich rasch ausbreitenden Verhaltensweisen.

Die umweltpsychologischen Fragestellungen im Zusammenhang mit der Ausbreitung von (nachhaltigen) Verhaltensinnovationen ranken sich um die Fragen: Wie beginnt eine nachhaltige Innovation? Wie genau breitet sie sich in einer Gesellschaft aus? Wer sind die, die damit anfangen? Wie kann eine Verbreitung gefördert, wie kann sie stabilisiert werden?

4.4.1 Innovationen

In der folgenden Liste werden die für uns wichtigsten Begriffe im Zusammenhang mit Innovationen definiert.

Innovation – Eine *Innovation* ist eine Neuerung. Oft wird der Begriff für rein technische Neuerungen verwendet. In unserem Kontext gilt das Hauptaugenmerk aber *sozialen* oder *Verhaltensinnovationen*, die in vielerlei Hinsicht genauso funktionieren wie technische oder soziotechnische Innovationen, bei denen beide Aspekte eine Rolle spielen (z. B. bei Messaging: Hierfür wird technisch eine App benötigt, aber es verändert auch soziale Verhaltensweisen wie die Art der Kommunikation).

Invention – Die *Invention* ist die Erfindung einer Innovation und geht ihrer Ausbreitung voraus. Inventionen können nicht gut vorhergesehen werden. Daher werden sie oft retrospektiv analysiert, um ihre Entstehungsbedingungen zu verstehen und sie für weitere Innovationen zu optimieren.

Diffusion – Unter *Diffusion* versteht man den Prozess der Ausbreitung einer Innovation. Hier ist für uns von besonderem Interesse, wie sich neue Verhaltensweisen über die Individuen hinweg in der Gesellschaft verbreiten.

Adoption – *Adoption* ist die Übernahme einer Innovation durch eine Person, die dann *Adopter* genannt wird.

4.4.1.1 Verlauf von Innovationsausbreitung

Die Grundbegriffe der Innovationsausbreitung gehen auf den Soziologen Everett Rogers (2003) zurück. Eine seiner grundlegenden Ideen ist, dass die Diffusion einer Innovation einer logistischen Kurve folgt. Zunächst wissen nur wenige von der Innovation, sind mutig und probieren sie aus. Andere zweifeln an ihrem Sinn, werden aber durch die Ersten überzeugt, usw. So beginnt die Diffusionskurve langsam, hat den steilsten Anstieg in der Mitte und flacht dann wieder ab, wenn die Gesellschaft mit der Innovation gesättigt ist. Wenn also z. B. jeder und jede ein Smartphone besitzt, flacht die Kurve der Smartphonekäufe ab. Tatsächlich ließ sich diese S-förmige Kurve an ganz vielen, zunächst einmal überwiegend technischen Neuerungen zeigen. Doch auch soziale Innovationen folgen ebenfalls genau dieser Kurve. Die Verbreitung von neuen sozialen Verhaltensweisen ergibt also ebenfalls diese S-förmige Diffusionskurve. Dazu später noch mehr.

In ◘ Abb. 4.13 ist sowohl die Kurve der kumulierten Innovationsadoption eingetragen als auch die der Anzahl der adoptierenden Personen, die ein neues Produkt kaufen oder ein neues Verhalten übernehmen. Die zweite Kurve hat die Form einer Normalverteilung und ergibt, integriert, die logistische Kurve der Verbreitung des Produkts oder des Verhaltens. Natürlich ist das ein idealisierter Verlauf einer Innovationsdiffusion. Nicht alle Innovationen sind erfolgreich und verbreiten sich. Viele beschleunigen nach der Startphase nicht richtig und bleiben in einer Nische stecken, ohne sich auszubreiten, oder werden ganz aufgegeben.

An der Abbildung ist noch etwas Weiteres abzulesen: Rogers (2003) unterscheidet die Personen, die eine Neuerung übernehmen, nach dem Zeitpunkt, zu dem sie dies tun. Da die Kurve der Innovationsadoptionen über die Zeit abgetragen eine Normalverteilung ist, trennt Rogers die Gruppen pragmatisch nach den Standardabweichungen. Personen, die ganz vorne mit dabei sind (also mehr als zwei Standardabweichungen vor dem Mittelwert der Gruppe auf dem Zeitstrahl),

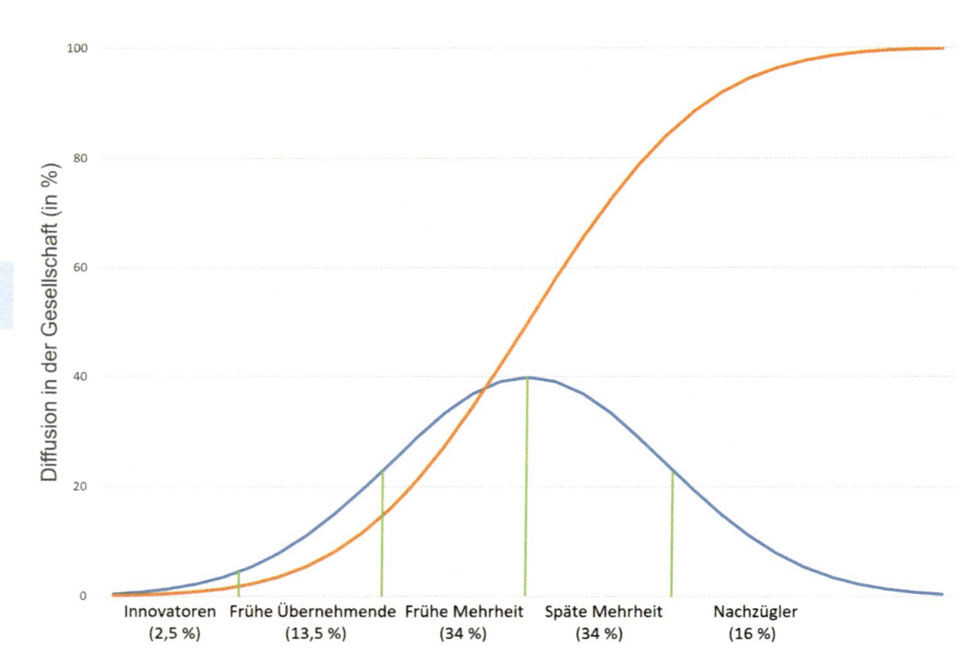

Abb. 4.13 Adoptergruppen nach Rogers (2003; eigene Darstellung nach Herrmann und Huber 2013, S. 268, mit freundlicher Genehmigung von Springer Nature)

nennt er *Innovatoren* bzw. Innovatorinnen. Zwischen einer und zwei Standardabweichungen vor dem Mittelwert sind die *frühen Übernehmenden* (*early adopters*) zu finden, die *frühe* und *späte Mehrheit* findet sich um den Mittelwert, und die *Nachzügler* bzw. Nachzüglerinnen bilden den Rest.

Für eine erfolgreiche Innovationsausbreitung ist es also nicht nur wichtig, dass sie gestartet wird, sondern dass mit ihr auch die hinsichtlich dieser Innovation konservativeren Menschen in einer Gesellschaft erreicht werden, da diese die Mehrheit repräsentieren. Für das Design einer Kampagne kann man schon hier ablesen, dass man möglicherweise unterschiedliche Gruppen von Nutzenden anders ansprechen muss. Dazu kommen wir noch.

4.4.1.2 Innovationscharakteristika

Rogers (2003) nennt auch Merkmale von Innovationen, sogenannte Innovationscharakteristika, von denen die Ausbreitung einer Neuheit abhängt. Je mehr eine Eigenschaft gegeben ist, desto schneller und durchdringender ist die Diffusion. Eine leicht erweiterte Liste enthält folgende Eigenschaften:

- *Relativer Vorteil/wahrgenommene Nützlichkeit*. Aus der Sicht derer, die sich die Übernahme einer Neuerung überlegen, muss sie einen Vorteil besitzen relativ zu dem, was bisher an ihrer Stelle war. Die Internetfähigkeit von Smartphones ist so ein relativer Vorteil zu den vorher gewöhnlichen Mobiltelefonen. Aus ihm leitet sich eine gesteigerte Nützlichkeit für den eigenen Gebrauch ab.

- *Kompatibilität*. Darunter versteht man die Passung der Innovation zum Kontext des Gebrauchs. Das ist zunächst ein eher technischer Begriff (z. B.: Passt das USB-C-Ladegerät in mein Handy?). Genereller aber kann man fragen: Passt das Neue auch – möglichst nahtlos – in unser tägliches Leben? Sind nicht zu viele Gewohnheiten umzustellen?
- *Wahrgenommene Einfachheit der Nutzung*. Innovationen dürfen nicht zu komplex sein, sondern müssen einfach zu nutzen sein. Auch hier haben die Smartphones gepunktet durch ihre – im Vergleich zu den Tastenmodellen – viel intuitivere Bedienung, etwa was die Navigation durchs Menü angeht oder das Schreiben anhand einer Tastatur auf dem Touchscreen.
- *Beobachtbarkeit*. Eine Innovation verbreitet sich umso schneller, je wahrnehmbarer sie für andere ist. Das war bei der Nutzung von Smartphones durch die Gegenwart anderer Menschen gegeben.
- *Erprobbarkeit*. Idealerweise ist es so, dass jemand das, was neu auf den Markt kommt, schon mal erproben kann. In der Zeit der ersten Smartphones waren tatsächlich alle neugierig und haben sich bereitwillig die Neuigkeit zeigen lassen.
- *Freiwilligkeit*. Die Adoption der Innovation soll freiwillig sein, damit sie sich gut verbreitet und keine Reaktanz auslöst.
- *Image*. Eine Innovation verbreitet sich umso schneller, je besser ihr Image in der Gesellschaft ist. Ein neues Auto, ein neues Kleidungsstück, ein neues Handy haben alle mit Prestige und Imagegewinn zu tun – weit jenseits der eigentlichen Funktionalität. Wenn eine Innovation eine Spitzenreiterfunktion hat, gut als Vorzeigeobjekt geeignet ist, als modern angesehen und gar von Meinungsführern vorgemacht wird, sind die Chancen ihrer Ausbreitung gleich besser.

Für Verhaltensinnovationen gelten dieselben, eine rasche Ausbreitung begünstigenden Merkmale wie bei technischen Innovationen. Allerdings besitzen nicht alle nachhaltigen technischen Innovationen oder nachhaltiges Verhalten selbst diese Merkmale in ausreichendem Maß. So ist die unmittelbare Nützlichkeit von z. B. Energiesparmaßnahmen nicht immer gegeben („Verzicht"). Bei den nachhaltigen Mobilitätsoptionen (Bahn, ÖPNV, Fahrrad) klemmt es bisweilen an der Kompatibilität, weil manchmal mehr Zeit für Wegstrecken relativ zum Auto aufgewendet werden muss. Das Image z. B. des Fahrrads verändert sich gerade zum Positiven, hat aber gegenüber dem eines Sportwagens noch aufzuholen.

Aber es gibt auch zahlreiche Positivbeispiele. Smart Meter als Energiesparinnovation sind hochmodern und haben ein ebensolches Image. Eine Solaranlage auf dem Dach ist gut sichtbar für die Nachbarn und stellt einen sozialen Anreiz dar. Probefahrten mit E-Autos zeigen, wie zügig und wie leise sie sind.

Eine entscheidende Rolle für eine Innovationsübernahme spielt – jenseits der reinen individuellen Entscheidung – natürlich der institutionelle Kontext. Die rechtliche Grundlage durch die Liberalisierung des Strommarkts 1999 ermöglichte erst den bundesweiten Verkauf von Ökostrom. Eine finanzielle Förderung gibt einerseits einen handfesten Anreiz für eine Adoption, darüber hinaus wird sie aber auch als ein Hinweis interpretiert, dass die Innovation gesellschaftlich gewollt ist (wie z. B. bei der Förderung für E-Mobilität oder Hausdämmung).

Nicht alle Personen richten ihr Augenmerk auf dieselben Innovationscharakteristika. Es muss sich für eine Person, die an einer Innovation interessiert ist, eine stimmige Situation ergeben. Diese kann durch die richtige Geschichte unterstützt werden. So können für eine Solaranlage entweder die moderne Technik und die Steuerung aus dem Wohnzimmer sprechen, der Gedanke daran, sich unabhängig machen zu wollen von der Stromversorgung aus dem Netz, der Wunsch, damit Geld zu sparen und so ein gutes Geschäft zu machen, oder aber schließlich etwas Gutes für die Umwelt zu tun. Was für die eine Person stimmig und wichtig ist, muss dies nicht für eine andere sein.

4.4.1.3 Stufen der Übernahme von Innovationen

Rogers (2003) hat fünf Stufen der Innovationsübernahme formuliert und auch die Vor- bzw. Randbedingungen dazu benannt.

Eine Innovation trifft auf bestimmte Gewohnheiten bzw. Praktiken in einer Gesellschaft sowie auf Bedürfnisse oder wahrgenommene Probleme in einem Verhaltensbereich. Wenn die Innovation originell ist und dabei mit den gesellschaftlichen Normen konform geht, verbreitet sich *Wissen* über sie in der Gesellschaft. Wie das im Detail passiert, hängt bei den ersten Übernehmenden von deren sozioökonomischen Charakteristika (wie Bildung oder finanzielles Budget), von Personenvariablen wie Neugier und schließlich ihrem Kommunikationsverhalten ab.

Wenn eine Person Kenntnis von der Innovation erlangt hat, sind zu ihrer *Überzeugung*, sich die Innovation tatsächlich zuzulegen oder sich eine Verhaltensweise anzueignen, die Innovationseigenschaften wie relativer Vorteil, Kompatibilität, nicht zu hohe Komplexität, Erprobbarkeit und Beobachtbarkeit wichtig. Auf Basis der Kenntnis dieser Eigenschaften erfolgt dann die *Entscheidung* entweder für oder gegen die Innovationsübernahme. Diese muss nicht endgültig sein, vielleicht wird die Übernahme bloß verschoben oder die Innovation zunächst übernommen, dann aber wieder fallen gelassen.

Nach der eigentlichen Entscheidung kommen noch zwei wichtige Phasen, die der *Implementation* (die Innovation wird in das eigene Leben, den eigenen Tagesablauf eingepasst) und die der *Bestätigung* (ja, die Innovation tut, was sie soll, und ich will sie weiter benutzen oder das Verhalten weiterhin ausführen).

4.4.2 Soziale Innovationen: Veränderung von Handlungspraktiken

Von besonderer Bedeutung für die Umweltpsychologie sind die sozialen Innovationen, also Verhaltensinnovationen in einer Gesellschaft, die sich aus vielen individuellen Verhaltensänderungen zusammensetzen. Manchmal wird eine soziale Innovation etwas enger als eine solche Verhaltensänderung verstanden, die der Gesellschaft nützt (*new ideas that work in meeting social goals*; Mulgan et al. 2007, S. 8). Die wissenschaftlichen Fragen im Zusammenhang damit sind: Wie breitet sich Verhalten in einer Gruppe, einer Organisation oder einer Gesellschaft aus? Wie kann es gezielt gefördert werden?

Beispiele für solche breiten gesellschaftlichen Handlungsveränderungen lassen sich in unterschiedlichster Form finden. Geschlechtsneutrale Sprache, vegetarische Ernährung, die veränderte Haltung zum Rauchen, Fair Trade, Carsharing, Prosuming (d. h. sowohl das Herstellen als auch Konsumieren von Produkten durch Personen, wie z. B. beim Eigenverbrauch von Strom der eigenen Photovoltaikanlage), Solidarische Landwirtschaft. Sie alle zeigen einen veränderten gesellschaftlichen Umgang in einem bestimmten Bereich.

4.4.2.1 Diffusion von sozialen Innovationen

Bei der Frage, wie sich Innovationen ausbreiten, stößt man zunächst auf eine breite Forschung zur Diffusion von technologischen Neuerungen. Sie alle folgen mehr oder weniger der schon angesprochenen S-förmigen Kurve über die Zeit hinweg. Solche Kurven lassen sich bei der Verbreitung von technischen Innovationen wie etwa Kanälen zur Schifffahrt oder dem Bau von Eisenbahnlinien in den USA genauso zeigen wie bei Ölpipelines oder der Verbreitung von zivilem Luftverkehr (Grübler 1996). Ist das nun bei sozialen Innovationen genauso? Es gibt tatsächlich eine Reihe von historisch gut dokumentierten Beispielen sozialer Innovationen, deren Ausbreitung einen Verlauf genommen hat, der vergleichbar mit dem technischer Innovationen ist.

Grübler (1996) dokumentiert die Ausbreitung des Zisterzienserordens im Mittelalter. Dies ist eine soziale Innovation, weil sie der Ausdruck einer bestimmten abweichenden Geisteshaltung innerhalb der Ordenstradition der Benediktiner war: Man wollte wieder ursprünglich (heute würde man sagen: suffizient) leben. Die Anzahl der gegründeten Klöster ging einher mit dem Anstieg an Mitgliedern in dieser Glaubensgemeinschaft, sodass die Klöster einen Eindruck von der Anzahl der Mitglieder des Ordens geben können. Die Ordensgründung erfolgt kurz vor dem Jahr 1100. Während der ersten 15 Jahre wird kein weiteres Kloster gebaut. Im Jahr 1112 tritt jedoch ein charismatischer Adeliger mit seinem Gefolge in den Orden ein und in den darauffolgenden Jahren findet jedes Jahr der Neubau eines weiteren Klosters statt. Weitere 15 Jahre später wird die bis dahin recht flache Kurve der Ausbreitung plötzlich steiler: Es werden in den folgenden 25 Jahren 350 weitere Klöster in ganz Europa gegründet. Nicht alle davon waren, streng genommen, Neugründungen – man schloss sich als bereits bestehendes Kloster auch gerne diesem „erfolgreichen“ Orden an. Danach wird die Kurve flacher und erreicht ihr Maximum Ende des 13. Jahrhunderts mit über 700 Klöstern (zu diesem Zeitpunkt gab es andere, dann wiederum attraktiver erscheinende Orden, also wieder neue soziale Innovationen). Wir finden hier – wie auch bei der Ausbreitung technischer Innovationen – eine S-förmige Kurve der kumulierten Adoption dieser sozialen Innovation.

Auch soziale Unruhen – die ja auch eine Verhaltensänderung darstellen – breiten sich nach demselben Muster aus. Im England des frühen 19. Jahrhunderts zogen Erntearbeiter als Tagelöhner von Bauernhof zu Bauernhof, um dort die Ernte einzubringen, sie von Hand zu dreschen und in die Scheune zu bringen. Das Aufkommen von dampfbetriebenen Dreschmaschinen führte dazu, dass die mühsame Arbeit des Dreschens in kürzester Zeit zu erledigen war und dass eine einzige Maschine viele Höfe versorgen konnte. Ein ganzer Arbeiterstand fiel in die Armut.

Im August 1830 wurde die erste dieser Dreschmaschinen durch aufgebrachte Arbeiter zerstört. Erst Anfang November desselben Jahres scheint dieses Verhalten Schule zu machen, um dann (die Kurve wird Mitte November richtig steil) bis auf über 240 Fälle von Sabotage oder Zerstörung bis Ende November 1830 anzusteigen. Mitte Dezember ebbten die Unruhen unter der Strafverfolgung ab.

Auch die jüngere deutsche Geschichte hält ein gut dokumentiertes Beispiel einer sozialen Innovation bereit. ▫ Abb. 4.14 zeigt die Kurve der Teilnehmenden an den Montagsdemonstrationen in Leipzig im Wendejahr 1989. Sie entwickelten sich innerhalb von nur gut 6 Wochen und gingen der Öffnung der deutsch-deutschen Mauer unmittelbar voraus (Mauerfall: 9./10. November 1989).

Nicht alle Innovationen verlaufen nach diesem idealen Muster. Manche bleiben auch in der Beschleunigungsphase stecken und stabilisieren sich zu früh auf einem Niveau, das unterhalb der Durchdringung der Gesellschaft liegt. Das ist der Fall für viele nachhaltige Verhaltensweisen: Sie bleiben innerhalb eines Teils der Gesellschaft „hängen" und werden von anderen Teilen der Gesellschaft nicht übernommen. Umweltpsychologisch interessant ist dann hier, was genau die Hinderungsgründe sind und wie diese Barrieren doch noch überwunden werden können.

4.4.2.2 Pioniere und Pionierinnen sozialer Innovationen

Mulgan et al. (2007) beschreiben, wie soziale Innovationen in verschiedenen Bereichen der Gesellschaft (Politik, Wirtschaft, auch Wissenschaft) mit kleinen Gruppen als Pionierbewegung beginnen. In bestehenden sozialen Organisationen beginnt es oft damit, dass durch Abwandlung von Bestehendem (Routinen, Vorgehensweisen usw.) oder durch Verbesserungsvorschläge durch Betroffene neue

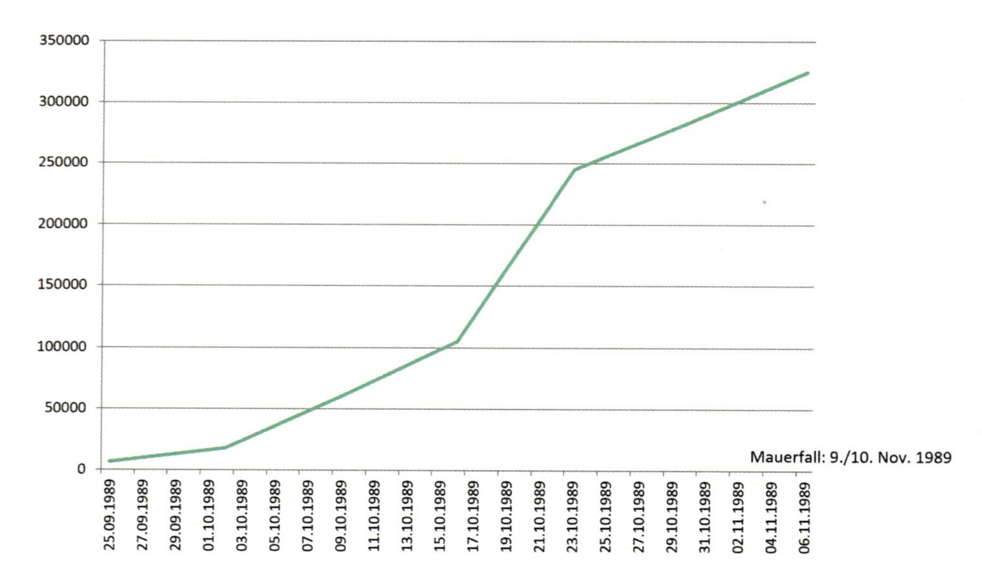

▫ **Abb. 4.14** Teilnehmende an den Montagsdemonstrationen in Leipzig 1989. (Eigene Darstellung mit Daten aus Lohmann 1994)

Möglichkeiten generiert werden. Daraus werden dann Prototypen erstellt. Diese können mittels eines Testlaufs auf ihre Tauglichkeit geprüft werden oder sogar in Form eines neuen kleinen Start-up-Unternehmens eine Möglichkeit erhalten, sich unter Beweis zu stellen. Idealerweise führt dies zu Wachstum des Neuen und wird innerhalb der Organisation oder auch außerhalb davon nachgeahmt.

Bei sozialen Bewegungen, also zunächst wenig organisierten Gruppen, bildet sich aufgrund von Ärger und Unzufriedenheit mit der aktuellen Situation eine kleine Gruppe, die dann Gleichgesinnte sucht. Mittels Kampagnen und persönlichem, öffentlichen Eintreten wird für die Sache geworben. Für die Überzeugungskraft sind die Einigkeit der Gruppe, die Anzahl der Verfechter und Verfechterinnen und die eingegangene Bindung an die vertretene Idee durch die Teilnehmenden wichtig. Idealerweise findet eine Idee so von einer Pioniergruppe in die breite Gesellschaft und wird in geltendes Recht überführt oder leitet einen Gewohnheits- oder Wertewandel ein.

Innovationen haben eine Vorgeschichte, die eine elementare Grundlage für ihren weiteren Erfolg bildet. Ein Beispiel dafür ist die Geschichte der Elektrizitätswerke Schönau (EWS). Die EWS gehen ursprünglich auf eine Elterninitiative („Eltern für eine atomfreie Zukunft“, EfaZ) im Ort Schönau im Schwarzwald zurück. Ihre Mitglieder waren nach dem Störfall von Tschernobyl 1986 unzufrieden mit der politischen Handhabung dieses Störfalls und wollten eine Stromversorgung ohne Kernkraft erreichen (Sladek 2015). Es folgte ein jahrelanger Kampf mit dem zuständigen Stromversorger um atomfreien Strom, der schließlich damit endete, dass die Bürgerinitiative ihm das Schönauer Stromversorgungsnetz abkaufen konnte und damit die erste kommunale Ökostromversorgung geschaffen hatte. Mittlerweile sind die EWS ein etablierter Ökostromanbieter und liefern bundesweit über 200.000 Haushalten Strom und auch Biogas. Ernst et al. (2015) haben, u. a. anhand des Beispiels des Ökostromanbieters EWS, folgende zehn Faktoren für den Start einer erfolgreichen Innovationsausbreitung identifiziert:

Individuelle Faktoren: Sie beziehen sich auf bestimmte Personen, die eine Innovation in ihrer Frühphase prägen und nach außen hin vertreten.

- Zentrale Persönlichkeiten: An dem Beispiel der EWS lässt sich gut verdeutlichen, wie sehr einzelne Personen das Geschehen bestimmen können. In diesem Fall war das das charismatische Ehepaar Sladek, Lehrerin und Arzt, das eine stabile und von der Idee der atomfreien Energieversorgung überzeugte Gruppe um sich scharte. Diese Gruppe setzte sich aus Personen unterschiedlichster Berufe und Hintergründe zusammen, was eine fruchtbare Arbeitsteilung ermöglichte.
- Vertrauen: Die Gruppe schaffte es, das Vertrauen der Bürgerinnen und Bürger von Schönau, aber auch von externen Experten und Expertinnen sowie externen Geldgebenden zu erhalten.
- Beharrlichkeit: Das Beispiel der EWS zeigt auch, wie sehr Zähigkeit und ein Nichtnachlassen beim Verfolgen der Ziele wichtig für die Anfangsphase einer Innovation sind. Sobald eine Innovation auf dem Radar von entgegengesetzten Interessengruppen auftaucht, wird sie offen politisch bekämpft. Die Schönauer Initiative hat diese Herausforderungen immer und immer wieder gemeistert, über ein Jahrzehnt hinweg.

Strukturelle Faktoren: Diese Faktoren beziehen sich auf Eigenschaften in der Organisation der Gruppe, die die Innovation vertritt.

- Netzwerke: Ob es darum geht, Expertise in einem für die Innovation wichtigen Bereich zu erwerben, um Kooperationspartner und -partnerinnen in Politik oder Zivilgesellschaft oder um das Weitertragen der Idee über Mund-zu-Mund-Propaganda – immer ist ein zuverlässiges, weitreichendes und hinreichend dichtes Netzwerk von persönlichen Kontakten ausschlaggebend (vgl. dazu auch ▶ Abschn. 4.4.3).
- Offenheit: Die Initiative darf nicht Personen, die sich gerne beteiligen würden, durch Intoleranz fernhalten.
- Vorzeigeprojekte: Gibt es ein vorzeigbares Projekt, nimmt das Kritikern und Kritikerinnen den Wind aus den Segeln, denn man hat gezeigt, dass es funktioniert. Im Fall der EWS war es die erfolgreiche Übernahme der kommunalen Stromversorgung und des Versorgungsnetzes in Schönau.
- Professionalisierung: Früher oder später wird aus einer Initiative eine professionelle Organisation, mit der Anwerbung von Personen mit Expertise und Führungskräften von außerhalb. Das bringt auch Hierarchien mit sich, die es in der Gründungsphase nicht gab. Im Fall der EWS wurde allerdings mit einer Genossenschaft ein besonderes Unternehmensmodell gewählt, was der Offenheit gegenüber den Mitgliedern dient, aber auch einen Schutz vor ungewollter Übernahme darstellt.

Äußere Faktoren: Dies sind die Faktoren, auf die die Initiativpersonen keinen unmittelbaren Einfluss haben.

- Rahmenbedingungen: Gesetzliche Rahmenbedingungen schaffen oft erst den Raum, damit sich eine Innovation entwickeln kann. So ermöglichte erst die Liberalisierung des Strommarktes den EWS, aus dem zunächst kommunalen Geschäftsmodell ein bundesweites zu machen.
- Politische Entscheidungstragende: Wichtige Unterstützung, aber auch Gegenwehr, kann von in der Politik tätigen Personen kommen, da sie nicht nur Meinungsführende sind, sondern auch an entsprechenden Gesetzen und Verordnungen mitwirken.
- Externe Ereignisse: So wie in unserem Beispiel der Atomunfall in Tschernobyl der Anlass für die Gründung der Elterninitiative war, so verursachte der Unfall in Fukushima einen Anstieg der Ökostromkäufe in Deutschland, von dem nicht nur die EWS profitierten.

Persönliche Netzwerke, also Bekanntschafts- und Freundschaftsnetzwerke vieler Personen, tragen die Information, mittels derer sich eine Innovation ausbreitet. In ▶ Abschn. 2.3 wurden diese sozialen Netzwerke bereits eingeführt und in ▶ Abschn. 4.4.3 wird das weiter vertieft.

4.4.2.3 Der Kreislauf der Beeinflussung von individuellem Verhalten in Gruppen

Innovationsausbreitung ist ein emergentes Phänomen (vgl. ► Kap. 2): Sie entsteht durch individuelle Entscheidungen und Verhaltensänderungen, lässt sich aber in einer gesamten Gruppe oder Gesellschaft beobachten. Individuen und Gruppe hängen in besonderer Weise zusammen und sind jeweils voneinander abhängig (◘ Abb. 4.15).

Eine Gesellschaft und alle ihre Teile (Gruppen) bestehen aus Individuen – sie *sind* diese Individuen. Die Gruppen ihrerseits geben sich Gruppenregeln, also Gesetze, Normen, Umgangsformen, eine Sprache usw. Diese Gruppenregeln wirken wiederum auf die Individuen, die für Gruppenkonformität belohnt und für Regelverstöße bestraft werden. Aber sie sind auch diejenigen, die – in gewissen, durch ihre jeweilige Rolle und die Gruppengröße bestimmten Grenzen – die Regeln mitbestimmen. Hier setzen auch unsere Überlegungen zu Verhaltensinnovationen an: Sie sind durch Individuen vorgelebte und durchgesetzte Gruppenregeln.

4.4.3 Pfade der Verhaltensinnovation: Persönliche Netzwerke

Auf die Rolle sozialer Netzwerke als die Grundlage sozialer Komplexität wurde bereits in ► Abschn. 2.3 eingegangen. Hier sollen nun die Phänomene besprochen werden, die persönliche soziale Netzwerke als Träger der Innovationsausbreitung bedingen. Die für die Ausbreitung nötige Information läuft – sofern sie nicht durch (Massen-)Medien vermittelt wird – über persönliche Kommunikation oder persönliche Beobachtung. Diese findet entlang von Kommunikationspfaden zwischen Menschen statt. Die Gesamtheit dieser Kommunikationspfade wird als Netzwerk

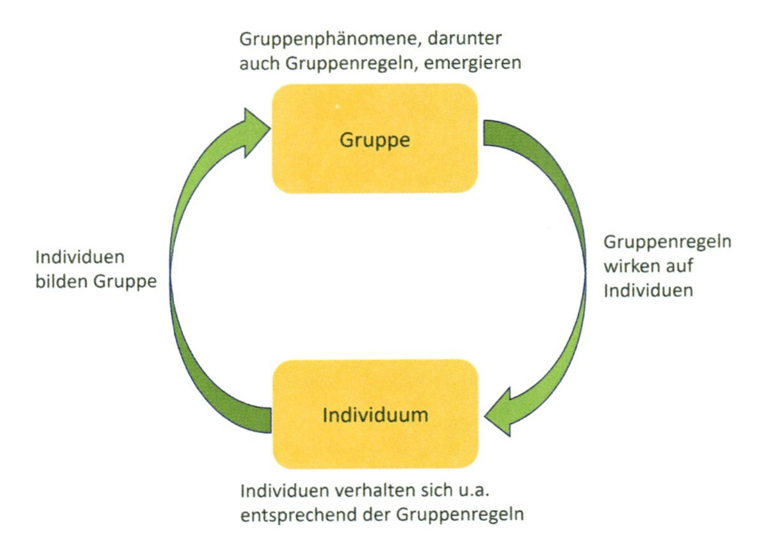

◘ **Abb. 4.15** Der Kreislauf der Beeinflussung: das Verhältnis von Individuen und Gruppen

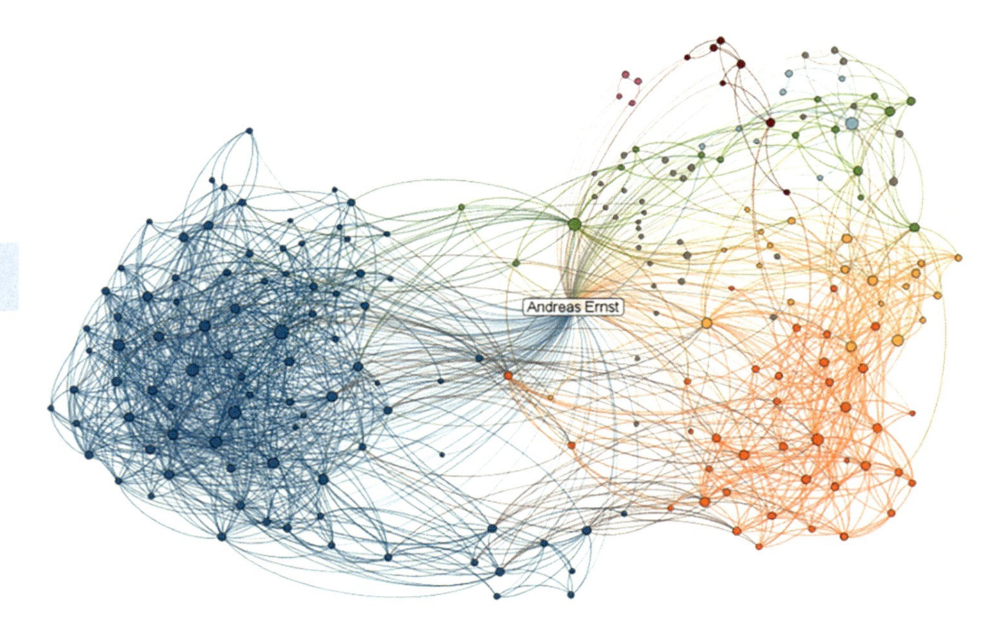

Abb. 4.16 Beispiel eines elektronischen sozialen Netzwerks im wissenschaftlichen Austausch

bezeichnet. Alltägliche Netzwerke sind z. B. Familiennetzwerke, berufliche Netzwerke, Freundesnetzwerke, aber auch Ansteckungsnetzwerke oder elektronische Netzwerke (E-Mail oder digitale soziale Netzwerke) usw. In jedem dieser Netzwerke nehmen wir eine bestimmte Rolle ein (als Familienmitglied, Studierende, Mitglied im Sportclub, als „empfangende Person" einer Erkältung usw.).

Die Form der sozialen Netzwerke und die Position Einzelner in diesen Netzwerken bestimmen die Ausbreitung sozialer Information, die die Grundlage für Verhaltensänderungen bietet. Abb. 4.16 zeigt einen Ausschnitt aus einem wissenschaftlichen digitalen Netzwerk aus der Perspektive eines Autors dieses Buchs (AE). Personen mit vielen Kontakten in diesem Netzwerk sind mit größeren Punkten dargestellt.

Die Abbildung verdeutlicht, dass es um den Autor herum mehrere Gemeinschaften gibt, deren Mitglieder jeweils dicht miteinander verbunden sind, die Gemeinschaften untereinander jedoch wenige Überlappungen aufweisen. Die verschiedenen Gemeinschaften sind unterschiedlich farbig markiert. Inhaltlich betrachtet sehen wir, dass der Autor Mitglied in den verschiedenen (wissenschaftlichen) Gemeinschaften ist: Links die Personen aus dem Kreis der agentenbasierten Modellierenden in Blau, rechts die (Umwelt-)Psychologinnen und Psychologen in Rot und darüber nicht modellierende Personen aus anderen Disziplinen in Orange, Grün und Violett. Das soll als Illustration dienen für etwas, was bei jedem von uns passiert: dass wir in unterschiedlichen zwischenmenschlichen Kontexten unterwegs sind und als Brückenpersonen zwischen verschiedenen, ansonsten nicht in dichter Weise oder gar nicht verbundenen Netzwerken dienen. Das leitet direkt zum folgenden Abschnitt über.

4.4.3.1 Die Stärke schwacher Verbindungen

Unter starken Verbindungen versteht man in der Theorie der sozialen Netzwerke solche, die enge soziale Beziehungen mit häufigem Informationsaustausch darstellen: Lebenspartnerinnen und -partner, die enge Familie, Menschen, die man jeden Tag sieht. Schwache Verbindungen sind hingegen solche, bei denen es nur selten zu Kontakt kommt, wie z. B. alte Schulfreunde und -freundinnen, die in eine andere Stadt gezogen sind. Granovetter (1973; *The strength of weak ties*) haben wir eine kluge empirische Beobachtung zu verdanken. Er fragte Teilnehmende in einer Untersuchung, von wem sie denn den Tipp bekommen hätten, der letztlich zu ihrem jetzigen Job führte. Tatsächlich kamen die Tipps mehrheitlich von schwachen Verbindungen. Das ist auch völlig plausibel. Der Neuigkeitswert von Information aus dem allerengsten Netzwerk ist meistens überschaubar. Hingegen warten solche Leute, die man selten trifft, bei einem Treffen dann mit Informationen aus ferneren Netzwerken und mit hohem Neuigkeitswert auf. Gerade diese Informationen sind aber z. B. für eine Jobsuche entscheidend. Zusammengefasst kann man sagen, dass starke Verbindungen Personen mehr betreffen, schwache Verbindungen aber mehr Personen verbinden.

Personen, die mehrere Netzwerke miteinander verbinden, nennt man Brückenpersonen. Sie haben viele schwache Verbindungen außerhalb ihrer eigenen Gruppe. Erfolgreiches Netzwerken, so Granovetter (1973), braucht sowohl starke als auch schwache Verbindungen. Personen mit vielen (starken und schwachen) Verbindungen haben eine höhere Wahrscheinlichkeit, sich im Zentrum eines Netzwerks zu befinden und damit auch gut mit Informationen versorgt zu sein.

4.4.3.2 Einige Begriffe zur Analyse sozialer Netzwerke

Um Netzwerke und ihre Funktionsweisen zu verstehen, ist es gut, über die Grundbegriffe der sozialen Netzwerkanalyse Bescheid zu wissen.

■ Grundbegriffe der sozialen Netzwerkanalyse

Netzwerk – Ein *Netzwerk* ist eine Menge von Knoten und Kanten.

Knoten – Die Netzwerkanalyse bezeichnet Akteure in einem Netzwerk als *Knoten*. Ein Knoten kann dabei für eine Person, aber auch für andere Akteure (z. B. Institutionen) stehen. Wenn man einen Knoten betrachtet, spricht man auch von *Ego*, wenn man die Nachbarn von Ego betrachtet, spricht man von den *Alteri* (Singular: Alter).

Kanten – Die Beziehungen zwischen den Knoten werden *Kanten* genannt. Zwei Knoten sind *Nachbarn*, wenn sie durch eine Kante verbunden sind. Je nachdem, was mit dem Netzwerk abgebildet werden soll, sind die Kanten *gerichtet* (sie zeigen von Knoten A nach Knoten B) oder *ungerichtet* (die Kante zeigt in beide Richtungen). Die Kanten können semantisch für beliebige Beziehungen stehen. Es hängt von dem Zweck ab, zu dem das Netzwerk betrachtet wird. Eine Kante kann z. B. für „A und B kennen sich" (als ungerichtete Kante) stehen, oder aber für „A erhält von B Geld" (als gerichtete Kante).

Grad eines Knotens – Der *Grad* eines Knotens ist die Anzahl seiner Nachbarn, also die Anzahl seiner Kanten. Bei sozialen Netzwerken im Internet ist der eigene Grad die Anzahl der Freunde und Freundinnen im Netzwerk.

Pfade – Der *Pfad* zwischen zwei Knoten ist eine beliebige Verbindung der Knoten im Netzwerk. Pfade können unterschiedlich lang sein, d. h., die Verbindungen können über unterschiedlich viele andere Knoten führen.

Pfadlängen – Die *kleinste Pfadlänge* zwischen zwei Knoten ist der Pfad, der am kürzesten ist. Die *größte kleinste* (ja, genau so) *Pfadlänge* in einem Netz wird auch als Durchmesser des Netzwerks bezeichnet. Um sie zu bestimmen, werden alle Pfadlängen zwischen zwei Knoten bestimmt und davon jeweils nur die kürzesten Pfadlängen ausgewählt. Die längste unter allen kürzesten Verbindungen zwischen zwei Knoten ist dann die „größte kleinste" Pfadlänge. Es kann auch die *durchschnittliche Pfadlänge* in einem Netz bestimmt werden als der Durchschnitt aller kürzesten Pfadlängen zwischen zwei Knoten.

Dichte – Die *Dichte* eines Netzwerks ist das Verhältnis von vorhandenen Kanten zu den möglichen Kanten. Wenn alle Knoten direkt mit allen anderen verbunden sind (also alle Nachbarn voneinander sind), dann ist der Wert der Dichte 1, gibt es keine Kanten, ist er 0. Ein Netzwerk mit der Dichte 1 wird auch *Clique* genannt.

Transitivität – Ein Netzwerk oder ein Teil daraus ist *transitiv* (oder „vollständig"), wenn jeder Knoten in ihm eine Kante zu jedem anderen Knoten hat und sie so eine sogenannte *Clique* bilden. Um Aussagen über die Transitivität zu machen, zählt man die Anzahl der geschlossenen Dreiecke zwischen Knoten, setzt diesen Wert in Beziehung zur Anzahl aller in diesem Netzwerk möglichen Dreiecke und erhält so den *Clusterkoeffizienten* eines Netzwerks. Knoten mit einer hohen Transitivität sind gut in einer einzelnen Gruppe eingebettet. Sie haben viele Nachbarn, die untereinander auch eine Kante haben. Knoten mit einer niedrigen Transitivität hingegen dienen als Brücke zwischen verschiedenen Gruppen (siehe oben: „schwache Verbindungen", ▶ Abschn. 4.4.3.1). Sie sind mit Knoten verbunden, die sich untereinander nicht kennen.

Grad der Nachbarschaft – Der *Grad von Kontakten*, also von Nachbarn in einem Netzwerk, ist zu unterscheiden von der Gradzahl eines Knotens (siehe oben). In der direkten Nachbarschaft, also nur eine Kante entfernt, befinden sich die Kontakte 1. Grades von Ego. Deren Nachbarn sind wiederum Kontakte 2. Grades von Ego usw.

4.4.3.3 Die Entstehung sozialer Netzwerke

Soziale Netzwerke emergieren durch unsere sozialen Handlungen, also dadurch, mit wem wir Beziehungen eingehen oder welche Beziehungen wir auflösen. Wir bestimmen also letztlich die Form unserer sozialen Netzwerke, in denen wir Informationen erhalten und sozialen Einflüssen aller Art ausgesetzt sind. Wir bestimmen damit auch zu einem gewissen Grad, ob wir in einem unserer Netzwerke eher eine zentrale oder eher eine periphere Position einnehmen.

Wie bilden wir nun unsere Netzwerke? Einer der wichtigsten Begriffe in der Theorie der sozialen Netzwerke ist der der *Homophilie*. Er bezeichnet die Tendenz, sich mit eher ähnlichen Personen zu verbinden („Gleich und gleich gesellt sich gern“). Über alles gesehen ist Homophilie stärker als die Tendenz zur Differenzierung. McPherson et al. (2001) treffen die Unterscheidung zwischen zwei Arten von Homophilie. Die Baseline-Homophilie spiegelt die Wahrscheinlichkeit wider, mit welcher zufällig ähnliche Personen getroffen werden und so eine Beziehung entsteht. So treffen sich Personen, die zufällig im gleichen Mietshaus wohnen. Die „Inbreeding“-Homophilie geht darüber hinaus und gibt wieder, dass Personen aufgrund ihrer persönlichen Präferenzen Kontexte gezielt aufsuchen, um ihnen ähnliche Menschen zu treffen. So trifft man in Konzerten, beim Studium oder Sport eher Leute mit ähnlichem Geschmack, ähnlichen Interessen und ähnlichem Lebensstil. Als *Homogamie* bezeichnet man schließlich die Tendenz, mit ähnlichen Personen Partnerschaften einzugehen bzw. sie zu heiraten. Nach Christakis und Fowler (2010) zeigen 72 % aller Paare Homogamie. Darüber hinaus gleichen sich die Interessen vieler Paare über die Zeit weiter an.

Die Erweiterung unserer sozialen Netzwerke geschieht vor allem dadurch, dass wir unsere Kontakte 1. Grades (z. B. aus unseren unterschiedlichen Netzwerken) bei verschiedensten Gelegenheiten miteinander bekannt machen, sofern sie es noch nicht sind. Technisch gesprochen machen wir aus nichttransitiven Beziehungen transitive, wir bilden also geschlossene Beziehungsdreiecke.

Das geht nicht immer so weiter. Während die engste Gruppe, mit der man Persönliches bespricht, im Mittel vier soziale Kontakte umfasst (Christakis und Fowler 2010), werden die Gruppen, in denen man alle Personen kennt, selten viel größer als etwa 100–250 Personen. Diese Zahl geht auf Dunbar (1993) zurück und wird daher auch Dunbar's Zahl genannt. Sie gilt als eine (jedoch empirisch eher schwach fundierte) theoretische kognitive Grenze der Anzahl für gut funktionierende Face-to-face-Sozialbeziehungen. Und tatsächlich findet man in Abteilungen von Unternehmen, Organisationen aller Art oder beim Militär eher eine Aufteilung großer Gruppen in überschaubarere Untergruppen.

Einen Teil unserer Netzwerke stellen enge Beziehungen (Partnerschaften) dar. Sie sind aber nicht nur Teil unserer Netzwerke, sondern werden über unsere Netzwerke gebildet: Partnersuche findet über diese Netzwerke statt (Christakis und Fowler 2010). Die Autoren stellen dabei folgende, zugegebenermaßen abstrakte, aber dennoch inspirierende Rechnung auf: Bei etwa 7,5 Mrd. Menschen auf der Welt (Stand 2010) mögen, so die Annahme, ca. 1 Mio. Menschen weltweit „kompatibel“ mit der Person auf Partnersuche sein. Das ergibt eine Chance von 1 zu 7500, dass man jemand Kompatiblen findet. Es ist klar: Das ist ziemlich unwahrscheinlich. Hier kommen nun die sozialen Netzwerke ins Spiel. Wenn jemand Single ist und 20 Personen kennt, und jeder von diesen 20 kennt wiederum 20 Personen, die wieder 20 Personen kennen, dann haben wir 20 * 20 * 20, also 8000 Kontakte, welche maximal 3 Schritte entfernt sind. Eine oder einer von denen ist geeignet für eine Partnerschaft für die suchende Person und mit gewisser Wahrscheinlichkeit auch der zukünftige Partner oder die zukünftige Partnerin.

Die meisten zukünftigen Partner oder Partnerinnen befinden sich 2–3 Grade entfernt im eigenen Netzwerk. Der US National Survey of Health and Social Life (Christakis und Fowler 2010) findet:

- 68 % wurden ihrem zukünftigen Partner oder ihrer zukünftigen Partnerin von einem oder einer gemeinsamen Bekannten vorgestellt.
- 32 % haben sich selbst vorgestellt.
- Selbst 53 % aller One-Night-Stands wurden von jemand anderem vorgestellt.

Freunde und Familie sind also gute „Kuppler“, weil sie beide Personen kennen und deren Kompatibilität relativ gut einschätzen können. Dazu kommt, dass die sozialen Netzwerke ja dafür sorgen, dass sich die Interessen in der Welt nicht gleich verteilen, sondern clustern (Homophilie). Das alles erhöht die Chance, im eigenen Umfeld auf für einen selbst interessante Menschen zu treffen. Und klar ist ebenso, dass Größe, Dichte, Reichweite der eigenen Netzwerke und die eigene Position in diesen verschiedenen Netzwerken mit ausschlaggebend dafür ist, wen man kennenlernt.

Letztlich bestimmen die Regeln des sozialen Umgangs, denen die Bildung von verschiedenen Arten von Beziehung unterliegt, welche Form ein Netzwerk annimmt. So sind sexuelle Netzwerke von anderer Form als reine Freundschaftsbeziehungen – sie sind weniger transitiv (Bearman et al. 2004; Rothenberg et al. 1998).

4.4.3.4 Übertragung in persönlichen Netzwerken

Bisher haben wir nur davon gesprochen, wie sich Kanten in einem Netzwerk bilden, und nicht davon, was denn durch sie passiert. Über die Kanten fließt – je nach Netzwerk – mehr als nur Information: Viren, Geld, Moden, aber auch Glück oder Übergewicht, wie wir gleich sehen werden. Das nennt man Übertragung, und sie bleibt nicht bei den direkten Nachbarn stehen (Christakis und Fowler 2010). *Dyadische Übertragung* zwischen direkten Nachbarn stellt die Übertragung 1. Grades dar. Sogenannte *hyperdyadische Übertragung* ist eine Übertragung mit Grad > 1, d. h., dass Effekte über die direkten Nachbarn hinaus übertragen werden. Sozialer Einfluss lässt sich bis zum 3. Grad nachweisen, also von Knoten zu Knoten zu Knoten zu Knoten (Christakis und Fowler 2010). Das geschieht in beide Richtungen: Mein Einfluss geht über meine Nachbarn zu deren Nachbarn zu deren Nachbarn, aber eben auch umgekehrt, von den Nachbarn der Nachbarn meiner Nachbarn zu mir. Und dabei muss ich die noch nicht einmal kennen!

Sozialer Einfluss rollt also durch das gesamte Netzwerk, lässt aber im Mittel nach 3 Graden deutlich nach. Das hat mehrere Gründe: Die Information wird „schlechter“ (der Stille-Post-Effekt), die Kanten werden mit zunehmender Gradzahl instabiler (je länger der Pfad, desto wahrscheinlicher ist die Auflösung eines Teilstücks) und Information wird ein besonderer Wert beigemessen, wenn sie von einer eng bekannten Person stammt.

Die Autoren Christakis und Fowler (2007) haben sich die Daten einer einzigartigen Langzeituntersuchung, der sogenannten Framingham-Herzstudie angesehen. In der Stadt Framingham bei Boston in Massachusetts, USA, wird seit 1948 und über alle Generationen hinweg alle zwei Jahre eine medizinische Untersuchung vorgenommen. Sie zeichnet sich durch eine sehr hohe Beteiligung und Stabilität der Teilnehmenden aus. Das Ziel der Studie ist es, zwischen den Gründen für Herz-Kreislauf-Erkrankungen, also genetischer Disposition, Umwelteinflüssen, sozialen Einflüssen und situativen Einflüssen wie Stress zu differenzieren, um die Behandlung zu optimieren. Neben den eigentlichen medizinischen Daten wurden jeweils – und das ist das Besondere an dieser Studie – auch bei jedem Gespräch handgeschriebene Notizen zum sozialen Netzwerk und der Familiensituation, aber auch zum Lebensglück und der Lebenszufriedenheit einer Person angefertigt. Zwischen den über 5000 befragten Personen in der Kerngruppe und über 12.000 im erweiterten Netzwerk sind 50.000 Kanten dokumentiert – und seit 1971 auch die Evolution des Netzwerks.

Für uns interessant ist die Framingham-Studie, weil sie aufschlussreiche Belege für die direkte Imitation in sozialen Netzwerken gibt, und zwar auf der Basis von Übergewicht, einem der Risikofaktoren für Herzerkrankungen. 66 % aller US-Amerikaner gelten als präadipös (mit einem BMI zwischen 25 und 29) oder adipös (mit einem BMI von mehr als 30). 2017–2018 waren in den USA 42,4 % aller Personen übergewichtig und 9,2 % extrem übergewichtig (BMI > = 40) (Hales et al. 2020).

Für die Ursache der Ausbreitung von Adipositas gibt es drei mögliche Erklärungen:

- *Homophilie*: Man könnte meinen, dass aufgrund der Anziehungskraft ähnlicher Personen übergewichtige Personen mit ebenfalls Übergewichtigen freundschaftlich verbunden sind. Das spricht für Clusterung, aber nicht für eine Ausbreitung von Verhalten.
- *Konfundierung*: Es wirken dieselben Umwelteinflüsse oder auch die gleichen genetischen Dispositionen auf zwei Personen, und so werden beide übergewichtig.
- Falls die beiden ersten Möglichkeiten ausgeschlossen wurden, bleibt nur die *Übertragung* von Übergewicht *über soziale Netzwerke*: Jemand, der weder adipös noch genetisch dazu veranlagt ist, hat ein höheres Risiko, adipös zu werden, wenn es ein oder mehrere Kontakte von ihm oder ihr sind.

Um zwischen diesen Möglichkeiten zu entscheiden, benötigt man dynamische Daten eines Netzwerks in Form einer Langzeitstudie, d. h. mit immer denselben Personen und deren namentlich bekannten Nachbarn im Netzwerk. Genau diese Daten gibt es in der Framingham-Stichprobe, in der ja alle zwei Jahre eine erneute Untersuchung durchgeführt wurde. Methodisch wurde wie folgt vorgegangen, um herauszufinden, ob die Häufung von Adipositas auf Homophilie, Konfundierung oder Übertragung zurückzuführen war. Es wurde mittels logistischer Regression die Übergewichtigkeit eines Knotens zu einem bestimmten Zeitpunkt (t+1) geschätzt. Als Prädiktoren wurden dabei berücksichtigt:

- Geschlecht von Ego
- Lebensalter von Ego
- Bildungsgrad von Ego
- BMI von Ego zu einem zwei Jahre früheren Zeitpunkt (t)
- BMI der Alteri (Nachbarn) zum Zeitpunkt t
- BMI der Alteri zum Zeitpunkt t+1.

Der Zeitversatz zwischen t und t+1 in der Framingham-Studie war die Zeit zwischen zwei Untersuchungen, also jeweils zwei Jahre. Es wurden sowohl die genetische Disposition als auch die Homophilie (z. B.: Ego, übergewichtig, sucht sich einen Freund oder eine Freundin, der oder die schon übergewichtig ist) kontrolliert. Eine wichtige Variable war nun der BMI der Alteri jeweils zum Zeitpunkt t+1: Hat Ego jemanden beeinflusst? Insgesamt wurden nur gerichtete Kanten untersucht, um die Wirkrichtung nicht zu verwechseln. Ebenso wurden zur Kontrolle das Aufgeben von Rauchen und die räumliche Distanz zwischen Netzwerknachbarn in die Analyse aufgenommen.

Eine beidseitig empfundene Freundschaft geht im Vergleich zu allen anderen Beziehungen mit einem drastischen Anstieg des Risikos von Adipositas einher. Das ist nur eingeschränkt der Fall bei einer einseitigen Freundschaft oder bei dem Ehepartner bzw. der Ehepartnerin oder Geschwistern. Räumliche Nähe durch Nachbarschaft in der Straße hat keinen messbaren Einfluss. Das Fazit hier ist: Gegenseitige soziale Beziehungen im Netzwerk liefern die Basis für die Beeinflussung bei dieser Studie. Die wahrscheinlichste Erklärung dafür ist, dass Menschen einander imitieren und das in dieser Studie im Mittel zu einer Gewichtszunahme bei der weniger gewichtigen Person führt, unterstützt durch den allgemeinen Trend in der Bevölkerung, durchschnittlich schwerer zu werden.

Nicht nur das Essverhalten, sondern auch Emotionen werden über die sozialen Netzwerke übertragen (Christakis und Fowler 2010). Während das für direkt miteinander interagierende Menschen selbstverständlich erscheint, kommt es tatsächlich zur Übertragung von Emotionen ebenfalls im weiteren Netzwerk. Die Analyse der Framingham-Stichprobe zeigt, dass glückliche und unglückliche Personen clustern. Unglückliche sind zunächst einmal eher am Rand des Netzwerkes zu finden – sie haben weniger Kontakte. Darüber hinaus hat aber eine Person auch eine 15 % höhere Wahrscheinlichkeit, glücklich zu sein, wenn sie 1. Grades mit einer glücklichen Person verbunden ist. Beim 2. Grad ist das um 10 % wahrscheinlicher und beim 3. Grad um 6 %. Jeder unglückliche Nachbar verringert die Wahrscheinlichkeit des Glücks von Ego um 7 %. Jeder zusätzliche Netzwerkkontakt reduziert die Häufigkeit von Einsamkeitsgefühlen um etwa 2 Tage pro Jahr (Christakis und Fowler 2010).

Wie man anhand dieser Untersuchung sehen kann, wird über soziale Netzwerke weit mehr übertragen als bloße, nüchterne Information. Dabei kommt den engen sozialen Kontakten, den beidseitigen Freundschaften eine besondere Bedeutung zu. Diese werden auch in ► Kap. 7 nochmals aufgegriffen. Dort gibt es nicht nur mehr Informationen zum Thema Glück, sondern auch zur Rolle von Teilen und Solidarität in unseren Netzwerken, um den Ressourcenverbrauch zu verringern.

4.4.3.5 Übertragung in sozialen Netzwerken im Internet

Soziale Beeinflussung geschieht nicht nur in den persönlichen Netzwerken, sondern auch in den sozialen Netzwerken im Internet. Netzwerkforschung im Internet wird von den großen Anbietern sozialer Netzwerke durchgeführt und in Auszügen auch veröffentlicht. Der wissenschaftliche Gewinn liegt darin, dass man etwas über die Zusammensetzung und die Dynamik sozialer Netzwerke lernen kann, weil ja –

für das betreibende Unternehmen – alles offenliegt: die Alteri von Ego, deren Alteri usw. Es liegen also hier Daten vor, die in persönlichen (in der realen Welt existierenden) Netzwerken nur in Ausnahmefällen und dann auch nicht in so großer Zahl erhoben werden können (zur Methodik der Erhebung sozialer Netzwerke vgl. ▶ Abschn. 8.5). Mittels dieser Daten können auch schwächere Effekte zutage gefördert werden, die in kleineren Stichproben kaum entdeckt würden und die trotz ihrer geringen Effektstärke eben wegen der großen Zahl der Beteiligten im Internet eine Relevanz haben können.

Zur Verdeutlichung, wie groß die Zahl derer sein kann, mit denen wir im Internet verbunden sind und die wir beeinflussen und die uns beeinflussen können, sei hier ein Beispiel gegeben. Ein Autor dieses Buchs hat in einem sozialen Netzwerk knapp 600 Nachbarn 1. Grades und etwa 763.000 Nachbarn 2. Grades. Die wiederum führen zu vermutlich einigen Millionen Nachbarn 3. Grades. Hohe Vernetzungszahlen führen so zu einer raschen Vergrößerung des Netzwerks über die Grade hinweg. Beliebte Posts können somit einen Schneeballeffekt auslösen und rasch multiplikative Wirkung entfalten („viral gehen").

▪ Politische Mobilisierung im Internet

Die multiplikative Wirkung von Informationsweiterleitung in sozialen Netzwerken kann man gut an der politischen Mobilisierung im Internet nachvollziehen. Wenn man eine stark verkürzte Rationalität anwenden würde, würde man wohl nicht wählen gehen, so die Vermutung von Christakis und Fowler (2010). Die Kosten der Recherche zu den Kandidierenden und Parteien, zum Wahllokal laufen, Zeit damit verbringen, anstatt freizuhaben, könnte als größer eingeschätzt werden als der Nutzen einer Stimme, es sei denn, es läge eine echte Pattsituation vor und die eigene Stimme würde den alles entscheidenden Ausschlag geben. Das aber ist sehr unwahrscheinlich. Hier kommen aber wieder die Netzwerke ins Spiel. Die Ergebnisse der Analysen von Christakis und Fowler (2010) zeigen, dass unter Anwendung der 3.-Grad-Regel die (öffentlich gemachte) Entscheidung, zur Wahlurne zu gehen, bis zu drei andere Personen zum Wählen motiviert. Da im eigenen sozialen Netzwerk vielleicht sogar die eigene politische Meinung überwiegt, ist also ein Bekenntnis zum Wählen auch inhaltlich in die eigene Richtung einflussreich – und somit rechnerisch einflussreicher als die eigene Wahl, die ja nur eine Stimme umfasst. Das wird auch als Kaskadeneffekt bezeichnet (vgl. dazu auch ▶ Abschn. 2.4.1).

Bond et al. (2012) aus der Facebook-Forschungsabteilung manipulierten den Facebook-Newsfeed am Wahltag der US-Kongresswahlen 2010. Es erschien eine Nachricht, die entweder nur eine Information über die Wahl gab (also, dass Wahltag ist und wo das nächste Wahllokal zu finden ist) oder aber diese Information zusammen mit einem Banner, in dem Freunde oder Freundinnen im eigenen Netzwerk zu sehen waren, die schon gewählt hatten (◘ Abb. 4.17).

Insgesamt wurden N = 61 Mio. Facebook-Nutzende untersucht. Davon erhielten 611.000 nur die Information und aus weiteren 613.000 Personen bestand die Kontrollgruppe, die keinerlei Information über den Standardnewsfeed erhielt. Alle anderen gehörten der Experimentalgruppe an, die das Banner mit den Freunden bekamen. Folgende abhängige Variablen wurden erhoben:

Abb. 4.17 Facebook-Experiment zur Wahlbeteiligung. (Bond et al. 2012, Fig. 1; mit freundlicher Genehmigung von Springer Nature)

- Klicken des „*I voted*"-Knopfs als Selbstbericht für das Netzwerk, dass man schon wählen gegangen ist. Das wurde wiederum den Nachbarn im Netzwerk in der Experimentalbedingung mit sozialer Information angezeigt.
- Klicken des Links mit offiziellen Informationen zum Wahllokal: Ausdruck der Suche nach mehr Information zum Selbst-wählen-Gehen.
- Tatsächliche Teilnahme an der Wahl: Das ist eine Besonderheit der USA, dass sich Wählende in ein Register eintragen lassen müssen, über das dann auch die faktische Teilnahme an der Wahl erkenntlich wird.

Es ergaben sich zwei Arten von Effekten: ein direkter durch die von Facebook gegebene soziale Information über die Freunde bei Ego und indirekte Effekte, die durch das Klicken des „*I voted*"-Knopfs und dessen Wahrnehmung im Freundschaftsnetzwerk ausgelöst wurden.

Der direkte Effekt, also die soziale Information über Freunde bei Ego führte zu über 2 % mehr Personen, die selbst den „*I voted*"-Knopf klickten, zu 0,26 % mehr, die zusätzliche Information über das Wahllokal suchten, und zu 0,39 % mehr Wählenden, sowohl gegenüber der Kontrollgruppe als auch gegenüber der Informationsgruppe. Nicht jede Person, die sich als wählend dargestellt hatte, war also tatsächlich auch wählen gegangen.

Als indirekte Effekte stellte man fest, dass sich für jeden engen Nachbarn (definiert als die 20 % mit den häufigsten Interaktionen, das waren im Schnitt 10 Nachbarn pro Ego), der eine persönliche soziale Information im eigenen Newsfeed über die Wahl von Ego bekam, die Wahrscheinlichkeit des Wählens um 0,224 % und die der Informationssuche um 0,012 % erhöhte. Für weniger enge Nachbarn konnte kein indirekter Einfluss gefunden werden.

Tatsächlich wurden durch dieses Experiment in der Summe 340.000 mehr Wählende generiert, davon 60.000 direkt und 280.000 indirekt. Die Wahlbeteiligung stieg in diesem Jahr um 0,6 % und dieser Anstieg ist zu mindestens einem Fünftel auf die eine Nachricht im manipulierten Facebook-Newsfeed zurückzuführen. Man kann hier festhalten, dass tatsächlich ein Einfluss des sozialen Netzwerks vorliegt. Er liegt zwar im Promillebereich. Aber dadurch, dass gleichzeitig so viele Personen erreicht werden, ergibt sich dann doch ein gesellschaftlich relevanter Einfluss.

Emotionale Übertragung im Internet

Wir haben weiter oben in ► Abschn. 4.4.3.4 schon gesehen, wie Emotionen über persönliche Netzwerke, also über Face-to-face-Kontakte übertragen werden können. Aber ist das auch möglich über das Internet? Dazu gibt eine Studie der Facebook-Forschungsabteilung (Kramer et al. 2014) Auskunft. Der Newsfeed von Facebook generiert bei den meisten Nutzenden mehr Nachrichten, als man rezipieren kann. Daher werden automatisch Nachrichten gefiltert und weiter unten im Feed angezeigt, andere wiederum werden weiter oben angezeigt, wodurch ihre Wahrscheinlichkeit, angesehen zu werden, steigt. Im Regelbetrieb wird der Filter mit den Vorlieben des oder der Nutzenden trainiert.

In dem Experiment erfolgte eine Manipulation dieses Newsfeeds: Für eine Woche und bei N = 689.000 Versuchspersonen wurden bei jeweils einem Viertel dieser Versuchspersonen entweder die Äußerungen positiver Emotionen (durch Nachbarn im Netzwerk) im Mittel zu 50 % unterdrückt oder aber die Äußerungen negativer Emotionen (durch Nachbarn im Netzwerk) im Mittel zu 50 % unterdrückt. Daneben gab es gleich große Kontrollbedingungen für jede der beiden experimentellen Bedingungen. Die Meldungen der Nachbarn ging allerdings nicht verloren – sie wurden einfach nicht nach oben in die aktuelle Spitze des Feeds von Ego geholt. Sie waren entweder weiter unten oder konnten beim Profil des Nachbarn angesehen werden.

Es wurden die eigenen Posts von Ego analysiert. Die abhängige Variable war die Anzahl der eigenen Posts mit emotionalen Äußerungen. Insgesamt waren das 3 Mio. Posts mit 122 Mio. Wörtern, davon 4 Mio. mit dem Ausdruck positiver Emotionen und 1,8 Mio. mit dem Ausdruck negativer Emotionen. Was für eine Auswirkung hatte die Unterdrückung der Hälfte aller entweder positiv oder aber negativ getönter Posts im eigenen Netzwerk auf die eigene, in den Posts geäußerte Emotion von Ego?

Jeweils gegenüber ihren Kontrollgruppen zeigt sich in allen Bedingungen der erwartete Effekt: Tatsächlich steigt die Anzahl emotional positiver Worte (0,06 %, $p < 0{,}003$, Cohen's $d = 0{,}008$) von Ego in der Bedingung, in der die emotional negativen Posts unterdrückt wurden, und ebenso sinkt die Anzahl der eigenen negativen Posts (um 0,07 %, $p < 0{,}001$, $d = 0{,}02$). Entsprechend sinken die eigenen positiv getönten Posts (um 0,1 %, $p < 0{,}001$, $d = 0{,}02$) und steigen die negativen (0,04 %, $p < 0{,}007$, $d = 0{,}001$) in der Bedingung, in der die positiven Posts der Alteri zur Hälfte unterdrückt wurden. Es fällt auf, wie klein die Effekte sind. Eindeutig signifikant werden sie nur aufgrund der sehr hohen Versuchspersonenanzahl. Entscheidend ist auch hier der Effekt in der großen Zahl: Die Effekte entsprechen mehreren Hunderttausend Gefühlsäußerungen pro Tag auf Facebook.

Emotionale Übertragung ist also auch ohne direkte persönliche Interaktion möglich. Dabei handelt es sich hier nicht um einen reinen Nachahmungseffekt (also ohne eigene affektive Beteiligung), da in diesem Experiment eine kreuzweise Beeinflussung gezeigt werden konnte: Wenn z. B. negative Posts bei den Alteri unterdrückt wurden, gab es *mehr* positive eigene Postings.

▪ Die Wichtigkeit des ersten Hörenden

Die Dynamik bei der Ausbreitung von Einstellungen über soziale Netzwerke im Internet untersuchten Salganik und Kollegen (2006). Sie setzten acht künstliche Musikmärkte mit jeweils (denselben) 48 unbekannten Songs von unbekannten Bands auf. Die Märkte wurden an jeweils unterschiedlichen Stellen im Internet beworben, sodass sich keine Querverbindungen ergaben. Über 14.000 Teilnehmende besuchten die Märkte. Dort sahen sie eine (jeweils zufällig angeordnete) Liste der Songs. Die experimentelle Variation bestand darin, dass im einen Fall die vorherigen Downloads angezeigt wurden und im anderen nicht. Zu Beginn hatten alle Songs 0 Downloads. Es bestand nun für die Versuchspersonen die Möglichkeit, die Songs (a) anzuhören, (b) ein Rating über den Song abzugeben und (c) ihn herunterzuladen.

Was bewirkte der soziale Einfluss durch die Sichtbarkeit der Anzahl der bisherigen Downloads? In der Bedingung dieser sozialen Information war zum einen der Erfolg der einzelnen Songs unvorhersehbarer, denn die Qualität der Songs hatte weniger Einfluss in der Bedingung mit sozialem Einfluss als in der ohne. Zum anderen entstand deutlich mehr Ungleichheit zwischen den Songs: Die besseren Songs wurden deutlich höher bewertet und die schlechten deutlich schlechter. Der soziale Einfluss hatte die Likes kanalisiert und die Bewertungen extremer gemacht.

Wie kommt das zustande? Stellen wir uns vor, wie eine Versuchsperson einem Link folgt und eine Liste von vielen Musikstücken findet. Wenn sie die erste Person ist, dann ist noch kein Stück bewertet. Er oder sie hört vielleicht eins an und bewertet es. Die nächste Person sieht nun dieses eine Rating. Mit hoher Wahrscheinlichkeit wird sich nun diese Person (die Zeit mag knapp sein) genau dieses Stück anhören – und vielleicht auch bewerten. So hat der allererste Hörer oder die allererste Hörerin ein besonderes Gewicht: Mit dem ersten Rating werden die Wahrscheinlichkeiten unter den 48 Songs für alle nachfolgenden Personen entscheidend verändert. Das ähnelt dem in ▶ Abschn. 8.5.2 beschriebenen „*Preferential-attachment*“-Algorithmus. Dieser Effekt verfestigt sich mit der Zeit aufgrund der sichtbaren sozialen Information, auch wenn der Beginn eher zufällig sein und nicht vollständig nur aus der Qualität des Dargebotenen erklärt werden kann.

4.4.3.6 Cluster im Netzwerk: Lebensstile oder Milieus

Wir haben gesehen, dass sich Personen mit ähnlichen Interessen und Ansichten gerne in Gruppen verbinden. Der Grund ist in der prinzipiellen Homophilie (► Abschn. 4.4.3.3) und der resultierenden Transitivität (► Abschn. 4.4.3.2) der Netzwerke zu suchen. Das lässt sich tatsächlich auch auf aggregierter gesellschaftlicher Ebene feststellen. In der Soziologie greift man zur Beschreibung dieses Phänomens auf das Konstrukt der *Lebensstile* oder *Milieus* zurück (Bourdieu 1982).

Eine der bekannteren Klassifikationen von Lebensstilen sind die sogenannten *Sinus-Milieus* (Barth et al. 2017). Sie beschreiben Menschen nicht nur nach ihrer sogenannten sozialen Lage (im Wesentlichen Einkommen und Bildung), sondern auch nach einer zweiten Dimension, der sogenannten Grundorientierung. Sie reicht von eher traditionellen Ansichten, Wahlverhalten oder Kaufinteressen auf der einen Seite bis zu progressiveren, unkonventionelleren oder experimentellen auf der anderen. Der Sinn solcher Klassifikationen fußt auf der Beobachtung, dass es – jenseits der vorhandenen und durch die Psychologie gut beschreibbaren Unterschiede zwischen Menschen – Gemeinsamkeiten gibt, die sich in informeller, oft auch unbewusster Gruppenzugehörigkeit äußern. Die Sinus-Milieus zeichnen sich durch eine Klassifikation in 10 Milieus aus, die in regelmäßigen Abständen überarbeitet und aktualisiert werden.

Die Sinus-Milieus wurden auch in einer Studie zum Umweltbewusstsein des Bundesumweltamtes verwendet (Borgstedt et al. 2010). Dort findet sich die offene Frage: „Was, glauben Sie, ist das wichtigste Problem, dem sich unser Land heute gegenübersieht?" Die Nennungen von „Umweltschutz" an erster oder zweiter Stelle sind, aufgeschlüsselt nach den Milieus, in ◘ Abb. 4.18 zu sehen.

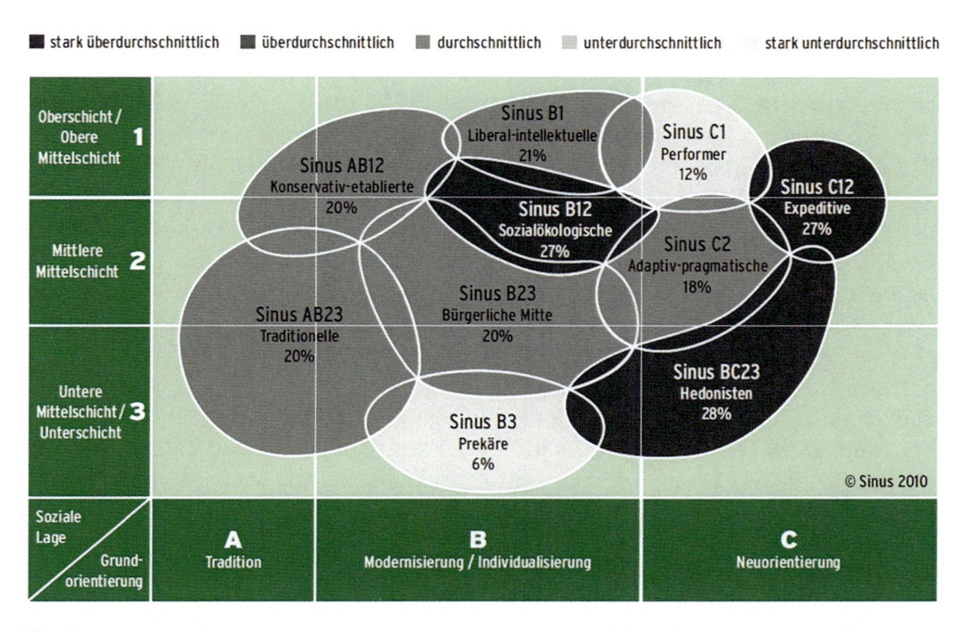

◘ **Abb. 4.18** Milieus und Umweltschutz. (Borgstedt et al. 2010, S. 17; mit freundlicher Genehmigung des Umweltbundesamts)

Während die grau gekennzeichneten Milieus eine eher durchschnittliche Einstellung gegenüber Umweltschutz zeigen, gibt es zwei sehr unterschiedliche Bevölkerungsgruppen, die den Umweltschutz weit weniger häufig als eine Priorität sehen und in der Abbildung hell markiert sind: In dem Milieu der Performer sind das nur 12 %, in dem Milieu der Prekären sogar nur 6 %. Und ebenso unterschiedlich fällt die (aggregierte) Interpretation aus. Während die einen ihr Augenmerk auf die weitere Beschleunigung der eigenen Karriere richten, sind die anderen mit der Sicherstellung ihres Lebensunterhalts beschäftigt und haben ganz andere Sorgen. Doch es gibt auch Milieus, in denen Umweltschutz wichtig ist: Die Werte erreichen 27 % bei den Sozialökologischen, 27 % bei den Expeditiven und 28 % bei den Hedonisten.

Es sind also diese Milieus, bei denen Botschaften zu Umweltproblemen auf breitere Resonanz stoßen, die sich mehr als andere für Umwelt engagieren und oft die Meinungsführenden und Innovationspioniere und -pionierinnen darstellen. Der Grund liegt hier in einer etwas anderen Konfiguration von Einstellungen, die etwa die Bedeutung von Einkommen oder Zukunftsvisionen von einem guten Leben (vgl. auch ► Kap. 7) betreffen. Diese Gruppe von Menschen wird daher in der Nachhaltigkeitskommunikation vielfach in den Fokus genommen, da man sich hier eine deutlichere und positive Reaktion verspricht. Doch gibt es auch immerhin ein Fünftel von Personen aus den grau markierten Milieus, denen die Umweltbelange in dieser Umfrage wichtig sind. Ihre Konfiguration der Einstellungen ist aber möglicherweise nicht gut kompatibel mit der der Personen in den Milieus auf der anderen Seite der Klassifikation. Sie müssen daher passgenau angesprochen werden (Kleinhückelkotten und Wegner 2010).

4.4.4 Nachhaltige Innovationen als Beispiel soziotechnischer Innovationen

Man kann feststellen, dass sich Innovationen über die Jahrhunderte immer schneller durchgesetzt haben – die Diffusionszeiten werden also immer kürzer (Comin und Hobijn 2010). Während Dampfschiffe im 18. Jahrhundert noch 120 Jahre brauchten, um sich gegen Segelschiffe durchzusetzen, brauchten PCs für eine flächendeckende Verbreitung nur noch 20 Jahre und das Internet 10 Jahre. Die Welt ist immer enger vernetzt, sodass sich Neuigkeiten einfach schneller verbreiten. Das ist im Prinzip eine gute Entwicklung, auch für die Verbreitung von nachhaltigen Innovationen. Doch nicht alles breitet sich erfolgreich aus. Entsprechend den Innovationscharakteristika und den Rahmenbedingungen zur Ausbreitung der Innovation (vgl. ► Abschn. 4.4.1.2) gibt es unterschiedliche Diffusionspfade: Es kann durch das Erreichen einer kritischen Masse zur flächendeckenden Verbreitung kommen und damit ein erfolgreicher Diffusionspfad genommen werden. Allerdings kann es bei fehlendem Interesse an einer Adoption auch zu einer Elimination der Innovation nach einiger Zeit kommen. Wie wir gesehen haben, gilt das nicht nur für technische Innovationen, sondern auch für solche mit einem verhaltensändernden Anteil (wie z. B. Messagingdienste) oder reine Verhaltensinnovationen.

Eine für uns wichtige Frage bezieht sich darauf, wie sich umweltrelevante Technologien (z. B. Elektroautos) oder auch Produktionsweisen (z. B. biologische Lebensmittel) in der Gesellschaft verbreiten, wovon die Verbreitung abhängt und wie sie gefördert werden kann. Fichter und Clausen (2013) haben zur Beantwortung dieser Frage 100 verschiedene Nachhaltigkeitsinnovationen empirisch untersucht und ein Modell der Ausbreitung solcher Innovationen vorgelegt. Dem gehen wir in den folgenden Abschnitten nach.

4.4.4.1 Ausbreitungsdynamik und Wirkung von nachhaltigen Innovationen

Fichter und Clausen (2013) unterscheiden verschiedene Typen von Diffusion, deren Diffusionsdynamik von den Merkmalen des Produkts und der Art der Anbieter abhängt. Sie besitzen unterschiedliche Umwelteffekte und unterliegen einer unterschiedlich hohen Reboundgefahr. Die folgende Aufzählung listet die Charakteristika der verschiedenen Typen und gibt jeweils Beispiele dafür:

1. *Komplexe Produkte mit unklarem oder langfristigem Nutzen*. Als ein Beispiel werden hier Langzeitwärmespeicher genannt. Sie sind komplex, haben einen hohen Anschaffungspreis oder eine unklare Wirtschaftlichkeit über die Zeit und sind nicht gut kompatibel, d. h. nicht gut technisch anschlussfähig. Die Politik interessiert sich nicht dafür und die Ausbreitungsdynamik bleibt gering.
2. *Effizienzsteigernde Investitionsgüter etablierter Anbieter*. Ein Beispiel dafür sind energieeffiziente Computerserver. Sie sind wirtschaftlich, weil sie die Effizienz steigern, passen in vorhandene technische Systeme und erfordern kaum Verhaltensänderung. Sie breiten sich schnell aus, unterliegen aber einer hohen Reboundgefahr: Da sie günstiger zu betreiben sind, kann man ja auch mehr davon einsetzen.
3. *Grundlageninnovationen mit hohem Verhaltensänderungsbedarf*. Hier seien als soziotechnische Innovation die Bioenergiedörfer genannt. Das sind Dörfer, die ihren Strom und ihre Wärme komplett selbst erzeugen. Sie erfordern in der Organisation der Energieversorgung allerdings ein neues, in der Gemeinde abgestimmtes Verhalten, ihr Innovationsgrad ist grundsätzlich hoch, wird auch politisch unterstützt, unterliegt aber starken technischen Pfadabhängigkeiten. Sie werden überwiegend von kleineren, jüngeren Unternehmen angetrieben. Ihr Ausbreitungsgrad ist gering bis mittel.
4. *Durchschaubare Produkte für Endverbrauchende*, wie z. B. eine MP3-Musikdatei. Sie erleichtert Verbrauchern und Verbraucherinnen den Umgang mit der eigenen Musikbibliothek erheblich – es ist kein physikalisches Korrelat (Schallplatte oder CD) mehr nötig. Somit ist der Vorteil dieser Innovation unmittelbar erfahrbar. Es ist kaum Verhaltensänderung nötig und die Erprobbarkeit ist gegeben, also ist die Ausbreitungsdynamik stark. Allerdings gibt es auch eine hohe Reboundgefahr: Die Verfügbarkeit und der günstige Preis lassen die Menge an Musikdateien (und mit ihr das Streaming) gigantisch anwachsen.
5. *Geförderte Investitionsgüter „grüner" Pionieranbieter*. Dazu zählen nach den Autoren Photovoltaik, Windkraft oder Passivhäuser. Sie sind von der Politik stark unterstützt und erfordern wenig Verhaltensänderung, da sie Investitionsgüter darstellen, die sich ansonsten in die vorhandene Infrastruktur einbetten. Eine mittlere Ausbreitungsdynamik liegt vor, die Gefahr für Rebound wird als gering eingeschätzt.

Die Autoren haben Steckbriefe von drei ausgewählten Innovationen genauer analysiert (Fichter und Clausen 2013): eine erfolgreiche (MSC-zertifizierter Fisch), eine mäßig erfolgreiche (Biomilch) und eine zumindest im Jahr 2013 noch nicht erfolgreiche nachhaltige Innovation (Elektroautos). Es wird dabei jeweils versucht, die Geschichte der Ausbreitung zu rekonstruieren. Es wird gezeigt, dass alle drei Innovationen entweder von Beginn an oder im Lauf der Entwicklung Unterstützung durch die großen, etablierten Marktanbieter bekamen. Politische Förderung liegt bei der Biomilch (Richtlinien für ökologischen Landbau) und den Elektroautos (politisch gesetzte Mengenziele, finanzielle Förderung der Anschaffung eines Elektroautos) vor. Während bei den Autos die kleinen Pioniere der Elektromobilität keine sichtbare Rolle mehr spielen, haben sich viele früh eröffnete Bioläden halten können und es hat sich zusätzlich ein spezialisierter Großhandel entwickelt. Pioniere und Pionierinnen spielen also in diesem Feld weiterhin eine Rolle.

Nun zu den Innovationscharakteristika (Fichter und Clausen 2013): Die Preise bei den innovativen grünen Produkten sind durchweg teurer als die der herkömmlichen Produkte. Während bei den Lebensmitteln (d. h. Fisch und Milch) für die Verbraucherinnen und Verbraucher eine problemlose Vereinbarkeit mit den bisherigen Routinen vorliegt, ist dies bei den Elektroautos nicht der Fall, solange die Reichweite und die Tankdauer nicht der der fossilen Antriebe nahekommt (was sie heute jedoch im Vergleich zur Studie damals mit Reichweiten bis zu 600 km und Schnellladedauer ab ca. 20 min teilweise schon tun). Alle drei besprochenen Innovationen sind nicht kompliziert und gut verständlich. Während die Innovationsdynamik bei dem MSC-Label für Fisch von Anfang an hoch war, ist eine unverminderte Glaubwürdigkeit des Labels nötig, um die Wirkung aufrechtzuerhalten (siehe auch ► Abschn. 6.3.2). Es zeigt sich auch, dass Elektrofahrzeuge weiterhin einer politischen Förderung bedürfen, um sich durchzusetzen.

Die Autoren haben die 100 untersuchten Diffusionsfälle auch aggregiert hinsichtlich ihrer Wirksamkeit untersucht, d. h. ihre ökologische Wirkung, die Gefahr eines Reboundeffekts und die Anregung von Folgeinnovationen. Es zeigt sich, dass die allermeisten der untersuchten Innovationen tatsächlich eine positive nachhaltige Wirkung haben. Allerdings ist ein Rebound in vielen Fällen entweder zu erwarten oder bereits eingetreten. Nicht alle Innovationen führen zur Nachahmung, d. h. zu weiteren, ähnlichen Innovationen. Insgesamt bedeutet das, dass die grünen Innovationen einen für die Umwelt förderlichen Effekt besitzen. Sie sind aber nicht von der Anfälligkeit für den Rebound ausgenommen, der einen Teil der positiven Wirkung zu neutralisieren droht (► Abschn. 4.3). Zusammengefasst zeigt sich auch, dass die Macht von bereits im Markt vertretenen Firmen eine positive Rolle bei der Verbreitung der Innovation spielt: Sie erhöht den Marktanteil und die Diffusionsdynamik. Die Vereinbarkeit mit dem Alltagsgebrauch (Routinen) und die Wirtschaftlichkeit einer Innovation sind ebenfalls förderlich. Auffällig ist aber, dass die etablierten Unternehmen die Innovationsausbreitung verlangsamen (indem sie sich daran nicht beteiligen, sie spät wahrnehmen oder sich gar aktiv dagegen wehren), während Politik und die Pioniere in Richtung kürzerer Diffusionszeiten arbeiten. Die Pioniere allein allerdings scheinen nicht gut darin zu sein, den Marktanteil zu erweitern.

Diese Einflüsse verdeutlichen, dass es zwischen den auf einem Markt Etablierten und den Neuen – den Pionieren – grundsätzliche Unterschiede gibt. Sie kommen von verschiedenen Seiten. Fichter und Clausen (2013) nennen sie Davids (die Neuen) und Goliaths (die Etablierten). Dieser Antagonismus zwischen Davids und Goliaths ist für uns von Interesse, gerade weil der Bereich der Nachhaltigkeitsinnovationen überwiegend von den Davids getrieben ist. Die Autoren beobachten folgende Dynamik der beiden Seiten bei der Einführung einer Innovation:

1. In einer Frühphase entwickeln kleine, lokale Innovierende (in der sprichwörtlichen Garage) Ideen für neue, nachhaltige Produkte oder alternative Verhaltensweisen. Sie sind bisweilen von einer offen antikonsumistischen Haltung angetrieben. Die Großen wissen von all dem noch nichts.
2. Während der ersten Wachstumsphase der Innovation konsolidieren sich die ersten Start-up-Marken aus den Davids. Die Goliaths bemerken die Gefahr für ihren Marktanteil und versuchen, das Neue mehr oder weniger gelungen in ihr angestammtes Angebot einzubinden. Sie bleiben aber bei ihrem klassischen Kerngeschäft.
3. In der Phase steilen Wachstums der Ausbreitungskurve entschließen sich manche der ursprünglichen Innovierenden dazu, aus dem Geschäft auszusteigen, weil es nicht in ihrer Absicht lag, zu wachsen, der Markt aber nun Wachstum fordert. Andere Davids werden selbst groß und erobern sichtbare Marktanteile. Die Goliaths versuchen nun, Einfluss auf die Regulierungsbehörden zu nehmen, um den sogenannten Industriestandard in ihrem Sinne gegen die Neuen zu verteidigen.
4. Im Reifestadium der Innovation sind wenige Davids selbst Goliaths geworden und besetzen nun eigene Nischen. Die Innovation ist nun, im besten Fall, der neue Standard, an dem sich andere orientieren.

Prominente Beispiele für diese Entwicklung lassen sich im Energiebereich beim Ökostrom finden. Strom, der nicht aus Atom- oder Kohlekraftwerken stammte, war in den 1980er-Jahren eine Idee von Vordenkenden, politisch Aktiven und wissenschaftlich tätigen Personen, gemäß der Phase 1 (Krause et al. 1980). Der katastrophale Atomunfall von Tschernobyl 1986 und die Liberalisierung des Strommarkts brachten einige Akteure nach vorne, die genug Unterstützung um sich sammeln konnten, um sich gegen den bisweilen auch unfair geführten Wettbewerb mit den Etablierten durchzusetzen und erste Marktanteile zu sichern (Phase 2). Wiederholte Novellen des Erneuerbare-Energien-Gesetzes haben allerdings der Ausbreitung von z. B. bürgereigenen Energiegenossenschaften hohe Hürden in den Genehmigungsverfahren, etwa für Windparks, gesetzt (Phase 3). Mittlerweile haben jedoch auch die großen Energieversorger (nach z. T. sehr hohen wirtschaftlichen Verlusten) eingesehen, dass sie sich an der Energiewende beteiligen müssen, wollen aber so lange wie möglich Zeit für die eigene Anpassung daran haben.

4.4.4.2 Von der Nische in den Mainstream

Um den Ausbreitungsverlauf von bestimmten nachhaltigen Innovationen besser nachvollziehen zu können, haben Kny et al. (2015) soziohistorische Fallrekonstruktionen von Bahnmobilität (BahnCard 50), Radverkehr, Carsharing, Bezug von Ökostrom, Kauf von Biolebensmitteln, Nutzung urbaner Gemeinschaftsgärten oder öffentlicher Bibliotheken (als Sharing-Praxis) auf der Basis von Dokumenten und Statistiken vorgenommen. Dabei fanden sie, dass Innovationen beim Weg in den Mainstream ihren Charakter verändern können, dass also durch ihren Erfolg eine Korrumpierung von grünen Innovationen stattfinden kann.

Das kann am Beispiel von Carsharing illustriert werden. Carsharing wurde ursprünglich von privaten Netzwerken mit häufig klar ökologischen Zielsetzungen betrieben: Privatleute kauften gemeinsam ein Fahrzeug, damit sie auf viele eigene Autos verzichten konnten. Die Verbreitung von Carsharing wurde dann von kommerziellen Anbietern angetrieben, die auch mit technischen Neuerungen aufzuwarten hatten (z. B. internetbasiertes Reservierungssystem oder elektronische Schlüssel). Die jüngste Entwicklung ist das sogenannte Free-floating Carsharing, bei dem (überwiegend in großen Städten) die Wagen innerhalb eines gewissen Radius überall abgestellt werden dürfen und über eine Web-App gefunden und ausgeliehen werden können. Es zeigt sich, dass diese Fahrzeuge zu einem großen Teil von Personen genutzt werden, die den öffentlichen Personennahverkehr (ÖPNV) nicht nutzen wollen. In der Summe führt das zu mehr Pkw-Kilometern und weniger Nutzung des ÖPNV. Daher bleibt es fraglich, ob der ökologische Gesamteffekt solchen Carsharings tatsächlich positiv ist.

Es kann also nicht ohne Weiteres vorausgesetzt werden, dass eine soziale Praktik, die als „gutes Beispiel" nachhaltigen Handelns in einer Nische startete, auch nach erfolgtem Mainstreaming noch als solche bezeichnet werden kann.

4.4.4.3 Förderung nachhaltiger Innovationen

Wie kann nun die Diffusion nachhaltiger technischer, soziotechnischer und Verhaltensinnovationen gefördert werden? Kny et al. (2015) stellen unter einem politischen Blickwinkel folgende Liste zusammen:

- *Experimente risikotolerant fördern.* Gesellschaftliche Entwicklung geht über das Ausprobieren von Neuem. Das bezieht sich ebenso auf individuelles Engagement wie auf die gesetzlichen und finanziellen Rahmenbedingungen – etwas Unkonventionelles oder noch nicht Dagewesenes wagen.
- *Arbeitszeit reduzieren, um Engagement zu ermöglichen.* Viele Menschen sind mit ihrer Erwerbstätigkeit so beschäftigt, dass es zeitlich nicht für ein soziales, ökologisches oder politisches Engagement reicht. Ein ausreichendes Einkommen bei geringerer Arbeitszeit könnte hier helfen.
- *Die Wichtigkeit ökologischer Infrastruktur.* Während Umweltbildung darauf abzielt, die individuelle Motivation für umweltgerechtes Verhalten zu fördern, ermöglichen Infrastrukturen oft erst nachhaltiges Handeln (z. B. durch Verbesserung öffentlichen Verkehrs besonders im ländlichen Raum, Schulgärten, Re- und Upcycling, Fahrradwege, Standardökostromverträge).

- *Anreize umpolen*. Die meisten finanziellen Anreize in Wirtschaft und Politik stehen einer nachhaltigen Entwicklung entgegen. Ein wesentlicher Schritt wäre, die Kosten des Wirtschaftens, die auf die Allgemeinheit umgelegt werden und von allen getragen werden müssen (wie z. B. Luftverschmutzung durch Verbrennungsmotoren oder Klimaerwärmung durch Energieverbrauch) auf die Verursachenden umzulegen.
- *Exnovationsstrategien entwickeln*. Nicht immer genügt es, eine neue Technologie in die Welt zu bringen – die alte muss auch abgeschafft werden, damit nicht zwei parallel existieren, womit nichts gewonnen wäre (vgl. den Neue-Märkte-Effekt aus ► Abschn. 4.3.1.2).
- *Öffentliche Beschaffung an Nachhaltigkeit ausrichten*. Das bezieht sich auf die Rahmenbedingungen, die in Kommunen, Landkreisen, Bundesländern und auf Bundesebene bestehen, z. B. bei der Beschaffung von Fahrzeugen oder Strom. So ist es Bundes- oder Landesbediensteten – nach langem politischen Hin und Her – erst durch eine Änderung im Bundesreisekostengesetz möglich geworden, dass Strecken mit der Bahn zurückgelegt dürfen, selbst wenn ein Flug billiger wäre.
- *Wiedererweckung und Stabilisierung traditioneller Nachhaltigkeitspraktiken*. Im Laufe der Zeit sind viele nachhaltige Verhaltensweisen in den Hintergrund getreten, gelten als nicht mehr zeitgemäß oder sind ganz in Vergessenheit geraten: im Haushalt (z. B. Haltbarmachen von selbst angebauten Lebensmitteln), beim Konsum (Bücher in der Bibliothek ausleihen statt kaufen, Kleidung oder Geräte reparieren statt neu anschaffen) oder bei gemeinschaftlichen Freizeitaktivitäten ohne intensive Umweltbelastung (bei Sport, Kunst, Musik usw.).

4.5 Beeinflussung von Umweltverhalten: Strategien, Instrumente und Beispiele

Der folgende Abschnitt behandelt zunächst drei grundsätzliche Strategien zur Reduzierung von Umweltverbrauch: Effizienz, Konsistenz und Suffizienz. Danach werden politische Instrumente zur Förderung umweltfreundlichen Verhaltens sowie eine Klassifikation von psychologischen Interventionsformen besprochen. Die letzten Abschnitte behandeln Prinzipien erfolgreicher psychologischer Interventionen und gemeindebasiertes soziales Marketing. Schließlich wird eine exemplarische psychologische Kampagne zur Verhaltensänderung vorgestellt.

4.5.1 Drei Strategien zur Reduktion von Umweltverbrauch

Bei einer Strategie ist nicht definiert, was man genau macht, wohl aber, was man erreichen möchte. So lassen sich drei gängige Strategien zur Reduzierung von Umweltverbrauch nennen, von denen die dritte aber in ihrem Charakter von den anderen beiden grundverschieden und für die Umweltpsychologie besonders interessant ist.

- **Effizienz**

Effizienz zielt darauf ab, Produkte oder Dienstleistungen mit weniger Ressourceneinsatz (Energie, Material, Wasser usw.) zu erzeugen oder zu betreiben. Effizienzmaßnahmen führen z. B. bei Gebäuden dazu, dass durch bessere Dämmung weniger Heizenergie benötigt wird. Eine effizientere Antriebstechnologie führt dazu, dass Autos dieselbe Strecke mit weniger Treibstoff fahren könn(t)en (siehe aber ► Abschn. 4.3.1). Technologische Innovation im Bereich Beleuchtung hat dazu geführt, dass eine LED nur einen Bruchteil der Energie braucht wie eine gleich helle Glühlampe. Die Effizienzstrategie ist also in erster Linie eine technologiebasierte Strategie.

- **Konsistenz**

Die Konsistenzstrategie verfolgt das Ziel, die Produktion von Gütern so naturverträglich wie möglich zu gestalten und Kreisläufe weitestgehend zu schließen. Um möglichst hohe Naturverträglichkeit zu erreichen, werden beispielsweise Produktionsweisen oder aber verwendete Stoffe ersetzt (substituiert). Das geschah z. B. im Fall der FCKW (Fluorchlorkohlenwasserstoffe), die die Ozonschicht in einem global bedenklichen Ausmaß angriffen. FCKW wurden durch andere, weniger schädliche Stoffe ersetzt. Im Sinne der Konsistenz soll auch der Einsatz von fossilen Brennstoffen in Zukunft möglichst durch andere, regenerative Energie ersetzt werden. Konsistenz bedeutet aber auch die Schließung von Rohstoffkreisläufen, sodass kein Abfall mehr entsteht, sondern alles Material zyklisch weiter- oder umgenutzt wird, z. B. durch Sammeln und Recycling von Materialien.

- **Suffizienz**

Während sich die beiden ersten Strategien auf die Produktion von Gütern und Dienstleistungen beziehen, zielt die Suffizienzstrategie auf das Verhalten der Konsumierenden selbst ab. Es geht bei dieser Strategie nicht darum, Produkte oder Dienstleistungen mit weniger Umweltverbrauch herzustellen, sondern *weniger Produkte oder Dienstleistungen* in Anspruch zu nehmen, also weniger zu konsumieren. Das betrifft alle Konsumgewohnheiten, sei es Mobilität, Wohnen, Ernährung und viele mehr. Das ist die angestammte Domäne der Umweltpsychologie.

Suffizienz auf der einen und Effizienz und Konsistenz auf der anderen Seite könnten unterschiedlicher nicht sein. Die beiden Letzteren berühren die Konsumgewohnheiten gar nicht oder kaum. Sie verändern das Produkt, aber nicht seine Nutzung. Um ein effizienteres Haushaltsgerät oder ein effizienteres Auto zu besitzen, muss man zwar ein neues kaufen; ansonsten ergeben sich aber kaum Änderungen aufseiten der Konsumenten und Konsumentinnen (mit Ausnahme gegebenenfalls für die kreislaufgerechte Entsorgung von konsistenzoptimierten Produkten). Diese Strategien zielen also häufig auf Investitionsentscheidungen (vgl. ► Abschn. 4.1.6.4) ab. Um ein Produkt effizienter oder konsistenter zu produzieren, muss eine neue Produktfertigung geschaffen werden. So wird die Wirtschaftstätigkeit nicht nur erhalten, sondern auch weiter angekurbelt. Innovation von neuen Produkten soll hinreichend für Effizienz und Konsistenz sorgen, sodass sich niemand umgewöhnen oder gar einschränken muss – das ist die Botschaft.

Da Effizienz und Konsistenz durch ihre technologische Innovationsorientierung hervorragend mit den vorherrschenden Wirtschaftspraktiken kompatibel sind, spielen sie im umweltpolitischen Geschehen eine zentrale Rolle. Suffizienzmaßnahmen hingegen sucht man in der etablierten Politik meist vergebens (in unzähligen alternativen Vereinen und Initiativen hingegen wird Suffizienz gelebt und entwickelt). Es gilt als politisch schwierig, von Menschen eine Verhaltensänderung hin zu einer Mäßigung des Konsums zu verlangen. Für eine nachhaltige Gesellschaft muss jedoch der Gesamtverbrauch von Ressourcen begrenzt werden und dafür werden wir *alle drei Strategien* brauchen. Denn perfekte Konsistenz ist noch in weiter Ferne und Effizienz kennt keine absolute Begrenzung des Ressourceneinsatzes (▶ Abschn. 4.3.3). Nur die Suffizienz zielt konkret auf diese absolute Begrenzung ab und ist daher für eine nachhaltige Gesellschaft unerlässlich. Damit kommt der umweltpsychologischen Betrachtung von Umweltverhalten und -verhaltensänderung eine wesentliche Rolle in der Transformation zu einer nachhaltigen Gesellschaft zu.

4.5.2 Politische Instrumente zur Beeinflussung von Umweltverhalten

Ein *Interventionsinstrument* ist eine psychologische, politische, rechtliche, finanzielle oder auch materielle Klasse von Maßnahmen, mit der eine Verhaltensveränderung herbeigeführt werden soll. Dazu gehören also sowohl Gesetze als auch psychologische Beratungen oder die Kommunikation über Medien. Eine *Maßnahme* ist die Konkretisierung eines Instruments, also ein bestimmtes Gesetz, eine bestimmte Beratung usw. Maßnahmen sollen nicht zufällig angewendet werden, sondern sie sollten einem Plan folgen. Diesen Plan nennt man dann die *Interventionsstrategie*. Strategien sind ganz besonders im Umweltbereich von zentraler Bedeutung, weil wir es da mit langfristigen Interventionen zu tun haben, die ebenso langfristige, dauerhafte Verhaltensänderungen herbeiführen sollen.

Es ist sehr nützlich, sich vor Augen zu führen, wie sich psychologische Interventionen zur Veränderung von Verhalten im Umweltkontext in andere, z. B. rechtliche oder wirtschaftliche Instrumente einbetten. Daher haben hier auch die nichtpsychologischen Methoden zur Verhaltensänderung einen Platz. Letztlich sind gesellschaftliche Veränderungen dann am erfolgreichsten (und am unstrittigsten), wenn mehrere Methoden in die gleiche Richtung gebündelt angewendet werden. Das heißt, es ist nicht ein Instrument allein erfolgreich, sondern die strategische Kombination mehrerer Instrumente. Gesellschaftliche Veränderungen oder Verhaltensveränderungen mit rein psychologischen Maßnahmen können nur dann gelingen, wenn dem nicht die physischen, politischen, rechtlichen, wirtschaftlichen oder sozialen Rahmenbedingungen entgegenstehen. Eine erfolgreiche Strategie ist also ein Bündel aus Maßnahmen aus verschiedenen Instrumenten (und damit auch implizit aus Wissensbereichen, um die sich traditionell unterschiedliche wissenschaftliche Fächer kümmern wie Rechtswissenschaft, Ökonomik, Politologie, Kommunikationswissenschaft, Psychologie).

Dementsprechend sollen nun Typen von Instrumenten für Verhaltensänderung vorgestellt werden (nach Kaufmann-Hayoz und Gutscher 2001). Die Besprechung beginnt mit den sogenannten harten, auf die Struktur der Verhaltensbedingungen fokussierten Instrumenten und leitet zu den weicheren, psychologischen Instrumenten hin, denen ein eigener ► Abschn. 4.5.3 gewidmet ist.

Gebote und Verbote

Gebote und Verbote sind direkte und zwingende regulatorische Instrumente, meistens rechtliche Vorschriften mit direktem Einfluss auf Akteure in einem Politiksektor. Sie setzen das Vorhandensein von Sanktionsinstrumenten (etwa Polizei, Gerichtsbarkeit) voraus, um bei Nichteinhaltung für eine Ahndung zu sorgen. Je besser die Sanktionsinstrumente funktionieren, desto wirksamer ist das gesetzliche Instrument. Ohne das bleiben auch Gesetze nur nicht durchgesetzte Absichtserklärungen.

Beispiele für diese Instrumente sind Umweltqualitätsstandards, Vorschriften für den Umgang mit umweltgefährdenden Stoffen und Produktstandards, Bewilligungspflichten für potenziell umweltgefährdende Verfahren oder Betriebsstätten, haftungsrechtliche Vorschriften oder raumwirksame Vorschriften (z. B. umweltbelastende Anlagen müssen einen Mindestabstand zu Wohngebieten haben). Bekannte Beispiele, die den Bereich privater Konsumenten und Konsumentinnen betreffen, sind Rauchverbote in öffentlichen Gebäuden und Restaurants, das Verbot „wilder" Müllentsorgung oder das Verbot von Plastikstrohhalmen.

Mögliche Probleme mit Geboten und Verboten sind erstens die hohen Anforderungen, die sie an die technische Kompetenz, finanzielle und personellen Ausstattung der Überwachungsbehörden stellen. In Deutschland stellen die Landesumweltämter, das Umweltbundesamt, das Bundesamt für Naturschutz und die zugeordneten unteren Behörden Hunderte von Fachleuten ab, um die Regularien im Umweltbereich zu überwachen. Zweitens können Ausnahmeregelungen vom Gesetz Gegenstand von langwierigen Diskussionen sein. So sind von der finanziellen Umlage nach dem Erneuerbare-Energien-Gesetz gerade die Vielverbrauchenden ausgenommen, um sie wirtschaftlich nicht zu belasten. Drittens sind manche Gruppen (z. B. Verbraucherinnen und Verbraucher) letztlich schwerer zu kontrollieren und Sanktionen im Einzelfall schwer durchzusetzen.

Psychologisch wirken Verbote qualitativ anders als Gebote. Sie fokussieren die Aufmerksamkeit auf etwas, was gerade vermieden werden sollte. Gut ist es, jeweils eine Verhaltensalternative anzubieten, sofern das möglich ist (Spada et al. 2018). Verbote können Reaktanz hervorrufen, wenn Menschen sich über Gebühr in ihrer Freiheit eingeschränkt fühlen. Das bedingt auch eine gewisse Angst der politisch Tätigen davor, Verbote auszusprechen.

Allerdings haben Verbote eine Reihe wesentlicher Vorteile. Sie geben Rechtssicherheit und psychologische Sicherheit, wenn Fehlverhalten zuverlässig sanktioniert wird. Das stellt sicher, dass (fast) alle mitmachen, und bildet damit Vertrauen in die Handlungen anderer. Damit lässt sich das soziale Dilemma (vgl. ► Kap. 5) auflösen, welches oft bei gemeinschaftsdienlichen Handlungen im Umweltbereich besteht. Verbote legen eine klare Linie für die Gesellschaft fest. Während Verbote, wenn sie ausgesprochen werden, zu einem gewissen Grad gesellschaftlichen Normen folgen, folgen gesellschaftlichen Normen wiederum den Verboten: Verbote werden im Nachhinein positiver bewertet als vor ihrer Einsetzung (Schuitema et al. 2010).

Begleitende Kommunikation vor dem Aussprechen eines Verbots ist psychologisch dringend notwendig. Sie muss eine ausreichende und unmittelbar einsichtige Begründung liefern, warum das Verbot sinnvoll ist. Manchmal hilft der Vergleich mit anderen Ländern, in denen z. B. bestimmte umweltbezogene Regeln seit Längerem in Kraft sind. Modellversuche können die Formulierung des Verbots und die Auswirkungen testen (empirische Politik).

▪ Marktwirtschaftliche Instrumente

Die grundlegende Idee marktwirtschaftlicher Instrumente ist die, dass man ohne Verbote oder Gebote ein Verhalten steuern möchte und die Nutzung z. B. eines Umweltgutes über dessen Verteuerung regelt. Das fußt auf der Annahme, dass in zahlreichen Fällen substanzielle Teile der Kosten wirtschaftlicher Aktivitäten (sowohl deren Inputs wie Rohstoffe, Wasser etc. als auch Outputs wie Luftemissionen, Abfall) nicht von den Verursachenden selbst, sondern von der Allgemeinheit getragen werden und hier eine Korrektur nötig ist. Alle Handlungsoptionen bleiben also bestehen, allerdings ändern sich ihre finanziellen Kosten. Dabei sollen die Maßnahmen einfach und flexibel sein, denn je einfacher die Berechnung und je einsichtiger die Verwendung der Mittel, desto leichter ist die Kommunikation der Maßnahme.

Dabei kann man einerseits die Kosten für die Verursachung von Umweltschäden (durch Produktion, Konsum oder Wahl bestimmter Technologien) erhöhen, wie dies bei Lenkungsabgaben (das sind Steuern zur Verhaltenslenkung), Gebühren (z. B. für Plastiktüten) oder Pfandsystemen der Fall ist.

Andererseits ist es auch möglich, die Kosten umweltgerechten Handelns zu verringern, z. B. durch Subventionen (etwa in Form eines Zuschusses oder vergünstigten Kredits zu Solaranlagen oder bei der Anschaffung eines Elektrofahrzeugs). Subventionen werden gerne angenommen, allerdings besteht die Gefahr der Gewöhnung an die Vergünstigung.

Schließlich kann man Märkte für Umweltbelastungsquoten einrichten und das Umweltgut dort handeln lassen. Das ist z. B. beim Handel mit Verschmutzungsrechten (z. B. CO_2-Zertifikaten) der Fall. Dort ist die Idee, dass jeder (Groß-)Verbraucher eines Umweltguts gegen Geld ein verbrieftes Recht bekommt, eine bestimmte Menge von diesem Gut zu nutzen, z. B. CO_2 zu emittieren. Die Dienstleistung des Ökosystems wird damit handelbar, aber ihre Nutzung eben auch kontrollierbar. Sparsamere Akteure können die Zertifikate verkaufen, andere sie zukaufen. Über die Zeit sollten die Zertifikate durch die ausgebende Institution (durch den Staat) verknappt werden, damit der Preis steigt. Das schafft einen marktbasierten Anreiz für eine schrittweise Anpassung in Richtung des angestrebten Ziels, da jeweils die einzelnen Akteure die Kosten für die Zertifikate möglichst niedrig halten wollen. Das führt dann kostengetrieben zu einer insgesamt verminderten Nutzung dieses Umweltgutes. Allerdings ist es eine unabdingbare Voraussetzung für die Steuerungswirkung dieses Instruments, dass der Preis überhaupt eine für eine Akteursentscheidung relevante Größenordnung annimmt.

Auswirkungen von marktwirtschaftlichen Instrumenten sollten dabei neben den ökologischen Auswirkungen auch im Hinblick auf soziale Aspekte betrachtet werden. Beispielsweise sind Haushalte mit geringerem Einkommen besonders stark von Preissteigerungen (z. B. für Strom) betroffen. Negative soziale Auswirkungen von umweltpolitischen Maßnahmen können allerdings vermieden werden, wenn der soziale Aspekt direkt von Anfang an mitgedacht wird und betroffene Personengruppen am Prozess partizipieren (Petschow et al. 2019).

■ Infrastrukturmaßnahmen und Serviceinstrumente

Im Sinne der Theory of Planned Behavior (Ajzen 1991) sind materielle Verhaltensbarrieren ein wesentliches Hindernis, ein Verhalten auszuführen. Hier setzen Infrastrukturmaßnahmen und Serviceinstrumente an.

Als Serviceinstrumente bezeichnet man Handlungen von Individuen oder Organisationen zur Unterstützung anderer bei deren Zielerreichung. Das können z. B. Wetterdienste oder Hochwasserwarnungen sein. Infrastruktur umfasst alle künstlichen Einrichtungen, die Handlungsgelegenheiten schaffen (oder auch erschweren), wie Straßen und Schienen, aber auch Windräder und Stromleitungen oder Heizkraftwerke und Fernwärmenetze. Beides, Service und Infrastruktur, bestimmt im weiteren Sinn den verfügbaren oder attraktiven Handlungsraum für Individuen und Wirtschaftsakteure.

Die Implementation und Erhaltung von Infrastrukturen (z. B. für Verkehr oder Abfallentsorgung) sind Gegenstand politischer Diskussion. Dabei ist im Prinzip die Erhöhung der Attraktivität öffentlicher Services und Infrastrukturen (z. B. einer U-Bahn) deutlich weniger kontrovers als der Rückbau von Infrastruktur (z. B. die Verringerung von Parkplätzen in der Innenstadt). Allerdings kann es gerade bei großen Infrastrukturprojekten (Autobahn- oder Flugplatzausbau, Bahn- oder Stromtrassen) ebenfalls starken Widerstand geben.

■ Gegenseitige Vereinbarungen

Gegenseitige Vereinbarungen zwischen politischen und/oder wirtschaftlichen Akteuren werden dann getroffen, wenn man entweder präventiv vermeiden will, dass ein Gesetz zur Regulation erlassen werden muss, oder wenn man nicht leicht Sanktionen durchsetzen kann (z. B. im internationalen Kontext). Die gegenseitigen Vereinbarungen finden also da statt, wo es bislang keine (staatliche) Regulierung gibt. Ihr Ziel ist es, rechtlich bindende oder auch nicht bindende, d. h. freiwillige Verpflichtungen privater Unternehmen oder Vereinigungen gegenüber dem Staat festzulegen. Zertifizierungen und Labels sind oft solche Vereinbarungen. Wenn sie erfolgreich sind, werden vom Staat keine weiteren Zwangsmaßnahmen ergriffen. Im internationalen Kontext gibt es zahlreiche bilaterale (zwei Staaten betreffende) oder multilaterale (mehrere Staaten betreffende) Abkommen, von denen die Klimarahmenkonvention der Vereinten Nationen (*UN-Framework Convention on Climate Change, UNFCCC*) das bekannteste ist. Es gibt keine (völker-)rechtliche Handhabe der Staaten untereinander auf Einhaltung der Konvention, es existiert jedoch mehr oder weniger subtiler Druck, der die Erfüllung der Verträge zu sichern hilft.

4.5.3 Psychologische Interventionsinstrumente

Wie die Beschäftigung mit der Theorie des geplanten Verhaltens in ► Abschn. 4.1.7 bereits gezeigt hat, wirken Barrieren (also vielfach solche Dinge, die einer politischen Intervention bedürfen) zusammen mit Einstellungen und den sozialen Einflüssen auf Umweltverhalten. Die psychologischen Interventionsinstrumente begleiten also nicht nur politische Maßnahmen, sie sind sogar wesentlicher Bestandteil einer zielgerichteten Verhaltensbeeinflussung. Manche wirken direkt auf das Verhalten, manche auf Wissen und Einsichten und manche dienen der Ausbreitung des Verhaltens in einer großen Population (vgl. Mosler und Gutscher 1998; Mosler und Tobias 2007). Sie wurden in der Mehrzahl schon angesprochen, sind aber hier der Übersicht halber noch einmal zusammengefasst.

- **Verhaltensorientierte Interventionsformen**

Die folgenden Instrumente wirken über die Motivation (Teil der Einstellung in der Theorie des geplanten Verhaltens) auf das Verhalten:

- *Prompts.* Gut sichtbare (saliente) Hinweise auf das gewünschte Verhalten (am besten an dem Ort, wo es auszuführen ist, also z. B. am Lichtschalter), steuern Vergessen entgegen und helfen so, die Zeit bis zum Einschleifen einer neuen Gewohnheit zu überbrücken.
- *Feedback und Selbstüberwachung.* Vielfach ist umweltrelevantes Verhalten in der Wirkung für uns nicht überschaubar. In vielen Fällen jedoch kann man die Verhaltenskonsequenzen messen, z. B. bei Energie oder Wasser. Wenn dies so geschieht, dass die Handelnden in Echtzeit oder zumindest zeitnah Rückmeldung über die Höhe ihres Verbrauchs bekommen, kann das Verhalten von ihnen selbst aufgrund dieser Rückmeldung kontrolliert und angepasst werden.
- *Belohnung.* Verhalten wird prinzipiell häufiger, wenn es belohnt wird. Wenn hinreichend hohe Anreize gegeben werden, kann von einer vermehrten Ausführung des Verhaltens ausgegangen werden. Allerdings ist es leider wahrscheinlich, dass das Verhalten verschwindet, wenn die Belohnung wieder ausgesetzt wird – im schlechtesten Fall sind dann Menschen vielleicht sogar weniger motiviert als vor der Einführung der Belohnung.
- *Lotterie.* Eine Lotterie besteht aus einer hohen Belohnung, bei der aber nur eine geringe Wahrscheinlichkeit des Gewinns besteht. Der Anreiz gilt für alle Personen und wirkt motivierend, sich am Verhalten zu beteiligen; nur eine oder wenige gewinnen jedoch tatsächlich. Eine Lotterie ist in der Summe ökonomischer als flächendeckende Belohnung für einzelnes Verhalten, da statt der Auszahlung vieler kleiner Beträge diese zu einem substanziellen Hauptgewinn gebündelt werden können.
- *Wettbewerb.* Ein Wettbewerb zwischen Gruppen oder Personen wird vielfach dann in Betracht gezogen, wenn sich eine spielerische Atmosphäre schaffen lässt. Dann erzeugt er zusätzliche Motivation, sich für ein bestimmtes Verhalten wie z. B. Energiesparen anzustrengen. Nicht jede Person nimmt allerdings gerne an Wettbewerben teil, es können immer nur wenige gewinnen und ein Wettbewerb kann nicht ewig dauern.

Wirksam ist der Wettbewerb gegen sich selbst, wenn durch die Setzung eigener Ziele ein Weg vorgezeichnet wird, der einen individuellen Anreiz zur Anstrengung (eine *Challenge*) darstellt.
- *Nudging*. Wie in ► Abschn. 4.2.4 beschrieben, ebnet Nudging den Weg für ein gewünschtes Verhalten. Die Motivation, das Verhalten auszuführen, muss dabei nicht zwingend bewusst sein und wird aller Regel nach durch Nudging auch nicht verändert.

▪ Kognitionsorientierte Interventionsformen

Diese Interventionen wirken auf die Einstellung, indem sie überzeugen oder zu (neuem) Verhalten motivieren. Bei einigen dieser Techniken vermischen sich der Einfluss auf die Einstellung und die subjektive Norm im Sinne der Theorie des geplanten Verhaltens.
- *Wissensvermittlung*. Sie kann sich auf Systemwissen (also Wissen, wie die Dinge zusammenhängen), auf Handlungswissen („Was kann ich tun?") oder Wirksamkeitswissen („Welche meiner Handlungen wirken wie?") beziehen.
- *Zielsetzung*. Ziele und Teilziele auf dem Weg zu einem Verhalten (sogenanntes *Shaping*) können von außen oder besser noch selbst gesetzt werden. Wichtig ist hier, die Schrittweite nicht zu groß (denn sonst droht Frustration) oder zu klein (denn sonst wird kein Fortschritt wahrgenommen) zu setzen.
- *Private oder öffentliche Selbstverpflichtung*. Sich selbst zu versprechen, bis zu einem bestimmten Zeitraum ein bestimmtes Ziel zu erreichen, ist eine gute Möglichkeit, Verhalten für sich zu verändern. Noch wirksamer ist es allerdings, wenn die Verpflichtung gegenüber anderen Personen erfolgt, die einen auch sozial unter (freundschaftlichen) Druck setzen können, wenn es mal nicht klappen sollte. Noch stärker wirken schriftliche Verpflichtungen (Verträge).
- *Alle-oder-niemand-Verträge*. Oft hat man bei Umweltverhalten eine Struktur, die ein bestimmtes Verhalten von vielen oder allen erfordert (vgl. ► Kap. 5 zu den ökologisch-sozialen Dilemmata). Hier können die sogenannten Alle-oder-niemand-Verträge helfen, die nur dann als erfüllt gelten, wenn sich alle an eine bestimmte Regel gehalten haben. So übt die Gruppe auf jede einzelne Person Druck aus, um das gemeinsame Ziel zu erreichen.
- *Vorbildverhalten*. Das Vormachen durch andere hilft, ein bestimmtes Verhalten zu erlernen, und weist auch darauf hin, dass andere es bereits ausführen und gutheißen. Das wirkt positiv auf die soziale deskriptive und injunktive Norm und stärkt so das eigene Verhalten.
- *Persuasion*. Persuasion, also Überzeugungsarbeit, kann vielfältig zur Veränderung von kognitiven Einstellungen, aber auch affektiven Konnotationen von Verhalten eingesetzt werden. Ihre Wirksamkeit hängt zentral von der Glaubwürdigkeit des Senders der Botschaften ab.
- *Kognitive Dissonanz*. Wird ein kognitiver Spannungszustand hervorgerufen (z. B. durch den Hinweis auf einen Widerspruch im eigenen Verhalten), kann dies dazu anregen, über Möglichkeiten der Spannungsreduktion (z. B. einer Verhaltensänderung, die zu den eigenen Einstellungen passt) nachzudenken.

- *Foot-in-the-door-Technik*. Hierbei wird zunächst um ein leichtes Verhalten gebeten. Stimmt eine Person dieser Bitte zu, ist es auch wahrscheinlicher, dass sie nachfolgend auch die Bitte nach einem schwerer auszuführenden Verhalten nicht ablehnt, um dem zuvor gezeigten Selbstbild treu zu bleiben.

Kommunikations- und Diffusionsinstrumente

Kommunikation von Information und deren Diffusion, d. h. ihre Ausbreitung, zielen auf die inneren Bedingungen von Akteuren ab, z. B. deren Ziele (Präferenzen), Wissen oder Verhaltensintentionen als vermittelnde motivationale, kognitive und soziale Vorprozesse des Handelns. Damit sind wir mitten in der umweltpsychologischen Domäne. Dennoch reicht es hier nicht, eine einzelne Person von etwas zu überzeugen; es ist vielmehr ein Flächeneffekt über die Gesellschaft hinweg angezielt (siehe dazu ausführlich ► Abschn. 4.4).

Kommunikations- und Diffusionsinstrumente sind nötig als Wegbereiter für weitere Instrumente, etwa bei der Information der Öffentlichkeit über ein einzuführendes neues Gesetz. Das verhindert, dass Menschen aufgrund von Unwissenheit mit Reaktanz auf eine solche Änderung reagieren. Diese Instrumente sprechen schnell an: Ihre Wirkung zeigt sich – ähnlich wie beim Marketing – innerhalb von Wochen. Allerdings wird die Information auch rasch vergessen. Soll also ein Verhalten dauerhaft geändert werden, sollte es durch andere Instrumente flankiert und gesichert werden.

Folgende Formen der Diffusion, also Methoden der Ausbreitung von Information können unterschieden werden (Mosler und Gutscher 1998; Mosler und Tobias 2007):

- *Multiplikatoren*. Das sind Personen, die aufgrund ihrer zentralen Position im sozialen Netzwerk (also Vereinsvorsitzende, Ortsvorstehende, Trainer und Trainerinnen usw.) andere zum Mitmachen anregen. Sie werden idealerweise vor einer Kampagne persönlich angesprochen, motiviert, mit einbezogen, unterwiesen und betreut.
- *Aktivatoren/Promotoren*. Das sind zentral organisierte, bezahlte und unterwiesene Personen, die andere Personen anwerben, z. B. indem sie von Haushalt zu Haushalt gehen oder das Thema bei öffentlichen Veranstaltungen (z. B. Infostand) vertreten.
- *Postalische Aktion*. Dabei werden Personen mittels Briefen angesprochen, angeworben und während der Kampagne gezielt mit Informationen versorgt.
- *Medienkampagne*. Es werden Personen kollektiv über Medien (Zeitung, Radio, TV, Social Media) angesprochen und instruiert.
- *Netzwerkbezogene Techniken*. Hierbei werden entweder vorhandene persönliche Netzwerke genutzt (z. B. wird in einer Versammlung in einem Verein die Kampagne vorgestellt oder im Rahmen der Nachbarschaftshilfe beworben) oder neue geschaffen (ein Verein wird für die Kampagne gegründet).

4.5.4 Community Based Social Marketing

Als soziales Marketing bezeichnet man die Anpassung von Marketingtechniken an Kampagnen, die auf freiwilliges Verhalten zur persönlichen oder gesellschaftlichen Verbesserung des Wohlergehens abzielen (Andreasen 1994). Soziales Marketing begegnet uns z. B. in Form von Plakaten bei Kampagnen zur Gesundheitsvorsorge. Community Based Social Marketing (CBSM; McKenzie-Mohr 2000; McKenzie-Mohr und Schultz 2014) bezieht soziales Marketing auf Nachhaltigkeit in Kommunen, Stadtteilen oder anderen Gemeinschaften ähnlicher Größe. Dabei werden psychologische Veränderungsinstrumente angewendet, aber auf eine größere Personenanzahl. CBSM enthält fünf Schritte:

1. *Zielverhalten auswählen.* Ein geeignetes Zielverhalten sollte ein „nicht teilbares" Verhalten sein. Das Verhalten sollte also spezifisch sein und den angezielten Zweck auch völlig erfüllen. In einer Energiesparkampagne wäre es also sinnvoll, z. B. für den „Austausch von Fenstern" zu werben und nicht für „bessere Isolation des Hauses", denn das kann auf viele sehr unterschiedliche Weisen geschehen. „Kauf eines Sparduschkopfs" erfüllt den angezielten Zweck des Wassersparens noch nicht, denn es fehlt die Installation des Duschkopfs (für die also auch geworben werden muss). Das angezielte Verhalten sollte auch eine gute Wahrscheinlichkeit besitzen, von vielen Menschen akzeptiert und umgesetzt zu werden, und es sollte noch nicht weit verbreitet sein (denn dann wäre die Kampagne nicht nötig).
2. *Barrieren und Motivatoren identifizieren.* Jede Verhaltensweise hat ihre eigenen Barrieren. So sind die Barrieren für Fahrradfahren andere als für eine fleischlose Ernährung. Vor einer Kampagne sollte also mittels Literaturrecherche, Befragung, Beobachtung oder Fokusgruppen ein Überblick über eventuelle Hindernisse für die Ausführung des angezielten Verhaltens gewonnen werden. Manche Barrieren sind externer Natur (es fehlt z. B. an geeigneter Infrastruktur), andere aber auch internaler, d. h. rein psychologischer Natur. Neben Barrieren ist es also genauso wichtig herauszufinden, was ein Verhalten motiviert, was es erstrebenswert macht. Das kann auch zwischen Personengruppen (z. B. mietenden und vermietenden Personen) unterschiedlich sein.
3. *Veränderungsstrategien entwickeln.* Eine Strategie sollte spezifisch für das angezielte Verhalten sein und kann mehrere Instrumente zur Verhaltensänderung umfassen. Sie sollten aufeinander abgestimmt sein und sowohl die identifizierten Barrieren verringern als auch die Motivation der Gruppe erhöhen, das Verhalten auszuführen. Dafür kommen alle in diesem Kapitel besprochenen verhaltensändernden Instrumente in Frage.
4. *Pilotieren.* Geeignete Maßnahmen oder Maßnahmenbündel werden in einer Pilotstudie im Probelauf (auch gegeneinander) getestet, um Erfahrungswerte hinsichtlich ihrer Wirksamkeit, Durchdringung in der Gruppe und der Kosten zu gewinnen.
5. *Implementieren und Evaluieren.* Die schließlich ausgewählte Intervention wird in der Gruppe breit implementiert. Die Evaluation ihres Erfolgs schließt vor allem direkte Maße der Verhaltensänderung ein.

Community Based Social Marketing gibt also Schritte der Planung einer verhaltensändernden Kampagne vor, die bei sorgfältiger Durchführung die Wahrscheinlichkeit des Erfolgs der Kampagne erhöhen.

4.5.5 Prinzipien erfolgreicher Intervention im Umweltbereich

Wer vor der praktischen Aufgabe steht, selbst eine umweltpsychologische Kampagne zu planen, kann auf Vorerfahrungen aus vergangenen Kampagnen zurückgreifen. Sie beziehen sich auf die grundsätzliche Art und Struktur, eine solche Intervention aufzubauen, und helfen, die vorgesehenen konkreten Maßnahmen zielgerichtet einzubetten. Die folgende Liste von Erfolgsfaktoren setzt sich aus Schlussfolgerungen von Gardner und Stern (2002) sowie Thaler und Sunstein (2009) zusammen.

- *Mehrere gleichzeitig angewandte Interventionstypen helfen, mit einschränkenden Faktoren (Barrieren) umzugehen.* Barrieren für umweltfreundliches Verhalten können verschiedenste Formen annehmen. Es kann eine nicht vorhandene Technologie sein, es kann an den Einstellungen oder dem mangelnden (oder falschen) Wissen liegen, es fehlt das Geld, eine Handlung ist nicht so komfortabel wie die umweltschädliche, oder es mangelt schlicht an Vertrauen in die Institution, die das neue Verhalten propagiert. Ein Bündel von Maßnahmen hilft, verschiedene dieser Barrieren gleichzeitig zu adressieren. Die Maßnahmen sind also jeweils dazu da, spezifische Hinderungsgründe anzusprechen: infrastrukturelle Maßnahmen für mangelnde Verfügbarkeit von z. B. ÖPNV, die Vermittlung von Werten für die Einstellungen, Nudging für die Überbrückung der Bequemlichkeit usw. Die Maßnahmen treten dabei auch in Wechselwirkung; es muss also aufgepasst werden, dass ihre Wirkung sich nicht widerspricht.

  Darüber hinaus können sich die Barrieren verändern, mit den unterschiedlichen Betroffenen der Maßnahme, mit der Situation, über die Zeit. Auch hier hilft ein breites und abgestimmtes Portfolio, mit diesen Unwägbarkeiten umzugehen. Es ist natürlich und unabhängig davon nützlich, gut aufzupassen, um entscheidende Veränderungen (z. B. in der Stimmung der Betroffenen) mitzubekommen und dann vernünftig darauf reagieren zu können. Eine Kampagne sollte also nie einfach geplant und dann durchgeführt werden, sondern während des Verlaufs eng begleitet werden, verbunden mit der Option, jeweils auch Veränderungen einzuführen.
- *Verstehe die Situation aus der Sicht der betroffenen Personen.* Da sind wir jetzt aufgefordert, empathisch in die Situation zu schlüpfen und zu verstehen: Was sind eigentlich die Probleme? Sind das Wissensprobleme? Sind das Geld- oder Zeitprobleme? Sind das Probleme des sozialen Netzwerks oder der Infrastruktur? Erst wenn das gut verstanden wurde, dann liegen die Voraussetzungen vor, die Barrieren gezielt zu bearbeiten.

  Um diese Informationen aus erster Hand zu bekommen, lassen sich Umfragen oder auch kleine Experimente (z. B. in Form von Rollenspielen mit Beteiligten) zur Identifikation der Barrieren durchführen. Eine echte Partizipation, also Beteiligung der betroffenen Personen liegt dann vor, wenn sie schon in der Planung einer Intervention mit einbezogen werden. Sie sind ja die eigentlichen Experten und Expertinnen, wenn es um die Beschreibung der nicht zufriedenstellenden Situation geht (sie sind die sogenannten *problem owners*). Sie stellen daher eine zentrale Wissensquelle dar. Ihr positiver Einfluss im persönlichen Netzwerk der Teilnehmenden kann genutzt werden, und mit Informationen über verschiedene Handlungsmöglichkeiten können Maßnahmen bei ihnen direkt implementiert werden. Um die dabei gefundenen Ergebnisse nachvollziehen zu können, ist es sehr nützlich, sie in den Kontext einer umfassenden Theorie, etwa der Theorie des geplanten Verhaltens, einzuordnen.

- *Wenn die einschränkenden Faktoren psychologischer (und nicht z. B. infrastruktureller) Natur sind, versuche die Entscheidungsprozesse zu verstehen*. Dieses Verständnis ist die Grundlage für den Zuschnitt der Interventionen. Insbesondere wenn es sich um mit psychologischen Mitteln bearbeitbare Barrieren handelt, gilt es, die Aufmerksamkeit der Betroffenen zu suchen, damit das Bündel psychologischer Interventionsinstrumente wirksam ist. Dabei sollten auch nur begrenzte kognitive Anforderungen gestellt werden – das Leben ist selbst komplex genug und eine Gewohnheitsänderung umso mehr. Eine persönliche Ansprache ist, wenn die Intervention das hergibt, besser als eine telefonische, eine telefonische ist besser als eine schriftliche. Und wie immer gilt auch hier, dass die Bedingungen, die vorrangig die Struktur einer Situation (und weniger das individuelle Verhalten) betreffen, gesondert und mit anderen Interventionen angegangen werden müssen, damit die psychologischen Maßnahmen wirksam sein können.
- *Habe realistische Erwartungen an die Ergebnisse der Intervention*. Gewohnheiten und andere beharrende Faktoren erschweren Verhaltensänderung, es sei denn, es liegt eine spürbare Unzufriedenheit mit der Situation vor. Wenn man von außen zu einer Gruppe kommt und die Idee einer Verhaltensänderung verbreiten will, lohnt es sich, die Veränderungstoleranz der beteiligten Personen zu berücksichtigen. Ein Überschreiten dieser Toleranzgrenze ruft Reaktanz hervor, die schädlich für den Verlauf der Kampagne ist und bislang Erreichtes aufs Spiel setzt.

  Verständlich ist, wenn die für eine Kampagne verantwortlichen Personen einen gewissen Überoptimismus an den Tag legen, weil doch ihr Herzblut darin steckt und sie mit ihr Erfolg verbuchen wollen. Realistische Erwartungen vermeiden zu hohen Druck, sie erleichtern den Umgang mit Rückschlägen und die Bewertung der Kampagne, ob zwischendurch oder abschließend.
- *Überwache kontinuierlich die Zwischenergebnisse und passe das Programm entsprechend an*. Das sogenannte ballistische Entscheiden haben wir in ► Kap. 2 bereits kennengelernt: Das bedeutet, eine Maßnahme gewissermaßen abzuschießen und sich dann umzudrehen und anderen Dingen zuzuwenden. Das ist hochgradig fehleranfällig. Stattdessen muss eine Maßnahme kontinuierlich begleitet und auf neue Entwicklungen in irgendeiner Form reagiert werden.
- *Vollständigkeit ist nicht nötig*. Bei einer Kampagne ist es nicht nötig, das Verhalten *aller* Personen zu verändern – es reicht eine Teilgruppe, damit sich ein Verhalten von selbst weiter ausbreitet. Es gilt also, möglichst viele zu erreichen; es ist aber nicht nötig, alle zu erreichen.

- *Erwarte, dass Fehler gemacht werden.* Fehler sind nicht schlimm, sondern eine notwendige Rückmeldung der Passung von Handlung und Welt. Sie helfen, die Kampagnen zu verbessern. Das entspannt.
- *Gib Rückmeldung.* Feedback an die Teilnehmenden einer Interventionskampagne und insbesondere kurze Feedbackzyklen erleichtern die bewusste Kontrolle des eigenen Verhaltens und die Überwachung der Zielerreichung.
- *Strukturiere komplexe Wahlen.* In dem Moment, in dem wir die Dinge nicht mehr überblicken, kapseln wir uns ab und interessieren uns nicht mehr. Für viele Umweltprobleme gilt das genauso, etwa bei der Klimaerwärmung. Wird sie als übermächtig groß, komplex und vielleicht auch erschreckend wahrgenommen, liegt die wesentliche Intervention zur Verhaltensänderung in der Vorbereitung der ersten Schritte in Richtung einer Bewältigung. Diese können klein sein, aber auch sie müssen gegangen werden. Eine Kampagne in einer komplexen Domäne zeigt eben diese ersten Schritte und die weiteren, die Zielrichtung andeutenden Schritte auf.

4.5.6 „Eile mit Weile“: Eine exemplarische (rein) psychologische Kampagne

Münsingen ist eine Schweizer Gemeinde nahe Bern mit gut 10.000 Einwohnern und Einwohnerinnen. Ca. 4000 von ihnen fahren Auto. Ende der 90er-Jahre scheiterte dort die von der Stadtverwaltung vorgeschlagene Einführung einer „Zone 30“ in Wohngebieten in der (in der Schweiz vorgesehenen) Volksabstimmung. Der Verwaltung waren nun die Hände gebunden. Die Verantwortlichen wollten aber trotzdem eine Reduktion der gefahrenen Geschwindigkeiten in den Wohngebieten erreichen, was jetzt nur noch auf freiwilligem Weg ging. Wie konnten also die Autofahrer und Autofahrerinnen dazu bewegt werden, freiwillig ihre Geschwindigkeit in Wohnvierteln auf 30 km/h zu beschränken?

Mosler und Mitarbeitende entwarfen die „Eile-mit-Weile“-Kampagne zur Reduktion der Durchschnittsgeschwindigkeit und führten diese in Münsingen durch (Mosler et al. 2001). Sie soll hier als gelungenes Beispiel für eine rein psychologische Kampagne dienen. Allerdings muss auch gesagt werden, dass vermutlich mehr erreicht worden wäre, wenn die politisch Verantwortlichen die Hilfe der Umweltpsychologen früher, also deutlich vor der Volksabstimmung in Anspruch genommen hätten. Dann hätte eine Aufklärung über den Nutzen von Tempo 30 womöglich zu einer Annahme der Geschwindigkeitsreduktion in der Abstimmung geführt und danach hätten rechtliche Anreize in Kraft gesetzt werden können. So mussten sich aber die hinzugezogenen Psychologen mit ausschließlich psychologischen Mitteln in einer politisch schwierigen Situation um eine Verhaltensänderung kümmern.

Die Kampagne war in vier Phasen unterteilt: Die Vorphase enthielt die Planung des Vorgehens, die Sicherung der Finanzierung und eine Vorbefragung. Die Diffusionsphase war der Gewinnung von Teilnehmenden der Kampagne gewidmet. Die eigentliche Umsetzungsphase sollte eine messbare Fahrverhaltensänderung unter den Teilnehmenden (und darüber hinaus) erzeugen. Die Nachphase schließlich umschloss eine Nachbefragung und die Evaluation der Kampagne. Alle vier Phasen erstreckten sich über insgesamt 2,5 Jahre.

Die Münsinger Kampagne zeichnet sich durch eine Besonderheit aus: Es wurde das angestrebte Verhalten nicht graduell eingeführt (z. B. durch graduelle Ausbreitung). Vielmehr sollte – nach erfolgter Verbreitung der Information und Selbstverpflichtung von Personen (dazu unten mehr) – an einem Stichtag eine größere Menge an Personen gleichzeitig mit dem Verhalten beginnen. Damit sollte ein für alle sichtbarer Vorher-nachher-Unterschied hergestellt werden.

Vorphase

Die Ergebnisse der Vorbefragung der Münsinger Bürgerinnen und Bürger ergaben eine weitestgehend positive Einstellung zu Tempo 30, viele merkten aber auch an, dass es zeitraubend sei. 80 % hatten Angst um ihre Kinder wegen schnellen Verkehrs, 50 % gaben an, in Wohnvierteln immer Tempo 30 zu fahren (das stand im Widerspruch zu den Radarmessungen der Polizei an 20 Stellen, die damit eine objektive Verhaltens-Baseline ermittelte). 50 % wollten in Zukunft Fahrgeschwindigkeiten reduzieren. Auf der einen Seite gibt das Anlass zum Optimismus, auf der anderen Seite ist Skepsis angebracht, da ja gerade die Einführung von Tempo 30 in der Volksabstimmung durchgefallen war. 65 % hatten jedoch keine Bedenken, freiwillig an einer Verkehrsaktion teilzunehmen.

Diffusionsphase

In der Diffusionsphase sollten so viele autofahrende Teilnehmende wie möglich für die Kampagne gewonnen werden. Als Ziel wurden 1000 Personen festgesetzt, die eine persönliche Verpflichtungserklärung zum Einhalten von Tempo 30 in Wohngebieten unterschreiben sollten. Dieses Ziel bedeutete also, dass ein Viertel der autofahrenden Münsinger und Münsingerinnen teilnehmen sollte.

Eine Pressekonferenz eröffnete den sichtbaren Teil der Kampagne. Die Medien (Lokalzeitung, Radio, Lokal-TV) unterstützten die Aktion. Es wurde auch plakatiert, um einen hohen Bekanntheitsgrad zu erreichen.

Ein Kernelement der Kampagne war ein Faltblatt, was neben Informationen über den Sinn und den Ablauf der Kampagne auch ein Formular für die Selbstverpflichtung enthielt. Die Faltblätter wurden von Multiplikatoren und Multiplikatorinnen (die vorher kontaktiert wurden, wie z. B. Trainer und Trainerinnen von Sportclubs, Verantwortliche beim lokalen Roten Kreuz, in Vereinen usw.) oder an den Kampagneninformationsständen im direkten persönlichen Kontakt weitergegeben und sie lagen in verschiedenen Läden und öffentlichen Einrichtungen aus. Das Formular mit der Selbstverpflichtung konnte bei Geschäften oder bei den Infoständen abgegeben werden. Bestimmte, lokal bekanntere Persönlichkeiten stellten sich als Vorbilder zur Verfügung. Ihre Teilnahme an der Kampagne wurde in der Münsinger Zeitung bekannt gegeben.

Es wurden ebenfalls Abreißblöcke mit dem Selbstverpflichtungsformular als sogenannte Weitergabeaufgabe in Umlauf gebracht. Die Aufgabe bestand darin, das Formular selbst auszufüllen und dann an eine bekannte Person weiterzugeben.

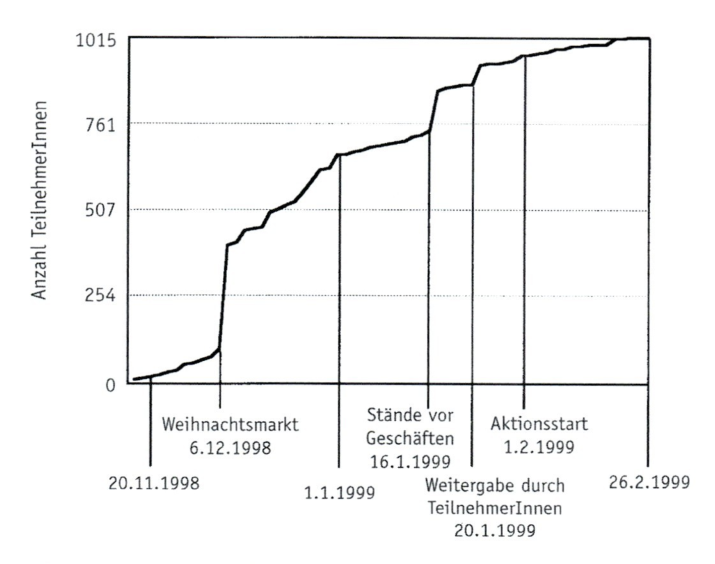

Abb. 4.19 Diffusionserfolg der Kampagne „Eile mit Weile". (Mosler et al. 2001, S. 132; mit freundlicher Genehmigung von Papst Science Publishers)

So sollten die persönlichen Netzwerke genutzt werden, um eine weitere Durchdringung der Bevölkerung zu erreichen.

Die Zahl der eingegangenen Verpflichtungserklärungen wurde weithin sichtbar öffentlich gemacht: In der Mitte des Kreisels am Ortseingang von Münsingen wurde ein hohes Gerüst aufgestellt, unten war die Zahl 100 zu lesen und ganz oben stand die Zahl 1000. Ein großes Spielhütchen kletterte so über die Zeit von unten nach ganz oben. Das war ein pfiffige und überraschende, für Autofahrende nicht zu übersehende Art, die deskriptive soziale Norm salient zu machen.

In Abb. 4.19 sieht man, wie die Zahl der unterschriebenen Selbstverpflichtungen über die Zeit der Diffusionsphase anstieg. Zwei Standaktionen, eine auf dem Weihnachtsmarkt und eine zweite Mitte Januar, brachten allein 400 Unterschriften. Das verweist auf die Bedeutung der persönlichen Überzeugungsarbeit. Am Ende waren über 1000 Selbstverpflichtungen unterzeichnet, sodass die Kampagne in die Umsetzungsphase gehen konnte.

- **Umsetzungsphase**

Während der Umsetzungsphase, also der eigentlichen Verhaltensänderung hin zum Fahren von Tempo 30, waren zusätzliche Interventionselemente Prompts in Form von Flaggen am Straßenrand, Plakate, langsam fahrende Vorbilder und Aufkleber auf Autos. Es wurde durch radargestützte Schilder Geschwindigkeitsfeedback in Wohngebieten angezeigt. Die Geschwindigkeit wurde wieder von der Polizei überwacht und dokumentiert. Insgesamt dauerte die Umsetzungsphase vier Monate.

Nachphase

Nach Ablauf der Umsetzung erfolgten eine Nachbefragung und weitere Geschwindigkeitsmessungen. Die harten quantitativen Daten zeigen, dass der Anteil der Fahrzeuge, die nicht schneller als 35 km/h fuhren (d. h., sich grob an die Zone-30-Regelung hielten), um 2–19 % anstieg. Die starke Varianz lässt sich mit baulichen Besonderheiten der Messstellen erklären (z. B. Straßenbreite). Es gab auch 35 % weniger Fahrzeuge, welche die (faktisch erlaubte) Höchstgeschwindigkeit von 50 km/h überschritten. Die Effekte waren auch noch sechs Monate nach Ende der Kampagne messbar.

Zusammengefasst lässt sich sagen, dass diese Kampagne, die mit rein psychologischen Mitteln durchgeführt werden musste, einen begrenzten, aber auch nachhaltigen Erfolg verbuchen konnte. Als Lehre kann hier gezogen werden, dass es – insbesondere vor rechtlichen oder monetären Maßnahmen – sehr sinnvoll ist, zunächst für die nötige Akzeptanz zu sorgen. Dies hilft, Reaktanz zu mindern, und ermöglicht es, in abgestimmter Weise psychologische Instrumente wie hier geschildert mit den rechtlichen oder wirtschaftlichen Anreizen zu kombinieren.

Bedingungen und Maßnahmen für eine erfolgreiche Aktion

Die Autoren nennen eine Reihe von Faktoren, die die Wirksamkeit der Tempo-30-Kampagne in Münsingen unterstützen halfen und die ebenfalls auf andere Kampagnen generalisierbar sind:

- Eine überschaubare sozialgeografische Einheit (also eine Kleinstadt, ein Wohnviertel) erleichtert die Identifikation mit der Aktion, denn eine solche abgrenzbare Einheit begünstigt das Entstehen eines „Wirgefühls".
- Es sollte identifizierbare und möglichst auch bekannte Kernpersonen geben, die die Aktivitäten initiieren und koordinieren und gegebenenfalls angesprochen werden können. Die Kampagne sollte ein „Gesicht" haben.
- Die finanziellen und vor allem auch personellen Ressourcen sollten vor der Aktion budgetiert und sichergestellt werden. Ideal ist, wenn diese vom Auftraggeber selbst zur Verfügung gestellt werden. Die Identifikation und die Bereitschaft, Verantwortung für Durchführung und Ergebnisse langfristig zu tragen, steigen mit dem eigenen, lokalen Engagement.
- Vor der eigentlichen Aktion sollte die Unterstützung ortsansässiger Organisationen, Geschäfte, Parteien usw. eingeholt werden. So kann die Öffentlichkeitsarbeit breit abgestützt werden. Wer an einer Idee nicht mitdenken, mitarbeiten und mitbestimmen kann, ist schwerer davon zu überzeugen, Ressourcen zu ihrer Verwirklichung aufzubringen bzw. einzusetzen.
- Wichtig ist eine möglichst repräsentative Befragung der Bevölkerung (bzw. der Zielgruppe) im Vorfeld. In Umrissen wird so sichtbar, was die Beteiligten zu einem Themenfeld denken. Dementsprechend können die Interventionsinstrumente gewählt und ausgestaltet werden.
- Im Idealfall steht von Anfang an die Mehrheit der Bürger und Bürgerinnen (bzw. der Zielgruppe) einer Aktion bzw. deren Zielen positiv gegenüber. Ist dies nicht der Fall, muss der Aktion eine lange Überzeugungsphase vorgeschaltet werden.

- Die Aktion sollte mit einer Teilaktion lanciert werden, welche dazu geeignet ist, einen leicht kommunizierbaren Anfangserfolg sowie einen „Teilnehmendensog“ zu erzeugen.
- Das wesentliche Instrument, um Teilnehmende zu gewinnen, ist das persönliche Ansprechen von Personen. Hinzu kommen Maßnahmen, welche die Aufmerksamkeit der Leute auf sich ziehen. Bekannte, machtmäßig relevante Gegenkräfte erfordern spezifische, zielgerichtete Maßnahmen sowie besondere Kommunikationsformen (z. B. Mediationsforen).
- Ein wichtiges Instrument für eine Verhaltensänderung sind Selbstverpflichtungen. Diese können unterschiedlich stark formuliert werden: Ich verpflichte mich zu .../Ich versuche ... einzuhalten/Ich bin dabei .... Je verbindlicher eine Selbstverpflichtung ist, umso ernsthafter wird die Verhaltensänderung angegangen, aber umso weniger Personen werden auch die Selbstverpflichtung eingehen. Sie kann durch weitere Instrumente gestützt werden, die zur Erinnerung an die laufende Aktion dienen.
- Befragungen vor und nach der Aktion sowie objektive Messungen der wichtigsten Zielgrößen vor, während und nach der Aktion sind zur Evaluierung der Aktion unabdingbar. Vorteilhaft sind Kurzbefragungen während der Aktion: Mögliche Fehler oder Probleme können mit ihnen erkannt und Verbesserungen laufend in die Aktion eingearbeitet werden. Veränderungen im tatsächlichen Verhalten sollten möglichst präzise gemessen und registriert werden.
- Bei jeder Art von verhaltensändernden Maßnahmen muss mit einem Abklingen ihrer Wirksamkeit gerechnet werden, wenn diese oder ähnliche Maßnahmen nicht wiederholt bzw. dauerhaft eingesetzt werden. Daher sollte man von Anfang an langfristige Maßnahmen planen bzw. flankierende Anreize setzen. Es ist wichtig, dass bei der Zielgruppe ein Bewusstsein dafür entstehen kann, dass das veränderte Verhalten beibehalten werden soll. Auch Neuhinzukommende sollten mit den entsprechenden Informationen versorgt werden.

Literatur

Ajzen, I. (1991). The Theory of Planned Behavior. *Organizational Behavior and Human Decision Processes, 50*(2), 179–211. https://doi.org/10.1016/0749-5978(91)90020-T

Ajzen, I. (2002). *Constructing a TPB questionnaire: Conceptual and methodological considerations*. Citeseer. https://citeseerx.ist.psu.edu/document?repid=rep1&type=pdf&doi=0574b20bd58130dd5a961f1a2db10fd1fcbae95d

Alcamo, J. (2008). Chapter one introduction: The case for scenarios of the environment. *Developments in Integrated Environmental Assessment, 2*, 1–11. https://doi.org/10.1016/s1574-101x(08)00401-8

Andreasen, A. R. (1994). Social marketing: Its definition and domain. *Journal of Public Policy & Marketing, 13*(1), 108–114. https://doi.org/10.1177/074391569401300109

Bamberg, S. (2000). The promotion of new behavior by forming an implementation intention: Results of a field experiment in the domain of travel mode choice. *Journal of Applied Social Psychology, 30*(9), 1903–1922. https://doi.org/10.1111/j.1559-1816.2000.tb02474.x

Bamberg, S. (2013). Applying the stage model of self-regulated behavioral change in a car use reduction intervention. *Journal of Environmental Psychology, 33*, 68–75. https://doi.org/10.1016/j.jenvp.2012.10.001

Bamberg, S., & Möser, G. (2007). Twenty years after Hines, Hungerford, and Tomera: A new meta-analysis of psycho-social determinants of pro-environmental behaviour. *Journal of Environmental Psychology, 27*, 14–25. https://doi.org/10.1016/j.jenvp.2006.12.002

Barth, B., Flaig, B. B., Schäuble, N., & Tautscher, M. (Hrsg.). (2017). *Praxis der Sinus-Milieus®: Gegenwart und Zukunft eines modernen Gesellschafts- und Zielgruppenmodells*. Springer.

Bearman, P. S., Moody, J., & Stovel, K. (2004). Chains of affection: The structure of adolescent romantic and sexual networks. *American Journal of Sociology, 110*(1), 44–91. https://doi.org/10.1086/386272

Behavioral Insights Team. (2011). *Behaviour change and energy use*. https://www.bi.team/wp-content/uploads/2015/07/behaviour-change-and-energy-use.pdf

Bond, R. M., Fariss, C. J., Jones, J. J., Kramer, A. D., Marlow, C., Settle, J. E., & Fowler, J. H. (2012). A 61-million-person experiment in social influence and political mobilization. *Nature, 489*(7415), 295–298. https://doi.org/10.1038/nature11421

Borgstedt, S., Christ, T., & Reusswig, F. (2010). *Repräsentativumfrage zu Umweltbewusstsein und Umweltverhalten im Jahr 2010*. Bundesministerium für Umwelt, Naturschutz und Reaktorsicherheit. https://www.umweltbundesamt.de/sites/default/files/medien/publikation/long/4045.pdf

Bourdieu, P. (1982). *Die feinen Unterschiede. Kritik der gesellschaftlichen Urteilskraft*. Suhrkamp Verlag.

Buchan, N. R., Brewer, M. B., Grimalda, G., Wilson, R. K., Fatas, E., & Foddy, M. (2011). Global social identity and global cooperation. *Psychological Science, 22*(6), 821–828. https://doi.org/10.1177/0956797611409590

Christakis, N. A., & Fowler, J. H. (2007). The spread of obesity in a large social network over 32 years. *New England Journal of Medicine, 357*(4), 370–379. https://doi.org/10.1056/NEJMsa066082

Christakis, N. A., & Fowler, J. H. (2010). *Connected. How your friends' friends' friends affect everything you feel, think, and do*. Harper Press.

Clayton, S. (2020). Climate anxiety: Psychological responses to climate change. *Journal of Anxiety Disorders, 74*, 102263. https://doi.org/10.1016/j.janxdis.2020.102263

Comin, D., & Hobijn, B. (2010). An exploration of technology diffusion. *American Economic Review, 100*, 2031–2059. https://doi.org/10.1257/aer.100.5.2031

Cook, J., Lewandowsky, S. (2011), *The Debunking Handbook*. St. Lucia, Australia: University of Queensland. November 5. ISBN 978-0-646-56812-6. [http://sks.to/debunk]

Deutscher Bundestag, Wissenschaftliche Dienste. (2017). WD 5 – 3000 – 024/17. *Wirksamkeit von bildlichen Warnhinweisen auf Zigarettenpackungen.* Abgerufen am 13.01.2020: https://www.bundestag.de/resource/blob/511122/8ae51b807ef2d0ebd58e4f4747c4bee7/wd-5-024-17-pdf-data.pdf

Dono, J., Webb, J., & Richardson, B. (2010). The relationship between environmental activism, pro-environmental behaviour and social identity. *Journal of Environmental Psychology, 30*(2), 178–186. https://doi.org/10.1016/j.jenvp.2009.11.006

Dunbar, R. I. (1993). Coevolution of neocortical size, group size and language in humans. *Behavioral and Brain Sciences, 16*(4), 681–694. https://doi.org/10.1017/S0140525X00032325

Duncan, L. E. (1999). Motivation for collective action: Group consciousness as mediator of personality, life experiences, and women's rights activism. *Political Psychology, 20*, 611–635. https://doi.org/10.1111/0162-895x.00159

Ernst, A., Welzer, H., Briegel, R., David, M., Gellrich, A., Schönborn, S., & Kroh, J. (2015). Scenarios of Perception of Reaction to Adaptation – Abschlussbericht zum Verbundprojekt SPREAD (CESR-Paper Vol. 8). kassel university press.

Festinger, L. (1954). A theory of social comparison processes. *Human Relations, 7*(2), 117–140. https://doi.org/10.1177/001872675400700202

Fichter, K., & Clausen, J. (2013). *Erfolg und Scheitern „grüner" Innovationen: Warum einige Nachhaltigkeitsinnovationen am Markt erfolgreich sind und andere nicht.* Metropolis.

Fielding, K. S., & Hornsey, M. J. (2016). A social identity analysis of climate change and environmental attitudes and behaviors: Insights and opportunities. *Frontiers in Psychology, 7*, Articel 121. https://doi.org/10.3389/fpsyg.2016.00121

Fielding, K. S., McDonald, R., & Louis, W. R. (2008). Theory of Planned Behaviour, identity and intentions to engage in environmental activism. *Journal of Environmental Psychology, 28*(4), 318–326. https://doi.org/10.1016/j.jenvp.2008.03.003

Fishbein, M., & Ajzen, I. (1975). *Belief, attitude, intention, and behavior: An introduction to theory and research*. Addison-Wesley.

Fouquet, R., & Pearson, P. J. (2006). Seven Centuries of Energy Services: The Price and Use of Light in the United Kingdom (1300-2000). *The energy journal, 27*(1), 139–177.

Fritsche, I., Barth, M., Jugert, P., Masson, T., & Reese, G. (2018). A social identity model of pro-environmental action (SIMPEA). *Psychological Review, 125*(2), 245–269. https://doi.org/10.1037/rev0000090

Gardner, G. T., & Stern, P. C. (2002). *Environmental problems and human behavior.* Pearson Custom Publishing.

Gessner, W. (1996). Der lange Arm des Fortschritts. In R. Kaufmann-Hayoz & A. Di Giulio (Hrsg.), *Umweltproblem Mensch* (pp. 263–299). Haupt.

Gigerenzer, G., Todd, P.M., Czerlinski Whitmore Ortega, J., Davis, J. N., Goldstein, D. G., Goodie, A. S., Hertwig, R., Hoffrage, U., Blackmond Laskey, K., Martignon, L., & Miller, G. (2001). *Simple heuristics that make us smart*. Oxford University Press.

Gigerenzer, G., Hertwig, R., Van den Broek, E., Fasolo, B., & Katsikopoulos, K. V. (2005). „A 30% chance of rain tomorrow": How does the public understand probabilistic weather forecasts? *Risk Analysis, 25*(3), 623–629. https://doi.org/10.1111/j.1539-6924.2005.00608.x

Goldstein, N. J., Cialdini, R. B., & Griskevicius, V. (2008). A room with a viewpoint: Using social norms to motivate environmental conservation in hotels. *Journal of Consumer Research, 35*(3), 472–482. https://doi.org/10.1086/586910

Gollwitzer, P. M. (1993). Goal achievement: The role of intentions. *European Review of Social Psychology, 4*(1), 141–185. https://doi.org/10.1080/14792779343000059

Gollwitzer, P. M. (1995). Das Rubikonmodell der Handlungsphasen. In J. Kuhl & H. Heckhausen (Hrsg.), *Enzyklopädie der Psychologie: Vol. 4. Motivation, Volition, Handlung* (pp. 531–582). Hogrefe.

Gollwitzer, P. M., & Brandstätter, V. (1997). Implementation intentions and effective goal pursuit. *Journal of Personality and Social Psychology, 73*(1), 186–199. https://doi.org/10.1037/0022-3514.73.1.186

Granovetter, M. S. (1973). The strength of weak ties. *American Journal of Sociology, 78*(6), 1360–1380. https://doi.org/10.1086/225469

Grübler, A. (1996). Time for a change: On the patterns of diffusion of innovation. *Daedalus, 125*(3), 19–42.

Hales, C.M., Carroll, M. D., Fryar, C. D., & Ogden C. L. (2020). *Prevalence of Obesity and Severe Obesity Among Adults: United States, 2017 – 2018*. National Centre for Health Statistics, USA. https://www.cdc.gov/nchs/data/databriefs/db360-h.pdf

Ham, J., & Midden, C. J. (2014). A persuasive robot to stimulate energy conservation: The influence of positive and negative social feedback and task similarity on energy-consumption behavior. *International Journal of Social Robotics, 6*(2), 163–171. https://doi.org/10.1007/s12369-013-0205-z

Hamann, K. R., & Reese, G. (2020). My influence on the world (of others): Goal efficacy beliefs and efficacy affect predict private, public, and activist pro-environmental behavior. *Journal of Social Issues, 76*(1), 35–53. https://doi.org/10.1111/josi.12369

Herrmann, A., & Huber, F. (2013). *Produkte am Markt einführen. Produktmanagement: Grundlagen – Methoden – Beispiele*. Springer.

Hines, J. M., Hungerford, H. R., & Tomera, A. N. (1986/87). Analysis and synthesis of research on responsible environmental behaviour: A meta-analysis. *Journal of Environmental Education, 18*, 1–8. https://doi.org/10.1080/00958964.1987.9943482

Huber, J., Payne, J. W., & Puto, C. (1982). Adding asymmetrically dominated alternatives: Violations of regularity and the similarity hypothesis. *Journal of Consumer Research, 9*(1), 90–98.

Huber, J., & Puto, C. (1983). Market boundaries and product choice: Illustrating attraction and substitution effects. *Journal of Consumer Research, 10*(1), 31–44. https://doi.org/10.1086/208943

Jevons, W. S. (1865). *The coal question*. Macmillan.

Johnson, E. J., & Goldstein, D. G. (2004). Defaults and donation decisions. *Transplantation*, *78*(12), 1713-1716. https://doi.org/10.1097/01.TP.0000149788.10382.B2

Kahneman, D., Slovic, P., & Tversky, A. (Hrsg.). (1982). *Judgment under uncertainty: Heuristics and biases*. Cambridge university press.

Kaufmann-Hayoz, R., & Gutscher, H. (2001). *Changing things – moving people: Strategies for promoting sustainable development at the local level*. Birkhäuser. https://doi.org/10.1007/978-3-0348-8314-6

Keizer, K., Lindenberg, S., & Steg, L. (2008). The spreading of disorder. *Science, 322*(5908), 1681–1685. https://doi.org/10.1126/science.1161405

Kleinhückelkotten, S., & Wegner, E. (2010). *Nachhaltigkeit kommunizieren: Zielgruppen, Zugänge, Methoden*. ECOLOG-Institut.

Kny, J., Schmies, M., Sommer, B., Welzer, H., & Wiefek, J. (2015). *Von der Nische in den Mainstream: Wie gute Beispiele nachhaltigen Handelns in einem breiten gesellschaftlichen Kontext verankert werden können*. Umweltbundesamt. http://www.umweltbundesamt.de/publikationen/von-der-nische-in-den-mainstream

Kramer, A. D., Guillory, J. E., & Hancock, J. T. (2014). Experimental evidence of massive-scale emotional contagion through social networks. *Proceedings of the National Academy of Sciences of the United States of America, 111*(24), 8788–8790. https://doi.org/10.1073/pnas.1320040111

Krause, F., Bossel, H., & Müller-Reißmann, K. F. (1980). *Energiewende – Wachstum und Wohlstand ohne Erdöl und Uran*. Fischer Verlag.

LaPiere, R. T. (1934). Attitudes vs. actions. *Social Forces, 13*, 230–237. https://doi.org/10.2307/2570339

Lohmann, S. (1994). The dynamics of informational cascades: The Monday demonstrations in Leipzig, East Germany, 1989–91. *World politics, 47*(1), 42–101.

Loy, L. S., Clemens, A., & Reese, G. (2022). Mind-body practice is related to pro-environmental engagement through self-compassion and global identity rather than to self-enhancement. *Mindfulness, 13*, 660–673. https://doi.org/10.1007/s12671-021-01823-1

Loy, L. S., & Reese, G. (2019). Hype and hope? Mind-body practice predicts pro-environmental engagement through global identity. *Journal of Environmental Psychology, 66*, 101340. https://doi.org/10.1016/j.jenvp.2019.101340

Loy, L. S., Reese, G., & Spence, A. (2022). Facing a common human fate: Relating global identity and climate change mitigation. *Political Psychology, 43*(3), 563–581. https://doi.org/10.1111/pops.12781

Loy, L. S., Tröger, J., Prior, P., & Reese, G. (2021). Global citizens – global jet setters? The relation between global identity, sufficiency orientation, travelling, and a socio-ecological transformation of the mobility system. *Frontiers in Psychology, 12*, 622842. https://doi.org/10.3389/fpsyg.2021.622842

Marchetti, C. (1994). Anthropological invariants in travel behavior. *Technological Forecasting and Social Change, 47*(1), 75–88. https://doi.org/10.1016/0040-1625(94)90041-8

Mastrandrea, M. D., Mach, K. J., Plattner, G.-K., Edenhofer, O., Stocker, T. F., Field, C. B., Ebi, K. L., & Matschoss, P. R. (2011). The IPCC AR5 guidance note on consistent treatment of uncertainties: A common approach across the working groups. *Climatic Change, 108*(4), 675–691. https://doi.org/10.1007/s10584-011-0178-6

McCright, A. M., & Dunlap, R. E. (2011a). Cool dudes: The denial of climate change among conservative white males in the United States. *Global Environmental Change, 21*(4), 1163-1172. https://doi.org/10.1016/j.gloenvcha.2011.06.003

McCright, A. M., & Dunlap, R. E. (2011b). The politicization of climate change and polarization in the American public's views of global warming, 2001–2010. *The Sociological Quarterly, 52*(2), 155-194. https://doi.org/10.1111/j.1533-8525.2011.01198.x

McFarland, S., Hackett, J., Hamer, K., Katzarska-Miller, I., Malsch, A., Reese, G., & Reysen, S. (2019). Global human identification and citizenship: A review of psychological studies. *Political Psychology, 40*, 141–171. https://doi.org/10.1111/pops.12572

McFarland, S., Webb, M., & Brown, D. (2012). All humanity is my ingroup: A measure and studies of identification with all humanity. *Journal of Personality and Social Psychology, 103*(5), 830–853. https://doi.org/10.1037/a0028724

McKenzie-Mohr, D. (2000). Promoting sustainable behavior: An introduction to community-based social marketing. *Journal of Social Issues, 56*(3), 543–554. https://doi.org/10.1111/0022-4537.00183

McKenzie-Mohr, D., & Schultz, P. W. (2014). Choosing effective behavior change tools. *Social Marketing Quarterly, 20*(1), 35–46. https://doi.org/10.1177/1524500413519257

McPherson, M., Smith-Lovin, L., & Cook, J. M. (2001). Birds of a feather: Homophily in social networks. *Annual Review of Sociology, 27*, 415–444. https://doi.org/10.1146/annurev.soc.27.1.415

Mosler, H.-J., & Gutscher, H. (1998). Umweltpsychologische Interventionsformen für die Praxis. *Umweltpsychologie, 2*, 64–79.

Mosler, H.-J., Gutscher, H., & Artho, J. (2001). Wie können viele Personen für eine kommunale Umweltaktion gewonnen werden? *Umweltpsychologie, 2*, 122–140.

Mosler, H.-J., & Tobias, R. (2007). Umweltpsychologische Interventionsformen neu gedacht. *Umweltpsychologie, 11*(1), 35–54. https://doi.org/10.5167/uzh-121734

Mulgan, G., Tucker, S., Ali, R., & Sanders, B. (2007). *Social innovation: What it is, why it matters, how it can be accelerated.* Young Foundation.

Petschow, U., Riousset, P., Sharp, H., Jabob, K., Guske, A.-L., Schipperges, M., Arlt, H.-J. (2019). *Identifizierung neuer gesellschaftspolitischer Bündnispartner und Kooperationsstrategien für Umweltpolitik: Hypothesen zum Verhältnis von Umwelt- und Sozialpolitik – eine erste Bestandsaufnahme.* Umweltbundesamt. https://www.umweltbundesamt.de/publikationen/identifizierung-buendnispartner-umweltpolitik

Pfister, H.-R., Jungermann, H., & Fischer, K. (2017). *Die Psychologie der Entscheidung*. Springer. https://doi.org/10.1007/978-3-662-53038-2

Pichert, D., & Katsikopoulos, K. V. (2008). Green defaults: Information presentation and pro-environmental behaviour. *Journal of Environmental Psychology, 28*(1), 63–73. https://doi.org/10.1016/j.jenvp.2007.09.004

Pohl, R. F. (2006). Empirical tests of the recognition heuristic. *Journal of Behavioral Decision Making, 19*(3), 251–271. https://doi.org/10.1002/bdm.522

Pong, V., & Tam, K.-P. (2023). Relationship between global identity and pro-environmental behavior and environmental concern: A systematic review. *Frontiers in Psychology, 14,* 1033564. https://doi.org/10.3389/fpsyg.2023.1033564

Poortinga, W., Spence, A., Whitmarsh, L., Capstick, S., & Pidgeon, N. F. (2011). Uncertain climate: An investigation into public scepticism about anthropogenic climate change. *Global Environmental Change, 21*(3), 1015–1024. https://doi.org/10.1016/j.gloenvcha.2011.03.001

Rabinovich, A., Morton, T. A., Postmes, T., & Verplanken, B. (2012). Collective self and individual choice: The effects of inter-group comparative context on environmental values and behaviour. *British Journal of Social Psychology, 51*(4), 551–569. https://doi.org/10.1111/j.2044-8309.2011.02022.x

Rauber, J., Bietz, S., & Reisch, L. (2018). *Einsatzmöglichkeiten von verhaltensbasierten Maßnahmen („Nudges") zur Förderung nachhaltigen Verhaltens im kommunalen Kontext*. Zeppelin-Universität.

Reese, G. (2016). Common human identity and the path to global climate justice. *Climatic Change, 134*(4), 521–531. https://doi.org/10.1007/s10584-015-1548-2

Reese, G., & Kohlmann, F. (2015). Feeling global, acting ethically: Global identification and fairtrade consumption. *The Journal of Social Psychology, 155*(2), 98–106. https://doi.org/10.1080/00224545.2014.992850

Reese, G., Loew, K., & Steffgen, G. (2014). A towel less: Social norms enhance pro-environmental behavior in hotels. *The Journal of Social Psychology, 154*(2), 97–100. https://doi.org/10.1080/00224545.2013.855623

Reese, G., Proch, J., & Finn, C. (2015). Identification with all humanity: The role of self-definition and self-investment. *European Journal of Social Psychology, 45*(4), 426–440. https://doi.org/10.1002/ejsp.2102

Reicher, S. D., Spears, R., & Haslam, S. A. (2010). The social identity approach in social psychology. In M. S. Wetherell & C. T. Mohanty (Hrsg.), *The Sage Handbook of Identities* (pp. 45–62). Sage Publications.

Renger, D., & Reese, G. (2017). From equality-based respect to environmental activism: Antecedents and consequences of global identity. *Political Psychology, 38*(5), 867–879. https://doi.org/10.1111/pops.12382

Rennings, K. (2014, Mai 15). *Übersicht über das REBOUND-Projekt*. INDUK Kick-off Treffen, Institut für sozial-ökologische Forschung, Frankfurt, Deutschland.

Reysen, S., & Katzarska-Miller, I. (2013). A model of global citizenship: Antecedents and outcomes. *International Journal of Psychology, 48*(5), 858–870. https://doi.org/10.1080/00207594.2012.701749

Rogers, E. M. (2003). *Diffusion of innovations* (5th ed.). Free Press.

Römpke, A. K., Fritsche, I., & Reese, G. (2019). Get together, feel together, act together: International personal contact increases identification with humanity and global collective action. *Journal of Theoretical Social Psychology, 3*(1), 35–48. https://doi.org/10.1002/jts5.34

Rosenmann, A., Reese, G., & Cameron, J. E. (2016). Social identities in a globalized world: Challenges and opportunities for collective action. *Perspectives on Psychological Science, 11*(2), 202–221. https://doi.org/10.1177/1745691615621272

Rothenberg, R. B., Sterk, C., Toomey, K. E., Potterat, J. J., Johnson, D., Schrader, M., & Hatch, S. (1998). Using social network and ethnographic tools to evaluate syphilis transmission. *Sexually Transmitted Diseases, 25*(3), 154–160. https://doi.org/10.1097/00007435-199803000-00009

Salganik, M. J., Dodds, P. S., & Watts, D. J. (2006). Experimental study of inequality and unpredictability in an artificial cultural market. *Science, 311*(5762), 854–856. https://doi.org/10.1126/science.1121066

Santarius, T. (2012). *Der Rebound-Effekt: Über die unerwünschten Folgen der erwünschten Energieeffizienz*. Wuppertal-Institut für Klima, Umwelt, Energie.

Santarius, T., & Soland, M. (2016). Towards a psychological theory and comprehensive rebound typology. In T. Santarius, H. Walnum & C. Aall (Hrsg.), *Rethinking Climate and Energy Policies* (pp. 107–119). Springer. https://doi.org/10.1007/978-3-319-38807-6_7

Scheibehenne, B., Jamil, T., & Wagenmakers, E. J. (2016). Bayesian evidence synthesis can reconcile seemingly inconsistent results: The case of hotel towel reuse. *Psychological Science, 27*(7), 1043–1046. https://doi.org/10.1177/0956797616644081

Schuitema, G., Steg, L., & Forward, S. (2010). Explaining differences in acceptability before and acceptance after the implementation of a congestion charge in Stockholm. *Transportation Research Part A: Policy and Practice, 44*(2), 99–109. https://doi.org/10.1016/j.tra.2009.11.005

Schultz, P. W., Nolan, J. M., Cialdini, R. B., Goldstein, N. J., & Griskevicius, V. (2007). The constructive, destructive, and reconstructive power of social norms. *Psychological Science, 18*(5), 429–434. https://doi.org/10.1111/j.1467-9280.2007.01917.x

Simon, H. A. (1955). A behavioral model of rational choice. *The Quarterly Journal of Economics, 69*(1), 99–118. https://doi.org/10.2307/1884852

Simon, H. A. (1972). Theories of bounded rationality. *Decision and Organization, 1*(1), 161–176.

Sladek, S. (2015). EWS Schönau: Die Schönauer Stromrebellen – Energiewende in Bürgerhand. In H. Kopf, S. Müller, D. Rüede, K. Lurtz & P. Russo (Hrsg.), *Soziale Innovationen in Deutschland* (pp. 277–289). Springer.

Spada, H. (1990). Umweltbewusstsein: Einstellung und Verhalten. In L. Kruse, C.-F. Graumann & E.-D. Lantermann (Hrsg.), *Ökologische Psychologie* (pp. 623–631). Psychologie Verlags Union.

Spada, H., Rummel, N., & Ernst, A. (2018). Lernen. In A. Kiesel & H. Spada (Hrsg.), *Lehrbuch Allgemeine Psychologie* (pp. 335–421). Hogrefe.

Sunstein, C. R. (2014). Nudging: A very short guide. *Journal of Consumer Policy, 37*(4), 583–588. https://doi.org/10.1007/s10603-014-9273-1

Sunstein, C. R., & Reisch, L. A. (2014). Automatically green: Behavioral economics and environmental protection. *Harvard Environmental Law Review, 38*(1), 127–158. https://doi.org/10.2139/ssrn.2245657

Sunstein, C. R., Reisch, L. A., & Kaiser, M. (2019). Trusting nudges? Lessons from an international survey. *Journal of European Public Policy, 26*(10), 1417–1443. https://doi.org/10.1080/13501763.2018.1531912

Tajfel, H., & Turner, J. C. (1979). An integrative theory of intergroup conflict. In S. Worchel & W. G. Austin (Hrsg.), *The social psychology of intergroup relations* (pp. 33–47). Brooks Cole Publishing.

Thaler, R. H., & Sunstein, C. R. (2009). *Nudge: Improving decisions about health, wealth and happiness*. Penguin Books.

Thøgersen, J. (2006). Norms for environmentally responsible behaviour: An extended taxonomy. *Journal of Environmental Psychology, 26*(4), 247–261. https://doi.org/10.1016/j.jenvp.2006.09.004

Thomas, E. F., McGarty, C., & Mavor, K. I. (2009). Aligning identities, emotions, and beliefs to create commitment to sustainable social and political action. *Personality and Social Psychology Review*, 13(3), 194–218. https://doi.org/10.1177/1088868309341563

Turner, J. C., Hogg, M. A., Oakes, P. J., Reicher, S. D., & Wetherell, M. S. (1987). *Rediscovering the social group: A self-categorization theory*. Blackwell Publishing.

Tversky, A., & Kahneman, D. (1991). Loss aversion in riskless choice: A reference-dependent model. *The Quarterly Journal of Economics, 106*(4), 1039–1061. https://doi.org/10.2307/2937956

Van Zomeren, M., Postmes, T., & Spears, R. (2008). Toward an integrative social identity model of collective action: A quantitative research synthesis of three socio-psychological perspectives. *Psychological Bulletin, 134*(4), 504–535. https://doi.org/10.1037/0033-2909.134.4.504

Verplanken, B., & Roy, D. (2016). Empowering interventions to promote sustainable lifestyles: Testing the habit discontinuity hypothesis in a field experiment. *Journal of Environmental Psychology, 45*, 127–134. https://doi.org/10.1016/j.jenvp.2015.11.008

Verplanken, B., & Wood, W. (2006). Interventions to break and create consumer habits. *Journal of Public Policy & Marketing, 25*(1), 90–103. https://doi.org/10.1509/jppm.25.1.90

Von Weizsäcker, E. U., Hargroves, K., & Smith, M. (2010). *Faktor 5: Die Formel für nachhaltiges Wachstum*. Droemer.

Wallis, H., & Loy, L. S. (2021). What drives pro-environmental activism of young people? A survey study on the Fridays For Future movement. *Journal of Environmental Psychology, 74*, 101581. https://doi.org/10.1016/j.jenvp.2021.101581

Welzer, H. (2019). *Alles könnte anders sein: Eine Gesellschaftsutopie für freie Menschen*. S. Fischer Verlag.

Wood, W., Quinn, J. M., & Kashy, D. A. (2002). Habits in everyday life: Thought, emotion, and action. *Journal of Personality and Social Psychology, 83*(6), 1281–1297. https://doi.org/10.1037/0022-3514.83.6.1281

Wright, S. C., & Taylor, D. M. (1998). Responding to tokenism: Individual action in the face of collective injustice. *European Journal of Social Psychology, 28*(4), 647–667. https://doi.org/10.1002/(SICI)1099-0992(199807/08)28:4<647::AID-EJSP887>3.0.CO;2-0

Dilemmata des Umweltverhaltens

Inhaltsverzeichnis

A. Ernst et al., *Umweltpsychologie*, https://doi.org/10.1007/978-3-662-69166-3_5

Im Rahmen dieses Kapitels beschäftigen wir uns mit einer Struktur in der Verhaltensumwelt, die uns bei nahezu allen Umweltproblemen begegnet. Die im Verlauf des Kapitels zu besprechenden ökologisch-sozialen Dilemmata bestehen aus zwei ineinander verschränkten Aspekten – zwei Dilemmata. Das eine ist das soziale Dilemma, bei dem es um die Verteilung eines Gutes zwischen Personen in einer Gruppe geht. Das zweite Dilemma entsteht aus der Frage nach der Verteilung des Gutes über die Zeit: Jetzt konsumieren oder für später aufheben? Die Struktur der Dilemmata erschwert die Lösung von Umweltproblemen. Daher werden in diesem Kapitel nicht nur die Struktur selbst, sondern auch ihre Auswirkungen auf das Verhalten von Personen sowie die Verhaltensbeeinflussung durch individuelle wie strukturelle Interventionsmaßnahmen besprochen.

5.1 Soziale Dilemmata

Dilemma

Ein Dilemma (Mehrzahl: Dilemmata) ist eine konflikthafte Entscheidung zwischen zwei Möglichkeiten.

Man kann die sozialen Dilemmata mit Fug und Recht als einen der Dreh- und Angelpunkte der Umweltpsychologie bezeichnen. Im Folgenden werden wir eine Perspektive mittleren Abstraktionsgrades einnehmen: Es geht zunächst nicht um ein konkretes Umweltverhalten, sondern um eine Klasse von Anreizstrukturen, die sich in einer Vielzahl, tatsächlich in der überwältigenden Mehrheit der täglichen Situationen wiederfindet (zur Vertiefung s. Ernst 1997, 2001, 2008).

5.1.1 Das Gefangenendilemma

► Ein klassisches Dilemma

Stellen wir uns folgende Situation vor: Zwei Personen (die vorher noch nichts miteinander unternommen haben) verabreden sich zu einem Einbruch bei einem Juwelier. Auf der Flucht werden sie von der Polizei gestellt. Ihnen gelingt es, sich der Beute noch zu entledigen, sodass ihnen der Einbruch nicht nachgewiesen werden kann. Allerdings haben sie versucht, sich der Festnahme zu entziehen, und die Polizei vermutet einen Zusammenhang mit dem Juwelenraub. Die beiden werden nun in getrennten Zellen verhört. Man bietet ihnen einen Deal an: Wenn sie weitere Aussagen verweigerten, müssten sie auf jeden Fall, weil vor der Polizei davongelaufen, für ein Jahr ins Gefängnis. Wenn sich allerdings einer der beiden bereit erklären würde, den Einbruch beim Juwelier zu gestehen, würde er sofort frei-, der andere aber für zehn Jahre hinter Gitter kommen. Gestehen allerdings beide und wollen sich gegenseitig belasten, dann müssen beide für acht Jahre einsitzen. ◄

Die beiden sitzen nun in ihren Zellen und haben ein Problem. Sie müssen es getrennt lösen, da sie nicht miteinander kommunizieren können. Aber genau das stürzt sie in ein Dilemma, dessen Auflösung nicht unabhängig von der Betrachtung des Verhaltens der anderen beteiligten Person zu leisten ist. Die beiden befinden sich in einer *sozial interdependenten* Situation.

Sozial interdependente Situation

Eine sozial interdependente Situation bezeichnet eine solche Situation, in der die Anreize (d. h. der erwartete Nutzen) für eine Handlung nicht nur von der Person selbst, sondern auch von den anderen Personen in dieser Situation abhängen – und umgekehrt. Eine beste Strategie lässt sich demnach nicht ohne das Betrachten der Handlungen (und Absichten) der anderen Beteiligten angeben.

Lassen Sie uns zunächst noch einmal die Zahlen betrachten und sie so darstellen, dass sie auf einen Blick zu erfassen sind – in einer sogenannten Auszahlungsmatrix (◘ Abb. 5.1).

Die Abbildung zeigt gleichzeitig die Perspektiven der beiden beteiligten Gefangenen. Die Ergebnisse einer Handlung für den Gefangenen A sind jeweils in der rechten oberen Hälfte der Zellen eingetragen (mit einem Index A), die für Person B in der jeweils linken unteren Hälfte mit dem Index B. Beide Personen haben die Wahl zwischen zwei Möglichkeiten: Kooperation und Nichtkooperation (auch *Defektion* genannt). Aber Vorsicht: Kooperation meint hier die Kooperation der Gefangenen untereinander, also das Dichthalten, das Nichtverpfeifen des anderen Gefangenen – nicht etwa die Kooperation mit der Polizei. Die Nichtkooperation unter den Gefangenen besteht darin, der Polizei alles zu erzählen – in der Hoff-

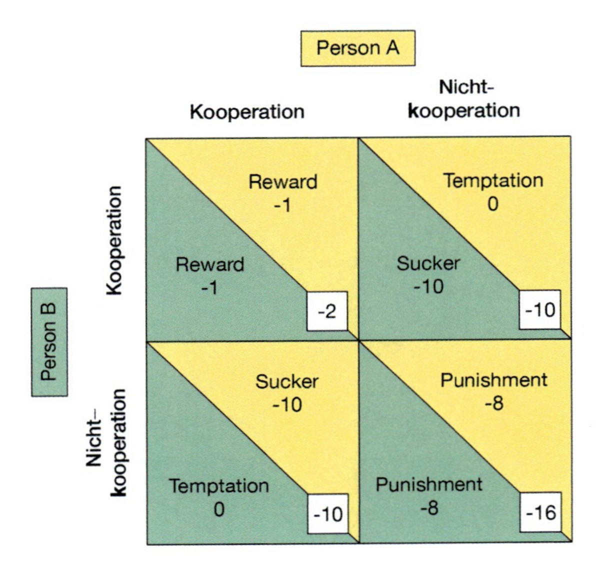

◘ **Abb. 5.1** Die Auszahlungsmatrix des Gefangenendilemmas

nung, selbst sofort freizukommen. In den Zellen stehen jeweils die Jahre in Haft, die einen als Ergebnis der jeweiligen Entscheidungen erwarten. Und wir sehen gleich: Diese Ergebnisse hängen nicht nur von einer Person allein ab, sondern eben auch von der anderen beteiligten Person. Die Frage, die sich daran anschließend stellt, lautet: Wie viele Jahre müssten die beiden Gefangenen jeweils im Gefängnis bleiben? Wie werden sie sich wohl entscheiden?

Fangen wir in der Zelle oben rechts an. Wenn Person A gegenüber der Polizei auspackt und gesteht, dann erwartet sie, dass sie sofort nach Hause gehen kann. Für Person B bedeutet dies jedoch im Umkehrschluss 10 Jahre hinter Gittern. Das T steht für *temptation*, also die Versuchung, sofort freizukommen. Das S hingegen steht für den sogenannten *sucker's payoff*, also die Auszahlung des Verlierenden. Die Matrix ist nun für beide Beteiligten symmetrisch. Person B überlegt sich also ihrerseits: Jetzt nach Hause gehen, das wäre schon nicht schlecht (Auszahlung T)! Also packe ich aus, denn kein Jahr im Gefängnis ist besser als alles andere. Beide Gefangenen unterliegen also der starken Versuchung einerseits und andererseits der Furcht davor, als einzige Person ins Gefängnis zu müssen. Wenn sich aber beide tatsächlich für die Nichtkooperation entscheiden, verändern sich die Auszahlungen: Beide werden nun jeweils zu acht Jahren Haft verurteilt, bezeichnet mit P für *punishment* (Bestrafung). Würden sich hingegen beide für Kooperation untereinander entscheiden, müsste jede Person (nur) für ein Jahr ins Gefängnis. Dies ist in der Matrix mit R für *reward* (Belohnung) bezeichnet.

Gehen wir einmal den Gedankengang für Person A durch. Wenn sie kooperiert, dann befindet sie sich in der linken Spalte der Matrix. Kooperiert die Person B auch, so erhalten beide die Belohnung. Entscheidet sich aber der andere Gefangene für Nichtkooperation, so muss Person A für die längste Zeit ins Gefängnis. Das ist ein Risiko. Person A prüft also ihrerseits die Wahl der Nichtkooperation. Kooperiert Person B, so erreicht A mit der Auszahlung T das Beste für sich. Defektieren beide, gibt es P für beide. Wenn Person A jeweils vergleichen will, was sie erreichen kann, unter der Annahme eines bestimmten Verhaltens des Komplizen B, muss sie jeweils ihre Auszahlungen pro Zeile betrachten. Kooperiert der andere Gefangene, steht ein Jahr im Gefängnis (bei Kooperation von A) gegen sofortiges Freikommen (bei Nichtkooperation von A). Sollte der andere nicht kooperieren, stünden zehn Jahre Haft (bei eigener Kooperation) gegen acht Jahre zur Wahl (bei eigener Nichtkooperation). Die Nichtkooperation erscheint individuell als das Vernünftigste, was man in dieser (misslichen) Situation tun kann. Denn egal welche Zeile, egal welche Wahl die andere Person trifft, die Nichtkooperation hat stets die besseren Auszahlungen. Nichtkooperation ist damit eine sogenannte *dominante Strategie*.

Dominante Strategie

Eine dominante Strategie in einer Dilemmasituation liegt dann vor, wenn diese Strategie – unabhängig davon, was die andere beteiligte Person tut – die beste ist.

Eigentlich kann Person A nicht wissen, was Person B tun wird. Oder doch? Da die gezeigte Matrix symmetrisch ist, also für beide Beteiligten dieselben Auszahlungen bereithält, kann Person A die auf das eigene Verhalten angewendete Logik auch für Person B annehmen. A kann also auch für B Nichtkooperation vermuten. Damit spricht aus der Sicht von A noch mehr für Nichtkooperation.

Diese Sichtweise gilt allerdings ausschließlich aus der individuellen Perspektive. Man betrachtet also nur die Punkte, die eine einzelne Person (A oder B) erhält, und versucht diese zu maximieren. Das wird auch als *individuelle Rationalität* bezeichnet.

Individuelle Rationalität

Eine Handlung ist dann individuell rational, wenn sie aus der Sicht der betroffenen Person den meisten Nutzen (den höchsten Gewinn, den geringsten Schaden) verspricht. Der Nutzen kann dabei materiell (z. B. Geld, Punkte) oder auch psychologisch (Billigung, Lob) sein.

Im Falle des hier geschilderten symmetrischen Gefangenendilemmas unterliegen beide Beteiligten denselben Anreizen, d. h., dass die individuelle Rationalität der einen Person auch die der anderen ist. Es landen also beide – sofern sie der individuellen Rationalität folgen – in der rechten unteren Zelle der Auszahlungsmatrix, also bei der gegenseitigen Nichtkooperation. Sie defektieren beide und kassieren in unserem Beispiel beide je acht Jahre Haft. Dieses Ergebnis war aber von keiner der beiden Personen so gewollt! Tatsächlich ist doch offensichtlich, dass die acht Jahre pro Person schlechter sind als ein Jahr (aus der Zelle links oben). Und: Wenn man die Anzahl der Jahre in Haft für beide zusammenzählt, kommt man auf insgesamt 16 Jahre in der Zelle rechts unten im Vergleich zu den zwei Jahren aus der Zelle links oben. Was haben die beiden Gefangenen nur falsch gemacht? Ihre individuelle Rationalität, das Denken „Wie komme ich zu meinem größten Vorteil?“ hat sie beide in eine Falle geführt. Sie haben die individuelle, nicht die *kollektive Rationalität* angewendet.

Kollektive Rationalität

Im Gegensatz zur individuellen Rationalität liegt bei der kollektiven Rationalität das Augenmerk auf der Maximierung des *gemeinsamen* Nutzens.

Mit dem hier geschilderten Gefangenendilemma wird mit dem Anreiz der *temptation* und dem schlechtesten Ergebnis des *sucker's payoff* eine sehr starke äußere Struktur für Nichtkooperation und gegen Kooperation geschaffen. Sie motiviert die Beteiligten durch Angst, die riskante Kooperation zu meiden, und durch Gier, die vermeintlich bessere (dominante) Strategie der Defektion zu wählen. Oder anders ausgedrückt: Innerhalb dieser Struktur gibt es für individuell rational denkende Menschen keinen Ausweg aus der „Lose-lose“-Situation, bei der beide verlieren. Die Beteiligten laufen hier in eine psychologische Falle: Sie betrachten nur ihren eigenen Nutzen und tun so die individuell richtig scheinenden Dinge, die sich unter einer kollektiven und letztendlich auch einer individuellen Perspektive jedoch als falsch herausstellen.

Die sog. Spieltheorie (engl. *game theory*; von Neumann und Morgenstern 1944) sieht menschliche Interaktionen unter dem Blickwinkel von sozialen Spielen. Spiel meint dabei nicht ein Kinderspiel (engl. *play*), sondern den regelhaften Ablauf eines strategischen Spiels (engl. *game*), dessen Rahmen durch äußere Anreize gesetzt wird, genau wie in der Situation des Gefangenendilemmas. Um realweltliche Situationen abzubilden, werden allerdings z. T. starke Vereinfachungen vorgenommen. So gilt für das Gefangenendilemma, dass sich die beiden Gefangenen nicht gut kennen, dass sie also z. B. nicht Freunde sind, welche die kollektive Rationalität möglicherweise stärker berücksichtigen würden (das würde die Zahlen in der Matrix verändern!). Eine zweite Vereinfachung ist hierbei zudem, dass das Spiel nicht wiederholt wird. Die Situation sähe ganz anders aus, wenn die beiden fest geplant hätten, ihre nächsten Aktivitäten gemeinsam durchzuführen. Auch dies würde die kollektive Rationalität stärken. Der Spieltheorie geht es zunächst einmal um die durch die äußeren Anreize geschaffene Struktur (für einen Überblick vgl. Davis 1999; Holler und Illing 2005). Zahlreiche inspirierende Beispiele dafür gibt Hamburger (1979). Um die psychologischen Aspekte, die Verhalten in Dilemmasituationen bedingen, wird es in ► Abschn. 5.3 gehen.

Das hier vorgestellte Gefangenendilemma (Luce und Raiffa 1957; Rapoport und Chammah 1965) liegt formal dann vor, wenn

$$T > R > P > S \tag{5.1}$$

sowie

$$R > (T + S) / 2 \tag{5.2}$$

gelten.

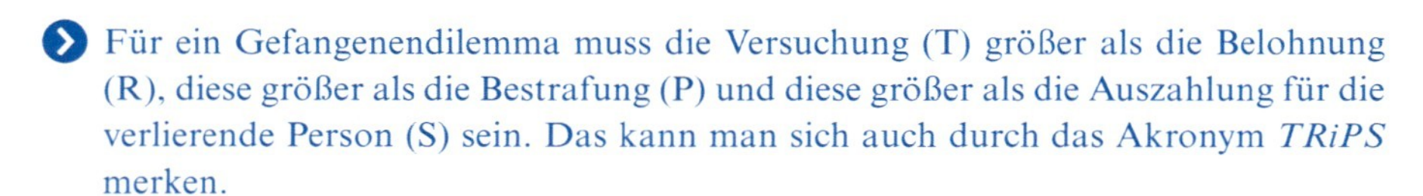

Für ein Gefangenendilemma muss die Versuchung (T) größer als die Belohnung (R), diese größer als die Bestrafung (P) und diese größer als die Auszahlung für die verlierende Person (S) sein. Das kann man sich auch durch das Akronym *TRiPS* merken.

Die zweite Gleichung ist dazu da, bei wiederholten Spielen auszuschließen, dass sich zwei ganz Schlaue absprechen und T und S immer abwechselnd spielen, um dabei im Mittel jeweils mehr als R zu bekommen. Wie Sie leicht überprüfen können, gelten beide Formeln für das eingangs eingeführte Spiel.

5.1.2 Die Struktur sozialer Dilemmata

Das Gefangenendilemma ist ein Beispiel für ein soziales Dilemma. Um zu verstehen, was ein soziales Dilemma ausmacht, ist es gut, sich zunächst über drei grundsätzliche Klassen von Anreizsituationen klar zu werden: *rein kompetitive Situationen, rein kooperative Situationen und Situationen mit gemischten Motiven.*

Rein kompetitive Situationen

Wenn wir einen (z. B. sportlichen) Wettbewerb haben, bei dem es eine siegende Person gibt, dann ist die Position des oder der Siegenden nur ein einziges Mal zu vergeben. Alle Sportler und Sportlerinnen oder Teams strengen sich an, aber nur eine Person oder ein Team kann gewinnen. Das nennt man eine rein kompetitive Situation. Bei einer Bewerbung um eine Arbeitsstelle liegt der gleiche Fall vor: Die Stelle kann eben nur einmal besetzt werden. Viele Gesellschaftsspiele von Schach bis Mensch-ärgere-dich-nicht stellen ebenfalls rein kompetitive Situationen dar.

Rein kooperative Situationen

Bei rein kooperativen Situationen ist es – vielleicht unerwarteterweise – schon schwieriger. Ein Staffellauf ist eine solche Situation: Alle strengen sich an und ihre Anstrengung kommt direkt und vollständig allen zugute. Bei einem Umzug ist eine schwere Couch zu bewegen. Allein geht das nicht. Auch das ist eine rein kooperative Situation. Oder eine Seilschaft am Berg: Alle tragen vollen Herzens zum Gelingen der Bergtour bei, weil diese nur gemeinsam bewältigt werden kann.

Solche Situationen sind bei genauerer Betrachtung tatsächlich aber eher selten. Es gibt viele, die nur so scheinen, als seien sie rein kooperative Situationen. Bei körperlichen Aufgaben wie z. B. Tauziehen oder Spinning zur Stromerzeugung lässt sich empirisch nachweisen, dass nicht jeder oder jede in einer Gruppe die volle Kraft einsetzt, also die Kraft, die er oder sie in einer Einzelsituation am Seil oder Spinning-Gerät erbringt (Wilke und Wit 2002). Anscheinend gibt es da noch andere als die reinen Gruppeninteressen.

Man könnte auch meinen, dass es beim Sport innerhalb einer Mannschaft ausschließlich kooperativ zugeht und zwischen den Mannschaften rein kompetitiv. Aber stimmt das? Stellen wir uns vor, dass Ihre Lieblingsfußballmannschaft eine Doppelspitze hat. Nach Konter sind beide Stürmenden vorn und der oder die eine ist im Ballbesitz. Die Person mit dem Ball steht allerdings nicht optimal, die andere Person jedoch steht frei vor dem Tor. Was überlegt sich nun die Person mit dem Ball? Will sie vielleicht lieber selbst die Lorbeeren einheimsen, obwohl der Teamkollege oder die Teamkollegin besser steht? Stellen Sie sich zusätzlich noch vor, dass der Bundestrainer auf der Tribüne sitzt, um nach Nachwuchs für die Nationalmannschaft Ausschau zu halten. Sie sehen, dass sich die Situation, die ohnehin gar nicht rein kooperativ ist, durch den Bundestrainer noch verschärft, d. h. sich zur kompetitiven Situation hin verschiebt.

Manchmal könnte man auch enge Partnerschaften und Beziehungen für rein kooperative Situationen halten. Es ist also Zeit, dass wir zur dritten Klasse von Situationen kommen, um dem genauer nachzugehen.

Situationen mit gemischten Motiven

Aus den letzten Beispielen wurde bereits deutlich, dass wir es in diesen tatsächlich mit Situationen mit gemischten Motiven zu tun haben: Es sind mehrere Anreize gleichzeitig vorhanden und sie zeigen *sowohl* in die kooperative *als auch* in die kompetitive Richtung. Diese Klasse von Situationen kommt wohl am häufigsten vor. Wir finden sie an der Universität in Lerngruppen, im Beruf in Teams, beim Sport, bei Partnerschaften und in vielen weiteren alltäglichen Situationen. Nicht immer ist das Gemisch aus den kompetitiven und kooperativen Motiven schädlich: Es ist nichts dagegen einzuwenden und sogar langfristig notwendig, z. B. sich in einer Partnerschaft auch um sich selbst zu kümmern (auch wenn das der anderen Person gemeinsame Zeit wegnimmt). Insgesamt können wir sagen, dass Situationen mit den gemischten Motiven von Kooperation und Kompetition nicht nur die häufigsten, sondern auch die psychologisch spannendsten Situationen darstellen, weil sie den Grundkonflikt zwischen Individuum und Gemeinschaft oder Gesellschaft auf den Punkt bringen. Natürlich – das ist jetzt klar – sind sowohl das Gefangenendilemma als auch die sozialen Dilemmata allgemein solche Situationen mit gemischten Motiven.

Nullsummen- und Nichtnullsummenspiele

Einen weiteren interessanten Aspekt von interdependenten sozialen Situationen stellt die Verteilung der Anreize dar. Wenn zwei Personen eine Münze werfen, um zu entscheiden, wer von beiden abspült, dann ist der Gewinn des einen der Verlust des anderen. Die Summe aus diesem „Gewinn" und dem „Verlust" ist Null, wenn man die Zeit betrachtet, die der eine abspült, während der andere etwas anderes machen kann, unabhängig davon, wie die beiden nun die Münze werfen und wer gewinnt. Ein solches Spiel wird als Nullsummenspiel bezeichnet.

Bei Nichtnullsummenspielen hingegen werden unterschiedliche Gewinne ausgeschüttet, je nachdem, wie sich die Beteiligten verhalten. Je nach Kooperation oder Defektion der Personen können auch beide gewinnen oder beide verlieren. Denken Sie an die rechte untere Zelle in der Gefangenendilemmaauszahlungsmatrix: Beide verlieren (lose-lose). In der linken oberen Zelle: Beide gewinnen (win-win). Soziale Dilemmata sind Nichtnullsummenspiele.

Formale Definition des sozialen Dilemmas

Bisher haben wir gesehen, dass soziale Dilemmata Nichtnullsummenspiele mit gemischten Motiven sind, in denen jede Person die dominante Strategie der Nichtkooperation hat. Wenn allerdings beide Personen diese dominante Strategie wählen, ist das Ergebnis für beide schlechter, als wenn sie beide die dominierte Strategie gewählt hätten. Das wird seit Platt (1973) auch als *soziale Falle* bezeichnet, weil man so schwer wieder aus ihr herausfindet.

Dawes (1975) führt folgende Definition sozialer Dilemmata an:

1. Jede Person hat die Wahl zwischen einer kooperativen und nichtkooperativen Handlung. Dabei muss es keine strenge Dichotomie zwischen Kooperation und Nichtkooperation geben; es kann auch ein Mehr oder Weniger an Kooperation sein. Doch leichter zu verstehen ist die Definition mit nur zwei Handlungsmöglichkeiten.
2. Eine nichtkooperative Wahl führt zu einem Gewinn für die nichtkooperative Person. Die negativen Konsequenzen der Nichtkooperation werden aber auf alle Personen verteilt. Der Gewinn aus der Nichtkooperation übersteigt allerdings den auf die unkooperative Person entfallenden, von ihr selbst erzeugten Schaden.

3. Der Gesamtgewinn aller Personen steigt mit der Anzahl kooperierender Personen. Oder umgekehrt: Je mehr Personen die Nichtkooperation wählen, desto geringer ist der Nutzen aus der Nichtkooperation.
4. Die Struktur des Spiels bleibt unabhängig von der Anzahl der Personen die gleiche. Diese Definition geht über die Zwei-Personen-Situation aus unserem Beispielgefangenendilemma hinaus. Sie lässt sich auf alle sozialen Dilemmata mit einer beliebigen Beteiligtenanzahl (also mit N Personen) anwenden. Im Prinzip bleibt diese Struktur auch bei Tausenden oder Millionen Beteiligten erhalten. Über die Rolle von Gruppengröße wird noch zu sprechen sein (▶ Abschn. 5.3.4).
5. Die Strategie der Nichtkooperation ist dominant, in dem Sinne, wie wir es eben besprochen haben: Es spricht aus der Sicht der *individuellen* Rationalität alles dafür, nicht zu kooperieren.

Formal lässt sich die Definition sozialer Dilemmata wie folgt zusammenfassen (Dawes 1980):

$$D(m) > C(m+1) \; \textit{für} \; m < N, \text{und} \tag{5.3}$$

$$D(0) < C(N) \tag{5.4}$$

Dabei steht *C* für Kooperation, *D* für Defektion (also Nichtkooperation) und *m* ist die Anzahl der kooperierenden Personen. Die Gleichung Gl. 5.3 besagt, dass Defektion immer mehr Auszahlung bringt als Kooperation. Gleichung Gl. 5.4 stellt sicher, dass die Auszahlung für jede beteiligte Person bei vollständiger Kooperation aller (rechte Seite der Gleichung) größer ist als die der Defektierenden, wenn alle defektieren (linke Seite der Gleichung).

◘ Abb. 5.2 verdeutlicht die formale Definition am Beispiel eines Experiments mit drei Personen.

Betrachten wir die Abbildung von rechts nach links. Kooperieren von den drei Personen alle, so erhält jede eine Auszahlung von 1 €, insgesamt werden also 3 € ausgezahlt. Für jede Person allerdings gibt es einen Anreiz, nicht zu kooperieren: Zu jeder Zeit bekommt eine defektierende Person 1 € mehr als eine kooperierende. Defektiert eine Person, so bekommt sie 2 € und die beiden anderen (die ko-

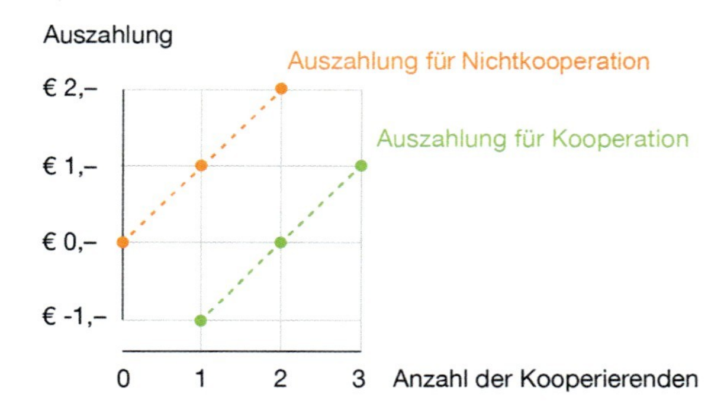

◘ **Abb. 5.2** Formale Definition des Mehrpersonenfalls in sozialen Dilemmata. (Dawes 1980, S. 181; mit freundlicher Genehmigung von Annual Reviews, Inc. via Copyright Clearance Center)

operierenden Beteiligten) 0 €. Insgesamt werden also 2 € ausgezahlt, 1 € weniger als zuvor. Noch ärgerlicher wird es bei zwei defektierenden Personen: Diese erhalten je 1 €, die dritte Person aber muss 1 € abgeben. Ausgezahlt wird hier also insgesamt nur 1 €. Kooperiert niemand, so gibt es keine Auszahlung.

Beide Gleichungen von oben gelten hier: Nichtkooperation ist immer individuell attraktiver als Kooperation; laufen jedoch alle in diese Falle, so stehen alle schlechter da als bei Kooperation. Am kollektiven Gewinn, also der Gesamtausschüttung, sehen wir: Je mehr Kooperation, desto besser für alle.

Bis hierhin sind wir jetzt ausschließlich bei den Zahlen und bei der Spieltheorie – wir sind noch nicht bei der Psychologie. Die hier beschriebene Dilemmastruktur aber ist wirksam bei den individuellen Entscheidungen zwischen individueller und kollektiver Rationalität. Wir entscheiden uns individuell für etwas, was uns individuell möglicherweise vernünftig erscheint. Genau das stellt sich dann aber für alle Beteiligten als die schlechteste Option heraus.

Der Diamantenhandel

Es gibt noch eine andere inhaltliche Einkleidung für das Gefangenendilemma (Hofstadter 1983). Sie eignet sich gut, um es mit Bekannten zu spielen.

Sie übernehmen etwa die Rolle des Hehlers oder der Hehlerin, und der oder die Mitspielende die Rolle einer Person, die bei einem Einbruch einen wertvollen Diamanten gestohlen hat (der Bereich der Kriminalität bietet eben Geschichten, bei denen die sonst üblichen sozialen Kontrollmechanismen nicht greifen!). Der Diamantenhandel soll anonym ablaufen. Weisen Sie darauf hin, dass Sie beide sich noch nie gesehen haben und dass das auch so bleiben soll. So sollen Sie also das vereinbarte Geld für den Diamanten an einem bestimmten Ort der Stadt hinterlegen, während die andere Person den Diamanten zur selben Zeit an einer anderen Stelle der Stadt deponiert. Ziel ist es, auf diese Weise den Handel anonym und für beide erfolgreich abzuwickeln.

Was spielen Sie? Hinterlegen Sie das Geld am geheimen Ort oder nicht? Wie spielt Ihr Gegenüber: Bringt er oder sie den Diamanten wie verabredet an den anderen Ort oder nicht? Was sind die Auszahlungen in den vier Kombinationen von Kooperation und Nichtkooperation? Warum ist das Spiel, so wie hier geschildert, ein Gefangenendilemma? Was sind die Begründungen für die jeweilige Handlung bei Ihren Mitspielenden?

5.2 Ökologisch-soziale Dilemmata

Die treffende Karikatur in Abb. 5.3 verdeutlicht alles, was ein ökologisch-soziales Dilemma ausmacht. Was zeichnet denn ein ökologisch-soziales Dilemma gegenüber einem sozialen Dilemma aus?

Abb. 5.3 Restaurant Atlantik. (Horst Haitzinger, München; mit freundlicher Genehmigung)

Ökologisch-soziales Dilemma

Ein ökologisch-soziales Dilemma (auch Ressourcendilemma, Gemeingutdilemma oder Allmendedilemma, engl. *resource dilemma* oder *commons dilemma* genannt) ist ein soziales Dilemma mit einer weiteren Dimension. Es berücksichtigt auch die *Zeit* und wird über mehrere Runden gespielt. Während beim sozialen Dilemma die Auszahlungsmatrix immer gleich bleibt, hängt diese beim ökologisch-sozialen Dilemma davon ab, wie die Beteiligten sich vorher verhalten haben: Je kooperativer sich die Gruppe verhielt, desto größer sind in den darauffolgenden Runden die Auszahlungen, je nichtkooperativer die Gruppe, desto kleiner die zukünftigen Auszahlungen. Im ökologisch-sozialen Dilemma spielen also gleichzeitig (1) die soziale Dimension und (2) die Zeitdimension eine Rolle.

Mit der Hinzunahme der Zeitdimension in der Auszahlungsmatrix lässt sich nun die Entwicklung natürlicher Ressourcen über die Zeit abbilden. Stellen wir uns darüber hinaus vor, dass es nicht mehr nur zwei Handlungen wie im Gefangenendilemma gibt (Kooperation und Nichtkooperation), sondern dass die Entnahme aus der Ressource durch die jeweils Beteiligten pro Runde unterschiedlich hoch sein kann. Damit sind wir einer realen Situation schon sehr nah, nämlich der Nutzung natürlicher Ressourcen. Natürliche Ressourcen wie Wasser, Wald, Atmosphäre usw. werden von z. T. sehr großen Gruppen von Menschen genutzt. Dabei ist das Verhalten der Vergangenheit mit dafür verantwortlich, wie es der Ressource jetzt geht, und das aktuelle Verhalten bestimmt mit über die Ressource der Zukunft.

Die Geschichte zu der Karikatur (▣ Abb. 5.3)

Im Jahr 1995 gaben die kanadische und die spanische Kriegsmarine in internationalen Gewässern Warnschüsse aufeinander ab. Das war natürlich ein ungeheuerlicher Vorgang und hatte entsprechende diplomatische Verwicklungen zwischen der EU und Kanada zur Folge. Was war passiert?

Zuvor hatte die kanadische Küstenwache einen spanischen Fischtrawler festgesetzt und den Kapitän in Haft genommen. Tatsächlich fand man – wie die Kanadier schon vermutet hatten – geheime, zugeschweißte Laderäume voller Fisch und eine doppelte Buchführung: ein Logbuch mit den offiziellen Fangzahlen und eins mit den tatsächlichen. Und man fand Netze, die nicht die international vorgeschriebene Mindestmaschengröße besaßen. Die Maschen waren so klein, dass man damit auch die Jungfische aus dem Meer ziehen konnte, was die Regenerationsfähigkeit der Fischschwärme massiv reduziert und damit eine starke Schädigung für die zukünftigen Bestände bedeutet. Der festgesetzte Fischtrawler war kein Einzelfall, wie sich schließlich herausstellte.

Die Kanadier waren deswegen so gereizt, weil sie Jahre vorher ein unbefristetes nationales Fangmoratorium – ein Verbot der industriellen Fischerei für die eigenen Fischer – vor ihrer Küste verhängt hatten. Dabei ging es um die sogenannte Neufundlandbank, eine große unterseeische Sandbank, die die Laichgründe für die Fische der Region darstellt. Das Moratorium hatte auf einen Schlag 17.000 kanadische Fischer arbeitslos werden lassen, damit die Zukunft der Fischbestände auf der Neufundlandbank gesichert werden konnte. Da war die hemmungslose, gegen internationale Vereinbarungen verstoßende Ausbeutung durch europäische Trawler nicht zu tolerieren.

Das zehntausendfach zitierte Gedankenexperiment des Ökologen Garret Hardin (1968; in ähnlicher Form jedoch schon zuvor von Gordon 1954 und Scott 1955 angestellt) wurde zum Gleichnis für Umweltprobleme aller Art:

Man stelle sich eine Gruppe von Menschen mit ihrem jeweiligen Vieh auf einer ertragreichen Weide vor. Jedes neugeborene Kalb stellt einen Gewinn für seinen Besitzer oder seine Besitzerin dar. Es trägt aber auch zu einer leichten, vielleicht zunächst unmerklichen Annäherung an die Grenze der Tragfähigkeit der Ressource, also der Weide, bei. Alle Beteiligten machen es gleich und individuell vernünftig: Sie belassen ihre neugeborenen Tiere auf der Weide, damit die individuelle Herde wachsen kann. Man sieht das Ende der Geschichte kommen: Die Weide überweidet, zu wenig nachwachsende Nahrung für die Tiere, Verlust der wertvollen Tiere. Der kollektive Schaden überwiegt die zwischenzeitlichen individuellen Gewinne aller Beteiligten. Und wie wir bereits wissen, ist der Weg zur Regenerierung der natürlichen Ressource lang.

5.2.1 Ökologisch-soziale Dilemmata: Die Struktur von Umweltproblemen

Ökologisch-soziale Dilemmata stellen eine vereinheitlichende Sicht auf Umweltprobleme dar. Sie sind nicht nur in der Psychologie bekannt, sondern auch in Ökonomik, mathematischer Spieltheorie, Politologie, Soziologie, Anthropologie, Human- bzw. Sozialgeografie, Rechtswissenschaften u. a. Das hat damit zu tun, dass sie in knapper Form die Anreizstrukturen und ihre Entwicklung über die Zeit in Abhängigkeit vom Verhalten der Beteiligten zusammenzufassen in der Lage sind. Sie gelten für alle Beispiele, bei denen mehrere Beteiligte oder Gruppen eine natürliche, nachwachsende bzw. regenerationsfähige Ressource nutzen. Das betrifft sowohl die sogenannten Quellen für Ressourcen als auch die sogenannten Senken für Abfälle. Neben der Jagd, dem Fischfang in internationalen Gewässern, der Weide- und Waldnutzung, der Nutzung von sensiblen Gebieten durch Tourismus und der Versiegelung von Flächen fallen also auch die Emission von Abfällen und Schadstoffen in die Natur, die Luft und in Gewässer sowie der Ausstoß von CO_2 in die Atmosphäre darunter. Die Struktur der ökologisch-sozialen Dilemmata begegnet uns überall, wo Menschen und Erdsystem interagieren.

Tatsächlich spielen in *realen* Umweltdilemmata nicht nur die beiden in der Definition genannten Dimensionen eine Rolle, sondern zwei weitere. Wir gehen alle vier Dimensionen der Reihe nach durch. Dabei sprechen wir von vier Fallen, die gewissermaßen eine schiefe Ebene aufspannen, die ein langfristig und kollektiv nachhaltiges Verhalten erschweren:

1. *Die soziale Falle (das soziale Dilemma).* Zusammengefasst kann man hier sagen: den Nutzen für mich, die Kosten für alle. Die Versuchung des eigenen Mehrgewinns führt zu einer Schmälerung des Gewinns aller. Geben alle der Versuchung nach, ist der Gewinn für alle am kleinsten bzw. der Schaden für alle am größten. Das ist die Struktur, die in ► Abschn. 5.1.2 eingeführt wurde.
2. Die *Zeitfalle*. Sie macht aus dem sozialen Dilemma ein ökologisch-soziales Dilemma. Kurz gefasst heißt das: den Nutzen jetzt, die Kosten später. Formal gesprochen hängen dabei die Auszahlungen zum Zeitpunkt t vom vorherigen Zeitpunkt t-1 ab, d. h., der Zustand der Ressource zum Zeitpunkt t-1 bestimmt die Auszahlung zum Zeitpunkt t. Da der Zustand der Ressource aber von deren Nutzung abhängt, ist kein Verhalten mehr ohne Konsequenzen. Individuell rational ist die sofortige Ausbeutung der Ressource, kollektiv rational ist der Erhalt der Ressource für die nachhaltige Nutzung über die Zeit.

Die soziale Falle und die Zeitfalle sind die beiden großen Dimensionen des ökologisch-sozialen Dilemmas und deswegen heißt es auch so. Tatsächlich erschweren in realen Dilemmata zwei weitere Fallen die Lösung zusätzlich:

3. *Die räumliche Falle* (Vlek und Keren 1992). Sie lässt sich mit „den Nutzen hier, die Kosten woanders" zusammenfassen. Das wird schön durch das NIMBY-(*Not-in-my-backyard*-)Syndrom illustriert. Es mag individuell rational erscheinen, eine Mülldeponie, ein Endlager für Atommüll oder eine Windkraftanlage

nicht vor der Haustür haben zu wollen, aber auf deren Service mag man nicht verzichten (kollektive Rationalität).

4. *Die Sicherheits-/Vulnerabilitätsfalle* (Vlek und Keren 1992). Kurz: Schutz für die wohlhabenden Hauptverursacher, Verwundbarkeit (Vulnerabilität) für die Betroffenen. Dieses Dilemma kommt immer wieder in den UN-Klimaverhandlungen auf. Ausgerechnet diejenigen, die die Nutznießer der Industrialisierung sind (die Industriestaaten) sind diejenigen, die sich am besten gegen die Folgen der Klimaerwärmung (die sie losgetreten haben) schützen können. Wenn wir geografisch etwa ähnlich geartete Länder wie die Niederlande und Bangladesch nehmen, dann ist offenkundig, dass die Niederlande mittlerweile für einen ansteigenden Meeresspiegel sehr gut gerüstet sind, Bangladesch dagegen nicht. Die Menschen in Bangladesch haben aber so gut wie gar nichts dazu beigetragen, dass die Klimaerwärmung stattfindet. Der Nutzen aus der Industrialisierung hilft den Industriestaaten, sich besser gegen die negativen Folgen der Industrialisierung zu wappnen. Das bedeutet auch, dass diese nach der individuellen Rationalität keinen Anreiz haben, ihren Handlungspfad zu verlassen.

5.2.2 Tragödie oder Drama?

Der oben bereits angeführte einflussreiche Artikel von Hardin (1968) hatte den Titel „The tragedy of the commons" (auf Deutsch also etwa „Die Tragödie der Allmende"). Mit Commons (bzw. Allmende) sind hier Gemeingüter gemeint, also Ressourcen, die der Allgemeinheit gehören und von dieser genutzt werden können – wie eben im Beispiel weiter oben die Weidegründe für Vieh. Hardin (1968) verwendete den Begriff Tragödie bewusst: Eine Tragödie ist ein Theaterstück, das immer und unausweichlich schlecht ausgeht. In den klassischen Regeln für eine Tragödie ist der letzte Akt die sogenannte Katastrophe und bedeutet den Untergang des Helden oder der Heldin. Hardin glaubte also nicht an eine positive Lösung des Dilemmas der gemeinsam genutzten (bzw. übernutzten) Ressourcen. Das negative Ende sei unabwendbar, die Natur der Dinge sei einfach so. Zwar könnte man einen „gegenseitigen Zwang, auf den sich alle geeinigt haben" (S. 1247) einführen (also Institutionen als Aufpasser für die kollektive Rationalität) und so das Dilemma lösen. Aber wer kontrolliert denn diese Institutionen, wenn sie selbst in einem Dilemma stecken und drohen, selbst korrupt zu werden? Dann braucht man Personen, die auf die aufpassenden Personen aufpassen, usw.

Heute spricht man eher von „Drama" statt von „Tragödie" (Ostrom et al. 2002). Ein Drama ist spannend, muss aber nicht zwingend schlecht ausgehen. Mittlerweile kennt man Möglichkeiten, Institutionen so zu gestalten, dass sie nachhaltig für den Ressourcenerhalt wirken können. Darauf werden wir in ► Abschn. 5.4.2 eingehen. Insofern macht der Begriff „Drama" Hoffnung: Wir wissen, wie das Drama gut ausgehen könnte.

Dennoch: Guter Wille allein zählt nicht. In ökologisch-sozialen Dilemmata stehen also die strukturellen Anreize so, dass in vierfacher Hinsicht individuell rationale Überlegungen für ein egoistisches, kurzsichtiges und nach räumlichen wie Gerechtigkeitskriterien schädliches Verhalten sprechen. Guter Wille allein zählt auch deshalb nicht, da er nicht garantieren kann, dass er sich (von allein) über alle Beteiligten ausbreitet. Vor diesem Hintergrund der strukturellen Anreize spielen sich nun Interventionen und die daraus resultierenden Verhaltensänderungen ab. Ein kritischer Punkt an dieser unheilvollen Dilemmagemeinschaft ist nämlich der Umgang mit Nichtkooperation. Wie gehen wir mit denen um, die sich nicht kooperativ verhalten? Auf individueller, nationaler und internationaler Ebene?

Strukturelle Interventionen (▶ Abschn. 5.4.2) betreffen die beschriebene Struktur in der Auszahlungsmatrix. Die Lösung für die Dilemmata sind Institutionen, die ihren Einfluss dazu nutzen, die Auszahlungsmatrix in Richtung kollektive Rationalität umzuschreiben. Das gesamte Staatswesen mit Krankenversicherung und Steuern, internationale Einrichtungen wie der Klimaschutzrat der Vereinten Nationen usw. dienen alle dazu, den Anreiz für egoistisches und kurzsichtiges Verhalten zu schmälern und den für kollektiv rationales Verhalten zu stärken. Es sind oft rechtliche, ökonomische oder Infrastrukturinstrumente, die dafür eingesetzt werden. In einem weiteren Sinne können aber auch Religion und Moral als solche Instrumente verstanden werden.

Psychologische oder individuelle Interventionen (▶ Abschn. 5.4.1) können einerseits dabei helfen, solche strukturellen Maßnahmen zu implementieren, um die Dilemmasituation zu entschärfen oder gar aufzulösen. Andererseits können sie das Verhalten von Personen in der Situation ändern, ungeachtet der Zahlen in der Matrix. Die eigentliche Frage heißt immer: Wie bekommen wir die kollektive Rationalität wieder zurück auf die Schiene, damit sie massenhaft gelebt wird? Wir wenden uns daher zunächst Befunden zum Verhalten in simulierten ökologisch-sozialen Dilemmasituationen zu, um danach Wege der wirksamen Verhaltensbeeinflussung zu besprechen.

Das Fischereispiel

Eine spannende und lehrreiche Möglichkeit, ein (simuliertes) ökologisch-soziales Dilemma selbst zu erleben, ist das Fischereispiel (Ernst 1997; Spada et al. 1985). Mehrere Spielende fischen in aufeinanderfolgenden Runden aus einem gemeinsam genutzten Gewässer. Zwischen zwei Runden „erholt" sich der Fischbestand wieder (wie in echten Gewässern auch von einer zur nächsten Fangsaison), allerdings sind den Beteiligten die genauen Regeln, nach denen sich der Bestand regeneriert, nicht offengelegt. Es wird lediglich zu Beginn und zum Ende jeder Runde der Fischbestand bekannt gegeben. Jede Person hat einen Anreiz, selbst möglichst viel zu fischen, aber alle gemeinsam müssen dafür Sorge tragen, dass der Fischbestand nicht übernutzt wird und kollabiert. Das Spiel kann mit Einzelpersonen oder mit Gruppen gespielt werden, sodass z. B. ein ganzes Seminar daran teilnehmen kann. Die kompletten Materialien für das Spiel und Tipps für die Durchführung finden sich im Anhang dieses Buches.

5.3 Verhalten in ökologisch-sozialen Dilemmata

In ökologisch-sozialen Dilemmata kommen eine Reihe von Faktoren zusammen, die das Verhalten beeinflussen. In einer Gruppensituation (soziale Dimension) innerhalb eines komplexen, dynamischen ökologischen Systems (Zeitdimension) soll ein möglichst gerechter (soziale Dimension) und nachhaltiger (Zeitdimension) Verhaltenspfad von den Beteiligten gefunden werden. Es gelten hier alle theoretischen und praktischen Überlegungen zum Umweltverhalten und seiner Veränderung (► Kap. 4). Auf ein paar Faktoren, die im Rahmen der ökologisch-sozialen Dilemmata besondere Aufmerksamkeit erhalten haben, soll aber hier noch einmal explizit eingegangen werden.

5.3.1 Ökologisches und soziales Wissen

Ökologisches Wissen

Unter ökologischem Wissen versteht man das Wissen über eine ökologische reale oder auch im Spiel simulierte Ressource. Das Wissen bezieht sich dabei auf das Wachstum (bzw. die Dynamik) und die Tragfähigkeit der Ressource.

Hinsichtlich der Wirkung des ökologischen Wissens sei zunächst an die Phänomene erinnert, die in ► Kap. 2 (Komplexe Systeme) besprochen wurden. In experimentellen Dilemmaspielen sieht man dementsprechend auch, dass die Beteiligten in einer Variante mit nur einer einzigen spielenden Person (d. h. ohne die soziale Dimension) schon eine Weile damit beschäftigt sind, sich aus den Spieldaten zielführendes Wissen über eine simulierte Ressource anzueignen (Spada et al. 1987).

Die zusätzliche Einführung der sozialen Dimension in ein solches Spiel (wodurch es ja zum ökologisch-sozialen Dilemma wird) verkompliziert die Datengrundlage für die Beteiligten zusätzlich. Das Wissen, was sie im Lauf des Spiels über den Zusammenhang ihres eigenen Handelns mit dem anderer erwerben, nennt man *soziales Wissen*.

Soziales Wissen

Soziales Wissen bezeichnet Wissen über die Handlungsabsichten, zugrunde liegenden Motive und die Vertrauenswürdigkeit von Mitbeteiligten in einer sozialen Situation wie einem Dilemma. Dieses Wissen wird durch die sogenannte Attribution gebildet. Dabei schließt eine Person von beobachteten Verhaltensdaten (Was hat eine mitspielende Person getan?) auf eine innere, mehr oder weniger stabile Größe (Was treibt meinen Mitspieler oder meine Mitspielerin an, was will er oder sie?). Das Wissen bildet nun die Grundlage für eine Abschätzung, ob und wer von den Beteiligten sich in Zukunft kooperativ bzw. nichtkooperativ verhalten wird.

Ökologisches Wissen und soziales Wissen dienen also zusammen der Fundierung der eigenen Handlung in der Dilemmasituation. Beide unterliegen aber auch Unsicherheiten, wie mangelnde Daten, mangelnde Aufmerksamkeit, falsche Schlussfolgerungen oder Vergessen. Der Attributionsprozess ist nicht fehlerfrei, wie man aus der Sozialpsychologie weiß. Eine der wichtigsten Verzerrungen ist die sogenannte *egozentrische Attribution*, bei der jemand zunächst und mangels gegenteiliger Daten davon ausgeht, das Gegenüber sei so wie man selbst. In einem Dilemmaspiel lässt sich das gut zeigen: Kooperative Personen (siehe dazu ► Abschn. 5.3.3) erwarten beim Erstkontakt mit einer bis dahin unbekannten Person von dieser entweder Kooperation oder Nichtkooperation. Sie sind offen in der Erwartung, was der oder die andere tun wird. Nichtkooperative Personen hingegen erwarten weitaus häufiger Nichtkooperation (Kelley und Stahelsky 1970). Dementsprechend fallen auch die ersten Handlungen aus – und die darauffolgenden Antworten der anderen Beteiligten.

Ein anderes Phänomen der Attribution ist durchaus von direkter praktischer Bedeutung. Kooperative Personen neigen dazu, Kooperation und Nichtkooperation moralisch zu werten: Kooperation ist gut, Nichtkooperation ist schlecht. Nichtkooperative Personen sehen hingegen Nichtkooperation als stark und Kooperation als schwach an (Beggan et al. 1988). Dadurch überrascht es nicht, dass es schwierig sein kann, Kooperative und Nichtkooperative in einen weiterführenden Dialog zu bringen. Wenn eine Partei denkt, Defektion sei böse, und die andere, Defektion sei aber schlau, ist der Austausch reiner Argumente (ohne eine vermittelnde, moderierende und übersetzende oder gegebenenfalls auch die Anreize selbst verändernde Institution, siehe oben) nicht ausreichend.

Aus der Beobachtung der Ressourcenentnahmen der Mitbeteiligten lässt sich auch ein sozialer Vergleich bilden: Wie stehen meine Entnahmen im Vergleich zu denen anderer? Sozialer Vergleich ist allerdings zweischneidig in seiner Wirkung. Ist man selbst in der kooperativen Gruppe, dann zieht der soziale Vergleich in Richtung Kooperation, bei einer nichtkooperativen Gruppe in Richtung Nichtkooperation. Sozialer Vergleich erzeugt – ohne zusätzlichen injunktiven Einfluss (vgl. ► Abschn. 4.2.3) – eine Tendenz zur Mitte und stabilisiert damit ohnehin in einer Gruppe vorhandenes Verhalten.

Soziales Wissen ist schließlich auch die Basis für Vertrauensbildung. Situatives Vertrauen wächst über die Zeit bei wiederholten Begegnungen, wenn sich die andere Person oder die anderen Personen vertrauenswürdig, also kooperativ verhalten. Diese Vertrauensbildung ist beim Verhalten in simulierten wie realen Dilemmata ein entscheidender Faktor für Kooperation – ohne Vertrauen ist die Drohung der schlechtesten Auszahlung (man selbst kooperiert, die anderen aber nicht) zu stark.

5.3.2 Zeitpräferenz

Ein-Runden-Spiele beim Gefangenendilemma stellen eine künstliche Situation her, in der Zukunft (und Vergangenheit) keine Rolle spielen sollen. Daher spricht die inhaltliche Einkleidung (z. B. die Geschichte der Gefangenen) von einander bislang unbekannten Personen, die sich in der Zukunft auch nicht mehr sehen werden. Die Tatsache, dass wir aber aus dem sozialen Umgang miteinander etwas gegenseitig über uns lernen und uns daran bei erneuten Begegnungen erinnern, bilden Mehr-Runden-Spiele ab. Axelrod (1987, S. 113) nennt die Wahrscheinlichkeit des erneuten Aufeinandertreffens den „Schatten der Zukunft" und das ist durchaus positiv gemeint: Er wirft ein anderes Licht auf die Entscheidungen jetzt. Durch die prinzipielle Möglichkeit von beliebig vielen weiteren Spielrunden wird die unerbittliche Struktur des Gefangenendilemmas dadurch abgeschwächt, dass eine nichtkooperative Person Vergeltung fürchten kann.

In ökologisch-sozialen Dilemmata bezieht sich die Zukunft sowohl auf die soziale Umgebung (Wie werden sich die Mitspielenden in den kommenden Runden verhalten?) als auch auf die simulierte ökologische Umgebung (Wie wird sich die Ressource in den kommenden Runden verändern?).

Wie stark die Zukunft in die individuellen Entscheidungen einbezogen wird, hängt von der sogenannten *Zeitpräferenz* ab, die den Zug einer Persönlichkeitseigenschaft trägt, aber durchaus situativ stark veränderlich ist. Legt man die Idee einer Dimension zugrunde, spannt sie ein Kontinuum zwischen Gegenwartsorientierung und Zukunftsorientierung auf, wobei die Erstere für eine sofortige Bedürfnisbefriedigung spricht, die Letztere für einen Belohnungsaufschub.

Gründe für *Gegenwartsorientierung* sind eine endliche Lebenserwartung und generelle Unsicherheiten im Leben (es könnte ja etwas passieren, was die Bedürfnisbefriedigung unmöglich macht), die zu einer durch den Konsumverzicht entstehenden „relativen Entbehrung" führen. Übrigens: Der Wunsch nach sofortiger Bedürfnisbefriedigung durch Konsum zusammen mit dem Gefühl der Entbehrung bei Konsumverzicht hat letztlich zu Zinsen beim Leihen und Verleihen von Geld geführt. Zinsen sind (auch) ein Ausdruck einer generellen Gegenwartsorientierung einer Gesellschaft.

Zukunftsorientierung führt eher zu der Überlegung, jetzt auf eine Belohnung zu verzichten, um in der Zukunft umso mehr Belohnung zu erhalten. Die Bedeutung der Zukunftsorientierung für das Handeln in ökologisch-sozialen Dilemmata liegt damit auf der Hand. Die Fähigkeit zum Belohnungsaufschub und zur Bedürfniskontrolle entwickelt sich über die Lebensspanne. Kleine Kinder sind zunächst nicht in der Lage, Belohnungen für vereinbarte Leistungen zurückzustellen, wenn sie sie sehen (Mischel et al. 1992). Je älter die Kinder, desto besser gelingt es. Bedürfniskontrolle und Belohnungsaufschub können demnach als ein Merkmal von reifen Erwachsenen gelten.

5.3.3 Soziale Orientierungen

Das ökologisch-soziale Dilemma hat vor allem zwei orthogonale (d. h. voneinander unabhängige) Dimensionen: die zeitliche und die soziale. Die gerade vorgestellte Zeitpräferenz der Beteiligten bestimmt mit darüber, ob ein Gewinn jetzt oder später angestrebt wird. Auch bei der sozialen Dimension gibt es solche Präferenzen. Man nennt sie die *soziale Orientierung* einer Person. Hierbei geht es darum, wie eine Ressource (Fisch, Geld, ein Kuchen) zwischen zwei (oder auch mehreren) Be-

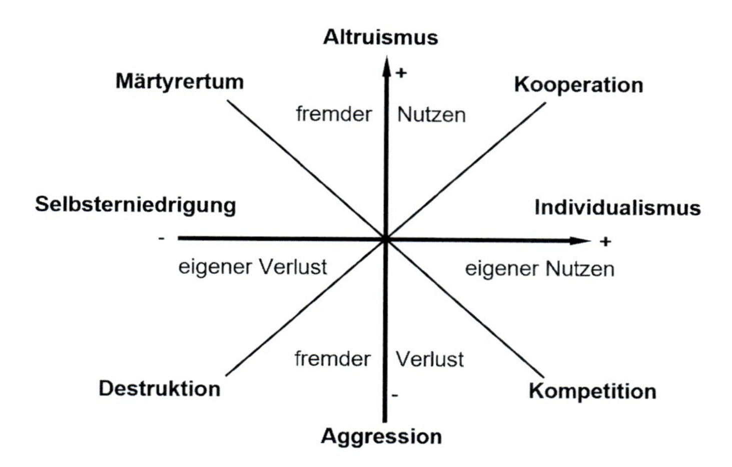

Abb. 5.4 Soziale Orientierungen

teiligten aufgeteilt wird. Abb. 5.4 zeigt eine Darstellung möglicher sozialer Orientierungen.

Dieses Achsensystem beschreibt die Verteilung von eigenem und fremdem Nutzen bzw. Verlust. Die Dimension des eigenen Ergebnisses einer Person ist auf der x-Achse, das Ergebnis der anderen Person auf der y-Achse abgetragen. Wenn eine Person sich nur für den eigenen Nutzen interessiert (und den Wert auf der x-Achse maximieren will) und ihr das Ergebnis der anderen Person egal ist (also egal, wo sich der Wert auf der y-Achse befindet), so strebt sie *Individualismus* an. Wenn sie aber ihren eigenen Gewinn (maximiere den Wert auf der x-Achse) steigern will, aber einen damit verbundenen Verlust ihres Gegenübers in Kauf nimmt (der Wert auf der y-Achse sinkt), so handelt es sich um *Kompetition*. Will die Person aber den gemeinsamen Gewinn maximieren (der Wert soll gleichzeitig für beide hoch sein), so ist sie *kooperativ*. *Altruistischen* Personen ist der eigene Gewinn egal, es soll aber der fremde Nutzen maximiert werden.

Tatsächlich ist das Achsensystem der sozialen Orientierungen empirisch nicht gleichmäßig besetzt, sondern es befinden sich die allermeisten Menschen im Bereich von 12–4 Uhr. In Untersuchungen weisen die meisten Personen eine kooperative (d. h. prosoziale; 65 %) oder individualistische Orientierung (31 %) als erste Präferenz auf (Murphy et al. 2011). Reine Altruistinnen und Altruisten finden sich gar nicht und nur wenige Personen zeigen Kompetition als erste Präferenz (4 %). Die empirische Messung erfolgt hier durch sogenannte zerlegte Spiele: Es werden verschiedene Kombinationen präsentiert, wie eine Menge an Punkten (die den Gewinn repräsentieren) auf die entscheidende Person und das Gegenüber verteilt werden könnten. Die Person wählt diejenige der Kombinationen, die nach ihrer eigenen Präferenz die beste Verteilung darstellt. Um eine Person genauer auf dem Achsensystem zu verorten, werden eine Reihe verschiedener solcher Verteilungsentscheidungen getroffen, die jeweils abgestimmt sind aufeinander und die am Ende ein robusteres Maß für die Einordnung einer Person darstellen als eine Einzelaufgabe. Bekannte Messinstrumente hierfür sind die sogenannte *slider measure* (Murphy et al. 2011) oder das Ringmaß (Liebrand und McClintock 1988).

Die sozialen Orientierungen können als eine Einschätzung einer generellen Disposition einer Person verstanden werden, ein bestimmtes Verhältnis ihres eigenen Gewinns und dem von anderen Personen anzustreben. In einer iterativen, d. h. mehrrundigen Spielsituation verliert sich dieser anfängliche Einfluss jedoch mit der Zeit und die Situation gewinnt Überhand. Die generelle Neigung zu Kooperation mag dann nicht mehr helfen, wenn sich jemand gegen überfordernde Mitbeteiligte zur Wehr setzen möchte.

5.3.4 Gruppengröße

Empirisch gilt, dass größere Gruppen in ökologisch-sozialen Dilemmata schlechter abschneiden als kleine. Die simulierten Ressourcen werden schneller und stärker ausgebeutet, wenn viele Personen beteiligt sind. Einzelpersonen als kleinste „Gruppe" erreichen die besten Ergebnisse. So berichten Cass und Edney (1978), dass Gruppen von vier Nutzenden schlechter abschnitten als Einzelpersonen. Messick und McClelland (1983) variierten die Gruppengröße von einer Person über drei bis zu sechs Personen. Die Einzelnutzenden schnitten bei Weitem besser ab als die Gruppen (die simulierte Ressource „überlebte" 31 Runden im Gegensatz zu 10,7 bzw. 9,7 Runden). Sato (1988) und Yamagishi (1992) fanden deutliche Effekte der Gruppengröße bei 4-gegenüber 8-Personen-Gruppen. Mit zunehmender Gruppengröße scheint der Effekt jedoch kleiner zu werden. Brewer und Kramer (1986) fanden schon keinen wesentlichen Unterschied mehr in der Performanz von 8-Personen- und 32-Personen-Gruppen. Im Sinne der obigen Untersuchungen könnten sie beide schon als „groß" gelten.

Reale ökologisch-soziale Dilemmata sind – leider – Dilemmata mit wirklich großen Gruppen, sogenannte Massendilemmata. Mobilität in einer Großstadt hat schnell einige Hunderttausend, die Klimaerwärmung 8 Mrd. Beteiligte, Tendenz steigend.

Messick und McClelland (1983) nennen vier kognitive Aspekte als mögliche Gründe für Gruppengrößeneffekt:

1. *Verantwortungsdiffusion.* Je zahlreicher die Beteiligten an einem ökologisch-sozialen Dilemma, desto kleiner wird der Anteil der eigenen Verursachung. Schon Olson (1965) wies auf die mangelnde wahrgenommene Effektivität des eigenen Handelns hin. Das kann zur Entschuldigung von Nichtkooperation herangezogen werden. Biel und Gärling (1995) argumentierten zudem, dass verminderte Gruppengröße zu Wahrnehmung erhöhter Effizienz der eigenen Handlungen, zu verbesserter Identifizierbarkeit der Handlungen der anderen Beteiligten und letztlich zu vermehrter Verantwortlichkeit führt. Die Wahrnehmung mangelnder Kontrolle über die Ergebnisse der eigenen Handlungen kann in gelernter Hilflosigkeit resultieren; sie demotiviert und führt zu reduzierter Qualität der Performanz (Seligman 1975). Neben Ohnmacht kann auch Wut auf die anderen entstehen; sie werden verantwortlich gemacht für eine beobachtete negative Entwicklung. Eine Ursache dafür sind selbstwertdienliche externale Attributionen (vgl. Taylor 1989) – d. h., dass man die Schuld an etwas

Schlechtem auf andere schiebt, um seinen eigenen Selbstwert nicht in Zweifel zu ziehen. Aus dem Bereich der Hilfeleistung gibt es ähnliche Ergebnisse: Menschen sind zur Hilfeleistung eher bereit, wenn die Gruppe der potenziellen Helfenden klein ist. Bei einer größeren Gruppe wächst der Anteil an nicht helfenden Zuschauenden (Latané und Darley 1970). Schließlich können Nichtkooperative (sogenannte Trittbrettfahrende) in größeren Gruppen nicht so gut identifiziert und sanktioniert werden. Dann sind andere, strukturelle Mechanismen dafür nötig, die die Situation entschärfen helfen (siehe ► Abschn. 5.4.2).
2. *Die „Illusion der großen Ressource“*. In manchen Situationen haben große Gruppen mit großen Ressourcen zu tun. Diese mögen einfach als sehr groß, gar unerschöpflich erscheinen, wie etwa die Atmosphäre, die uns umgibt. Man versteht aber die (fast schon geringe) Größe der Erdatmosphäre etwas besser, wenn man ihre Dicke von mehr oder weniger 13 km in Beziehung zum Erddurchmesser (12.000 km) setzt. Erst dann wird klar, dass es sich um eine sehr, sehr dünne, schützende Haut um den Globus handelt, die durch menschliche Aktivität wie den CO_2-Ausstoß entscheidend verändert werden kann.
3. *Eingeschränkte Lernmöglichkeiten*. Da die Effekte der eigenen Handlungen in einer Gruppe nicht so deutlich werden wie in einer Einzelsituation, sind dem Lernen engere Grenzen gesetzt. Einerseits ist das Feedback der eigenen Handlungen gering. Andererseits können auch die Handlungen der anderen in der großen Gruppe nicht oder nur unzureichend ausgemacht und zugeordnet werden. Dies erschwert gute Vorhersagen von Beteiligtenverhalten und damit auch die Vertrauensbildung (Olson 1965).
4. *Sozial-kompetitive Anreize in der Gruppensituation*. Erst eine Gruppe von Nutzenden bringt den zweiten Anteil des ökologisch-sozialen Dilemmas zum Tragen: die soziale Falle. Wie wir bereits gesehen haben, führt der soziale Vergleich in der Regel zu höheren Entnahmen. Allerdings können diese, von der kollektiven Rationalität wegführenden Anreize verändert werden (siehe ► Abschn. 5.4.2). Ein solcher Faktor ist die Gruppenidentität (vgl. auch ► Abschn. 4.2.3): Wären die Einbrecher in unserem einleitenden Gefangenendilemmabeispiel zwei Brüder gewesen, dann wäre das eine völlig andere Situation.

Allison und Messick (1985) gingen den genannten Gründen nach. Sie replizierten den Gruppengrößeneffekt. Gruppen übernutzten die Ressource insbesondere zu Beginn stark und näherten sich erst langsam einer angemesseneren Nutzung. Darüber hinaus konnten die Autoren nachweisen, dass es einen bedeutenden Lerneffekt gibt, wenn Personen einzeln Erfahrung mit dem Ressourcenproblem machen können, jedoch weit weniger, wenn dies in Gruppen der Fall ist. Sie stützen damit den Punkt 3 als möglichen Grund für den Gruppengrößeneffekt. Im Sinne der Punkte 3 und 4 lassen sich Befunde bei der Eliminierung des sozialen Konflikts aus einer Versuchsreihe interpretieren, bei der ein ökologisch-soziales Dilemma sowohl in einer Gruppen- als auch einer Einzelvariante gespielt wurde (Spada et al. 1985): Es hilft die Möglichkeit des leichteren Wissenserwerbs ebenso wie die Abwesenheit der sozialen Kompetition.

Ein Beispiel eines klassischen ökologisch-sozialen Dilemmas bieten Diekmann und Preisendörfer (1998). Die Autoren befragten Bürger und Bürgerinnen der Städte München (N = 965) und Bern (N = 392) u. a. dazu, ob sie im Winter bei Verlassen der Wohnung über längere Zeit die Heizung ab- oder herunterdrehten. 69 % der Befragten in München, aber nur 23 % derjenigen in Bern bejahten die Frage. Dagegen hatten 83 % der Münchner Befragten als auch 86 % der Berner angegeben, sich „so weit wie möglich umweltbewusst zu verhalten". Wie kam der Unterschied zustande? Tatsächlich rechneten 80 % der Haushalte der Münchner Stichprobe die Heizkosten individuell ab, während das bei nur 38 % der Berner Haushalte der Fall war. In Bern hatten es die Autoren also mit einem Massendilemma zu tun – die persönlichen Einsparungen wurden auf mehrere Beteiligte aufgeteilt, sodass z. B. die anderen Parteien im Wohnhaus mit profitierten. In München glich es einem „1-Personen-Spiel", bei dem jeder Haushalt direkt und allein über die Ressource (hier: Einsparung) verfügen kann.

5.4 Verhaltensbeeinflussung in ökologisch-sozialen Dilemmata

Trailer

In diesem Abschnitt sollen zum einen solche Lösungsvorschläge für ökologisch-soziale Dilemmata vorgestellt werden, die sich aus den im vorigen Kapitel dargestellten psychologischen Befunden ableiten lassen. Zum anderen aber geht dieses Kapitel darüber hinaus und erweitert diese Perspektive um Vorschläge, die von anderer (ökonomischer, politischer, anthropologischer, biologischer) Seite gemacht wurden, und diskutiert sie im Hinblick auf ihre psychologischen Konsequenzen. Es werden zwei prinzipielle Arten der Lösung beschrieben: individuelle (► Abschn. 5.4.1) und strukturelle (► Abschn. 5.4.2) Lösungsansätze. In den Schlussbemerkungen wird argumentiert, dass zur Lösung von Umweltproblemen in Form eines Dilemmas gerade die Kombination von beiden Zugangsweisen vielversprechend erscheint.

Lernziel dieses Kapitels ist es, sowohl die vielschichtigen Lösungsvorschläge für ökologisch-soziale Dilemmata kennenzulernen als auch eine Verbindung zur psychologischen Basis ihrer Wirkmechanismen herstellen zu können. Im konkreten Fall soll damit auch die Grundlage zur Abschätzung der möglichen Anwendbarkeit und Wirksamkeit von Maßnahmen geschaffen werden.

Die Unterscheidung zwischen individuellen und strukturellen Lösungsansätzen kann mit einem Beispiel aus Messick und Brewer (2005) illustriert werden. Während der großen Trockenperioden und Wasserknappheit in den Jahren 1976 und 1977 in Kalifornien wurde von den Behörden einerseits an die Bevölkerung appelliert, das Auto weniger oft zu waschen, die Toilette seltener zu spülen, den Garten weniger zu sprengen usw. Dies sind Maßnahmen, die an eine individuelle Verhaltensänderung appellieren. Sie hätten jedoch wohl alleine wenig genutzt, wenn gleichzeitig mehr Wassernutzende in der Region zugelassen worden wären. Genau das war die zweite Maßnahmenkategorie: Es wurden für die kritische Zeit keine Wasserneuanschlüsse zugelassen, also eine Zugangsbeschränkung geschaffen. Die einzelnen Bürgerinnen und Bürger hatten auf diese Maßnahme keinen unmittelbaren Einfluss, sie wurde von einer übergeordneten Instanz durchgesetzt. Damit wirkte die Maßnahme auf die Struktur des Dilemmas, indem sie für eine gleichbleibende Anzahl von Beteiligten sorgte und eine Verschlechterung des Verhältnisses von Nutzenden zur Ressource verhinderte.

- **Individuelle und strukturelle Lösungsansätze für ökologisch-soziale Dilemmata**

Individuelle Lösungsansätze – Unter die individuellen Lösungen fallen Strategien wie Vorbildverhalten oder Vergeltung, problembezogener Wissenserwerb oder die Wirkung von Kommunikation und Appellen.

Strukturelle Lösungsansätze – Strukturelle Lösungen beinhalten eine Veränderung der Anreize (der „Auszahlungsmatrix" aus den Spielen) im Dilemma und umfassen z. B. die Aufteilung der Ressource, Zugangsbeschränkungen zur Ressource oder die Einsetzung einer übergeordneten, überwachenden und sanktionierenden (bestrafenden) Instanz.

Während die gerade getroffene Unterscheidung theoretisch sinnvoll ist und Klarheit schafft, wird von Dawes (1980) zu Recht darauf hingewiesen, dass sich alle Wirkfaktoren – individuelle wie strukturelle – bei den handelnden Personen in einer subjektiven Werterechnung widerspiegeln. Diese werden dann bei der Entscheidung für eine Handlung gemeinsam betrachtet. Dawes weist also darauf hin, dass es ausschlaggebend ist, wie die Maßnahmen, seien sie nun vom einen oder anderen Typ, von den Handelnden wahrgenommen und subjektiv bewertet werden.

5.4.1 Individuelle Ansätze

Im Folgenden werden zunächst die aus empirischen Untersuchungen zum Gefangenendilemma zu ziehenden Lehren vorgestellt (▶ Abschn. 5.4.1.1); sie müssen jedoch mit Blick auf Umweltdilemmata kritisch betrachtet werden (dies geschieht in ▶ Abschn. 5.4.1.2). Danach werden die Rolle individuellen Wissens (▶ Abschn. 5.4.1.3) und die Wirkung von Kommunikation (▶ Abschn. 5.4.1.4) besprochen.

5.4.1.1 Die Lehren aus dem Gefangenendilemma

Das Gefangenendilemma wurde zu Beginn dieses Kapitels eingeführt, um den sozialen Anteil des ökologisch-sozialen Dilemmas zu verdeutlichen. Auch in Hinblick auf Lösungsvorschläge kann man einige Lehren aus diesem einfachen Dilemma ziehen. Sie gehen auf Turniere zurück, zu denen der Politologe Axelrod (1987; Axelrod und Hamilton 1981) Experten und Expertinnen auf dem Gebiet einlud. Sie sandten ihm unterschiedlich raffinierte Strategien – also codierte Handlungsregeln für das Dilemma – ein. Axelrod ließ nun jede dieser Strategien gegen jede andere (und gegen sich selbst) in wiederholten Gefangenendilemmata antreten. Die Dauer der jeweiligen Spiele war den Teilnehmenden nicht bekannt. Die Punkte wurden in jedem Durchgang für eine Strategie aufsummiert. Aus dieser

Summe ergab sich dann, mit wie vielen „Individuen“ oder „Nachkommen“ diese Strategie in die neue Turnierrunde ging. So waren die Strategien einer Evolution unterworfen: Waren sie erfolgreich, gab es mehr von ihnen in der folgenden Runde. Waren sie nicht erfolgreich, waren sie in zukünftigen Runden seltener und irgendwann gar nicht mehr vertreten.

Es gab einen klaren Gewinner: die Strategie mit dem Namen *Tit-for-tat* (dt. „Wie du mir, so ich dir“) des Spieltheoretikers Anatol Rapoport. *Tit-for-tat* war die einfachste der eingesandten Strategien: Sie eröffnet das Spiel immer kooperativ. Für jeden weiteren Zug kopiert sie den letzten Zug der gegnerischen Strategie.

Die Strategie *Tit-for-tat* erweist sich in Gefangenendilemmaspielen insgesamt als robust, d. h., die Strategie ist in der Interaktion mit einer Vielfalt von Strategien erfolgreich. Axelrod (1987) gibt basierend auf dem Erfolg der Strategie *Tit-for-tat* in seinen Turnieren vier Empfehlungen, die mit manchen Vorbehalten (siehe dazu den nächsten Abschnitt) als Mindestbedingungen für erfolgreiches Verhalten in Dilemmata betrachtet werden können.

- *Sei nicht neidisch.* Die Strategie *Tit-for-tat* tappt nicht in die Falle des sozialen Vergleichs bzw. erliegt nicht dem Wunsch, mehr zu haben als andere. Da sie im ersten Zug kooperiert, kann sie maximal gleich viele Punkte wie die gegnerische Strategie erzielen (wenn diese auch kooperiert) oder aber weniger (weil sie ja in der ersten Runde ausgenutzt werden kann). Wie konnte sie dann gewinnen? Hier kommt die Evolution in den Turnieren zum Tragen. Übernutzende Strategien rotteten ihre gutmütigen Opfer mit der Zeit aus und entzogen sich damit selbst die Lebensgrundlage. Tatsächlich waren die erfolgreichsten Strategien in den Turnieren allesamt freundliche Strategien.
- *Kooperiere zunächst (Defektiere nicht als Erster).* Der Clou ist: Wenn *Tit-for-tat* gegen sich selbst spielt, erreicht diese Strategie die maximal mögliche Punktzahl, da es nie zu Defektion, also Nichtkooperation, kommt. Die freundlichen Strategien verhalfen sich, wenn sie es miteinander zu tun hatten, gegenseitig zu hohen Punktzahlen, die unfreundlichen ruinierten einander. Eine Einschränkung allerdings muss aus theoretischer Sicht vorgenommen werden. Freundlichkeit zahlt sich nur aus, wenn (1) die Wahrscheinlichkeit eines erneuten Zusammentreffens hinreichend groß ist und (2) der oder die andere die Kooperation überhaupt erwidert.
- *Erwidere sowohl Kooperation als auch Defektion. Tit-for-tat* ist wehrhaft und lässt sich nicht dauerhaft ausbeuten. Damit ist es kein Opfer von dauerhaft oder immer wieder defektierenden Strategien. Die gegnerische Strategie kann maximal einen Punkt pro Spiel mehr erhalten. Allerdings gilt dieser Befund aus dem Gefangenendilemma nur sehr eingeschränkt für sozial-ökologische Dilemmata (vgl. dazu den nächsten ► Abschn. 5.4.1.2).
- *Sei nicht zu raffiniert.* In rein kompetitiven Situationen (vgl. ► Abschn. 5.1.2) wie etwa Schach ist es im Interesse der Spielenden, die eigenen Absichten so gut wie möglich geheim zu halten. Bei sozialen Dilemmata haben wir es aber mit einer Situation mit gemischten Motiven zu tun. Es gilt also, sich gleichzeitig wehrhaft, aber auch berechenbar und zu gegenseitiger Kooperation bereit zu zeigen. Zu komplizierte Strategien bewirken schnell das Gegenteil davon; sie sind – trotz vielleicht guter Absichten – nicht durchschaubar.

5.4.1.2 Vergeltungsaktionen, Warnverhalten oder Vorbildverhalten?

Ein nicht untypischer Reflex als Reaktion auf eine als unkooperativ empfundene Handlung ist es, es dem oder der anderen „heimzahlen" zu wollen. Ist „Heimzahlen" die Methode der Wahl oder sollte man eher vorbildlich, ressourcenschonend vorangehen? Im Folgenden wird dieser Frage auf der Basis von empirischen Untersuchungen (Spada et al. 1987) und umfangreichen Computersimulationen eines ökologisch-sozialen Dilemmas (Ernst 1994; Opwis und Spada 1985) nachgegangen.

■ Vergeltungs- und Warnverhalten

Das iteriert, also wiederholt gespielte Gefangenendilemma zeichnet sich dadurch aus, dass in jeder Runde die Auszahlungsmatrix wieder mit der vollen Punktzahl zur Verfügung steht – unabhängig davon, wie viele Beteiligte in der Runde davor defektiert haben. Die „Ressource" mit den Punkten ändert sich also nicht, sie steht in jeder Runde erneut in vollem Umfang zur Verfügung. Das ist anders im ökologisch-sozialen Dilemma, dessen Bestimmungsstück es ist, dass die Ressource sich über die Zeit verändert, und zwar in Abhängigkeit davon, wie die Beteiligten vorher mit ihr umgegangen sind: weniger Kooperation – weniger Ressource. Das schränkt die im vorigen ► Abschn. 5.4.1.1 referierten Schlussfolgerungen zur so erfolgreichen, wehrhaften Strategie *Tit-for-tat* für das ökologisch-soziale Dilemma erheblich ein. Die Ressource wird durch ein *Tit-for-tat* weiter geschädigt. Darüber hinaus besteht in einem Gefangenendilemma mit zwei Beteiligten kein Zweifel darüber, auf wen eine nichtkooperative Handlung zurückzuführen ist. Die Person kann im Anschluss (z. B. im nächsten Zug) präzise und empfindlich für ihre Nichtkooperation bestraft werden. Die Vergeltung trifft ihr Punktekonto, egal was sie tut.

Wie sieht es damit nun also im ökologisch-sozialen Dilemma aus? Empirische Befunde aus dem Fischereispiel zum Einsatz einer reinen Vergeltungsstrategie waren im Hinblick auf die Förderung von Kooperation und ökologischem Verhalten bereits nicht ermutigend (Spada et al. 1985). Die Strategie sah vor, die jeweils höchste Fischentnahme der (beiden) Mitspielenden in der jeweils folgenden Runde nachzuahmen. Diese Strategie wurde von den Mitspielenden jedoch nicht in ihrer wahren Intention verstanden. Sie wurde als chaotisch, unberechenbar und selbst überfordernd eingestuft. Insgesamt waren die Auswirkungen auf den ökologisch-ökonomischen Erfolg der Gruppen im Vergleich zum Vorbildverhalten (siehe unten) sehr ungünstig. Modellierungen dieser so festgelegten Strategie konnten dies bestätigen (Spada et al. 1985). Ein Vergeltungsverhalten wie das beschriebene ist in ökologisch-sozialen Dilemmata demnach nicht sinnvoll.

Mit einer Weiterentwicklung sollten die theoretisch wie empirisch feststellbaren Defizite der Vergeltungsstrategie in Ressourcendilemmata abgestellt werden. Es wurde ein in wesentlichen Punkten modifiziertes sogenanntes Warnverhalten konzipiert (Ernst 1994). Im Prinzip wurde genauso gewarnt, wie zuvor vergolten wurde: Die höchste bei den anderen beobachtete Ressourcenentnahme wurde von der vergeltenden Person in der nächsten Runde wiederholt und damit gespiegelt. Jedoch wurde diese Warnung (1) jeweils erst nach einer vertrauensbildenden

Wartezeit von mehreren Runden gezeigt, und (2) wurde außer den Warnungen sonst immer Vorbildverhalten (also eine ökologisch angepasste Ressourcenentnahme) gezeigt. Das so definierte Verhalten sollte das Verstehen der angezielten Botschaft („Seht, was eine zu hohe Ressourcenentnahme alles anrichtet!") erleichtern und ein positives Lernen bei seiner Beobachtung ermöglichen.

In den Simulationsläufen stellte sich jedoch heraus, dass selbst ein so modifiziertes Warnverhalten (zumindest innerhalb der Simulation) nicht positiv, sondern tatsächlich weiterhin negativ auf die Ressource und das soziale Gefüge wirkte. Folgendes konnte mit dem Modell gezeigt werden:

1. Bei der Warnung wird, obwohl das Gegenteil beabsichtigt ist, die *Ressource geschädigt*. Beim Gefangenendilemma kann dieses Problem nicht auftreten, da es keine Ressource gibt, die nachwachsen muss.
2. Wird ein Warnverhalten beobachtet, so ist zunächst unklar, ob es sich um eine *einmalige Warnung* handelt oder ob jetzt eine *Phase der Ressourcenübernutzung* beginnt. Darüber können erst verlässlichere Aussagen gemacht werden, wenn das Warnverhalten wieder von Vorbildverhalten gefolgt wird. Die hier beschriebenen Effekte auf die Ressourcen und das soziale Gefüge wären dann aber bereits eingetreten.
3. Hat sich eine Person einmal durch beobachtetes vorbildliches Verhalten positiv beeinflussen lassen, so droht nach der Beobachtung von Warnverhalten ein *Zurückfallen in die Defektion*. Hätte die Person allerdings eine Chance zu wissen, dass nach einmaliger Warnung ganz sicher wieder das vorbildliche Schema gespielt wird, könnte sie bei der Analyse des beobachteten Verhaltens eventuell von anderen Voraussetzungen ausgehen und ihr positives Verhalten beibehalten.
4. Warnverhalten hat *Auswirkungen auf das soziale Gefüge*: Das Gruppenmittel der Entnahmen verschiebt sich in Richtung gesteigerter Ressourcennutzung. An diesem Maß messen sich die Fangquoten aller sozial orientierten Handlungen, die sich damit ebenfalls erhöhen. Die so gesteigerten Fangquoten sind das Gegenteil von dem, was mit Warnverhalten beabsichtigt ist.
5. Ebenfalls zu den negativen Auswirkungen auf das soziale Gefüge zählt der *Vertrauensverlust*, der ausgerechnet die Person trifft, die Defektion bekämpfen und Vorbild sein wollte.

Zusammenfassend kann man also festhalten, dass auch ein geschickteres Warnverhalten keine Lösung im ökologisch-sozialen Dilemma darstellt. Das liegt an den unerwünschten Wirkungen dieses Verhaltens auf die Ressource und ihren sozialen Folgen.

■ Vorbildverhalten

Auch in den mit der Computermodellierung durchgeführten Spielen von Spada et al. (1987) kann standhaftes vorbildliches Verhalten zwar die gewünschte bessernde Verhaltenswirkung bei einer beobachtenden Person zur Folge haben, dies ist jedoch nicht immer der Fall. Dabei kommt es in der Simulation vor allem auf die Motivstruktur des oder der ressourcenüberfordernden Beobachtenden an. Ein stark an sozialer Gleichverteilung orientierter computersimulierter Agent ist z. B.

leichter zu beeinflussen als ein vorwiegend gewinnorientierter. Ein überwiegend gewinnorientierter Agent erkennt die mit Vorbildverhalten verbundenen Vorteile für die Ressource und den eigenen langfristigen Gewinn nicht oder nur schwer.

Ein solches Vorbildverhalten schont zwar die Ressource, für die vorbildlich spielende Person jedoch bedeutet es ein „Märtyrerverhalten" ohne eigenen Gewinn. Unbedingter Altruismus kann von einem moralisch-ethischen Standpunkt aus wünschenswert sein. Die Hoffnung ist dabei aber auch, dass sich das vorbildliche Verhalten auch ohne Sanktion, also Bestrafung, in der Gruppe durchsetzen werde. In der Realität überlässt unbedingter Altruismus aber meist die unangenehmen Regulierungsaufgaben in Anbetracht unsozialen Verhaltens anderen Instanzen. Dazu in ► Abschn. 5.4.2 mehr.

5.4.1.3 Erwerb von Umwelt- und Handlungswissen

Bereits ein Dilemma zu bemerken, in dem man sich befindet, und die Natur des Dilemmas zu verstehen, wird als ein Lösungsansatz betrachtet (Dawes 1980). Doch die Erkenntnis, sich in einem Ressourcendilemma (mit den beiden daran beteiligten Fallen) zu befinden, genügt allein nicht. Für angemessenes Verhalten in einem ökologisch-sozialen Dilemma muss auch ein hinreichendes ökologisches Wissen erworben werden: Welches sind die ökologischen Konsequenzen, welches die ökologischen Kosten meines Verhaltens? Dasselbe gilt für den Erwerb sozialen Wissens (Wie verhalten sich andere?) und des Handlungswissens (Wie kann ich mit dem Dilemma umgehen?).

In ► Abschn. 5.3.1 wurde über die Rolle des ökologischen Wissens im Sinne einer guten, möglichst objektiven Datengrundlage berichtet. Es besteht ein hoher empirischer Zusammenhang zwischen dem ökologischen Wissen und erfolgreichem Verhalten im Fischereispiel (Spada et al. 1987). Wird die Vermehrungsfunktion der Ressource offengelegt, verhalten sich die Beteiligten sogar nahezu optimal. Gelingt es aber trotz gutem ökologischem Wissen nicht, den sozialen Konflikt in den Hintergrund treten zu lassen, werden die Ressourcenentnahmen nicht entsprechend gedrosselt (Cass und Edney 1978). Der Erwerb von angemessenem Wissen wird durch kurze Feedbackschleifen und die Beachtung von Symptomen des Ressourcenstandes ermöglicht. Verantwortliche Personen in der Realität können mit sogenannten Umweltinformationssystemen unterstützt werden, die aufgrund einer Vielzahl von Messstationen aktuelle Daten liefern können. Für Bürgerinnen und Bürger ist es nicht immer genauso leicht, Informationen zu erhalten und die zentralen Zusammenhänge (zeitnah) zu verstehen.

Der ökologische Anteil von Ressourcendilemmata kann als ein Spezialfall komplexer Probleme im Sinne von Dörner (1989, 1993) verstanden werden (vgl. auch ► Kap. 2). Folgende von ihm genannte menschliche „Denkschwächen" seien noch einmal rekapituliert: Wir neigen dazu, mit einfachen Hypothesen in tatsächlich komplexen Wirkzusammenhängen zu operieren, wir haben Schwierigkeiten im Umgang mit zeitverzögerten Handlungseffekten und mit dem Abschätzen exponentiellen Wachstums, wir denken überwiegend linear. Solche Schwächen werden durch den Zwang zur kognitiven Ökonomie, dem Selbstwert dienende kognitive Verzerrungen und schließlich auch durch Vergessen begünstigt. Von der zur Lösung von Umweltproblemen eigentlich relevanten Information wird von Individuen insgesamt wohl nur ein Bruchteil bewusst verarbeitet.

Auch die Dauer des Nachdenkens über eine Entscheidung scheint eine Rolle zu spielen. Marwell und Ames (1979) baten ihre Versuchspersonen am Telefon oder per Post um einen Beitrag zu einem gemeinsamen Gut. Die Mindestdauer bis zur Mitteilung der Entscheidung betrug drei Tage (in den üblichen sonstigen experimentellen Situationen bewegt sich die Entscheidungsdauer im Minutenbereich). Die Studie fand eine insgesamt sehr hohe Kooperationsrate. Man kann spekulieren, ob in dieser Zeit mehr Wissen oder dieses Wissen auf eine andere Weise in die Entscheidung einfließt. Es könnten aber auch motivationale Gründe dafür ausschlaggebend sein, z. B., dass eine reflektierte und damit langfristig klügere Handlungsentscheidung eine gewohnheitsmäßige Reaktion ablöst.

Auf ein entsprechendes kognitiv-motivationales Kernproblem weist Dawes (1980) hin. Kognitiv hervorstechend im Dilemma sind die offensichtlichen, kurzfristig anfallenden Belohnungen für ein die Ressource übernutzendes oder schädigendes Verhalten. Sie bestimmen durch ihre Offensichtlichkeit das Verhalten. Weit weniger offensichtlich und insbesondere kognitiv anspruchsvoller sind die Faktoren, die Kooperation nach sich ziehen: Dinge wie Altruismus, Normen, Gewissen und zukunftsorientiertes Denken sind bisweilen subtilere Mechanismen. Die sie betreffenden Maßnahmen (z. B. Kommunikation, Öffentlichmachen, an die Moral Appellieren) dienen letzten Endes dazu, sie relativ zu den dominanten materiellen Anreizen aufzuwerten und der kognitiven Verarbeitung zugänglicher zu machen und damit die Grundlage für eine motivationale Wirksamkeit zu bilden.

Als Fazit halten wir auch hier fest: Wissen ist eine notwendige, aber keineswegs hinreichende Bedingung für umweltgerechtes Verhalten.

5.4.1.4 Miteinander reden: Die Wirkung von Kommunikation

Es ist ein vielfach replizierter Befund, dass Gruppen bei der Ressourcennutzung besser abschneiden, wenn sie miteinander über ihre Entnahmestrategien kommunizieren können und sich sogar zu einer bestimmten Strategie verpflichten. Einige Gruppen durften sich im Ressourcendilemmaspiel von Edney und Harper (1978) miteinander darüber unterhalten, wie sie beim Spiel vorgehen wollten. In einer Kontrollgruppe war das nicht möglich. Es zeigte sich, dass sich die gezielte Kommunikation sehr positiv auf die Erträge der Beteiligten und die Lebensdauer der simulierten Ressource auswirkte (ähnliche Ergebnisse mit einem anderen Spiel erzielten sowohl Jerdee und Rosen 1974 als auch Jorgenson und Papciak 1981). Die Entnahmen der verschiedenen Personen wurden darüber hinaus durch die Kommunikation homogenisiert, d. h., sie lagen näher beieinander. Interessanterweise waren eine Aufklärung über die Natur des Dilemmas und sogar eine Instruktion über die optimale Strategie nicht annähernd so wirkungsvoll wie die gemeinsame Unterhaltung.

Dawes und Mitarbeitende (Dawes et al. 1977) führten vier Kommunikationsbedingungen ein, bevor das Dilemmaspiel startete: keine Kommunikation, irrelevante Kommunikation (die Probanden unterhielten sich über die Verteilung von Einkommen in der Bevölkerung), relevante, auf das Ressourcenproblem bezogene Kommunikation und schließlich Kommunikation mit einer zusätzlichen Verpflichtung auf eine Strategie. Der Effekt der Kommunikation war drastisch (72 % Kooperierende gegenüber nur 30 % ohne Kommunikation). Sie wirkte aber nur, wenn tatsächlich das Ressourcenproblem im Mittelpunkt der Diskussion stand (bei irrelevanter Kommunikation gab es 32 % Kooperation). Eine zusätzliche Verpflichtung (in der vierten Bedingung) ergab keine weitere Verbesserung, obwohl alle Teilnehmenden ihre Kooperation angekündigt hatten. Genau das führt uns zum nächsten Punkt.

Appelle

Bei der prinzipiell positiven Wirkung von Kommunikation in Gruppen, die gemeinsam eine Ressource nutzen, ist nämlich auch ein pragmatischer Aspekt zu bedenken: Information über die eigenen Absichten wird manchmal aus strategischen Gründen nicht oder nicht wahrheitsgemäß weitergegeben. Versetzen Sie sich in die Lage einer Person im Fischereispiel: Sie selbst versprechen, in der nächsten Runde nur eine kleine Menge Fisch zu fangen, eine andere Person (die bisher immer zu viel entnommen hat) verspricht genau das Gleiche. Trauen Sie ihr oder nicht? Im Umweltbereich sind die Täuschung über wahre Entnahmen aus einer Ressource oder über die Höhe von Schadstoffeinträgen an der Tagesordnung. Appelle, also Aufrufe, sich umweltfreundlich zu verhalten, sind sehr eng an das Vertrauen gekoppelt, das die den Appell sendende Person oder Institution genießt (vgl. ► Abschn. 3.3.4).

Einen Beleg für die prinzipielle Wirksamkeit eines Appells liefert die Untersuchung von Diekmann (1995). Er ließ ein Poster vor einem Regal mit (teuren) Eiern aus ökologischer Freilandhaltung anbringen, auf dem für den Kauf dieser Eier aus Umweltgründen und der artgerechten Tierhaltung wegen geworben wurde. Der Effekt war fast so groß wie ein deutlicher ökonomischer Anreiz (Reduktion des Preises für die Freilandeier auf das Niveau normaler Eier). Nach Wegnahme des Posters (nach einer Woche) sank allerdings der Absatz der ökologischen Eier sofort wieder auf das Basisniveau und blieb dort während der noch zwei Wochen andauernden Kontrollbeobachtung. Das Beispiel belegt die Wirksamkeit beider Faktoren, sowohl des materiellen Anreizes als auch des moralischen Appells. Beide wirken allerdings nicht über ihre Wegnahme hinaus. Und: Während man von einer Dauerpreissenkung für ökologische Eier eine Dauerabsatzsteigerung erwarten würde, ist es nicht sicher, ob auch ein Dauerappell eine Dauerwirkung hätte.

Wirkmechanismen von Kommunikation

Was sind die psychologischen Wirkungen der Kommunikation unter den Beteiligten an einem Dilemma? Messick und Brewer (2005) nennen vier: Vermittlung von Information, Vertrauensbildung, Vermittlung sozialer Normen und Vermittlung von Gruppenidentität.

- *Informationsvermittlung*. Kommunikation im Dilemma bezieht sich auf die Beweggründe der Beteiligten, deren Verhaltensabsichten und zu erwartende Verhaltensweisen. Das ist die Basis für die nächsten drei Punkte Vertrauen, Gruppennormen und Konformitätsdruck und damit nötig für ihr Entstehen. Der Gruppenkommunikationseffekt ist in Experimenten durchgängig positiv. Dennoch sind seine Implikationen zur Lösung realer Umweltdilemmata begrenzt, da diese in der Regel Massendilemmata sind und eine intensive Diskussion unter allen Beteiligten kaum möglich ist. Auch besteht der schon bei den Appellen angesprochene Konflikt (Messick et al. 1983): Wenn andere Beteiligte erklären, dass sie sich mit der Ressourcennutzung zurückhalten wollen, besteht einerseits zwar ein größerer sozialer Anreiz für Kooperation (über Modellverhalten und Konformität). Andererseits wird faktisch die eigene Rücksichtnahme nicht mehr so wichtig für die Ressource. Es gilt auch hier, den Gruppendruck institutionell zu unterfüttern, damit er sich gegen die Versuchung der Defektion durchsetzen kann (siehe ► Abschn. 5.4.2).

- *Vertrauensbildung.* Vertrauen stellt die Grundlage für Kooperation in Dilemmata dar. In Massendilemmata, in denen man die Mitbeteiligten nicht kennt, wirkt *generalisiertes Vertrauen* (siehe auch ► Abschn. 3.3.4). Personen unterscheiden sich im Ausmaß des generalisierten Vertrauens und diese Unterschiede wirken sich auf ihr Verhalten aus (Rotter 1971). Sobald aber eigene Erfahrungen in der Situation gemacht werden, leitet das so entstehende spezifische Vertrauen das eigene Verhalten stärker als das generalisierte Vertrauen (Messick et al. 1983), sodass letzten Endes eine (vielleicht auch nur teilweise) Anpassung des eigenen Verhaltens an die Gruppe resultiert.
- *Die Vermittlung sozialer Normen.* Die Kommunikation vermittelt auch für die Gruppe wichtige soziale Normen (vgl. ► Abschn. 4.1.5). Die Wirkung von sozialen Normen bezieht sich einerseits auf die Erwartung sozialer Sanktionen bei ihrer Verletzung, z. B. durch öffentliche Ächtung. Die psychologischen Reaktionen liegen zwischen schlechtem Gewissen und der Furcht vor Strafandrohung. Die durch soziale Normen vermittelte Information kann andererseits aber auch das persönliche Verantwortungsbewusstsein für das gemeinsame Wohl fördern (oder hemmen, je nach Norm).

  Die soziale Verantwortung der einzelnen Beteiligten kann jedoch nur dann günstig beeinflusst werden, wenn das infrage stehende Problem im Konsens als ernst erkannt wird und alle (oder viele) davon hinreichend betroffen sind. Solange dieser gesellschaftliche Konsens nicht erreicht wird (z. B. auf der Basis gesicherter wissenschaftlicher Anhaltspunkte für anthropogene, d. h. menschenverursachte negative Entwicklungen), kann diese günstige Wirkung allerdings nicht ausgeschöpft werden. So gesehen ist nichts schlimmer für umweltfreundliches Verhalten, als wenn unwidersprochen behaupten werden kann, man habe grundlos und voreilig „die Pferde scheu gemacht". Dem gegenüber steht die Auffassung, dass schon beim Verdacht auf umweltschädigende Wirkung eines Verhaltens dieses reduziert werden müsse.
- *Gruppenidentität* (vgl. auch ► Abschn. 4.2.3). Wenn ein Gruppenmitglied weiß, dass die anderen Personen in der Gruppe dasselbe tun, dann ist die eigene Handlung für die Gruppe repräsentativ, sie wird damit in der eigenen Wahrnehmung verstärkt (Messick und Brewer 2005). Zwar ist dann die objektive Wirkung der Handlungen der einzelnen Person immer noch gering, aber wenn sie – als Teil der Gruppe – ein Gefühl der Wirksamkeit ihrer Handlungen im Gruppenverbund hat, dann ist der Anreiz zur Kooperation größer. Allerdings ist Gruppenzugehörigkeit prinzipiell zweischneidig: Es kann in einer Gruppe (z. B. von Staaten, Unternehmen, Personen) durchaus auch ein Konsens zur Umweltausbeutung herrschen. Wie bei allen sozialen Mechanismen muss hier stark auf den *Inhalt* der durch soziale Kommunikation, Normen oder Gruppenidentität vermittelten Information geachtet werden.

- **Finden neuer Lösungen**

Bei Kommunikation zwischen den an einem Dilemma Beteiligten werden nicht nur Informationen über eigene Verhaltensweisen vermittelt, es lassen sich verschiedene Lösungen diskutieren. Sie können z. B. eine von allen akzeptierte Aufteilung der Lasten beinhalten und so Defektion begrenzen. Dies streben sogenannte Umweltmoderationsverfahren an, die unter Heranziehung einer externen Moderation möglichst alle Beteiligten an einen Tisch zu bringen versuchen. Solche Moderationsverfahren haben sich z B. bei der Standortwahl für Großtechnologie bewährt und dokumentieren Konfliktlösung durch Verhandlung und Gruppendiskussion.

- **Öffentlichmachen von Übernutzung**

Eine Art von Kommunikation kann allerdings auch dann noch wirksam eingesetzt werden, wenn eine echte Diskussion der Nutzenden untereinander (z. B. wegen ihrer Anzahl oder wegen einer Verweigerung des Dialogs) nicht möglich ist: Ökologisch schädliches Verhalten kann öffentlich gemacht werden. Es wirkt, weil politische oder Wirtschaftsakteure in aller Regel einen guten Ruf zu verlieren haben. Dies wird auch im Labor eindrucksvoll bestätigt: Sämtliche Studien, in denen verdeckte gegenüber offener Nutzung einer simulierten Ressource untersucht wurde, ergaben ein angemesseneres Verhalten unter öffentlichen Bedingungen, d. h., wenn die Verursachenden einer Handlung identifiziert werden konnten. Dieser Gedanke steckt auch hinter den erfolgreichen Aktionen von Umweltorganisationen wie Greenpeace, BUND und anderen, die eine Lenkung der öffentlichen Aufmerksamkeit und damit des sozialen und politischen Drucks zum Ziel haben. Neben dem Anprangern von Umweltübernutzung (welches oft auch die Einleitung von ökonomischen oder politischen Sanktionen bedeutet) darf man aber das Hervorheben von vorbildlichem Verhalten (etwa von Pilotprojekten, alternativen Lebensweisen etc.) nicht vergessen – es zeigt die machbaren Perspektiven auf.

5.4.2 Strukturelle Ansätze

Strukturelle Ansätze beziehen sich auf die Veränderung der materiellen Anreize im Dilemma. Ziel ist es, die ungünstige Struktur dahingehend zu verändern, dass Kooperation leichter wird. Man überschreibt also gewissermaßen die Werte in der Auszahlungsmatrix. Wird so das Dilemma aufgelöst (z. B. dadurch, dass die Option der Versuchung weniger attraktiv wird als die der Belohnung für gegenseitige Kooperation), bedeutet das, dass eine individuell rational handelnde Person keine Handlung wählen wird, die der Ressource oder der Gemeinschaft auf Dauer schadet. Im Folgenden werden vier sehr unterschiedliche strukturelle Lösungsvorschläge diskutiert, deren Gemeinsamkeit darin besteht, dass sie die Veränderung der Anreize im Dilemma zum Ziel haben: die Aufteilung der Ressource, die Veränderung der Kosten des Zugangs zur Ressource, die Wahl einer verantwortlichen Führungsinstanz sowie informelle Regulierungssysteme.

5.4.2.1 Aufteilung der Ressource

Ist es klug, den Inhalt des Kühlschranks einer Wohngemeinschaft zum Gemeingut zu machen? Viele entscheiden sich anders und weisen jedem Bewohner und jeder Bewohnerin ein Fach zu. So kommt es zu keinen „Missverständnissen", zu keiner Übernutzung der gemeinschaftlichen Ressource. Diese Wohngemeinschaften setzen dann auf privatisierte Ressourcen, aus deren Nutzung andere ausgeschlossen sind.

Auch bei Hummerfischern in Maine (USA) findet man eine Aufteilung der Fischgründe, eine sogenannte Territorialisierung. Dort, wo die Eigentumsverhältnisse klar zugeordnet werden können, fangen die Fischer deutlich mehr Hummer als weiter draußen in Richtung offener See, wo die Grenzen nicht so deutlich auszumachen sind (Acheson 1975).

Die Aufteilung einer ökologischen Ressource durch Privatisierung oder Territorialisierung ist eine radikale Anwendung der bereits vorgestellten Befunde zur Gruppengröße. Mit einer Gruppengröße von einer Person pro Ressource wird das ökologisch-soziale Dilemma aufgehoben. Nur die Zeitfalle bleibt. Bei der Privatisierung bzw. Territorialisierung wirken folgende psychologische Faktoren:

- Die Anreizstrukturen verändern sich mit kleineren Gruppen günstig für eine dauerhafte Nutzung. Den Eigentümer oder die Eigentümerin treffen die Konsequenzen des eigenen Missverhaltens ungleich deutlicher als in größeren Gruppen, in denen ja gerade diese Konsequenzen auf alle verteilt werden und in denen eine übernutzende Person gewissermaßen „untertauchen" kann. Trittbrettfahren ist nicht mehr möglich, eine Krise muss selbst gemeistert oder ausgebadet werden.
- Umgekehrt nimmt die Wirkung, aber auch die Sichtbarkeit einer eigenen umweltadäquaten Handlung zu, sodass eine direktere Rückmeldung des Effekts von solchen ressourcenschonenden Handlungen zu verzeichnen ist.
- Schließlich können privatisierte Ressourcen nicht so leicht (d. h. nur unter hohen Kosten) verlassen und durch neue ersetzt werden – anders als bei Ressourcen mit offenem Zugang, zwischen denen eine Wanderung (Migration) im Prinzip jederzeit möglich ist (wie dies auch die Fangflotten auf den Meeren tun).
- All das sollte nach Cass und Edney (1978) zu einem höheren Bewusstsein der eigenen Verantwortlichkeit für die Ressource führen.
- Es macht die Situation für den Handelnden oder die Handelnde kontrollierbarer, da er oder sie selbst die Handlungsschritte bestimmt. Damit wird das Problem aber auch, wenigstens zum Teil, als ein Selbstmanagementproblem im Sinne der Verhaltenstherapie umdefiniert (man muss nur mit dem intrapersonalen Konflikt fertig werden; Cass und Edney 1978).
- Diekmann und Preisendörfer (1998) stellten fest, dass Personen derjenigen Haushalte, denen die Heizkosten individuell und nicht pauschal (also in einer Summe für mehrere Wohnungen im Haus) in Rechnung gestellt wurden, auch besser über den Preis einer Kilowattstunde Strom informiert waren. Privatisierung scheint sich also positiv auf ressourcenbezogenes Wissen auszuwirken.

So überzeugend die Argumente für die Privatisierung einer Ressource auch scheinen mögen, ist Privatisierung jedoch keine in jedem Fall günstige Lösung. Historische Beispiele belegen, dass auch eine rein private Nutzung von Ressourcen in einigen Fällen nicht vor deren Übernutzung schützt (McCay und Acheson 1987).

- Für das Überleben von natürlichen Ressourcen ist letzten Endes die angemessene Nutzung durch die Beteiligten ausschlaggebend. Handelt es sich um eine Person, so kann diese die Ressource trotzdem übernutzen. Das geschieht, wenn z. B. die Mindestgröße von Ackerland unterschritten wird und die Ressource zu klein für die nachhaltige Nutzung ist. Daher gibt es in vielen Kulturen klare Erbfolgeregelungen, nach der z. B. nur die älteste Person den Hof übernehmen kann.
- Befindet sich eine Ressource in der individuellen Nutzung, müssen andere von der Nutzung ferngehalten werden (z. B. durch einen Gartenzaun, ein „Betreten-verboten"-Schild oder ein Vorhängeschloss). Geschieht das nicht, ist die Aufteilung wertlos oder sogar schädlich. Manche Ressourcen sind jedoch prinzipiell schlecht zu kontrollieren, wie etwa der Fisch auf hoher See oder die CO_2-Aufnahmekapazität der Atmosphäre. Hier wird der Weg der (Teil-)Privatisierung zumeist durch Vergabe von Nutzungsquoten in Form von (auch handelbaren) Anteilen beschritten.
- Es können Gerechtigkeitsprobleme bei der Privatisierung auftreten (Messick und Brewer 2005). Zur Verteilung der Nutzungsrechte muss nämlich ein sinnvolles, aber auch sozial verträgliches Kriterium gefunden werden. So kann es nach dem Umfang der bisherigen Nutzung der Ressource gehen (z. B. eine Person, die bisher viel verbraucht hat, erhält auch viele Rechte) oder nach einem auf irgendeine Art festgestellten zukünftigen Bedürfnis. Dies muss zwischen den beteiligten Parteien ausgehandelt werden.

Es ist aber auch nicht immer die völlige Aufteilung der Ressource in individuell zu nutzende Parzellen nötig. Es gibt Belege dafür, dass mit einem Minimum an Regulation des Zugangs und der Nutzung durch die Nutzenden selbst eine gemeinsam genutzte Ressource durchaus auf Dauer fruchtbar sein kann. In ► Abschn. 5.4.2.4 wird ausführlicher auf diese Art von Regulation eingegangen.

5.4.2.2 Kosten der Nutzung der Ressource

Anstelle der Privatisierung einer Ressource kann eine übergeordnete Instanz auch Kosten auf die Nutzung der Ressource erheben. Der freie Zugang für alle bleibt also prinzipiell erhalten, jedoch wird er mit zusätzlichen Kosten (z. B. finanzieller oder materieller Art) versehen. Diese dienen, wie oben beschrieben, der Umgestaltung der Auszahlungsmatrix und der Abschwächung der Dilemmastruktur. Dies kann auf zwei Wegen geschehen: Besteuerung der (Mehr-)Nutzung oder Subventionierung der Nicht- oder Wenigernutzung.

Die Besteuerung einer Ressource erzeugt einen erhöhten Sparanreiz für die Beteiligten, was direkt der Ressource zugutekommt. Wenn man jetzt noch die vermehrten Steuereinnahmen dazu nutzt, negative Nebenwirkungen der Ressourcennutzung abzumildern oder infrastrukturelle Investitionen für eine nachhaltige zukünftige Nutzung zu tätigen, dann handelt es sich um eine Ökosteuer im ursprünglichen Sinn (Binswanger et al. 1979, 1983). Die durch Steuern ansteigenden Preise für Wasser, Strom, Abfallbeseitigung oder Benzin spiegeln den Versuch der ökonomisch-politischen Steuerung von Ressourcennutzung über die Veränderung der Anreizbedingungen wider. Leider ist das doppelte Prinzip der Ökosteuer derzeit eklatant verletzt wie z. B. bei der deutschen Kfz-Steuer, die für den Straßenbau (also expansiv) und nicht etwa zum Abfangen oder Lindern von Umweltschäden des Verkehrs (also konservativ) verwendet wird.

Die intuitive Plausibilität der Wirksamkeit der Steuerung des Verhaltens in einem Umweltdilemma über die Kosten lässt sich auch im Experiment demonstrieren. Stern (1976) bot Personen in einem Spiel an, entweder (simuliert) mit dem eigenen Auto zu pendeln oder eine Mitfahrgemeinschaft zu bilden. Mitfahrgemeinschaften wurden besonders oft gegründet, wenn der Preis für das Autofahren mit den Runden angehoben wurde und eine detaillierte Information über die ansteigenden Preise vorlag.

Nach Messick und Brewer (2005) ist darauf zu achten, dass durch die Verteuerung der Ressourcennutzung nicht zusätzliche Ungerechtigkeiten entstehen, z. B. weil sich nicht mehr jede Person eine Teilnahme an der Ressourcennutzung leisten kann.

Wenn die Ressourcennutzung nicht besteuert werden soll, so kann umweltschonendes Verhalten subventioniert, also materiell unterstützt werden. Subvention funktioniert, wie zahlreiche ökonomische, aber auch soziologische Studien zeigen. Das bereits angesprochene Supermarktfeldexperiment von Diekmann (1995) verbilligte Eier aus ökologischer Erzeugung während einer Aktionswoche auf den Preis von Nichtbioeiern. Die Anzahl verkaufter Packungen stieg von etwas über 40 auf über 90 in dieser Woche. Die Preissenkung der ökologischen Eier war allerdings drastisch und verbilligte sie exakt auf den Preis der anderen Eier. Aus rationaler (d. h. rein ökonomischer) Sicht gab es keinen Grund mehr, normale Eier zu kaufen. Nach der Aktionswoche reduzierte sich die Anzahl jedoch sofort wieder auf das vorher beobachtete Niveau und blieb so für eine weitere Kontrollphase.

Subvention hat zunächst augenscheinliche Vorteile, weil Menschen für etwas Gutes belohnt werden (vgl. Spada et al. 2018), aber gleichzeitig auch psychologische und politische Nachteile. Subventionen lassen sich nämlich nur schwer wieder abbauen. Der Entzug von Belohnung stellt im lerntheoretischen Sinne eine Bestrafung des Typs 2 (Spada et al. 2018) dar: Wir lassen uns nur ungern etwas wegnehmen, was wir bislang bekommen haben.

In jedem hier beschriebenen Fall, egal ob Verteuerung der Ressourcennutzung oder Vergünstigung einer Nichtnutzung, ist eine funktionierende und wirksame übergeordnete Instanz (z. B. eine Bürokratie) nötig, die entsprechende, im besten Fall gerechte Regeln ausgearbeitet hat und diese auch zu überwachen in der Lage ist.

5.4.2.3 Wahl einer übergeordneten Führungsinstanz

Nach klassischer wirtschaftsliberaler Auffassung gibt es eine „unsichtbare Hand" beim Wirtschaften, die dafür sorgt, dass aus Eigennutz betriebene Produktion und Handel auch anderen zugutekommt (Smith 2010). Während der Bäcker oder die Bäckerin aus Eigennutz backe und damit Geld verdiene, hätten wir Brot zu essen und profitierten von dem Eigennutz der Backenden. Nun ist das aber genau *kein* soziales Dilemma, sondern eine Win-win-Situation, da dem Bäcker oder der Bäckerin die Maximierung des eigenen Profits tatsächlich zugutekommt und die anderen aber nicht schädigt. Adam Smith konnte im 18. Jahrhundert noch von den Umweltwirkungen der Industrialisierung absehen, da diese erst begannen.

Demgegenüber stellt Hardin klar fest, dass *„freedom in a commons brings ruin to all*" (1968, S. 1244): Bei einem ökologisch-sozialen Dilemma führt die Freiheit, zu tun und zu lassen, was man will, in den Abgrund. Er vermutete auch, dass es für diese Dilemmata letzten Endes keine technologischen Lösungen gebe. Es sei moralische Besserung nötig und nur „gegenseitiger Zwang durch gegenseitige Übereinkunft" (Hardin 1968, S. 1247) helfe bei dieser Besserung. Damit spricht er die Einsetzung einer übergeordneten Instanz an, welche die Nutzung der Ressource regelt. Das kommt allerdings nicht ganz ohne Kosten: Man verliert an Freiheit und kann erwarten, dass man von der Instanz zu einer weniger erwünschten Handlung (nämlich zur Kooperation) gezwungen wird.

In einer Studie gingen Samuelson und Messick (1986) der Frage nach der relativen Attraktivität von strukturellen Lösungen für Umweltdilemmata nach. Es wurden zehn Runden eines Sechs-Personen-Ressourcendilemmas gespielt. Danach wurde mit dem Verweis auf die Fortführung des Spiels in einer zweiten Sitzung gefragt, ob wie bisher (ohne strukturelle Veränderungen) oder unter Zugrundelegung einer von drei Alternativen weitergespielt werden solle. Je einem Drittel der Versuchspersonen wurde je eine Alternative angeboten. Grundlage der Entscheidung der Versuchspersonen war die Information über den bisherigen Gesamtfang aller sechs Beteiligten. Folgende strukturelle Auflösungen des Ressourcendilemmas wurden angeboten: (1) Wahl einer übergeordneten Instanz, die über die weitere Nutzung der Ressource zu befinden hatte, (2) Gleichverteilung der Ressource zur Weiterbewirtschaftung an alle (d. h. Territorialisierung in gleiche Teile) und (3) proportionale Territorialisierung, basierend auf der bisherigen Gesamtentnahme: Je mehr jemand bisher die Ressource genutzt hatte, desto mehr sollte er oder sie bekommen. Es gab noch weitere experimentelle Bedingungen: Einerseits wurden durch falsche Rückmeldungen eine niedrige bzw. eine hohe Gruppennutzung simuliert, andererseits eine hohe bzw. niedrige Varianz der Entnahmen der einzelnen Gruppenmitglieder. Das heißt, dass entweder die Beteiligten sehr ähnlich aus der Ressource entnommen hatten (geringe Varianz) oder manche sehr viel und andere sehr wenig (hohe Varianz). Insgesamt entschieden sich 60 % der Beteiligten für eine Führungsinstanz, 54 % für eine Aufteilung proportional zur bisherigen Nutzung und 37 % für eine gleiche Aufteilung der Ressource. Bei bisheriger Übernutzung der Ressource war der Wunsch nach einer strukturellen Aufhebung des Dilemmas durch die Wahl einer Alternative insgesamt größer (59 %) als bei optimaler Nutzung (42 %). Gab es deutliche Unterschiede in den bisher zu beobachtenden Entnahmen (hohe Varianz), so verlor die proportionale Aufteilung an Attraktivität, die anderen beiden strukturellen Lösungen gewannen entsprechend.

Auch dieses Experiment zeigt, dass die Aufgabe von Freiheiten für eine Ressourcennutzungsregulation eine attraktive Option sein kann. In jedem Fall jedoch muss in solchen Regulationen die soziale Verträglichkeit von Maßnahmen und deren ökologischer Nutzen gut gegeneinander abgewogen sein, um auch auf Dauer eine positive gesellschaftliche Wirkung zu erzielen.

Eine übergeordnete Kontrollinstanz braucht zusätzliche Ressourcen zur Durchsetzung der Regeln: Geld, Personen, Information usw. Diese Ressourcen müssen von den Beteiligten in irgendeiner Form bereitgestellt werden. Das selbst ist wieder ein soziales Dilemma auf einer übergeordneten Ebene, in welche das ökologisch-soziale Dilemma eingebettet ist (Ernst 2001; Yamagishi 1986). Wenn die Institution auf der übergeordneten Ebene gut funktioniert, ist jedoch dieses Dilemma für die Beteiligten leichter zu lösen als das ursprüngliche ökologisch-soziale Dilemma.

5.4.2.4 Formelle und informelle Regulierungssysteme

Bisher haben wir solche strukturellen Lösungsansätze für ökologisch-soziale Dilemmata besprochen, die zumeist von in psychologischen Labors erarbeiteten Befunden oder ökonomischen Überlegungen herrühren. In diesem Abschnitt gehen wir auf Formen von gesellschaftlichen Institutionen ein, die bei der Bewältigung der Dilemmata helfen.

Ressourcenerhaltende Institutionen können grob in zwei Klassen aufgeteilt werden:

- *Formelle Regulierung der Ressourcennutzung:* Das sind solche, die gesetzlich (und damit auch schriftlich) begründet sind und oft durch eine staatliche Verwaltung überwacht werden.
- *Informelle Regulierung:* Sie sind kulturellen, gesellschaftlichen oder religiösen Ursprungs. Ihre Regeln müssen nicht schriftlich vorliegen, sondern können auch nur mündlich überliefert sein.

Man unterscheidet vier Typen der Ressourcenregulierung. Manchmal sind auch Kombinationen dieser Typen zu finden. Beim ersten Typ gibt es keine Regulation der Ressourcennutzung, bei den Typen 2 und 3 ist sie formal verankert und Typ 4 beschreibt die informelle Regulierung.

(1) *Ressourcen mit offenem Zugang.* Sie zeichnen sich im Wesentlichen durch Abwesenheit einer Regulation ihrer Nutzung aus – jede Person kann die Ressource betreten und ernten oder sie in einer anderen Weise nutzen. Hochseefischerei in internationalen Gewässern ist, sofern nicht anderweitig durch Abkommen geregelt, eine solche Ressource mit offenem Zugang. Die internationalen Klimaverhandlungen haben zum Ziel, die Nutzung der Atmosphäre als Senke (‚Müllkippe') mit offenem Zugang für Treibhausgase zu verringern. Von solchen Ressourcen mit offenem Zugang sprach Hardin (1968) bei seiner „Tragödie der Allmende".

> Offener Zugang ist nicht nachhaltig und gefährdet das Überleben einer Ressource.

(2) *Privateigentum.* Hierbei befindet sich die Ressource im Eigentum einer Person oder eines Unternehmens. Diese können andere Personen von der Nutzung ausschließen. Einige der Ergebnisse zur Gruppengröße und Territorialisierung von Ressourcen legen Privateigentum als Lösung von ökologisch-sozialen Dilemmata nahe, weil die Rückmeldung aus der Ressourcennutzung und die Verantwortlichkeit für die nachhaltige Nutzung klar sind. Viele Ressourcen sind jedoch entweder schwierig zu privatisieren (z. B. Meere, Atmosphäre) oder dürfen aus ethischen

Gründen nicht privatisiert werden, da nicht willkürlich andere von der Nutzung ausgeschlossen werden dürfen (z. B. Trinkwasser, Nahrungsquellen).

(3) *Staatseigentum*. Hier befindet sich die Ressource im Eigentum eines Staates (oder einer vergleichbaren Institution), welcher die Ressource stellvertretend für alle Bürgerinnen und Bürger reguliert. Jedoch ist dabei ein zentraler Punkt, dass die Regulationen dann auch durchgesetzt werden müssen. Das mag aus der Perspektive eines entwickelten Staates trivial erscheinen. Es gibt jedoch Beispiele, in denen formal der Staat die Obhut über eine natürliche Ressource hat, die freie Nutzung aber nicht unterbindet (so z. B. zeitweise in den Wäldern Nepals oder Thailands; Berkes et al. 1989).

(4) *Gemeinschaftseigentum (Community Management)*. Bei diesem Typ von Regulation wird die Ressource von einer überschaubaren und einander bekannten Nutzendengemeinschaft gehalten, genutzt und gepflegt. Die Gemeinschaft kann dabei nicht zur Gruppe gehörende Personen von der Nutzung fernhalten und auch die eigene Nutzung nachhaltig kontrollieren. Diese Art von Ressourcenregulation werden wir im Folgenden eingehender besprechen.

Empirische Untersuchungen der informellen, aber lokalen Regulationen vor Ort finden dabei, dass die Nutzung von Ressourcen als Gemeinschaftseigentum nicht nur häufig anzutreffen, sondern auch recht erfolgreich ist (z. B. Acheson 1981; Berkes 1985a; McCay und Acheson 1987; Ostrom 1990; Ostrom et al. 1994). Diese Regulationen sind zumeist ein gewachsenes Geflecht aus Gewohnheiten und Gewohnheitsrechten, die nicht selten von den Nutzenden selbst umgesetzt und überwacht werden (Acheson 1981). Ihr Ziel ist es, Neuzugänge und damit die unkontrollierte Vergrößerung der Nutzendengruppe zu verhindern. Von Inseln im Pazifik ist bekannt, dass z. B. religiöse Tabus oder die soziale Verpflichtung, seinen Fischfang zu teilen, wesentliche Elemente einer erfolgreichen nachhaltigen Ressourcennutzung sind (Bender 1997; Bender et al. 2002).

Das steht in deutlichem Gegensatz zur pessimistischen Sichtweise von Hardin (1968). Berkes (1985b) hält den offenen Zugang, der ja die Grundlage der Hardin'schen Überlegungen darstellt, sogar für eine „historische Anomalie". Es werden die einengenden Annahmen kritisiert, die dort getroffen werden: dass die Nutzenden ungehemmt egoistisch seien und ausschließlich ihren kurzfristigen Gewinn zu maximieren suchten, oder dass den sozialen Normen der Gemeinschaft kein Raum zugesprochen werde. Dieser einseitige Ansatz würde dazu führen, dass die Fähigkeit von Individuen, in einer tatsächlichen Gemeinschaft (d. h. nicht im Spiel im Labor) zu kooperieren, unterschätzt werde (McCay und Acheson 1987).

Ein eindrückliches und sehr sorgfältig recherchiertes Beispiel gibt Netting (1981). Er untersuchte die Weidenutzung in den Schweizer Alpen in dem Dorf Törbel im Wallis. Unabhängig von den Faktoren, die generell auf landwirtschaftliche Nutzung von Flächen lasten (z. B. Bevölkerungswachstum, intensivere Anbaumethoden, gestiegene Bedürfnisse), gelang es den Bewohnern und Bewohnerinnen von Törbel, ihre Almen (ihre Bergweiden) konstant in gutem und ertragreichem Zustand zu erhalten. Die Weideregeln, die das ermöglichten, existieren seit dem 16. Jahrhundert. Sie wurden gemeinschaftlich festgelegt und enthalten Aussagen zur Anzahl der Tiere, die im Sommer auf die Weiden getrieben werden dürfen, wer das überhaupt darf, wer von dem Holz profitiert, das in den Bergen geschlagen wird, und wie die Einhaltung der Regeln überwacht wird. Übernutzung wird durch Geldstrafen geahndet. Die Überwachung geschieht durch einen Gemeindebeamten, der jedes Jahr neu gewählt wird.

Im besten Fall haben Gemeinschaftseigentumssysteme folgende Eigenschaften (vgl. Gardner und Stern 2002):

- Sie bauen auf eine schon lange existierende soziale Tradition auf und sind in die (überschaubare) Gesellschaft gut eingebettet.
- Durch diese Systeme gelingt es, Kosten, die bisher auf die Allgemeinheit abgewälzt wurden, in das Verhalten zu integrieren und damit das soziale Dilemma aufzulösen.
- Sind die Regeln praktisch und fair, werden sie von den Beteiligten internalisiert und als etwas Eigenes anerkannt und freiwillig befolgt.
- Dies reduziert den Aufwand, das System zu kontrollieren. Damit hat die Überwachung von Verhalten in einem Gemeinschaftseigentumssystem oft niedrige Kosten und ist günstiger als andere Maßnahmen der Verhaltensänderung.
- Bei vielen Gemeinschaftseigentumssystemen ist dokumentiert, dass die Regeln über eine sehr lange Zeit (z. T. Hunderte Jahre) effektiv waren und die Ressource erhalten haben.
- *Community Management* unterstützt Solidarität und ächtet Egoismus, was sich auch auf andere Lebensbereiche positiv auswirken kann.
- Gemeinschaftseigentum ist am besten geeignet für stationäre und gut abgegrenzte Ressourcen wie Fischerei, Land- oder Wassernutzung. Diese können am besten lokal kontrolliert werden.
- Formale Institutionen (z. B. die Kommune oder andere übergeordnete Instanzen) können das Gemeinschaftseigentumssystem durch eine gut darauf abgestimmte Gesetzgebung oder durch die Übernahme eines Teils der Überwachungskosten unterstützen.

Soziale Trends können allerdings Gemeinschaftseigentumssysteme zerstören, sei es durch Ab- oder Zuwanderung, Veränderung der Präferenzen der Beteiligten oder Verschiebung der Erwerbstätigkeit auf nicht ressourcenbasierte Tätigkeiten.

Wir können festhalten, dass die voraussichtlich erfolgreichste Regulation von Ressourcennutzung aus einer Kombination von formellen Regulationssystemen sowie von evtl. vorhandenen traditionellen Absprachen und sozialen Wertesystemen besteht. Andernfalls ist mit dem Widerstand der Betroffenen zu rechnen (Berkes et al. 1989). Solche Lösungen bedürfen der Detailarbeit und der Einbindung der Beteiligten in den Entscheidungsprozess, etwas, das auch „*grassroots politics*", also Graswurzelpolitik genannt wird.

Fast alle kritischen Umweltprobleme (Klimaerwärmung, Biodiversitätsverlust, grenzüberschreitende Verschmutzung, Ressourcenknappheit usw.) haben jedoch globale Ausmaße und unterliegen mehr als nur lokalen Einflüssen (Dietz et al. 2003). Effekte treten also zeitlich wie räumlich sehr entfernt auf, politische wie ökonomische Machtgefälle erschweren Veränderung. Dietz et al. (2003) nennen sogenannte adaptive Governance-Strukturen als Antwort auf diese komplexen Anforderungen. Adaptive Governance stellt Informationen für die Beteiligten bereit, gleicht Interessenkonflikte und Machtgefälle aus, setzt die Befolgung der vereinbarten Regeln durch, schafft infrastrukturelle Rahmenbedingungen für nachhaltiges Verhalten und sie ist schließlich auch für Wandel offen. Da sich alles über die Zeit wandelt, ist ein kontrolliertes Ausprobieren und gesellschaftliches Lernen ein wesentlicher Teil der Nachhaltigkeit.

Literatur

Acheson, J. M. (1975). The lobster fiefs: Economic and ecological effects of territoriality in the Maine lobster industry. *Human Ecology, 3*(3), 183–207. https://doi.org/10.1007/BF01531640

Acheson, J. M. (1981). Anthropology of fishing. *Annual Review of Anthropology, 10,* 275–316. https://doi.org/10.1146/annurev.an.10.100181.001423

Allison, S. T., & Messick, D. M. (1985). Effects of experience on performance in a replenishable resource trap. *Journal of Personality and Social Psychology, 49*(4), 943–948. https://doi.org/10.1037/0022-3514.49.4.943

Axelrod, R. (1987). *Die Evolution der Kooperation.* Oldenbourg. (Englisches Original veröffentlicht 1984)

Axelrod, R., & Hamilton, W. D. (1981). The evolution of cooperation. *Science, 211*(4489), 1390–1396. https://doi.org/10.1126/science.7466396

Beggan, J. K., Messick, D. M., & Allison, S. T. (1988). Social values and egocentric bias: Two tests of the might over morality hypothesis. *Journal of Personality and Social Psychology, 55*(4), 606–611. https://doi.org/10.1037/0022-3514.55.4.606

Bender, A. (1997). *Beute unter Tabu: Traditionelles Umweltverhalten in Mikronesien und Polynesien.* Verlag Wissenschaft & Öffentlichkeit.

Bender, A., Kägi, W., & Mohr, E. (2002). Informal insurance and sustainable management of common-pool marine resources in Ha'apai, Tonga. *Economic Development and Cultural Change, 50*(2), 427–439. https://doi.org/10.1086/340802

Berkes, F. (1985a). Fishermen and „The Tragedy of the Commons". *Environmental Conservation, 12*(3), 199–206. https://doi.org/10.1017/S0376892900015939

Berkes, F. (1985b). The commons property resource problem and the creation of limited property rights. *Human Ecology, 13*(2), 187–208. https://doi.org/10.1007/BF01531095

Berkes, F., Feeny, D., McCay, B. J., & Acheson, J. M. (1989). The benefits of the commons. *Nature, 340*(6229), 91–93. https://doi.org/10.1038/340091a0

Biel, A., & Gärling, T. (1995). The role of uncertainty in resource dilemmas. *Journal of Environmental Psychology, 15*(3), 221–233. https://doi.org/10.1016/0272-4944(95)90005-5

Binswanger, H. C., Frisch, H., & Nutzinger, H. G. (1983): *Arbeit ohne Umweltzerstörung: Strategien einer neuen Wirtschaftspolitik*. S. Fischer Verlag.

Binswanger, H. C., Geissberger, W., & Ginsburg, T. (1979). *Wege aus der Wohlstandsfalle*. S. Fischer Verlag.

Brewer, M. B., & Kramer, R. M. (1986). Choice behavior in social dilemmas: Effects of social identity, group size, and decision framing. *Journal of Personality and Social Psychology, 50*(3), 543–549. https://doi.org/10.1037/0022-3514.50.3.543

Cass, R. C., & Edney, J. J. (1978). The commons dilemma: A simulation testing the effects of resource visibility and territorial division. *Human Ecology, 6*(4), 371–386. https://doi.org/10.1007/BF00889415

Davis, M. D. (1999). *Spieltheorie für Nichtmathematiker* (3. Aufl.). Oldenbourg.

Dawes, R. M. (1975). Formal models of dilemmas in social decision-making. In M. F. Kaplan & S. Schwartz (Hrsg.), *Human judgement and decision processes* (pp. 88–107). New York Academic Press.

Dawes, R. M. (1980). Social dilemmas. *Annual Review of Psychology, 31,* 169–193. https://doi.org/10.1146/annurev.ps.31.020180.001125

Dawes, R. M., McTavish, J., & Shaklee, H. (1977). Behavior, communication, and assumptions about other people's behavior in a commons dilemma situation. *Journal of Personality and Social Psychology, 35*(1), 1–11. https://doi.org/10.1037/0022-3514.35.1.1

Diekmann, A. (1995). Umweltbewusstsein oder Anreizstrukturen? Empirische Befunde zum Energiesparen, der Verkehrsmittelwahl und zum Konsumverhalten. In A. Diekmann & A. Franzen (Hrsg.), *Kooperatives Umwelthandeln: Modelle, Erfahrungen, Maßnahmen* (pp. 39–68). Rüegger.

Diekmann, A., & Preisendörfer, P. (1998). Environmental behavior: Discrepancies between aspirations and reality. *Rationality and Society, 10*(1), 79–102. https://doi.org/10.1177/104346398010001004

Dietz, T., Ostrom, E., & Stern, P. C. (2003). The struggle to govern the commons. *Science, 302*(5652), 1907–1912. https://doi.org/10.1126/science.1091015

Dörner, D. (1989). *Die Logik des Mißlingens*. Rowohlt.

Dörner, D. (1993). Denken und Handeln in Unbestimmtheit und Komplexität. *GAIA, 2*(3), 128–138. https://doi.org/10.14512/gaia.2.3.4

Edney, J. J., & Harper, C. S. (1978). The effects of information in a resource management problem: A social trap analog. *Human Ecology, 6*(4), 387–395. https://doi.org/10.1007/BF00889416

Ernst, A. (1994). *Soziales Wissen als Grundlage des Handelns in Konfliktsituationen*. Peter Lang.

Ernst, A. (1997). *Ökologisch-soziale Dilemmata*. Beltz Psychologie Verlags Union.

Ernst, A. (2001). *Informationsdilemmata bei der Nutzung natürlicher Ressourcen*. Beltz Psychologie Verlags Union.

Ernst, A. (2008). Ökologisch-soziale Dilemmata. In E. D. Lantermann & V. Linneweber (Hrsg.), *Enzyklopädie der Psychologie: Grundlagen, Paradigmen und Methoden der Umweltpsychologie* (pp. 569–605). Hogrefe.

Gardner, G. T., & Stern, P. (2002) *Environmental problems and behavior* (2. Aufl). Pearson Custom Publications.

Gordon, H. S. (1954). The economic theory of a common-property resource: The fishery. *Journal of Political Economy, 62,* 124–142. https://doi.org/10.1086/257497

Hamburger, H. (1979). *Games as models of social phenomena*. Freeman.

Hardin, G. R. (1968). The tragedy of the commons. *Science, 162*, 1243–1248.

Hofstadter, D. R. (1983). Metamagical themas: Computer tournaments of the prisoner's dilemma suggest how cooperation evolves. *Scientific American, 248*(5), 14–20.

Holler, M. J., & Illing, G. (2005). *Einführung in die Spieltheorie* (6. Aufl.). Springer.

Jerdee, T. H., & Rosen, B. (1974). Effects of opportunity to communicate and visibility of individual decisions on behavior in the common interest. *Journal of Applied Psychology, 59*(6), 712–716. https://doi.org/10.1037/h0037450

Jorgenson, D. O., & Papciak, A. S. (1981). The effects of communication, resource feedback, and identifiability on behavior in a simulated commons. *Journal of Experimental Social Psychology, 17*(4), 373–385. https://doi.org/10.1016/0022-1031(81)90044-5

Kelley, H. H., & Stahelski, A. J. (1970). Social interaction basis of cooperators' and competitors' beliefs about others. *Journal of Personality and Social Psychology, 16*(1), 66–91. https://doi.org/10.1037/h0029849

Latané, B., & Darley, J. M. (1970). *The unresponsive bystander: Why doesn't he help?* Appleton-Century-Crofts.

Liebrand, W. B., & McClintock, C. G. (1988). The ring measure of social values: A computerized procedure for assessing individual differences in information processing and social value orientation. *European Journal of Personality, 2*(3), 217–230. https://doi.org/10.1002/per.2410020304

Luce, R. D., & Raiffa, H. (1957). *Games and decisions: Introduction and critical survey.* Wiley & Sons.

Marwell, G., & Ames, R. E. (1979). Experiments on the provision of public goods: Resources, interest, group size, and the free-rider problem. *American Journal of Sociology, 84*(6), 1335–1360. https://doi.org/10.1086/226937

McCay, B. J., & Acheson, J. M. (Hrsg.). (1987). *The question of the commons: The culture and ecology of communal resources.* University of Arizona Press.

Messick, D. M., & Brewer, M. B. (2005). *Solving social dilemmas: A review.* In M. H. Bazerman (Hrsg.), *Negotiation, decision making and conflict management (vol. 1–3*, pp. 98–131). Edward Elgar Publishing.

Messick, D. M., & McClelland, C. L. (1983). Social traps and temporal traps. *Personality and Social Psychology Bulletin, 9*(1), 105–110. https://doi.org/10.1177/0146167283091015

Messick, D. M., Wilke, H., Brewer, M. B., Kramer, R. M., Zemke, P. E., & Lui, L. (1983). Individual adaptations and structural change as solutions to social dilemmas. *Journal of Personality and Social Psychology, 44*(2), 294–309. https://doi.org/10.1037/0022-3514.44.2.294

Mischel, W., Shoda, Y., & Rodriguez, M. L. (1992). Delay of gratification in children. In G. Lowenstein & J. Elster (Hrsg.), *Choice over time* (pp. 147–164). Russel Sage Foundation.

Murphy, R. O., Ackermann, K. A., & Handgraaf, M. (2011). Measuring social value orientation. *Judgment and Decision Making, 6*(8), 771–781. https://doi.org/10.1017/S1930297500004204

Netting, R. M. (1981). *Balancing on an alp: Ecological change and continuity in a Swiss mountain community*. Cambridge University Press.

Olson, M. (1965). *The logic of collective action*. Harvard University Press.

Opwis, K., & Spada, H. (1985). Der Effekt verschiedener Verhaltensstrategien auf die Erhaltung der Umwelt. In H. Spada, K. Opwis & J. Donnen (Hrsg.), *Die Allmende-Klemme: Ein umweltpsychologisches soziales Dilemma* (pp. 29–49). Psychologisches Institut der Universität Freiburg.

Ostrom, E. (1990). *Governing the commons: The evolution of institutions for collective action*. Cambridge University Press.

Ostrom, E., Dietz, T. E., Dolšak, N. E., Stern, P. C., Stonich, S. E., & Weber, E. U. (2002). *The drama of the commons*. National Academy Press.

Ostrom, E., Gardner, R., & Walker, J. (1994). *Rules, games, and common-pool resources*. University of Michigan Press.

Platt, J. (1973). Social traps. *American Psychologist, 28*(8), 641–651. https://doi.org/10.1037/h0035723

Rapoport, A., & Chammah, A. M. (1965). *Prisoner's dilemma*. University of Michigan Press.

Rotter, J. B. (1971). Generalized expectancies for interpersonal trust. *American Psychologist, 26*(5), 443–452. https://doi.org/10.1037/h0031464

Samuelson, C. D., & Messick, D. M. (1986). Alternative structural solutions to resource dilemmas. *Organizational Behavior and Human Decision Processes, 37*(1), 139–155. https://doi.org/10.1016/0749-5978(86)90049-X

Sato, K. (1988). Trust and group size in a social dilemma. *Japanese Psychological Research, 30*(2), 88–93. https://doi.org/10.4992/psycholres1954.30.88

Scott, A. (1955). The fishery: The objectives of sole ownership. *Journal of Political Economy, 63*(2), 116–124. https://doi.org/10.1086/257653

Seligman, M. E. P. (1975). *Helplessness: On depression, development and death*. Freeman.

Smith, A. (2010). *The wealth of nations: An inquiry into the nature and causes of the wealth of nations*. Harriman House.

Spada, H., Opwis, K., & Donnen, J. (1985). *Die Allmende-Klemme: Ein umweltpsychologisches soziales Dilemma*. Psychologisches Institut der Universität Freiburg.

Spada, H., Opwis, K., Donnen, J., Schwiersch, M., & Ernst, A. (1987). Ecological knowledge: Acquisition and use in problem solving and in decision making. *International Journal of Educational Research, 11*(6), 665–685. https://doi.org/10.1016/0883-0355(87)90008-5

Spada, H., Rummel, N., & Ernst, A. (2018). Lernen. In A. Kiesel & H. Spada (Hrsg.), *Lehrbuch Allgemeine Psychologie* (pp. 335–421). Hogrefe.

Stern, P. C. (1976). Effect of incentives and education on resource conservation decisions in a simulated common dilemma. *Journal of Personality and Social Psychology, 34*(6), 1285–1292. https://doi.org/10.1037/0022-3514.34.6.1285

Taylor, S. E. (1989). *Positive illusions: Creative self-deception and the healthy mind*. Basic Books.

Vlek, C., & Keren, G. (1992). Behavioral decision theory and environmental risk management: Assessment and resolution of four „survival" dilemmas. *Acta Psychologica, 80*, 249–278. https://doi.org/10.1016/0001-6918(92)90050-N

Von Neumann, J., & Morgenstern, O. (1944). *Theory of games and economic behavior*. Princeton University Press.

Wilke, H., & Wit, A. (2002). Gruppenleistung. In W. Stroebe, K. Jonas & M. Hewstone (Hrsg.), *Sozialpsychologie* (4. Aufl, pp. 498–535). Springer.

Yamagishi, T. (1986). The provision of a sanctioning system as a public good. *Journal of Personality and Social Psychology, 51*(1), 110–116. https://doi.org/10.1037/0022-3514.51.1.110

Yamagishi, T. (1992). *Group size and the provision of a sanctioning system in a social dilemma*. In W. B. G. Liebrand, D. M. Messick, & H. A. M. Wilke (Hrsg.), *Social dilemmas: Theoretical issues and research findings* (p. 267–287). Pergamon Press.

Anwendungsfelder

Inhaltsverzeichnis

Die Originalversion des Kapitels wurde revidiert. Ein Erratum ist verfügbar unter https://doi.org/10.1007/978-3-662-69166-3_10

A. Ernst et al., *Umweltpsychologie*, https://doi.org/10.1007/978-3-662-69166-3_6

Umweltpsychologie ist eine anwendungsbezogene Disziplin, die es nicht dabei belässt, grundsätzliche Prinzipien der Mensch-Umwelt-Interaktion zu beschreiben, sondern mit diesem Wissen auch konkrete Probleme lösen möchte. Die Probleme, mit denen sich die Umweltpsychologie intensiv befasst, sind die menschengemachte Klima- und Umweltkrise und ihre Auswirkungen. Die Lösungsansätze lassen sich nach verschiedenen Handlungsfeldern ordnen, an denen beispielsweise Interventionen zur Verhaltensänderung ansetzen. In diesem Kapitel wird die Anwendung von umweltpsychologischer Forschung in verschiedenen Bereichen vorgestellt: Energiekonsum durch Strom und Wärme, Mobilität, Ernährung, Konsum und Wasser sowie die restorative, also erholsame Wirkung von Umwelt.

6.1 Energie: Strom und Wärme

Am Morgen um 6:30 Uhr klingelt Ihr Wecker. Eigentlich ist es eine App auf Ihrem Smartphone, die Sie aufweckt. Das Smartphone war über Nacht ans Ladegerät angeschlossen, damit morgens der Akku voll ist und das Gerät Sie zuverlässig durch den Tag begleiten kann. Sie knipsen das Licht an, auf dem Weg ins Badezimmer schalten Sie schon einmal das Radio in der Küche ein. Im Badezimmer finden Sie Ihre elektrische Zahnbürste, vielleicht einen elektrischen Trockenrasierer oder auch einen Föhn vor – kurz gesagt, Sie haben dort einige Geräte, die Ihnen ein schnelles und komfortables Bereitmachen für den Tag nach der morgendlichen warmen Dusche ermöglichen. Dank der Heizung finden Sie nach dem Aufstehen Ihre Wohnung auch im Winter in behaglich warmer Temperatur vor. Bevor Sie sich auf den Weg aus dem Haus machen, gönnen Sie sich ein Frühstück: Sie brühen einen Kaffee oder Tee auf, genießen Ihr Müsli mit lauwarmer Milch, die Sie in der Mikrowelle schnell aufgewärmt haben, und lesen auf Ihrem Tablet einige Artikel Ihrer Lieblingstageszeitung online.

Noch bevor Sie am Morgen das Haus verlassen, haben Sie schon über eine Vielzahl von Geräten Energie konsumiert. Viele energieverbrauchende Verhaltensweisen sind für uns selbstverständlich, wir nehmen sie kaum als solche wahr. Die finanziellen Kosten für den Energieverbrauch erreichen uns in der Regel nur gebündelt am Ende eines Abrechnungsjahres, sie sind also kaum gegenwärtig in den Momenten des Energiekonsums. Die Verhaltensweisen, mit denen wir Energie verbrauchen, sind vielfältig, unterschiedlich, und oft ist ihr Energieverbrauch im Einzelnen so gering, dass er uns scheinbar auch kaum zu interessieren braucht.

Dennoch spielt individueller Energieverbrauch *insgesamt* eine bedeutende Rolle für den Gesamtenergiebedarf in Deutschland: Von den 2368 TWh Endenergieverbrauch in Deutschland im Jahr 2022 entfielen 28,6 % – also mehr als ein Viertel – auf private Haushalte (siehe ◘ Abb. 6.1). Der größte Teil des Energieverbrauchs im Haushalt wird für die Raumwärme und Warmwasseraufbereitung verwendet, während Stromnutzung (z. B. für Geräte und Beleuchtung) nur einen vergleichsweise kleinen Teil ausmacht. Der ökologische Fußabdruck, der außer dem Energieverbrauch im Haushalt auch Konsum, Mobilität und öffentliche Infrastruktur umfasst, zeigt ebenfalls, dass hier bei einer durchschnittlichen Person in Deutschland ca. 14 % durch Heizen und 6,5 % durch Stromverbrauch beeinflusst werden (siehe ◘ Abb. 6.2). Wären wir in der Lage, in diesen Bereichen durch Verhaltens-

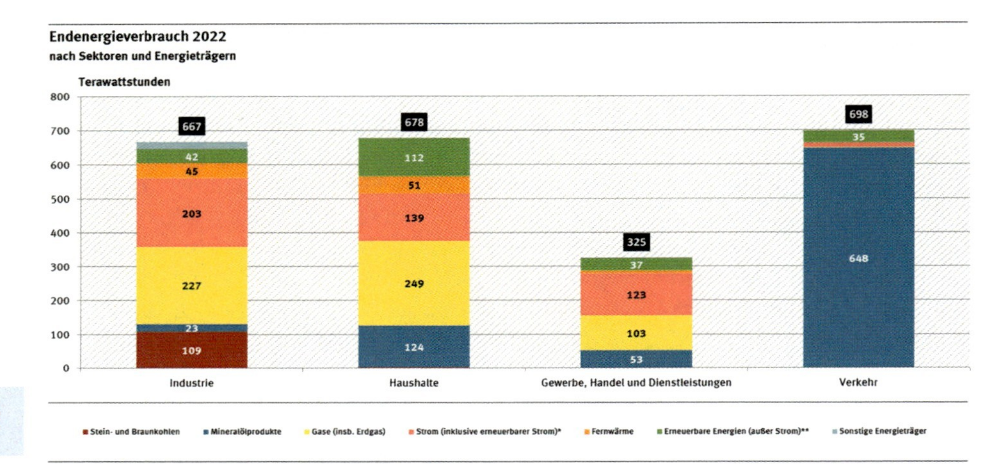

Abb. 6.1 Endenergieverbrauch 2022 nach Sektoren und Energieträgern. (Umweltbundesamt 2024; mit freundlicher Genehmigung)

Treibhausgasausstoß pro Kopf in Deutschland nach Konsumbereichen (2017)

(in t CO2e)

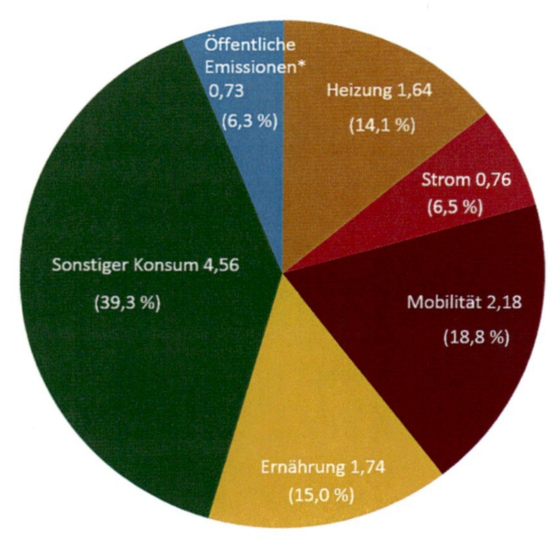

* Emissionen aus Verwaltung, Organisation des Sozialwesens, Infrastruktur, Bildung, Wasserversorgung und Abfallentsorgung

Quelle: UBA-CO2-Rechner (http://www.uba.co2-rechner.de/de_DE)

Abb. 6.2 Treibhausgasausstoß pro Kopf in Deutschland nach Konsumbereichen. (Umweltbundesamt 2017; mit freundlicher Genehmigung) änderungen Energie einzusparen, könnte das also deutlich dazu beitragen, den gesamtgesellschaftlichen Ressourcenverbrauch zu verringern. Auf die anderen großen Bereiche Mobilität, Ernährung und sonstiger Konsum kommen wir später im Kapitel zurück.

Der alltägliche Handlungsspielraum für Stromverbrauch ist vielfältiger als der für Wärme. Möglicherweise hat daher Stromsparen – trotz des geringeren Anteils am Haushaltsenergieverbrauch – in der umweltpsychologischen Forschung bislang eine größere Rolle gespielt als der Energieverbrauch durch Wärme. Beides kommt jedoch in diesem Kapitel vor: Wir stellen am Beispiel einiger Anwendungsstudien vor, wie mit umweltpsychologischen Techniken Energieeinsparungen in verschiedenen Bereichen des Alltags erzielt werden können.

Individuelles Verhalten ist aber nicht nur wegen des direkten Energieverbrauches wichtig für das Gelingen der Energiewende. Verhalten spielt auch auf anderen Ebenen eine entscheidende Rolle.

6.1.1 Verschiedene Rollen von Individuen in der Energiewende

Im Themenfeld Energie setzt die Umweltpsychologie auf verschiedenen Ebenen an, um individuelles Verhalten zu verstehen und zu verändern. Die Menschen als Gewohnheitstiere stehen im Fokus, wenn es um eine Veränderung alltäglicher energieverbrauchender Verhaltensweisen geht. *Energiesparen im Alltag* können Individuen beispielsweise, indem sie nicht benötigte Geräte oder Beleuchtung ausschalten, indem sie ihre Wäsche bei geringeren Temperaturen waschen, beim Kochen vorzeitig die Herdplatte ausschalten und die Nachwärme nutzen und statt strombetriebener Geräte manuelle Geräte benutzen (z. B. eine Handkaffeemühle statt einer elektrischen Kaffeemühle). Durch eine Verringerung der Raumtemperatur kann man erheblich Heizenergie sparen. Als Faustregel gilt hier, dass durch eine Verringerung der Raumtemperatur um 1 Grad (also beispielsweise von 21 °C auf 20 °C) 6 % Heizenergie eingespart werden. Da der Bereich Wärme einen beträchtlichen Anteil am individuellen Energieverbrauch hat (siehe ◘ Abb. 6.1), kann die Verringerung der Raumtemperatur einen großen Effekt aufs Energiesparen haben. Die Herausforderung besteht beim Energiesparen im Alltag jedoch vor allem in der Vielzahl von Verhaltensweisen und Situationen, die sich hier nach dem Prinzip „Kleinvieh macht auch Mist" zu einem ordentlichen Umfang aufaddieren, aber bei denen es oftmals schwierig ist, die Relevanz von Umwelt- und Klimaschutz präsent zu haben.

Aber auch seltenere und oft gründlich durchdachte Verhaltensentscheidungen haben großen Einfluss auf den Energiekonsum, nämlich beispielsweise solche, bei denen in Energieeffizienz investiert wird. Sind wir bereit und in der Lage, eine zwar teurere, aber auch energieeffiziente und langlebige Waschmaschine zu kaufen anstatt einer günstigen, die pro Waschgang mehr Strom verbraucht und schneller kaputtgeht? Spielt der Kraftstoffverbrauch beim Autokauf eine entscheidende Rolle? Investiert jemand in Wärmedämmung fürs Haus, wenn dadurch die Heizkosten (und der entsprechende Energieverbrauch) in der Zukunft geringer ausfallen? *Investitionsentscheidungen* kommen eher durch Abwägen, Zielüberlegungen und intensive Informationssuche zustande, weshalb hier ganz andere Mechanismen bei der Verhaltensveränderung genutzt werden können als bei alltäglichen Konsumentscheidungen (s. dazu ▶ Abschn. 4.1.6.4).

Nicht nur beim Energiekonsum spielen Einzelpersonen bei der Energiewende eine Rolle, sondern auch bei der Energieproduktion. Privathaushalte können beispielsweise mit Photovoltaikanlagen auf dem eigenen Dach „grünen" Strom produzieren und ins Netz einspeisen. In Bürgerenergiegenossenschaften entscheiden alle Mitglieder über den Betrieb und Gewinn von größeren Anlagen zur Erzeugung von Energie aus erneuerbaren Quellen. Die Begriffe „*Prosument*" bzw. „*Prosumentin*" bezeichnen diese Doppelrolle als energieproduzierende und -konsumierende Individuen, die nicht nur auf der Nachfrageseite, sondern auch auf der Angebotsseite aktiv Einfluss auf das Energiesystem nehmen (Parag und Sovacool 2016).

Die Energiewende zeigt auf, dass Individuen auf vielfältige Weise an Transformationsprozessen beteiligt sind, freiwillig oder unfreiwillig. Großskalige, strukturelle Veränderungen wie etwa der Ausbau von Stromtrassen, das Abschalten fossiler Kraftwerke, der Neubau von Wind-, Solar- oder Wasserkraftanlagen treffen gelegentlich auf Widerstand mancher Gruppen in der Bevölkerung. Während der Zweck der Energiewende der gesamten Gesellschaft in Zukunft zugutekommen soll, sind die unangenehmen Seiten der konkreten Umsetzung oft von wenigen Anwohnern und Anwohnerinnen zu tragen. So beschweren sich z. B. Menschen, die nahe an Windparks wohnen, über den Schattenwurf und die Geräusche der Rotorenbewegungen. Anwohner und Anwohnerinnen an den zu bauenden Hauptstromtrassen haben Angst vor hoher elektromagnetischer Strahlung und mögen den Anblick der Stromleitungen nicht. Die Bevölkerung in Gebieten mit fossiler Industrie fürchtet um ihren Wohlstand und ihre Arbeitsplätze, wenn dieser Wirtschaftszweig stillgelegt wird. Und die Bewohnerinnen und Bewohner von Orten, die unterhalb von Staudämmen oder Speicherkraftwerken zur Gewinnung von Energie aus Wasserkraft liegen, sehen sich der Gefahr für ihr Leben und ihren Besitz ausgesetzt, wenn dort ein Katastrophenfall eintreten sollte. Hier setzt *Akzeptanz*forschung an und versucht zu ermitteln, unter welchen Bedingungen diese ungleiche Lastenverteilung akzeptiert wird (z. B. Devine-Wright et al. 2017). Bietet sich für die Bürgerinnen und Bürger die Möglichkeit zur *Partizipation* – z. B., indem sie eigene Bedenken und Wünsche in die Planung einbringen oder auch finanziell an den Gewinnen beteiligt werden –, ist die Wahrscheinlichkeit der Akzeptanz solch einschneidender Maßnahmen deutlich höher (Rand und Hoen 2017). Und schließlich ist die *politische Mitbestimmung* ebenfalls ein individuelles Verhalten, das über den Erfolg der Transformation des Energiesystems mitentscheidet. Nur wo politische Mehrheiten sichergestellt werden können, sind umgestaltende Eingriffe ins bestehende Energiesystem möglich und langfristig wirksam. Politisch Verantwortliche, die Maßnahmen gegen den Willen der Bevölkerung durchsetzen, müssen mit ihrer Abwahl rechnen und damit, dass die ungeliebten Maßnahmen dann zeitnah wieder rückgängig gemacht werden.

In den folgenden Abschnitten werden wir verschiedene Ansätze aufzeigen, wie Individuen in die Transformation des Energiesektors eingebunden sein können. Die Anwendung umweltpsychologischer Forschung zeigt hier, wie der Faktor Mensch zum Gelingen der Energiewende beiträgt.

6.1.2 Individuelle Verhaltensänderungen – Kann Energiesparen die Welt retten?

Unser Alltag ist durchdrungen von Endenergiekonsum: Von kleinen bis zu großen Geräten, vom Sanitärbereich bis zur Klimaanlage – ohne Strom kommen wir nicht weit. Die enormen technischen Fortschritte in der Energieeffizienz während der letzten Jahrzehnte stehen einer massiven Zunahme von energieverbrauchenden Geräten und Dienstleistungen gegenüber. Im Einzelnen verbrauchen individuelle Verhaltensweisen (z. B. die Nutzung von Raumbeleuchtung) nur geringe Mengen an Energie. Im Gesamten ist der Endenergiekonsum einer Person durch Strom und Heizen jedoch beachtlich. Was also tun? Sollten wir die Menschen ermuntern, ihren Energieverbrauch durch Verhaltensänderungen zu verringern? Und wenn ja, wie? Oder sind individuelle stromverbrauchende Verhaltensweisen „Peanuts", die den Aufwand von Verhaltensänderungen gar nicht wert sind? Ist es im Angesicht der umfassenden Digitalisierung des modernen Lebens vielleicht sogar völlig irrsinnig, individuellen Energiekonsum infrage zu stellen? Im Folgenden werden einige Studien zu verschiedenen Interventionsansätzen zum Energiesparen vorgestellt, entlang derer wir versuchen, den Antworten auf diese Fragen näher zu kommen.

6.1.2.1 Normen zur Förderung von Energiesparverhalten – „Lieber nicht unangenehm auffallen"

Wie in ► Abschn. 4.1.5 ausführlich beschrieben wird, erweisen sich *soziale Normen* als sehr einflussreich auf individuelles Verhalten. Was die meisten Menschen um mich herum normalerweise tun oder richtig finden, kann so falsch nicht sein, und da ich nicht unangenehm auffallen will, verhalte ich mich ebenso. Mit sozialen Normen kann man daher auch energiesparendes Verhalten befördern.

Mehrere Studien haben die Wirkung von deskriptiven sozialen Normen in Hotelzimmern untersucht, und zwar in Bezug auf das Wiederverwenden von Handtüchern. Warum ausgerechnet Handtücher in Hotels? Wir haben es hier mit einem sehr gut kontrollierten Handlungskontext zu tun – das immer gleiche Hotelzimmer wird von verschiedensten Leuten besucht – das Verhalten ist real und beeinflusst den Energieverbrauch. In den meisten Hotels werden nämlich standardmäßig täglich die Handtücher gewechselt, auch bei Gästen, die mehrere Tage bleiben. Das bedeutet einen höheren Energiebedarf (und damit auch Kosten) für die Reinigung als in dem Fall, wenn Gäste ihr Handtuch mehrere Tage am Stück benutzen. In den meisten Hotels finden sich daher schriftliche Notizen im Badezimmer, dass die Hotelgäste doch gern freiwillig ihr Handtuch mehrere Tage benutzen könnten. Anhand dieser Botschaften lässt sich die Wirkung von sozialen Normen gut untersuchen. Goldstein und Kollegen (2008) informierten die Gäste in dieser Notiz darüber, dass die Mehrheit der üblichen Hotelgäste sich für die Weiterverwendung (und gegen das tägliche Wechseln) der Handtücher entscheiden würde. Diese Information kommuniziert eine soziale Norm: Was machen die meisten anderen Personen in dieser Situation? Solche sozialen Normbotschaften wurden in zahlreichen Studien getestet und führten in einigen, aber nicht allen Studien tatsächlich dazu, dass mehr Hotelgäste ihr Handtuch wiederverwendeten. Scheibehenne et al. (2016) zeigten mittels einer Metaanalyse über sieben Studien hinweg, dass insgesamt ein statistisch signifikanter Effekt der sozialen Normbotschaft belegt werden kann: Durchschnittlich steigt mit einer sozialen Normbotschaft die Anzahl der wiederverwendeten Handtücher um 6 %. Das ist eine gute Nachricht, z. B. für Hotels, die ein wenig Arbeit und Energie sparen wollen, und auch für Forschende, die wissen wollen, ob man mit sozialen Normbotschaften grundsätzlich Verhaltensänderungen erreichen kann. Aber hilft uns eine solche Intervention dabei, als Gesellschaft nachhaltiger zu werden? Angesichts der riesigen Mengen von Energieverbrauch, die es zu reduzieren gilt, bringt uns die Wiederverwendung von Handtüchern in Hotels dem Ziel einer massiven Verringerung des Energiebedarfs möglicherweise nicht bedeutend näher.

Auf welche Gruppe bezieht sich die soziale Norm?

Schultz und Kollegen (2008) haben in ihrer Studie zur Handtuchnutzung nicht nur untersucht, ob eine soziale Norm wirksam sein kann, um die Wiederverwendung von Handtüchern zu steigern. Sie haben auch damit experimentiert, auf welche Gruppe sich die soziale Norm bezieht. Aus der Theorie der sozialen Identität von Tajfel und Turner (1986) wissen wir, dass jede Person viele verschiedene soziale Identitäten haben kann. Sie kann sich als Familienmitglied, als Teil einer Sportmannschaft, als Bürgerin einer Stadt, als Engagierte in der Umweltbewegung uvm. sehen. Die Frage bei der Nutzung sozialer Normen zur Verhaltenssteuerung ist also: Welche soziale Norm eignet sich? Eine nahe liegende Antwort ist: am besten die einer Gruppe, die der Person räumlich und zeitlich sehr nahesteht.

In der Hotelstudie variierten Schultz und Kollegen (2008) die Normbotschaft in Bezug auf die Referenzgruppe. Sie variierten also, welche Gruppe von Personen laut der Normbotschaft ebenfalls häufig das Handtuch wiederverwendet. In einer Variante der Normbotschaft stand, dass „75 % der anderen *Hotelgäste*“ ihr Handtuch wiederverwenden. In einer anderen – der „spezifischen“ – Variante stand, dass „75 % der anderen *Gäste in diesem Zimmer*“ ihr Handtuch wiederverwenden. Die Referenzgruppe, die sogar dasselbe Zimmer belegt hatte, sollte für die Gäste in der Studie noch ähnlicher erscheinen als die Hotelgäste im Allgemeinen – so war zumindest die Annahme der Forschenden. Das stellte sich aber als nicht zutreffend heraus: Die Häufigkeit der Handtuchwiederbenutzung der Gäste unterschied sich nicht zwischen den beiden Normbotschaften. (Beide Normbotschaften waren aber effektiv im Vergleich zu einer Kontrollgruppe!).

Goldstein und Kollegen (2008) nutzten die gleiche Norm (also entweder „75 % der Hotelgäste“ als generelle Norm oder „75 % der Gäste in diesem Zimmer“ als spezifische Norm) und fanden einen Unterschied. In einer Replikation von Reese et al. (2014) zeigte sich der Unterschied zwischen den beiden Referenzgruppen ebenfalls: Personen, die mit der Norm konfrontiert wurden, die bei anderen Personen im gleichen Zimmer zuvor galt, waren besonders be-

> müht, ebenfalls ihr Handtuch wiederzuverwenden. Die spezifische Gruppe der Zimmergäste war also scheinbar relevanter als die etwas generellere Gruppe der anderen Hotelgäste.
>
> Eine soziale Norm wird also als relevanter wahrgenommen, wenn die Referenzgruppe ähnlicher zur eigenen Person ist.

Nun spielen Hotelübernachtungen im Alltag der meisten Menschen keine zentrale Rolle, wohl aber die vielen alltäglichen Handlungen, die Strom einsparen können, etwa das Licht ausschalten, Geräte komplett ausschalten anstatt nur auf Stand-by-Modus, Wäsche bei möglichst geringer Temperatur waschen, kürzer duschen und viele andere Verhaltensweisen. Auch hier können kleine Hinweise mit sozialen Normbotschaften wirken, um einzelne dieser Verhaltensweisen zu ändern. Bergquist und Nilsson (2016) brachten in Waschräumen in einer Universitätsbibliothek Sticker mit Normbotschaften an, die auf das erwünschte Verhalten hinwiesen (*injunktive Norm*). Dabei nutzten sie entweder die präskriptive Norm (also was man tun soll: „Bitte schalte das Licht aus") oder eine proskriptive Norm (was man nicht tun soll: „Bitte lass nicht das Licht an"). Außerdem variierten sie, ob das Licht brannte oder ausgeschaltet war, wenn eine Versuchsperson den Waschraum betrat. Das kommuniziert die *deskriptive soziale Norm*: Wie verhalten sich die anderen Leute? Allein die deskriptive Norm führte schon zu einem deutlichen Unterschied im Verhalten: Wenn das Licht beim Betreten des Waschraums ausgeschaltet ist, schalten fast dreiviertel der Personen es auch wieder aus, wenn sie den Waschraum verlassen. Brennt das Licht hingegen beim Betreten, schaltet nur etwas mehr als die Hälfte das Licht beim Verlassen aus. Durch die zusätzliche Verwendung injunktiver Normen – also der Botschaft, dass hier ein bestimmtes Verhalten erwünscht ist, nämlich das Licht auszuschalten bzw. nicht brennen zu lassen – konnte die Quote derjenigen, die das Licht ausschalten, auf 79 % erhöht werden.

Normbotschaften können also nicht nur im Labor, sondern auch im echten Leben einen Effekt auf ein bestimmtes Verhalten haben, denn grundsätzlich tun Menschen gerne das, was andere auch tun bzw. gutheißen. Das Problem bei der Anwendung von normbasierten Maßnahmen ist jedoch, dass man eine Norm nicht erfinden kann. Insbesondere die deskriptive Norm (also: Wie verhalten sich die anderen?) ist eine empirische Realität. Diese Norm können wir uns also nur dann gezielt zur Verhaltensförderung zunutze machen, wenn sie auch wirklich existiert. Flunkern verbietet sich hier (aus ethischen Gründen und im Sinne der Glaubwürdigkeit). Ein Kniff kann aber sein, die Referenzgruppe, auf die sich die Norm bezieht, gezielt auszuwählen. Anhand von Stromabrechnungen kann man dies gut verdeutlichen:

Stromanbieter senden häufig mit der jährlichen Stromabrechnung auch einen Vergleichswert, und der könnte z. B. bei der (fiktiven) Familie Schönbohm folgendermaßen klingen: „Sie haben mit Ihrem 4-Personen-Haushalt 4100 kWh Strom im vergangenen Jahr verbraucht. Ein durchschnittlicher 4-Personen-Haushalt in Deutschland verbraucht ca. 5000 kWh Strom." Mit dem zweiten Satz wird eine deskriptive Norm kommuniziert – aber diese Norm liegt über dem Stromverbrauch der Familie Schönbohm. Dadurch werden sich die Schönbohms vermutlich nicht aufgefordert sehen, ihren Stromverbrauch weiter zu senken. Im schlechtesten Fall werden sie sogar etwas nachlässiger und verbrauchen mehr Strom, denn offensichtlich machen die anderen in Deutschland das ja auch so. Nun wohnen die Schönbohms in einem eher dicht besiedelten Stadtteil, in dem es kaum Einfamilienhäuser gibt, sondern die meisten Menschen in größeren Mehrfamilienhäusern leben. Würde der Stromanbieter nun die Referenzgruppe besser auf die Schönbohms zuschneiden, lautete der Vergleichswert auf der Stromabrechnung möglicherweise eher so: „Sie haben mit Ihrem 4-Personen-Haushalt 4100 kWh Strom im vergangenen Jahr verbraucht. Ein durchschnittlicher 4-Personen-Haushalt in Ihrer Nachbarschaft verbraucht ca. 3500 kWh Strom." Diese Form der Darstellung hat in diesem Fall gleich zwei Vorteile: Der Vergleichswert ist geringer und spornt damit laut der Theorie sozialen Normeinflusses dazu an, den eigenen Stromverbrauch zu verringern und an die soziale Norm anzupassen. Und in diesem Fall ist die Vergleichsgruppe auch sozial von größerer Relevanz für die Schönbohms (die Nachbarschaft ist ihnen vertrauter und näher als ein deutscher Durchschnittshaushalt).

Über die Stromabrechnung erhalten die Schönbohms natürlich nicht in erster Linie Information über eine Norm, sondern vor allem zunächst Informationen über ein Resultat ihres eigenen Verhaltens. Der Stromrechnung können sie entnehmen, wie viel Energie sie im vergangenen Jahr verbraucht haben. Wie eingangs im Kapitel beschrieben, ist man sich häufig gar nicht bewusst, wie viel Energie man mit all den kleineren und größeren Verhaltensweisen im Alltag konsumiert. Das Bereitstellen von Feedback zum Stromverbrauch macht Informationen zum eigenen Verhalten sichtbar und zielt darauf ab, dadurch eine höhere Verhaltenskontrolle (im Sinne der Theorie des geplanten Verhaltens) zu ermöglichen.

6.1.2.2 Feedback

Beim Stromverbrauch ist es individuell recht schwierig einzuschätzen, welche Verhaltensweisen besonders viel Strom verbrauchen und an welchen Stellen man gut sparen könnte. Wir sehen Strom nicht, er kommt nahezu unbegrenzt aus der Steckdose und Änderungen in den finanziellen Kosten bekommt man in der Regel nur einmal pro Jahr zu spüren. Würden Menschen sich wohl anders verhalten in Bezug auf Stromkonsum, wenn sie öfter Rückmeldung darüber erhalten würden, wie viel sie verbrauchen? Hilft genaueres Wissen über den eigenen Energieverbrauch dabei, Einsparpotenziale zu erkennen und eigene Einsparziele zu setzen und zu erreichen? Das ist zumindest der Ansatz, den Feedbackinterventionen verfolgen.

Tiefenbeck et al. (2018) wollten Privathaushalte dazu bringen, beim Duschen Wasser zu sparen, denn die Warmwasserbereitstellung erfordert einen hohen Energieaufwand und durch kürzeres Duschen und Verzicht auf Baden in der Badewanne kann dadurch erheblich Energie gespart werden. Die Haushalte bekamen dafür einen digitalen Wasserzähler mit Display in der Dusche installiert, welcher Feedback über den aktuellen Wasserverbrauch darstellte, also Realtime-Feedback (siehe ◘ Abb. 6.3). Eine Kontrollgruppe erhielt den gleichen Wasserzähler, aber das Display zeigte nur die Wassertemperatur an, nicht den Wasserverbrauch. In der Studie wurde für die ersten 10 Duschen noch kein Feedback angezeigt, sondern nur der Wasserverbrauch gemessen, sodass es eine Base-

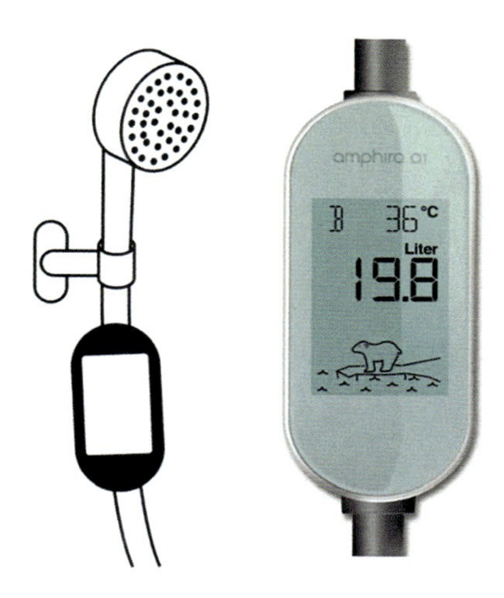

Abb. 6.3 Feedbackdisplay in der Dusche. (Abbildung aus Tiefenbeck et al. 2019, S. 36; mit freundlicher Genehmigung von Springer Nature BV)

line-Messung, also einen Vergleichswert für spätere Wasserverbräuche mit dem Feedback gab. Ab der 11. Dusche erhielt die Experimentalgruppe dann Feedback und tatsächlich sank schlagartig der Wasserverbrauch. Über den Untersuchungszeitraum von 2 Monaten hinweg lag der Wasserverbrauch für einen Duschvorgang bei den Haushalten mit Feedback im Durchschnitt 22 % unterhalb des Verbrauchs der Kontrollgruppe ohne Feedback. Allerdings half das Feedback nicht allen gleichermaßen beim Wassersparen. Besonders viel Einsparungen erzielten diejenigen, die zuvor einen besonders hohen Wasserverbrauch hatten. Das ist nicht weiter überraschend, denn wer viel verbraucht, hat auch viel Möglichkeit, viel einzusparen. Außerdem sparten diejenigen Personen (bzw. Haushalte) besonders viel Wasser ein, die eine hohe Umwelteinstellung (d. h. ein ausgeprägtes Umweltbewusstsein) hatten. Das unmittelbare Feedback zum Wasserverbrauch in der Dusche hatte also einen deutlichen Effekt aufs Wassersparen, und dieser war besonders groß bei Leuten, die zuvor einen eher verschwenderischen Umgang mit Warmwasser hatten, und bei Leuten, denen viel daran lag, sich umweltfreundlich zu verhalten.

Beim Stromverbrauch ist solches Realtime-Feedback direkt in der Stromverbrauchssituation nicht so einfach zu implementieren wie beim Wasserverbrauch. Strom wird über viel mehr Verhaltensweisen, Geräte und an verschiedenen Orten im Haushalt konsumiert als Warmwasser. Für Stromverbrauchfeedback gibt es portable Displaygeräte, die man in der Wohnung aufstellen kann und die den Stromverbrauch in beliebiger Auflösung darstellen können (also beispielsweise den aktuellen Verbrauch, die Summe des Stromverbrauchs am Tag, im Verlauf der letzten Tage, Wochen usw.). Noch flexibler in der Darstellung und einfacher in der Umsetzung sind Portale im Internet, in denen Haushalte ihren individuellen Stromverbrauch anschauen können. Voraussetzung für solches Feedback zum Stromverbrauch ist ein digitaler Stromzähler (auch „Smart Meter" genannt). Dessen Daten über die verbrauchte Strommenge sind zeitlich hoch aufgelöst und können aggregiert z. B. als tageweise Übersicht, als Wochen- oder Monatsverbräuche oder auch als aktuelle Verbrauchslast dargestellt werden. Energieversorger in Deutschland sind durch eine EU-Richtlinie von 2012 angehalten, digitale Stromzähler einzubauen und den Privatkundinnen und -kunden ein Feedbackangebot zu machen.

Studien zu Stromverbrauchfeedback kommen zu recht unterschiedlichen Ergebnissen, was das Stromsparpotenzial angeht (einen guten Überblick geben z. B. Karlin et al. 2015). Im Folgenden werden zwei Studien vorgestellt, die das Feedback jeweils mit einem anderen Fokus untersuchen.

In einer Studie, die die Einsparwirkung von Stromverbrauchfeedback über einen Zeitraum von vier Jahren untersuchte, zeigte sich im Großen und Ganzen keine Wirkung (Henn et al. 2019). Entsprechend der EU-Richtlinie bot ein Energieversorger allen Kundenhaushalten, die einen digitalen Stromzähler bekommen hatten, über ein Internetportal individuelles Stromverbrauchfeedback an. Aber natürlich sind Privathaushalte keineswegs gezwungen, ein solches Feedbackangebot anzunehmen und zu nutzen. Die Studie verglich Haushalte, die dieses Feedback nutzten, und Haushalte, die sich nicht für das Feedbackportal registriert hatten. Über die vier Jahre ging der Stromverbrauch bei allen teilnehmenden Haushalten zurück, unabhängig davon, ob sie Feedback erhielten oder nicht. Allerdings zeigte sich doch ein kleiner Effekt des Feedbacks, wenn man die Umwelteinstellung beachtete: Wenn die Umwelteinstellung der Person des Haushalts, die an der Befragung im Rahmen der Studie teilgenommen hatte, besonders hoch war, dann wurde mit dem Feedback mehr Strom eingespart. Daraus kann man schlussfolgern, dass Feedback nur dann zu einer Verhaltensänderung führt, wenn die Person auch persönlich das Ziel hat, Energie zu sparen. Das kann z. B. der Fall sein, wenn es sich bei der Person um jemanden handelt, dem oder der Umweltschutz und nachhaltiges Handeln ein Anliegen ist. Das Feedback hilft dann gegebenenfalls dabei, das eigene Energiesparverhalten zu verbessern.

Da Feedback allein anscheinend also vor allem für diejenigen wirkt, die ohnehin bereits Strom sparen wollen, haben De Dominicis et al. (2019) einen zusätzlichen Anreiz in ihre Studie eingebracht, der Menschen zum Stromsparen animieren soll: Sie haben eine soziale Komponente hinzugefügt, sodass Personen ihren Energieverbrauch mit dem von anderen vergleichen konnten. Wie wir bereits wissen, wollen Menschen in der Regel nicht unangenehm auffallen und halten sich an das, was ihre soziale Vergleichsgruppe tut – also Menschen, die ihnen ähnlich sind. In der Studie von De Dominicis et al. (2019) wurden 390 Haushalte in San Diego für 2 Jahre mit Displaygeräten ausgestattet, auf denen der aktuelle Stromverbrauch angezeigt wurde. Das Display zeigte entweder nur den eigenen Stromverbrauch, den Stromverbrauch und dessen Kosten pro Stunde oder den eigenen Stromverbrauch und den durchschnittlichen Stromverbrauch von ähnlichen Nachbarhaushalten an – also einen sozialen Vergleichswert. Wenn der Stromverbrauch aktuell höher lag als derjenige von den Nachbarn, leuchtete ein rotes Lämpchen am Display, wenn er ungefähr gleich hoch war, leuchtete ein gelbes Lämpchen, und wenn der eigene Stromverbrauch unterhalb von dem der Nachbarhaushalte lag, leuchtete ein grünes Lämpchen. Eine weitere Kontrollgruppe in der Studie erhielt gar kein Display. Insgesamt hatten die Feedbackdisplays keinen Effekt auf den Stromkonsum – es wurde im Durchschnitt nicht weniger Strom verbraucht als in den Haushalten ohne Display. Einen ganz kleinen Effekt konnte man zwischen der Gruppe mit dem sozialen Vergleich und den anderen Gruppen (also nur Feedback,

Feedback plus Kosten und Haushalte ohne Feedback) finden: Ca. 4,6 % weniger Strom verbrauchten sie über die 2 Jahre der Studie. Aber nun lag die Frage nahe, ob denn die „ähnlichen Nachbarhaushalte" für alle Personen gleichermaßen eine geeignete Vergleichsgruppe sind. Vielleicht gibt es Leute, denen ihre Nachbarn herzlich egal sind, wohingegen für andere Leute die unmittelbare Nachbarschaft ein Dreh- und Angelpunkt ihres Lebens sein kann. Daher wurden alle Personen zu Beginn der Studie gefragt, wie stark sie sich mit Menschen in ihrer Nachbarschaft identifizieren und zugehörig fühlen. Wenn man berücksichtigte, wie sehr sich die Personen mit der Nachbarschaft identifizieren, wurde deutlich, dass das Feedback mit sozialem Vergleich nur dann zu signifikanten Effekten im Stromsparen führte, wenn die Identifikation recht hoch war: Die 37 % der Stichprobe, die sich am stärksten mit der Nachbarschaft identifizierten, sparten mithilfe des sozialen Vergleichswertes Strom, alle anderen hingegen nicht.

Wir können also festhalten: Feedback kann eine wichtige Rolle spielen bei Veränderungen des individuellen Energieverbrauchs, weil es Informationen sichtbar macht, die sonst meist im Verborgenen bleiben, nämlich darüber, wie sich der Energieverbrauch infolge von Anstrengungen zum Energiesparen wirklich verändert. Auch zur Steuerung des Energieverbrauchs durch Heizen werden zunehmend Feedbacksysteme eingesetzt. Solche Informationen helfen aber nur dann etwas, wenn eine Person auch irgendeine Motivation hat, ihren Energieverbrauch zu senken. Jemand, der oder die mit dem aktuellen Energieverbrauch völlig zufrieden ist und keinen Grund zur Veränderung sieht, wird dem Feedback mit Desinteresse begegnen und keine entsprechenden Verhaltensänderungen daraus ableiten. Feedback hilft also Motivierten dabei, ihr Ziel, Energie zu sparen, zu erreichen.

6.1.3 Strukturelle Erleichterungen

Unser Energieverbrauch passiert an so vielen Stellen durch kleine und größere Handlungen im Alltag, dass man ziemlich beschäftigt ist, wenn man jedes Mal aktiv aufs Energiesparen achten muss. Leichter wäre es, wenn Vorkehrungen getroffen wären, damit der Stromverbrauch auch unabhängig von ständig wiederkehrenden, aktiven Entscheidungen einigermaßen gering bleibt. Ein großer Teil der Produktentwicklungen der letzten beiden Jahrzehnte zielte auf eine höhere Effizienz bei stromverbrauchenden Geräten ab, maßgeblich getrieben von der Ökodesign-Richtlinie der EU. Waschmaschinen, Spülmaschinen, Kühlschränke, aber auch kleinere Geräte wie Wasserkocher, Bildschirme etc. verbrauchen deutlich weniger Energie als ältere Modelle. Neue Produkte sind immer häufiger auch „smart", d. h., sie können miteinander vernetzt und gesteuert werden, z. B. auf Basis der Daten eines Smart Meters. Dadurch kann man den Stromverbrauch zu Hause so steuern, dass er auf die Verfügbarkeit von fluktuierenden erneuerbaren Energien angepasst wird. Viele Verbraucher und Verbraucherinnen wünschen sich hier eine Automatisierung, damit sie z. B. nicht selbst den Strommarkt im Blick behalten und einen günstigen Moment zum Starten der Waschmaschine abpassen müssen. Nachhaltiger Stromkonsum soll also leicht und unkompliziert sein. Es gibt verschiedene Strategien, die hierbei helfen können.

6.1.3.1 Defaults als mächtige „Stupser" – „Einmal den Basistarif, bitte"

Besonders leicht ist die Entscheidung für nachhaltiges Verhalten, wenn man gar nicht viel machen muss. Für viele Konsumsituationen gibt es eine Standardeinstellung (engl. *default*), die so etwas wie den „Normalfall" darstellt. Bei Abschluss eines Tarifs für Strombezug, einen Telefonvertrag oder eine Versicherung gibt es häufig einen „Standardtarif" oder ein „Basispaket" oder ein ähnliches Produkt, das der interessierten Kundschaft implizit diese Botschaft vermittelt: „Das hier buchen durchschnittliche Kunden und Kundinnen im Normalfall. Hiermit machst du nichts falsch." Insbesondere solche Kunden und Kundinnen, die z. B. nicht wahnsinnig passioniert bei der Wahl ihres Stromtarifs sind und die kein Interesse an tiefer gehender Auseinandersetzung mit alternativen Optionen haben, werden solch eine Option gerne buchen und das Gefühl haben, dass sie mit wenig Aufwand eine gute Entscheidung getroffen haben. Sunstein und Reisch (2014) nennen als Erklärungen für die verhaltensleitende Wirkung von Defaults die folgenden (siehe auch ► Abschn. 4.2.4):

- *Macht der Suggestion*: Da jemand diesen Default gesetzt hat, ist diese Option vermutlich für gut befunden worden.
- *Trägheit*: Menschen bevorzugen oftmals den Status quo, da eine Abweichung davon einen Aufwand bedeutet. Eine vom Default abweichende Entscheidung erfordert, dass man sich Informationen besorgt und diese verarbeitet und abwägt. Trägheit hält Menschen von diesem zusätzlichen Aufwand ab.
- *Verlustaversion*: Menschen fürchten Verluste stärker, als sie Gewinne gutheißen. Eine Abweichung vom Default geht mit Unsicherheit einher, und da die Verlustaversion stärker wiegt als die Gewinnaussichten, wird der Default eher beibehalten.

Bislang ist die „grüne", d. h. die nachhaltige Option oftmals nicht der Default, sondern eine Zusatzoption, die man sich statt des Defaults aussuchen kann. Bei grünen Stromtarifen greifen daher in der Regel solche Personen zu, denen etwas an Umweltschutz und an einem Gelingen der Energiewende liegt. Sie besitzen Wissen darüber, was „grüner" Strom ist, warum die Energiewende für die Zukunft wichtig ist, und sie sind bereit, sich die Ökostromoption als Alternative zum Defaulttarif genauer anzusehen und zu kaufen. Was wäre nun, wenn die nachhaltige Option als Standard – also Default – gesetzt wird? Würden dann mehr Menschen Ökostrom wählen? Auch solche, die sich nur wenig für Details und Hintergründe von Stromtarifen interessieren?

Ebeling und Lotz (2015) wendeten die Strategie eines grünen Defaults an und untersuchten an fast 42.000 Haushalten, ob ein grüner Standardtarif zu mehr Abschlüssen von Ökostromverträgen führte. Über mehrere Wochen wurden auf der Website des Stromanbieters die Standardtarife zufällig entweder mit einem Häkchen bei der zusätzlichen Option „100 % grün (+ 0,3 Cent pro Einheit)" oder ohne das bereits gesetzte Häkchen dargestellt. Unter allen Vertragsabschlüssen, die während des Untersuchungszeitraumes über die Homepage getätigt wurden, zeigte sich ein großer Effekt des Defaults: Während in der Version, die kein Häkchen bei der Zusatzoption Ökostrom gesetzt hatte, nur 7,2 % einen Ökostromvertrag abschlossen (also das Häkchen selbstständig setzten), endeten 69,1 % in der Ökostromdefaultbedingung mit einem entsprechenden grünen Stromvertrag.

Bemerken die Personen in der Defaultbedingung vielleicht gar nicht einmal, dass sie eine nachhaltige Produktwahl treffen? Laut einer weiterführenden Untersuchung von Ebeling und Lotz (2015) weiß die große Mehrheit der Studienteilnehmenden durchaus, dass sie einen Grünstromtarif gewählt haben. Sie haben sich also nicht „aus Versehen" für Grünstrom entschieden, sondern haben die vorausgewählte Option wahrgenommen und für gut befunden.

Defaults können also ein sehr wirkungsvolles Mittel sein, um Verhalten in eine nachhaltigere Richtung zu stupsen. Obwohl Personen immer die Wahlfreiheit haben, sich für andere Optionen zu entscheiden, führt ein auf „nachhaltig" gesetzter Default zu mehr nachhaltigem Verhalten, auch bei Personen, die diese Wahl aktiv vielleicht nicht getroffen hätten, und sogar auch dann, wenn die Personen wahrnehmen, dass sie sich für ein nachhaltiges Produkt entschieden haben. Klug gesetzte Defaults machen nachhaltiges Verhalten also leichter, sodass auch diejenigen mitmachen, die für eine aktive Wahl nicht genügend Motivation aufgebracht hätten. Ihnen fehlt dann umgekehrt bei einem grünen Default die Motivation, sich aktiv *dagegen* zu entscheiden.

Ökostrom ist nicht gleich Ökostrom

Mittlerweile gibt es Ökostromtarife in Hülle und Fülle und fast jeder Energieversorger hat auch Ökostromtarife im Angebot. Ökostrombezug verschafft Kunden und Kundinnen das Gefühl, dass der deutsche Strommix sauberer wird und sie damit einen Beitrag zur Energiewende leisten. Das stimmt allerdings nur in einigen Fällen.

Da es eine Einspeisepriorität für Strom aus erneuerbaren Energien ins Stromnetz gibt, ist deren Anteil am Strommix zunächst einmal unabhängig davon, wie viele Kunden und Kundinnen Ökostromtarife haben. Der Anteil erneuerbarer Energiequellen am deutschen Strommix steigt kontinuierlich. Er lag im Jahr 2019 bei 42 % und 2020 bei 46 %. Aber lediglich 26 % der Privathaushalte hatten 2019 einen Ökostromtarif.

Zahlreiche Energieversorger bauen gar nicht selbst ihre Ökostromproduktion aus, sondern kaufen in dem Maß erneuerbar erzeugten Strom zu, in dem Kunden und Kundinnen Ökostromtarife abschließen. Das hilft der Energiewende nicht weiter, denn es findet so lediglich eine „rechnerische Umschichtung" des Grünstroms statt.

Will man etwas für das Vorankommen der Energiewende tun, sollte man einen Ökostromtarif bei einem Anbieter abschließen, der auch in den Ausbau erneuerbarer Energien investiert. Denn dann führen mehr Ökostromkunden und -kundinnen auch dazu, dass mehr erneuerbare Energie produziert und in den Gesamtstrommix eingespeist wird und so der fossil erzeugte Stromanteil schrumpft und schließlich der Vergangenheit angehören wird. Zahlreiche Informationsportale im Internet geben Hilfestellung dabei, einen Stromanbieter mit „echtem" Ökostrom zu finden.

Gut zu wissen: Ökostrom – auch der „echte" – ist im Preis für die Endkunden und -kundinnen mittlerweile gar nicht mehr teurer als konventionelle Stromtarife.

6.1.3.2 Investitionsentscheidungen – Umrüsten auf Effizienz

Neben den vielen energiesparenden Verhaltensweisen im Alltag sind natürlich (größere) Investitionen in effiziente Ausstattung oder in die Nutzung erneuerbarer Energie effektive Maßnahmen, um den individuellen Energiekonsum nachhaltiger zu gestalten. Es gibt sogar Stimmen, die verhaltensbezogene Energiesparanstrengungen (engl. *curtailment behavior*) für gänzlich vernachlässigbar halten. Stattdessen plädieren sie dafür, durch größere Anschaffungen oder Umrüstung auf Effizienz (engl. *efficiency* oder *investment behavior*) an wenigen großen Hebeln anzusetzen, weil man damit einen viel größeren Effekt für nachhaltige Energienutzung erzielen kann. Solche Investitionen stehen beispielsweise an, wenn man das Haus mit einer guten Dämmung versehen möchte, um den Heizbedarf zu senken, oder wenn man sich eine Photovoltaikanlage zur Gewinnung von eigenem Solarstrom aufs Dach bauen möchte. Weitere Investitionsentscheidungen können der Umstieg auf ein modernes Heizsystem (z. B. Wärmepumpe, Pelletheizung) oder eine Solarthermieanlage für die Warmwasseraufbereitung durch Sonnenenergie sein.

Solche Investitionsverhaltensweisen zeichnen sich vor allem durch eines aus: Sie kommen im Leben einer Person nur selten vor. Eine Privatperson wird sich nicht regelmäßig mit großen Investitionen am und ums eigene Haus beschäftigen, sondern wird vermutlich nur alle paar Jahrzehnte über eine Erneuerung der Dämmung oder des Heizsystems nachdenken. Und weil solches Investitionsverhalten – wie der Name schon nahelegt – sich durch einen meist erheblichen finanziellen Aufwand auszeichnet, sind die psychologischen Prozesse, die zur Entscheidung führen, andere als die bei alltäglichem Verhalten (siehe dazu auch ▶ Abschn. 4.1.6.4). Weiterhin kommen die meisten Investitionsentscheidungen in Energieeffizienz oder Selbstversorgung durch erneuerbare Energien nur für solche Menschen infrage, die in ihrem eigenen Haus wohnen. Wer zur Miete wohnt, kann darüber in der Regel nicht entscheiden.

Viel psychologische Forschung gibt es zu umweltrelevanten Investitionsentscheidungen bislang nicht. Kastner und Stern (2015) haben aber immerhin 26 Studien zusammengetragen, die sich aus psychologischer Sicht damit beschäftigen – entweder retrospektiv (d. h. in Bezug auf zurückliegende Investitionsentscheidungen) oder hypothetisch (d. h. in Bezug auf vorgestellte/imaginierte Investitionsentscheidungen). Keine der Studien wies ein (quasi)experimentelles oder längsschnittliches Design auf. Dadurch sind kausale Schlüsse über psychologische Faktoren, die das Verhalten beeinflussen, nur schwerlich zu treffen (▶ Kap. 8).

Im Überblick über diese Studien identifizieren Kastner und Stern (2015) verschiedene Kategorien von Variablen, die einen Einfluss auf umweltrelevante Investitionsentscheidungen haben:

- *Demografische Variablen* zeigten teilweise einen Zusammenhang zu Investitionsentscheidungen. Das Lebensalter zeigte keine einheitliche Richtung – sowohl negative als auch positive Zusammenhänge konnten gefunden werden, ebenso wie kein Einfluss des Alters auf die Entscheidung. Die finanziellen Ressourcen der Personen bzw. Haushalte standen tendenziell in einem positiven Zusammenhang zu Investitionsentscheidungen (aber auch kurvilineare und negative

Zusammenhänge konnten gefunden werden). Es zeigte sich insgesamt, dass demografische Variablen eine Rolle spielen, aber diese Rolle variiert je nach Studie und Art der Investition.

- *Eigenschaften der Person* spielten ebenfalls eine Rolle für die Investitionsentscheidung.
  - *Umweltbezogene Dispositionen* wie etwa Einstellungen, persönliche Normen und Werte bezüglich Umwelt- oder Klimaschutz zeigten in manchen der Studien einen Einfluss auf umweltrelevante Investitionsentscheidungen.
  - *Wissen* über die konkrete Investition spielte eine deutliche Rolle: Personen, die sich für eine Investition entschieden, wiesen in der Regel auch ein höheres Wissen über den Investitionsgegenstand auf (z. B. das damit verbundene Energiesparpotenzial). Bemerkenswerterweise war das subjektiv berichtete Ausmaß des Wissens häufiger von Bedeutung für die Investitionsentscheidung als das objektiv erfassbare Wissen.
  - *Technikaffinität* zeigte sich nur in sehr wenigen der Studien als relevanter Einflussfaktor für Investitionsentscheidungen. In den wenigen Fällen war der Zusammenhang jedoch positiv.
- Die *erwarteten Konsequenzen für den eigenen Haushalt* spielten erwartungsgemäß in vielen der Investitionsentscheidungen eine Rolle: Die finanziellen Konsequenzen (Kosten der Installation ebenso wie zu erwartende Einsparungen), der Komfortgewinn und – bei der Investition in erneuerbare Energiegewinnung – auch die gesteigerte Unabhängigkeit vom Energieversorger hingen mit der Investitionsentscheidung zusammen.
- *Erwartete Konsequenzen jenseits des eigenen Haushaltes*, nämlich positive Wirkungen für die natürliche Umwelt, hingen in etwa der Hälfte der Studien ebenfalls mit der Entscheidung für eine Investition zusammen.
- *Soziale Einflüsse* zeigten sich nicht in allen, aber einigen der Untersuchungen als bedeutsam für umweltrelevante Investitionen. Die Empfehlung durch Bekannte, soziale Normen im Umfeld oder die Art der Informationsquelle beeinflussen also tendenziell, ob eine Investitionsentscheidung getroffen wird.
- *Politische Maßnahmen* spielen bei Investitionsentscheidungen eine herausragende Rolle: Finanzielle Zuschüsse oder Vorteile sowie Beratungsangebote beeinflussen individuelle umweltrelevante Investitionsentscheidungen. Häufig sind politische Maßnahmen ja genau dafür zugeschnitten. Deutlich wird aus der Studienübersicht aber auch, dass diese – so einflussreich sie sind – nicht allein ausreichen, damit umweltrelevante Investitionen auch getätigt werden.

Das Zusammenspiel von politischen Maßnahmen und individuellen Voraussetzungen kann man besonders gut an der Investition in private Solarenergieanlagen veranschaulichen. Die Förderung von privater Investition in Solaranlagen hat seit der Jahrtausendwende eine prominente und wechselhafte Entwicklung in Deutschland durchgemacht (siehe Box „► Solarenergie in Deutschland“).

Solarenergie in Deutschland

Mit dem Erneuerbare-Energien-Gesetz (EEG) wurde im Jahr 2000 festgelegt, dass Strom, der aus erneuerbaren Quellen gewonnen wurde, Vorrang bei der Einspeisung ins Stromnetz hat. Außerdem wurden darin die Einspeisevergütungen für Solarstrom sehr hoch angesetzt, um Anreize für den Ausbau von Solarenergie zu setzen: für eine Kilowattstunde aus einer Solaranlage wurden bis zu 50 Cent bezahlt, während man für Strom aus Windenergie, Biomasse oder Wasserkraft nur zwischen 6 und 10 Cent erwarten durfte. Es folgte ein Boom von Investitionen in Solaranlagen, sowohl durch Privathaushalte als auch durch Unternehmen. Außerdem gründeten sich zahlreiche Bürgerenergiegenossenschaften, die gemeinsam in eigene Solarparks investierten.

Rapide technologische Fortschritte machten in diesem Zeitraum Solarenergiegewinnung effizienter und kostengünstiger, sodass sie zu einem festen und bedeutenden Bestandteil der deutschen Energieversorgung wurde.

Das EEG wurde mehrfach reformiert und von Anfang an stand fest, dass die ausgeprägte Förderung von Solarenergie mit der Zeit zurückgefahren würde. So hat sich die Einspeisevergütung für solar erzeugten Strom mittlerweile deutlich verringert und an die anderen erneuerbaren Energieformen angepasst.

Die Kürzungen der Einspeisevergütung bremste den Ausbau-Boom der ersten EEG-Dekade ab 2012 rapide ab. Während dieser Schritt die Wettbewerbsfähigkeit der Solarenergie verbesserte und zu kostengünstigeren Anlagen führte, setzte dies der Branche zu und es gab zahlreiche Insolvenzen. Seit 2017 steigt die installierte Photovoltaikleistung wieder stärker an.

Im Jahr 2022 waren in Deutschland 59 Gigawatt Solarstromleistung installiert, die knapp 9 % am deutschen Strommix ausmachten. Das Ziel der derzeitigen Solarstrategie der Bundesregierung ist es, im Jahr 2035 30 % der Stromversorgung aus Photovoltaik zu gewinnen.

In einer großen Befragung von 200 Hausbesitzerinnen und -besitzern untersuchten Korcaj und Kollegen (2015), welche Erwartungen und Einstellungen bezogen auf die Anschaffung einer eigenen Photovoltaikanlage (PV-Anlage) vorhanden waren. Sie nutzten dafür die Theorie des geplanten Verhaltens (siehe ► Abschn. 4.1.7), erklärten also die Intention, eine PV-Anlage anzuschaffen, mit der Einstellung zu PV-Anlagen, der subjektiven Norm und der wahrgenommenen Verhaltenskontrolle. Da die Entscheidung für den Kauf einer PV-Anlage recht komplex ist und viele Eigenschaften und mögliche Auswirkungen der PV-Anlage die Entscheidung beeinflussen, erweiterten die Autoren das Modell um die Wahrnehmung von verschiedenen Aspekten einer PV-Anlage. Diese Aspekte umfassten sowohl kollektiven Nutzen als auch individuelle Kosten und Nutzen einer PV-Anlage.

Nur wenige Teilnehmende (5 %) hatten tatsächlich die volle Intention, eine PV-Anlage anzuschaffen. Stattdessen lehnten drei Viertel der Teilnehmenden das Vorhaben, in den nächsten 3 Jahren eine PV-Anlage zu kaufen (eher) ab. Allerdings stimmte eine deutliche Mehrheit (eher) zu, dass sie generell gerne eine PV-Anlage installieren würden (66 %). Was heißt das nun? Viele Hausbesitzerinnen und -besitzer hätten gern eine eigene Solaranlage, aber wenn es konkret um die Intention zur Anschaffung geht, sind doch nur sehr wenige dabei. An den finanziellen Möglichkeiten allein liegt dies nicht – die Wahrnehmung der gesamten Kosten verringerte zwar die positive Einstellung, aber nur zu einem überschaubaren Anteil. Das tatsächliche Einkommen stand in keinem Zusammenhang mit der Intention oder dem Willen, eine PV-Anlage anzuschaffen. An dieser Stelle lohnt sich eine Nebenbemerkung: Es wird an diesen Zahlen sehr deutlich, dass man genau aufpassen muss, wie man eine Verhaltensintention misst. Je konkreter diese Absicht formuliert ist, desto näher ist sie vermutlich am realen Verhalten dran – und desto weniger Personen stimmen ihr zu.

Aber nun zurück zu den erklärenden Variablen für die PV-Anschaffungsintention. Die Einstellungen zum Kauf einer PV-Anlage waren eher positiv und auch die wahrgenommene Verhaltenskontrolle war hoch, die subjektive Norm hingegen war eher gering ausgeprägt; sozialen oder moralischen Druck, sich eine PV-Anlage zu kaufen, empfanden die Teilnehmenden also eher nicht. Welche Aspekte der PV-Anlage waren nun besonders einflussreich auf die Einstellung zum Kauf? Hier hatten umweltbezogene Aspekte einen etwas geringeren Einfluss auf die Einstellung als der erwartete finanzielle Vorteil, der soziale Statusgewinn und die gesteigerte Unabhängigkeit vom Stromversorger (Autarkie). Fragte man die Personen hingegen direkt, welche Motive besonders relevant für ihre Entscheidung bezüglich der Anschaffung einer PV-Anlage sind, verändert sich die Rangfolge der Aspekte verglichen mit den statistisch gefundenen Zusammenhängen: Umweltbezogene Gründe liegen dann gleich hinter der Energieunabhängigkeit auf dem zweiten Platz, soziale Gründe (z. B. Ansehen, Status) nennen Personen als geringste Relevanz. Personen denken also, sie handeln vor allem aus Umweltgründen und sind völlig unabhängig von sozialem Druck; die empirischen Zusammenhänge zeigen jedoch das Gegenteil: Umweltgründe machen oft gar nicht den Haupteinfluss auf individuelles Umweltverhalten aus, sozialer Druck hingegen hat einen größeren Einfluss, als die Menschen es einschätzen. Die subjektive *Überschätzung* von umweltbezogenen Gründen und die *Unterschätzung* von sozialem Einfluss findet sich in zahlreichen Studien, z. B. auch bei Nolan et al. (2008).

Die wichtigsten Faktoren für die Bereitschaft, eine umweltrelevante Investition in Solarenergie zu tätigen, scheinen also der soziale Kontext und die persönlichen Gewinne zu sein. Die Kosten sind nicht der schlagende Punkt. Das bietet interessante Ansatzpunkte für die Gestaltung politischer Maßnahmen für Effizienz- und Erneuerbare-Energien-Investitionen.

6.1.4 Akzeptanz – Wie nehmen wir alle mit in der Energiewende?

Nachhaltigkeit im Energiesektor betrifft selbstverständlich nicht nur das Energiekonsumverhalten von Individuen. Große strukturelle Umbauten und Neuausrichtungen sind erforderlich, um die Energieerzeugung auf erneuerbare Energiequellen umzustellen. Der Umbau der Energieproduktion umfasst beispielsweise neue Windkraft- und Solarparks, Biomasse- und Wasserkraftanlagen sowie Starkstromtrassen, die von den windreichen (energieproduzierenden) Regionen Norddeutschlands in die industriestarken (energieverbrauchenden) Regionen Süddeutschlands führen sollen. Dabei kommt es immer wieder zu Konflikten mit den Gruppen, die mehr als andere von den negativen Folgen dieses Ausbaus betroffen sind, wie z. B. Anwohnerinnen und Anwohner. Aber auch die Anliegen von Naturschutzengagierten kollidieren häufig mit Ausbauvorhaben, die in Landschaften eingreifen.

Windenergie gilt als ein wichtiger Baustein in der Energiewende und machte 2020 bereits 27 % am deutschen Energiemix aus. Gegner und Gegnerinnen beklagen u. a., dass Windparks nicht schön anzusehen sind und dass bestimmte Vögel zu Schaden kommen können. Anwohner und Anwohnerinnen fühlen sich teilweise vom Schattenwurf und den Schallfrequenzen der Rotoren gestört und fürchten um den Wert ihrer Immobilien.

Wie kann man den Umbau des Energiesystems so gestalten, dass er als gerecht empfunden wird und keinen Protest oder gar Widerstand auslöst? Am Beispiel von Windenergieanlagen betrachten wir im Folgenden einige Faktoren, die für die lokale Akzeptanz (bzw. Nichtakzeptanz) wichtig sind, und Prozesse, durch die die Akzeptanz gesteigert werden kann. Wohlgemerkt betrachten wir hier ausschließlich die Akzeptanz von lokal ansässiger Bevölkerung, also vorwiegend Akzeptanz auf individueller Ebene. Es gibt daneben auch noch Fragen der soziotechnischen Akzeptanz (auf gesellschaftlicher Ebene) und der Marktakzeptanz (also auf der wirtschaftlichen Systemebene). Diese sind allerdings nicht im Kern (individual) psychologische Probleme und wir lassen sie hier außen vor.

Unter Akzeptanz wird meistens eine kombinierte Dimension von Ablehnung bis Zustimmung zum Akzeptanzgegenstand (z. B. einem Windpark) auf entweder aktive oder passive Weise verstanden (Langer et al. 2018). Die Akzeptanzdimension kann sich also von aktivem Widerstand gegen einen Windpark (z. B. Organisation von oder Teilnahme an Protestkundgebungen, Unterschriften sammeln gegen den Windpark) über passiven Widerstand (z. B. verbale Ablehnung), Indifferenz oder Ambivalenz (z. B. kein Interesse am Thema, Unentschiedensein bzgl. Pro- und Contraargumenten), passive Zustimmung bis hin zu aktivem Engagement für den Windpark erstrecken (siehe ◘ Abb. 6.4). Je geringer die Akzeptanz ist, desto weniger wahrscheinlich ist es, dass ein Ausbauprojekt zur Windenergie erfolgreich zu Ende geführt werden kann.

Die Akzeptanz wird von ganz verschiedenen Faktoren beeinflusst, die Rand und Hoen (2017) folgendermaßen zusammenfassen:

- *Sozioökonomische Aspekte*: Sie betreffen die sozialen und ökonomischen Auswirkungen und diese können sowohl positiv als auch negativ ausfallen. Windkraftanlagen können ökonomische Gewinne für die anliegenden Gemeinden bedeuten, etwa durch Steuereinnahmen, Beteiligungen am Unternehmen, neue Jobs oder günstigeren Strom. Ökonomische Nachteile können sich durch Attraktivitätsverlust von Grundstücken und gegebenenfalls auch Einbußen im Tourismussektor ergeben (hier gibt es aber umgekehrt auch Beispiele, in denen der Tourismus profitierte). Die sozialen Aspekte betreffen Fragen der Verteilungsgerechtigkeit: Wer profitiert, wer trägt die Kosten? Konflikte können so-

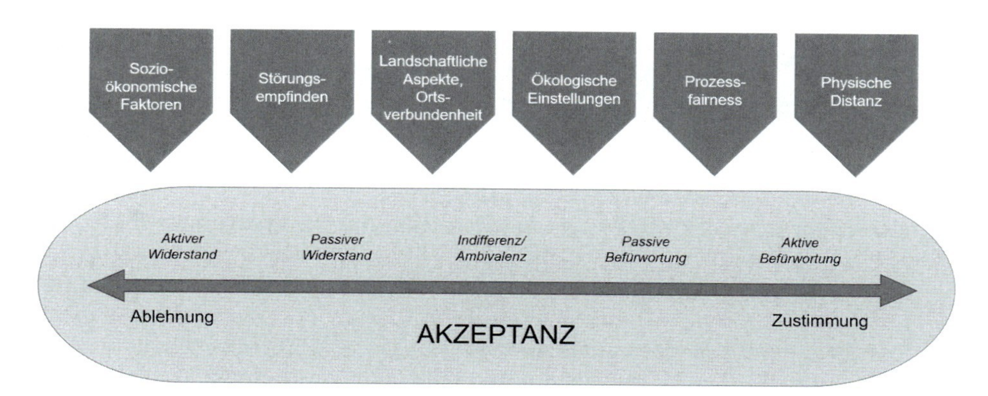

Abb. 6.4 Mögliche Ausprägungen von Akzeptanz und ihre Einflussfaktoren

wohl innerhalb der anliegenden Gemeinden auftreten als auch zwischen Stadt- und Landbevölkerung, wenn die Landbevölkerung den Eindruck hat, die Belastung für den Strombedarf der Stadtbevölkerung tragen zu müssen. Wird die Kosten-Nutzen-Verteilung als ungerecht empfunden, sinkt die Akzeptanz. Das ist auch dann häufig der Fall, wenn große, nichtlokale Konzerne Gewinne machen und vor Ort wenig davon abfällt. Ist hingegen erkennbar, dass die lokale Gemeinschaft an den Vorteilen der Windkraftanlage beteiligt wird und auch die Kosten gemeinsam getragen werden, ist die Akzeptanz wahrscheinlicher.

- *Störungsempfinden und Gesundheitsrisiko durch Lärm*: Das Störungsempfinden durch Geräusche von Windturbinen ist ein häufig beklagtes Ärgernis für Anwohnende und eine wichtige Ursache für geringe Akzeptanz. Das tatsächliche Gesundheitsrisiko durch Lärm ist wohl gering: Die Geräuschbelastung liegt unterhalb der erlaubten Grenzwerte und Gesundheitsbeeinträchtigungen konnten nicht nachgewiesen werden. Tatsächlich hängt das geräuschbezogene Störungsempfinden auch stark mit dem visuellen Störungsempfinden zusammen: Wer die Windanlage nicht gerne anschaut, fühlt sich auch von ihren Geräuschen stärker belästigt. Und natürlich haben die negativen Emotionen durch das Störungsempfinden Auswirkungen auf das Wohlbefinden, ganz unabhängig von der physisch messbaren Belastung. Es reicht also aus, dass Menschen *glauben*, dass ihre Gesundheit durch die Windkraftanlage gefährdet ist, um ihr Wohlbefinden und ihre Stresssymptome zu beeinflussen.
- *Landschaftliche Aspekte und Ortsverbundenheit*: Windkraftanlagen sind in der Regel weithin sichtbar und werden als Eingriff in die Landschaft wahrgenommen. Der Platzbedarf für Windkraft trifft also auf eine Bevölkerung, die an die scheinbar „unsichtbare“ Energiegewinnung in gebäudeförmigen (z. B. fossil betriebenen) Kraftwerken oder auf natürlich wirkenden Ackerflächen (d. h. Biomasse) gewöhnt ist. Längst nicht alle stören sich am Anblick von Windparks, aber für die Gegner und Gegnerinnen ist der visuelle Störaspekt ein wichtiger Punkt. In der Nähe der Windkraftanlagen wird auch der Schattenwurf als visuell störend empfunden. Welche Rolle darüber hinaus die emotionale Verbundenheit von Menschen mit ihrer Umgebung (engl. *place attachment*) für die Ak-

zeptanz von bzw. den Widerstand gegen Windkraftanlagen spielt, ist noch nicht hinreichend geklärt. Die Ortsverbundenheit kann aber eine Erklärung dafür darstellen, dass manche Menschen emotional mehr von einer Veränderung der Umgebung durch den Anlagenbau betroffen sind als andere, da es Teile ihrer Identität betrifft. Eine solche Betroffenheit kann also durchaus weit über visuelle und ökonomische Aspekte hinausgehen.

- *Umweltbewusstsein und ökologische Einstellungen*: Die Akzeptanz von Windkraftanlagen hängt mit dem individuellen Umweltbewusstsein und damit verbundenen Einstellungen zusammen – allerdings nicht nur in eine Richtung. Umweltbewusstsein korreliert mit der Befürwortung des Ausbaus erneuerbarer Energien, denn diese bedeuten eine emissionsärmere Energieerzeugung. Aber in Windturbinen wird auch eine potenzielle Gefahr für einige Tierarten gesehen – Vögel beispielsweise, die durch die Rotorblätter getötet werden könnten, oder marine Fauna, die durch den Bau und Betrieb von Offshore-Windanlagen gestört wird. Hier prallen also bisweilen verschiedene Umwelt- und Naturschutzinteressen aufeinander. Und wie auch schon bei den Gesundheitsrisiken geht es am Ende nicht nur um die tatsächliche Gefahr für bestimmte Tierarten, sondern auch um die subjektive Empfindung der Menschen diesbezüglich. Denn die subjektive Einschätzung reicht oftmals aus, um die Akzeptanz zu schmälern, unabhängig von den nachweislichen Fakten. Umweltbewusstsein ist insgesamt nicht auf eindeutige Weise mit der Akzeptanz von Windkraft assoziiert.
- *Planungsprozess, Fairness und Vertrauen*: Die Akzeptanz von Windkraftanlagen steigt, wenn Beteiligungsmöglichkeiten geboten werden – wenn also im Prozess der Planung und Durchführung des Baus die lokale Bevölkerung einbezogen und gehört wird. Idealerweise geschieht dies bereits in der Planungsphase und geht über das reine Informieren hinaus. Beteiligung kann sehr unterschiedliche Formen annehmen. Von einseitigem Informieren bis hin zum kollaborativen Erarbeiten der Umsetzung gemeinsam mit lokalen Betroffenen gibt es eine große Bandbreite an Beteiligungsformaten. Diese führen wohlgemerkt auch nicht immer dazu, dass die Vorhaben erfolgreich umgesetzt werden. Um Voraussetzungen für bestmögliche Akzeptanz zu schaffen, gelten ein frühes Einbeziehen der lokalen Bevölkerung, deren Möglichkeit sich aktiv einzubringen, Ansprechpartner bzw. Ansprechpartnerinnen zum Projekt, der Aufbau tragfähiger Beziehungen und finanzielle Vorteile für die Gemeinde vor Ort als Erfolg versprechend. Nicht zuletzt ist das Vertrauen, das die Projektleitung des Windkraftausbaus genießt, essenziell für ein Gelingen des partizipativen Prozesses und damit für die Akzeptanz vor Ort.
- *Physische Distanz von den Turbinen*: Es erscheint intuitiv, dass, je näher jemand an den Windanlagen wohnt, er oder sie umso betroffener von den negativen Auswirkungen ist und daher wahrscheinlich auch die Ablehnung bei diesen Personen größer ist. Häufig wird in Bezug auf die physische Distanz vom NIMBY-Phänomen gesprochen: „Not in my backyard!" Die Annahme, dass die Akzeptanz mit geringerer physischer Distanz sinkt, hat sich jedoch größtenteils nicht bestätigt. Die Studienlage zu Distanz und positiven bzw. negativen Einstellungen gegenüber Windkraftanlagen ist sehr durchmischt und methodisch

nicht geeignet, um andere Einflüsse wie z. B. die zuvor aufgelisteten Einflüsse auszuschließen. Die „NIMBY"-Erklärung für Akzeptanz ist viel zu einfach gestrickt und gilt mittlerweile als unbrauchbar. Sie wird der Komplexität von Akzeptanzfragen nicht gerecht und leistet keinen konstruktiven Beitrag, weder zur Forschung noch zur politischen Gestaltung des Ausbaus erneuerbarer Energien und darf daher nach Ansicht zahlreicher Forscher und Forscherinnen getrost beiseitegelegt werden.

Auch wenn der Aus- und Umbau des Energiesystems auf erneuerbare Energien eine politische und wirtschaftliche Aufgabe ist, so braucht es dennoch den Einbezug der individuellen Perspektive, damit solche Projekte erfolgreich umgesetzt werden können. Der Widerstand von lokalen Betroffenen kann einzelne Ausbauprojekte scheitern lassen, die Akzeptanz des Ausbaus in der breiten Bevölkerung ist für ein politisches Gelingen der Energiewende ausschlaggebend. Die Belastungen, die unweigerlich entstehen, wenn neue Anlagen gebaut werden, müssen fair verteilt, gut kommuniziert und im Prozess auch anpassbar an die Bedürfnisse von Menschen vor Ort sein. Beteiligung, die den Menschen schon früh Informationen bietet und im Prozess Mitbestimmung sowie im Ergebnis Vorteile ermöglicht, kann die Akzeptanz steigern. Neben objektiv bestimmbaren Belastungen sind subjektiv wahrgenommene Belastungen (z. B. durch Lärm, visuelle Eindrücke, Gefahren für Gesundheit und Natur) ernst zu nehmende Anliegen, die Aufschluss über Verbesserungspotenzial in der Planung und Umsetzung geben können.

Individuen haben eine Vielzahl von Verhaltensweisen zur Verfügung, um ihre Akzeptanz oder ihren Widerstand gegen Windkraftanlagen oder andere energierelevante Bauvorhaben auszudrücken und sich in den Prozess einzubringen. Die Akzeptanzforschung zeigt, welche Einflussfaktoren am Werk sind und wie sie zugunsten einer höheren Akzeptanz berücksichtigt werden können.

6.2 Mobilität

Mobilität ist ein grundlegendes Bedürfnis von Menschen, denn sie ist Mittel für viele Zwecke. Das war sie immer schon: Menschen verbringen seit jeher ca. 1–1,5 h am Tag mit Unterwegs-Sein, und zwar unabhängig davon, ob sie vor 300 Jahren zu Fuß ins nächste Dorf gingen oder ob sie mit dem Pferd, der Kutsche, später dann mit dem Auto oder mit dem Flugzeug unterwegs sind (Ausubel et al. 1998; Marchetti 1994). Mobilitätsformen verändern sich und mit ihnen auch die Reichweite und die Anlässe für Mobilität. Während man vor einigen Hundert Jahren innerhalb einer Stunde zu Fuß in die nächste Ortschaft gelangte, erreicht man heute mit dem Auto innerhalb einer Stunde eine große Auswahl an verschiedenen Städten und Ortschaften im weiteren Umkreis und mit einem Flugzeug erreicht man in dieser Zeit bereits einige Nachbarländer. Die Beschleunigung und Reichweitenvergrößerung von Mobilität geht allerdings auch mit einem höheren Ressourcenverbrauch einher. Verkehr macht heute ein Viertel der gesamten europäischen Treibhausgasemissionen aus und ist die Hauptursache für Luftverschmutzung in Städten.

Am häufigsten wird in Deutschland nach wie vor das Auto zur Fortbewegung benutzt. Ganze 75 % der Personenkilometer werden mit dem Auto zurückgelegt. Sogar in Metropolen (in denen viele Verkehrsformen zur Verfügung stehen), fahren die dort lebenden Menschen im Durchschnitt 22 km am Tag mit dem Auto (Kuhnimhoff und Nobis 2018). Anhand von ◘ Abb. 6.5 wird ebenfalls deutlich, dass der motorisierte Individualverkehr die Alltagsmobilität der Menschen dominiert. Obwohl drei Viertel der Bevölkerung in Deutschland in städtischen Gebieten leben, in denen Busse, Straßenbahnen, Zuganbindungen und oft auch U-Bahnen sowie Carsharing verfügbar sind und sich die meisten Wege auch für aktive Mobilität (z. B. Radfahren oder Zufußgehen) eignen, lassen die Deutschen das Autofahren nicht sein. Die meisten Wege und die meisten Kilometer werden mit dem Auto zurückgelegt und die Klimawirkung des Personenverkehrs geht zu fast 80 % auf den motorisierten Individualverkehr zurück.

Das hat viele negative Auswirkungen: Die Abgase von Autos mit Verbrennungsmotoren tragen einen erheblichen Anteil zu den menschengemachten Treibhausgasemissionen bei, die den Klimawandel antreiben. Autoverkehr verursacht eine Vielzahl von gesundheitlichen Problemen durch Luftverschmutzung, Lärm und Unfälle. Und schließlich leiden viele Städte unter der schieren Menge an Fahrzeugen, die enorm viel Platz im öffentlichen Raum blockieren, der dann nicht für andere Zwecke zur Verfügung steht, wie etwa Spielplätze, sichere Rad- und Gehwege, Grünanlagen, Gastronomie oder Flaniermeilen. Bei der sogenannten *Verkehrswende* geht es daher zentral um eine Abkehr vom motorisierten Individualver-

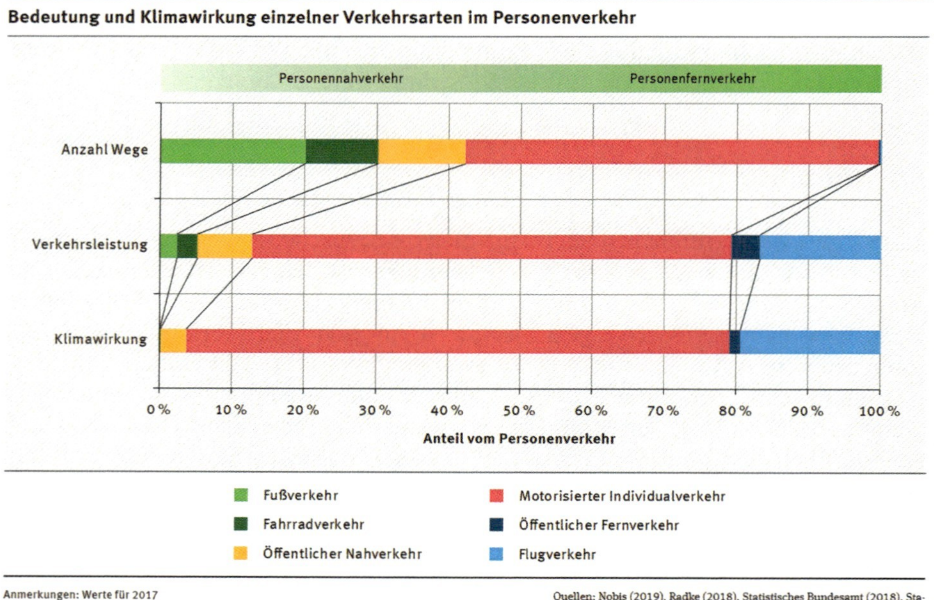

◘ **Abb. 6.5** Bedeutung und Klimawirkung einzelner Verkehrsarten im Personenverkehr. (Allekotte et al. 2021, S. 15; mit freundlicher Genehmigung des Umweltbundesamtes)

kehr hin zu nachhaltigeren Mobilitätsformen wie öffentliche Verkehrsmittel, aktive Mobilität oder Sharingangeboten wie Car- oder Bikesharing. Auch autonom gesteuerte Fahrzeuge bieten perspektivisch die Möglichkeit, Personentransport effizient und gleichzeitig flexibel mit wesentlich weniger Fahrzeugbestand als heute zu ermöglichen. Die Nachhaltigkeit von Antriebstechnologien (z. B. Strom oder grüner, d. h. aus nachhaltigem Strom erzeugter Wasserstoff) spielt ebenfalls eine wichtige Rolle bei der Verringerung der Klimaschädlichkeit des Verkehrs. Als technische Lösung stehen Antriebstechnologien scheinbar oft im Mittelpunkt der Diskussion, scheint sie doch zu suggerieren, dass die motorisierte Automobilität so bestehen bleiben kann, wie sie derzeit ist, nur eben elektrisch angetrieben. Elektroautos werden aber allein nicht annähernd der Herausforderung einer nachhaltigen Verkehrswende gerecht – unsere Mobilität muss sich grundlegender ändern. Verhalten spielt bei Mobilität also eine wichtige und vielseitige Rolle. Wir müssen besser verstehen, was die Mobilitätsbedürfnisse von Menschen sind und wie Mobilität gestaltet sein muss, damit diese Bedürfnisse effizient und zukunftsverträglich gestillt werden können.

In diesem Unterkapitel betrachten wir Anwendungen umweltpsychologischer Erkenntnisse anhand verschiedener Mobilitätsformen, die aus dem Blickwinkel der Nachhaltigkeit höchst relevant sind. Welche Maßnahmen können Menschen davon überzeugen, *auf das eigene Auto zu verzichten* und stattdessen z. B. auf *öffentliche Verkehrsmittel* und aufs *Fahrrad* umzusteigen? Wovon hängt die Investitionsbereitschaft in *Elektroautos* und die Nutzung von *Carsharing* statt des eigenen Autos ab? Schließlich geht es dann um *Flugreisen*, die „Klimasünde“ schlechthin unter den Mobilitätsformen, deren Vermeidung aber sogar für eingefleischte Umweltschützer und -schützerinnen manchmal ein harter Brocken ist.

Um Mobilitätsverhalten zu verstehen, hilft ein Blick aus der Perspektive von *Gewohnheiten*. Denn das meiste Mobilitätsverhalten findet alltäglich statt, etwa auf dem Weg zur Arbeit oder Ausbildung, zum Einkaufen, zu Freizeitbeschäftigungen und zu sozialen Anlässen wie dem Treffen von Bekannten oder Verwandten. In der individuellen Mobilitätsgestaltung drücken sich auch *persönliche Werte* aus: Möchte ich in einem teuren Auto gesehen werden? Möchte ich sportlich sein und mich auch auf alltäglichen Wegen körperlich betätigen? Möchte ich umweltfreundlich unterwegs sein? Möchte ich so wenig Geld wie möglich ausgeben? Fortbewegung ist für die meisten Menschen mehr als nur ein Mittel, um eine Wegstrecke zu überwinden. Auch die Kosten und der Aufwand entscheiden mit darüber, auf welches Verkehrsmittel die Wahl fällt. Die *finanziellen Rahmenbedingungen* können gezielt gestaltet werden: Wie hoch sind die Steuern für Autos und Kraftstoff? Was kostet Parken? Wie teuer ist die Nutzung der öffentlichen Verkehrsmittel? Ist ein Flugticket günstiger als ein Zugticket zum gleichen Ziel? Und für die komfortable, zugängliche und sichere Nutzung der verschiedenen Mobilitätsformen ist besonders die verfügbare *Infrastruktur* ausschlaggebend: Gibt es sichere und gut erkennbare Radwegverbindungen? Kann man Kinder auf dem Rad allein fahren lassen, ohne Angst um ihre Sicherheit zu haben? Ist die Umgebung attraktiv für Zufußgehende? Fühlen sie sich sicher und haben Platz oder schieben sie sich auf engen Gehsteigen an parkenden und fahrenden Autos vorbei? Kommen alle zuverlässig mit den öffentlichen Verkehrsmitteln an ihr Ziel? Dominieren

Autos den Verkehr und werden bevorzugt behandelt? In dem Fall ist natürlich der Anreiz gering, auf das Auto zu verzichten. Abseits der alltäglichen Mobilität stellt sich die Frage nach der Abwägung von finanziellen, ökologischen und hedonistischen Aspekten von Reisen und Urlaub. Sind wir scheinheilig und nehmen es beim Thema *Fliegen* dann doch nicht so genau, obwohl wir wissen, wie klimaschädlich es ist? Wie verträgt sich die Lust, die Welt kennenzulernen, mit einer nachhaltigen Lebensweise? Auf all diese Themen gehen wir in den folgenden Unterkapiteln ein.

6.2.1 Mobilität als Gewohnheit

Bei vielen Menschen sind die alltäglichen Mobilitätsroutinen gut eingespielt und wiederkehrende Wege (beispielsweise zur Arbeit oder zu Freizeitbeschäftigungen) werden meist auf die immer gleiche Art und Weise zurückgelegt. Vermutlich werden die meisten Menschen nicht jeden Morgen aufs Neue überlegen, ob sie mit dem Auto, mit dem Rad oder mit dem Bus zur Arbeit fahren sollen, sondern haben sich eine Routine angewöhnt – beispielsweise das Auto zu nehmen. Wie wir in ► Abschn. 4.1.3 gesehen haben, sind solche Gewohnheiten extrem hilfreich, um mit wenig Aufwand stets passable Entscheidungen zu treffen.

Wenn eine Gewohnheit stark etabliert ist – das Verhalten also stark habitualisiert ist –, haben Intentionen nur noch geringen Einfluss. Das heißt, wenn man sich bei einem stark habitualisierten Verhalten (z. B. mit dem Auto zur Arbeit zu fahren) vornimmt, es kommende Woche mal anders zu machen, ist es sehr wahrscheinlich, dass man diese gute Intention bis zur nächsten Woche wieder vergessen hat oder aus anderen Gründen nicht umsetzt. Ist das Verhalten jedoch weniger stark habitualisiert (z. B. bei Personen, die manchmal mit dem Auto, manchmal aber auch mit anderen Verkehrsmitteln zur Arbeit fahren), haben Intentionen eine bessere Vorhersagekraft: Nimmt sich so jemand vor, in der kommenden Woche mal nicht das Auto, sondern das Fahrrad oder den Bus zu nehmen, ist die Wahrscheinlichkeit dafür, dass er oder sie das auch tut, recht hoch (siehe Gardner 2009).

Einmal etabliert, sind Mobilitätsgewohnheiten nicht so leicht wieder aufzubrechen – sie funktionieren in der Regel einfach recht gut unter den gegebenen Umständen. Was aber, wenn sich die Umstände ändern – wenn man z. B. an einen neuen Ort umzieht, Familienzuwachs bekommt oder den Job wechselt? Dann müssen oft neue Routinen her, die zur neuen Situation passen. Und dieser Moment – dieses sogenannte *Möglichkeitsfenster* – ist eine gute Gelegenheit, um Leute dabei zu unterstützen, neue, nachhaltigere Routinen zu etablieren.

6.2.1.1 Wohnortwechsel als Unterbrechung von Gewohnheiten

Bamberg (2006) hat Menschen, die gerade in den Raum Stuttgart umgezogen sind, mit individuellen Informationen und einem Gratisticket auf das ÖPNV-Angebot hingewiesen, in der Absicht, dass sie anstelle des eigenen Autos öffentliche Verkehrsmittel für ihre alltäglichen Strecken ausprobieren. Für die Studie wurden die Teilnehmenden jedoch bereits vor ihrem Umzug rekrutiert. So konnten das Mobilitätsverhalten sowie die Einstellungen und wahrgenommenen Normen bezüglich der Nutzung von öffentlichem Nahverkehr vor und nach dem Umzug verglichen werden. Einige Wochen nach ihrem Umzug erhielt etwa die Hälfte der Teilnehmenden vom Verkehrsverbund in Stuttgart eine personalisierte Information zur ÖPNV-Anbindung und ein kostenloses Tagesticket. Die andere Hälfte der Stichprobe war die Kontrollgruppe, die keinerlei Intervention erhielt. Drei Monate nach dem Umzug wurden alle Teilnehmenden nochmals befragt zu ihrem Mobilitätsverhalten und zu ihren Intentionen und Einstellungen bezüglich ÖPNV-Nutzung.

Alle Personen nutzten nach dem Umzug häufiger den ÖPNV anstatt des eigenen Autos. Das ist kaum verwunderlich, denn immerhin waren alle ins Stadtgebiet von Stuttgart gezogen – sollten vorher also nur einige von ihnen in Kleinstädten oder Dörfern ohne ausgeprägtes ÖPNV-Angebot gewohnt haben, könnte das bereits erklären, warum nach dem Umzug die ÖPNV-Nutzung insgesamt zunahm. Allerdings zeigten sich drastische Unterschiede zwischen den beiden Versuchsgruppen: Diejenigen, die persönlich zugeschnittene Information zur öffentlichen Verkehrsanbindung und ein Gratisticket erhalten hatten, nutzten nun für 47 % ihrer Strecken den ÖPNV, in der Kontrollgruppe, die nichts davon erhalten hatte, taten dies nur 25 %.

Bei Bamberg (2006) zeigte sich also, dass zu günstigen Gelegenheiten (wie z. B. einem Wohnortwechsel) Routinen bzw. Gewohnheiten unterbrochen und geändert werden können. Gewohnheiten sind jedoch keine Selbstverständlichkeit und erklären das Verhalten unterschiedlicher Personen unterschiedlich gut. Auch häufig gezeigtes Verhalten wie alltägliche Mobilität kann intentional, also bewusst gestaltet und gesteuert sein.

6.2.1.2 Die Rolle von Werten bei der Entstehung von Mobilitätsgewohnheiten

Gewohnheiten können sehr gut künftiges Verhalten vorhersagen. Diese Gewohnheiten kommen aber nicht von ungefähr, sondern repräsentieren individuelle Entscheidungen, die einmal bewusst getroffen wurden. Somit spielen bei der Ausbildung von Gewohnheiten die persönlichen Werte und Ziele durchaus eine Rolle. Auch Mobilitätsgewohnheiten sind also nicht unabhängig von Werten zu betrachten, die einer Person im Leben wichtig sind.

Verplanken et al. (2008) haben dieses Zusammenwirken von Werten und der Ausbildung von Gewohnheiten untersucht. Sie befragten Angestellte an der Universität, die kürzlich den Wohnort gewechselt hatten, und verglichen ihr Mobilitätsverhalten für den Weg zur Universität mit dem von Angestellten, die nicht kürzlich umgezogen waren. Der Umzug müsste eine Unterbrechung der Gewohnheiten erzeugt haben, sodass diese Personen die Gelegenheit hatten, bei der Wahl ihres neuen alltäglichen Mobilitätsverhaltens ihre Werte zum Tragen kommen zu lassen. Denn in einer Situation, in der noch kein Verhalten etabliert ist, finden wieder aufwendigere Abwägungsprozesse für die Auswahl des Verhaltens statt und die Wertorientierung kann darauf Einfluss nehmen. Tatsächlich fanden Verplanken et al. (2008), dass es einen Unterschied in der Verkehrsmittelwahl gab, je nachdem, ob jemand kürzlich umgezogen war oder nicht – allerdings nicht für alle Personen.

Nur diejenigen, die ein hohes Umweltbewusstsein hatten und kürzlich umgezogen waren, nutzten jetzt deutlich häufiger umweltfreundliche Verkehrsmittel auf dem Weg zur Universität als die anderen Befragten. Der Umzug bewirkte also, dass das Umweltbewusstsein einen positiven Einfluss auf die Ausbildung der neuen Mobilitätsgewohnheiten ausübte.

Gewohnheiten entstehen unter dem Einfluss von Werten und führen dann zu einer hohen Stabilität im Verhalten (wenn keine disruptiven Ereignisse eintreten wie z. B. der zuvor geschilderte Wohnortwechsel). Wer immer schon Autofahren als die „normale" alltägliche Fortbewegungsart wahrgenommen hat, sich selbst ein Auto zugelegt hat und den eigenen Alltag mit dem Auto bestreitet, hat sich oftmals auch so eingerichtet, dass er oder sie das Auto braucht. Arbeits- und Wohnort wurden dann möglicherweise so gewählt, dass sie nur mit dem Auto erreichbar sind, und das eigene Leben ist so organisiert, dass das Auto tatsächlich unverzichtbar ist. Umgekehrt ist es für eine andere Person, die bereits in der Kindheit und Jugend viel Fahrrad gefahren ist und die ihr Leben so eingerichtet hat, dass sie den Alltag mit dem Fahrrad oder Bus und Bahn bestreiten kann, überhaupt keine Entbehrung kein Auto zu besitzen. Die Werte, die uns und unsere Mobilitätsgewohnheiten geprägt haben, spiegeln sich zu einem nicht unerheblichen Teil auch darin wider, wie wir unseren Alltag und unser Leben eingerichtet haben.

6.2.2 Mobilität als Ausdruck von Werten

Mobilitätsentscheidungen basieren nicht auf simplen, rationalen Entscheidungen darüber, wie man am effektivsten von A nach B kommt. Steg (2005) konnte eindrucksvoll zeigen, dass Autofahren beispielsweise vielmehr auch symbolische und emotionale Funktionen hat. Das heißt, wenn jemand Spaß am Fahren hat, sich gern mit seinem Auto schmückt und den Sound des Motors liebt, ist es wahrscheinlicher, dass diese Person mit dem Auto zur Arbeit pendelt, als wenn sie das Auto als praktisch für Alltagsanforderungen wie den Transport von Dingen oder Schutz gegen schlechtes Wetter sieht. Diese empirischen Zusammenhänge zeichnen ein deutlich anderes Bild als das, was man von Autofahrenden gemeinhin im Alltag zu hören bekommt (hier werden häufig instrumentelle Argumente angeführt wie „wichtige Zeitersparnis", „brauche das für den Transport von Kindern/Einkäufen/Gegenständen", „ist viel günstiger als öffentliche Verkehrsmittel"). Im Auto zeigen sich also Werte wie Status und emotionale Befriedigung. Aber welche Werte erklären umweltfreundliche Mobilität?

Mobilitätsentscheidungen werden zwar durchaus auch aufgrund selbstbezogener Vorteile getroffen, aber nicht ausschließlich. Die Entscheidung zwischen dem Auto und öffentlichen Verkehrsmitteln kann beispielsweise als soziales Dilemma verstanden werden. Persönliche Vorteile zieht man (abgesehen von den finanziellen Kosten) bei der Verkehrsmittelwahl aus einer kurzen Reisezeit und einer hohen Zuverlässigkeit, dass man auch wie geplant rechtzeitig am Ziel ankommt. Kollektive Vorteile ergeben sich hingegen aus einer möglichst geringen Umweltbelastung durch das Verkehrsmittel (z. B. durch wenig Emissionen und geringen Flächenverbrauch). Oft (aber nicht immer) stehen diese beiden Faktoren einander entgegen: Eine kurze Reisezeit und Zuverlässigkeit werden in der Regel dem Reisen mit dem Auto zugeschrieben, das aber eine höhere Umweltbelastung mit sich bringt als beispielsweise die Nutzung des öffentlichen Nahverkehrs. Diese hingegen wird oft mit längerer Reisezeit und geringerer Zuverlässigkeit assoziiert. Natürlich stimmt beides nicht in jedem Fall: Mit dem Auto steht man gerne mal im Stau und verspätet sich um Stunden, während man mit öffentlichen Verkehrsmitteln oft auf die Minute pünktlich am Ziel ist. Van Vugt et al. (1996) untersuchten verschiedene Kombinationen dieses Dilemmas und fanden heraus, dass das Auto nicht an sich bevorzugt wurde, sondern dass Personen es umso weniger wählten, je stärker die Umweltbelastungen waren, die dem Auto zugeschrieben wurden. Die Umweltbelastung als ein kollektiver Schaden wird dennoch in individuellen Entscheidungen berücksichtigt, insbesondere von Personen mit einer hohen *sozialen Wertorientierung*. Die Kombination der Faktoren wirkt hier besonders stark: Wenn die öffentlichen Verkehrsmittel in Bezug auf Reisezeit und Zuverlässigkeit günstig sind, dann werden sie eher gewählt, sogar wenn dem Auto nur geringe Umweltbelastungen zugeschrieben werden.

Um umweltfreundliche Mobilität zu fördern, werden auch Maßnahmen ergriffen, die umweltschädliche Mobilität eingrenzen (sogenannte *Push*-Maßnahmen). Städte können beispielsweise die Zufahrt von Autos beschränken, strengere Geschwindigkeitsbegrenzungen einführen, Autos in bestimmten Bereichen der Innenstadt verbieten, die Parkgebühren deutlich erhöhen oder weitere Gebühren über Steuern oder Maut erheben, durch die Autofahren teurer wird (siehe auch nächster Abschnitt ► Abschn. 6.2.3). Die Akzeptanz solcher Maßnahmen ist individuell unterschiedlich und lässt sich laut Nordfjærn und Rundmo (2015) auch durch persönliche Normen und Werte erklären. In Norwegen wurden Stadtbewohnerinnen und -bewohner zu ihrer Akzeptanz von Push-Maßnahmen für weniger Autoverkehr in Städten befragt. Am deutlichsten wurde die Akzeptanz davon beeinflusst, ob jemand ein *Bewusstsein über die (Umwelt-)Konsequenzen* von Autoverkehr hatte und ob die *persönliche Norm* hoch war, durch das eigene Verhalten umweltschützend zu wirken. *Selbstbezogene Werte* hingegen wie die eigene Sicherheit und Flexibilität hatten einen negativen Einfluss auf die Akzeptanz von Push-Maßnahmen; dieser Einfluss war jedoch geringer als der (positive) Einfluss der umweltbezogenen Normen. Kurz gesagt akzeptieren Menschen, denen Umwelt- und Klimaschutz ein persönliches Anliegen ist, solche Maßnahmen, die den Autoverkehr einschränken. Menschen, die eher ihre persönliche Sicherheit und Freiheit wichtig finden, haben tendenziell etwas gegen solche Maßnahmen, allerdings ist dieser Effekt nicht stark.

Push- und Pull-Maßnahmen in Kombination: mehr als die Summe ihrer Teile
Bei politischen Instrumenten unterscheidet man grundsätzlich zwischen Push- und Pull-Maßnahmen.

Push-Maßnahmen sanktionieren unerwünschtes Verhalten, Pull-Maßnahmen laden zum erwünschten Verhalten ein. Push-Maßnahmen zur Förderung nachhaltiger Mobilität sind also beispielsweise höhere Kosten für die Nutzung von Privat-Pkw (z. B. Citymaut, höhere Parkgebühren).

Pull-Maßnahmen erleichtern die nachhaltige Mobilität und machen sie attraktiver (z. B. eine höhere Taktung der öffentlichen Verkehrsmittel, großzügige und sichere Radwege).

Eine optimale Steuerungswirkung erzielt man durch eine Kombination von Push- und Pull-Maßnahmen: Ihr gemeinsamer Effekt auf die Verhaltensänderung im Verkehr ist größer als die Summe der Einzelwirkungen jeweils einzelner Maßnahmen.

Die persönliche Wertorientierung auf Umweltschutz zeigt sich also als einflussreich auf die individuelle Mobilitätsgestaltung, sei es durch das Ausbilden umweltfreundlicher Gewohnheiten, durch die Entscheidung für die Umwelt und gegen selbstbezogene Vorteile in Abwägungssituationen oder bei der Akzeptanz von systemischen Maßnahmen, die umweltschädliche Mobilität erschweren. Da eine flächendeckende Veränderung zu nachhaltiger Mobilität wahrscheinlich nicht aufgrund von individuellen Entscheidungen allein gelingen kann, soll es im nächsten Abschnitt noch ausführlicher um die Wirkung von veränderten Rahmenbedingungen gehen.

6.2.3 Finanzielle Rahmenbedingungen von Mobilität

Oft kostet Mobilität Geld und selbstverständlich sind die Kosten für verschiedene Mobilitätsformen nicht gott- oder naturgegeben, sondern Gegenstand von Gestaltung. Das heißt, Gesellschaften (oft vertreten durch Politikerinnen und Politiker) entscheiden selbst, wie hoch die Steuern auf bestimmte Produkte sind, wofür Subventionen gezahlt werden, welche Marktregeln die Preise regulieren, welche Konzessionen für die Entnahme von natürlichen Ressourcen erteilt werden oder welchen Benutzungsgebühren für öffentliche Infrastruktur erhoben werden, um nur ein paar Beispiele zu nennen.

6.2.3.1 Höhere Kosten für Autonutzung

Die Ankündigung von finanziellen Steuerungsinstrumenten zur Eindämmung von Autoverkehr ist erwartungsgemäß meist zunächst unbeliebt und wird von Entrüstung, Ablehnung und Einspruch begleitet. Nilsson et al. (2016) konnten die Entwicklung der Reaktionen auf eine „Stausteuer" für die Innenstadt von Göteborg dokumentieren. Im Jahr 2013 wurde die neue Steuer eingeführt, die für jedes Passieren mit dem Auto an einem der Kontrollpunkte um das Stadtzentrum herum zu

Arbeits- und Geschäftszeiten fällig wurde. Circa 1–6 € pro Tag musste man fortan bezahlen, um in diesen Zeiten mit dem Auto in den Innenstadtbereich zu fahren. Nach Einführung dieser Stausteuer reduzierte sich der Autoverkehr in die Innenstadt um 10 %, während 10 % mehr öffentliche Verkehrsmittel genutzt wurden und der Radverkehr um 20 % anstieg. Der Anstieg des Radverkehrs war auch darauf zurückzuführen, dass zeitgleich die Radinfrastruktur verbessert und ein Leihradsystem eingeführt worden war (siehe Box „▶ Push- und Pull-Maßnahmen in Kombination: mehr als die Summe ihrer Teile").

Interessanterweise war die Einstellung der Göteborger Bevölkerung zur Stausteuer vor ihrer Einführung negativer als danach. Während unmittelbar vor Beginn der Besteuerung die Befürchtungen hoch waren, dass individuelle Nachteile daraus entstehen würden (z. B. eine Beschränkung der eigenen Freiheit), und die Leute eher Zweifel am kollektiven Nutzen dieser Maßnahme hatten, so war die Meinung ein halbes Jahr nach der Einführung wesentlich positiver. Die Menschen empfanden die Steuer als gerecht, die Umsetzung einfach zu verstehen und die positiven Auswirkungen für Umwelt und die Gemeinschaft als höher denn zuvor. Insbesondere Menschen, denen biosphärische Werte wichtig waren und die sich nicht in ihrer Freiheit bedroht sahen, steigerten ihre positive Einstellung zur Stausteuer nach deren Einführung.

Man kann hieraus (mindestens) zweierlei lernen: 1) Die Ablehnung gegenüber einer finanziellen Maßnahme zur Förderung nachhaltiger Mobilität im Vorhinein sagt noch nicht aus, wie zufrieden die Menschen nach der Einführung damit sein werden. Stattdessen reichen Informationen allein in der Regel nicht aus, damit Menschen sich ihre fertige Meinung bilden, sondern sie brauchen die direkte Erfahrung mit der veränderten Situation – und die führt eher zu einer positiveren Bewertung, wenn der Nutzen ersichtlich wird und die Maßnahme gut umgesetzt ist. 2) Und zweitens ist der Nutzen keineswegs nur ein rational-egoistischer. Menschen sind sehr wohl am Gemeinwohl und an Umweltschutz interessiert und bewerten entsprechende Maßnahmen als positiv, auch wenn sie ihnen individuell Einschränkungen oder Kosten bringen.

6.2.3.2 Anreize für nachhaltige Mobilität

Dass finanzielle Mittel wirken, um die Verkehrswende zu beschleunigen, wird nicht nur am obigen Beispiel der Stausteuer auf ein *unerwünschtes* Verhalten (Autofahren) deutlich. Auch bei der Verbreitung von Innovationen können sie helfen, z. B. in Form von Subventionen oder Steuervorteilen für *erwünschtes* Verhalten.

Die Verbreitung von elektrisch angetriebenen Autos ist eine sehr komplexe Herausforderung. Nicht nur muss die Technologie entwickelt werden – daran tüfteln Ingenieure und Ingenieurinnen schon lange. Aber das Resultat sind Fahrzeuge, die im Anschaffungspreis zunächst deutlich höher liegen als Autos mit herkömmlichen Verbrennungsantrieben, und sie sind dann auch noch völlig anders zu warten und zu benutzen: Statt zu tanken muss man sie laden und dafür braucht man zu Hause die entsprechende Ausstattung, z. B. eine eigene Ladesäule. Für die Routenplanung einer längeren Autofahrt muss man die Lademöglichkeiten unterwegs berücksichtigen, die längst noch nicht so lückenlos verfügbar sind wie herkömmliche Tankstellen. Angesichts der erst entstehenden Infrastruktur und der immer noch eher geringen (wenn auch stark zunehmenden) Verbreitung von Elektroautos können Privatpersonen hier schon einmal den Überblick verlieren. Das hemmt viele Interessierte in der Entscheidung für ein Elektroauto.

Wie in ▶ Abschn. 8.6.2 zu Modellen, Simulation und Szenarien dargestellt, eignet sich die Modellierung von Prozessen für Entwicklungen, die man so genau noch gar nicht kennt, weil sie beispielsweise in der Zukunft liegen, und die von dynamischen Interaktionen zwischen Individuen und der Umwelt abhängen. Eine Gruppe niederländischer Wissenschaftlerinnen und Wissenschaftler hat ein agentenbasiertes Modell entwickelt, um Faktoren zu ermitteln, die die Verbreitung von Elektroautos begünstigen (Kangur et al. 2017). Ob sich jemand ein Elektroauto anschafft, hängt sowohl von individuellen Merkmalen einer Person ab (z. B. Wertorientierungen, Autonutzungsverhalten, Einkommen) als auch von der Umwelt, in der sie lebt, also der Infrastruktur (z. B. Automarkt, Kaufpreis, Besteuerung von Fahrzeugarten, Lademöglichkeiten) und dem sozialen Umfeld (z. B. Elektroautobesitz im Bekanntenkreis).

In dem Modell werden also zahlreiche Parameter der Personen, ihrer Interaktionen und der Umwelt variiert, die sich auf die Entscheidung für ein Elektroauto auswirken können. Der Fahrzeugmarkt besteht aus vollelektrischen, hybriden (also sowohl elektrisch als auch mit Benzin betriebenen) und rein benzinbetriebenen Autos. Die Rolle von Hybridfahrzeugen ist umstritten. Sind sie eine tolle Übergangslösung, um von benzin- auf strombetriebene Fahrzeuge zu kommen, ohne den Vorreiterinnen und Vorreitern das Leben zu schwer zu machen? Oder behindern sie die Verbreitung von „echten“ Elektroautos und bremsen den Mobilitätswandel daher aus? Das Modell testet verschiedene Maßnahmen und variiert dabei, ob die Maßnahmen nur vollelektrische oder auch hybride Fahrzeuge fördern. Das Ziel des Modells ist es, möglichst rasch zu möglichst geringen Emissionen durch Abgase zu kommen.

Verschiedene Maßnahmen werden teilweise einzeln und schließlich auch in Kombination auf ihre Wirkung getestet:

- Entfall der Steuer auf betriebliche Fahrzeuge mit niedrigem CO_2-Ausstoß
- Schrittweise Erhöhung des Benzinpreises
- Senkung des Strompreises an Schnellladesäulen
- Kaufprämien
- Ausbau von Schnellladesäulen
- Geschwindigkeit der Schnellladung
- Batteriepreise
- Entfall der Autosteuer für E-Autos

Die Modellierungen zeigen, dass einzelne Maßnahmen nur sehr langsam zur Verbreitung von Elektroautos führen. Kombiniert man mehrere Maßnahmen, sieht das Ergebnis anders aus und es wird auch deutlich, welche Maßnahmen besonders effektiv wirken.

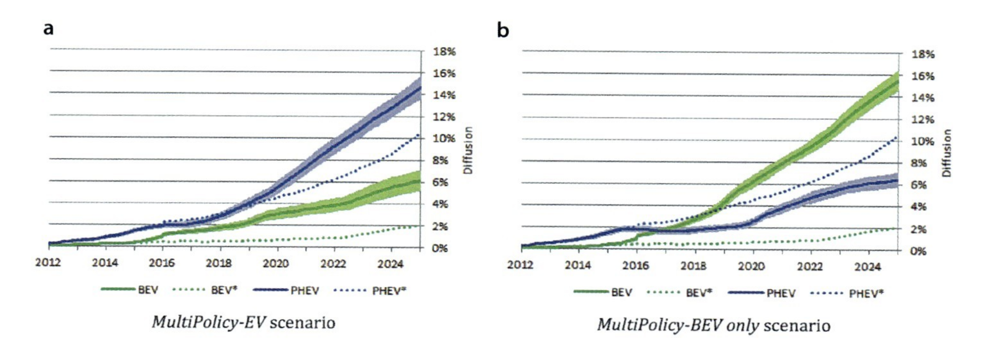

Abb. 6.6 Modellierung der Diffusion von elektrisch angetriebenen Fahrzeugen in einem Szenario mit politischer Förderung von sowohl Plug-in-Hybriden als auch batterielektischen Fahrzeugen (Schaubild **a**) und einem Szenario, in dem ausschließlich batterieelektrische Fahrzeuge gefördert werden (Schaubild **b**). (Kangur et al. 2017, S. 179; mit freundlicher Genehmigung von Elsevier Science & Technology Journals)

Für die schnelle und weite Verbreitung von vollelektrischen Autos sind vor allem *Kaufprämien* und der Ausbau der *Ladeinfrastruktur* effektiv. Und zwar besonders dann, wenn die Förderung nicht für hybride, sondern nur für vollelektrische Fahrzeuge gilt.

Abb. 6.6 zeigt die Vorhersage zur Verbreitung von elektrisch angetriebenen Fahrzeugen in den kommenden Jahren, wie das Modell sie 2015 (das war der Zeitpunkt der Forschung) schätzte. Die gepunkteten Linien stellen jeweils das Defaultmodell dar, also die Entwicklung, wenn keine weiteren Maßnahmen eingeführt werden. In blau ist jeweils die Verbreitung von hybriden Fahrzeugen (Plug-in-Hybride; PHEV) und in Grün die von batterieelektrischen Fahrzeugen (BEV) dargestellt.

Das linke Schaubild a) zeigt ihre Verbreitung, wenn sowohl PHEV als auch BEV durch politische Maßnahmen gefördert werden (durchgezogene Linien, umgeben von einem farbig schattierten Vertrauensschätzintervall). Beide Fahrzeugarten verbreiten sich dann stärker als im Defaultmodell, aber der Anteil von hybriden Fahrzeugen bleibt deutlich über dem von vollelektrischen Fahrzeugen. Das Ziel des möglichst emissionsfreien Verkehrs wird so also nicht erreicht (denn PHEV verursachen im benzinbetriebenen Modus weiter Emissionen).

In der rechten Abbildung b) ist zu sehen, was bei der ausschließlichen Förderung von vollelektrischen Fahrzeugen passiert: Die Verbreitung vollelektrischer Autos überholt die der Hybridfahrzeuge deutlich und die Hybridfahrzeuge werden sogar mit der Zeit weniger als im Defaultmodell.

Das Modell hilft also zu erkennen, dass die Förderung von Mischtechnologien wie Hybridautos nicht optimal ist, um die Verkehrsemissionen durch Autos zu senken. Das bremst die Verbreitung der vollelektrischen Autos aus. Mit gezielter Förderung der vollelektrischen Fahrzeuge kann man ihre Verbreitung hingegen sehr effektiv fördern.

6.2.4 Infrastrukturelle Rahmenbedingungen von Mobilität

Für Elektroautos stellt die ausreichende Ladeinfrastruktur eine erforderliche Bedingung dar, damit diese genutzt werden. Aber auch andere Aspekte der Infrastruktur entscheiden mit darüber, welche individuellen Mobilitätsentscheidungen getroffen werden.

Lange et al. (2018) luden Versuchsteilnehmende ins Labor ein und ließen sie ein Verkehrsmittel für eine hypothetische Route auswählen. Die umweltfreundliche Variante (Fahrrad) brauchte längere Zeit, die schnellere Variante (Auto) verursachte hingegen reale Umweltkosten: Wählten die Teilnehmenden das Auto, gingen für die Zeit der hypothetischen Fahrt Lampen am Labortisch an, die sichtbar Strom verbrauchten – und damit also unnötig Ressourcen verschwendeten. Das spiegelt die häufig anzutreffenden Bedingungen in der Realität wider, in der oftmals die schnellere Mobilitätsoption auch die umweltschädlichere ist. Personen, die umweltfreundlicher eingestellt waren, waren prinzipiell häufiger bereit, die länger andauernde, aber umweltfreundliche Option zu wählen. Je größer jedoch der Zeitunterschied zwischen der umweltfreundlichen und der nicht umweltfreundlichen Mobilitätsoption war, desto weniger Personen waren dazu bereit. Wenn die Infrastruktur nachhaltiges Verhalten leichter macht, dann werden auch zunehmend Menschen, deren Bewusstsein für Umweltschutz nicht so stark ausgeprägt ist, sich dafür entscheiden. Das heißt, wenn der Verkehr in einer Stadt so organisiert ist, dass man mit dem Fahrrad schnell und einfach ans Ziel kommt, dann werden nicht nur überzeugte Umweltschützer und -schützerinnen das Fahrrad nutzen, sondern auch viele andere.

Einen weiteren Aspekt der Infrastruktur heben Taube et al. (2018) hervor. Auch sie ließen Personen auf einem Navigationsgerät zwischen mehreren Routen wählen, die virtuell zurückgelegt werden sollten. Je schneller die Routen zeitlich waren, desto weniger umweltfreundlich waren sie (d. h. desto mehr CO_2-Ausstoß verursachten sie), und je umweltfreundlicher, desto mehr Zeit war erforderlich, um die Strecke zurückzulegen. In dieser Studie fanden die Teilnehmenden jedoch einen Default vor – also eine vorausgewählte Option. Entweder war die schnellste oder die umweltfreundlichste Route als Default eingestellt. Je umweltfreundlicher eine Person eingestellt war, desto eher wählte sie eine umweltfreundliche Route. Unabhängig davon, wie umweltfreundlich die Personen waren, hatte aber auch der Default eine erleichternde Wirkung: Wenn standardmäßig die umweltfreundliche Routenoption vorgeschlagen wurde, führte das bei allen Personen zu einer höheren Wahrscheinlichkeit, dass sie diesem Vorschlag auch nachkamen.

Die nachhaltige Gestaltung von Defaultoptionen ist ein Beispiel für sogenanntes *Nudging* (siehe ► Abschn. 4.2.4), also Stupser in Richtung nachhaltigen Verhaltens. Ein nachhaltiger Default macht, dass eine Person, die keine aktive Entscheidung dagegen trifft, sich „automatisch" nachhaltig verhält. Die Gestaltung von Infrastruktur, in der sich Menschen bewegen und in der sie handeln, bietet hierfür zahlreiche Möglichkeiten.

6.2.4.1 Gute Bedingungen für Fuß- und Radverkehr

Welche Umgebungsgestaltung bevorzugen Menschen bei ihrer Wegwahl? Welche Eigenschaften haben Routen, die Radfahrende oder Zufußgehende gerne nutzen? Koh und Wong (2013) haben mehr als 1000 Personen am Ausgang von Bahnhöfen im Stadtgebiet von Singapur darum gebeten, die Route in einer Karte einzuzeichnen, die sie nun mit dem Fahrrad oder zu Fuß nach Hause (oder wohin auch immer sie gerade auf dem Weg waren) nehmen würden. Die meistgenutzten Routen von jedem der Bahnhöfe aus wurden dann von den Studienleitenden abgelaufen und bezüglich verschiedener Infrastrukturmerkmale bewertet: Wie nah ist man dem Autoverkehr? Wie hoch ist die Unfallgefahr? Wie schön ist die Umgebung? Wie gut ist der Schutz vor Wetter? Wie überlaufen ist der Weg mit anderen Menschen? Gibt es Ladengeschäfte auf dem Weg? Muss man Straßen überqueren? Gibt es Steigung oder Treppenstufen? Und noch einige Faktoren mehr. So wurde für jede Route ein „*Safety and Accessibility Index*" gebildet, also ein Index, der zusammenfasst, wie sicher und komfortabel eine Route für den Fuß- bzw. Radverkehr ist.

Dann verglichen die Forschenden die gewählten Routen mit den objektiv gesehen kürzesten Routen für das jeweilige Ziel. Die Routen, die für Zufußverkehr genutzt wurden, unterschieden sich insbesondere durch höheren *Komfort* (z. B. gute Wegbeschaffenheit, keine Hindernisse) und eine *schöne Umgebung* (z. B. Parks, Bäume, Wasser, Spiel- oder öffentliche Plätze) von den kürzesten Routen. Auch *weniger Gedränge* und mehr *Ladengeschäfte* auf dem Weg fanden sich häufiger an den gewählten Routen. Diese Umgebungsfaktoren bewirken also, dass Menschen hier gern zu Fuß gehen – und dafür nehmen sie sogar Umwege in Kauf.

Für den Fahrradverkehr zeigten sich teilweise andere Umgebungsfaktoren als ausschlaggebend für die Routenwahl. Für Radfahrende waren ebenfalls *Komfort* und *schöne Umgebung* Gründe für eine vom direkten Weg abweichende Route. Außerdem mochten Radfahrende, wenn *andere Radfahrende* oder Zufußgehende in der Nähe waren (also die Strecke nicht einsam und verlassen war) und wenn die *Unfallgefahr* mit dem Autoverkehr gering war.

Will man Fuß- und Radverkehr begünstigen, sollte man die Umgebung entsprechend attraktiv gestalten und die Bedürfnisse nach Komfort, Aufenthaltsqualität, Sicherheit und Begegnung berücksichtigen.

6.2.4.2 Sichere Infrastruktur fördert Radverkehr

Viele alltägliche Strecken würden sich gut dafür eignen, mit dem Fahrrad zurückgelegt zu werden. Sie sind nicht lang und erfordern nicht den Transport größerer Güter. Allerdings hält ein Mangel an sicheren Radwegen viele Menschen davon ab, aufs Rad zu steigen.

Die Coronapandemie führte im Jahr 2020 in einigen Städten dazu, dass kurzerhand temporäre geschützte Radfahrstreifen – sogenannte „Pop-up Bike Lanes" – eingerichtet wurden, darunter z. B. in Berlin, Düsseldorf, Köln, Wien, Budapest, Dublin und Grenoble. Geschützte Radfahrstreifen sind im Gegensatz zu Fahrradschutzstreifen nicht nur durch farbliche Markierungen vom Autoverkehr getrennt, sondern durch bauliche Elemente, die verhindern, dass Autos auf den Radfahrstreifen auffahren oder darauf halten können. Die baulichen Elemente können

Betonelemente, Poller, Blumenkübel oder ähnliche physische Barrieren sein. Die Bezeichnung „Pop-up“ deutet auf die kurzfristige und in der Regel zeitlich begrenzte Einrichtung der Struktur hin – in vielen Städten wurden diese geschützten Radfahrstreifen jedoch nach einiger Zeit verstetigt, da sie sich bewährten.

Während der Pandemie 2020 hatte sich der Autoverkehr durch das weitgehende Lahmliegen des öffentlichen Lebens stark reduziert und somit war es recht unkompliziert möglich, den Straßenraum umzuverteilen, ohne dabei dem üblichen Autoverkehrsdruck standhalten zu müssen. Zudem stieg die Nachfrage nach Fortbewegung mit dem Fahrrad zusätzlich, da die Menschen dem Gedränge in öffentlichen Verkehrsmitteln entgehen wollten. Die Situation war also günstig und es wurden an zahlreichen Stellen Teile der Straße mit baulichen Elementen vom Autoverkehr abgetrennt und als Radweg ausgewiesen.

Führt zusätzliche sichere Infrastruktur wirklich zu mehr Radfahrenden? Um diese Frage zu beantworten, haben Kraus und Koch (2021) zum einen dokumentiert, welche europäischen Städte wie viele Kilometer an Pop-up Bike Lanes eingerichtet haben. Zum anderen haben sie sich die Daten von sogenannten Fahrradzählstationen zunutze gemacht – also fest installierten Anlagen, die mittels Sensoren aufzeichnen, wie viele Radfahrende vorbeifahren. In 110 europäischen Städten konnten die Autoren Fahrradzählstationen ausfindig machen und riefen die täglichen Daten zur Menge an Radfahrenden ab. Diese Daten kombinierten sie mit dem zeitlichen Verlauf der Einführung von Pop-up Bike Lanes. Im Vergleich mit Städten, die keine neuen temporären Radwege einrichteten, erhöhte jeder Kilometer Pop-up Bike Lane den Radverkehrsanteil um 0,6 %. Im Durchschnitt legten die Städte 11,5 km neue temporäre Radinfrastruktur an und erhöhten somit den Anteil des Radverkehrs um durchschnittlich 7 %. In Abb. 6.7 ist die Zunahme des

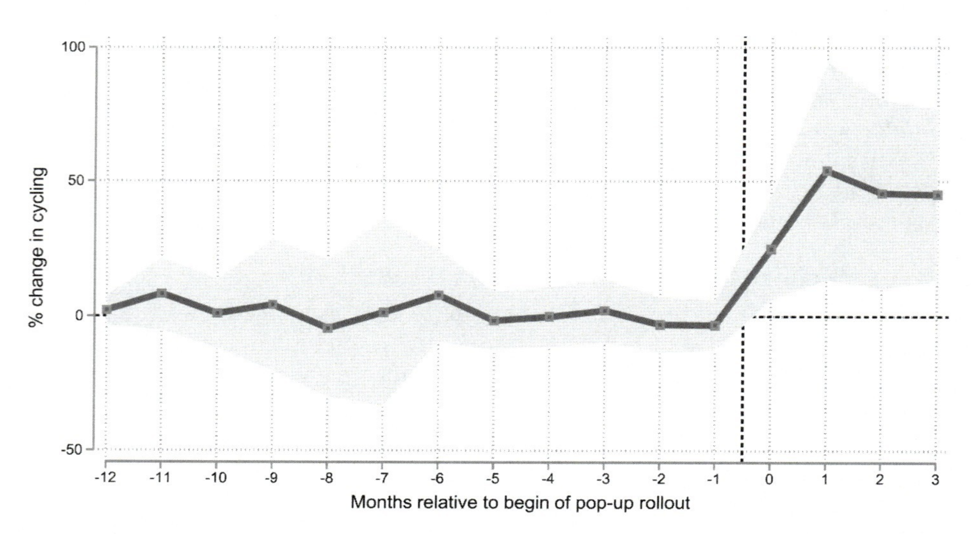

Abb. 6.7 Anstieg des Radverkehrsanteils nach der Einführung von Pop-up Bike Lanes in europäischen Städten. (Kraus und Koch 2021, S. 2; mit freundlicher Genehmigung)

Radverkehrs ab dem jeweiligen Moment der Einführung von Pop-up Bike Lanes gut zu erkennen. Angesichts der Reduzierung von Mobilität während der Pandemie ist der Anstieg der Fahrradmobilität zusätzlich bemerkenswert. Die Daten zeigen, dass man bei guter Infrastruktur auf die Nutzer und Nutzerinnen nicht lange warten muss und die Menschen gerne Rad fahren, wenn sie sich sicher und wohl fühlen.

6.2.5 Fliegen – Urlaub vom nachhaltigen Alltag?

In dunklen Wintern und nach anstrengenden Monaten im Beruf oder in der Ausbildung sehnen sich viele Menschen nach Sonne, Stränden und aufregenden Reiseerlebnissen in fernen Ländern. Die Welt ist vernetzt und auch weit entfernte Ecken stehen den (finanziell gut ausgestatteten) Reiselustigen für ihren Urlaub vom Alltag zur Auswahl. Für viele Menschen gehören Flugreisen zu einem gelungenen Urlaub dazu. Dabei ist Fliegen wohlgemerkt ein enormes Privileg der Reichen – global gesehen sind sehr wenige Menschen für die enormen Emissionen aus dem Flugverkehr verantwortlich. Es wird geschätzt, dass 80–90 % der Weltbevölkerung noch niemals in einem Flugzeug saßen. Nur 1 % der Menschen (nämlich die Vielfliegenden) sind schätzungsweise für 50 % der Flugemissionen verantwortlich. Auch in Deutschland machten im Jahr 2017 „nur" ca. 32 % der Bevölkerung mindestens eine Flugreise, die restlichen 68 % blieben am Boden. Trotzdem war Flugverkehr im Jahr 2019 für 2,4 % der weltweiten CO_2-Emissionen verantwortlich. Und der Flugverkehrssektor wächst kontinuierlich um 3–5 % pro Jahr. Mit einer Flugreise von Frankfurt nach New York und zurück verursacht man ca. 4 t CO_2-Emissionen pro Kopf. Der deutsche Pro-Kopf-Jahresdurchschnitt der Gesamtemissionen liegt bei ca. 9 t. Die Entscheidung für oder gegen eine Flugreise hat also ein enormes Gewicht für die individuelle CO_2-Bilanz.

Es wäre also nur logisch, wenn allen nachhaltigkeitsbewussten Personen als Erstes in den Sinn käme, auf Flugreisen zu verzichten, dem Klima zuliebe. In der Empirie zeigt sich aber häufig überhaupt kein Zusammenhang zwischen Umweltbewusstsein und Flugreiseverhalten. Manchmal findet sich sogar ein positiver Zusammenhang: Wer umweltbewusst ist, scheint mehr zu fliegen. Machen Menschen, die sich eigentlich um einen nachhaltigen Lebensstil bemühen, also im Urlaub auch „Urlaub" vom Umwelt- und Klimaschutz?

Die Suche nach der Antwort ist ein wenig verzwickt. Ein Teil der Erklärung für dieses nichtnachhaltige Verhalten der „Umweltschützer und -schützerinnen" liegt im höheren Einkommen. Tendenziell ist das Bewusstsein für Umwelt- und Klimaprobleme höher bei Menschen mit höherem Bildungsabschluss. Gleichzeitig verdienen diese Menschen aber auch mehr Geld. Wer ein höheres Einkommen hat, verursacht im Durchschnitt auch mehr Treibhausgasemissionen, insbesondere wegen größerer Wohnfläche und mehr Mobilität – und eben auch mehr Flugmobilität. Will man individuelles Flugreiseverhalten verstehen, sollte man also eine ganze Menge anderer Faktoren berücksichtigen. Dazu gehören die Rahmenbedingungen des individuellen Lebensstils, aber auch andere Interessen und Motive, die mit Flugreiseverhalten zusammenhängen. Und dann gibt es auch noch einige förderliche Faktoren, die eben doch dazu führen können, dass Menschen dem Klima zuliebe auf das Reisen per Flugzeug verzichten.

6.2.5.1 Bedeutung von äußeren Rahmenbedingungen für Flugreiseverhalten

Wie bereits erwähnt, ist ein ausreichendes Einkommen nötig, damit jemand sich eine private Flugreise überhaupt leisten kann. Das trifft insbesondere auf Langstreckenflüge zu (der zugehörige Aufenthalt bzw. Urlaub muss dann ja ebenfalls bezahlt werden). Hingegen sind Kurzstreckenflüge innerhalb Deutschlands oder in andere europäische Länder oftmals zu geradezu erschreckend billigen Preisen zu haben. Unter anderem – da der Treibstoff für Flugzeuge nicht besteuert wird – können Billigfluganbieter einen Flug nach Spanien schon zu einem Preis von wenigen Euro anbieten, für den man mit einem regulären Zugticket noch nicht einmal in die Nachbarstadt gelangt. Auch abseits der „Schnäppchen" von Billigfluganbietern ist der Preisunterschied von einer Flugreise zu einer (nachhaltigeren) Bahnreise für dieselbe Strecke meist enorm. Die Rahmenbedingungen begünstigen also massiv ein klimaschädliches Reiseverhalten. Aus individueller Perspektive ist es naheliegend und vernünftig, das eigene Verhalten hier kostensensibel zu wählen, was dann aber bekanntermaßen zu einem sehr klimaschädlichen Resultat führt. Mit individuellen Appellen kommt man hier nicht weit – nur wenige Menschen sind bereit, einen erheblichen Zusatzaufwand an Zeit und Geld auf sich zu nehmen, um aufs Fliegen zu verzichten. Um eine Verhaltensänderung von Vielen zu erreichen, ist es zunächst sinnvoll, über Steuern, Regulierung und Preispolitik die Rahmenbedingungen so zu verändern, dass Flugreisen *nicht* die individuell ökonomisch sinnvollste Alternative darstellen.

Gesellschaftlich fällt die ökonomische Bilanz von Kurz- und Mittelstreckenflugreisen eher schlecht aus. Auch wenn individuell der Ticketpreis günstig sein mag, so sind die Umwelt- und Folgekosten hoch und müssen kollektiv (d. h. von allen) getragen werden. Der CO_2-Preis ist ein mögliches Instrument, das die sogenannten externalen Kosten in den Flugpreis einrechnet: Die Folgekosten, die durch CO_2-Emissionen beim Fliegen verursacht werden, werden direkt auf den Preis fürs Fliegen aufgeschlagen. Das führt zum einen dazu, dass das Fliegen häufiger vermieden wird. Zum anderen kann der Staat die Einnahmen aus dem CO_2-Preis nutzen, um die Folgeschäden der Emissionen zu beseitigen (z. B. durch Investitionen in Klimaschutz). Die genaue Ausgestaltung von CO_2-Bepreisung ist noch wesentlich komplexer und lässt sich grob unterscheiden in Preise, die sich aus einem zertifikatebasierten Emissionshandelssystem ergeben, und eine Steuer, die vom Staat eingetrieben und dann weiterverwendet wird. Auch wenn die CO_2-Bepreisung für einige Bereiche erst zum Jahr 2021 eingeführt wurde, gibt es den Handel mit Emissionszertifikaten bereits länger, sowohl auf europäischer als auch auf nationaler Ebene. Tatsächlich müssen Fluggesellschaften bereits seit 2012 Emissionszertifikate für ihre CO_2-Emissionen erwerben. Diese Zertifikate waren zunächst jedoch kostenlos und entsprechend hat die Einbindung in den Emissionszertifikatehandel bislang nicht dazu geführt, dass der Luftverkehr abnimmt.

Die klimaentlastende Wirkung der Einpreisung von Folgekosten durch Treibhausgasemissionen hängt also stark davon ab, wie genau diese ausgestaltet ist. Ist der Preis zu gering, ändert sich kaum etwas am Status quo, da weder Unternehmen noch Verbraucher und Verbraucherinnen stark davon beeinflusst werden. Ist er hoch, hat er durchaus Transformationspotenzial, weil er Unternehmen zu strategisch anderen Entscheidungen drängt – aber es drohen dann auch Akzeptanzprobleme, wenn die wirtschaftliche Belastung als unzumutbar oder die Bepreisung nicht als sozial gerecht ausgestaltet empfunden wird.

Die finanziellen Rahmenbedingungen spielen also beim Flugverhalten eine große Rolle. Aber zu den Rahmenbedingungen gehören auch die gebaute Infrastruktur und die Erreichbarkeit von Flughäfen.

Ein wichtiger Einflussfaktor für das Flugreiseverhalten von Personen ist die individuelle Wohnlage. Für Menschen, die im urbanen Raum leben und es somit häufig nicht weit zu einem Flughafen haben, ist die Wahrscheinlichkeit höher, dass sie Flugreisen machen. Besonders Stadtbewohner und -bewohnerinnen, die eher jung und eher wohlhabend sind, treten also öfter einmal eine Flugreise an – selbst, wenn ihnen das Klima nicht egal ist. Warum? Es ist günstig und es ist schnell. Und natürlich gibt es auch abgesehen davon zahlreiche Gründe, die individuell *für* eine Flugreise sprechen können, z. B. Lust auf Erholung, gutes Wetter, schöne Landschaften, andere Kulturen, Abwechslung und interessante Erfahrungen, von denen man später erzählen kann. Einige davon sind gerade auch bei umweltbewegten, jungen Menschen häufig anzutreffen und werden im folgenden Abschnitt besprochen.

6.2.5.2 Andere Motive: Status, globale Identität, soziale Beziehungen

Zum Schutz des Klimas auf Flugreisen komplett zu verzichten, fällt vielen besonders schwer – denn was man durch sie gewinnen kann, erscheint doch ziemlich attraktiv. Nachdem viele leicht nachvollziehbare Gründe fürs Fliegen bereits genannt wurden (z. B. Spaß, Erholung, Sonne, neue Eindrücke), beleuchten wir hier den Aspekt der Persönlichkeitsentwicklung etwas näher.

In einer global vernetzten Welt ist es sowohl im privaten wie auch im beruflichen Kontext hoch angesehen, wenn jemand viel gereist ist. Damit wird Erfahrung und Lernen assoziiert – wer viel in der Welt herumgekommen ist, hat sich mit anderen Ländern geografisch, sprachlich und kulturell beschäftigt, sich gebildet, etwas über Geschichte und gesellschaftliche Themen gelernt, den „eigenen Horizont erweitert“ und ist möglicherweise sensibel für andere Sichtweisen auf die Welt als diejenige, mit der er oder sie groß geworden ist. Kurzum: Reisen bringt nicht nur Spaß und Erholung, sondern führt auch zu persönlicher Weiterentwicklung und Anerkennung durch andere. Nicht zuletzt für die Bewältigung globaler Krisen könnte es doch sehr zuträglich sein, wenn möglichst viele Menschen durch direkte Erfahrung Einsicht in die Gefährdung sensibler Ökosysteme (z. B. Regenwald) oder die Bedrohung und Ausbeutung indigener Menschen erlangen? Wer global denken kann, bringt womöglich stärkere Empathie für die Belange von Menschen in anderen, vom Klimawandel stärker betroffenen Regionen der Welt auf.

Als „globale Identität" wird das Selbstbild von Menschen bezeichnet, die sich mit der Menschheit an sich (also allen Menschen rund um die Welt) identifizieren. Die globale Identität einer Person wird einerseits gefördert durch die Erfahrung mit Menschen weltweit (z. B. durch das Reisen), andererseits gilt sie als vielversprechender Einflussfaktor auf die Bereitschaft zu persönlichem klimaschützendem Verhalten – was in der Konsequenz eigentlich *weniger* (Flug-)Reisen bedeuten muss.

Dieser scheinbare Widerspruch hat bereits einige Forschung inspiriert. Kann man die Beziehungen zu Menschen rund um die Welt und Einblicke in andere Lebenswelten und Kulturen auch virtuell herstellen – also ohne ins Flugzeug zu steigen, sondern beispielsweise über E-Mail-Austausch und Videotelefonie mit Menschen in anderen Ländern? Zumindest in Ansätzen scheint das zu funktionieren – sogar der imaginierte Kontakt mit einer Person in einem weit entfernten Land steigert die globale Identität in Experimenten (Römpke et al. 2019). Um sich mit anderen Menschen auszutauschen, muss man längst nicht mehr direkt vor ihnen stehen. Das Internet, soziale Medien und fortschreitende technische Innovationen machen den virtuellen Austausch immer einfacher und umfassender (man denke beispielsweise an die längst übliche Videotelefonie über das Smartphone oder auch zukünftige Anwendungen von Hologrammen nicht physisch anwesender Personen in einem Raum).

Dass Technologie alle Aspekte des eigentlichen Erlebens einer Reise ersetzen kann, ist allerdings schwer vorstellbar. Denn abgesehen von der recht abstrakten Identifikation mit der Menschheit an sich (also der globalen Identität) sind es persönliche Begegnungen und Freundschaften, die uns bewegen und das emotionale Erleben prägen. Entsprechend hat die globale Identität einer Person auch keinen Einfluss auf eine Verringerung der individuellen Flugreisen (Loy et al. 2021).

Wenig überraschend ist daher, dass Menschen, die viel reisen, auch häufiger soziale Kontakte in andere Länder haben. Und wer Freunde oder Familie hat, wird diese auch gelegentlich wiedersehen wollen. Soziale Beziehungen in andere Länder hängen wie zu erwarten empirisch zusammen mit Flugverhalten – und sind auch eine geläufige und akzeptierte Rechtfertigung für individuelle Flugreisen.

Flugreisen in der Wissenschaft

In der Wissenschaft gilt Internationalität als ein Schlüssel zum Erfolg. Herausragende Wissenschaftlerinnen und Wissenschaftler pflegen Austausch und Zusammenarbeit über Ländergrenzen hinweg, legen oftmals einen Auslandsaufenthalt ein und treffen sich regelmäßig auf internationalen Konferenzen auf der ganzen Welt. Dafür fallen reichlich Treibhausgasemissionen an und entsprechend gibt es langsam, aber zunehmend auch im Wissenschaftssystem Diskussionen über die Notwendigkeit von forschungsbezogenen Reisen und mögliche Alternativen.

Die ETH Zürich hat es sich als eine der ersten Hochschulen überhaupt zum Ziel gemacht, die eigenen Flugreiseemissionen zu verringern. Mit ihrem Projekt „Stay grounded, keep connected" zielte die ETH darauf ab, durch

Einbeziehung der Departments und der Mitarbeitenden neue Lösungen zu finden, wie eine Reduktion von Flugreisen gelingen kann, ohne dass die Karriereaussichten und die wissenschaftliche Exzellenz der Forschungsarbeit darunter leiden.

Die größten Sorgen sind nämlich, dass weniger Reisen eben auch weniger Internationalität, weniger Publikationen, Forschungsgelder und Sichtbarkeit in der internationalen Wissenschaftscommunity bedeutet. Die Mitarbeitenden der ETH Zürich waren jedoch überwiegend der Ansicht, dass auch deutlich weniger Flugreisen nicht notwendigerweise ein Nachteil sein müssen, und befürworteten in der Mehrheit das Projekt.

Global gesehen ist die starke Beeinflussung von Karrieren durch direkten, persönlichen internationalen Kontakt in der Wissenschaft sogar auch ein Problem: Diese Praxis schließt viele Personen aus, die es körperlich, familiär oder finanziell bedingt nicht leisten können, regelmäßig für ihre Karriere um die Welt zu reisen – z. B. Personen mit körperlichen Beeinträchtigungen, solche mit familiärer Einbindung in Kindererziehung oder solche aus armen Ländern, die nicht über die institutionellen Finanzierungsmöglichkeiten verfügen, um solche Forschungsreisen zu unternehmen (siehe Kreil 2021). Eine Veränderung der wissenschaftlichen Praktiken internationaler Zusammenarbeit bietet also auch eine große Chance für mehr Gerechtigkeit und Teilhabe bislang benachteiligter Gruppen – und damit das Potenzial, vielseitiger und relevanter zu werden.

6.2.5.3 Flugscham und Suffizienz können Flugreisen verringern

Flugscham ist eine recht neue Wortschöpfung, die im Jahr 2018 aufkam, als zahlreiche schwedische Prominente sich dazu bekannten, dass sie ab sofort aus Gründen des Klimaschutzes auf Flugreisen verzichten wollen. Aus dem Schwedischen („*flygskam*") breitete sich der Begriff schnell in andere Sprachen aus. Man kann ihn so verstehen, dass angesichts der enorm schädlichen Wirkung von Flugreisen auf das Klima geradewegs Scham empfunden wird, wenn man dennoch ein Flugzeug zum Reisen benutzt. In den Definitionen des Begriffs steht aber weniger das Schamgefühl im Mittelpunkt. Stattdessen wird „Flugscham" verwendet, um auszudrücken, dass jemand aus Gründen des eigenen Bewusstseins über die schädlichen Auswirkungen von Flugreisen auf die Umwelt weniger oder gar nicht mehr das Flugzeug als Verkehrsmittel verwendet – Flugscham ist also eine wertorientierte Haltung, die nicht rein emotional, sondern auch stark kognitiv begründet ist.

In Flugscham zeigt sich ein konkretes Beispiel dafür, dass Menschen sich nicht wirklich gern dabei erwischen, wie sie sich entgegen ihrer Überzeugungen verhalten. Der Sozialpsychologe Leon Festinger (1962) benannte das resultierende Unwohlsein bereits Mitte des 20. Jahrhunderts als „kognitive Dissonanz". Eine umweltbewusste Person könnte sich nur schwer rechtfertigen (vor sich selbst wie vor anderen), dass sie klimaschädlich fliegt, wenn es nicht nötig ist oder alternative klimafreundlichere Verkehrsmittel zur Verfügung stehen. Die Frage ist nun aber natürlich: Was heißt „nicht nötig" und wann gilt ein anderes Verkehrsmittel als „Alternative"? Diese Fragen beantworten Menschen unterschiedlich.

Für Greta Thunberg ist *keine* Flugreise mehr „nötig". Entweder es findet sich ein klimafreundlicher Weg, um an ein Ziel zu kommen, oder das Ziel kommt eben für sie nicht infrage. Innerhalb von Europa legt Greta Thunberg ihre Wege mit dem Zug zurück – wie übrigens viele andere Personen auch. Zur UN-Klimakonferenz in New York im Jahr 2019 reiste sie mit einem Segelboot an, was für großes Aufsehen sorgte. Hier hat sie also eine klimafreundliche Alternative zum Fliegen gefunden. Wäre das nicht gegangen, hätte sie den Termin in New York vermutlich abgesagt. Bei anderen Personen, die beim Klimaschutz nicht so konsequent wie z. B. Greta Thunberg sind, führt Flugscham aber vielleicht nicht zum kompletten Verzicht aufs Fliegen. Da wird aus Gründen der Flugscham vielleicht eine Wochenendflugreise nach Barcelona ersetzt durch eine Zugreise nach Hamburg, aber der jährliche Geschäftstermin in New York wird trotzdem besucht. Flugscham kann auch bedeuten, dass man die eigenen Flugreisen nicht mehr unkritisch oder uneingeschränkt positiv sieht, aber dennoch an einigen festhält.

Solange Flugreisen nicht durch klimafreundliche Technologie emissionsarm oder -neutral werden und es auch keine anderweitige Regulierung zu Verringerung des Flugverkehrs gibt, bleibt es also erst einmal Privatsache und eine mehr oder weniger individuelle Entscheidung, das Klima durch Verzicht auf Flugreisen zu schützen.

Die individuelle Suffizienzorientierung fasst die Motivation, den eigenen Lebensstil emissionsarm zu gestalten, deutlich breiter als die sehr spezifische Flugscham. Suffizienz meint die verringerte Nachfrage nach Gütern oder Dienstleistungen – z. B. eben einen Verzicht auf Flugreisen – und ist bei verschiedenen Personen unterschiedlich stark ausgeprägt. Eine suffizienzorientierte Person will nicht jede Gelegenheit für Konsum um jeden Preis in Anspruch nehmen, sondern hat zunächst einmal eine genügsame Grundhaltung. Wenig materielles oder ressourcenverbrauchendes Konsumieren und dennoch Zufriedenheit finden ist die typische Haltung einer suffizienzorientierten Person.

Bezogen aufs Reisen heißt das beispielsweise, dass nicht an erster Stelle die Frage steht, wie oft, wie lange und wie weit weg man reisen kann, um möglichst viel zu sehen und zu erleben. Sondern stattdessen steht die Frage am Anfang: „Was brauche ich wirklich?" Geht es primär um Erholung und Natur, könnte eine Reise in nahe gelegene Regionen diese Bedürfnisse befriedigen. Geht es darum, neue Menschen kennenzulernen, findet man in Gruppenreisen oder Mitwohngelegenheiten als Urlaubsunterkunft vielleicht die passende Umgebung. Soll es Strand und Sonne sein, könnten Reiseziele gefunden werden, die auf dem Landweg (z. B. mit dem Zug) erreichbar sind. Steht Aktivurlaub hoch im Kurs, so erfordern zahlreiche Aktivitäten und Sportarten ebenfalls keine Reise um die halbe Welt. Viele weitere Überlegungen können am Beginn der Reiseplanung einer suffizienzorientierten Person stehen. Das Prinzip ist es, die eigenen Bedürfnisse zu reflektieren und darauf abgestimmt Möglichkeiten zu entwickeln, diese ohne allzu klimaschädliche Verhaltensentscheidungen zu erfüllen.

Die Forschung zur emissionsreduzierenden Wirkung individueller Suffizienzorientierung steckt noch in den Anfängen (Verfuerth et al. 2019). Flugreiseverhalten ist insbesondere unter denjenigen, die es sich prinzipiell leisten können, weit verbreitet und nicht allzu viele Menschen sind bereit, allein aus Klimaschutzgründen auf Flugreisen zu verzichten. Auch diejenigen, die zwar auf Kurztrips mit dem Flieger verzichten und nur noch selten fliegen, tun dies dann gegebenenfalls in Form einer Fernreise, sodass die Emissionen daraus in der Bilanz dennoch hoch sind. Den Einflussfaktoren für Flugverhalten auf die Schliche zu kommen, ist also gar nicht so einfach. Die Generation der Fridays for Future läutet hier möglicherweise einen Umbruch ein, da unter jungen Menschen Fliegen längst nicht mehr selbstverständlich ist, sondern von vielen als hochproblematisch angesehen wird. Noch ist kein merklicher Rückgang an Flugreisen zu verzeichnen (zumindest nicht aus Klimaschutzgründen – die Coronapandemie hingegen hat selbstverständlich einen enormen Einbruch der Flugreisen verursacht). Aber die Zustimmung zu politischen Maßnahmen wächst, die den Treibhausgasausstoß durch Flugreisen verringern sollen (z. B. höhere Preise, Auflagen für Fluggesellschaften, Abschaffen von Subventionen; siehe Gössling und Humpe 2020). Es ist also möglich, dass mit der größeren Verbreitung der „Flugscham" bzw. Suffizienzorientierung im Mobilitätsverhalten auch die empirischen Zusammenhänge zwischen Nachhaltigkeitsbewusstsein und Flugreiseverhalten deutlicher werden, die sich bereits in einigen Studien finden (z. B. Loy et al. 2021).

6.2.6 Fazit

Das Anwendungsfeld Mobilität ist ein harter Brocken für die Transformation. Mobilität ist sehr individuell und gleichzeitig ist ihr heutiges Ausmaß eine Errungenschaft, die eigentlich niemand mehr infrage gestellt sehen will. Die Transformation, d. h. der nachhaltige Umbau der Mobilitätssysteme, erfordert an vielen Stellen ein grundsätzliches Umdenken – etwa, wenn individuelle, flexible und komfortable Mobilität nicht unter der Verwendung eines privaten Pkw realisiert werden soll. Oder wenn die zeitliche Organisation von Reisen nicht mehr von den Prinzipien „schneller" und „weiter" geleitet wird, sondern „verträglich" und „entschleunigt". Das überfordert viele Menschen und daher braucht es stellenweise eine gehörige Portion Fantasie und Kreativität, wenn man wirkungsvoll über die Mobilität der Zukunft kommunizieren will. In empirischen Untersuchungen zeigt sich häufig, dass es vielen Menschen nicht leichtfällt, ihre Mobilität klimafreundlich zu verändern, auch wenn ihnen Nachhaltigkeit prinzipiell ein wichtiges Anliegen ist. Die Veränderung von Mobilität ist sehr stark von äußeren Faktoren wie Infrastruktur oder Preisunterschieden zwischen den Verkehrsmitteln abhängig. Das macht es für Individuen häufig sehr schwierig, ihre Nachhaltigkeitsorientierung auch im Verkehrsbereich in entsprechendes Verhalten umzusetzen. Auch wenn das private Auto seit vielen Jahrzehnten wie festgefahren ist in der Alltagsmobilität, so findet man doch in den Nischen eine große Veränderungsbereitschaft und kreative Lösungen, wie die Transformation im Verkehrssektor große Verbesserungen für alle mit sich bringen kann. Die dort herrschende Dynamik ist vielversprechend dafür, dass sich auch in der Breite der Gesellschaft bald ein neues Mobilitätsverständnis durchsetzen kann.

6.3 Ernährung

Zum Leben brauchen wir Energie, die wir über Nahrungsmittel zu uns nehmen. Ein erwachsener Mensch benötigt im Mittel ungefähr 2000 kcal pro Tag (wobei der tatsächliche Kalorienbedarf schwankt, je nach Körpergröße, Alter, Geschlecht, körperlicher Aktivität und vielen weiteren Faktoren). Zur Deckung dieses Energiebedarfs haben einigermaßen wohlhabende Menschen heutzutage eine schier endlose Auswahl an Lebensmitteln zur Verfügung, und Essen ist – weit über das körperliche Überleben hinaus – ein wichtiger Teil von Kultur, Sozialleben, aber gleichzeitig auch Individualität und natürlich Genuss. Gleichzeitig ist Hunger nach wie vor eines der größten Probleme der Menschheit und viele Hundert Millionen Menschen weltweit haben nicht ausreichend Nahrungsmittel zur Verfügung, um gesund und sicher zu leben – dies betrifft also ca. jede 10. Person. Beides hängt zusammen: Die Art und Weise, wie für die einen Nahrungsmittel in großem Überfluss produziert werden, führt mit dazu, dass andere nicht ausreichend zu essen haben.

Sowohl der Überfluss in einigen Teilen als auch der Mangel in anderen Teilen der Welt hängen auch mit den menschengemachten Klimaveränderungen zusammen. Ein Viertel der weltweiten Treibhausgasemissionen stammt aus dem Ernährungssektor, der damit ein Haupttreiber der Klimaerwärmung ist. Für die Lebensmittelerzeugung werden Waldflächen abgeholzt, Biodiversität zerstört und Böden überdüngt und ausgelaugt. Auf diesen landwirtschaftlichen Flächen werden jedoch nicht etwa vorwiegend Lebensmittel für menschliche Ernährung angebaut, sondern 78 % der Fläche fallen der Nutzung für die Tierindustrie zu. Dort wird also Tierfutter angebaut, das dann für die Fleisch- und Milcherzeugung verwendet wird. In der Energiebilanz ist das eine sehr ineffiziente Herstellung von Kalorien für die menschliche Ernährung: Für 1 cal Rindfleisch müssen 36 cal Energie aufgewendet werden, für 1 cal Schweinfleisch braucht es 11 cal zur Herstellung und sogar bei Eiern und Milch ist noch das etwa 6-Fache an Energie aufzuwenden. Auf langen Transportwegen werden Nahrungsmittel um die Welt geschifft, geflogen oder gefahren, was ebenfalls eine Menge Treibhausgasemissionen verursacht. Und schließlich landet schätzungsweise ein Drittel der für Menschen produzierten Lebensmittel im Müll. Emissionen, die aus Lebensmittelverlusten und -verschwendung resultieren, machen allein 8 % der globalen Treibhausgasemissionen aus. Die Herstellung von Nahrungsmitteln und der Umgang mit ihnen birgt also viel Veränderungspotenzial, um Treibhausgasemissionen einzusparen und Umweltzerstörung zu verringern.

Die Folgen der Klimaveränderungen haben ihrerseits wiederum Auswirkungen auf die Lebensmittelproduktion. Klimaveränderungen verursachen Extremwetterereignisse wie Dürren und Fluten, die die Versorgung mit Lebensmitteln bedrohen, weil u. a. Ernten zerstört, Böden ausgelaugt oder abgetragen werden und Wassermangel verschärft wird. Dies betrifft insbesondere Menschen, die direkt auf kleinbäuerliche Landwirtschaft angewiesen sind und deren Selbstversorgung dann nicht mehr gewährleistet ist. Durch Nahrungsmittelknappheit, aber auch durch zunehmende gewaltsame Konflikte steigen die Preise und viele Menschen haben dann nicht mehr ausreichend Zugang zu den vorhandenen Lebensmitteln.

In diesem Abschnitt fokussieren wir uns auf die Perspektive der Menschen in wohlhabenden Gesellschaften, also jene, die nicht an Mangel leiden und die informierte Entscheidungen über ihre Ernährung treffen können. Wir besprechen, welche Wege es gibt, um mit der eigenen Ernährung zu einer Entlastung von Umwelt, Klima und sozialen Missständen beizutragen.

Hierfür ist der Abschnitt entlang von vier Leitplanken gegliedert, an denen sich eine nachhaltige Ernährung orientieren sollte:

1. Fleischkonsum stark reduzieren oder komplett auf eine pflanzliche Ernährung umstellen
2. Lebensmittel aus verantwortungsvoller Herstellung beziehen (z. B. ökologisch und/oder fair produziert)
3. Lebensmittel regional und entsprechend der Saison kaufen (z. B. um Transportwege und unnötig energieintensive Herstellung zu vermeiden)
4. Lebensmittelverschwendung vermeiden

6.3.1 Von fleischhaltiger zu pflanzenbasierter Ernährung

Bei all dieser Variation, in der die Herstellung verschiedener Lebensmittel unterschiedliche Auswirkungen auf die Natur und das Klima hat, ist eine Regel ziemlich allgemeingültig: Ist es ein tierisches Produkt, sind die Treibhausgasemissionen höher und der Landverbrauch größer. Zwar unterscheiden sich auch tierische Produkte stark im Ausmaß, in dem sie für Klimagase verantwortlich sind: Geflügel schadet dem Klima deutlich weniger als Rindfleisch; mit der Produktion von Eiern hängen weniger Treibhausgase zusammen als mit der von Butter. Und auch die Form der Herstellung macht einen Unterschied: Auf einer kleinen ökologisch bewirtschafteten Farm wird in der Regel weniger Schaden an der Umwelt angerichtet als in einem großen Agroindustriebetrieb. Die Potenziale für Verbesserungen, die man durch Veränderungen auf der Seite der Produzierenden erreichen kann, kommen jedoch bei Weitem nicht an den Hebel heran, den Konsumentinnen und Konsumenten haben, wenn sie ihren Fleisch- und Milchproduktekonsum stark verringern und sich viel stärker pflanzenbasiert ernähren. Das heißt: Auch eine emissions- und ressourcenverbrauchsoptimierte Herstellung von tierischen Produkten liegt in der Klimabilanz noch deutlich über der der allermeisten pflanzlichen Lebensmittel. Man kann also die Produktion von tierischen Lebensmitteln an sich nicht deutlich *verbessern* und so klimaverträglicher gestalten – eine Entlastung kann nur durch *weniger* Produktion erreicht werden. Konsumenten und Konsumentinnen können dagegen durch Umstellung auf eine pflanzenbasierte Ernährung den Landverbrauch der Nahrungsmittelherstellung um 76 % reduzieren, die Treibhausgasemissionen um 49 %, und auch der Wasserverbrauch würde sehr stark zurückgehen (Poore und Nemecek 2018).

In Deutschland ernähren sich ca. 2 % der Menschen vegan, d. h. komplett auf pflanzlicher Basis. Die Tendenz ist steigend und vor allem der Absatz veganer Alternativen zu Fleischprodukten legt sehr stark zu, denn immer mehr Menschen wollen aus ethischen und Umwelt- bzw. Klimaschutzgründen ihren Fleischkonsum verringern.

Ernährung ist also nur für wenige Menschen eine Frage von „ganz oder gar nicht“ im Hinblick auf Produkte tierischen Ursprungs. Zwischen striktem Veganismus und völlig entgrenztem Fleischkonsum bewegen sich die meisten Menschen in Bereichen einer irgendwie gemischten Ernährungsweise. Es gibt Personen, die vegetarisch leben, also durchaus Milchprodukte und Eier, aber eben kein Fleisch essen. Pescovegetarier und -vegetarierinnen essen zusätzlich Fisch und Meeresfrüchte. Die sogenannte mediterrane Diät basiert auf sehr viel Gemüse, aber in Maßen auch Fisch und Fleisch, und gilt sowohl als sehr gesund als auch vergleichsweise klimafreundlich. Und schließlich gibt es auch sonst unter den Fleischessenden große Unterschiede in der Fleischlastigkeit der Ernährungsweise. Die Klimabelastung steigt mit der Menge an Fleisch (vor allem rotem – also Schweine-, Lamm- und Rindfleisch). Daher ist eine Reduktion des Fleischkonsums – egal von welchem Ausgangslevel – immer ein hilfreicher Schritt zu mehr Klimaschutz.

Um die eigene Ernährung klimafreundlich auszurichten, braucht man natürlich eine gehörige Portion Wissen – z. B. über die Umweltauswirkungen verschiedener Lebensmittel (siehe ◘ Abb. 6.8) und über die Handlungsmöglichkeiten, mit welchen Maßnahmen man diese Auswirkungen verringern kann. Tatsächlich wissen scheinbar die meisten Menschen nur sehr schlecht Bescheid über die Klimawirkung verschiedener Nahrungsmittel (Hartmann und Siegrist 2017). Auf der Website „Our World in Data“ (► http://ourworldindata.org) gibt es hervorragend aufbereitete Daten zur Klimawirkung verschiedener Lebensmittel zum Selbsterkunden und Vergleichen. Interessierte können dort einen sehr guten Eindruck

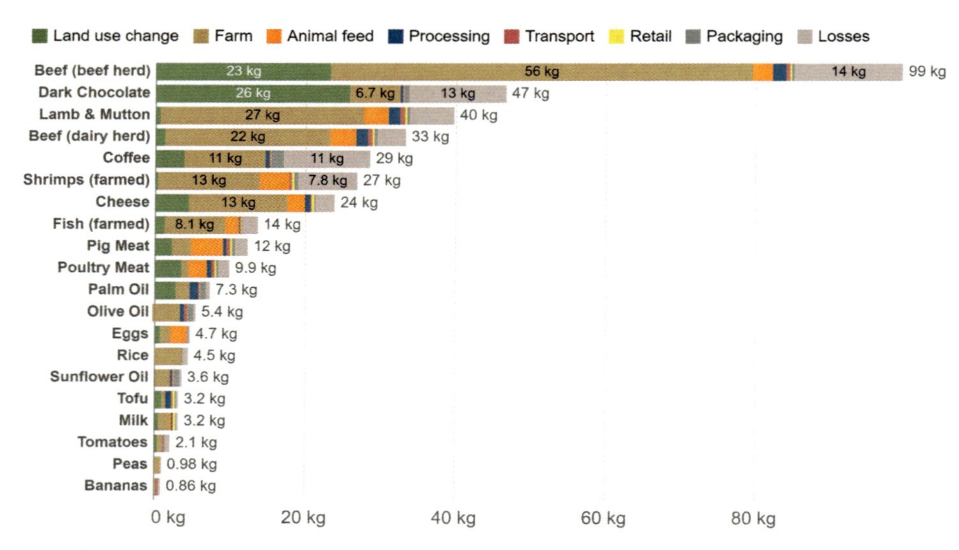

◘ **Abb. 6.8** Treibhausgasemissionen pro Kilogramm für verschiedene Lebensmittel aufgeteilt nach Produktionsschritten. (Daten aus Poore und Nemecek 2018, dargestellt von ► OurWorldInData.org; CC BY 4.0)

davon bekommen, welche Diät und welche Essensvorlieben sich wie stark auf das Klima auswirken. Allerdings sind nicht alle Menschen so interessiert an nachhaltiger Ernährung, dass sie eigene Recherchen dazu anstellen.

Präsentiert man Personen *Informationen* zu nachhaltiger Ernährung, so kann das durchaus einen Effekt auf ihren Vorsatz haben, weniger Fleisch zu essen. In einer Studie führte allein das Lesen von Informationen zu den Umweltauswirkungen, aber auch den gesundheitlichen, ethischen und sozialpolitischen Auswirkungen von Fleischkonsum schon zu einer Reduktion von fleischhaltigem Essen in den kommenden Wochen um fast ein Drittel (Loy et al. 2016). Um den Teilnehmenden bei der Umsetzung ihrer guten Vorsätze zu helfen (Stichwort „Gewohnheiten", siehe ► Abschn. 4.1.3), bekamen einige außerdem zusätzlich noch Strategien zur Selbstkontrolle an die Hand, mit der sie sich ein Ziel setzten und die konkrete Umsetzung planten, um die Verringerung des eigenen Fleischkonsums in der Entscheidungssituation auch wirklich in die Tat umzusetzen. Diese Strategien zur Selbstkontrolle waren zwar hilfreich, allerdings nicht für alle Teilnehmenden gleichermaßen. Nur diejenigen mit einer besonders starken Absicht, ihren Fleischkonsum zu reduzieren, profitierten auch von der Selbstkontrollstrategie. Meistens sind an solchen (freiwilligen) Versuchen recht freundliche Menschen beteiligt, die sich für das Thema interessieren, der Forschung etwas Gutes tun wollen und offen für Neues sind. Man sollte also nicht allzu optimistisch sein, dass mit Informationen allein große Effekte zur Fleischreduktion in der Bevölkerung zu erzielen sind (Hartmann und Siegrist 2017). Informationen über umwelt- und klimaschützendes Verhalten sind zwar notwendig, damit Menschen ins Handeln kommen können, aber es hängt davon ab, ob jemand Lust oder Interesse hat, sich mit diesen Informationen zu beschäftigen (Baierl et al. 2022; Taube et al. 2021).

Man kann es Menschen aber auch leichter machen, sich pflanzenbasiert zu ernähren, ohne dass sie zunächst etwas lernen – sich also kognitiv anstrengen – müssen. Solche Strategien werden unter dem Begriff *Nudging* zusammengefasst und sie funktionieren über Veränderungen im Außen (also an der Handlungssituation), die nachhaltiges Verhalten so einfach machen, dass Menschen es einfach tun – fast ohne darüber nachzudenken (vgl. ► Abschn. 4.2.4). Eine Nudgingstrategie, die bei der Essensauswahl gut zu funktionieren scheint, ist, die Verfügbarkeit von nachhaltigen Essensoptionen zu erhöhen. Garnett et al. (2019) haben das in einer großen Studie demonstriert. In mehreren Kantinen an der Universität in Cambridge haben sie beobachtet, wie sich die Essenswahl der Gäste veränderte, wenn der Anteil der Gerichte ohne Fleisch höher bzw. niedriger war. Wenn der Anteil vegetarischer Gerichte in den Kantinen von 25 % auf 50 % stieg (also z. B. von einem auf zwei vegetarische Gerichte bei einer Gesamtauswahl von vier Gerichten), dann stieg der Anteil von vegetarischen verkauften Gerichten um 15 Prozentpunkte (siehe ◘ Abb. 6.9). Zwei wichtige Dinge lernten die Forschenden aus dieser Studie: Leute, die zuvor Fleisch aßen, wichen nicht einfach auf die verbleibenden Fleischoptionen im Angebot aus, sondern waren durchaus offen dafür, vegetarisches Essen zu wählen. Und der größte Zuwachs an vegetarischer Essenswahl war (bei steigendem Anteil der vegetarischen Gerichte an der Gesamtauswahl) bei denjenigen zu beobachten, die vorher besonders viel Fleisch aßen. Einfache Veränderungen im Angebot können also positive Auswirkungen haben, ohne dass

Verfügbarkeit vegetarischer Gerichte: **25%** **50%**

Anteil vegetarischer an verkauften Gerichten:

Abb. 6.9 Einfluss der Verfügbarkeit von vegetarischen Gerichten auf den Verkauf vegetarischer Gerichte in den Kantinen bei Garnett et al. (2019; eigene Darstellung)

Abb. 6.10 Essbare Insekten als Ernährung der Zukunft. (Bildnachweis: Marcos Elihu Castillo Ramirez, istockphoto; mit freundlicher Genehmigung)

Menschen schwierige Entscheidungen treffen müssen oder komplizierte Informationen verarbeiten müssen und ohne dass sie sich enttäuscht abwenden: Es war weder ein Einbruch in den Verkaufszahlen zu verzeichnen noch eine Zunahme an Fleischmahlzeiten zu anderen Zeitpunkten (wenn die Fleischgerichteverfügbarkeit wieder „normal" war); es gab also keinen Reboundeffekt (siehe ► Abschn. 4.3) zu beobachten in den Kantinen von Cambridge.

Eine alternative Proteinquelle zu Fleisch sind *Insekten*. Obwohl das Protein hier auch aus Tieren stammt, ist die Produktion mit deutlich weniger Umweltbelastungen verbunden (Belluco et al. 2013; Oonincx und de Boer 2012). Die Ernährungs- und Landwirtschaftsorganisation der Vereinten Nationen FAO empfiehlt essbare Insekten als Nahrungsquelle, da sie nahrhaft, leicht zu gewinnen und umweltfreundlicher als Fleisch sind und somit für die Ernährung der Zukunft eine wichtige Rolle spielen werden. Von Würmern und Raupen über Käfer, Heuschrecken und Grashüpfer bis hin zu Wespen und Libellen reicht die Speisekarte der „Entomophagie", wie die Ernährung mit Insekten in der Fachsprache heißt (siehe ■ Abb. 6.10). In zahlreichen Kulturen stehen Insekten ganz selbstverständlich mit auf dem Speiseplan: Laut der FAO ernähren sich ca. 2 Mrd. Menschen weltweit auch von Insekten. In europäischen Kulturen ist das jedoch derzeit kaum der Fall und die Vorbehalte gegen Insekten als Nahrungsmittel sind noch beachtlich. Von den geschätzt über 2000 essbaren Insektenarten auf der Welt sind in der Europäischen Union gegenwärtig (im Jahr 2023) gerade einmal vier als Nahrungsmittel zugelassen: der Mehlwurm, die Wanderheuschrecke, die Hausgrille und der Buffalowurm. Verarbeitete Produkte wie z. B. Burger aus Insektenmehl werden von europäischen Konsumenten und Konsumentinnen eher in Betracht gezogen als der Verzehr von ganzen Insekten (z. B. frittierten Heuschrecken). Und Erfahrung hilft: Wer sich schon einmal an das Essen von Insekten herangetastet hat, würde es auch eher wieder probieren. Insektenbasierte Nahrungsmittel finden sich zunehmend auch in Europa und Nordamerika in Nischen der Nahrungsbranche. Wie es bei der Verbreitung von Innovationen üblich ist (siehe ► Abschn. 4.4), geht auch hier zunächst eine kleine Gruppe der frühen Adopter voran, dann dauert es eine Weile, und mit zunehmender Verfügbarkeit und Sichtbarkeit nimmt die Verbreitung Fahrt auf. Die nächsten Jahre werden zeigen, ob die Empfehlungen der FAO und die Marktentwicklung von insektenbasierten Nahrungsmitteln auch in westlichen Kulturkreisen Erfolg haben werden.

Um sich nachhaltig zu ernähren, ist also allerhand Wissen notwendig. In diesem Abschnitt haben wir über Wissen zu den ökologischen Folgen von Fleischkonsum und einigen Alternativen gesprochen. Nicht alle Menschen sind aber so leidenschaftlich bezüglich ihrer nachhaltigen Ernährung, dass sie sich in diesem Bereich weiterbilden, und wünschen sich häufig einfache Orientierung, um das „Richtige" zu kaufen. Der nächste Abschnitt handelt von Labels bzw. Siegeln, mit denen sehr komprimiert solche Informationen vermittelt werden sollen, die man dem Lebensmittel nicht ohne Weiteres ansehen kann, und die solch eine Orientierung bieten können.

6.3.2 Aus verantwortungsvoller Produktion: Labels können den Weg weisen

Zu einem umwelt- und klimaverträglichen Ernährungssystem gehört es, dass man bei der Herstellung von Lebensmitteln den Schaden an der Natur begrenzt. Wir Menschen betreiben das Kultivieren von Ackerland und die Viehhaltung seit mehr als 12.000 Jahren; insbesondere im letzten Jahrhundert haben wir dies jedoch so stark intensiviert, dass die natürlichen Grundlagen Schaden nehmen. Für Ackerflächen werden Wälder gerodet, die unersetzliche ökologische Funktionen haben (u. a. CO_2-Speicherung, Sauerstoffproduktion, Lebensräume für Tiere). Intensive Landwirtschaft versucht, noch die letzten Nährstoffe aus überbeanspruchten Böden herauszuholen und die Ernte durch den Einsatz von Pestiziden und Herbiziden vor Schädlingen zu schützen, um den maximalen Ertrag aus der Fläche zu gewinnen. Die Tierhaltung wurde so intensiviert, dass man von industrieller Produktion spricht, in der viele Tiere niemals das Tageslicht sehen und wenig oder gar keinen Bewegungsraum haben. Die Züchtungen werden auf das Endprodukt (z. B. Fleisch oder Milch) optimiert, was häufig zu einem grausamen und schmerzhaften Dasein der Tiere führt (z. B. bei Hühnern, deren Hühnerbrust so ausgeprägt ist, dass das Tier sich nicht aufrecht halten kann, oder bei Milchkühen, deren Euter massiv überproportioniert sind). Krankheiten, die in beengten Tierfabriken quasi unvermeidlich sind, werden durch standardmäßige Medikamentenverabreichung mit dem Futter bekämpft, was nicht zuletzt fatale Auswirkungen auf die menschliche Gesundheit haben kann.

Dies sind nur einige Beispiele für gravierende Abweichungen von umwelt- bzw. tiergerechter Lebensmittelproduktion, die die konventionelle, profitorientierte Lebensmittelindustrie begünstigt hat. Es geht aber auch anders, und viele landwirtschaftliche Betriebe wirtschaften umweltschonend und tierwohlorientiert. Sie gewähren ihrem Vieh Auslauf, sorgen durch Abwechslung in der Fruchtfolge für gesunde Böden, halten Blühstreifen zwischen den Feldern für Insekten und Vögel vor, um die Biodiversität zu fördern, und verzichten auf synthetische Düngemittel. Das macht mehr Arbeit und bringt zeitweise etwas weniger Erträge – daher können die landwirtschaftlichen Produkte am Ende für die Konsumenten und Konsumentinnen nicht so billig angeboten werden wie die konventionell hergestellten. Vielen Konsumenten und Konsumentinnen sind Lebensmittel aus ökologisch verantwortlicher Herstellung aber durchaus einen höheren Preis wert.

Das Problem ist nur, dass man dem Lebensmittelprodukt, das am Ende der Lieferkette im Einzelhandel landet, nicht ansieht, unter welchen Bedingungen es hergestellt wurde. Niemand kann einem Ei ansehen, ob es von einer frei laufenden Henne eines kleinbäuerlichen Hofes gelegt wurde oder ob es aus einer Legehennenbatterie stammt, in der die Hennen sich kaum vom Fleck bewegen können. Man kann auch an einer Gurke oder einer Tomate nicht erkennen, ob sie unter Einsatz von vielen Pestiziden gewachsen ist oder nicht. Deshalb gibt es Biosiegel, mit denen solche Produkte gekennzeichnet werden, die nach den Anforderungen ökologischen Anbaus hergestellt wurden. Es gibt viele verschiedene Biosiegel und nicht alle stehen für den gleichen Standard. Ein Mindeststandard ist per EU-Gesetz geregelt – alle Produkte in der EU, auf denen „bio" steht, müssen mindestens diesen Standard erfüllen. Das EU-Biosiegel und das deutsche Biosiegel sind staatliche Siegel. Daneben gibt es noch eine Reihe privater Biosiegel, die nach ihren eigenen Standards zertifizieren und dabei meist höhere Ansprüche stellen als die staatlichen Siegel.

Solche Biosiegel helfen also Verbraucherinnen und Verbrauchern, Produkte zu erkennen, die nach Biostandards hergestellt wurden. Das Ziel von Biosiegeln ist es also, zu vereinfachen und auch ohne viel Hintergrundwissen eine ökologisch vorteilhafte Konsumentscheidung zu treffen. Wie wir an der Vielzahl von Siegeln erkennen können, ist es im Detail aber gar nicht so einfach zu verstehen, welche Information sich hinter einem Biosiegel wirklich verbirgt, und so hängt es wieder vom Wissen und von den Heuristiken ab, die Verbraucherinnen und Verbraucher nutzen, um ihre Kaufentscheidung zu treffen.

Beim Einkauf in einem größeren Laden oder Supermarkt gibt es eine riesige Menge an Produkten, aus denen Menschen auswählen. Und es gibt eben auch eine riesige Menge an Informationen, auf die sie hierbei achten können, und ebenso

Produktmerkmale, die ihnen jenseits von Biosiegeln wichtig sein können – nicht zuletzt der Preis. Worauf kommt es also an, damit Bioprodukte in diesem Überfluss an Informationen den Wettbewerb um die Kaufentscheidung gewinnen? Wenn die folgenden Voraussetzungen gegeben sind, ist es wahrscheinlich, dass biozertifizierte Produkte am Ende der Produktionskette auch gekauft werden.

- **Voraussetzungen für den Kauf von Bioprodukten**

Verfügbarkeit von Bioprodukten – Wer nicht selbst im Garten eigenes Biogemüse anbaut, muss dieses einkaufen gehen. Manchmal gibt es in der nahen Umgebung Hofläden oder einen Bauernmarkt, wo man Bioprodukte direkt vom Hersteller kaufen kann. Neben speziellen Bioläden, die ausschließlich biozertifizierte Produkte anbieten, gibt es mittlerweile in fast allen Supermärkten auch Bioprodukte von verschiedenen Marken und mit verschiedenen Siegeln zu kaufen, sodass diese äußere Hürde der Verfügbarkeit für viele Konsumenten und Konsumentinnen kaum noch besteht.

Wahrnehmen – Biosiegel konkurrieren mit zahlreichen anderen Informationen um die Aufmerksamkeit der Konsumentinnen und Konsumenten. Damit Personen sich für ein Bioprodukt entscheiden, müssen sie diese Information (z. B. das Siegel) sehen und aktiv wahrnehmen.

Kennen des Labels und Verstehen der Information – Wenn jemand Wert darauf legt, Bio zu kaufen, muss er oder sie die Labels kennen, an denen Bioprodukte erkennbar sind, und verstehen, für welche Information das Label steht. Das Label selbst enthält oft keine explizite Information, sondern repräsentiert ein komplexes Kriteriensystem. Das Verständnis der Information kann natürlich subjektiv sein und sich stark unterscheiden, von „gefühlt ist Bio gut" bis zu großem Detailwissen über die unterschiedlichen Standards hinter verschiedenen Biosiegeln.

Vertrauen in die zertifizierende Institution – Konsumenten und Konsumentinnen werden das Label nur dann hilfreich finden, wenn sie die zertifizierende Institution als glaubwürdig wahrnehmen und darauf vertrauen können, dass sie ihren Job gut macht (z. B. indem die Standards bei den Betrieben streng kontrolliert werden).

Motivation zum Umweltschutz – Vor allen Dingen entscheidet die Motivation der Person, sich umweltschützend zu verhalten, ob sie sich für ein Bioprodukt entscheidet oder nicht. Jemand, dem nicht besonders viel an Umwelt- oder Klimaschutz liegt, wird kaum bereit sein, die (oft) höheren Kosten für Bioprodukte zu tragen oder sich auf die geringere Auswahl (verglichen mit konventionellen Produkten) zu beschränken.

Da die Labels selbst keine direkte Information kommunizieren, ist es nicht verwunderlich, dass viele Menschen ihre eigene Vorstellung davon haben, für was das „bio" bei Bioprodukten steht. In ▫ Abb. 6.11 sind einige solcher Annahmen dargestellt, die Konsumentinnen und Konsumenten mit Bioprodukten verbinden in Bezug auf persönliche sowie gesellschaftliche Vor- und Nachteile (angelehnt an

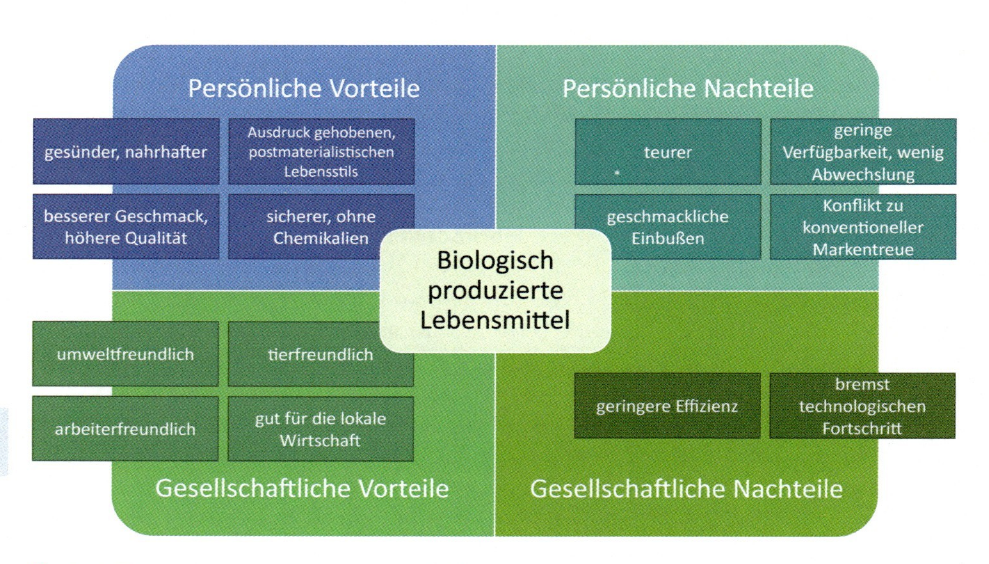

Abb. 6.11 Annahmen, die Menschen mit Bioprodukten verbinden

Klöckner 2012). Diese müssen nicht stimmen – z. B. sind nicht immer Bioprodukte teurer als konventionelle und es gibt auch keine gesicherten Erkenntnisse, dass Bioprodukte unmittelbar gesünder sind als konventionell hergestellte. Dennoch halten sich solche Überzeugungen hartnäckig und beeinflussen damit auch die Kaufentscheidung.

Sörqvist et al. (2015) zeigten den sogenannten Green-Halo-Effekt von Biolabels in einer Reihe von Experimenten für verschiedene Produkte. Personen bewerteten Produkte auf verschiedenen Dimensionen positiver, wenn sie mit einem Biolabel präsentiert wurden, im Vergleich zum identischen Produkt ohne Biolabel: Sie wurden besser bewertet in Bezug auf Geschmack, Vitamine, Kalorien, für die mentale Leistungsfähigkeit und die körperliche Gesundheit.

Ein ähnliches Experiment zeigt übrigens auch für insektenbasiertes Essen, dass die Vorstellungen von Menschen über ein Produkt einen manifesten Effekt auf ihr Geschmackserlebnis haben: Barsics et al. (2017) gaben in ihrem Experiment den Teilnehmenden Brot zu essen – entweder mit oder ohne die Information, dass Insektenmehl im Brot enthalten sei – und baten sie, den Geschmack und das Aussehen zu bewerten. Obwohl das Brot in beiden Bedingungen identisch (und zwar ohne Insektenmehl) war, bewerteten die Teilnehmenden das Brot als weniger lecker und gut aussehend, wenn das Brot als insektenhaltig deklariert war.

Labels bieten also stark vereinfachte Information für umweltbewusste Verbraucherinnen und Verbraucher, können aber auch leicht falsch verstanden werden. Wissen ist notwendig, um seriöse Labels zu erkennen und zu verstehen, was sie bedeuten.

6.3.3 Kurze Transportwege: regional und saisonal

Viele Lebensmittel, die wie selbstverständlich das ganze Jahr über in Lebensmittelgeschäften angeboten werden, stammen aus den verschiedensten Ecken der Welt: Tomaten aus Spanien, Mangos aus Peru, Avocados aus Israel, Äpfel aus Neuseeland. Auf dem Weg in die deutschen Ladenregale sind viele dieser Produkte während der Weiterverarbeitung sogar über mehrere Stationen gereist: Krabben aus der Nordsee werden zum Pulen nach Marokko geschickt und dann wieder zurück in Deutschland verkauft. Der Transport auf dem Schiff, auf dem Land und in der Luft verursacht große Mengen an Treibhausgasemissionen. Auf Schiffen werden Lebensmittel über die Meere transportiert, angetrieben von Schweröl und Schiffsdiesel. An Land wird immer noch sehr viel Fracht in Lkws quer über die Kontinente transportiert, die ein hohes Verkehrsaufkommen verursachen und Abgase in die Luft blasen – obwohl der Transport auf der Schiene viel umweltfreundlicher wäre. Und besonders Luftfracht von schnell verderblichen Lebensmitteln ist in der Ökobilanz verheerend schlecht (z. B. frischer Spargel aus Südamerika, frischer Fisch, Bohnen, Ananas oder Mangos aus Afrika). Somit liegt hier viel Potenzial zur Einsparung von Emissionen, wenn es gelingt, Transportwege zu vermeiden oder zu verkürzen.

Als Orientierung für nachhaltige Ernährung gelten deshalb auch die Prinzipien Regionalität und Saisonalität. Was regional angebaut und verarbeitet wurde, hat weniger Kilometer in Transportern zurückgelegt – das ist naheliegend und einfach zu verstehen. Es gibt noch weitere Gründe, warum sich *Regionalität* positiv auswirken kann. Oftmals profitieren davon kleine Betriebe (z. B. kleine Bauernhöfe oder Gemüsegärtnereien), die mit den Dumpingpreisen von großen Konzernen nicht mithalten können, aber nachhaltiger mit ihren Ressourcen umgehen. Ein lokaler Produzent könnte es sich nicht leisten, die umliegende Natur zu verschmutzen oder zu zerstören – er muss befürchten, von den Nachbarn dafür sanktioniert zu werden (z. B. durch Boykott). Eine Landwirtin, die verantwortungsvoll mit den gemeinschaftlichen Ressourcen (z. B. Böden) umgeht, wird hingegen vermutlich dafür geschätzt, genießt das Vertrauen der ansässigen Bevölkerung und alle profitieren davon, dass Natur und Umwelt geschützt werden. Somit kommen wieder soziale Beziehungen zum Tragen, die uns Menschen dabei helfen, mit gemeinsamen Ressourcen nachhaltig umzugehen, weil die impliziten Kontrollinstanzen funktionieren und gegenseitiges Vertrauen entstehen kann (vgl. ▶ Abschn. 5.2 Ökologisch-soziale Dilemmata).

Regionalität kann auch positive Auswirkungen auf die lokale Wirtschaftsleistung haben: Wo lokale Unternehmen prosperieren und Netzwerke funktionieren, finden Menschen Arbeit und der Zusammenhalt wird gestärkt, was wiederum die Attraktivität der Region erhöht.

Neben der Regionalität ist auch *Saisonalität* eine gute Orientierung bei nachhaltiger Ernährung. Wer regional konsumieren möchte, ist an das gebunden, was in der Region zu bekommen ist – und das variiert besonders in den mittleren Breitengraden mit den Jahreszeiten. Erdbeeren und Tomaten gibt es im Sommer, Kohl und Rüben gibt es im Winter. Während also das Lebensmittelangebot in

Mitteleuropa im Sommer von vielen als traumhaft und vielseitig wahrgenommen wird, vergeht im Winter dem einen oder der anderen angesichts der nicht ganz so großen Vielfalt doch schon einmal die Lust am Wintergemüse. Da scheint es auf den ersten Blick eine gute Nachricht zu sein, dass manche regionalen Lebensmittel sich gut lagern lassen und dann auch längerfristig verfügbar sind. So kann man oft fast das ganze Jahr über deutsche Äpfel kaufen. Aber ist der Apfel aus der hiesigen Heimat wirklich klimafreundlicher als ein importierter Apfel aus Neuseeland? Die Lagerung heimischer Äpfel (und anderer Waren) erfolgt in Kühlhäusern und ist dadurch mit einem hohen Energieaufwand verbunden. Je länger die Apfelernte her ist, desto schlechter ist auch die Klimabilanz eines regionalen Apfels. Daher sollte man sich bei der Lebensmittelwahl an dem orientieren, was gerade Saison hat – und das kann z. B. heißen, im Juni auf Äpfel zu verzichten und stattdessen regionale Erdbeeren, Himbeeren oder Kirschen zu essen. Auch nicht schlecht, oder?

Solidarische Landwirtschaft: Initiativen für regionale Biolandwirtschaft
Landwirtschaftliche Betriebe tragen ein beträchtliches Risiko von Umsatzeinbußen, wenn Ernteausfälle eintreten, z. B. durch Hagel, Starkregen oder Dürre. Diese Risiken verschärfen sich mit der Klimakrise und sind insbesondere für kleine Betriebe bedrohlich, weshalb die Landwirtschaft in Deutschland zunehmend von Großbetrieben beherrscht wird.

Die Idee der solidarischen Landwirtschaft (kurz: SoLaWi) ist es, das Risiko auf mehr Schultern zu verteilen und so kleinen landwirtschaftlichen Betrieben mehr Planungssicherheit zu verschaffen. Eine feste Gruppe an Abnehmern und Abnehmerinnen zahlt einen monatlichen Betrag, mit dem ein landwirtschaftlicher Betrieb finanziert wird, und erhält dafür die Ernte. So hat der Bauer oder die Bäuerin einen garantierten Absatz, und das Risiko von Ernteausfällen oder -verringerungen wird von der Gruppe gemeinschaftlich getragen. Der Betrieb weiß, mit was er wirtschaften kann. Fällt die Ernte groß aus, haben alle viel – und fällt sie klein aus, haben alle etwas weniger. Zudem sind SoLaWis meist so organisiert, dass die Mitglieder ein Mitspracherecht haben, was angepflanzt werden soll. Sie kennen sich gegenseitig, kennen den Betrieb, von dem ihr Essen kommt, und packen manchmal auch mit an auf dem Hof oder auf dem Feld, sodass sie auf vielen Ebenen wieder einen persönlichen Bezug zu ihrem eigenen Essen haben.

Auch angesichts der vielen guten Gründe, die es für regionale und saisonale Ernährung gibt, sollte man die anderen Prinzipien nachhaltiger Ernährung nicht aus dem Blick verlieren: Es ist immer noch wichtiger, *was* man isst als *woher* man das Essen bezieht – regionales Rindfleisch hat trotz kurzer Transportwege eine vielfach schlechtere Ökobilanz als weit gereiste importierte pflanzliche Lebensmittel. Und die gute Klimabilanz eines leckeren, ökologisch und regional angebauten Apfels kann komplett zunichte gemacht werden, wenn der Einkaufsweg mit dem Auto zurückgelegt wird, verglichen mit einem Einkauf zu Fuß oder mit dem Rad.

6.3.4 Lebensmittelverschwendung: unterschätztes Problem

Wie wir gesehen haben, werden viele Ressourcen und viel Energie für die Herstellung von Lebensmitteln aufgewendet – von der Nutzbarmachung und Instandhaltung von Ackerland über das Halten und Füttern von Tieren, Ernte, Weiterverarbeitung, Transport und Aufbewahrung der Lebensmittelprodukte, bis sie schließlich von Endkonsumenten und -konsumentinnen gekauft und nach Hause transportiert werden. All dies hat Auswirkungen auf die Umwelt, und wie wir eingangs dargestellt haben, ist der Sinn des Ganzen, dem menschlichen Organismus Energie bereitzustellen. Aber was geschieht dann? Ein nicht unerheblicher Teil dieses Essens landet im Müll. Bananen, die in Südamerika auf Plantagen gereift sind und geerntet wurden, haben viele tausend Kilometer auf gekühlten Frachtern nach Europa zurückgelegt, wurden mit LKWs über Logistikzentren in die Lebensmittelmärkte gefahren, aber im Privathaushalt, der sie letztendlich gekauft hat, liegt die Banane vergessen im Obstkorb und ist irgendwann so braun und unansehnlich, dass sie auf den Kompostmüll wandert. Tatsächlich fallen auf jeder Stufe der Lebensmittelherstellung und -vermarktung Abfälle an – je später in der Produktionskette, desto höher sind die Treibhausgasemissionen, die dafür angefallen sind. Vergammeln Tomaten noch vor der Ernte am Strauch, ist die Umweltbilanz geringer, als wenn verarbeitete Tomatensauce im Supermarktregal schlecht wird (oder aufgrund eines überschrittenen Mindesthaltbarkeitsdatums aussortiert wird). Die Treibhausgasemissionen, die aus der Lebensmittelverschwendung resultieren (d. h. Emissionen, die bei Herstellung und Transport der Lebensmittel entstanden sind, die dann im Müll landen), belaufen sich auf geschätzte 4,4 Gt CO_2-Äquivalente. Circa ein Drittel der für Menschen gedachten Lebensmittel erreichen niemals den Teller, sondern landen vorher im Müll. Wäre Lebensmittelverschwendung ein Land, würde sie laut FAO auf Platz 3 der Länder mit den höchsten Treibhausgasemissionen stehen, zwischen den USA und Indien.

Die Ursachen für Lebensmittelverschwendung sind sehr verschieden, je nach Produktionsstufe und Weltregion, in der sie anfällt. Für Deutschland gelten ästhetische Merkmale der Lebensmittel (z. B. Druckstellen, Verformungen) und das Überschreiten des Mindesthaltbarkeitsdatums als wichtige Faktoren.

Sieht man überquellende Buffets in Gaststätten, die großen Mengen von Essen in Mensen und Kantinen oder die mit Lebensmitteln gefüllten Abfallcontainer hinter großen Supermärkten, entsteht leicht der Eindruck, dass vor allem im Lebensmittelgewerbe große Mengen an Lebensmittelverschwendung anfallen. Der Eindruck ist jedoch nicht ganz richtig und die Zahlen des Bundesministeriums für Ernährung und Landwirtschaft (BMEL) in ◘ Abb. 6.12 sagen etwas anderes: 59 % der deutschen Lebensmittelabfälle fallen in Privathaushalten an – das sind fast 6,5 t pro Jahr oder 78 kg pro Person pro Jahr (BMEL 2023). Geschätzte 47 % davon gelten als vermeidbar, d. h., das Lebensmittel war noch einwandfrei essbar zum Zeitpunkt, als es entsorgt wurde.

Welche Möglichkeiten gibt es, um die Lebensmittelverschwendung zu verringern? An erster Stelle steht hier, die eigenen Einkäufe gut zu planen und nicht mehr einzukaufen als man auch verwerten kann. Eine kluge Vorausplanung der nächs-

Abb. 6.12 Lebensmittelverschwendung in Deutschland im Jahr 2020. (Bundesministerium für Ernährung und Landwirtschaft 2023; mit freundlicher Genehmigung)

ten Mahlzeiten und entsprechende Einkaufszettel helfen bei der Abschätzung angemessener Mengen und verringern die Wahrscheinlichkeit von Impulskäufen im Laden. Lebensmittelreste, die nach dem Essen übrig bleiben, sollten für eine Folgemahlzeit weiterverwertet und keineswegs weggeschmissen werden.

Das Mindesthaltbarkeitsdatum (MHD) wird auch längst kritisch diskutiert vor dem Hintergrund der massiven Lebensmittelverschwendung. Es erweckt den Eindruck, dass der Genuss eines „abgelaufenen" Lebensmittels nicht zu empfehlen oder sogar unsicher sei. Dies ist jedoch keineswegs richtig. Es gibt den Zeitpunkt an, bis zu dem ein Lebensmittel unter angemessenen Aufbewahrungsbedingungen seine spezifischen Eigenschaften (z. B. Geschmack, Farbe und Konsistenz) behält (BMEL 2023). Ob ein Lebensmittel verdorben ist, sollte man unter Einsatz der eigenen Sinne prüfen: Sieht man Schimmel, riecht es schlecht, verändert es merklich die Konsistenz, schmeckt es schlecht? Das Mindesthaltbarkeitsdatum hat bei vielen Lebensmitteln so gut wie gar nichts mit der Ungenießbarkeit des Lebensmittels zu tun. Bei sehr verderblichen Lebensmitteln wie frischem Fisch und Fleisch ist selbstverständlich Vorsicht geboten. Milchprodukte haben aber z. B. in zahlreichen Versuchen das aufgedruckte Mindesthaltbarkeitsdatum um Wochen „überlebt" und waren noch lange darüber hinaus genießbar. Bereits im Laden werden Produkte, deren Mindesthaltbarkeitsdatum naht, häufig reduziert angeboten – auch hier kann man einen Beitrag leisten, indem man zu diesen anstatt zu den frischesten Waren greift, wenn man weiß, dass man sie rasch verzehren wird.

▣ Abb. 6.12 zeigt, dass mit insgesamt 24 % erhebliche Mengen an Lebensmitteln auch im Außer-Haus-Verzehr und im Handel verloren gehen. Supermärkte und Lebensmittelläden sortieren ihre abgelaufene Ware aus und entsorgen sie häufig direkt in Abfallcontainern. Beim sogenannten Containern gehen Menschen nach Ladenschluss an diese Abfallcontainer und ziehen die Lebensmittel wieder heraus, die noch genießbar sind. Erstaunliche Mengen können dabei zusammenkommen und manch eine Studierenden-WG ersetzt dadurch den wöchentlichen Einkauf. Aber das Containern ist nicht legal, sondern wurde in der Vergangenheit bereits als Diebstahl zur Anzeige gebracht: Die weggeschmissenen Lebensmittel sind immer noch Eigentum des Ladens. Dass das Wegschmeißen legal, aber das „Lebensmittelretten" illegal ist, ist mittlerweile auch Gegenstand politischer und gesellschaftlicher Debatten um verantwortungsvollen Umgang mit Lebensmitteln geworden. Demnach soll in der Regel das Containern nicht strafrechtlich verfolgt werden, wenn kein Hausfriedensbruch und keine Sachbeschädigung erfolgt sind.

Viele Lebensmittelmärkte geben ihre überschüssigen Lebensmittel an gemeinnützige Vereine ab, die für die Weiterverwertung sorgen. Der Verein Tafel e. V. versorgt Menschen kostenlos mit Lebensmitteln, die sich den Einkauf im Laden nicht leisten können. Die Initiative Foodsharing e. V. hat das Konzept des Lebensmittelrettens noch weiter dynamisiert: Freiwillige holen zu einem verabredeten Zeitpunkt bei Ladenschluss an Supermärkten, Bäckereien, Cafés, aber auch gastronomischen Betrieben und Hotels die überschüssigen Lebensmittel ab und verteilen sie privat. Entweder direkt im Nachbars- und Freundeskreis oder über dezentrale, öffentlich zugängliche „Fairteiler". Das sind Orte, ausgestattet mit Schränken und Kühlschränken, in die die geretteten Lebensmittel einsortiert werden und an denen sich alle Leute frei bedienen können.

Vielleicht liegt die mangelnde Wertschätzung für Lebensmittel auch an der ständigen und übermäßigen Verfügbarkeit. Macht man sich selbst einmal klar, wie lange es dauert und wie viel Arbeit und Wissen dafür nötig sind, Lebensmittel herzustellen, könnte dies die Wertschätzung wieder steigern. Wer selbst gärtnert – sei es im eigenen Schrebergarten oder auf dem Balkon – wird die eigenen Gurken und Tomaten nicht lieblos im Kühlschrank vergessen. In Gemeinschaftsgärten werden die Arbeit und die Ernte geteilt und dabei noch soziales Miteinander gepflegt. Mit vielen Händen gelingt es, auch jede noch so große Erdbeer- oder Kürbisernte zu verarbeiten und den Rest einzukochen.

6.4 Konsum

Neben Energie, Mobilität und Ernährung als relativ klar abgrenzbare Handlungs- bzw. Konsumbereiche gibt es noch eine riesige Menge an weiteren Produkten und Dienstleistungen, die wir in unserem Alltag konsumieren und die auch in der ökologischen Auswirkung unserer Lebensstile eine große Rolle spielen: Kleidung, Elektronikgeräte, Bücher, Musik, Filme und Spiele, Freizeit- und Sportausrüstung, Kosmetik und Hygiene, Möbel, Finanzprodukte – die Liste ließe sich noch fortführen. In all diesen Bereichen kann man mehr oder weniger nachhaltige Konsumentscheidungen treffen. In diesem Abschnitt sollen Prinzipien vorgestellt werden, nach denen man sich um nachhaltigen Konsum bemühen kann und sich spezifischeres Wissen aneignen kann, welche Möglichkeiten konkret verfügbar sind.

Gemäß der Nachhaltigkeitsstrategie Suffizienz (siehe ► Abschn. 7.7) ist der *Verzicht* auf Konsum stets die umweltverträglichste Variante. Nachhaltig ist dieser jedoch nur, wenn es auch einigermaßen „genussvoller" Verzicht ist (vgl. Paech 2012), wenn die Person dies also nicht unter Entbehrung, Leid oder Unmut tut, sondern Zufriedenheit schöpfen kann. Wäre dies nicht der Fall und Bedürfnisse blieben unbefriedigt, würde der Konsum bei nächster Gelegenheit oder bei Vorhandensein der erforderlichen (z. B. finanziellen) Ressourcen nachgeholt werden. Ist der Verzicht auf ein Produkt keine Option, sollte zunächst die *Wieder- bzw. Weiterverwendung* vorhandener Produktoptionen im Vordergrund stehen anstatt eines Neukaufs. Will ich also nicht auf ein Smartphone verzichten, wäre die nächstnachhaltige Option, ein vorhandenes zu nutzen, das noch funktionstüchtig ist – vielleicht das eigene alte oder das ausrangierte von einer Freundin. Es gibt auch kommerzielle Plattformen, auf denen wiederaufbereitete Second-Hand-Elektronik zu kaufen ist. Nun ist aber nicht jedes Gerät ein Fall für die Mülltonne, welches gerade nicht funktionstüchtig ist. *Reparieren* ist ein wichtiger Beitrag zur Verlängerung der Lebensdauer von allerlei Geräten und Gegenständen des täglichen Lebens. Das Prinzip sollte hier also auf allen Ebenen lauten, vorhandene Produkte zu Ende zu nutzen, bevor neue angeschafft werden. Das kann auch Recycling, Downcycling oder Upcycling sein, also das *Weiternutzen* der Ressourcen, die in einem Produkt stecken. Steht auch die Weiternutzung eines bereits vorhandenen Produktes nicht zur Wahl und ein Neukauf ist erforderlich, dann sind die Orientierungspunkte für nachhaltigen Konsum die *Nachhaltigkeit in der Herstellung*: Ist das Produkt aus nachwachsenden Rohstoffen hergestellt? War die Produktion ressourcen- und umweltschonend? Fand sie unter menschenwürdigen Bedingungen statt? Sind die Verpackung und der Transport ressourcenarm (z. B. wenig Verpackungsmaterial, kurze Transportwege, keine Individualzustellung mit dem Auto)? Ist schließlich auch beim Neukauf keine nachhaltige Alternative die Option der Wahl, dann bleibt nur das etwas schwammige *„bewusste Konsumieren"*, also das Bewusstmachen der Umweltauswirkungen der eigenen Konsumentscheidung. Im ersten Teil dieses Unterkapitels (► Abschn. 6.4.1) geht es um diese Prinzipien individuellen nachhaltigen Konsums.

Jenseits dieser Möglichkeiten, den individuellen Konsum nachhaltig zu gestalten, kann man sich auch kollektiv engagieren, um Produkte und Ressourcen möglichst nachhaltig gemeinsam zu nutzen. Darum geht es im zweiten Teil des Unterkapitels (► Abschn. 6.4.2).

6.4.1 Individueller nachhaltiger Konsum

6.4.1.1 Refuse – Genussvoller Verzicht

Es ist für viele ein Reizwort: Verzicht! Das scheint auf den ersten Blick Genuss diametral gegenüberzustehen. Auf was können wir verzichten, ohne dass es uns schlechter geht? Auf was verzichten wir vielleicht sogar gerne? Oft wird übersehen, dass der Besitz von Dingen auch mit Aufwand für Instandhaltung einhergeht. Eine größere Wohnung macht auch mehr Arbeit zum Putzen und Aufräumen als eine kleinere. Wenn man ein Auto besitzt, hat man – so das gängige Narrativ – eine große Freiheit, sich wo auch immer hinzubewegen. Aber man hat auch die Verantwortung, sich um einen Stellplatz zu kümmern, Versicherungen zu bezahlen, Reparaturen vorzunehmen, den TÜV im Auge zu behalten und vieles mehr. Besitz kann so auch zur Belastung werden, nicht nur zur finanziellen, sondern auch zur zeitlichen, räumlichen oder mentalen Belastung. Fernreisen sind aufregend und bereichernd, aber sie kosten auch viel Geld, brauchen viel Planung und können durch unvorhersehbare – aber gar nicht so seltene – Ereignisse wie Flugausfälle oder Ähnliches platzen. Außerdem ist eine lange Anreise häufig körperlich sehr beanspruchend und der Jetlag kann einem mehrere Tage die gute Laune verderben und Energie rauben. Der unmittelbare Erholungseffekt kann daher bei einer weniger weiten Reise viel höher sein, bei der man auf lange Anreise verzichtet, auf den Kontrollverlust am Flughafen (z. B. kann man am Bahnhof einfacher in einen anderen Zug umsteigen, wenn der eigene Zug ausfällt, als am Flughafen in ein anderes Flugzeug), auf das Risiko, viel Geld zu verlieren, und auch auf den körperlichen Stress der Zeitverschiebung. Es ist also auch eine Frage der Perspektive, was man als Verzicht oder Gewinn betrachtet.

Viele Menschen, die sich am Überfluss von Plastik stören und die Bilder plastikvermüllter Natur und menschlicher Lebensräume nicht ertragen, versuchen in ihrem Alltag auf Plastik zu verzichten. Das erscheint erst einmal gar nicht so leicht, geht aber gut, wenn man die Alternativen gefunden hat. In Unverpacktläden, auf dem Markt und zunehmend auch in größeren Lebensmittelmärkten werden verpackungsfreie Waren angeboten. Wer die neuen Routinen gut etabliert hat und mit eigenen wiederverwendbaren Behältern und Taschen einkaufen geht, zieht viel Zufriedenheit aus dieser Konsumweise, die auf sehr viel Müll verzichtet.

6.4.1.2 Reduce – Seltener konsumieren

Mancher Konsum mag genussvoll sein und der Verzicht darauf ist es eben nicht. Wer Schokolade liebt, kann zwar biologisch gesehen ohne sie (über)leben, vermisst sie dann aber und empfindet nicht den Genuss und die Freude, wenn er oder sie dem Schokoladenkonsum entsagt. Was spricht aber dagegen, den Konsum zu reduzieren, die Zeiträume zwischen den Konsumgelegenheiten zu vergrößern? Laut Rosa (2019) braucht Genuss bzw. Resonanz (siehe ► Abschn. 7.7.1) Zeit, lässt sich also nicht beliebig durch höhere zeitliche Frequenz steigern. Heißt: Wenn ich Schokolade liebe, aber trotzdem nur selten esse, kann ich dadurch das Genusserleben nicht vielleicht sogar steigern? Ein Besuch in der Therme kann wunderbar sein, aber bliebe es das, wenn wir täglich dorthin gingen? Etwas Besonderes ist es vor allem dann, wenn es nicht alltäglich passiert, sondern selten und dafür bzw. *deshalb* besonders genussvoll. Bei vielen Konsumentscheidungen könnten wir also viel öfter „nein" und dafür nur manchmal „ja" sagen – und dann vielleicht umso schönere Momente, Erlebnisse und Erinnerungen kreieren.

6.4.1.3 Reuse und Repair – Nutzen, was da ist

Das Wieder- und Weiterverwenden von vorhandenen Produkten kann ebenfalls genussvoll sein und wertvolle Beiträge zur Nachhaltigkeit leisten. Wenn man ein neues Telefon, Netzteil, Jackett oder Puzzle braucht, lohnt es sich, im Bekanntenkreis herumzufragen, denn die meisten Dinge gibt es im Überfluss und auch diejenige Person, die etwas abgibt, zieht in der Regel Zufriedenheit daraus, helfen zu können und den aussortierten Gegenständen ein verlängertes Leben schenken zu können. Nutzen, was da ist, beinhaltet natürlich auch das gemeinsame Nutzen, was sich z. B. bei nicht alltäglichen Gebrauchsgegenständen wie Werkzeug, Autos oder Büchern anbietet. Dazu lesen Sie im ▶ Abschn. 6.4.2 mehr.

Um die Nutzungsdauer von Smartphones, PCs, Haushaltselektrogeräten oder Kleidungsstücken zu verlängern, ist manchmal zunächst eine Reparatur nötig. Menschen ziehen häufig große Zufriedenheit daraus, ihr handwerkliches Geschick auszuprobieren oder zu entwickeln, um kleinere Reparaturen selbst durchführen zu können. Das Internet bietet schier endlose Anleitungen und Hilfestellungen zu solchen Themen. Es gibt im analogen Leben außerdem Repaircafés oder ähnliche Angebote, bei denen man Hilfe und das passende Werkzeug finden kann, wenn man Reparaturen allein nicht hinbekommt oder auch einfach Gesellschaft haben will. Oft gehen die Angebote über das reine Reparieren hinaus und bieten als offene Werkstätten (auch: Makerspaces, Fablabs) hervorragend ausgestattete Werkstätten an, in denen man auch Neues selbst schaffen oder Altes umfangreich recyclen kann.

6.4.1.4 Recycle – Weiterverwerten und Umnutzen

Dass der Recyclinggedanke viel mehr umfasst als Verpackungsplastik und Altpapier, ist weithin bekannt. Es ist das Grundprinzip der „Circular Economy", der geschlossenen Kreislaufwirtschaft, dass alle Stoffe möglichst permanent im Produktions- und Nutzungskreislauf bleiben. Recycling betrifft also nicht nur den Abfall, der im Haushalt anfällt und für den es farbige Tonnen und einen Müllabfuhrservice gibt, sondern idealerweise alle Gegenstände: Aus alten Textilien werden Dämmstoffe, aus Elektrogeräten werden die Ausgangsstoffe wie Metalle und seltene Erden zurückgewonnen, Holzprodukte werden in andere holzbasierte Produkte umgewandelt. Viele Möglichkeiten hängen an der Recyclingtechnologie und an der entsprechenden Infrastruktur zur Rücknahme – aber den Privathaushalten kommt hier eine wichtige Rolle zu, denn sie machen den ersten Schritt in der Recyclingkette: die Rückführung ins System.

Auch auf eigene Faust kann man sich an der Ressourcenweiternutzung probieren und dabei die eigene Kreativität ausleben: Ganze Modezweige beschäftigen sich mit Upcycling, also dem Aufwerten alter Kleidungsstücke, indem sie in neue Modeteile umgewandelt werden. Aus Plastik- und Metallresten lassen sich Kunstwerke, Möbel oder Gebrauchsgegenstände fertigen, die nach dem Upcycling höherwertig sind als die Ausgangsprodukte. Beim Downcycling ist es umgekehrt: Das Produkt wird abgewertet, aber hat immer noch einen Nutzen. Zum Beispiel kann man aus alten T-Shirts Putzlappen schneiden, man wird aber aus den Putzlappen später nicht mehr T-Shirts machen können. Beim Recyceln von Produkten bzw. enthaltenen Ressourcen versucht man, diese so hochwertig und langlebig wie möglich im Ressourcenkreislauf zu halten.

6.4.1.5 Nachhaltige Produkte konsumieren

Bei Neukäufen, die nicht vermeidbar sind, kann man den eigenen Konsum nachhaltiger gestalten, indem man auf Nachhaltigkeitskriterien bei der Produktwahl achtet. Auch auf Dienstleistungen trifft das zu. Die relative Nachhaltigkeit eines Produkts oder einer Dienstleistung betrifft viele Aspekte: Hochwertigkeit und Langlebigkeit sind gegenüber Billigware vorzuziehen. Hier lohnt es sich, Testberichte zu lesen, denn es gibt Hersteller, die ihren Produkten eine „geplante Obsoleszenz" zu verpassen scheinen. Das heißt, dass das Produkt recht absehbar nach einer gewissen Zeit kaputtgeht – und die Konsumentin oder der Konsument dann wieder einen Kauf tätigen muss. Zum Beispiel ist bekannt, dass Akkus in Smartphones oder elektrischen Zahnbürsten mit der Zeit schwächer werden und in ihrer Lebenszeit begrenzter sind als andere Bauteile des Produkts. Wenn diese Akkus fest verbaut sind und sich entsprechend nicht auswechseln lassen, spricht man von geplanter Obsoleszenz, weil dadurch das ganze Produkt unbrauchbar wird und es allein eine Designentscheidung ist, ob man das Produkt reparieren bzw. abgenutzte Teile austauschen kann oder nicht.

Weiterhin kann man darauf achten, ob Produkte aus nachwachsenden Rohstoffen hergestellt sind und ob diese aus nachhaltiger Bewirtschaftung kommen. Holz ist z. B. ein nachwachsender Rohstoff, aber nicht jedes Holz kommt aus nachhaltiger Forstwirtschaft. Billiges tropisches Holz sollte nachhaltigkeitsbewusste Konsumentinnen und Konsumenten z. B. argwöhnisch machen – denn häufig kommt es aus illegalem Waldeinschlag, bei dem wertvolle Ökosysteme zerstört werden. Auch Bambus – ein an sich besonders anspruchslos und schnell nachwachsender Rohstoff – ist dann nicht nachhaltig, wenn für die Bambusplantagen Wald gerodet wird.

Biobasierter Kunststoff kann eine gute Alternative zu erdölbasiertem Kunststoff (d. h. herkömmlichem „Plastik") sein. Aber Vorsicht: Biobasiert ist nicht gleich kompostierbar. Hier ist noch mehr Information und Aufklärung nötig, um die Entsorgung solcher neuartiger Produkte richtig zu machen. Auch die Minimierung von Schadstoffverwendung im Produktionsprozess ist ein Nachhaltigkeitskriterium. Auch bei nachhaltig produzierten Jeansstoffen ist es z. B. vorteilhaft, möglichst nicht vorgebleichte, „stonewashed" oder helle Stoffe zu nehmen, denn diese erfordern einen wasser- und häufig auch chemikalienintensiven Prozess, um die ursprünglich schwarze oder dunkelblaue Jeans wieder aufzuhellen.

Wie schon in ► Abschn. 6.3.2 für Ernährung diskutiert, gibt es auch für Produkte wie Technik, Kleidung, Dekorations- und Haushaltsutensilien Labels, die den Weg weisen können. Es gibt biozertifizierte Produkte und es gibt das Fairtrade-Siegel, was Nachhaltigkeit auf der sozialen Dimension garantiert. Fairer Handel verspricht, dass die Arbeitnehmerinnen und Arbeitnehmer, die im Produktionsprozess beschäftigt werden, nach internationalen Standards behandelt werden, was ihre Rechte, Entlohnung, Arbeitssicherheit und weitere soziale Leistungen angeht. Leider ist nämlich der Großteil der Produktion für unsere Warenwelt nicht solchen Standards unterworfen und findet unter extremer Ausbeutung von Menschen im Globalen Süden statt.

Zum Umbau der Wirtschaft für eine nachhaltige Zukunft gehört auch, dass Unternehmen ihre Verantwortung für ihre Mitarbeitenden, für die Gesellschaft und für die Umwelt wahrnehmen. Daher verpflichten sich zunehmend Unternehmen zur Veröffentlichung einer Gemeinwohlbilanz: Sie legen dar, was sie für verschiedene beteiligte Gruppen (z. B. Lieferanten und Lieferantinnen, Mitarbeitende, Kunden und Kundinnen) auf den Dimensionen Menschenwürde, Solidarität und Gerechtigkeit, ökologische Nachhaltigkeit sowie Transparenz und Mitentscheidung tun. Während die Gemeinwohlbilanzierung umfassend, aber freiwillig ist, ist die regelmäßige Veröffentlichung eines Nachhaltigkeitsberichtes für Unternehmen ab einer gewissen Größe verpflichtend. So können sich Verbraucherinnen und Verbraucher selbst ein Bild machen, welche Unternehmen sie als besonders ethisch und engagiert für eine nachhaltige Zukunftsgestaltung halten, und auf dieser Basis ihre nachhaltigen Konsumentscheidungen treffen.

6.4.1.6 Bewusst konsumieren

Wenn all die vorherigen Prinzipien für nachhaltiges Konsumieren nicht funktioniert haben und man keine andere Möglichkeit sieht, als nicht nachhaltige Produkte oder Dienstleistungen in Anspruch zu nehmen, dann kann sich das frustrierend anfühlen (besonders, wenn man viel Energie in den Suchprozess gesteckt hat). Das Gute hierbei ist, dass man auf diesem Weg viel Neues lernen kann und sich als Verbraucherin oder Verbraucher emanzipiert und in die Lage versetzt, mitreden zu können und vielleicht auch zu wollen. Man kann auf verschiedenen Ebenen anprangern, dass eine nachhaltige Konsumentscheidung nicht möglich ist, z. B. via Social Media, in einem Brief ans Unternehmen oder durch Kontaktaufnahme zu politischen Vertretern oder Vertreterinnen. Häufig gibt es Initiativen, die sich für die Verbesserung von Standards und Gesetzen engagieren. Diese kann man durch Mitarbeit oder durch Spenden unterstützen. Auch das Gespräch mit Freunden und Freundinnen, Bekannten und Verwandten über die fehlende Nachhaltigkeit in bestimmten Konsumbereichen kann effektiv sein, um einen Bewusstseinswandel voranzubringen und andere Menschen für das Thema zu gewinnen. Bei all den Möglichkeiten, die man als Einzelperson bei den Entscheidungen rund um den eigenen Lebensstil hat, darf man nicht vergessen, dass die Verantwortung für eine nachhaltige Transformation nicht in den individuellen Konsumentscheidungen liegt, sondern bei uns als Gesellschaft. Individuelle Entscheidungen stoßen an Grenzen, an denen systemischer Wandel erforderlich ist und nachhaltiges Verhalten überhaupt erst ermöglicht und eingefordert werden muss.

6.4.2 Kollaborativer Konsum

In diesem Abschnitt wird die gemeinsame Nutzung von Dingen und Dienstleistungen mit ihren Auswirkungen und ihren psychologischen Voraussetzungen besprochen.

Ko-Konsum

Unter *Ko-Konsum* (*d. h.* gemeinsamer Konsum) versteht man im weiten Sinn die gemeinsame Herstellung, das Teilen (Sharing), den Tausch oder die Wiederverwertung von Gütern oder Dienstleistungen mit anderen Personen. Ko-Konsum verringert den Energie- und Ressourcenverbrauch durch den intensiveren Gebrauch oder durch Verlängerung der Nutzungsdauer einmal produzierter Güter.

Ko-Konsum wird oft unterstützt durch Informationstechnologie (mobile Geräte, Social Media), um Anbietende und Nutzende zusammenzubringen. Das macht den Austausch effizienter und leichter, schafft neue (Interessens-)Gemeinschaften und auch neue Geschäftsmodelle. Insgesamt ist der Bereich des Ko-Konsums in der Lage, schneller als klassische Märkte auf Veränderungen zu reagieren.

Der Bereich des Ko-Konsums hat verschiedene für den Umweltbereich interessante Facetten, die wir der Reihe nach vorstellen. Zunächst wollen wir die verschiedenen Strategien der gemeinschaftlichen Nutzung von Gütern und Dienstleistungen besprechen.

6.4.2.1 Nutzungsstrategien

Je nach Geschäftsmodell können am Ko-Konsum Beteiligte Individuen, Gruppen, Firmen, öffentliche Anbieter wie Kommunen, Non- oder Low-profit-Organisationen sein. Man kann beim Ko-Konsum zwischen zwei grundlegenden Strategien unterscheiden: einer eigentumsersetzenden und einer eigentumsbasierten Nutzung. Scholl et al. (2013) unterscheiden innerhalb der Strategien folgende Geschäftsmodelle:

Bei *eigentumsersetzenden* Nutzungsstrategien verbleibt das Eigentum (also wem das Gut gehört) bei der anbietenden Person oder Institution (es geht nur der zeitweise Besitz, also die aktuelle Verfügbarkeit auf eine andere Person über). Eigentumsersetzend ist es für alle nachfragenden Personen, denn diese erwerben nur ein Nutzungsrecht (Besitz) auf Zeit an dem Gut (Nutzen oder Zugang statt Eigentum). Wir können hier Sharing (mit verschiedenen Unterformen) und Leasing unterscheiden.

- *Sharing*. Nach einer Nutzungsphase durch eine Person nimmt die anbietende Person oder Institution das Gut wieder zurück und wartet es gegebenenfalls. Unterkategorien sind hier:
  - *Renting*. Es überlässt typischerweise eine Institution (z. B. eine Firma) ein langlebiges Konsumgut einer Person, die dafür zahlt. Die verleihende Institution übernimmt auch die begleitenden Services (z. B. die Instandhaltung). Typische Beispiele sind Autovermietung, Carsharing, Werkzeugverleih, Ski-

vermietung. Wenn die verleihende Institution öffentlich (z. B. eine Kommune) ist, dann spricht man von Public Sharing, wie z. B. bei kommunalen Fahrradverleihsystemen.
  - *Pay-per-Use* ist ein Sonderfall: Dabei wird nicht das Gut selbst verliehen, sondern das Ergebnis verkauft. Copyshop oder Waschsalon sind hier typische Beispiele.
  - Auf einer *Sharing*-Plattform treffen sich (überwiegend Privat-)Personen zur Vermittlung von Angebot und Nachfrage zur kurzfristigen, temporären, entgeltpflichtigen Gebrauchsüberlassung von langlebigen Konsumgütern von privat zu privat. Vermittelt werden Autos, Geräte, aber auch Wohnungen (wie bei Airbnb). Die Nutzung des Gutes erfolgt sequenziell, also nacheinander.
  - Das ist anders bei einer *Pooling*-Plattform. Dort treffen sich Privatpersonen zur Vermittlung von Angebot und Nachfrage der gemeinsamen, gleichzeitigen, kostenpflichtigen Nutzung des Gutes. Typisch sind hier Mitfahrgelegenheiten.
- Beim *Leasing* handelt es sich um einen langfristigen Verleih. Auch hier verbleibt das Eigentum bei der leasinggebenden Firma. Der Leasingnehmer oder die Leasingnehmerin erwirbt für einen bestimmten Zeitraum das uneingeschränkte individuelle Nutzungsrecht und bezahlt dafür. Nach Ende des Nutzungszeitraums nimmt die Firma das Gut wieder zurück. Die Firma ist i. d. R. auch für Wartung und Instandhaltung des Leasingobjekts zuständig. Bekannt ist Autoleasing, aber z. B. auch Möbel oder Kopierer werden verleast. Insgesamt gibt es wegen der Dauer nur wenige sequenzielle Nutzungsphasen über die Lebensdauer eines Produkts.

Grundsätzlich davon unterschieden sind die *eigentumsbasierten* Nutzungsstrategien (Scholl et al. 2013). Hier bleiben die Güter entweder länger Eigentum einer Person und werden wieder repariert oder aufgerüstet oder gehen in das Eigentum einer anderen Person über (Secondhand). Die Strategie heißt dabei Langlebigkeit und Wiederverwendung (Reuse). Die Weitergabe kann durch Verkauf, Tausch oder Schenkung geschehen. Dabei helfen eine Vielzahl spezialisierter Internetplattformen (wie z. B. Kleiderkreisel für den Kleidertausch oder Ebay-Kleinanzeigen für den Kauf bzw. Verkauf von gebrauchten Konsumgütern).

6.4.2.2 Weniger Ressourcenverbrauch durch Ko-Konsum

Wir haben nun eine Vielzahl von Möglichkeiten des Ko-Konsums kennengelernt. Inwiefern trägt das zur Reduktion von Umweltverbrauch bei? Entweder resultiert die Ressourcenersparnis aus der insgesamt über die Lebensdauer des Konsumgutes *intensiveren* Nutzung durch viele Nutzungsphasen bei insgesamt weniger produzierten Gütern (bei den eigentumsersetzenden Strategien) oder durch die Langlebigkeit der Produkte (bei den eigentumsbasierten Strategien). Diese Strategien führen tendenziell zu einem geringeren Ressourcenverbrauch, weil sie die tatsächliche Nutzungsdauer von Produkten ausdehnen. Insgesamt gilt die Regel: Ungenutzte Produkte sind verlorene Produkte.

Die in den vorigen Abschnitten vorgestellten Strategien zum reduzierten Konsum, *Reduce, Reuse, Repair, Recycle,* knüpfen jeweils an eine der Nachhaltigkeitsstrategien (vgl. ► Abschn. 4.5.1) an.

- *Reduce.* Die bisher dominante Idee, dass jede Person ressourcenintensive Güter des täglichen Lebens wie ein Auto in ihrem Eigentum und ausschließlichen Besitz zur Verfügung hat, führt dazu, dass viele Güter vielfach – millionenfach – produziert werden müssen. Dabei stehen Autos die allermeiste Zeit an einem Ort und bewegen keine Personen oder Waren, und die meisten Bohrmaschinen bohren in ihrem Leben nur wenige Minuten. Die Idee des ausschließlichen Besitzes wird durch die eigentumsersetzende Strategie im Ko-Konsum ergänzt. Sie ist eine Suffizienzstrategie, da viele mit weniger Gütern auskommen, ohne nennenswerte Verluste an deren Verfügbarkeit und Nutzung zu haben.
- *Reuse.* Wenn es nicht ohne Erwerb eines Gutes geht, sollte dieses zumindest lange und/oder von vielen genutzt werden. Langlebigkeit ist ein Teil der Effizienzstrategie.
- *Repair.* Durch Reparatur, Instandsetzung oder Aufwertung (Upcycling) eines Gutes wird Wert geschöpft aus etwas, was bisher als Abfall galt. Auch hier liegt die Langlebigkeitsstrategie vor.
- *Recycle.* Am Ende des Lebenszyklus eines Gutes sollte es möglichst zu 100 % recycelt werden. In einer vollständigen Kreislaufwirtschaft gibt es keine oder nur wenig offene Enden bei den Materialflüssen. Das wird mit Konsistenz bezeichnet und ist ebenfalls eine der drei Nachhaltigkeitsstrategien.

Es gilt aber auch, dass durch längere oder intensivere Benutzung auch energie-*in*effiziente Produkte länger leben und dadurch unter Umständen mehr Ressourcen verbrauchen, als es neuere, effizientere Geräte täten. Hier geht es um den nicht ganz einfachen Vergleich der Materialbilanz (Wie viele materielle und energetische Ressourcen müssen zur Produktion eines neuen Gutes eingesetzt werden?) und der Energiebilanz (Wie viel würde durch ein neu produziertes Produkt z. B. an Energie im zukünftigen Verbrauch eingespart?). Allerdings gilt in der Regel, dass es sehr sinnvoll ist, ein Auto, ein Mobiltelefon oder Haushaltsgerät (möglichst) lange in Benutzung zu lassen und dafür auch auf die in diesem Abschnitt besprochenen Verfahren des Ko-Konsums zurückzugreifen.

6.4.2.3 Voraussetzungen und Auswirkungen von Ko-Konsum

Erfolgreicher Ko-Konsum hat als Grundvoraussetzung gegenseitiges *Vertrauen* zwischen den Beteiligten. Die verleihende oder vermietende Person vertraut darauf, ihr Gut wieder heil zurückzubekommen, und die leihende oder mietende Person vertraut darauf, dass das von ihr benötigte Gut in gutem und funktionsfähigem Zustand ist. Beides wird deutlich am Beispiel des Mietens eines Autos oder einer Wohnung von privat. Bei einer klassischen Interaktion, bei der sich die Beteiligten sehen und miteinander sprechen, findet ein zumindest rudimentäres Kennenlernen statt, was spezifisches Vertrauen begründet (vgl. auch ► Abschn. 3.3.4). Professionelle Anbieter und Plattformen, die sich nicht oder nur unwesentlich auf persönliche Kontakte stützen können, versuchen die Transparenz der Interaktion zu verbessern, um das gegenseitige Vertrauen zu erhöhen. Das geschieht mittels verifizierter Kontaktprofile und sogenannter bidirektionaler Reputationssysteme. Diese erlauben es, dass sich die Beteiligten gegenseitig Bewertungen für den Ablauf der Interaktion ausstellen, die für die nachfolgenden Nutzer und Nutzerinnen zu sehen sind. Nahtlos integrierte Bezahlsysteme senken die Schwelle für die Nutzung der Portale.

Ko-Konsum kann, je nach Art, folgende Auswirkungen auf die Beteiligten haben:
- Auch aus ursprünglich über eine Plattform vermittelten Ko-Konsum-Kontakten können Bekanntschaften entstehen. Manche Plattformen streben sogar explizit die Bildung einer relativ stabilen *Nutzendengemeinschaft* an.
- Dinge nicht für den eigenen Besitz zu kaufen, sondern sie nur für die Nutzungsdauer zu leihen oder zu mieten, bedeutet in den allermeisten Fällen eine drastische *Kostensenkung*.
- Der Verzicht auf Eigentum von ausleihbaren Gütern bedeutet in vielen Fällen eine deutlich erhöhte *Flexibilität* und Unabhängigkeit. Scholl et al. (2013) sprechen auch von sogenannten Transumern: hochmobile Konsumierende, die nicht nach Eigentum, sondern Nutzung streben.

Wenn Güter repariert oder aufgerüstet, Teile oder sogar das Gut selbst hergestellt werden, kommen eine Reihe positiver psychologischer Auswirkungen hinzu.
- Das reparierte, weitergegebene, upgecycelte oder gar selbst hergestellte Produkt ist Ausdruck der eigenen *Kreativität*. Solche Produkte sind individuell und haben ihre eigene Geschichte, die sie nicht mit sehr vielen gleichartigen Gütern teilen, wie dies bei Industrieprodukten der Fall ist. Sie spiegeln die eigene Ästhetik und die eigenen Wünsche authentisch wider.
- In der Ökonomie bezeichnet ein *Positionsgut* etwas, was es nur selten gibt und wofür man in der Regel sehr viel Geld bezahlen muss. Je seltener dieses Gut, desto teurer ist es in der Regel. Geerbte, upgecycelte oder selbst hergestellte Dinge sind jedoch auch solche Positionsgüter – sie gibt es in der Regel nur einmal in dieser Form.
- 3D-Drucker ermöglichen *individualisierte Produkte* oder kleinste Produktionsreihen von Ersatzteilen und Gütern. Die sogenannte Maker-Bewegung betont, dass dadurch Materialflüsse in der Welt reduziert werden können, weil weniger Güter (und nur die digitalen Anleitungen) transportiert werden müssen.
- Eigenreparatur oder Eigenproduktion befähigt Personen, in einer neuen Rolle an der Wirtschaft teilzunehmen: Sie werden von Konsumierenden zu Produzierenden. Damit fällt die klassische Dichotomie von Produktion auf der einen und Konsum auf der anderen Seite. Die Vermischung beider Rollen nennt man *Prosumer*.

6.4.2.4 Beispiel: Mobilitätssharing

Insbesondere in den großen Städten verliert das Auto seinen bisherigen Stellenwert. Neben ÖPNV und Zufußgehen treten eine Reihe von Formen des Mobilitätssharings (Adler 2011; Scholl et al. 2013) oder des Mobilitätspoolings an seine Stelle.

Mobilitätssharing erfolgt einerseits an Verleihstationen gebunden durch klassische Autovermietungen oder aber durch Vereine, die ihren Mitgliedern verschiedenste Fahrzeuge zur Verfügung stellen. Diese müssen an einem designierten Stellplatz abgeholt und auch dort wieder abgestellt werden. Kommunen können solche Plätze für Leihautos und Leihfahrräder auch bündeln und mit Anschluss an den ÖPNV oder anderen Services (z. B. eine Fahrradwerkstatt) versehen, was dann Mobilitätsstation genannt wird. Auch E-Roller oder Lastenräder sind stationär zu mieten. Vollflexibles, sogenanntes Free-floating- oder On-demand-Sharing hingegen kommt ohne feste Stellplätze aus. Es ist ein Gebiet (z. B. eine innerstädtische Zone) definiert, in dem die Fahrzeuge genutzt werden dürfen. Über eine Smartphone-App wird bei Bedarf das nächste freie Fahrzeug geortet. Öffnen und Schließen des Fahrzeugs erfolgt durch Aufkleber auf Führerschein oder der Membercard bzw. durch das Handy (z. B. bei E-Scootern). In der Regel wird die Benutzung minutengenau abgerechnet. Vollflexibles Sharing ist nicht nur mit Autos (zunehmend auch E-Fahrzeuge) verbreitet, sondern auch mit E-Scootern. Es besteht allerdings die begründete Vermutung, dass die vollflexiblen Sharingmodelle überwiegend für kurze Strecken in der Stadt aus Bequemlichkeit eingesetzt werden, auch wenn als Alternative der ÖPNV, das Fahrrad oder Zufußgehen vorhanden sind. Insofern können sie nicht als ressourcenschonende Mobilitätsalternative gelten.

Mobilitätspooling bedeutet, dass bei Fahrten, die zumeist ohnehin unternommen würden, zusätzliche Personen zum Mitfahren eingeladen werden. Neben Onlinemitfahrzentralen als vermittelnde Institution gibt es auch sogenanntes *Ridesharing* durch Taxis oder Kleinbusse, welches Kommunen anbieten. Über eine App kann dabei eine Fahrt zu einem bestimmten Ziel gebucht werden. Der Wagen fährt dabei z. T. kleinere Umwege, um weitere Fahrgäste mit ähnlichem Ziel aufzunehmen. Das erschließt (zumeist) städtische Bereiche, die nicht oder nur unzureichend vom ÖPNV bedient werden. Etwas Ähnliches gibt es auch für durch eine Institution vermittelte Mitnahme in privaten Fahrzeugen, manchmal auch integriert in einen Gesamtfahrplan mit Bussen, Trams und Anrufsammeltaxis (wie z. B. bei ► www.mobilfalt.de). Ebenfalls durch den ÖPNV nur schwierig zu bedienen ist der „letzte Kilometer", also der Weg von einem größeren Knotenpunkt (z. B. Haltestelle) bis zum eigentlichen Ziel (z. B. das eigene Haus). Hierfür gibt es an einigen Orten sogenannte Mitfahrhaltestellen (auch Mitfahrbänke oder -punkte), an denen Autofahrende, die einen Platz frei haben, weitere Reisende mitnehmen können. Durch die Besetzung der Fahrzeuge beim Pooling mit mehr Personen ergibt sich insgesamt ein positiver Umwelteffekt.

Einer der wichtigsten Gründe, nicht auf Carsharing oder Pooling umzusteigen, ist die Verfügbarkeit eines eigenen Fahrzeugs. Je größer die bisherige Routinestärke ist, desto schwerer fällt der Umstieg (Harms 2003) und desto zuverlässiger wird die bisherige Mobilitätsalternative im Vergleich zu Carsharing bewertet. Es wird bei habitueller Autonutzung weniger Information über Carsharing gesucht und diese schlechter bewertet als von Carsharingteilnehmenden.

Das verweist auf die hohe Wichtigkeit des Routinebruchs (auch bereits in ► Abschn. 4.1.3 angesprochen). Umbrüche im Lebenslauf, z. B. durch Umzug oder die Schulpflicht der Kinder erzeugen, oft andere Mobilitätserfordernisse.

Diese Umbrüche können genutzt werden, um während der ersten Wochen neue, nachhaltige Mobilitätsalternativen auszuprobieren und zu etablieren. Bei einem Umzug sollte möglichst von vorneherein darauf geachtet werden, dass am neuen Wohnort der ÖPNV gut zu erreichen ist oder die täglichen Ziele in Fuß- oder Fahrradentfernung liegen.

6.5 Wasser

Auf den ersten Blick ist die Ressource Wasser ein umweltpsychologisch sperriger Gegenstand. Anders als Strom kostet es nicht viel, es wird uns (in den industrialisierten Ländern) nach Hause geliefert und wie unsichtbar wieder entsorgt. Woher es kommt und wohin es geht, ist uns oft nicht wirklich klar. Die uns umgebende Wasserinfrastruktur wie Brunnen, Wasserwerke, Kläranlagen und Leitungsnetz versorgt uns so, dass wir uns keine Sorgen um die Bereitstellung und Entsorgung machen müssen.

Und dennoch hat die Nutzung der Ressource Wasser eine Reihe wichtiger psychologischer Berührungspunkte und weist Phänomene auf, die bei zunehmendem Einfluss der Klimaerwärmung noch wichtiger werden. Die Wasserproblematik lässt sich in dem Akronym AQUA (*Availability, Quality, Allocation*, also Verfügbarkeit, Qualität, Verteilung) zusammenfassen (Ernst et al. 2001). In den kommenden Abschnitten werden wir beleuchten, wie es sich mit der Verteilung von Wasser in der Welt verhält, welche Rolle Wasserqualität spielt und warum es eine große Wasserwanderung kreuz und quer über den Globus gibt. Es werden die Trinkwassernutzung in Deutschland und die Themen Wassersparen, Mikroplastik im Wasser und Konflikte um Wasser im In- und Ausland beleuchtet. Dabei beziehen sich die Ausführungen in Teilen auf Ernst und Kuhn (2010).

Biologisch gesehen ist Wasser kein Nährstoff an sich, sondern es ist das Transportmittel für alle Nährstoffe in Pflanze, Tier und Mensch. Ohne diesen Transport ist Leben nicht möglich. Für Menschen bedeutet das, dass Wasser als Trinkwasser zum direkten Genuss oder zur Lebensmittelproduktion hohe hygienische Anforderungen erfüllen muss. Wasser wird aber noch in zahlreichen weiteren Kontexten verwendet: zur Bewässerung in der Landwirtschaft, zur Kühlung von Kraftwerken, als schiffbarer Transportweg, in einem Wasserkraftwerk zur Energieproduktion, in vielen weiteren Produktionsprozessen oder einfach zur Erholung am Strand oder an einem See.

Es ist nützlich, mit einigen Definitionen zu beginnen, die unterschiedliche Qualitäten von Wasser kennzeichnen.

■ Verschiedene Qualitäten von Wasser und ihre Bezeichnungen

Trinkwasser – Trinkwasser ist ein Lebensmittel für den menschlichen Bedarf. Es muss hohen hygienischen Anforderungen genügen, die in den Industrieländern auch streng kontrolliert werden.

Süßwasser – Wasser, welches prinzipiell für den Lebenserhalt von Lebewesen geeignet ist, zum Trinken, Verzehr oder zur Bewässerung. Wesentlich ist hierbei ein

Salzgehalt von unter 0,1 %. Wolken, Regen, Schnee, Gletscher und die allermeisten Oberflächengewässer im Binnenland bestehen aus Süßwasser.

Salzwasser – Die Ozeane enthalten Salzwasser. Dabei liegt der Salzgehalt bei durchschnittlich 3,5 %. Es ist ungenießbar.

Grundwasser – Wenn Süßwasser von der Landoberfläche in den Boden sickert und sich in Grundwasserleitern oder Grundwasserblasen sammelt, ist es durch den Sickerungsvorgang durch verschiedene Bodenschichten bereits bis zu einem gewissen Grad geklärt und bisweilen auch mit Mineralien angereichert. Grundwasser ist daher ein wichtiger Trinkwasserlieferant.

Oberflächenwasser – Oberflächenwasser befindet sich an der Landoberfläche, in Bächen, Flüssen oder Seen. Es enthält oft viele Schwebstoffe oder andere gelöste Stoffe, bisweilen Keime. Man kann es ohne weitere Aufbereitung nicht als Trinkwasser verwenden.

Grünes Wasser – Natürlich vorkommendes Boden- und Regenwasser, welches Pflanzen aufnehmen und verdunsten.

Blaues Wasser – Wasser, das Grund- und Oberflächengewässern entnommen wird, um Produkte wie Textilien herzustellen oder Felder und Plantagen zu bewässern.

Grauwasser – Gering und nicht durch Fäkalien verschmutztes Wasser, z. B. aus Duschen oder Waschmaschinen. Es kann nach nur geringer Klärung zur Gartenbewässerung oder für die Toilettenspülung verwendet werden.

Schwarzwasser – Schwarzwasser ist mit Fäkalien verunreinigtes Abwasser aus Toiletten.

Virtuelles Wasser – Zur Produktion von Konsumgütern gebrauchtes Wasser (siehe dazu ► Abschn. 6.5.3).

Es ist zwar im Alltag üblich, von „Wasserverbrauch" zu reden. Wasser wird jedoch nicht im engen Sinn verbraucht, sondern nur durch verschiedene Prozesse verschmutzt, verdunstet, gewärmt. Das Wasser ist auch nach der Benutzung noch da, aber vielleicht in einem anderen Aggregatzustand (also z. B. als Luftfeuchte) oder mit Schadstoffen belastet.

6.5.1 Wasser weltweit – aktuell und unter Klimaerwärmungsbedingungen

Es gibt insgesamt 1,4 Mrd. km³ Wasser auf der Erde (WBGU 1998; statista 2023). Davon sind allerdings nur 2,5 % Süßwasser und damit potenziell genießbar. Von diesen 2,5 % sind wiederum 69 % in den beiden Polkappen und in Gletschern gebunden, weitere 30 % sind Grundwasser und damit nur bedingt erreichbar. Der Anteil von Süßwasser an den Oberflächengewässern weltweit beträgt schließlich 0,3 %. Abzüglich des Bedarfs für Tier- und Pflanzenwelt bleiben etwa 0,02 % der Gesamtwassermenge direkt erreichbar für den menschlichen Gebrauch. Insgesamt ist das zusammen mit erreichbaren Grundwasserreserven für die Menschheit ausreichend, allerdings ist die tatsächliche Wasserverfügbarkeit global sehr ungleich verteilt und sorgt so für Probleme.

Vom genutzten Süßwasser gehen weltweit etwa 70 % in die Landwirtschaft, 20 % in die Industrie und 10 % werden in den Haushalten genutzt (WBGU 1998). Nur ein Teil des in der Industrie benötigten Wassers und das Wasser für die Haushalte muss dabei Trinkwasserqualität haben.

Wie ändert sich die weltweite Wasserverfügbarkeit voraussichtlich mit der Klimaerwärmung? Das zeigt ◘ Abb. 6.13. In diesem Szenario wird von einem anhaltenden starken, fossil getriebenen Wirtschaftswachstum und einer starken Verstädterung ausgegangen (IPCC SSP5). Die Klimaerwärmung wirkt sich bereits auf die Wasserverteilung und damit auf die Wasserverfügbarkeit in den verschiedenen Regionen der Erde massiv aus. Die Projektionen dieser Auswirkungen für das letzte Drittel dieses Jahrhunderts zeigen, dass die Wasserverfügbarkeit (durch Veränderung der globalen Wasser- und Luftströme) insbesondere an der Ostküste Nord- und Südamerikas abnimmt und besonders im Mittelmeerraum. Hingegen könnte der Saharagürtel, bisher der Inbegriff der Wüste, möglicherweise grüner werden. Diese Auswirkungen dieser Veränderungen der Wasserverfügbarkeit werden nicht nur lokal, sondern auch in den globalisierten Lieferketten spürbar sein.

◘ Abb. 6.14 zeigt die Wasserverfügbarkeit pro Person in verschiedenen Regionen der Erde. Ausgeprägter Wassermangel (rot) beziehungsweise abgeschwächt Wasserstress (gelb) entsteht einerseits in trockenen Regionen der Erde, aber auch solchen, die gleichzeitig eine starke Bevölkerung und/oder Landwirtschaft aufwei-

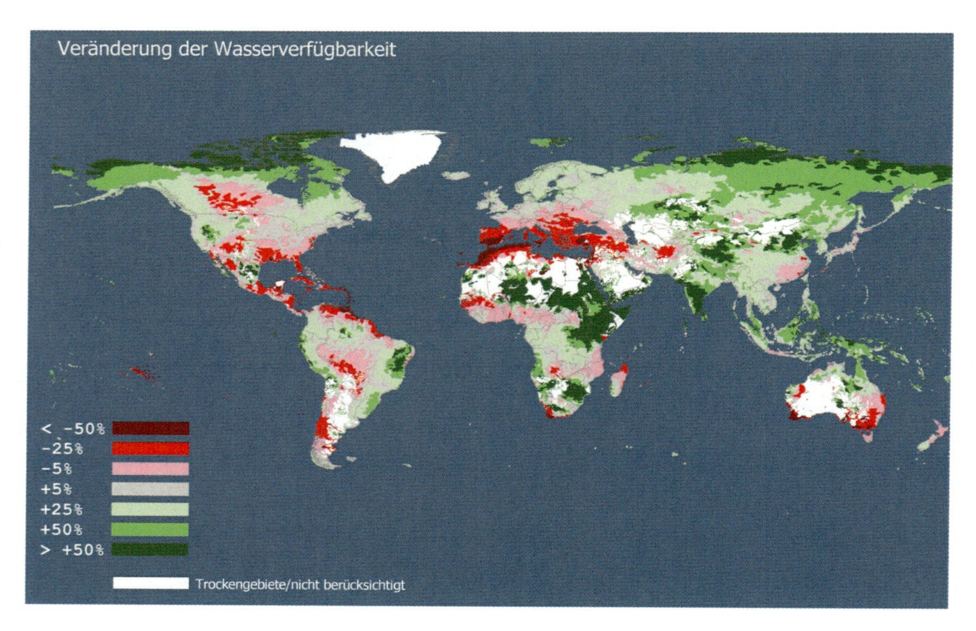

◘ **Abb. 6.13** Die Verfügbarkeit von Wasser global, Szenario für 2085. (Grafik: Ellen Kynast und Martina Flörke 2024. Daten aus Pilotprojekt Analyse- und Service-Plattform Globale Wasserqualität, GlobeWQ, FK 02WGR1527C; Bundesministerium für Bildung und Forschung (BMBF) im Rahmen der Forschungsinitiative Globale Ressource Wasser, GRoW; mit freundlicher Genehmigung)

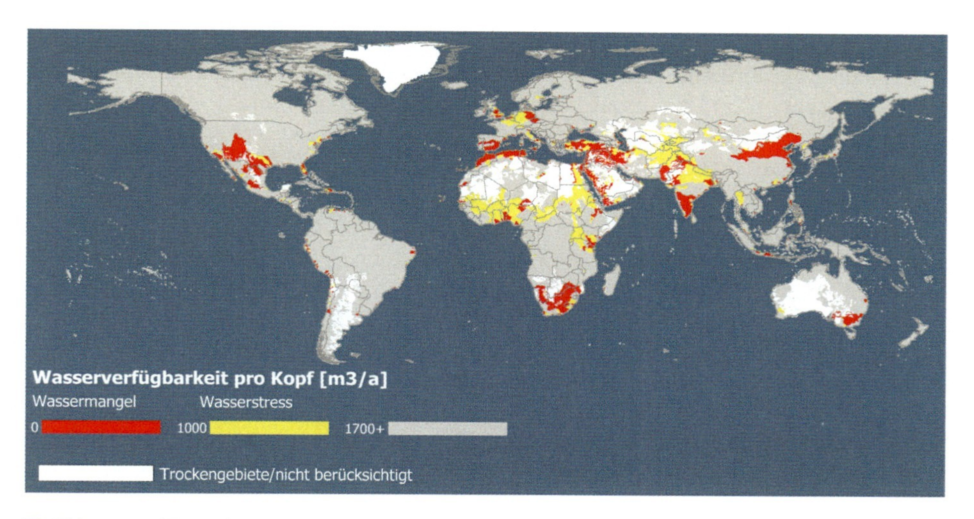

Abb. 6.14 Veränderung der Verfügbarkeit von Wasser pro Kopf, Szenario für 2085. (Grafik: Ellen Kynast und Martina Flörke 2024. Daten aus Pilotprojekt Analyse- und Service-Plattform Globale Wasserqualität, GlobeWQ, FK 02WGR1527C; Bundesministerium für Bildung und Forschung (BMBF) im Rahmen der Forschungsinitiative Globale Ressource Wasser, GRoW; mit freundlicher Genehmigung)

sen. Davon sind Industrieländer nicht ausgenommen, wie man am Beispiel des US-amerikanischen Südwestens mit seiner intensiven Bewässerungslandwirtschaft sieht.

Ein Teil dieser Veränderungen wird also nicht nur durch die natürliche Wasserverfügbarkeit, sondern auch durch die Änderung der menschlichen Wasserentnahme verursacht. Sie kommt durch die Bevölkerungszunahme und den Siedlungsbau, durch die Verstädterung sowie durch die Intensivierung von Landwirtschaft und hier besonders den Umstieg von regenbasiertem Anbau zu bewässerungsbasierten Kulturen. Das führt uns direkt zu Mengenproblemen mit Wasser.

6.5.1.1 Mengenprobleme

Mengenprobleme mit Wasser gibt es in zwei Formen: als Überschwemmungen und als Dürren (WBGU 1998). Im Jahr 2021 waren fast 30 Mio. Menschen weltweit von Hochwassern und Überschwemmungen betroffen, über 50 Mio. von Dürrekatastrophen (zum Vergleich: Durch Erdbeben waren gut 1 Mio. Menschen weltweit betroffen; statista 2023).

▪ Überschwemmungen

Überschwemmungen oder Fluten entstehen (sofern sie nicht durch das Brechen eines Dammes oder durch eine Springflut verursacht werden) durch das Zusammenspiel von (extrem) starken Niederschlägen in einem Flusseinzugsgebiet und der begrenzten Aufnahmefähigkeit des Bodens für das überschüssige Wasser. Wasser fließt oberflächlich ab und fördert Überflutung, wenn entweder der Boden durch vorherige Regenfälle schon mit Wasser gesättigt ist oder aber wenn er ausgetrocknet ist und das Wasser nicht unter die harte Oberfläche dringt. Oberflächlich fließendes Wasser ist schnell und kann daher rasch starke Wellen aufbauen.

In vielen Ländern lebt man mit regelmäßigen Überschwemmungen. Sie hängen oft mit Niederschlagsmustern (Regenzeit) zusammen. In den Industrieländern – oft mit wesentlich regelmäßigeren Niederschlagsmustern – versucht man, mit Hochwasserverbauungen (zumeist Dämmen) und Poldern (Flächen, die zur Aufnahme von Wasser zeitweise geöffnet werden können) Fluten im Vorfeld entgegenzuwirken. Da, wo das nicht erfolgt ist, können auch in den Industrieländern Fluten katastrophale Ausmaße annehmen, wie das im Ahrtal im Jahr 2021 der Fall war. Dort stieg ein Fluss, der üblicherweise einen Pegel (Wasserstand) von unter einem Meter hat, auf über sieben Meter an.

- **Dürren**

In Mitteleuropa verfügen wir im Mittel über ausreichend Wasser und wir beobachten die drohenden oder offenen Wasserkonflikte in ariden, d. h. trockenen Regionen nur aus der Ferne, wenn diese überhaupt in unser Bewusstsein dringen. Mit dem Klimawandel sind allerdings auch in Teilen Deutschlands sinkende Grundwasserspiegel zu erwarten.

Neben der Bewässerung von Feldern ist die Sicherstellung der Versorgung mit Trinkwasser wichtig. Die WHO (World Health Organisation der UN) gibt 20 l als den Mindestbedarf an Trinkwasser pro Tag und Person an. Das erscheint nicht viel, wenn wir das mit unserem eigenen Trinkwasserverbrauch vergleichen (vgl. ► Abschn. 6.5.4) und ist der absolute Mindeststandard. Nicht einmal der wird in allen Ländern, insbesondere in Afrika, erreicht. Klimaerwärmung und Übernutzung von Wasserressourcen verstärken die Gefahr von Dürren. Dazu kommt in einigen Regionen eine drohende, irreversible Versalzung von Trinkwasser.

Der WBGU (1998) schlägt einen sogenannten Kritikalitätsindex K vor:

$$K = \text{Wasserentnahme} \, / \, \left(\text{Wasserverfügbarkeit} * \text{Problemlösepotenzial}\right) \qquad (6.1)$$

Interessant an diesem Index ist, dass er zusätzlich zum Wasserstress (vgl. ◻ Abb. 6.13) die Problemlösefähigkeit der betroffenen Gesellschaft mit einbezieht. Solche Problemlösungen beziehen sich zumeist auf technische oder bauliche Maßnahmen, wie etwa die Umstellung der einfachen Beregnung von Feldern (mit starker Verdunstung) auf unterirdische Tröpfchenbewässerung. Das bedeutet auch, dass wohlhabende Nationen mit Dürren (und insgesamt mit Mengenproblemen bei Wasser) deutlich besser umgehen können als ärmere Länder.

6.5.1.2 Qualitätsprobleme

Die Welthungerhilfe (2022) zählt über 2 Mrd. Menschen ohne Zugang zu sauberem Trinkwasser. Sie beziffert die Zahl derer, die noch nicht einmal ihre Grundversorgung mit sauberem Wasser decken können, mit 850 Mio. Menschen. Sie versorgen sich entweder mit Wasser aus Flüssen oder Wasserlöchern oder müssen länger als 30 min zu Fuß gehen, um eine saubere Wasserquelle zu erreichen. Nach Schätzungen verfügen rund 4,2 Mrd. Menschen zu Hause nicht über eine Toilette, bei der das Abwasser sicher entsorgt wird. Im Gegenteil: Ein Gutteil der Menschen hat nur die Möglichkeit, im Freien zu defäkieren. Vielfach wird auch dort in der Nähe Wasser zum Kochen oder Trinken aus den Oberflächengewässern entnommen. In Afrika haben nur 32 % der Menschen Zugang zu sicheren Trinkwasserquellen, in manchen Ländern nur 6 % (zum Vergleich: in Europa 92 %; statista 2023). Der WBGU (1998) schätzt, dass 30 % der weltweiten Wasserressourcen wegen Qualitätsproblemen nicht genutzt werden können. 50 % der Weltbevölkerung leiden an wasserbezogenen Krankheiten, was zu geschätzten 5 Mio. Toten jährlich führt.

In den industrialisierten Ländern ist weniger die Verkeimung von Wasser ein Problem als vielmehr Schadstoffe aus Landwirtschaft, Industrie oder Haushalten, allen voran Düngemittel. Düngung von Feldern sorgt in den Industrienationen und gerade in Deutschland für eine ständige Diskussion zwischen Landwirtschaft und den Wasserversorgungsunternehmen. Das im Dünger enthaltene Nitrat ist ein krebserregender Stoff bzw. die Vorstufe dazu und hat nichts im Trinkwasser zu suchen. Es gelten daher strenge Grenzwerte. Jedoch werden ständig überschüssige Düngemittel aus den Feldern ausgewaschen und gelangen in Oberflächengewässer oder sickern ins Grundwasser. Das Umweltbundesamt (UBA) findet zwar in den letzten Jahren 100 % grenzwertkonforme Werte (UBA 2021). Sie schreiben aber auch: „Allerdings erlaubt dies weder einen unmittelbaren Rückschluss auf den Nitratgehalt der Rohwässer, noch stellen die Befunde einen Widerspruch dar zu dem beobachteten Anstieg der Nitratkonzentration in Grundwässern durch Einträge aus Landwirtschaft und Biomasseproduktion. Die bisherigen Erfolge bei der Einhaltung des Nitratgrenzwertes im Trinkwasser liegen nicht zuletzt in wirksamen Maßnahmen zur Nitratminderung in den berichtspflichtigen Wasserversorgungsunternehmen begründet." Das heißt, dass die Wasserversorger Wasser aus Quellen mit viel Nitrat vielfach mit solchem aus weniger belasteten Quellen mischen, um unter den Grenzwert zu kommen.

Aber auch die Haushalte und die Tierhaltung in der Landwirtschaft tragen zur Verschlechterung der Wasserqualität bei durch den Eintrag sogenannter endokriner Stoffe. Das sind im Organismus wirksame Hormone, die von Anti-Baby-Pillen oder Tieren verabreichten Hormonen stammen und mit der Ausscheidung in die Abwässer gelangen. Trotz Klärung gelangen sie auch ins Grundwasser und von dort auch möglicherweise in kleineren Mengen wieder ins Trinkwasser. Grenzwerte werden jedoch bislang nicht überschritten.

Die Wasserrahmenrichtlinie der EU aus dem Jahr 2000 bewertet nicht nur, wie der physikalische und chemische Zustand der Gewässer ist (Ist das Wasser frei von Schadstoffen, stimmt die Temperatur?), sondern auch den biologischen (Enthält das Wasser die zu erwartenden Lebewesen?) und den sogenannten morphologischen Zustand. Damit ist die Form gemeint, in der das Wasser in der Landschaft fließen kann. Mit der teilweisen Auflösung von Kanalisierung und Betoneinfassung von Gewässern, mit der Reduktion von Düngung in der Landwirtschaft und mit der Verbesserung der Abwasserklärung aus der Industrie hat sich der Zustand der deutschen Oberflächengewässer seit den 1990er-Jahren verbessert. Weltweit jedoch ist der Zustand der Oberflächengewässer deutlich schlechter geworden, weil die Abwässer aus zunehmend intensiverer Landwirtschaft und Industrie nicht durch entsprechende Klärung aufgefangen werden.

6.5.2 Konflikte um Wasser

Jedes Jahr werden knapp 100 Konflikte um Wasser registriert, davon etwa 20 mit hoher Intensität. Die allermeisten davon brechen in Asien und Ozeanien aus, aber auch Europa ist nicht völlig ausgenommen (statista 2023). Das Pacific Institute zählt von 2020 bis 2022 mehr als 200 Wasserkonflikte (Pacific Institute 2023). Dabei ist Wasser manchmal der Auslöser eines Konflikts, manchmal wird es aber auch als Waffe in einem bestehenden Konflikt eingesetzt (z. B. wird der Zugang verunmöglicht). Manchmal zieht ein gewaltsamer Konflikt auch eine Wasserressource in Mitleidenschaft. Dazu kommt bei Fließgewässern die Ober-Unterlieger-Problematik (Ostrom et al. 1994): Die oberen Flussanrainer können das Wasser z. B. für die Elektrizitätsproduktion aufstauen oder auf landwirtschaftliche Flächen ableiten, sodass für die unteren Anrainer möglicherweise nicht mehr genug Wasser für die eigenen Zwecke oder für den Erhalt der Biodiversität ankommt. Ähnliches gilt auch für Grundwasserleiter und daraus entnehmende weiter oben bzw. weiter unten liegende Brunnen. Die Ober-Unterlieger-Problematik weist die Charakteristika eines (asymmetrischen) sozialen Dilemmas (► Kap. 5) auf: Eine nichtkooperative Nutzung des Guts mag verlockend erscheinen (besonders für den oberen Anrainer), eine gemeinschaftliche Nutzung würde aber in der Summe mehr Ertrag versprechen.

Wasserbezogene Konflikte in Mitteleuropa sind vor allem Qualitätskonflikte, wie bereits im vorigen Abschnitt angedeutet wurde. Aus der Sicht einer sicheren und gesunden Trinkwasserversorgung geht es um die Reinhaltung des Grundwassers und der Oberflächengewässer. Das muss jeweils mit den Interessen der Landwirtschaft, des Wohnungsbaus, aber auch mit Tourismus und Naturschutzbelangen harmonisiert werden.

Ein wichtiger Konflikt wird in der Diskussion um die Privatisierung der Wasserversorgung deutlich. Institutionen wie die Weltbank oder die EU-Kommission versprechen sich von einer Privatisierung und der Betrachtung von Wasser und Wasserressourcen als handelbare Ware mehr Wettbewerb, eine größere Transparenz und marktgerechtere Leistungen. Tatsächlich aber bedroht Profitorientierung ohne Verwurzelung in dem zu versorgenden Gebiet die kleineren, zumeist kommunalen Versorger. Eine Privatisierung bringt meist keine Qualitätsverbesserung, höhere Wasserpreise, wenig Investitionen in die Infrastruktur und die Vernachlässigung ländlicher Räume, weil der höchste Profit in den großen Städten zu erreichen ist (Barlow und Clarke 2003; Gleick et al. 2002). Deckwirth (2004) beschreibt einen drastischen Fall aus Manila, der Hauptstadt der Philippinen. Nachdem 1995 die Wasserversorgung der Stadt an einen privaten Investor abgetreten wurde, kam es zu einer Mangelversorgung der armen Stadtteile, exorbitanten Leitungsverlusten von aufbereitetem Trinkwasser auf dem Weg zu den Verbrauchsstellen und einem Anstieg der Wasserpreise um bis zu 400 %. Ein Choleraausbruch in einem Stadtteil von Manila im Jahr 2003 schließlich beendete die Phase der Privatisierung. Das ist kein Einzelfall im globalen Süden (Gleick et al. 2002). Aber auch in europäischen Ländern haben Städte nach Privatisierung mit hohen Leitungsverlusten und z. T. drastisch steigenden Verbraucherpreisen zu tun.

Wasser ist eine lebenswichtige lokale Ressource. Wer immer sie verwaltet, seien es öffentliche Versorger oder private Firmen, hat eine Fürsorgepflicht für die Menschen, die versorgt werden. Dazu gehören z. T. hohe Investitionen, um das System flächendeckend, sicher, nachhaltig und umweltschonend betreiben zu können. Diese hohe Verantwortung widerspricht – genauso wie bei der Krankenversorgung oder bei ÖPNV und Bahn – einem reinen Profitdenken.

Internationale Konflikte um Wasser treten zumeist an Flüssen auf, die nationale Grenzen überschreiten, wie das z. B. der Mekong, Jordan, Euphrat oder Tigris tun (Pearce 2007). Der Mekong beispielsweise entspringt in China (dort unter anderem Namen), bildet dann die Grenze zwischen Myanmar und China, dann die zwischen Myanmar und Laos, dann die zwischen Thailand und Laos. Dann fließt er durch laotisches Kernland, um dann wieder über eine lange Strecke die Grenze zwischen Laos und Thailand zu markieren. Nach einem kurzen Abschnitt durch Laos tritt der Mekong nach Kambodscha über, dann schließlich nach Vietnam, wo er das artenreiche Mekong-Delta bildet und in das Südchinesische Meer mündet. Für das Wasser des Mekong gibt es also viele Interessierte. So baute Laos mit chinesischer Unterstützung einige Staudämme für Stromerzeugung und Bewässerung und verkauft einen Teil des Stroms nach Thailand. Die Unterlieger in Vietnam, die von dem Fischreichtum lebenden indigenen Fischerinnen und Fischer, haben weniger Ertrag. Die Populationen von Süßwasserfischen im Fluss kommen unter Druck, denn dadurch, dass der Mekong immer weniger Wasser führt, dringt Salzwasser in das Delta ein. Eine seit vielen Jahren arbeitende Kommission (die Mekong-Kommission) soll zu einem Ausgleich der Interessen beitragen.

6.5.3 Virtuelles Wasser

Virtuelles Wasser nennt man das Wasser, was für die Produktion eines Guts (z. B. einer Frucht) benötigt wurde. Die Bedeutung virtuellen Wassers wird deutlich, wenn man den direkten Wasserverbrauch von Deutschen mit 127 l/Person/Tag dem durch Konsum verursachten zusätzlichen Verbrauch von 7200 l/Person/Tag gegenüberstellt. Jede Person in Deutschland nutzt also im Mittel um die 46 m^3 Trinkwasser pro Jahr, der Wasserfußabdruck eines Deutschen/einer Deutschen beträgt jedoch über 2600 m^3 pro Jahr (UBA 2022). Dabei stammen nur 14 % des Wassers aus Deutschland selbst, aber 86 % aus dem Ausland.

Die Wasserfußabdrücke für einzelne Produkte trägt die Webseite ▶ www.waterfootprint.org zusammen:

- 1 Glas italienischer Wein: 90 l
- 1 Glas spanischer Wein: 195 l
- 1 kg Rindfleisch: 15.400 l
- 1 kg Hühnchenfleisch: 4300 l
- 1 Bier: 74 l
- 1 Kaiserbrötchen: 40 l
- 1 Tasse Kaffee: 130 l
- 1 Baumwoll-T-Shirt: 2500 l (hier nennt der BUND 2023 sogar Zahlen von 3000–15.000 l)

- 1 l Milch: 1020 l
- 1 kg Weizen: 1800 l
- 1 Auto: 400.000 l

Warum steckt in italienischem Wein weniger Wasser als in spanischem Wein? Weil durch das regionale Klima bedingt in Italien durchschnittlich weniger Bewässerung notwendig ist als in Spanien. Rindfleisch hat einen so hohen Bedarf an virtuellem Wasser, weil das Getreide für die Ernährung der Tiere ja selbst angebaut und bewässert werden muss. Die Tiere fressen in gewisser Weise das virtuelle Wasser.

Die große Wanderung des virtuellen Wassers erfolgt über den gesamten Globus und folgt den Warenströmen. So liegt beispielsweise der größte externe Wasserfußabdruck des US-Konsums im Einzugsgebiet des Yangtse-Flussbeckens in China. Dabei sind die Erzeugerregionen der insbesondere landwirtschaftlichen Güter oft solche, die selbst schon Wasserstress ausgesetzt sind. So beschreiben Bunsen et al. (2022) die Regionen, aus denen große Mengen virtuellen Wassers nach Deutschlands kommen und die bei der Erzeugung mit erhöhter Wahrscheinlichkeit die Belastbarkeitsgrenzen der lokalen Wasserressourcen überschreiten (Abb. 6.15). Sie sind in den USA ebenso zu finden wie in Spanien, in Vorderasien (Baumwollproduktion), im Grenzgebiet zwischen Indien und Pakistan sowie in China.

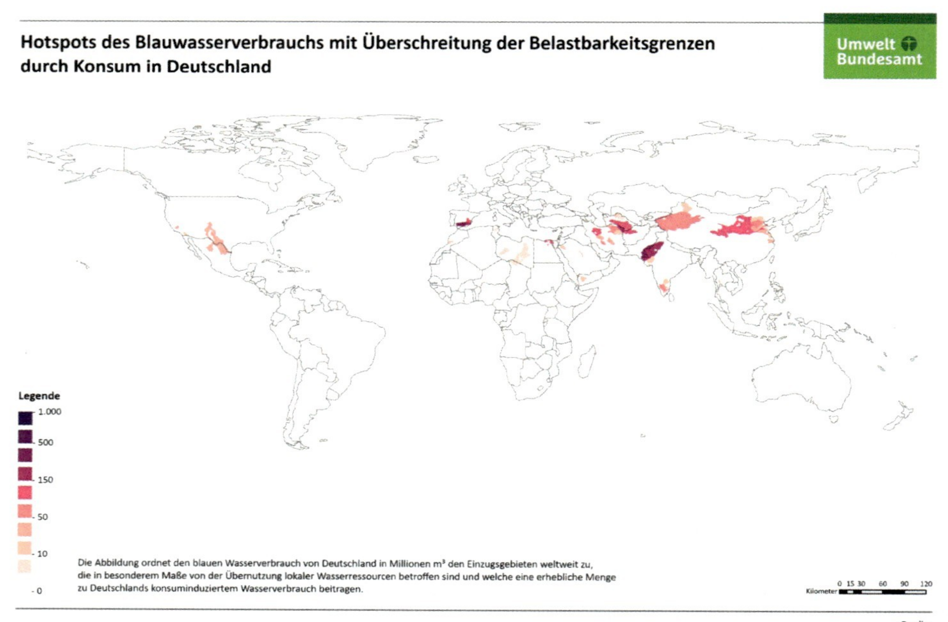

Abb. 6.15 Hotspots des virtuellen Wasserverbrauchs durch Konsum in Deutschland. (Umweltbundesamt 2022, Wassernutzung privater Haushalte. ► https://www.umweltbundesamt.de/daten/private-haushalte-konsum/wohnen/wassernutzung-privater-haushalte#direkte-und-indirekte-wassernutzung mit freundlicher Genehmigung des Umweltbundesamtes)

6.5.4 Trinkwassernutzung in Deutschland

In Deutschland ist nicht nur das Wasserdargebot (also das, was von der Natur zur Verfügung gestellt wird) groß, die Trinkwasserqualität ist auch sehr hoch. Etwa 2,8 % des Wasserdargebots werden zu Trinkwasser. Das meiste Trinkwasser (62 %) wird aus Grundwasser gewonnen, 8 % aus Quellwasser, schließlich ca. 21 % aus Oberflächenwasser oder Uferfiltrat von Seen oder Fließgewässern. 81 % des Trinkwassers gehen an Haushalte und Kleingewerbe (statista 2023). Es ist durch die Trinkwasserrichtlinie deutlich strenger überwacht als Mineralwasser (Ernst und Kuhn 2010). Trinkwasser kann überall in Deutschland bedenkenlos getrunken werden – es ist gesünder und viel billiger als Mineralwasser.

Der Trinkwasserverbrauch pro Kopf und Tag in Deutschland lag 2021 bei 127 l (BDEW 2022). In den 1970er-Jahren lag der Verbrauch noch bei 170 l und ist aufgrund technischer Maßnahmen (Einbau moderne Toilettenspülungen, später Einführung von Stopptasten) bis in die 2010er-Jahre gesunken. Seitdem steigt der Durchschnittsverbrauch allerdings wieder leicht an.

Abb. 6.16 zeigt, wie sich der Verbrauch eines Haushalts auf die verschiedenen Nutzungen aufteilt (nach Zahlen des BDEW 2024). Duschen und Baden mit 36 % verbraucht mehr als ein Drittel, die Toilettenspülung nochmal ein gutes Viertel. Essenszubereitung und Trinken nehmen mit 4 % einen vergleichsweise geringen Anteil ein.

Der Pro-Kopf-Trinkwasserverbrauch steigt mit dem Haushaltseinkommen (Ernst und Kuhn 2010). Deutlich stärker jedoch ist die *Abnahme* mit der Zunahme der Haushaltsgröße, unabhängig vom Einkommen. Die Einsparungen bei größeren Haushalten stammen von einer besseren Ausnutzung von Wasch- und Spülmaschinen.

In Deutschland kostet der Kubikmeter Trinkwasser einschließlich der Entsorgung des Abwassers durchschnittlich 5,20 € (statista 2023). Das ist ein halber Cent pro Liter. Deshalb und weil Wassernutzung stark gewohnheitsbasiert ist, besteht

Abb. 6.16 Trinkwasserverwendung in deutschen Haushalten. (Eigene Darstellung mit Zahlen des Bundesverbands der Energie- und Wasserwirtschaft 2024)

nur eine leichte Abhängigkeit des Verbrauchs vom Preis. In den Industrieländern ist Trinkwasser leicht verfügbar und allgegenwärtig. Der hohe Aufwand für seine Bereitstellung und die Abwasseraufbereitung wird nicht augenfällig; Wasserwerke sind Sicherheitsbereiche und nicht der Öffentlichkeit zugänglich. Daher sind Handlungskonsequenzen des eigenen Trinkwasserverbrauchs kaum wahrzunehmen. Es verwundert daher auch nicht, dass hinsichtlich Wasser weder ein hohes Bewusstsein noch ein gutes Wissen besteht. In einer Befragung (Ernst und Kuhn 2010) konnten nur etwa ein Viertel der befragten Personen den mittleren Pro-Kopf-Verbrauch oder den Preis grob richtig angeben. Ebenso besteht weitgehend Unsicherheit hinsichtlich der Qualitätsparameter von Trinkwasser (z. B. der Wasserhärte) oder in Bezug darauf, aus welcher Quelle das Wasser stammt, was zu Hause aus den Hähnen fließt.

6.5.5 Wassersparen

Wassersparen wird in einer Untersuchung (Ernst und Kuhn 2010) von der Mehrheit für sinnvoll gehalten. Wasser gilt als wertvolles Gut und seine Verschwendung wird als unmoralisch angesehen. Gerade mit der Klimaerwärmung vor Augen ist es möglich, dass in einigen Regionen auch in Deutschland der Grundwasserspiegel sinkt und die Förderung von Trinkwasser nicht beliebig lange in der bisherigen Menge aufrechterhalten werden kann.

Allerdings ist Wasser nicht gleich Strom und damit unterscheidet sich Wassersparen von Energiesparen, wo jede Einsparung sinnvoll ist. Der Grund dafür ist in der in den industrialisierten Ländern vorherrschenden Schwemmkanalisation für Abwässer zu suchen. Diese Art von Kanalisation und die nachfolgende Klärung ersetzte historisch die oberflächliche Abführung der Brauchwässer aus Städten und Verrieselung vor den Toren der Stadt. Gerade im Sommer muss dieses Rohrnetz mit Frischwasser gespült werden, da sonst Verkeimung droht, die sich auch geruchlich bemerkbar macht (Leist 2002). Wenn also zu viel gespart wird (oder im Sommer viele im Urlaub sind), kann es sein, dass das Abwassernetz gezielt mit Trinkwasser aufgefüllt werden muss, um seinen Dienst zu leisten.

Das bedeutet, dass nicht Trinkwassersparen per se sinnlos sei, dass es aber durchaus zu paradoxen Effekten kommen kann. Einerseits wird also im Grenzfall Trinkwasser in die Kanalisation eingeleitet, wenn zu wenig Wasser konsumiert wird, andererseits können bei wenig Wasserkonsum die Kubikmeterpreise steigen. Das liegt daran, dass die moderne Art der Wasserabführung aus Siedlungen mittels Schwemmkanalisation mit enormen Kosten erkauft wird. Sie macht 80 % der Fixkosten bei den Wasserversorgungsunternehmen aus (Lehn et al. 1996). Diese Infrastruktur muss erhalten werden und gegebenenfalls erneuert werden. Sinkt der Verbrauch, kann das Versorgungsunternehmen die Kubikmeterpreise für das Wasser anheben, um die Fixkosten weiterhin zu decken. Perspektivisch könnten z. B. Trenntoiletten helfen, die Abwasserleitungen weniger mit Fäkalien zu belasten. Bei dieser Art von Toiletten werden die Fäkalien getrennt vom Abwasser entsorgt und müssen nicht quer durch die Stadt geschwemmt werden.

Das Sparen von *Heiß*wasser allerdings ist Energiesparen: Je mehr gespart wird, desto besser. 12 % des Gesamtenergiebedarfs eines Haushalts wird für die Warmwasserbereitung verwendet (UBA 2022). Kürzer duschen ist also in jedem Fall sinnvoll, und nicht (nur) wegen des Frischwassers.

Wenn Wassersparen wegen Wasserknappheit notwendig ist, sind vor allem die in den Haushalten verbauten Geräte ausschlaggebend. Dazu gehören wassersparende Toilettenspülungen (mit Spartaste, die auch benutzt werden sollte), wassersparende Duschköpfe und Wasserhähne (sie halbieren grob den Wasserbedarf dafür), wassereffiziente Wasch- und Spülmaschinen. Eine deutlich weiterführende technische Maßnahme ist die Ersetzung des vorherrschenden Einkreisfrischwassersystems durch ein Zweikreissystem in Gebäuden: Neben Trinkwasser wird auch Grauwasser (z. B. aus der Dusche oder Regenrinne) bereitgehalten. Dieses dient dann z. B. zur Toilettenspülung.

Feedback hilft beim Wassersparen, wie bereits in ▶ Abschn. 6.1.2.2 anhand eines Messgeräts für die Dusche geschildert. Allein der Einbau eines Wasserzählers bedeutet 10–20 % Einsparung, da er das Bewusstsein für ein wertvolles Gut erhöht (Lehn et al. 1996).

Appelle zum freiwilligen Sparen sind nur dann erfolgreich, wenn eine Wasserkrise für alle offenkundig ist. Ist das nicht der Fall und kann die individuelle Wasserentnahme nicht gut kontrolliert oder individuell zugeordnet werden, wird die Struktur eines ökologisch-sozialen Dilemmas wirksam (siehe ▶ Kap. 5). Zudem kann ein Appell auch als List verstanden werden, jemanden zum Sparen zu überreden, um selbst anderswo mehr verbrauchen zu können. Hier ist das Vertrauen in die Sendenden des Appells also zentral. Es besteht eine hohe Akzeptanz bei der Einschränkung von Gartenbewässerung oder beim Wechsel von Baden zu Duschen, weniger jedoch bei Reduzierung der Toilettenspülung. Sparappelle lassen nach Überstehen der Krise in ihrer Wirkung nach. Kommunikative Instrumente wie Fernsehspots, Unterrichtseinheiten, Informationsmaterial, Hinweisschilder, Vorbilder beim Duschen oder freiwillige Selbstverpflichtung werden in Ernst und Kuhn (2010) diskutiert. Kontrollierte Verbote hingegen sind sehr wirksam, erfordern jedoch einen hohen Kontrollaufwand.

6.6 Umwelt und Gesundheit

6.6.1 Erholsame Natur

Eigentlich ist schon lange bekannt, dass Natur und Umwelt einen erheblichen (und meist positiven) Einfluss auf unser Wohlbefinden haben. So sind im 18. und 19. Jahrhundert nicht umsonst zahlreiche Seebäder an Deutschlands Küsten entstanden, die gut Betuchten Heilung und Erholung durch Natur und Meer versprachen. Allerdings muss man wohl gar nicht so weit zurückgehen, um diese Effekte von Natur zu betrachten. Viele Leserinnen und Leser werden die Einflüsse von Natur und Umwelt auf das eigene Wohlbefinden selbst erlebt haben. Sei es bei einem Strandspaziergang, der Wind und Salz durch die Atemwege pustet, oder bei einem längeren Aufenthalt in einem vor grünen Blättern nur so strotzenden Wald. Aufenthalte in der Natur machen etwas mit uns, sowohl physisch als auch psychisch. Sie sorgen für eine Wiederherstellung unserer geistigen und körperlichen Ressourcen. Während dieser Punkt noch nicht einmal besonders überraschend ist, möchten wir im Folgenden darlegen, dass allein der Anblick von Natur schon messbare und spürbare Konsequenzen mit sich bringen kann.

In den 1970er-Jahren haben Kaplan und Kollegen und Kolleginnen einen Grundstein systematischer Forschung gelegt und eine Reihe von Studien durchgeführt, in denen sie Teilnehmenden Natur- und Outdoorerlebnisse ermöglichten. Sie konnten beobachten, dass viele der Teilnehmenden nach Ende dieser (teils 2-wöchigen) Naturerlebnisse angaben, sich selbstsicherer und selbstbewusster zu fühlen, und in der Lage waren, sich selbst realistischer einzuschätzen (für eine Zusammenfassung dieser Forschung siehe Kaplan und Kaplan 1989). Ein weiterer Grundstein für die Vielzahl an Studien, die die Effekte des Betrachtens von Natur untersuchen, wurde von Roger Ulrich Anfang der 1980er gelegt. In seiner viel beachteten Arbeit analysierte er Krankenakten von Patienten und Patientinnen nach einer bestimmten Operation und prüfte, ob diese in einem Zimmer mit Blick auf Natur (konkret: Bäume) oder mit Blick auf eine Backsteinwand untergebracht waren. Insgesamt konnten dabei 23 Personen mit Blick auf Bäume und 23 mit Blick auf eine Backsteinwand analysiert werden. Es zeigte sich, basierend auf den Aufzeichnungen in den Krankenakten, dass Erkrankte mit Blick auf die Bäume nach der OP im Schnitt einen Tag kürzer im Krankenhaus verbrachten, weniger negative Kommentare vom Pflegepersonal erlebten, weniger starke Medikamente benötigten und etwas weniger Post-OP-Komplikationen zeigten (Ulrich 1983). Diese Befunde deuten darauf hin, dass allein der Anblick von Natur (im Vergleich zu Backsteinwänden) positive Einflüsse auf Gesundheit hat. Allerdings hatte schon Ulrich betont, dass der Blick auf die Bebauung sehr monoton gewesen sei und damit nicht auf alle städtischen Aussichten übertragbar. Interessanterweise neigen dennoch bis heute die meisten Forschenden dazu, Natur und Stadt miteinander zu vergleichen, um gesundheitsfördernde Effekte von Natur zu untersuchen.

Aus den obigen Befunden heraus wurden Theorien entwickelt, mittels derer der Einfluss von Natur und Umwelt auf unser körperliches und geistiges Wohlbefinden erklärt werden kann. Die sogenannte Attention Restoration Theory (ART; Kaplan 1995) basiert auf Studien, die genau diesen Einfluss untersuchen wollten. Diese Perspektive nimmt an, dass es sich bei der Wiederherstellung von psychischen Ressourcen primär um einen kognitiven Prozess handelt. Laut ART führt jegliche dauerhafte mentale Anstrengung über kurz oder lang zu Erschöpfung und Ermüdung. Um nach einer solchen Ermüdung die kognitiven Ressourcen wiederherzustellen, ist es notwendig, die gezielte Aufmerksamkeit eine Zeit lang zu unterbinden. Sogenannte wiederherstellende Umgebungen wie eben etwa Natur besitzen dabei Qualitäten, die die Aufmerksamkeit automatisch von gezielten Zielen abziehen: So geht die Theorie davon aus, dass wir in der Natur „ungerichtet" aufmerksam sind, also ohne konkretes Ziel. Blicke wandern umher, man hört angenehme Geräusche aus verschiedenen Richtungen und Quellen, fragt sich vielleicht, was hinter der nächsten Abzweigung im Wald passiert. Diese Faszination ist eine der

Bedingungen, um den Ansprüchen und Anstrengungen des Alltags entfliehen zu können. Eine weitere Annahme der ART ist, dass dies umso besser gelingt, wenn man möglichst weit von alltäglichen Routinen und Situationen entfernt ist. Schließlich sollten die Situationen auch den Ansprüchen und Neigungen der Personen entsprechen, um einen restorativen – also erholsamen – Charakter zu haben.

Eine weitere Erklärung für die restorativen Effekte von Natur auf unser Wohlbefinden liefern Ulrich und Kollegen (1991). Ihre Stress Reduction Theory (SRT) besagt, dass die Effekte von Natur auf Stress und Wohlbefinden einem primär affektiven Prozess zugrunde liegen. Sichere naturnahe Umgebungen lösen nach dieser Theorie positive Emotionen aus und diese Emotionen wiederum helfen bei der Stressbewältigung. Diese affektiven Prozesse wiederum sind Teil eines evolutionären Annäherungs-Vermeidungs-Verhaltenssystems, das davon ausgeht, dass wir vor allem Natur schätzen, die uns die besten Überlebenschancen sichert. Derart natürliche Umwelten führen also zu spontanen positiven affektiven Reaktionen, die negative Stimmung und Stresserleben ersetzen.

Der aktuellste Ansatz – die sogenannte Conditioned Restoration Theory (CRT; Egner et al. 2020) – argumentiert schließlich, dass die Erholungseffekte von Natur vor allem auf Konditionierung zurückzuführen sind. So erlebt eine Person etwa bei einem Naturspaziergang zunächst eine unkonditionierte Erholung. Gleichzeitig stellt Natur in unseren Breiten – aufgrund der Distanz zu täglichen Arbeitsaufgaben und anderen Stressoren – für viele Menschen einen Rahmen für Entspannung dar – ein Gefühl von „being away", wie es bereits die ART formuliert. Die Konditionierung tritt dann ein, wenn diese Hinweisreize mehrmals gemeinsam während eines Naturerlebnisses auftreten. Das heißt also nichts anderes, als dass Personen, bewusst oder unbewusst, eine Verbindung zwischen der natürlichen Umgebung und der erlebten Entspannung herstellen. Nach der Konditionierung genügt also allein das Aufsuchen dieses Ortes für Entspannung. Ist man sich dieses Prozesses bewusst, kann man durch die eigene Erwartungshaltung den Effekt sogar noch verstärken oder durch das reine Betrachten von Naturbildern schon Entspannung erleben.

Die Effekte von Natur auf menschliches Wohlbefinden und körperliche Gesundheit sind mittlerweile durch viele empirische Studien belegt (siehe z. B. Engemann et al. 2019; Hartig et al. 2014). Menzel und Reese (2024) fassen eine Vielzahl von Befunden zum Einfluss von Natur zusammen. So zeigen sie, dass grüne Umgebungen und Zugang zu naturnahen Umgebungen (wie z. B. Wäldern, Stränden, Wiesen, aber auch Parks oder Gärten) einhergehen mit niedrigerer Sterblichkeit, weniger kardiovaskulären Erkrankungen, weniger Stress und allgemein geringeren Cortisolspiegeln. Zudem scheinen kognitive Funktionen und Gehirnentwicklung stärker ausgeprägt bei Menschen, die in grüneren Nachbarschaften aufwuchsen. Weiter beschreiben sie, dass Angst- und Depressionsstörungen in ländlichen Regionen weniger stark ausgeprägt sind als in städtischen, und dass Menschen außerhalb großstädtischer Umgebungen glücklicher zu sein scheinen als Stadtbevölkerung – zumindest in wohlhabenderen Nationen. Neben diesen individuellen Aspekten sind auch gesellschaftliche Effekte zu beobachten: Je mehr städtisches Grün in einer Umgebung vorhanden ist, umso mehr soziale Netzwerke und Zusammenhalt sowie weniger Kriminalität lassen sich beobachten. Auch zeigen Studien, dass das

Gesundheitssystem durch geringere Kosten für medizinische Verschreibungen entlastet werden kann, da Naturaufenthalte sich positiv auf die Gesundheit auswirken. Während der Coronapandemie zeigte sich zudem, dass Zugang zu naturnahen Arealen der mentalen Gesundheit besonders zuträglich war.

Freilich ist nicht jede Natur für jede Person gleich erholsam. Wie wir in ▶ Kap. 3 gesehen haben, gibt es unterschiedliche Präferenzen und folglich werden sich manche Menschen stärker in einer Bergregion erholen als andere, die sich vielleicht eher in einem Stadtwald erholen können. In ihrer Überblicksarbeit zeigen Menzel und Reese (2024) auf, dass es durchaus stabile Indikatoren für die „Erholsamkeit" von naturnahen Umgebungen gibt. So zeigten Studien auf der einen Seite, dass eine Umgebung umso besser bewertet wird, je natürlicher sie ist. Gleichzeitig scheint aber etwa menschlicher Einfluss (durch Gebäude oder Wege) in naturnahen Umgebungen die Erholung nicht zwingend zu mindern. Auch zeigen sich positive Zusammenhänge zwischen biologischer Vielfalt und Erholsamkeit der Umgebung, aber auch hier spielen natürlich persönliche Präferenzen eine starke Rolle. Allerdings deutet aktuellere Forschung darauf hin, dass verschmutzte Umwelt – etwa durch Plastikmüll – sich negativ auf die erholenden Funktionen von Natur auswirkt.

Schließlich kann Natur auch „stellvertretend" für Erholung sorgen. So sind z. B. Naturerzählungen oder das Betrachten von Bildbänden für viele Menschen schon sehr erholsame und stressreduzierende Verhaltensweisen. Auch computervermittelte Naturerfahrungen – Betrachtung von Bildschirmfotos oder Erfahrungen in immersiven Virtual-Reality-Umgebungen – können zu Erholung und Stressreduktion führen (für Überblicksarbeiten siehe Frost et al. 2022; Spano et al. 2023). Studien dazu haben wir in ▶ Kap. 8 kurz zusammengefasst.

6.6.2 Negative Einflüsse der Umwelt auf den Menschen

Die Umwelt hat natürlich nicht nur positive Effekte auf unser Wohlbefinden. Das wissen jene, die neben einer Schnellstraße wohnen, ihren Kleingarten in der Einflugschneise eines großen Flughafens bepflanzen oder sich mit dem Fahrrad durch Schneematsch und Nieselregen kämpfen, um dann an einer Kreuzung laut von Autofahrern oder -fahrerinnen angehupt zu werden. Viele Einflüsse, denen wir tagtäglich ausgesetzt sind, führen nachweislich zu Stress oder Unbehagen.

Wie gehen wir mit diesen Einflüssen um? Ein sehr populärer Ansatz aus der Stressforschung hat auch in der Umweltpsychologie seinen Platz gefunden – das transaktionale Stressmodell von Lazarus und Cohen (1977). Wie in ◘ Abb. 6.17 dargestellt, handelt es sich hierbei um ein Stufenmodell, das verschiedene Phasen des Stresserlebens und Reaktionen auf Stress darstellt. Dabei trägt es vor allem den subjektiven Ressourcen der betroffenen Personen Rechnung.

Bevor das transaktionale Stressmodell eingeführt wurde, gingen die meisten Stressforscher und Stressforscherinnen davon aus, dass Körper und Geist nach einer Homöostase – einem inneren Gleichgewicht – streben. Wenn also stressvolle Situationen durchlaufen werden, kommt es zu physiologischen Veränderungen wie erhöhtem Puls und Blutdruck – das bemerken wir und folglich kommt es zu Stress-

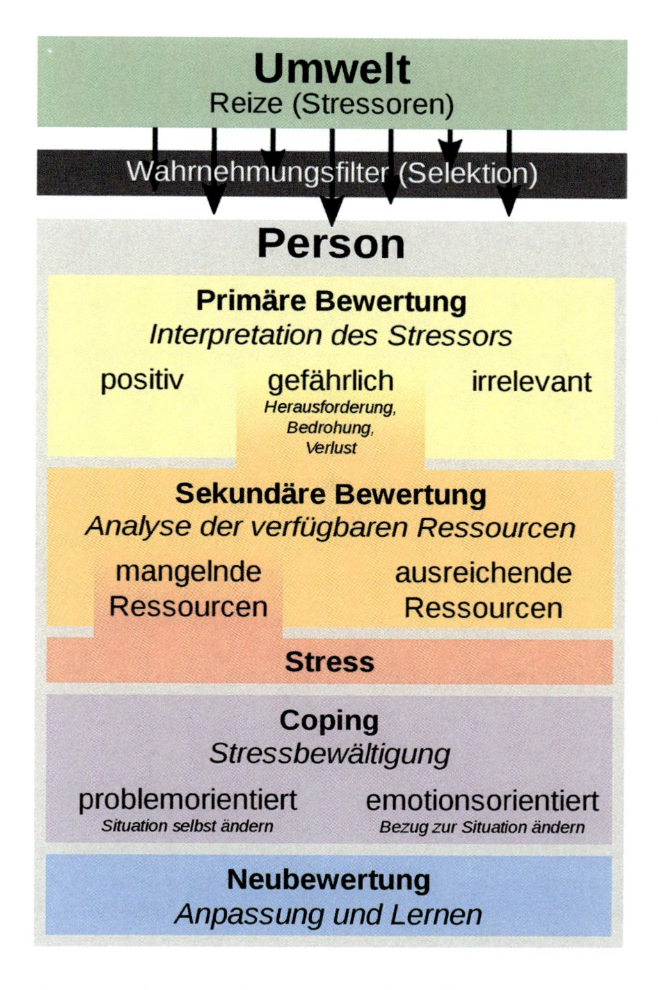

Abb. 6.17 Veranschaulichung des Transaktionalen Stressmodells von Richard Lazarus. (CC BY-SA 4.0, Philipp Guttmann)

erleben. Wenn die Stresssituation nachlässt, verändern sich diese körperlichen Reaktionen wieder hin zu einem physiologischen Gleichgewicht, und wir merken, dass sich unser Körper wieder beruhigt. Diese recht einfache und einleuchtende Erklärung hatte allerdings einen Haken: Sie berücksichtigte weder die Subjektivität von Stress und dessen Auslösern noch die potenziellen Fähigkeiten, die einen Umgang mit der Stresssituation ermöglichen (sogenanntes *Coping*). Lazarus erkannte diesen Mangel und beschrieb fortan ein Modell, dass diese subjektiven Erfahrungen von Stressoren sowie die Copingressourcen berücksichtigt. Lazarus geht davon aus, dass eine bestimmte Situation, sofern unangenehm, zunächst in einem ersten Beurteilungsschritt („*primary appraisal*") dahingehend bewertet wird, ob sie für das Selbst problematisch ist. Wenn nein, dann sollte kein Stress erlebt werden. Wenn das „primary appraisal" allerdings zu dem Ergebnis kommt, dass es sich hier um einen potenziell problematischen Stressor handeln könnte, dann folgt die zweite Beurteilung („*secondary appraisal*"). In diesem Schritt bewertet eine Person aufgrund subjektiver Erfahrungen und Fähigkeiten, ob sie über geeignete Copingstrategien verfügt, sprich: ob das Individuum mit diesem potenziellen Stressor umgehen kann (siehe auch ▶ Abschn. 3.3.2). Hier kann es sowohl psychologische Strategien geben (etwa, indem man sich an Stressoren gewöhnt, diese uminterpretiert oder überlagernde Ereignisse findet) als auch Verhaltensstrategien (etwa, indem man aufgrund von Lärm den Wohnort wechselt oder seine Wohnung mit Lärmschutzmaßnahmen aufwertet). Wenn keine Strategien zur Verfügung stehen oder möglich sind – wenn also subjektiv keine ausreichenden Ressourcen zur Verfügung stehen –, dann kommt es zu Stress. Und Stress ist nach allem, was wir aus Psychologie und Medizin wissen, dauerhaft schädlich. Chronischer Stress kann zu verschiedenen psychischen und körperlichen Krankheiten führen und wirkt sich negativ auf Konzentration, Aufmerksamkeit und allgemeines Wohlbefinden aus.

Wir haben also gesehen, dass unsere Umwelt sowohl positiv als auch negativ auf uns wirken kann. Umwelten können Stress auslösen (z. B., wenn man direkt an der Autobahn oder in der Einflugschneise eines internationalen Flughafens wohnt), aber auch eine extrem wichtige und nützliche Ressource sein – nämlich dann, wenn sie über die oben beschriebenen Eigenschaften verfügen, die es ermöglichen, sich zu entspannen und die Aufmerksamkeit gleiten zu lassen, anstatt sich ständig auf konkrete Aufgaben zu fokussieren. Das kann in vielen Fällen die Natur bieten.

Literatur

Adler, M. (2011). *Generation Mietwagen: Die neue Lust an einer anderen Mobilität*. Oekom Verlag.

Allekotte, M., Althaus, H.-J., Bergk, F., Biemann, K., Knörr, W., & Sutter, D. (2021). *Umweltfreundlich mobil! Ein ökologischer Verkehrsartenvergleich für den Personen- und Güterverkehr in Deutschland*. Umweltbundesamt. https://www.umweltbundesamt.de/sites/default/files/medien/5750/publikationen/2021_fb_umweltfreundlich_mobil_bf.pdf

Ausubel, J. H., Marchetti, C., & Meyer, P. S. (1998). Toward green mobility: The evolution of transport. *European Review, 6*(2), 137–156. https://doi.org/10.1017/S1062798700003185

Baierl, T.-M., Kaiser, F. G., & Bogner, F. X. (2022). The supportive role of environmental attitude for learning about environmental issues. *Journal of Environmental Psychology, 81*, 101799. https://doi.org/10.1016/j.jenvp.2022.101799

Bamberg, S. (2006). Is a residential relocation a good opportunity to change people's travel behavior? Results from a theory-driven intervention study. *Environment and Behavior, 38*(6), 820–840. https://doi.org/10.1177/0013916505285091

Barlow, M., & Clarke, T. (2003). *Blaues Gold: Das globale Geschäft mit dem Wasser*. Kunstmann.

Barsics, F., Caparros Megido, R., Brostaux, Y., Barsics, C., Blecker, C., Haubruge, E., & Francis, F. (2017). Could new information influence attitudes to foods supplemented with edible insects? *British Food Journal, 119*(9), 2027–2039. https://doi.org/10.1108/BFJ-11-2016-0541

Belluco, S., Losasso, C., Maggioletti, M., Alonzi, C. C., Paoletti, M. G., & Ricci, A. (2013). Edible insects in a food safety and nutritional perspective: A critical review. *Comprehensive Reviews in Food Science and Food Safety, 12*(3), 296–313. https://doi.org/10.1111/1541-4337.12014

Bergquist, M., & Nilsson, A. (2016). I saw the sign: Promoting energy conservation via normative prompts. *Journal of Environmental Psychology, 46*, 23–31. https://doi.org/10.1016/j.jenvp.2016.03.005

Bund für Umwelt und Naturschutz Deutschland (BUND). (2023). http://www.durstige-gueter.de/baumwolle/

Bundesministerium für Ernährung und Landwirtschaft (BMEL). (2023). *Lebensmittelabfälle in Deutschland: Aktuelle Zahlen zur Höhe der Lebensmittelabfälle nach Sektoren*. https://www.bmel.de/DE/themen/ernaehrung/lebensmittelverschwendung/studie-lebensmittelabfaelle-deutschland.html

Bundesverband der Energie- und Wasserwirtschaft (BDEW). (2022). *Entwicklung des Wasserverbrauchs pro Einwohner und Tag in Deutschland in den Jahren 1990 bis 2021 (in Litern)*. In Statista. https://de.statista.com/statistik/daten/studie/12353/umfrage/wasserverbrauch-pro-einwohner-und-tag-seit-1990/

Bundesverband der Energie- und Wasserwirtschaft (BDEW). (2024). *Trinkwasserverwendung im Haushalt*. https://www.bdew.de/service/daten-und-grafiken/trinkwasserverwendung-im-haushalt/

Bunsen, J., Berger, M., & Finkbeiner, M. (2022). Konzeptionelle Weiterentwicklung des Wasserfußabdrucks. Zur Abbildung möglicher qualitativer und quantitativer Wasserbelastungen entlang eines Produktlebenszyklus. Umweltbundesamt. https://www.umweltbundesamt.de/sites/default/files/medien/479/publikationen/texte_44-2022_konzeptionelle_weiterentwicklung_des_wasserfussabdrucks.pdf

De Dominicis, S., Sokoloski, R., Jaeger, C. M., & Schultz, P. W. (2019). Making the smart meter social promotes long-term energy conservation. *Palgrave Communications, 5*(1). https://doi.org/10.1057/s41599-019-0254-5

Deckwirth, C. (2004). *Sprudelnde Gewinne? Transnationale Konzerne im Wassersektor und die Rolle des GATS*. Weltwirtschaft, Ökologie & Entwicklung e. V. (WEED). http://www2.weed-online.org/uploads/Sprudelnde Gewinne.pdf

Devine-Wright, P., Batel, S., Aas, O., Sovacool, B., Labelle, M. C., & Ruud, A. (2017). A conceptual framework for understanding the social acceptance of energy infrastructure: Insights from energy storage. *Energy Policy, 107*, 27–31. https://doi.org/10.1016/j.enpol.2017.04.020

Ebeling, F., & Lotz, S. (2015). Domestic uptake of green energy promoted by opt-out tariffs. *Nature Climate Change, 5*(9), 868–871. https://doi.org/10.1038/NCLIMATE2681

Egner, L. E., Sütterlin, S., & Calogiuri, G. (2020). Proposing a framework for the restorative effects of nature through conditioning: Conditioned Restoration Theory. *International Journal of Environmental Research and Public Health, 17*(18), 6792. https://doi.org/10.3390/ijerph17186792

Engemann, K., Pedersen, C. B., Arge, L., Tsirogiannis, C., Mortensen, P. B., & Svenning, J. C. (2019). Residential green space in childhood is associated with lower risk of psychiatric disorders from adolescence into adulthood. *Proceedings of the National Academy of Sciences, 116*(11), 5188–5193. https://doi.org/10.1073/pnas.1807504116

Ernst, A. M., & Kuhn, S. (2010). Trinkwasser: Grundlagen und psychologische Aspekte seiner Nutzung. In V. Linneweber, E.D. Lantermann & E. Kals (Hrsg.), *Enzyklopädie der Psychologie: Grundlagen, Paradigmen und Methoden der Umweltpsychologie* (S. 489–521). Hogrefe.

Ernst, A. M., Mauser, W., & Kempe, S. (2001). Interdisciplinary perspectives on freshwater: Availability, quality, and allocation. In E. Ehlers & T. Krafft (Hrsg.), *Understanding the earth system: Compartments, processes and interactions* (S. 265–274). Springer.

Festinger, L. (1962). Cognitive dissonance. *Scientific American, 207*(4), 93–106. https://doi.org/10.1038/scientificamerican1062-93

Frost, S., Kannis-Dymand, L., Schaffer, V., Millear, P., Allen, A., Stallman, H., Mason, J., Wood, A., & Atkinson-Nolte, J. (2022). Virtual immersion in nature and psychological well-being: A systematic literature review. *Journal of Environmental Psychology, 80*, 101765. https://doi.org/10.1016/j.jenvp.2022.101765

Gardner, B. (2009). Modelling motivation and habit in stable travel mode contexts. *Transportation Research Part F: Traffic Psychology and Behaviour, 12*(1), 68–76. https://doi.org/10.1016/j.trf.2008.08.001

Garnett, E. E., Balmford, A., Sandbrook, C., Pilling, M. A., & Marteau, T. M. (2019). Impact of increasing vegetarian availability on meal selection and sales in cafeterias. *Proceedings of the National Academy of Sciences of the United States of America, 116*(42), 20923–20929. https://doi.org/10.1073/pnas.1907207116

Gleick, P. H., Wolff, G., Chalecki, E. L., & Reyes, R. (2002). *The new economy of water*. Pacific Institute. https://www.agua.org.mx/wp-content/uploads/2007/07/new_economy_of_water.pdf

Goldstein, N. J., Cialdini, R. B., & Griskevicius, V. (2008). A room with a viewpoint: Using social norms to motivate environmental conservation in hotels. *Journal of Consumer Research, 35*(3), 472–482. https://doi.org/10.1086/586910

Gössling, S., & Humpe, A. (2020). The global scale, distribution and growth of aviation: Implications for climate change. *Global Environmental Change, 65*, 102194. https://doi.org/10.1016/j.gloenvcha.2020.102194

Harms, S. (2003). *Besitzen oder Teilen: Sozialwissenschaftliche Analyse des Car Sharing.* Rüegger Verlag.

Hartig, T., Mitchell, R., De Vries, S., & Frumkin, H. (2014). Nature and health. *Annual Review of Public Health, 35*, 207–228. https://doi.org/10.1146/annurev-publhealth-032013-182443

Hartmann, C., & Siegrist, M. (2017). Consumer perception and behaviour regarding sustainable protein consumption: A systematic review. *Trends in Food Science & Technology, 61*, 11–25. https://doi.org/10.1016/j.tifs.2016.12.006

Henn, L., Taube, O., & Kaiser, F. G. (2019). The role of environmental attitude in the efficacy of smart-meter-based feedback interventions. *Journal of Environmental Psychology, 63*, 74–81. https://doi.org/10.1016/j.jenvp.2019.04.007

Kangur, A., Jager, W., Verbrugge, R., & Bockarjova, M. (2017). An agent-based model for diffusion of electric vehicles. *Journal of Environmental Psychology, 52*, 166–182. https://doi.org/10.1016/j.jenvp.2017.01.002

Kaplan, R., & Kaplan, S. (1989). *The experience of nature: A psychological perspective*. Cambridge University Press.

Kaplan, S. (1995). The restorative benefits of nature: Toward an integrative framework. *Journal of Environmental Psychology, 15*(3), 169–182. https://doi.org/10.1016/0272-4944(95)90001-2

Karlin, B., Zinger, J. F., & Ford, R. (2015). The effects of feedback on energy conservation: A meta-analysis. *Psychological Bulletin, 141*(6), 1205–1227. https://doi.org/10.1037/a0039650

Kastner, I., & Stern, P. C. (2015). Examining the decision-making processes behind household energy investments: A review. *Energy Research & Social Science, 10*, 72–89. https://doi.org/10.1016/j.erss.2015.07.0080

Klöckner, C. (2012). Should I buy organic food? A psychological perspective on purchase decisions. In M. Reed (Hrsg.), *Organic Food and Agriculture – New Trends and Developments in the Social Sciences*. IntechOpen.

Koh, P. P., & Wong, Y. D. (2013). Influence of infrastructural compatibility factors on walking and cycling route choices. *Journal of Environmental Psychology, 36*, 202–213. https://doi.org/10.1016/j.jenvp.2013.08.001

Korcaj, L., Hahnel, U. J., & Spada, H. (2015). Intentions to adopt photovoltaic systems depend on homeowners' expected personal gains and behavior of peers. *Renewable Energy, 75*, 407–415. https://doi.org/10.1016/j.renene.2014.10.007

Kraus, S., & Koch, N. (2021). Provisional COVID-19 infrastructure induces large, rapid increases in cycling. *Proceedings of the National Academy of Sciences of the United States of America, 118*(15), e2024399118. https://doi.org/10.1073/pnas.2024399118

Kreil, A. S. (2021). Does flying less harm academic work? Arguments and assumptions about reducing air travel in academia. *Travel Behaviour and Society, 25*, 52–61. https://doi.org/10.1016/j.tbs.2021.04.011

Kuhnimhoff, T., & Nobis, C. (2018). *Mobilität in Deutschland – MiD Ergebnisbericht*. Bundesministerium für Verkehr und digitale Infrastruktur. https://bmdv.bund.de/SharedDocs/DE/Anlage/G/mid-ergebnisbericht.pdf?__blob=publicationFile

Lange, F., Steinke, A., & Dewitte, S. (2018). The Pro-Environmental Behavior Task: A laboratory measure of actual pro-environmental behavior. *Journal of Environmental Psychology, 56*, 46–54. https://doi.org/10.1016/j.jenvp.2018.02.007

Langer, K., Decker, T., Roosen, J., & Menrad, K. (2018). Factors influencing citizens' acceptance and non-acceptance of wind energy in Germany. *Journal of Cleaner Production, 175*, 133–144. https://doi.org/10.1016/j.jclepro.2017.11.221

Lazarus, R. S., & Cohen, J. B. (1977). Environmental stress. In *Human Behavior and Environment: Advances in Theory and Research Volume 2* (S. 89–127). Boston, MA: Springer US.

Lehn, H., Steiner, M., & Mohr, H. (1996). *Wasser: Die elementare Ressource*. Springer.

Leist, H.-J. (2002). Anforderungen an eine nachhaltige Trinkwasserversorgung, Teil II: Nebenwirkungen von Wassersparmaßnahmen. *GWF-Wasser/Abwasser, 143* (1), 44–53.

Loy, L. S., Tröger, J., Prior, P., & Reese, G. (2021). Global citizens – global jet setters? The relation between global identity, sufficiency orientation, travelling, and a socio-ecological transformation of the mobility system. *Frontiers in Psychology, 12*, 622842. https://doi.org/10.3389/fpsyg.2021.622842

6

Loy, L. S., Wieber, F., Gollwitzer, P. M., & Oettingen, G. (2016). Supporting sustainable food consumption: Mental contrasting with implementation intentions (MCII) aligns intentions and behavior. *Frontiers in Psychology, 7*, 607. https://doi.org/10.3389/fpsyg.2016.00607
Marchetti, C. (1994). Anthropological invariants in travel behavior. *Technological Forecasting and Social Change, 47*(1), 75–88. https://doi.org/10.1016/0040-1625(94)90041-8
Menzel, C., & Reese, G. (2024). The role of real and virtual nature experiences for health and restoration. In I. Walker (Ed.), *Handbook of environmental psychology*. Edward Elgar Publishing.
Nilsson, A., Schuitema, G., Jakobsson Bergstad, C., Martinsson, J., & Thorson, M. (2016). The road to acceptance: Attitude change before and after the implementation of a congestion tax. *Journal of Environmental Psychology, 46*, 1–9. https://doi.org/10.1016/j.jenvp.2016.01.011
Nolan, J. M., Schultz, P. W., Cialdini, R. B., Goldstein, N. J., & Griskevicius, V. (2008). Normative social influence is underdetected. *Personality and Social Psychology Bulletin, 34*(7), 913–923. https://doi.org/10.1177/0146167208316691
Nordfjærn, T., & Rundmo, T. (2015). Environmental norms, transport priorities and resistance to change associated with acceptance of push measures in transport. *Transport Policy, 44*, 1–8. https://doi.org/10.1016/j.tranpol.2015.06.009
Oonincx, D. G. A. B., & De Boer, I. J. M. (2012). Environmental impact of the production of mealworms as a protein source for humans – a life cycle assessment. *PLOS ONE, 7*(12), e51145. https://doi.org/10.1371/journal.pone.0051145
Ostrom, E., Gardner, R., & Walker, J. (1994). *Rules, games, and common-pool resources*. University of Michigan Press.
Pacific Institute. (2023). *Water Conflict Chronology*. https://www.worldwater.org/water-conflict/
Paech, N. (2012). *Befreiung vom Überfluss: Auf dem Weg in die Postwachstumsökonomie*. Oekom Verlag.
Parag, Y., & Sovacool, B. K. (2016). Electricity market design for the prosumer era. *Nature Energy, 1*(4), 1–6. https://doi.org/10.1038/nenergy.2016.32
Pearce, F. (2007). *Wenn die Flüsse versiegen*. Kunstmann.
Poore, J., & Nemecek, T. (2018). Reducing food's environmental impacts through producers and consumers. *Science, 360*(6392), 987–992. https://doi.org/10.1126/science.aaq0216
Rand, J., & Hoen, B. (2017). Thirty years of North American wind energy acceptance research: What have we learned? *Energy Research & Social Science, 29*, 135–148. https://doi.org/10.1016/j.erss.2017.05.019
Reese, G., Loew, K., & Steffgen, G. (2014). A towel less: Social norms enhance pro-environmental behavior in hotels. *The Journal of Social Psychology, 154*(2), 97–100. https://doi.org/10.1080/00224545.2013.855623
Römpke, A.-K., Fritsche, I., & Reese, G. (2019). Get together, feel together, act together: International personal contact increases identification with humanity and global collective action. *Journal of Theoretical Social Psychology, 3*(1), 35–48. https://doi.org/10.1002/jts5.34
Rosa, H. (2019). *Resonanz: Eine Soziologie der Weltbeziehung*. Suhrkamp.
Scheibehenne, B., Jamil, T., & Wagenmakers, E.-J. (2016). Bayesian evidence synthesis can reconcile seemingly inconsistent results: The case of hotel towel reuse. *Psychological Science, 27*(7), 1043–1046. https://doi.org/10.1177/0956797616644081
Scholl, G., Gossen, M., Grubbe, M., & Brumbauer, T. (2013). *Vertiefungsanalyse 1: Alternative Nutzungskonzepte – Sharing, Leasing und Wiederverwendung*. Institut für ökologische Wirtschaftsforschung. https://core.ac.uk/reader/199434910
Schultz, W. P., Khazian, A. M., & Zaleski, A. C. (2008). Using normative social influence to promote conservation among hotel guests. *Social Influence, 3*(1), 4–23. https://doi.org/10.1080/15534510701755614
Sörqvist, P., Haga, A., Langeborg, L., Holmgren, M., Wallinder, M., Nöstl, A., Seager, P. B., & Marsh, J. E. (2015). The green halo: Mechanisms and limits of the eco-label effect. *Food Quality and Preference, 43*, 1–9. https://doi.org/10.1016/j.foodqual.2015.02.001
Spano, G., Theodorou, A., Reese, G., Carrus, G., Sanesi, G., & Panno, A. (2023). Virtual nature and psychological outcomes: A systematic review. *Journal of Environmental Psychology, 89*, 102044. https://doi.org/10.1016/j.jenvp.2023.102044
Statista. (2023). *Dossier Ressource Wasser*. https://de.statista.com/statistik/studie/id/42720/dokument/ressource-wasser/

Steg, L. (2005). Car use – lust and must: Instrumental, symbolic and affective motives for car use. *Transportation Research Part A: Policy and Practice, 39*, 147–162. https://doi.org/10.1016/j.tra.2004.07.001

Sunstein, C. R., & Reisch, L. A. (2014). Automatically green: Behavioral economics and environmental protection. *Harvard Environmental Law Review, 38*(1), 127–158. https://doi.org/10.2139/ssrn.3097488

Tajfel, H., & Turner, J.C. (1986) The Social Identity Theory of Intergroup Behavior. In S. Worchel & W.G. Austin (Hrsg.), *Psychology of Intergroup Relation* (S. 7–24). Hall Publishers.

Taube, O., Kibbe, A., Vetter, M., Adler, M., & Kaiser, F. G. (2018). Applying the Campbell Paradigm to sustainable travel behavior: Compensatory effects of environmental attitude and the transportation environment. *Transportation Research Part F: Traffic Psychology and Behaviour, 56*, 392–407. https://doi.org/10.1016/j.trf.2018.05.006

Taube, O., Ranney, M. A., Henn, L., & Kaiser, F. G. (2021). Increasing people's acceptance of anthropogenic climate change with scientific facts: Is mechanistic information more effective for environmentalists? *Journal of Environmental Psychology, 73*, 101549. https://doi.org/10.1016/j.jenvp.2021.101549

6

Tiefenbeck, V., Goette, L., Degen, K., Tasic, V., Fleisch, E., Lalive, R., & Staake, T. (2018). Overcoming salience bias: How real-time feedback fosters resource conservation. *Management Science, 64*(3), 1458–1476. https://doi.org/10.1287/mnsc.2016.2646

Tiefenbeck, V., Wörner, A., Schöb, S., Fleisch, E., & Staake, T. (2019). Real-time feedback promotes energy conservation in the absence of volunteer selection bias and monetary incentives. *Nature Energy*, *4*(1), 35–41. https://doi.org/10.1038/s41560-018-0282-1

Ulrich, R. S. (1983). Aesthetic and affective response to natural environment. In I. Altmann & J.F. Wohlwill (Hrsg.), *Behavior and the natural environment* (S. 85–125). Springer. https://doi.org/10.1007/978-1-4613-3539-9_4

Ulrich, R. S., Simons, R. F., Losito, B. D., Fiorito, E., Miles, M. A., & Zelson, M. (1991). Stress recovery during exposure to natural and urban environments. *Journal of Environmental Psychology, 11*(3), 201–230. https://doi.org/10.1016/S0272-4944(05)80184-7

Umweltbundesamt (2017). *Treibhausgas-Ausstoß pro Kopf in Deutschland nach Konsumbereichen (2017)*. https://www.umweltbundesamt.de/bild/treibhausgas-ausstoss-pro-kopf-in-deutschland-nach

Umweltbundesamt (2021). *Qualität des Trinkwassers aus zentralen Versorgungsanlagen*. https://www.umweltbundesamt.de/daten/wasser/wasserwirtschaft/qualitaet-des-trinkwassers-aus-zentralen#messdaten-zur-trinkwasserqualitat-in-deutschland

Umweltbundesamt (2022). *Wassernutzung privater Haushalte*. https://www.umweltbundesamt.de/daten/private-haushalte-konsum/wohnen/wassernutzung-privater-haushalte#direkte-und-indirekte-wassernutzung

Umweltbundesamt (2024). *Endenergieverbrauch nach Energieträgern und Sektoren*. https://www.umweltbundesamt.de/daten/energie/energieverbrauch-nach-energietraegern-sektoren#allgemeine-entwicklung-und-einflussfaktoren

Van Vugt, M., Van Lange, P. A. M., & Meertens, R. M. E. E. (1996). Commuting by car or public transportation? A social dilemma analysis of travel mode judgements. *European Journal of Social Psychology, 26*(3), 373–395. https://doi.org/10.1002/(SICI)1099-0992(199605)26:3%3C373::AID-EJSP760%3E3.0.CO;2-1

Verfuerth, C., Henn, L., & Becker, S. (2019). Is it up to them? Individual leverages for sufficiency. *GAIA – Ecological Perspectives for Science and Society, 28*(4), 374–380. https://doi.org/10.14512/gaia.28.4.9

Verplanken, B., Walker, I., Davis, A., & Jurasek, M. (2008). Context change and travel mode choice: Combining the habit discontinuity and self-activation hypotheses. *Journal of Environmental Psychology, 28*(2), 121–127. https://doi.org/10.1016/j.jenvp.2007.10.005

Wissenschaftlicher Beirat der Bundesregierung Globale Umweltveränderungen (WBGU). (1998). *Welt im Wandel: Wege zu einem nachhaltigen Umgang mit Süßwasser – Jahresgutachten 1997*. https://www.wbgu.de/fileadmin/user_upload/wbgu/publikationen/hauptgutachten/hg1997/pdf/wbgu_jg1997.pdf

Welthungerhilfe. (2022). https://www.welthungerhilfe.de/informieren/themen/fuer-wasser-und-hygiene-sorgen

Gesellschaftliche Transformation zur Postwachstumsgesellschaft

Inhaltsverzeichnis

A. Ernst et al., *Umweltpsychologie*, https://doi.org/10.1007/978-3-662-69166-3_7

Eine Gesellschaft, deren Lebensgrundlage auf der dauerhaften Ausbeutung begrenzter Ressourcen basiert, kann nicht unendlich lange Bestand haben. Daher mehren sich in den letzten Jahrzehnten – nicht zuletzt ausgelöst durch die Berichte des Club of Rome und den Brundtland-Report – die Stimmen, die eine Transformation hin zu einer sozial-ökologischen Gesellschaft fordern. Eine solche Gesellschaft würde auf sozialer, technologischer und wirtschaftlicher Ebene nachhaltig agieren, also eine dauerhafte Verfügbarkeit von Ressourcen ermöglichen. In diesem Kapitel gehen wir auf grundlegende Ziele und Modelle gesellschaftlicher Transformation ein und zeigen auf, welche Rolle die (Umwelt-)Psychologie in einer solchen Transformation spielt.

7.1 Ziele einer gesellschaftlichen Transformation

Unser planetares System ist enormem Stress ausgesetzt – das haben wir bereits anhand der planetaren Grenzen in ▶ Abschn. 2.6.2 dargestellt. Auf verschiedenen Ebenen geophysikalischer Prozesse reizen wir die Grenzen der Tragfähigkeit des Planeten aus – oder haben sie bereits überschritten (Richardson et al. 2023). Dabei ist das Bewusstsein für diese Probleme nicht neu. Bereits 1972 veröffentlichte der Club of Rome den viel beachteten Bericht *Die Grenzen des Wachstums*, in dem die Autorinnen und Autoren darlegen, dass das an die Ausbeutung natürlicher Ressourcen gekoppelte Wirtschaftswachstum Grenzen hat und eine Umsteuerung erforderlich ist. Konkret wurde schon in diesem Bericht benannt, dass unser heutiges Verhalten Konsequenzen für zukünftige Generationen hat (siehe auch ▶ Kap. 2) und eine Anpassung unserer Lebensstile notwendig sein wird. Anderthalb Jahrzehnte später folgte der Brundtland-Report, der 1987 von der sogenannten Weltkommission für Umwelt und Entwicklung der Vereinten Nationen veröffentlicht wurde. Dieser Bericht gilt als einer der Startpunkte der weltweiten Diskurse um Nachhaltigkeit und nachhaltige Entwicklung – sowohl in Politik und Medien als auch im wissenschaftlichen Umfeld (Schubert und Láng 2005). In dem Bericht mit dem Titel *Our common future* wird nachhaltige Entwicklung definiert als: „… eine Entwicklung, die den Bedürfnissen der heutigen Generation entspricht, ohne die Möglichkeiten künftiger Generationen zu gefährden, ihre eigenen Bedürfnisse zu befriedigen und ihren Lebensstil zu wählen" (Originaldefinition in World Commission on Environment and Development 1987, S. 43). Die Definition macht damit deutlich, was es bedeuten würde, wenn die Menschheit eine nachhaltige Entwicklung ignorierte: Zukünftige Generationen wären massiv gefährdet. Neben den geophysikalischen Prozessen wurden über die Zeit auch mehr und mehr die ökonomischen und sozialen Aspekte globaler Herausforderungen beleuchtet. Bereits heute gibt es eine enorme Anzahl an Menschen weltweit, die ihre grundlegenden Bedürfnisse wie etwa Nahrungsaufnahme, Trinkwasserverfügbarkeit, Bildung oder Autonomie nicht befriedigen können (UNDP 2020). Es ist davon auszugehen, dass die Klimakrise es besonders vulnerablen Gruppen erschwert, dies zu erreichen (IPCC 2022).

In Deutschland wurde 2011 der Bericht *Welt im Wandel – Gesellschaftsvertrag für eine Große Transformation* des Wissenschaftlichen Beirats für Globale Umweltveränderungen (WBGU) veröffentlicht. Stellvertretend für die vorigen Berichte kam auch diese Analyse zu der Schlussfolgerung, dass die Menschheit an einem Scheideweg steht und eine gesellschaftliche Transformation zwingend erforderlich sei. So argumentieren die Verantwortlichen des Berichts, dass sich das auf fossilen Brennstoffen basierende Wirtschaftssystem schon seit längerem im Umbruch befindet – etwa durch den stetigen Ausbau erneuerbarer Energien weltweit – und damit als im Strukturwandel hin zu einer großen Transformation verstanden werden kann. Ziel muss es nun sein, einen globalen nachhaltigen Ordnungsrahmen zu gestalten, der ermöglicht, dass Wohlbefinden und Wohlstand, Ernährungssicherheit und Demokratie mit Blick auf die natürlichen Grenzen des Planeten gestaltet werden. Dabei gilt die Einhaltung des globalen maximalen Temperaturanstiegs um 1,5 °C als eine Leitplanke. Dieser Ordnungsrahmen muss von den Regierungen dieser Welt durch angemessene Gesetze geschaffen und aufrechterhalten werden – und dafür braucht es eine globale Zivilgesellschaft, die diese Rahmensetzung einfordert und unterstützt. Hier spielt die Umweltpsychologie eine entscheidende Rolle. Bevor wir auf die konkreten psychologischen Aspekte der gesellschaftlichen Transformation eingehen, möchten wir aufzeigen, welche konkreten Weichenstellungen aus Sicht des WBGU (2011) für notwendig gehalten wurden.

7

Eine sozial-ökologische Gesellschaft muss eine Gesellschaft sein, in der Menschen – unabhängig von ihrer Herkunft und ihrem Hintergrund – gleiche Chancen und Möglichkeiten haben, ihre grundlegenden Bedürfnisse im Rahmen planetarer Grenzen zu befriedigen. Das ist wohl in vielen Gesellschaften auf dieser Welt nicht der Fall. Tatsächlich ist es eher so, dass der größte Teil der für den menschengemachten Klimawandel verantwortlichen CO_2-Emissionen von Menschen aus sogenannten Industriestaaten stammt. Genauso haben diese Staaten stark dazu beigetragen, dass für Nahrungsmittelproduktion und Ausbeutung von Rohstoffen ganze Landstriche in weniger (einfluss)reichen Ländern im wahrsten Sinne des Wortes verwüstet werden. Auch innerhalb einzelner Gesellschaften sind Verursachende und Lastentragende selten die gleichen Personengruppen. So hängt der Ausstoß von CO_2-Emissionen stark mit dem Einkommen zusammen: Je reicher Menschen sind, umso mehr konsumieren sie – je ärmer Menschen sind, umso weniger konsumieren sie. Dieser sehr simpel wirkende Zusammenhang ist stark und zeigt sich über viele Bevölkerungsgruppen hinweg. Gleichzeitig weisen Daten darauf hin, dass vor allem Menschen mit niedrigem Einkommen größere Schwierigkeiten haben werden, mit den Konsequenzen der Klimakrise umzugehen. So zeigen Analysen von hitzebedingten Todesfällen etwa, dass Armut und schlechte Wohnqualität mit höherer Sterblichkeit durch Hitze einhergehen (Rosenthal et al. 2014). Die Klimakrise ist also nicht nur ein geophysikalisches, sondern ein soziales Problem, das Fragen nach Gerechtigkeit, Machtstrukturen und Deutungshoheit aufwirft.

7.2 Lebensstiländerungen und ein neuer Gesellschaftsvertrag

Eine Transformation hin zu einer sozial-ökologischen, nachhaltig agierenden Gesellschaft erfordert nicht weniger als einen neuen Weltgesellschaftsvertrag. Laut WBGU (2011) kombiniert ein solcher Gesellschaftsvertrag eine Kultur der Achtsamkeit (aus ökologischer Verantwortung) mit einer Kultur der Teilhabe (als demokratische Verantwortung) sowie mit einer Kultur der Verpflichtung gegenüber zukünftigen Generationen (Zukunftsverantwortung). Dabei geht es weniger darum, einen tatsächlichen Vertrag ausgearbeitet auf Papier zu formulieren, sondern das Bewusstsein der Menschen anzusprechen und aufzuzeigen, wie eine Transformation gelingen kann. Die Antwort darauf, wie genau dies erreicht werden kann, bleibt der Bericht zwar schuldig, aber er deutet auf Elemente hin, die adressiert werden können. Konkret benennt der Bericht drei Transformationsfelder: die Energiesysteme (inklusive Verkehrssektor), die rund zwei Drittel der Emissionen ausmachen; die urbanen Räume, die für rund drei Viertel der globalen Endenergienachfrage verantwortlich sind und deren Einwohnerzahl sich bis 2050 auf rund 6 Mrd. verdoppeln wird. Und schließlich die Landnutzungssysteme (der Land- und Forstwirtschaft einschließlich der Waldrodungen), auf die rund ein Viertel der globalen Treibhausgasemissionen zurückgehen. Vor allem Letzteres ist vor dem Hintergrund der oben angesprochenen Ernährungssicherheit von großer Bedeutung, denn um den Nahrungsbedarf einer wachsenden Weltbevölkerung zu decken, muss laut Projektion der UN-Welternährungsorganisation (FAO) die globale Nahrungsmittelproduktion bis 2050 um bis zu 70 % gesteigert werden. Schauen wir uns im Folgenden die drei Transformationsfelder zunächst genauer an.

a) Das erste Transformationsfeld ist das *Energiesystem*. Bereits auf nationaler Ebene sind Energiesysteme hochkomplexe Verschaltungen aus Energieproduktion, Energieverteilung und Energienutzung. Kommt es z. B. in einem europäischen Land zu ungeplanten Stromknappheiten (etwa durch Abschaltung von Atomkraftwerken aufgrund fehlenden Kühlwassers), hat dies technische und preisliche Auswirkungen auf die Nachbarländer. Neben technischen Elementen sind bei einer Transformation also auch die sozialen und ökonomischen Pfade wichtig: So erfordert eine Energietransformation auch Veränderungen im Alltagsverhalten, beispielsweise wenn besonders energieintensive Tätigkeiten zu anderen Uhrzeiten als bisher durchgeführt werden sollen – denn um die Stromversorgung mit erneuerbaren Energien sicherzustellen, hilft es, die Netzauslastung besser über den Tag zu verteilen und sogenannte Lastspitzen (also Zeiten besonders hoher Stromnachfrage) abzuschwächen. Das kann eben auch heißen, die Waschmaschine besser in den Abendstunden laufen zu lassen anstatt tagsüber. Gleichzeitig müsste ein intelligent gesteuertes Netz solche Lastspitzen verhindern oder minimieren – das erscheint nicht trivial, wenn z. B. Tausende Elektrofahrzeuge an einem Ort um 18 h ans Netz angeschlossen werden sollen. Gleichzeitig könnten aber diese Fahrzeuge, die ohnehin die meiste Zeit des Tages stehen, auch als intelligente

Stromspeicher verwendet werden: Sie könnten Strom liefern bei Flauten im System und Strom beziehen, wenn benötigt. Vermutlich ist es genau der Verkehrssektor – als der einzige Sektor in Deutschland, der immer noch steigende Emissionen hat –, dessen Umbau die größten Verhaltenskosten mit sich bringt.

b) Das zweite relevante Feld sind die *urbanen Räume*. Sie sind besonders stark mit dem Energiesystem wie auch dem Verkehrssystem verwoben. Sie bekommen eine besondere Bedeutung dadurch, dass sie weltweit Attraktoren sind – also Menschen geradezu anziehen. So wird geschätzt, dass gut 60 % der Weltbevölkerung im Jahr 2030 in Städten wohnen werden. Die Gründe dafür liegen darin, dass Städte den meisten Menschen ein besseres Auskommen (oder überhaupt ein Auskommen) sowie eine bessere medizinische und infrastrukturelle Versorgung ermöglichen. Da also mehr und mehr Menschen in Städte und urbane Gegenden ziehen, werden auch immer größere und leistungsfähigere Infrastrukturen benötigt. Diese umweltschonend zu gestalten, ist bei allem, was ein Mensch verstoffwechselt und verbraucht, eine riesige Herausforderung.

c) Das dritte Problemfeld sind die *Landnutzungssysteme*. Eine stetig steigende Weltbevölkerung benötigt Land- und Forstwirtschaft, um Menschen zu ernähren und Ressourcen bereitzustellen, z. B. um Wohnraum zu schaffen. Wie Berechnungen zeigen, ist es durchaus möglich, rund 10 Mrd. Menschen auf der Welt zu ernähren (Gerten et al. 2020) und dabei innerhalb planetarer Grenzen zu bleiben. Dies erfordert allerdings signifikante Ernährungsumstellungen, vor allem in den Staaten, in denen rotes Fleisch prominent auf dem Speiseplan steht. Ähnliche Veränderungen müssen wir etwa bei der Holzverarbeitung bedenken. Holz bindet CO_2, und wenn es nicht verfeuert wird, sondern z. B. in Gebäuden verbaut wird, dann bleibt es gebunden. Verfeuern wir Holz, wird das CO_2 wieder in die Atmosphäre gebracht. So geschieht es etwa im Amazonas und anderen Urwaldregionen: Hier wird brandgerodet, um Platz für Weiden und Sojaanbau zu machen. Dieses Getreide wiederum wird zu allergrößten Teilen an Tiere verfüttert, die dann geschlachtet und gegessen werden. Die Methanausscheidungen dieser Tiere zusammen mit der Entwaldung und anderen Produktionsprozessen in der Landwirtschaft machen einen großen Teil der weltweiten Treibhausgasemissionen aus.

Diese drei Felder stehen exemplarisch für Lebensbereiche, in denen wir als Menschen in großem Stil Veränderungen forcieren müssen – und das in einer bis dato nicht erprobten Geschwindigkeit. Denn die Trends zeigen in vielen Bereichen in die andere Richtung: Mehr und mehr und vor allem größere Automobile werden weltweit zugelassen und ganze Gesellschaften bewegen sich von stark pflanzenbasierter Nahrung (d. h. Getreide, Reis, Hülsenfrüchte, Gemüse) hin zu immer mehr Milch- und Fleischprodukten. Wie kann es also gelingen, eine nachhaltige Transformation zu gestalten, trotz dieser (und vieler anderer) Widerstände?

Grundlage für jedwede Lebensstilveränderung muss nach allem, was wir heute wissen, eine umfassende Dekarbonisierung sein – also das Ende der Nutzung von Erdöl, Erdgas und Kohle. Dafür brauchen wir einen umfassenden Ausbau erneuerbarer Energien samt Infrastruktur. Dass dies innerhalb vergleichsweise kurzer Zeit möglich wäre, ist weithin belegt (siehe z. B. Scheer 2012). Angesichts der Dramatik der Klimakrise (IPCC 2021) ist es allerdings nicht nur möglich, sondern schlichtweg nötig, um extreme Verwerfungen im Erdsystem abzufedern und besser auf die Konsequenzen der Klimakrise reagieren zu können. Wo fangen wir damit an?

7.2.1 Barrieren und förderliche Faktoren für eine Transformation

Die gute Nachricht ist, dass wir laut WGBU (2011) bereits eine Vielzahl technologischer Lösungen zur Verfügung haben und auch schon nutzen. So können sich dank moderner Kommunikationstechnologien und weltweiter Wissensnetzwerke klimaverträgliche Innovations- und Lernprozesse rasch verbreiten. Genauso kann in großem Maße Energie aus erneuerbaren Energien gewonnen und verteilt werden, und auch für den Mobilitätssektor liegen Technologien vor, die die Verbrennung von Öl obsolet machen. Genauso wissen wir, welche politischen und ökonomischen Steuerungsmechanismen genutzt werden können, um eine rasche Transformation zu ermöglichen. Dazu gehören neben einem angemessenen CO_2-Preis (und sozial gerechter Umverteilung von finanziellen Lasten) finanzielle und strukturelle Anreize (wie z. B. die Einspeisevergütung aus dem Erneuerbare-Energien-Gesetz) sowie Verbote von besonders schädlichen Produkten und Prozessen.

Die weniger gute Nachricht ist jedoch, dass sowohl Politik als auch Individuen Schwierigkeiten haben, transformationsorientiert zu agieren. Die Politik reagiert oft zu zaghaft, aus Sorge vor den nächsten Wahlen oder aufgrund von Abwanderungsankündigungen verschiedener Lobbygruppen. Individuen wiederum fehlt es oft an den verhaltensleitenden Einstellungen oder Werteorientierungen, am motivierenden sozialen Umfeld oder ihnen fehlt das Gefühl von Wirksamkeit (siehe ▶ Kap. 4). Gleichzeitig ist bis jetzt in den 2020er-Jahren immer noch das Argument zu hören, dass Klimaschutz zu viel Geld koste. Das Gutachten des WBGU ging 2011 von Kosten in Höhe von rund einer Billion Euro bis 2030 für Deutschland aus. Dem gegenüber stehen jedoch die Kosten, die uns aufgrund von Klimaschäden erwarten. Dass diese in den kommenden Jahrzehnten exponentiell steigen werden, ist mittlerweile nicht nur den großen Versicherungen bewusst geworden. ◘ Abb. 7.1 fasst die Faktoren, die aus Sicht des WGBU auf die große Transformation wirken, zusammen.

Ein zentraler Aspekt, den der WBGU für das Gelingen einer großen Transformation für notwendig hält, ist ein grundlegender Wertewandel innerhalb der Gesellschaft. Basierend auf einer Vielzahl internationaler Studien – etwa dem World Value Survey oder auch Studien des PEW Research Center – lässt sich festhalten, dass auch über politische Ideologien hinweg stabile Mehrheiten sich einen Wandel im Sinne stärkeren Klimaschutzes wünschen. Auch Umfragen in Deutschland, etwa repräsentative Umfragen des Umweltbundesamtes (die sogenannten Umweltbewusstseinsstudien) oder des Bundesamts für Naturschutz (Naturbewusstseinsstudien), zeigen schon länger eine starke Akzeptanz von klima- und naturschutzpolitischen Maßnahmen. Die Politik muss den angestrebten Wertewandel begleiten und umsetzen – das erfordert Akzeptanz einer stabilen Mehrheit, Legitimation durch formale Umsetzung und die Ermöglichung für Bürgerinnen und Bürger, an

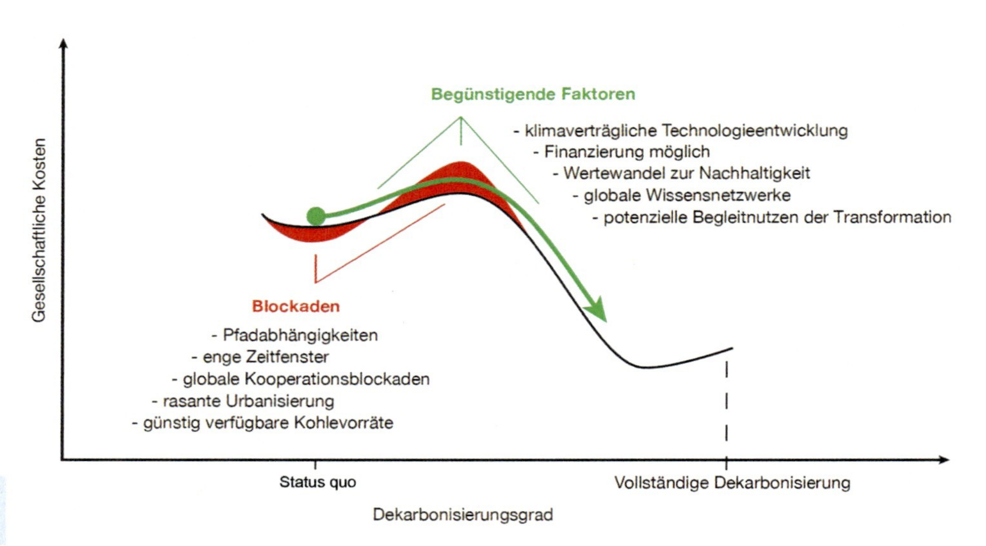

Abb. 7.1 Begünstigende und hemmende Faktoren für die große Transformation. (WBGU 2011, S. 6; mit freundlicher Genehmigung)

diesen Entscheidungen aktiv teilhaben zu können. Spätestens hier wird deutlich, dass die psychologischen Aspekte einer großen Transformation entscheidend sind.

7.2.2 Maßnahmenbündel für eine große Transformation

Der WBGU hat in seinem Gutachten ein Paket an Maßnahmen vorgeschlagen, welche eine große Transformation mit starker Hebelwirkung in Gang setzen könnten. Diese „Maßnahmenbündel" (WBGU 2011, S. 295 ff.) werden im Folgenden skizziert und können im Bericht des WGBU im Detail nachgelesen werden.

1. *Ein gestaltender Staat mit erweiterten Partizipationsmöglichkeiten*

   Ziel soll sein, dass der Staat aktiv Prioritäten setzt (durch Anreize und Verbote), aber gleichzeitig den Bürgerinnen und Bürgern Möglichkeiten gegeben werden, aktiv an diesen gestalterischen Prozessen durch Mitsprache, Mitbestimmung und Mitwirkung teilzuhaben.

2. *Ein global umgesetzter CO_2-Preis*

   Aus Sicht des WBGU ist die weltweite Bepreisung von CO_2 „die wichtigste politische Maßnahme für die Dekarbonisierung der Energiesysteme und notwendiger Bestandteil eines regulatorischen Rahmens für die Transformation zu einer klimaverträglichen Gesellschaft" (S. 299). Dies kann durch Preissteuerung (etwa über Steuern) oder Mengensteuerung (etwa im Rahmen eines Emissionshandels) gestaltet werden, allerdings hält der WBGU den Emissionshandel prinzipiell für erfolgversprechender. Je nach „Ambitionsniveau" der politisch Gestaltenden sei dies auf europäischer, aber auch globaler Ebene denkbar, aufgrund der Blockadehaltung vieler Nationen allerdings auch schwer erreichbar.

3. *Europäisierung der Energiepolitik*
   Der WBGU macht deutlich, dass eine europäische Energiepolitik mit konsequenter Förderung erneuerbarer Energien nicht nur erforderlich ist, um internationale Dekarbonisierungsziele zu erreichen. Dies würde zudem eine starke Symbolwirkung gegenüber anderen stark emittierenden Ländern haben.
4. *Ausbau erneuerbarer Energien auf internationaler Ebene durch Einspeisevergütungen*
   Einspeisevergütungen (also der Erhalt einer Vergütung für die Installation und den Betrieb von etwa Solar- oder Windkraftanlagen) existieren in einer Reihe europäischer Länder. Sie bieten einen starken Marktanreiz zum beschleunigten Ausbau erneuerbarer Energien und können so zu schnelleren Kostensenkungen bei diesen Energieformen führen. Eine Harmonisierung der einzelnen Lösungen muss stärker vorangetrieben werden und kann zu einer grenzüberschreitenden Stabilisierung des Netzes beitragen.
5. *Nachhaltige Energiedienstleistungen in Entwicklungs- und Schwellenländern*
   Für eine klimaverträgliche Entwicklung sieht der WBGU es als unabdingbar an, die stetig steigende Energienutzung in sogenannten Schwellen- und Entwicklungsländern in nachhaltige Bahnen zu lenken. Hier sollte vor allem im Fokus stehen, grundlegende Energiedienstleistungen nachhaltig (d. h. erneuerbar) zu ermöglichen und die fossilen Technologiestufen zu „überspringen". Konkret schlägt das Gutachten vor, umfassende finanzielle Mittel bereitzustellen, um die Nutzung von Bioenergie in großem Maße und lokal verankert zu ermöglichen.
6. *Nachhaltige Gestaltung von Urbanisierung*
   Städte haben eine Schlüsselrolle im Prozess der Transformation, da Städte für gut drei Viertel der globalen Emissionen und des Energieverbrauchs verantwortlich sind. Daher sollte nachhaltige Stadtentwicklung ein zentraler Baustein jeglicher Dekarbonisierungsstrategie sein. Konkret schlägt der WGBU hier vor, Städte auf nachhaltige Mobilität, Gebäude und resilienten öffentlichen Raum umzugestalten und die nachhaltige Stadtgestaltung bei neuen urbanen Quartieren von Beginn an mitzudenken. Darüber hinaus müssen sich Städte bei der Raum- und Bebauungsplanung den unvermeidbaren Konsequenzen des Klimawandels – z. B. Starkregen, Trockenheit, Hitze – durch geeignete Methoden anpassen (z. B. städtische Baukorridore zur Luftzirkulation).
7. *Klimaverträgliche Landnutzung voranbringen*
   Landnutzung muss die sichere Ernährung für bald 10 Mrd. Menschen sicherstellen, sodass eine völlige Emissionsfreiheit von Landnutzung wohl nicht möglich ist. Der WGBU schlägt eine Kombination aus Entwaldungsstopp, Aufforstung und nachhaltiger Bewirtschaftung von Landflächen vor. Neben verschiedenen Vorschlägen zur internationalen Koordinierung dieser Maßnahmen wird der Bericht aber auch dahingehend deutlich, dass eine nachhaltige Landnutzung ein Umdenken in der Ernährung erfordert – hin zu einer sehr viel stärker pflanzenbasierten Ernährung und einer massiven Reduktion von Lebensmittelverschwendung (siehe auch ▶ Abschn. 6.3).

8. *Klimaverträgliche Investitionen*
   Um die wirtschaftlichen Rahmenbedingungen für eine Transformation zu schaffen, schlägt das Gutachten vier Säulen vor. Es müssten stabile Rahmenbedingungen geschaffen werden, damit Investoren und Investorinnen ihr Geld für klimaverträgliche Technologien (wie etwa verbindliche Effizienzstandards für Gebäude oder Fahrzeuge) einsetzen. Zum Zweiten müssen neue Finanzierungsquellen auf Staatsebene erschlossen werden, mit denen die öffentliche Hand verstärkt in nachhaltige Technologien und Infrastrukturen investieren kann. Hier könnte neben der CO_2-Bepreisung u. a. der Abbau von klimaschädlichen Subventionen (etwa für fossile Energieträger) und die Einrichtung eines umfassenden Klimafonds eine zentrale Rolle spielen. Drittens sollten Mechanismen eingeführt werden, die private Investitionen in Klimaschutz stärken, etwa zinsgünstige Kredite oder Zuschüsse (finanziert aus den neuen Finanzierungsquellen), und damit Privatpersonen Investitionen in Technologien oder Projekte ermöglichen. Letztlich sollten neue Geschäftsmodelle gefördert werden, die effizient Alltagsgegenstände ersetzen (z. B. Carsharing anstelle des Privat-Pkw) und hinreichend attraktiv für potenziell Nutzende gestaltet werden müssen.
9. *Stärkung internationaler Klima- und Energiepolitik*
   Eine globale Kooperation zwischen reicheren und ärmeren Ländern ist erforderlich, um die global verknüpften Energie-, Transport- und Handlungsströme zu gestalten. Vor allem in ärmeren Ländern liegen hier große Ausbaupotenziale für zukunftsfähige Infrastruktur. Hier ist weiterhin nötig, die auf Klimakonferenzen beschlossenen Maßnahmen auch in die Tat umzusetzen und eine umfassende Institutionalisierung von Klimaschutz anzustreben. Dies kann etwa durch Koalitionen von willigen Vorreiterstaaten geschehen.
10. *Kooperation auf internationaler Ebene revolutionieren*
   Letztlich ist die Grundlage jedweden internationalen Handelns die Stärkung von Kooperation über Landesgrenzen und Kontinente hinweg. Hier macht der WGBU Vorschläge zur Gründung neuer „Vereinter Nationen“, die sich umfassend mit den Umwelt- und Entwicklungskrisen auf der Welt befassen. In einer solchen Gründung einer neuen globalen Institution liegt möglicherweise die größte Herausforderung, erfordert dies doch eine gerechte neue Weltordnung, die eine historisch ungekannte Überwindung tradierter Souveränitätsvorstellungen und rein machtgeleiteter Weltpolitik zugunsten der dauerhaften Bereitstellung globaler Allgemeingüter beinhaltet.

Diese Maßnahmenbündel erfordern nie da gewesene Koordination und Handlungswillen, die man in der Weltpolitik des 21. Jahrhunderts bislang vergebens sucht. Umso wichtiger ist es daher, dass sich die Umweltpsychologie in die große Transformation einbringt, um die Verhaltenskontexte zu ergründen und zu verbessern, die eine breite Unterstützung einer solchen Transformation sichtbar machen. Der WGBU hat in einem Sondergutachten 2014 genau dies klargemacht: Die Rolle der Individuen ist stark und muss genauso in den Fokus der Bemühungen rücken wie die Veränderungen auf der institutionellen Makroebene. Wir verfügen auf individueller und kollektiver Ebene über reichlich Hebel, uns aktiv für eine sozial-ökologische Gesellschaft starkzumachen. Den politischen Rahmen müssen jene liefern, die wir – zumindest in demokratischen Gesellschaften – mit unseren Stimmen wählen. Der Rolle der Psychologie wenden wir uns im ► Abschn. 7.5 zu. Vorher allerdings beschreiben wir kurz, wie ein solcher politischer Rahmen bisher aussieht und welche Fallstricke mit einem solchen verbunden sind.

7.3 Die Sustainable Development Goals (SDGs) der UN (2015)

Tatsächlich klingt es erst einmal unrealistisch: 193 Länder weltweit einigen sich auf ein gemeinsames Verständnis nachhaltiger Entwicklung und gießen dieses in ein gemeinsames Dokument. Doch die *Sustainable Development Goals* (SDGs) – die *17 Ziele für nachhaltige Entwicklung* – stellen genau diesen Versuch dar. ◘ Abb. 7.2 gibt einen Überblick über die SDGs. Dafür war ein langjähriger globaler Partizipationsprozess nötig. Es wurde versucht, möglichst viele verschiedene Perspektiven, Akteure und Interessen einzubeziehen. Die daraus resultierende Agenda 2030 „Transforming our World" wurde schließlich im September 2015 von der Generalversammlung der Vereinten Nationen in New York verabschiedet (UN General Assembly 2015).

Zentraler Baustein dieser Agenda sind eben die sogenannten SDGs. Diese bilden auf den Ebenen staatlicher, privater und zivilgesellschaftlich aktiver Personengruppen einen transformativen und umfassenden Handlungsrahmen. Interessant ist dabei, dass die nachhaltigen Entwicklungsziele sich sowohl an Länder des Globalen Nordens als auch Länder des Globalen Südens richten. Dies ist gerade vor dem Hintergrund beachtlich, dass es sich bei den Ländern des sogenannten Globalen Nordens um die Hauptverursacher globaler Umweltkrisen handelt. Gleichzeitig

◘ **Abb. 7.2** Die Sustainable Development Goals (SDGs) der UN (2015); mit freundlicher Genehmigung

kann es als konzertiertes Zeichen verstanden werden, dass sich alle Länder dazu verpflichtet haben, Maßnahmen zur Förderung einer nachhaltigen Entwicklung zu ergreifen. Dabei betrachten SDGs vor allem Ziele, die ein nachhaltiges, friedliches, wohlhabendes und gerechtes Leben jetziger und zukünftiger Generationen gewährleisten sollen.

Wenn man sich die Komplexität und die Vielzahl verschiedener kultureller und strategischer Dimensionen einer solch einmaligen Ausgestaltung von Nachhaltigkeitszielen anschaut, dann muss man freilich davon ausgehen, dass ein solches Dokument sehr viele Kompromisse enthält. Folglich gibt es berechtigte Kritik an dem Konzept. So hat etwa der „International Council for Science“ (ISC) die SDGs als intern nicht konsistent und damit nicht nachhaltig kritisiert. So würden an verschiedenen Stellen Querverbindungen und komplexe Dynamiken zwischen einzelnen Zielen ignoriert, wie etwa der Konflikt zwischen starker ökologischer Nachhaltigkeit und ökonomischem Wachstum (Stevance et al. 2015). Auch Hickel (2019) wies auf diese Inkompatibilität ökologisch nachhaltiger Nutzung auf der einen und ökonomischem Wachstum auf der anderen Seite hin. Er argumentierte, dass ein positiver Zusammenhang zwischen ökonomischem Wachstum und Entwicklung in Hinblick auf bessere Gesundheit, weniger Armut und Hunger höchstens in Ländern mit niedrigem durchschnittlichem Pro-Kopf-Einkommen zu beobachten sei. Wir schauen uns im Folgenden zwei Ziele exemplarisch etwas genauer an.

7.3.1 SDG 13: Sofortmaßnahmen zur Eindämmung des Klimawandels und seiner negativen Auswirkungen

Für dieses Ziel werden Maßnahmen ausformuliert, die dazu dienen sollen, den Klimawandel und seine Auswirkungen zu bekämpfen:

- 13.1 Die Widerstandskraft und die Anpassungsfähigkeit gegenüber klimabedingten Gefahren und Naturkatastrophen in allen Ländern stärken
- 13.2 Klimaschutzmaßnahmen in die nationalen Politiken, Strategien und Planungen einbeziehen
- 13.3 Die Aufklärung und Sensibilisierung sowie die personellen und institutionellen Kapazitäten im Bereich der Abschwächung des Klimawandels, der Klimaanpassung, der Reduzierung der Klimaauswirkungen sowie der Frühwarnung verbessern
- 13.a Die Verpflichtung erfüllen, die von den Vertragsparteien des „Rahmenübereinkommens der Vereinten Nationen über Klimaänderungen“, die entwickelte Länder sind, übernommen wurde: Bis 2020 gemeinsam jährlich 100 Mrd. Dollar aus allen Quellen aufzubringen, um den Bedürfnissen der Entwicklungsländer im Kontext sinnvoller Klimaschutzmaßnahmen und einer transparenten Umsetzung zu entsprechen und den „grünen Klimafonds“ vollständig zu operationalisieren, indem er schnellstmöglich mit den erforderlichen Finanzmitteln ausgestattet wird

- 13.b Mechanismen zum Ausbau effektiver Planungs- und Managementkapazitäten im Bereich des Klimawandels in den am wenigsten entwickelten Ländern und kleinen Inselentwicklungsländern fördern, u. a. mit gezielter Ausrichtung auf Frauen, junge Menschen sowie lokale und marginalisierte Gemeinwesen

Jedes dieser Ziele wiederum soll mittels geeigneter Indikatoren überprüft werden können. So soll z. B. der Erfolg in Bezug auf das Unterziel 13.1 u. a. dadurch ermittelt werden, wie viele Staaten nationale Strategien für Katastrophenvorsorge beschließen und umsetzen. Ein anderer Indikator für dieses Unterziel soll die Anzahl an Todesopfern betrachten, die sich klimabedingten Naturkatastrophen zuschreiben lassen.

7.3.2 SDG 8: Nachhaltiges Wirtschaftswachstum und menschenwürdige Arbeit für alle

In diesem Ziel werden Maßnahmen ausformuliert, die dazu dienen sollen, nachhaltiges Wirtschaftswachstum und menschenwürdige Arbeit für alle zu ermöglichen.

- 8.1 Ein Pro-Kopf-Wirtschaftswachstum entsprechend den nationalen Gegebenheiten und insbesondere ein jährliches Wachstum des Bruttoinlandsprodukts von mindestens 7 % in den am wenigsten entwickelten Ländern aufrechterhalten
- 8.2 Eine höhere wirtschaftliche Produktivität durch Diversifizierung, technologische Modernisierung und Innovation erreichen, einschließlich durch Konzentration auf mit hoher Wertschöpfung verbundene und arbeitsintensive Sektoren
- 8.3 Entwicklungsorientierte Politiken fördern, die produktive Tätigkeiten, die Schaffung menschenwürdiger Arbeitsplätze, Unternehmertum, Kreativität und Innovation unterstützen, und die Formalisierung und das Wachstum von Kleinst-, Klein- und Mittelunternehmen u. a. durch den Zugang zu Finanzdienstleistungen begünstigen
- 8.4 Bis 2030 die weltweite Ressourceneffizienz in Konsum und Produktion Schritt für Schritt verbessern und die Entkopplung von Wirtschaftswachstum und Umweltzerstörung anstreben, im Einklang mit dem Zehnjahresprogrammrahmen für nachhaltige Konsum- und Produktionsmuster, wobei die entwickelten Länder die Führung übernehmen
- 8.5 Bis 2030 produktive Vollbeschäftigung und menschenwürdige Arbeit für alle Frauen und Männer, einschließlich junger Menschen und Menschen mit Behinderungen, sowie gleiches Entgelt für gleichwertige Arbeit erreichen
- 8.6 Bis 2020 den Anteil junger Menschen, die ohne Beschäftigung sind und keine Schul- oder Berufsausbildung durchlaufen, erheblich verringern
- 8.7 Sofortige und wirksame Maßnahmen ergreifen, um Zwangsarbeit abzuschaffen, moderne Sklaverei und Menschenhandel zu beenden, und das Verbot und die Beseitigung der schlimmsten Formen der Kinderarbeit, einschließlich

der Einziehung und des Einsatzes von Kindersoldaten, sicherstellen und bis 2025 jeder Form von Kinderarbeit ein Ende setzen
- 8.8 Die Arbeitsrechte schützen und sichere Arbeitsumgebungen für alle Arbeitnehmer, einschließlich der Wanderarbeitnehmer, insbesondere der Wanderarbeitnehmerinnen, und der Menschen in prekären Beschäftigungsverhältnissen, fördern
- 8.9 Bis 2030 Politiken zur Förderung eines nachhaltigen Tourismus erarbeiten und umsetzen, der Arbeitsplätze schafft und die lokale Kultur und lokale Produkte fördert
- 8.10 Die Kapazitäten der nationalen Finanzinstitutionen stärken, um den Zugang zu Bank-, Versicherungs- und Finanzdienstleistungen für alle zu begünstigen und zu erweitern
- 8.a Die im Rahmen der Handelshilfe gewährte Unterstützung für die Entwicklungsländer und insbesondere für die am wenigsten entwickelten Länder erhöhen, u. a. durch den erweiterten integrierten Rahmenplan für handelsbezogene technische Hilfe für die am wenigsten entwickelten Länder
- 8.b Bis 2020 eine globale Strategie für Jugendbeschäftigung erarbeiten und auf den Weg bringen und den globalen Beschäftigungspakt der internationalen Arbeitsorganisation umsetzen

Auch das Erreichen jedes dieser Ziele soll mittels geeigneter Indikatoren überprüft werden können. So soll z. B. der Erfolg in Bezug auf das Unterziel 8.1 u. a. durch die jährliche Wachstumsrate des realen Bruttoinlandsprodukts pro Kopf ermittelt werden. Unterziel 8.4 soll etwa durch einen Rohstofffußabdruck auf Länder- und Pro-Kopf-Ebene abgebildet werden (im Verhältnis zum BIP).

Allein dieses Ziel deutet schon auf die Kontroversen hin, die sich im Rahmen der SDGs kaum vermeiden lassen. Indikatoren wie das Bruttoinlandsprodukt als alleinigen Indikator für Wohlstand und Entwicklung zu nutzen, wird schon lange kritisch gesehen (siehe ► Abschn. 7.6), sowohl aus Gründen des Ressourcenschutzes als auch aus Gründen der Vergleichbarkeit zwischen Ländern. Die SDGs sind und bleiben ein politisches Instrument. Innerhalb dieses Rahmens jedoch lassen sich konkrete Handlungsoptionen und Szenarien gestalten.

7.4 Szenarien gesellschaftlicher Transformation

Faktisch befindet sich eine Gesellschaft ständig in einem Transformationsprozess. Man könnte sich etwa vor Augen halten, wie das weltweite Internet innerhalb weniger Jahrzehnte die Art und Weise, wie wir kommunizieren, transformiert hat und sie weiterhin verändert. Genauso hat die Globalisierung im letzten Jahrhundert dazu geführt, dass ganze ökonomische Bereiche sich transformiert haben – so ist z. B. die deutsche Textilindustrie bis auf wenige Ausnahmen in südostasiatische Staaten ausgelagert worden, um Kosten zu sparen und strengen Arbeitsmarktregelungen auszuweichen. Die Coronapandemie zu Beginn der 2020er-Jahre führte zu massiven Veränderungen auf dem Arbeitsmarkt und der Reduktion von Mobilität. Die meisten Gesellschaften sind also permanent Veränderungen unterworfen, doch die Transformation hin zu einer sozial-ökologischen Gesellschaft ist gerade für die Hauptverursacher der Klima- und Umweltkrisen eine Herausforderung.

Um diese Herausforderung zu meistern, hat u. a. das *Intergovernmental Panel on Climate Change* (IPCC) aufgezeigt, welche Veränderungen notwendig sind, um den globalen Temperaturanstieg auf maximal 1,5 °C zu begrenzen. Im IPCC-Bericht von 2018 war das dafür notwendige Ziel klar formuliert: Globale CO_2-Emissionen müssten bis 2050 auf Netto-Null reduziert werden; dazu wäre es notwendig, bereits bis 2030 die Emissionen auf die Hälfte zu reduzieren. Um die Lösungen für die Klimakrise besser zu verstehen, hat der IPCC Emissionsszenarien formuliert. Unter einem Szenario versteht man hier die Darstellung einer möglichen Entwicklung von Ereignissen in der Zukunft als integriertes Zusammenspiel sozioökonomischer Annahmen, geophysikalischer Klimaprozesse und politischer Entscheidungen (Nakicenovic et al. 2014). Diese Szenarien wiederum basieren auf sogenannten integrierten Bewertungsmodellen (*Integrated Assessment Models*, IAMs). Solche Modelle versuchen zu ergründen, wie die komplexen Zusammenspiele zwischen den Entscheidungen der Menschheit und dem Erdsystem funktionieren. Der IPCC beschreibt solche Modelle als vereinfachte und datenbasierte Ansätze zur Darstellung komplexer physikalischer und sozialer Systeme. Dazu nutzen solche Modelle bestimmte Inputvariablen, also Annahmen über Sachverhalte und Zusammenhänge, wie etwa in Bezug auf Bevölkerungswachstum, grundlegendes Wirtschaftswachstum, Ressourcen, technologischen Wandel oder das politische Umfeld zur Abmilderung der Folgen. Aufgrund dieser zugrunde liegenden Annahmen muss auch klar sein, dass solche Modelle Grenzen und Unsicherheiten haben und manche Sachverhalte gar nicht abbilden können. In anderen Worten: Je besser und fundierter die Annahmen sind, umso stärker und genauer können die auf IAMs basierenden Szenarien eine mögliche Zukunft darstellen.

Diese Modelle sind damit von großer Wichtigkeit, da sie – je nachdem, welche Annahmen und Veränderungen zugrunde gelegt werden – Politik und Gesellschaft Handlungswege aufzeigen. So lassen sich mithilfe der IAMs etwa Fragen beantworten wie: Was würde passieren, wenn wir nichts am Ausstoß von CO_2 verändern? Oder auch: Wie können wir eine vertretbare Maximalgrenze wie etwa die 1,5-°C-Begrenzung der Erderwärmung weiterhin erreichen? Selbstverständlich sind Ergebnisse solcher Szenarien probabilistisch. Das heißt, sie sind mit Unsicherheiten behaftet, treten mit einer bestimmten Wahrscheinlichkeit auf – es sind mögliche Zukunftsoptionen, aber eben keine Vorhersagen, wie die Zukunft wird. Schauen wir uns zunächst einmal ein paar konkrete Szenarien an.

7.4.1 IPCC-Szenarien

Der IPCC-Bericht von 2021 stellt in fünf Szenarien mögliche Klimazukünfte (*possible climate futures*) vor, die sich auf einer Dimension von „sehr optimistisch“ bis „sehr pessimistisch“ abbilden lassen. Sie basieren auf fundierten Analysen bestehender Literatur über die anthropogenen Treiber des Klimawandels und berücksichtigen auch die natürlichen Prozesse, die auf das Klima einwirken, etwa Veränderungen der Sonnenaktivität oder Hintergrundaktivität von Vulkanen.

Tab. 7.1 Veränderungen der globalen Oberflächentemperatur für fünf illustrative Szenarien

Szenario	Kurzfristig, 2021–2040		Mittelfristig, 2041–2060		Langfristig, 2061–2100	
	Beste Schätzung (°C)	Sehr wahrscheinlicher Bereich (°C)	Beste Schätzung (°C)	Sehr wahrscheinlicher Bereich (°C)	Beste Schätzung (°C)	Sehr wahrscheinlicher Bereich (°C)
SSP1-1.9	1,5	1,2–1,7	1,6	1,2–2,0	1,4	1,0–1,8
SSP1-2.6	1,5	1,2–1,7	1,7	1,3–2,2	1,8	1,3–2,4
SSP2-4.5	1,5	1,2–1,7	2,0	1,6–2,5	2,7	2,1–3,5
SSP3-7.0	1,5	1,2–1,8	2,1	1,7–2,6	3,6	2,8–4,6
SSP5-8.5	1,6	1,3–1,9	2,4	1,9–3,0	4,4	3,3–5,7

Angegeben sind Temperaturunterschiede relativ zur durchschnittlichen globalen Oberflächentemperatur der Jahre 1850–1900

Dabei haben die Forschenden Szenarien sowohl für die nahe (2021–2040), mittlere (2041–2060) als auch fernere (2061–2100) Zukunft entwickelt. Eine Übersicht über die Temperaturveränderungen dieser Szenarien ist in Tab. 7.1 dargestellt.

Bei SSP1-1.9 handelt es sich um das optimistischste Szenario des IPCC. Es beschreibt eine mögliche Zukunft, in der die globalen CO_2-Emissionen im Jahr 2050 auf Netto-Null gesenkt werden. In diesem Szenario hat sich die globale Gesellschaft auf weitestgehend nachhaltige Praktiken in fast allen Lebensbereichen festgelegt, u. a. durch eine Verlagerung von Wirtschaftswachstum als Maßstab für Wohlstand hin zu Wohlbefinden. Gleichzeitig werden in diesem Szenario Investitionen in Bildung und Gesundheit erhöht und soziale Ungleichheit nimmt ab. Zwar treten extreme Wetterereignisse häufiger auf als in der Referenzperiode, aber die Welt würde von den schlimmsten Auswirkungen des Klimawandels verschont bleiben. De facto handelt es sich bei diesem optimistischen Szenario um das einzige, das das Ziel des Pariser Klimaabkommens erreicht: Die globale Erwärmung bleibt auf etwa 1,5 °C über den vorindustriellen Temperaturen und stabilisiert sich zum Jahrhundertende hin.

Im zweitbesten Szenario geht der IPCC von einer starken, aber deutlich langsameren Verringerung der Emissionen aus. Hier wird die Netto-Null erst nach 2050 erreicht. Allerdings nimmt es die gleichen sozioökonomischen Transformationen des SSP1-1.9 an, sodass sich in diesem Szenario die Temperaturanomalie bei etwa 1,8 °C einpendeln sollte.

Das dritte Szenario beschreibt einen mittleren Emissionspfad. In dem Szenario SSP2-4.5 wird angenommen, dass die CO_2-Emissionen etwa stabil bleiben und ab der Mitte des 21. Jahrhunderts stetig fallen. Eine Netto-Null wird in diesem Szenario bis 2100 nicht erreicht. Die sozioökonomische Situation in diesem Szenario wird als stabil gesehen im Vergleich zum Referenzzeitraum, sodass auch nachhaltiges Wirtschaften verlangsamt erreicht wird und soziale Ungleichheiten zementiert werden. Bis zum Jahr 2100 würden die Temperaturen um 2,7 °C ansteigen.

Das Szenario SSP3-7.0 erwartet eine Temperaturveränderung von 3,6 °C bis 2100. Es basiert auf den Annahmen, dass die Emissionen sich im Vergleich zu 2021–2100 nahezu verdoppeln. In diesem Szenario sehen sich Länder verstärkt im Wettbewerb mit anderen Ländern, was zu höheren Ausgaben für nationale Sicherheit führt und eine Entkopplung von globalen Nahrungsmärkten mit sich bringt.

Schließlich beschreibt der IPCC als fünftes Szenario eines, was als *„Worst-Case-Szenario"* bezeichnet wird. Im Szenario SSP5-8.5 ist die Annahme, dass sich die CO_2-Emissionen bis 2050 in etwa verdoppeln und ein rasantes Wirtschaftswachstum auf globaler Ebene durch die weitere Ausbeutung fossiler Ressourcen besteht. Bis zum Jahr 2100 würde in diesem Szenario ein Temperaturanstieg von rund 4,4 °C erwartet.

Hier gilt es nochmal zu betonen, dass keines dieser Szenarien vom IPCC als mehr oder weniger wahrscheinlich bewertet wird. Diese Szenarien zeigen auf, was passieren kann und durch welche politischen Entscheidungen und gesellschaftlichen Veränderungen welches Szenario wahrscheinlicher wird. Gemein ist allen Szenarien zudem, dass die Erwärmung selbst bei abruptem Emissionsende für einige Jahrzehnte weitergeht und der Meeresspiegel über eine lange Zeit weiter ansteigt. Zudem bedeuten alle Szenarien ein gesteigertes Risiko für Katastrophen und damit steigende Gefahren für das Funktionieren globaler und lokaler Ökosysteme und menschliches Leben. Von einer Auflistung aller Risiken und Konsequenzen des Klimawandels sehen wir an dieser Stelle ab, diese können aber in den IPCC-Berichten und anderen einschlägigen Berichten nachgelesen werden.

7.4.2 Das „Societal Transformation Scenario"

Die IPCC-Szenarien stellen wichtige Mittel zur Kommunikation und Überwindung der Klimakrise dar. Gleichzeitig sind sie aufgrund ihrer Grundannahmen auch angreifbar und übersehen wichtige Aspekte. So sehen etwa Kuhnhenn und Mitarbeitende (2020) ein zentrales Problem darin, dass die IPCC-Szenarien von einem kontinuierlichen Wirtschaftswachstum bis 2100 ausgehen. Dieses sei faktisch nicht vereinbar mit ambitionierten Klimaschutzzielen, vor allem vor dem Hintergrund eines sich schließenden Zeitfensters zur Begrenzung der globalen Erwärmung auf 1,5 °C. Zudem ignorieren diese Modelle, dass es gesellschaftlichen und auch ökonomischen Wandel geben könnte. Stattdessen fokussieren sie auf technologische Lösungen, wie etwa Kohlenstoffspeicherung oder Atomenergie, die wiederum wieder mit unvorhersehbaren Risiken verbunden sind. Die Arbeitsgruppe schlägt daher bis dato weniger beachtete Entwicklungspfade vor, die vor allem darauf setzen, dass weniger produziert und konsumiert wird. Diese Pfade hat sie in einem sogenannten gesellschaftlichen Transformationsszenario zusammengefasst.

7.4.2.1 Grundlagen des Societal Transformation Scenario

Konkret haben die Forschenden das sogenannte Societal Transformation Scenario (STS) entwickelt (Kuhnhenn et al. 2020), welches auf Überlegungen zu einer sozioökonomischen Transformation basiert. Diese Überlegungen wurden wiederum in Szenarioannahmen umgesetzt. Diese Annahmen beinhalten konkret die Reduzierung von Konsum und Produktion in bestimmten energieintensiven Sektoren der Wirtschaft und die Stärkung von Sektoren, die weniger ressourcenintensiv wirtschaften. Das heißt also, dass gesellschaftliche Transformation nicht nur eine bloße Reduktion von Konsum und Produktion bedeutet, sondern einen demokratisch kontrollierten und gestalteten Strukturwandel, der zu sozialer, wirtschaftlicher und ökologischer Gerechtigkeit führt, einschließlich eines größeren Wohlstands und einer besseren Lebensqualität für alle. Ein solcher Ansatz fehlt in bisherigen Szenarien des IPCC.

Was zunächst vielleicht utopisch klingt, lässt sich mithilfe sogenannter Parameter in Szenarien modellieren. Im STS wurden bewusst Konsumparameter gewählt, deren Reduktion im Rahmen einer sozioökonomischen Transformation die Erfüllung materieller Grundbedürfnisse nicht gefährdet und gleichzeitig eine stärkere Befriedigung nichtmaterieller Bedürfnisse ermöglicht. Diese Verbrauchsreduktionen sind prinzipiell umsetzbar und würden zu erheblichen Emissionsminderungen beitragen. Das STS schreibt allerdings weder spezifische Lösungen oder Lebensweisen vor noch einen konkreten Werkzeugkasten für ökologische und soziale politische Instrumente, um diese zu erreichen. Sein Ziel liegt stattdessen darin, das Potenzial eines alternativen Pfads zur Reduktion von Emissionen aufzuzeigen.

Das STS basiert auf vier grundlegenden Prämissen. Erstens, dass der sogenannte Globale Norden primär für die Klimakrise verantwortlich ist und damit Hauptakteur bei der Reduktion von CO_2-Emissionen sein muss. Der größte Anteil an historischen Emissionen geht auf wenige Länder des Globalen Nordens zurück, sodass diese Emissionen reduzieren müssen, um Ländern im Globalen Süden Spielräume für eine selbstbestimmte Entwicklung zu ermöglichen. Damit einhergehen muss zweitens eine Reduktion des Konsums und der Produktion vor allem im Globalen Norden. Diese Reduktion kann aus Sicht der Forschenden nicht allein durch Konsumierende (also auch Sie) erfolgen, sondern muss durch veränderte Infrastrukturen, Gesetze und Anreizsysteme ermöglicht und motiviert werden. Drittens folgt das Szenario der Prämisse, dass für alle Menschen auf der Welt ein gutes Leben möglich ist, wenn insgesamt weniger konsumiert und produziert wird. Daher liegt der Fokus des Szenarios auf den Ländern des Globalen Nordens mit ihren ressourcenintensiven ökonomischen Prozessen. Eine Veränderung des Wirtschaftens kann hier ohne Verluste an Wohlbefinden und Lebenszufriedenheit erreicht werden, da Wirtschaftswachstum ohnehin keinen Garanten für eine gute Lebensqualität darstellt. Schließlich ist die vierte Prämisse, dass das Szenario auf Nuklearenergie und Kohlenstoffabscheidung und -speicherung verzichtet, da diese mit unvorhersehbaren Umwelt- und Sicherheitsrisiken verbunden und daher der Nutzung erneuerbarer Energien auf diesen Dimensionen unterlegen sind.

Wie funktioniert die Modellierung eines solchen STS nun konkret? Wie angedeutet ist die Berechnung von Klimaanpassungsszenarien für einen Zeitraum bis 2050 oder 2100 sehr komplex, da eine Vielzahl an Parametern die Emissionen und die Stabilität sozioökonomischer Systeme beeinflussen. Neben technischen Parametern fließen hier z. B. auch Parameter ein, die ethische und moralische Aspekte zur Frage „Wie wollen wir in Zukunft leben?“ integrieren. Um dies zu ermöglichen, nutzten die Forschenden den „Global Calculator“ – ein Modellierungstool, das globale Energie-, Land- und Ernährungssysteme abbildet. Dieses Tool kann darstellen, wie verschiedene Parameteroptionen interagieren und welchen Einfluss diese auf Emissionen und das Funktionieren von sozioökonomischen Systemen haben. Entwickelt wurde es von einer internationalen Gruppe von Forschungsinstituten, um verschiedenen gesellschaftliche Akteuren nahezubringen, mit welchen Optionen Emissionen verringert werden könnten. Kuhnhenn und seine Mitarbeitenden nutzten dieses Tool, um zu illustrieren, wie hoch das Potenzial gesellschaftlichen Wandels sein kann. Wir möchten uns im Rahmen dieses Kapitels mit den konkreten Szenarien beschäftigen und verweisen daher Lesende mit tiefer gehendem Interesse an dem Tool auf den umfassenden Bericht zum STS (Kuhnhenn et al. 2020).

7.4.2.2 Pfade des STS

Das übergeordnete Ziel des STS ist es, einen Pfad zu skizzieren, der es der Welt ermöglicht, das 1,5-°C-Ziel einzuhalten, ohne auf Kohlenstoffabscheidung zu setzen und mit parallelem Auslaufen nuklearer Energien. Es fokussiert darauf, suffiziente Lebensstile aufzuzeigen, die in bestimmten, energieintensiven Bereichen Konsum und Produktion substanziell verringern: Transport und Mobilität, Wohnen und Ernährung. Dabei liegt der primäre Reduktionsfokus auf den Ländern des globalen Nordens – also den Ländern, die aufgrund ihres Ressourcenhungers am meisten zur Klimakrise beigetragen haben und noch immer beitragen.

Als Kriterien für die Auswahl an Konsumparametern haben die Forschenden um Kuhnhenn zuallererst betrachtet, inwiefern die Parameter einen Einfluss auf die Befriedigung grundlegender Bedürfnisse haben, ob sie grundsätzlich umsetzbar sind, ob sie substanziell Emissionen reduzieren würden und ob es überhaupt sinnvolle, nutzbare Daten zur Bestimmung der Parameter gibt. In ◘ Tab. 7.2 sind die verwendeten Parameter und die erwarteten Veränderungen abgebildet. Dabei ist zu beachten, dass eine sehr stark vereinfachte Verteilung der Länder angenommen wird. Konkret unterscheidet die Arbeitsgruppe nur zwischen sogenannten hoch industrialisierten, reicheren Ländern und weniger industrialisierten, eher ärmeren Ländern. Diese Unterscheidung ist kritisch, ermöglicht aber eine recht klare Unterteilung in stärker (sogenannte Annex-1-Länder) und weniger stark verursachende Länder (sogenannte Nicht-Annex-1-Länder). Diese Unterteilung basiert auf den Konventionen des *United Nations Framework Convention in Climate Change* (UNFCCC).

Wie könnten diese Herausforderungen gemeistert werden? Für jeden Sektor schlägt die Arbeitsgruppe um Kuhnhenn eine Reihe von Politikmaßnahmen vor, die hier im Folgenden exemplarisch beschrieben werden. Dabei betonen sie, dass dies alles Vorschläge sind, die in demokratischen Prozessen ausgehandelt werden müssten.

Tab. 7.2 Konsumparameter und wie sie sich bis 2050 ändern würden. (Kuhnhenn et al. 2020)

Sektor	Parameter	Veränderungen bis 2050	
		Annex-I-Länder	Nicht-Annex-I-Länder
Mobilität und Transport	Straßenbasierter Personenverkehr	Verkehrsnachfrage verringert sich bis 2030 um 17 % (verglichen mit 1990) und um weitere 20 % von 2030–2050	Lineare Annäherung an Annex-1-Level bis 2050
	Anteil an Autos	Autoverkehr wird bis 2050 in urbanen Bereichen um 81 % und in ländlichen Regionen um 52 % verringert	Anteil des Autoverkehrs wird in urbanen Regionen um 17 % reduziert, in ländlichen Gegenden um 67 % erhöht
	Belegung von Autos	Autobelegung steigt linear auf 2,5 Personen pro Auto bis 2050	Autobelegung konstant
	Flüge pro Person	Reduktion von Flügen auf durchschnittlich 1 Flug pro Jahr bis 2025 und bis hin zu einem Flug alle 3 Jahre bis 2050	Anstieg an Flügen bis auf 0,6 Flüge pro Person pro Jahr
	Gütertransport über Land	Gütertransport geht um 62 % zurück	Gütertransport steigt um 20 %
Wohnen	Größe des Wohnraums	Wohnraum wird pro Person um 25 % reduziert	Lineare Annäherung an Annex-1-Level bis 2050
	Anzahl Geräte pro Person	Halbierung der Geräte pro Person	Anzahl Geräte pro Person bleibt gleich
Ernährung	Lebensmittelproduktion	Kalorienverbrauch pro Person wird, bildlich gesprochen, um 24 % reduziert, primär durch weniger Verschwendung und gesündere Essensstile (was zu weniger Produktion führt)	Kalorienverbrauch bleibt konstant
	Fleischkonsum	Fleischkonsum wird bis 2030 um 60 % reduziert und bleibt von da an konstant	Fleischkonsum bleibt konstant

Privater Personenverkehr. Hier sieht das STS kurz-, mittel- und langfristige Strategien vor. Als kurzfristige Maßnahmen führt die Arbeitsgruppe die Verbesserung der Fahrradinfrastruktur, Vergünstigung öffentlichen Nahverkehrs, mehr Fußgängerzonen, Erschwerung und Verteuerung von Autobesitz, höhere Steuern auf Autos und Kraftstoff sowie Straßennutzungsmaut und Zufahrtsrestriktionen an. Als mittelfristige Maßnahmen werden der Ausbau des öffentlichen Transportsystems, Subventionen für lokale Unternehmen, Subventionen für Carsharingangebote, Einrichtung von Co-Working-Arbeitsplätzen in ländlichen Regionen, Abbau von Autoproduktion sowie autofreie Städte und Ortszentren genannt. Langfristig müsse es darum gehen, Städte und Siedlungen komplett zu verändern und die Automobilindustrie umzubauen.

Flugverkehr. Zur Reduktion des Flugverkehrs schlägt das STS eine Reihe von Maßnahmen vor, die ineinandergreifen müssten. Konkret sind dies:

- Verbote von Kurzstreckenflügen
- Bildungsmaßnahmen zur Bedeutung des Flugverkehrs für den Klimawandel
- Reduktion von Arbeitszeiten bzw. Verlängerung von Urlaubszeiten, um längere Anreisen per Bus und Bahn zu ermöglichen
- Höhere Besteuerung von Flugtickets und Beendigung der Subventionen in der Luftfahrt
- Attraktivitätssteigerungen von Langstreckenzügen und -bussen durch Preisminderungen, höheren Komfort, Zuverlässigkeit und sinnige Anschlussverbindungen. Hier spielen vor allem kontinentale Nachtzugverbindungen eine zentrale Rolle wie auch bessere Integration internationaler Zugfahrpläne und Buchungsmöglichkeiten
- Einführung von Flugquoten pro Person
- Moratorien für neue Fluginfrastrukturen und Reduktion von Flughäfen
- Strengere Umwelt- und Gesundheitsgesetze, um Lärm und Luftverschmutzung zu senken
- Nachhaltigere Dienstreisen ermöglichen durch Erlaubnis längerer Reisezeiten und Übernahme eventuell anfallender Zusatzkosten durch Arbeitgeber

Gütertransport über Land. Um den Gütertransport insgesamt zu verringern, schlagen die Autoren eine Reihe von Maßnahmen auf verschiedenen Ebenen vor:

- Grundlegende Instrumente, wie z. B. angemessene Besteuerung fossiler Energieträger, Verringerung ungerechter Handelsbeziehungen zwischen Globalem Norden und Süden, Steueranpassungen bei Überschreitung nationaler Grenzen, Einführung und Kontrolle strengerer Arbeits- und Umweltstandards sowie ein Verbot von Werbung
- Regionalisierung, etwa durch Förderung und Subventionen lokaler Kreislaufwirtschaft (z. B. regionale Läden, städtische Betriebe, lokale Versorgung, gemeinschaftliche Landwirtschaft, Direktvermarktung), Unterstützung zum Aufbau und Betrieb lokaler Tauschbörsen und Infrastrukturen für „Sharing Economy" und Secondhandläden; Förderung kooperativer Unternehmen; Privilegierung regionaler, fairer und ökologischer Produkte bei der Vergabe öffentlicher Einrichtungen sowie gemeinschaftsbasierter, lokaler Wirtschaftsoptionen (wie z. B. Bürger- und Bürgerinnenaktiengesellschaften, Bürger- und

Bürgerinnenanleihen etc.) und Entscheidungsmöglichkeiten (z. B. über Bürger- und Bürgerinnenräte)
- Erhöhung der Produktlebensspanne, z. B. durch längere, verpflichtende Garantiezeiten, längere geplante Lebenszeiten von Produkten sowie lange Verfügbarkeit von Ersatzteilen, ein Label zur Darstellung der Langlebigkeit von Produkten, Standards für relevante Bauteile sowie Subventionen für lokale Werkstätten oder Repaircafés.

Wohnraum. Die Veränderung der Wohnraumsituation, konkret die Reduzierung des Wohnraums je Person, wird aus Sicht des STS einen freiwilligen kulturellen Wandel erfordern. Dieser kann aus bereits bestehenden Lebensmodellen bestehen, aber auch neuere Formen kommunalen Zusammenlebens erfordern. Hier werden also Maßnahmen erforderlich, die auf individueller Ebene für Menschen anziehend wirken, sowie Maßnahmen, die übertrieben großen Wohnraum einschränken. Konkret schlägt das STS vor:

- Preise von Städten und Gemeinden für bezahlbare und nachhaltige Wohnraumideen und -umsetzungen
- Finanzielle Unterstützung und Steuervergünstigungen für gemeinschaftliche Hausprojekte
- Vereinfachter Zugang zu öffentlichen Grundstücken für nachhaltige, öffentliche gemeinschaftliche Hausprojekte
- Hohe Gebühren für unangemessen genutzten Wohnraum
- Maßnahmen für Wohnungen, wenn der Markt und die Privatwirtschaft keinen nachhaltigen und bezahlbaren Wohnraum schaffen
- Informationen und Anlaufstellen für Menschen, die an gemeinschaftlichen Wohnmöglichkeiten interessiert sind
- Bildungsprogramme zum Thema Wohnraum

Ernährung. Die globale Agrarwirtschaft gilt als einer der Hauptverursacher der weltweiten Emissionen von Treibhausgasen. Um einen Ernährungswandel zu unterstützen, der dazu beiträgt, diese Emissionen zu verringern, schlägt das STS vor:
- Weniger strenge Handelsstandards bzgl. Form und Erscheinungsbild von Obst und Gemüse
- Schaffung klarer Einhaltungsregeln zur Minimierung von Lebensmittelverschwendung
- Bildungsmaßnahmen zur Lebensmittel- und Fleischproduktion sowie zu vegetarischen und veganen Ernährungsstilen und deren Einfluss auf Klima und Umwelt
- Verzicht auf Subventionen für Fleischproduktion
- Einpreisung aller externalen Kosten bei Fleischprodukten
- Verringerung von Fleischanteilen in öffentlichen Einrichtungen (Mensen, Cafeterien, Kantinen) bei gleichzeitig größerer Auswahl an vegetarischer und veganer Kost

Diese vorgeschlagenen Maßnahmen sind sicherlich nicht erschöpfend, repräsentieren allerdings umsetzbare und vermittelbare Möglichkeiten, die entsprechenden Hebel umzulegen. Insgesamt wurde mit den oben genannten Parametern ein Szenario geschaffen, das es ermöglichen würde, unterhalb der 1,5-°C-Grenze des Pariser Klimaabkommens zu bleiben. Der Bericht zeigt dabei konkret auf, wie sich Energiebedarf und globale Emissionen verändern würden, wenn die Parameter entsprechend umgesetzt würden. Damit würde sich eine grundlegende Restrukturierung der globalen Gesellschaft ergeben, die weniger auf materiellen Wohlstand weniger Menschen fokussiert, sondern auf die Befriedigung konkreter psychologischer und physiologischer Bedürfnisse, geprägt durch Kooperation, Solidarität, Fürsorge und nachhaltiges Leben.

Ein solcher Anspruch an ein anderes Wirtschafts- und Gesellschaftssystem stellt eine enorme Herausforderung dar. Dies würde auf vielen Ebenen menschlichen Lebens enorme Veränderungen erfordern.

7.5 Die Rolle der Psychologie bei der großen Transformation

Wir haben in den vorigen Kapiteln gesehen, dass sozial-ökologische Transformation hin zu einer nachhaltigen globalen Gesellschaft politisch durchaus angestrebt wird (über die SDGs) und es eine Reihe von Ansätzen gibt, die aufzeigen, mit welchen Maßnahmen welche Veränderungen erreicht werden könnten. Vor allem der STS-Ansatz zeigt auf, dass politisch regulierte und vereinfachte Lebensstilveränderungen einen immensen Beitrag leisten können. Klar ist aber auch: Eine gesellschaftliche Transformation kann nur gelingen, wenn die Individuen und Gruppen innerhalb der Gesellschaft diesen Wandel mittragen und mitgestalten. Wie können Einzelne zu einer gesellschaftlichen Transformation beitragen? Sind es nicht politische Entscheidungen, die einen Wandel bestimmen? Müssen nicht große Unternehmen in die Pflicht genommen werden? Wir werden im Folgenden diskutieren, an welchen Stellen im System die Umweltpsychologie ihren Beitrag leistet und welche Hebel Entscheidungen, Partizipation und Konsum sein können.

7.5.1 Sehenden Auges in die Katastrophe?

Wie wir schon in anderen Teilen des Buchs berichten, wäre es fatal, einzig und allein auf technologische Lösungen zur Bewältigung der Klimakrise zu setzen und zu hoffen (siehe auch ▶ Abschn. 4.3). Es bedarf Verhaltensveränderungen in großem Maße (Wiedmann et al. 2020), und berechtigte Fragen sind etwa: Warum sind die bisherigen Reaktionen auf die vielfältigen sozialen und ökologischen Krisen dermaßen unzureichend? Woran liegt es, dass wir als Menschheit es nicht schaffen, eine wahrhaft nachhaltige Entwicklung zu leben?

Während wir dieses Lehrbuch schreiben, sind die Konsequenzen der Klimakrise an immer mehr Orten auf der Welt sichtbar. In Russland und in Kalifornien brennen zu Beginn der 2020er-Jahre große Flächen alter Wälder aufgrund der Hitze und Trockenheit. In Deutschland, in der Türkei und in Pakistan kommt es zu massiven Überschwemmungen, die viele Todesopfer fordern. Kanada, Italien und die Arktis brechen Temperaturrekorde und die Anzahl von Hitzetoten ist keine Randnotiz mehr. Trockenheit auf Madagaskar führt zu eklatanten Ernteausfällen wichtiger Exportgüter, und Kaffeebauern und -bäuerinnen weltweit sorgen sich um die Erträge ihrer Bohnenpflanzen. Diese Liste an Beispielen ließe sich mittlerweile fast endlos weiterführen, doch verdeutlicht sie etwas, auf das sich die Menschheit vorbereiten muss: Einen rapiden Anstieg an extremen Wetterereignissen, an vielen Orten auf der Welt. Da verwundert es wahrlich, warum es Menschen nicht gelingt, aktiv zu werden.

Es gibt mittlerweile eine Reihe von Forschungsarbeiten, die aufdecken, warum wir nicht agieren. Exemplarisch möchten wir auf eine Untersuchung näher eingehen, die mithilfe von Interviews mit Experten und Expertinnen aufgezeigt hat, welche Faktoren Menschen hemmen, sich klimaschonend zu verhalten, und welche Faktoren klimaschonendes und konkret suffizientes Verhalten fördern könnten (Tröger und Reese 2021).

7.5.2 Psychologische und strukturelle Handlungshemmnisse – und wie sie überwunden werden können

Grundlage der Arbeit von Tröger und Reese (2021) ist die Annahme, dass eine Transformation hin zu einer dekarbonisierten Gesellschaft suffiziente Verhaltensweisen erfordert. Der Begriff Suffizienz ist abgeleitet vom lateinischen „*sufficere*", was „ausreichen" oder „genügen" bedeutet. Folglich versteht man im Nachhaltigkeitsdiskurs unter Suffizienz ein Konzept der „Genügsamkeit" mit dem Ziel, weniger ressourcenintensive Lebensstile zu erreichen – indem sowohl die Nutzung als auch die Produktion von Ressourcen substanziell verringert werden. Suffiziente Verhaltensweisen sind also per Definition klimaschützend, da sie einen auf Dekarbonisierung orientierten Lebensstil bedeuten. Allerdings sind sie nicht nur klimaschonend, sondern allgemeiner „ressourcenschonend" und damit auch direkt für andere Bereiche globaler Herausforderungen relevant (z. B. Artenschutz, soziale Gerechtigkeit, Müll).

In der Studie von Tröger und Reese (2021) wurden 21 Expertinnen und Experten aus Wissenschaft, Politik und Wirtschaft befragt, was sie für Hemmnisse hin zu einer suffizienten Lebensweise halten und welche Aspekte eine solche Lebensweise vereinfachen könnten. Die Kernergebnisse dieser Studie sind in ◻ Abb. 7.3 dargestellt. Diese Abbildung stellt einen konzeptuellen Rahmen auf, innerhalb dessen der Weg zu suffizienten Lebensstilen eingeordnet werden kann.

Die Experten und Expertinnen haben in qualitativen Interviews dargelegt, was aus ihrer Sicht die primären Hemmnisse einer Transformation sind. Besonders auffällig ist, dass die meisten Barrieren weniger in Personen selbst zu liegen scheinen, sondern in den Kontexten, in denen Menschen sich tagtäglich bewegen. So wird etwa verdeutlicht, dass die ökonomischen Normen ein zentrales Hemmnis sind: Die Messung von Wohlstand ausschließlich anhand des Bruttoinlandsprodukts vorzunehmen, wird genauso kritisch gesehen wie die Abhängigkeit von Wirt-

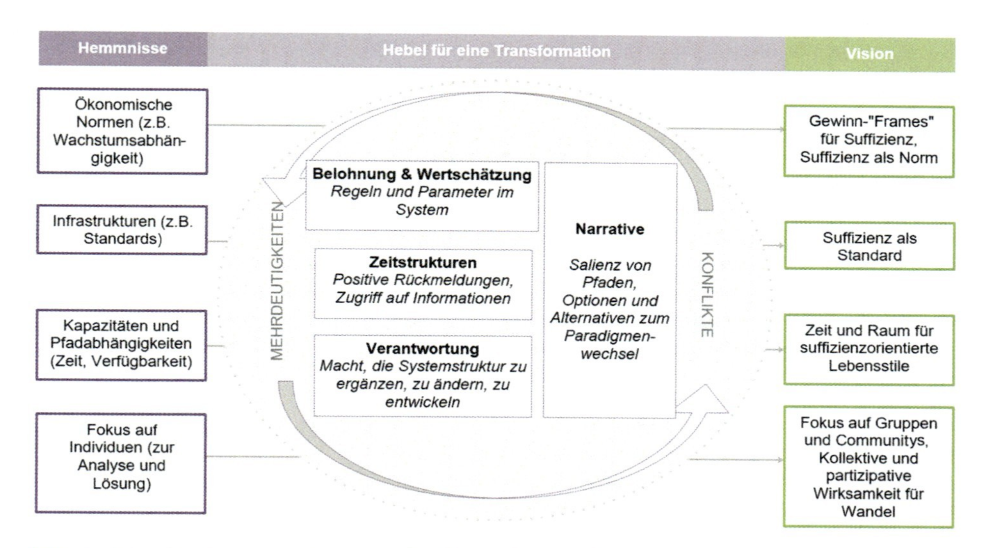

Abb. 7.3 Hebel und Katalysatoren für eine nachhaltige Transformation am Beispiel Suffizienz. (Tröger und Reese 2021, S. 832; mit freundlicher Genehmigung von Springer Nature BV)

schaftswachstum bei grundlegenden politischen Entscheidungen. Zudem zählen die derzeitigen Infrastrukturen – wie etwa der Fokus auf motorisierte Individualmobilität oder Großkraftwerke – zu den Barrieren, da diese bestimmen, was Menschen als Standards für ihre Entscheidungen nutzen. So etwas können Sie etwa im Alltag bemerken, wenn Sie erwähnen, dass Sie kein Auto besitzen oder keinen Führerschein haben – nicht selten erntet man dafür erstaunte Blicke, weil es für die meisten Menschen selbstverständlich ist, Mobilität mit dem eigenen Auto zu organisieren. Als weitere Barriere – eng verzahnt mit dem vorherrschenden Wirtschaftssystem – gelten die psychischen Kapazitäten und Pfadabhängigkeiten. Hierzu gehören insbesondere die Wahrnehmung, dass man in Arbeitskontexten ständig verfügbar sein soll, aber auch Zeitmangel durch Arbeit und Familie. Schließlich argumentieren die Forschenden der Studie auch, dass der Fokus allein auf individuelles Verhalten als Analyseeinheit und Hauptlösung zu kurz greift.

Diesen Hemmnissen, die unsere alltäglichen Entscheidungen für nachhaltiges Verhalten beeinträchtigen, stehen aus Sicht dieser Studie eine Reihe von Visionen entgegen, die sich durch verschiedene „Hebel" erreichen ließen. Diese Hebel sind in Abb. 7.3 in der Mitte dargestellt. Sie setzen an verschiedenen Stellen innerhalb des Systems an. So müssten sich u. a. die bisherigen Belohnungs- und Wertschätzungssysteme derart ändern, dass nicht wie bisher z. B. klimaschädliche Subventionen an Unternehmen gezahlt werden, sondern klimaschützende. Ein zweiter Aspekt betrifft die Zeitstrukturen. Einige Experten und Expertinnen in der Studie merkten an, dass Menschen für suffiziente Lebensstile mehr Zeit bräuchten – Zeit zum Reflektieren, Zeit zum Ausprobieren, Zeit, aus alltäglichen Strukturen auszubrechen. Hier könnten Arbeitszeitverringerung und „Pioneers of Change" – also Rollenvorbilder, die zeigen, was möglich ist – eine zentrale Rolle spielen. Drittens sollten Verantwortlichkeiten innerhalb des Systems klimagerecht verteilt werden.

Konkret heißt das, dass etwa besonders konsumfreudige Personen eher Veränderungen akzeptieren müssten als weniger konsumierende. Schließlich wird als möglicherweise stärkster Hebel das Narrativ für eine suffiziente Gesellschaft gesehen. Nach Ansicht der Befragten müssen wir weg von den Wirtschaftswachstumsnarrativen hin zu Narrativen kommen, die sich auf gutes Leben jenseits von rein materiellem Wohlstand beziehen. Das ist sicherlich auch die größte Herausforderung, wenn man bedenkt, dass in den industrialisierten Staaten wohl niemand ein funktionierendes entmaterialisiertes Lebensmodell kennengelernt hat. Ideen für Ansätze für in Grenzen alternative Narrative des Wirtschaftens gibt es, wie etwa die Gemeinwohlökonomie, die wirtschaftliches Agieren danach beurteilt, wie sehr es dem Gemeinwohl dient (Felber 2018).

In ◘ Abb. 7.3 rechts sind schließlich die „Visionen" oder transformativen Ziele abgebildet, die eine suffiziente Gesellschaft ausmachen. Hier wird aus Sicht der Experten und Expertinnen deutlich, dass Suffizienz ein Standard werden muss, der als gewinnbringend erlebt und gelebt wird. Dafür erforderlich sind Zeit- und Raumveränderungen, die solche Lebensstile ermöglichen. Neben diesen strukturellen Bedingungen werden schließlich auch jene genannt, die aus Sicht einer kollektiven Psychologie ebenfalls als sinnvoll erachtet werden (siehe ▶ Abschn. 4.2.3 zu sozialer Identität): Eine suffiziente Gesellschaft setzt auf Gruppen und Gemeinschaften, die in lokalen Kreisläufen agieren, sich gegenseitig stützen und z. B. nachbarschaftliche Sharingangebote aufbauen und nutzen. Dazu bedarf es eines Gefühls kollektiver Wirksamkeit: „Wir als Gemeinschaft können aktiv unsere Ziele erreichen!"

Wie oben erwähnt, handelt es sich um eine exemplarische Betrachtung, welche Rolle psychologische und strukturelle Prozesse auf dem Weg hin zu einer sozial-ökologischen Gesellschaft spielen. Diese Ansätze lassen sich noch weiter integrieren. So hat etwa Geels (2004) ein Modell aufgestellt, das noch stärker ausdifferenziert, wie gesellschaftliche Transformation abläuft (◘ Abb. 7.4). Die Besonderheit dieses Modells der Mehrebenenperspektive ist, dass Geels darin das soziotechnische Gesellschaftssystem auf drei unterschiedlichen, miteinander verbundenen Ebenen beschreibt: die Ebene des sogenannten *soziotechnischen Regimes*, das sich aus Institutionen (z. B. Ministerien, Regierungsstrukturen), Infrastrukturen (z. B. Flughäfen, Straßennetz, öffentlicher Nahverkehr), Technologien (z. B. Benzinmotoren) und politischen Rahmenbedingungen (z. B. Regulation von CO_2-Bepreisung), aber auch normativen Verhaltenspraktiken (z. B. Alltagsnutzung von PKW) zusammensetzt. Dieses Regime ist in die Ebene der *Megatrends* eingebettet. Das ist der technische, physikalische und materielle Hintergrund, auf dem die Gesellschaft aufbaut (Geels und Schot 2007). Hierzu gehören etwa die klimatischen Bedingungen, Megatrends wie die Digitalisierung, die demografischen Veränderungen, aber auch z. B. die Verfügbarkeit fossiler Ressourcen. Die Ebenen des soziotechnischen Regimes und der Megatrends werden generell als recht stabil angesehen. Variabler ist die dritte Ebene – die *Innovationsnischen* –, in der abseits des Mainstreams neue soziale oder Verhaltenspraktiken, Technologien oder auch Ideen für Politikwechsel entwickelt und ausprobiert werden. Diese werden getrieben durch Netzwerke von Individuen – also zielorientierte Gruppen –, die ihre eigenen Verhaltensweisen ändern oder politische Änderungen konkret einfordern. Praktiken und Technologien, die sich in der Nische bewähren, haben die Möglich-

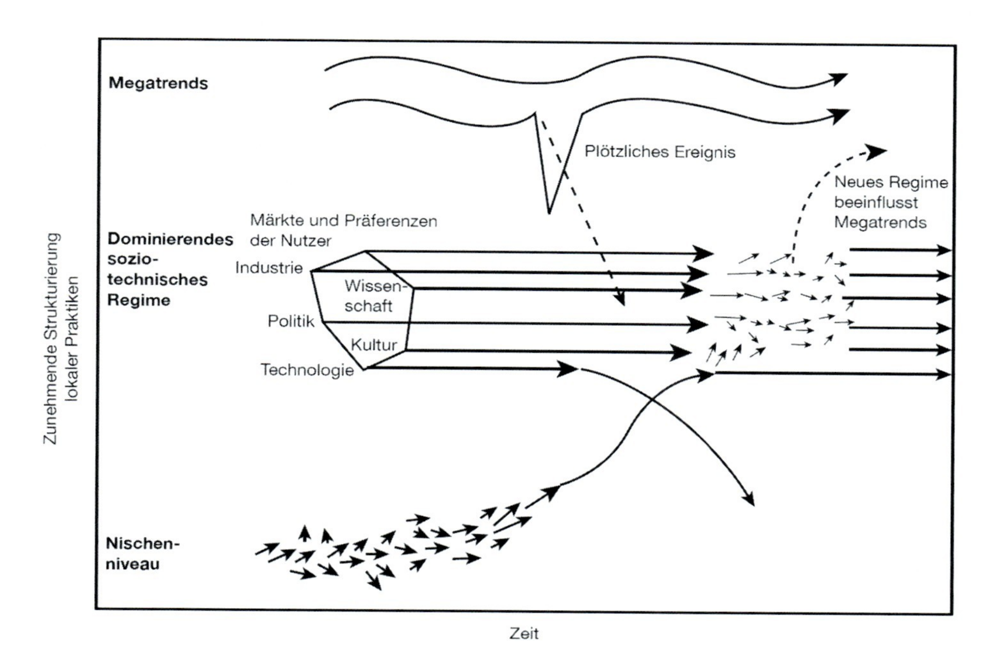

Abb. 7.4 Mehrebenenmodell der Transformation. (Grin et al. 2010; nach Geels 2004, S. 401, mit freundlicher Genehmigung von Elsevier Science & Technology Journals)

keit, Eingang ins herrschende Regime zu finden und es dadurch etwas zu verändern (z. B. war Carsharing einst eine Praxis in der Nische, hat sich verbreitet und so etabliert, dass es heute zum Regime gehört). Das Ziel von gesellschaftlicher Transformation liegt primär in der Veränderung der Regimeebene – also darin, das soziotechnische Regime in einen neuen, nachhaltigeren stabilen Zustand zu bringen. Das Regime kann durch Ereignisse destabilisiert werden, die auf der Ebene der Megatrends stattfinden (wie etwa die Coronapandemie, Kriege, Klimaereignisse), oder durch lokalere Krisen. In solchen Momenten der Destabilisierung bieten sich oft besonders günstige Möglichkeitsfenster für Innovationen, um aus der Nischenebene Eingang ins Regime zu finden. Das Modell von Geels (2004) betont somit die Bedeutung, die den Prozessen auf der Nischenebene zukommt, um Innovationen für eine nachhaltige Transformation auszuprobieren und ihre Nützlichkeit für die Ebene des soziotechnischen Regimes vorzubereiten. Psychologische Prozesse sind also vor allem in diesen Nischen relevant, wo Menschen motiviert werden können, etwas an ihrem eigenen Verhalten zu ändern, gemeinsam mit anderen etwas Neues auszuprobieren und sich so aktiv für Veränderungen auch auf höheren Ebenen einzusetzen.

Zusammengefasst weist dieser Abschnitt also darauf hin, dass unser individuelles Verhalten wichtig ist, aber natürlich nicht in einem Vakuum stattfindet. Jede Entscheidung, die wir tagtäglich treffen, ist eine Funktion unseres Lebensumfelds, unserer Wahlmöglichkeiten und auch unserer zeitlichen Ressourcen. Und letztlich beeinflussen unsere Entscheidungen damit die Gesellschaft, umso mehr, wenn wir

Entscheidungen gemeinsam mit anderen treffen und anstoßen. Die Herausforderung, vor der die weltweite Staatengemeinschaft steht – und hier vor allem jene Staaten, die historisch besonders stark zur Klimakrise und den globalen Umweltveränderungen beigetragen haben –, ist, diese Entscheidungen durch strukturelle Rahmenbedingungen zu verändern. Nachhaltigkeit müsste also normativ werden und als Standard gesetzt sein.

7.6 Leben ohne (Wirtschafts-)Wachstum?

Die Wachstumsgesellschaft, genauer ein Gesellschaftsmodell, welches wesentlich auf immerwährendem Wirtschaftswachstum aufbaut, verträgt sich nicht mit der Erkenntnis, dass der Planet Erde natürliche Grenzen hat. Dieser Erkenntnis folgend geht das Konzept der starken Nachhaltigkeit (vgl. ▶ Abschn. 1.2.3) von einem Gleichgewicht zwischen Nutzung und Regenerationsfähigkeit der planetaren Ressourcen aus. Die Erde zeigt uns ihre Grenzen – deren Missachtung rächt sich in kürzerer oder längerer Frist. Dennoch ist der Wachstumsgedanke in den Gesellschaften (und nicht nur den industrialisierten!) allgegenwärtig. Grund genug, zu hinterfragen, welche Anreize und anderen psychologischen Gesichtspunkte daran beteiligt sind und wie sich Alternativen denken und schaffen lassen.

Wir werden Wachstum zunächst als ein Erfolgsmodell vorstellen, was vielen Menschen über viele Jahrzehnte zu enormem Wohlstand verholfen hat. Allerdings wurde dieser Wohlstand mit einer Umweltzerstörung historischen Ausmaßes erkauft. Doch was ist Wohlstand genau, was ist ein „gutes Leben“? Wir besprechen im Folgenden Glück und Lebenszufriedenheit und stellen fest, dass (ab einem gewissen Mindesteinkommen) statt finanziellem Wohlstand andere Faktoren dafür verantwortlich sind. Das wird uns zu der Frage führen, wie man zufrieden und glücklich auch ohne Konsum- und Wachstumsgesellschaft lebt. Wie kann so eine Postwachstumsgesellschaft aussehen? Die Argumentation folgt dabei teilweise Jackson (2011, 2021).

7.6.1 Wirtschaftswachstum als ein Erfolgsmodell – für jeden?

Um die Bedeutung der Wirtschaftsleistung für menschlichen Wohlstand abschätzen zu können, lohnt sich zunächst ein Vergleich zwischen armen und reichen Ländern.

◘ Abb. 7.5 zeigt den Zusammenhang zwischen Bildung und Bruttoinlandsprodukt in verschiedenen Staaten für das Jahr 2020. Das Bruttoinlandsprodukt (BIP, engl. GDP) ist ein Maß für die Wirtschaftstätigkeit eines Landes. Wir kommen auf dieses Maß noch zurück (▶ Abschn. 7.6.2). Die Abbildung zeigt auf der x-Achse

Abb. 7.5 Zusammenhang zwischen Bildung (Ergebnis bei vergleichenden Lernleistungsmessungen) und Bruttoinlandsprodukt in verschiedenen Staaten. (► OurWorldInData.org/global-education)

das Bruttoinlandsprodukt pro Kopf und auf der y-Achse die durchschnittlichen Lernergebnisse aus standardisierten, international vergleichbaren Leistungstests von Schülerinnen und Schülern (siehe auch ► https://ourworldindata.org/global-education). Auf diesen beiden Dimensionen sind verschiedene Länder der Welt abgetragen. Eigentlich würde man doch eine Gerade erwarten: Je reicher das Land, desto besser die Bildung, die Kinder dort erhalten. So ist es aber nicht. Bis zu einem gewissen Pro-Kopf-Einkommen steigt der Bildungserfolg enorm an und dann auf einmal nur noch unwesentlich. Das heißt, jenseits einer gewissen Höhe des BIP (hier etwa 20.000 Dollar pro Jahr und Kopf) trägt jeder weitere Dollar nicht mehr deutlich zur Qualität der Bildung bei.

Abb. 7.6 ist ähnlich, bezieht sich aber auf die Lebenserwartung bei der Geburt in verschiedenen Ländern im Jahr 2019, abgetragen auf der y-Achse. Auf der x-Achse befindet sich wieder das Bruttoinlandsprodukt pro Kopf. Es gibt einen steilen Anstieg der Lebenserwartung mit der Wirtschaftsleistung eines Landes, aber nur bis etwa 20.000 Dollar pro Jahr und Kopf. Hier macht jeder Zuwachs in der Wirtschaftsleistung offensichtlich einen deutlichen Zuwachs in der Gesundheitsversorgung aus. Darüber flacht die Beziehung jedoch ab und die Lebenserwartung bei der Geburt unterscheidet sich nicht mehr deutlich zwischen den Ländern, egal wie reich sie sind.

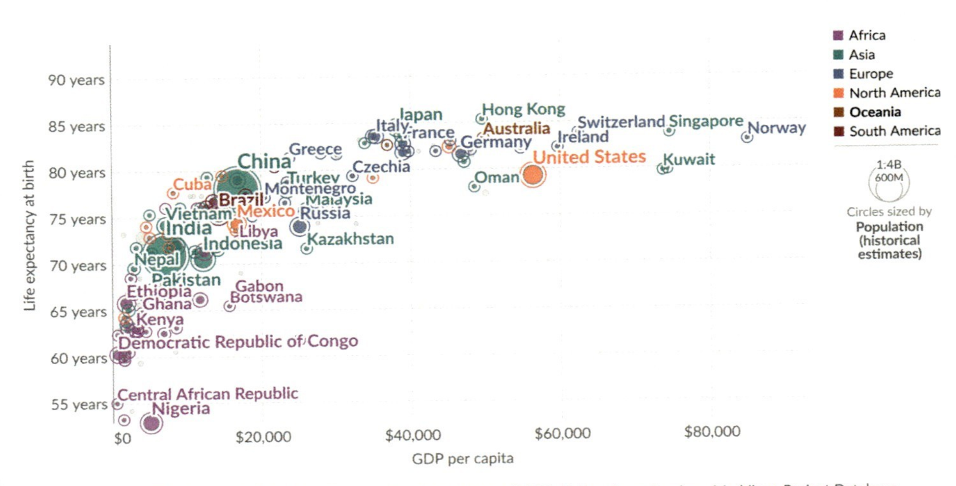

Data source: UN WPP (2022); HMD (2023); Zijdeman et al. (2015); Riley (2005); Bolt and van Zanden - Maddison Project Database 2023 (2024)
Note: GDP per capita is expressed in international-$[2] at 2011 prices.
OurWorldInData.org/life-expectancy | CC BY

Abb. 7.6 Zusammenhang zwischen Lebenserwartung und Bruttoinlandsprodukt in verschiedenen Staaten. (► OurWorldInData.org/life-expectancy)

7.6.2 Geld und Lebenszufriedenheit

Wie stellt sich denn der Zusammenhang mit dem Bruttoinlandsprodukt dar, wenn wir statt der objektiven Wohlstandsfaktoren wie Lebenserwartung oder Bildung das subjektive Empfinden zum Ausgangspunkt nehmen? Tatsächlich finden wir den gleichen Zusammenhang, wie Abb. 7.7 zeigt.

Ganz analog zu den bisher besprochenen Abbildungen steigen die Angaben von Lebenszufriedenheit jenseits eines jährlichen Pro-Kopf-Einkommens von etwa 20.000 Dollar nicht mehr wesentlich.

Wir halten fest: Immer weiter gesteigertes Wirtschaftswachstum eines Landes geht nicht unbedingt mit besserer Bildung, Gesundheit oder gar Zufriedenheit der Bevölkerung einher, sobald diese aus der Armut heraus ist. Oder andersherum: Diese Faktoren sind kein Grund für eine immer weiter gesteigerte Wirtschaftstätigkeit eines Landes. Denn die Wirtschaftstätigkeit – gemessen mit dem Bruttoinlandsprodukt – ist ungeeignet, wesentliche Teile des menschlichen Wohlstands zu erfassen: Wird jemand bei einem Autounfall verletzt oder es entsteht Sachschaden, *steigt* das Bruttoinlandsprodukt, weil wirtschaftlicher Aufwand entsteht, um die Schäden zu reparieren und die medizinische Versorgung sicherzustellen. Das ist zumindest fragwürdig und steht ganz sicher nicht für den Wohlstand der Menschen. Zum Wohlstand gehören eben z. B. auch psychische Gesundheit, Sicherheitsgefühl oder sozialer Zusammenhalt. Abb. 7.8 bringt hier mehr Licht in die Sache.

Die Abbildung zeigt auf der x-Achse die Einkommensungleichheit in verschiedenen Ländern, hier das Verhältnis zwischen den Reichsten und den 20 % Ärmsten im Land. Die y-Achse weist einen Index für gesundheitliche und soziale Probleme aus, der Morde und Gefängnisstrafen ebenso umfasst wie psychische Krankheiten,

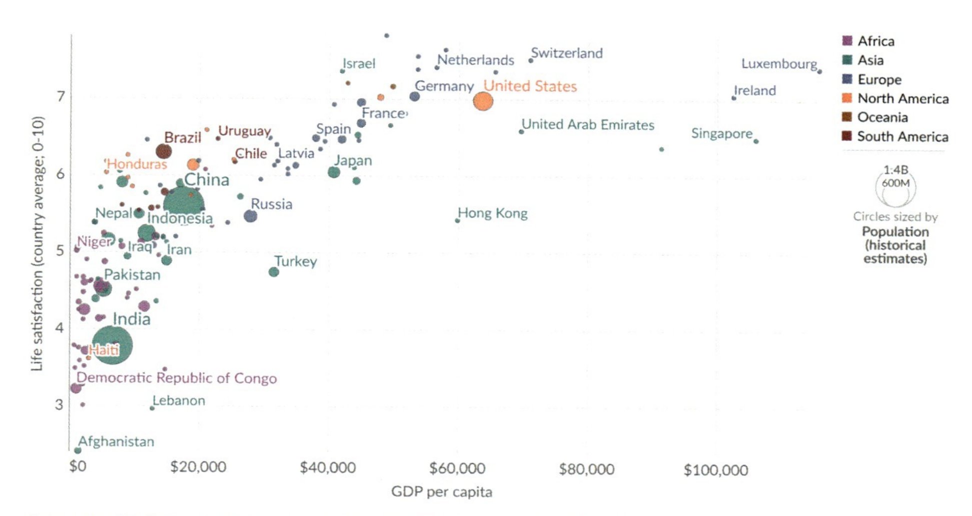

Abb. 7.7 Zusammenhang zwischen Lebenszufriedenheit und Bruttoinlandsprodukt im Jahr 2022. (► OurWorldInData.org/happiness-and-life-satisfaction)

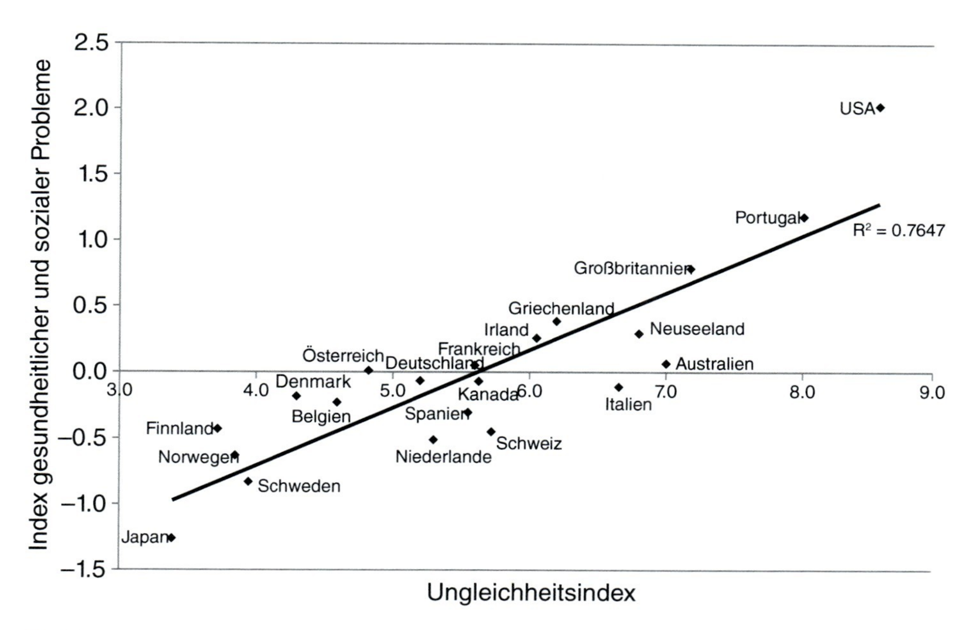

Abb. 7.8 Zusammenhang zwischen Einkommensungleichheit und gesellschaftlichen Problemen in verschiedenen Staaten. (Jackson 2017, mit freundlicher Genehmigung durch The Equality Trust)

Vertrauen und Lebenserwartung. Wir sehen eine klare Korrelation: Je höher die Ungleichheit in einem Land, desto höher ist der gerade beschriebene Index der gesundheitlichen und sozialen Probleme. Das bedeutet: Egal wie erfolgreich ein Land wirtschaftlich ist (gemessen mit dem Bruttoinlandsprodukt), die Einkommensungleichheit im Land selbst bestimmt entscheidend mit, wie viel gesundheitliche und soziale Probleme die Bevölkerung hat.

Auch hier finden wir also kein Argument für ein unbegrenztes Wirtschaftswachstum, wohl aber für eine verringerte Einkommensungleichheit zwischen den Menschen.

Anhand des Zusammenhangs zwischen Bruttoinlandsprodukt (engl. *gross domestic product*, GDP) und dem sogenannten Indikator echten Fortschritts (der *Genuine Progress Indicator*, GPI) kann man zudem prüfen, wie sich beide über die zweite Hälfte des 20. Jahrhunderts entwickelt haben. Der Indikator GPI wird u. a. aus Maßen für die Einkommensungleichheit in einem Land, für Arbeitslosigkeit oder Kriminalität, aber auch für negative Umweltauswirkungen durch die Ausbeutung natürlicher Ressourcen gebildet. Ist der Indikator hoch, geht es der Bevölkerung gut, in jeder Hinsicht. Eine Zeit lang waren beide Indikatoren gekoppelt: Wirtschaftlicher Fortschritt und gesellschaftlicher Fortschritt gingen Hand in Hand. Doch in vielen vor allem industriell geprägten Ländern haben sich diese beiden Faktoren entkoppelt und zum Teil sogar gegenläufig entwickelt (Hamilton 2004). Es scheint da also etwas zu geben, was die Leute nicht mehr weiter glücklicher macht und gleichzeitig Gesellschaft und Umwelt beschädigt, obwohl die Wirtschaftsleistung eines Landes steigt.

Nimmt man nur die Lebenszufriedenheit, dann kommt man zu einem ähnlichen Ergebnis (◘ Abb. 7.9): Während das Bruttoinlandsprodukt Großbritanniens steigt, bleibt die Lebenszufriedenheit konstant.

Jackson (2011) beschreibt ebenfalls eine britische Umfrage, in der verschiedene Berufsgruppen, klassifiziert nach ihrem Einkommen, nach ihrer Zufriedenheit in verschiedenen Lebensbereichen gefragt wurden. Es wurden vier Einkommenskategorien unterschieden. In Gruppe 1 waren etwa ärztliches Personal, Rechtsanwälte und Rechtsanwältinnen oder Beamte und Beamtinnen. Gruppe 2 enthielt Nach-

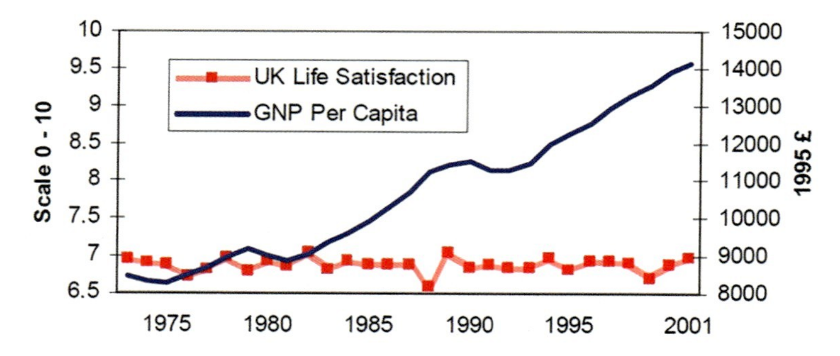

◘ **Abb. 7.9** Zusammenhang zwischen Lebenszufriedenheit und Einkommen in Großbritannien über die Zeit. (Jackson et al. 2004, S. 19; mit freundlicher Genehmigung von Edward Elgar Publishing)

wuchskräfte in der Wirtschaft, Studierende oder handwerklich Tätige, Gruppe 3 Arbeiter und Arbeiterinnen oder Verkaufspersonal und Gruppe 4 schließlich Rentner und Rentnerinnen sowie Arbeitslose. Es wurde u. a. nach der finanziellen Sicherheit in der Zukunft gefragt, nach dem eigenen gesellschaftlichen Einfluss, dem Erreichen eigener Ziele, nach der Wohnung, der Gesundheit und Freizeitaktivitäten, aber auch nach dem sozialen Umfeld. In fast allen Bereichen zeigt sich ein klares Gefälle: Je höher die Einkommensklasse, desto höher auch die Zufriedenheit in dem entsprechenden Bereich. Das ist plausibel: Eine arbeitslose Person sieht sich beispielsweise von vielem ausgeschlossen und schätzt ihren gesellschaftlichen Einfluss oder die finanzielle Sicherheit in der Zukunft gering ein.

Es gab jedoch eine Ausnahme: Das Bild kehrt sich um, wenn nach dem sozialen Umfeld gefragt wird. Die Wohlhabenden bewerten ihr Umfeld negativ, die schwachen Einkommensschichten positiv. Enge soziale Netze scheinen besonders dann zu funktionieren und wichtig für das persönliche Wohlbefinden zu sein, wenn es kein oder wenig Geld gibt. Tritt das Geldverdienen in den Vordergrund, so scheint das engere soziale Umfeld in den Hintergrund zu geraten.

Das bestätigt sich in einer anderen Umfrage (Jackson 2011). Auf die Frage nach den Faktoren, die das subjektive Wohlbefinden beeinflussen, nannten Personen mit 47 % den Partner oder die Partnerin und familiäre Beziehungen, gefolgt von Gesundheit mit 24 %. Eine angenehme Wohnung (8 %), Geld und die finanzielle Situation (7 %) oder gar Erfüllung im Beruf (2 %) wurden deutlich seltener genannt.

Wohlbefinden und Glücksempfinden sind stark von der Persönlichkeit abhängig. Etwa 50 % des Glücksempfindens soll durch die Gene determiniert sein (Christakis und Fowler 2010). Dies bezieht sich insbesondere auf das „Normal-Null-Niveau“ für individuelles persönliches Glück. Die aktuelle Lebensqualität spielt mit 10 % schon eine geringere Rolle. So erhöhen 10.000 Dollar mehr Jahreseinkommen in einer US-amerikanischen Stichprobe die Wahrscheinlichkeit persönlichen Glücks lediglich um 2 %. Eine wesentliche Rolle allerdings kommt mit 40 % der persönlichen Einstellung zu. Was wir denken und tun und mit wem wir uns umgeben, ist also ein wichtiger Glücksfaktor (vgl. dazu ► Abschn. 4.4.3).

7.6.3 Elemente einer Postwachstumsgesellschaft

Eine griffige Vorstellung davon, wie Leben und Wirtschaften in einer Postwachstumsgesellschaft aussehen könnte, also in einer Gesellschaft, die nicht auf einem Wachstum der Wirtschaft basiert, hat in Grundzügen Paech (2012) vorgelegt. ◘ Abb. 7.10 stellt das grafisch dar.

Links in der Abbildung ist der aktuelle Standardzustand dargestellt. Menschen arbeiten in industrialisierten Ländern 40 oder mehr Stunden pro Woche gegen Bezahlung. Mit dieser Bezahlung und der verbleibenden Zeit bestreiten sie ihren Lebensunterhalt und das, was sie für ihre Zielerreichung und ihr Lebensglück benötigen. Die Vorstellung einer Postwachstumsgesellschaft lebt zentral davon, dass die Arbeit gegen Bezahlung („monetärer Bereich“) einen deutlich geringeren Raum

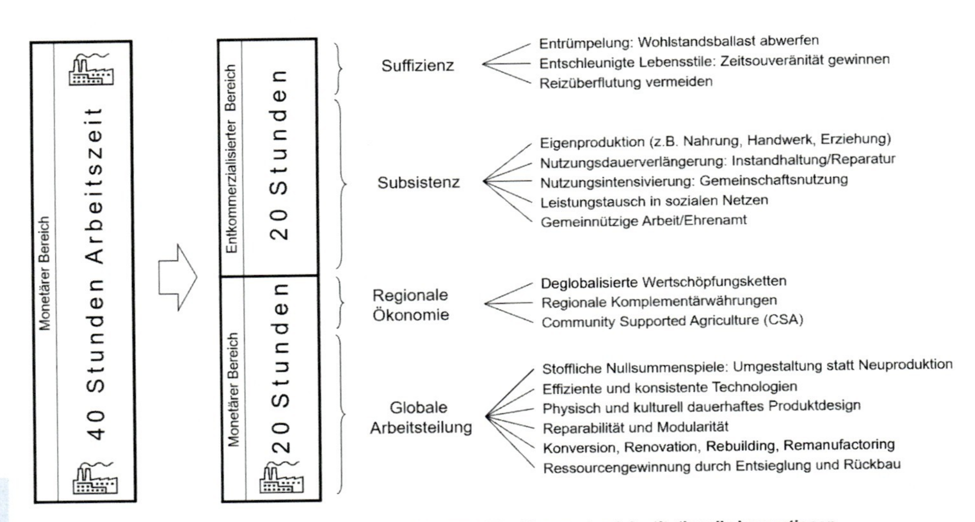

Abb. 7.10 Grundzüge einer Postwachstumsökonomie. (Paech 2012, S. 151)

einnimmt als bisher – hier etwa die Hälfte der bisherigen Arbeitszeit. Die andere Hälfte besteht aus dem sogenannten entkommerzialisierten oder nichtmonetären Bereich.

Globale Arbeitsteilung

Wir fangen in der Abbildung unten an. Im monetären Bereich befinden sich zunächst einmal die Güter und Dienstleistungen, die nur in globaler Arbeitsteilung hergestellt werden können (wie etwa Fahrzeuge oder elektronisches Equipment). Idealerweise entstehen die Dinge nicht neu, sondern werden aus Vorhandenem umgestaltet, sodass keine neuen Ressourcen eingesetzt werden müssen. Dazu sind Techniken nötig, die die Umwelt nicht zusätzlich belasten (Konsistenz mittels geschlossener Kreisläufe) und vom Ressourcen- und Energieeinsatz her effizient sind. Ein physisch und kulturell dauerhaftes Produktdesign wird vorgeschlagen, um haltbare Produkte zu bekommen, die von den Menschen auch noch nach Jahren für erstrebenswert gehalten werden. Es soll helfen, das Bedürfnis nach funktionalen, schönen und gleichzeitig sozial anerkannten Dingen zu befriedigen. Güter sollen reparierbar und modular aufgebaut sein, sodass bei Defekt nicht ein ganzes Gerät ausgetauscht werden muss, sondern nur einzelne Komponenten. Bislang werden viele Geräte weder modular noch reparierbar gebaut und landen dadurch häufig mit dem ersten Defekt auf dem Müll. Einen Schritt in die hier vorgeschlagene Richtung hat die EU getan: Ab 2022 gibt es das „Recht auf Reparatur" für verschiedene Haushaltsgeräte wie Waschmaschinen oder PC-Monitore.

Ebenfalls eine globale Angelegenheit ist die Frage nach Flächen und Ressourcen für Gebäude. Hier ist es grundsätzlich vorzuziehen, mit dem vorhandenen Bestand zu arbeiten, anstatt neu zu bauen. Konversion meint die Umwandlung von bestehenden Anlagen oder Gebäuden von bisheriger (z. B. industrieller) Nutzung in eine andere (z. B. als Wohnraum). *Rebuilding* und *Remanufacturing* meinen das Überarbeiten alter Gebäude oder Geräte, sodass sie ihre ursprüngliche Leistungsfähigkeit wiedererlangen. Wenn Gebäudebestand abgerissen wird, ist das eine Chance, Naturflächen wiederherzustellen (Entsiegelung) und beim Rückbau die Materialien aus den Gebäuden oder Anlagen rückzugewinnen und zu recyceln für etwas Neues (dieser Prozess wird auch *Urban Mining* genannt).

▪ Regionale Ökonomie

Regionale Ökonomie versucht die Wertschöpfungsketten so kurz zu machen wie möglich. Die Wirksamkeit wird schnell deutlich bei der regionalen Erzeugung von erneuerbarer Energie (z. B. genossenschaftlich betriebene Photovoltaik- oder Windkraftanlagen von Bürgern und Bürgerinnen vor Ort) und von Nahrungsmitteln. Der Geldfluss und damit der Wohlstand bleibt dabei in der Region. Das kann unterstützt werden durch sogenannte Komplementärwährungen. Sie werden in Städten oder Regionen ausgegeben und gelten als ergänzendes Geld zur offiziellen Landeswährung (also z. B. Euro). Solche Regionalwährungen (z. B. der „Chiemgauer" oder der „Lindentaler") werden nur von Geschäften in der Ausgaberegion akzeptiert und fördern dadurch das lokale Wirtschaften. *Community Supported Agriculture* oder *Solidarische Landwirtschaft* bezeichnet eine Form der Beziehung zwischen einem landwirtschaftlichen Betrieb und einer Gruppe von Personen, die den Betrieb schon zu Beginn und unter der Saison finanziell und in manchen Fällen auch tatkräftig (z. B. durch gelegentliche Mitarbeit auf dem Feld) unterstützen. Im Gegenzug erhalten sie dann den ihnen zustehenden Teil der Ernte. Das unterstützt kleinere Höfe, senkt deren Risiko und gibt den Konsumierenden die Möglichkeit zur maximalen Transparenz bei der Herkunft ihrer Lebensmittel und überdies auch, auf das Sortiment Einfluss zu nehmen.

▪ Subsistenz

Mit Subsistenz wird die Produktion zum Eigenbedarf bezeichnet. Ein Subsistenzfischer ist der, der von dem von ihm gefangenen Fisch lebt und ihn nicht verkauft. Die Eigenproduktion in der Abbildung bezieht sich nicht nur auf Erzeugung (wie Nahrung oder handwerkliche Produkte wie etwa Möbel), sondern auch Dienstleistungen (wie Erziehung, aber auch Altenpflege usw.). Die Nahrungsmittel für Städte lassen sich derzeit wohl kaum in der Stadt selbst vollständig erzeugen – genau dafür ist die regionale Wirtschaft gedacht. Aber viel mehr als bisher könnte auch dort erzeugt werden, in Gärten oder Grünanlagen (vgl. dazu ▶ Abschn. 6.3). Handwerkliches Können ist für Subsistenz wieder gefragt, zur Instandhaltung oder Reparatur von Geräten, Möbeln usw. Auf die intensivere Nutzung von Gütern durch Konzepte der gemeinschaftlichen Nutzung (*Sharing*) gehen wir in ▶ Abschn. 6.4.2 ausführlicher ein. Dienstleistungen können in den persönlichen sozialen Netzwerken getauscht werden, anstatt sie zu kaufen, z. B. Rasenmähen gegen einen Kuchen oder den PC richtig konfigurieren gegen ein Abendessen. Als gemeinnützige Tätigkeiten und Ehrenämter kann man sich alles vom Bestellen des Gemeinschaftsgartens bis zum Musikunterricht oder zur Hilfe bei Steuererklärungen vorstellen.

Suffizienz

Der Suffizienz ist der gesamte folgende ► Abschn. 7.7 gewidmet, und das Konzept wird daher hier nur angerissen. Die grundlegende Frage bei der Suffizienz ist, wie viel wir denn eigentlich brauchen, wie viel also genug ist. Das widerspricht der vorherrschenden Konsumlogik und reiht sich eher in Konzepte wie Minimalismus ein. ◘ Abb. 7.10 nennt hier Entrümpelung, also das Sich-Trennen von Dingen, die nicht mehr benötigt werden. Dies wird oft als eine Erleichterung empfunden, wie das Abwerfen von Ballast. Entschleunigung ist genau das Gegenteil von dem, was übliche Ratgeber zum Zeitmanagement sagen: Es geht nicht darum, wie man Zeit möglichst dicht füllt oder mit existierenden Anforderungen effizient umgeht, sondern die Dinge, die man tut, wirklich fokussiert und achtsam zu tun. Zeitsouveränität ist die Wiedergewinnung der Kontrolle über die eigene Zeit. Das hat viel mit Selbstachtung zu tun, denn Missachtung des Selbst durch Überforderung führt zu Burn-out. Zeitsouveränität gewinnen heißt also auswählen, was man tun und was man nicht tun möchte. Letztlich vermeidet das auch Reizüberflutung.

Am unteren Rand von ◘ Abb. 7.10 ist noch der Hinweis zu lesen, dass die Veränderung zur Postwachstumsgesellschaft politisch flankiert werden muss. Die Dinge verändern sich durch individuelles Verhalten „von unten" und durch institutionelle Regulation „von oben" im Sinne einer Co-Evolution. Ein Beispiel ist die oben angesprochene Richtlinie der EU zur Reparierbarkeit von Elektrogeräten. Sie fördert einerseits umweltgerechtes individuelles Verhalten – und umgekehrt fördern vermehrtes nachhaltiges Handeln und politische Aktivität zur Nachhaltigkeit weitere solche institutionellen Innovationen.

Wir sehen, dass diese Vision einer Gesellschaft, die ohne Wirtschaftswachstum und weitere Ressourcenausbeute des Planeten auskommt, noch einige Anstrengungen erfordert. Egal wo man hinschaut: Weder im Nahrungs- noch im Konsum- oder Mobilitätsbereich, nicht in der wirtschaftlichen Aufteilung der Warenströme oder der zeitlichen Aufteilung des eigenen Lebens ist die Vorstellung schon annähernd realisiert.

7.7 Suffizienz als Lebensstil

Wie kann sich nun Suffizienz als nachhaltiger Lebensstil (entsprechend der Frage: Was ist genug?) in das tägliche Leben jeder einzelnen Person übersetzen? Wie fühlt sich das an, was ist zu erwarten? In diesem Abschnitt werden diese Fragen aus theoretischer, praktischer und psychologischer Perspektive besprochen.

7.7.1 Guter Konsum

Um den Lebensunterhalt sicherzustellen und unsere Bedürfnisse zu befriedigen, müssen wir konsumieren. Allerdings gibt es große Unterschiede, wie nachhaltig Konsum sein kann. Die Frage danach, was „guter", also im sozialen, psychologischen und Umweltsinn nachhaltiger Konsum ist, beginnt mit einer kritischen Betrachtung des wachstumsgetriebenen Konsums, wie wir ihn kennen.

Der Soziologe Hartmut Rosa (2005) sieht Konsum als Kauf von Optionen. Wir kaufen Wohnraum (auch auf Zeit, durch Miete), Essen, Mobilität und eine Fülle von Freizeitaktivitäten. Tatsächlich verfügen wir in den allermeisten Situationen über mehrere, manchmal sogar viele Optionen, mit denen sich unsere Bedürfnisse befriedigen lassen. Im Supermarkt ist die Auswahl unter den vielen Möglichkeiten – die Multioptionalität – bisweilen so groß, dass wir lange überlegen müssen, ratlos sind oder auf einfache Heuristiken (z. B. Gewohnheiten) zurückgreifen. Dasselbe gilt für Reisen, Freizeitgestaltung, Möbel usw. Der Aufenthalt von nur wenigen Stunden am Samstag in einem großen Selbstbaumöbelmarkt führt Multioptionalität eindrücklich vor Augen. Und auch ihre Kehrseite: die Reizüberflutung. Ab einem gewissen Grad wird Multioptionalität als Stress empfunden. Rosa (2005) beschreibt, wie sich die Bedingungen des täglichen Lebens zunehmend beschleunigt haben. So setzen sich Innovationen in immer kürzeren Zeitabständen durch und mehr Informationen und raschere Veränderungen müssen verarbeitet werden, da man sonst den Anschluss verliert.

Dem tritt das Konzept der bewussten *Entschleunigung* entgegen. Erst durch die Konzentration auf weniger pro Zeiteinheit – weniger Dinge, Tätigkeiten, Interaktionen – lassen sich die inneren Bezüge wieder dazu herstellen. So genießen wir Dinge mehr, mit denen wir uns intensiv beschäftigen, konzentriert durchgeführte Tätigkeiten gelingen besser und fühlen sich besser an, und ganz besonders bei zwischenmenschlichen Interaktionen ist das „Miteinander-Schwingen" zentral. Das Fremdwort dazu heißt *Resonanz* (Reheis 2019), in unserem Fall also das Schwingen mit den Bezugsobjekten, den Tätigkeiten und besonders den Personen, mit denen wir es zu tun haben. Zu Resonanz ist Zeit nötig, in der man sich konzentrieren, in Beziehung treten und sich einlassen kann. Wie wir in ▶ Abschn. 7.6.2 gesehen haben, sind die sozialen Beziehungen die, die Menschen mehr als alles andere glücklich machen.

Hier setzt auch das Konzept des *positiven Verzichts* an. Paech (2013) spricht vom „genussvollen Unterlassen", welches das Heraustreten aus der Konsumspirale ermöglicht. Das genussvolle Unterlassen spiegelt die Erleichterung wider, eben nicht in den Möbelmarkt zu müssen. Die Entrümpelung der eigenen Gegenstände und der Bedürfnisse nach nicht endender Multioptionalität bewirkt bei vielen Personen in den wohlhabenden Ländern kein Bedauern, sondern vielmehr Entlastung und Befreiung.

An der Produktion von Industriegütern sind wir in der Regel nicht beteiligt. Es fragt uns auch niemand vor der Entwicklung, ob wir etwas wollen, brauchen oder wie das Produkt genau beschaffen sein sollte. Wir sind an dem gesamten Prozess nicht beteiligt und kaufen das, was es zu kaufen gibt. Doch schon bei der Vorstellung der Ideen zur Postwachstumsgesellschaft von Paech (2012) weiter oben haben wir darauf hingewiesen, dass viele Dinge selbst repariert, entworfen und gemacht werden können. Die Herstellung von Dingen erfüllt Menschen mit dem Gefühl der Selbstwirksamkeit und der Ermächtigung und gibt ihnen einen Anteil, eine Beteiligung (engl. *ownership*) am Entstehungsprozess. Die DIY- (*Do-it-yourself-*) oder *Maker*-Bewegung setzt daher auch auf die Produktion von individuellen Stücken oder allenfalls Kleinserien. Sie können einerseits viel besser auf die Bedürfnisse einzelner Personen abgestimmt werden und sind andererseits emotional viel mehr wert als Industriestücke, die es unter Umständen millionenfach gibt.

Hier kommt eine weitere Beobachtung ins Spiel: Dinge sind umso begehrenswerter (und in der Regel auch teurer), je seltener sie sind. Das gilt für Diamanten, Gold, Kunstwerke von Picasso usw. In der Ökonomie werden solche Dinge *Positionsgüter* genannt. Positionsgüter sind exklusiv – sie schließen, dem Wortsinn nach, die meisten Personen von ihrer Nutzung aus. Dabei denken wir zunächst überwiegend an Produkte, die allein wegen ihres Preises vielen Menschen vorenthalten bleiben. Ein selbst hergestelltes Produkt jedoch, z. B. ein Möbel- oder Kleidungsstück, ist von sich aus bereits einzigartig und damit ein Positionsgut (was keine andere Person besitzt). Zu diesem Gut kann man eine Geschichte über Herkunft und Herstellung erzählen, es besitzt eine persönliche Bedeutung. Es ist etwas Besonderes, ein Unikat. Dasselbe gilt für ein geerbtes Möbelstück oder für eines, was man vielleicht nicht selbst produziert, aber bei einem Schreinerbetrieb entsprechend der persönlichen Bedürfnisse in Auftrag gegeben hat und welches mit regionalen Materialien gebaut wurde.

Ein suffizienter Lebensstil ermöglicht also eine Entschleunigung durch Reduktion stresserzeugender Multioptionalität, Resonanz mit den Dingen und Menschen, die uns umgeben, sowie Beteiligung und Ermächtigung durch Produktion von Gütern durch uns selbst oder in unserem Umfeld.

7.7.2 Suffizienzorientierte Konsumpraktiken

Bei Suffizienz geht es laut Fuchs und Lorek (2005) um „Veränderungen in Konsummustern und Verringerung von Konsumlevels". Konsumveränderungen, mit denen suffizienzorientierte Lebensstile in die Tat umgesetzt werden können, lassen sich in vier Typen einteilen: absolute Reduktion, modale Verlagerung, Verlängerung der Produktlebensdauer und gemeinsame Nutzung (Sharing) eines Produktes. In ▫ Tab. 7.3 sind die vier Typen, ihre Definitionen und jeweils ein Beispiel für eine entsprechende Konsumänderung im Bereich Alltagsmobilität beschrieben.

▫ **Tab. 7.3** Typologie der Konsumänderungen für Suffizienz. (Nach Sandberg 2021)

Typ der Konsumänderung	Definition	Beispiel Alltagsmobilität
Absolute Reduktion	Menge an Konsum verringern	Weniger Strecke zurücklegen (d. h. Trips vermeiden)
Modale Verlagerung (engl. *modal shift*)	Verlagerung des Konsums auf einen weniger ressourcenintensiven Modus	Vom eigenen Auto auf Bus/Bahn umsteigen (d. h. Trips anders realisieren)
Produktlebensdauer verlängern	Maßnahmen, um ein Produkt länger zu nutzen, bevor es entsorgt wird	Nutzungsdauer von Autos aus dem Bestand verlängern (z. B. Gebrauchtwagennutzung, Instandhaltung, Reparaturen, pflegsamer Umgang)
Sharingpraktiken	Produkte gemeinsam nutzen, Nutzungsintensität erhöhen	Carsharing (Auto mit anderen teilen; privat oder kommerziell)

Die *absolute Reduktion* scheint das zu beschreiben, was die meisten an Suffizienz so fürchten: Verzicht. Wobei es bei näherer Betrachtung jedoch nicht wirklich absoluten Verzicht bedeutet, sondern einfach zunächst ein Weniger. Die absolute Reduktion von tierischen Produkten in der Ernährung kann für manche heißen, sich rein pflanzlich zu ernähren – aber auch eine Verringerung des Anteils an tierischen Produkten an der eigenen Ernährung wäre bereits ein wichtiger Beitrag zu einem suffizienten Lebensstil. Nur selten Fleisch zu essen, auf Käse nicht verzichten wollen, aber ihn eben nur gelegentlich und nicht standardmäßig zu kaufen, können Ernährungsumstellungen sein, die bereits deutlich ressourcenverträglicher sind als die heute verbreiteten Ernährungsgewohnheiten.

Modale Verlagerung meint die Erfüllung eines Bedürfnisses (z. B. nach Mobilität) auf eine andere, ressourcenschonendere Weise. Der Umstieg von Auto oder Flugzeug auf nachhaltigere Verkehrsmittel erfüllt das Mobilitätsbedürfnis. Das Wohnen in einem Passivhaus oder in einem gemeinsamen Wohnprojekt anstatt in einem unrenovierten Altbau erfüllt das Bedürfnis nach Wohnen, aber auf ressourcenschonendere Art und Weise. Ein Kebap auf Seitanbasis kann den nächsten Heißhunger ebenso wie ein Fleischkebap stillen, aber mit einem viel geringeren ökologischen Impact.

Die *Verlängerung der Produktlebensdauer* kann gelingen, wenn wir mit unseren vorhandenen Gegenständen pfleglich umgehen und somit zunächst einmal verhindern, dass sie schnell kaputtgehen: Instandhalten von Lederschuhen durch regelmäßige Pflege, wettergeschütztes Unterstellen von Fahrrädern und regelmäßige Wartung, achtsamer Umgang mit Haushaltsgegenständen und technischen Geräten (z. B. Smartphones). Ist dann etwas doch kaputtgegangen, so kann man es durch Reparatur oft wiederherstellen und weiternutzen. Auf politischer Ebene wird in der EU ein Recht auf Reparatur eingeführt, um bereits im Produktherstellungsprozess sicherzustellen, dass etwas auch reparierbar ist. Auf individueller Ebene bedeutet suffizienzgemäßes Handeln dann, solche Reparaturen auch vorzunehmen.

Sharingpraktiken (vgl. dazu auch ► Abschn. 6.4.2) intensivieren schließlich die Nutzung eines Produktes. Warum sollte jeder Haushalt eine eigene Bohrmaschine haben, die höchstens ein paar Mal im Jahr zum Einsatz kommt? Wieso ein eigenes Auto weniger als eine Stunde pro Tag in Benutzung haben? Man könnte solche Gegenstände gemeinsam nutzen, sodass sie während ihrer Lebensdauer möglichst intensiv in Benutzung sind. Der Bundesverband Carsharing rechnet vor, dass ein stationsbasiertes Carsharingfahrzeug bis zu 20 Privat-Pkw ersetzen kann. Beim Sharing geht es ums Nutzen, nicht ums Besitzen. Einige Sharingpraktiken (wie z. B. Carsharing) haben es aus ihrer Entwicklung in der Nische in den Mainstream geschafft; andere wie das Teilen von Werkzeug oder Wohnraum sind noch eher in Nischen zu finden, etwa in Form von Maker Spaces oder gemeinschaftlichen Wohnprojekten (z. B. organisiert im Mietshäuser Syndikat).

7.7.3 Stufen der Suffizienz

Suffizienz ist deshalb notwendig für ein nachhaltiges Leben, weil es (jenseits von Reboundeffekten, vgl. ► Abschn. 4.3) den Material- und CO_2-Fußabdruck, also generell die Umweltauswirkungen von Handlungen begrenzt. Wo ist Suffizienz am wirksamsten, wo am besten beginnen? Fischer und Grießhammer (2013) nennen folgende „*big points*" für Suffizienz in der privaten Lebensführung und damit für die Reduktion des CO_2-Ausstoßes. Das sind die Punkte, an denen eine Verhaltensänderung objektiv am meisten ausmacht:

- Pkw abschaffen
- Strom sparen
- Ernährungsumstellung (mediterrane Kost)
- Verringerung der Wohnfläche

Die Studie definiert sogenannte Suffizienzstufen, die mit zunehmender Eingriffstiefe in Routinen des täglichen Lebens verbunden sind. Das soll am Beispiel der Kühlung von Lebensmitteln im Haushalt illustriert werden (◘ Tab. 7.4).

In der Tabelle wird konkret, wie Stromsuffizienz im Bereich der Kühlung von Lebensmitteln aussehen kann. Ausgehend von den weit verbreiteten großen Kühl-Gefrier-Kombinationen als nicht suffizienzorientiertem Status quo werden vier Stufen der Suffizienz definiert, die jeweils tiefgreifendere Veränderungen bzw. Einschränkungen mit sich bringen. Auf Stufe 1 ist durch die Verkleinerung der Kühl- und Gefriermöglichkeiten recht wenig Einschränkung im gewohnten Verhalten zu erwarten. Auf Stufe 2 gibt es etwas weniger Komfort: Durch den Wegfall der Ge-

◘ **Tab. 7.4** Suffizienzstufen (Eingriffstiefe). (Fischer und Grießhammer 2013)

Suffizienz-stufe	Empfundene Einschränkung bzw. Aufwand	Art der Änderung des Konsummusters	Beispiel
Stufe 1	keine bis wenig	z. B. kleineres Gerät, aber mit gleichen Funktionen	Kühlschrank mit 3-Sterne-Fach (101 l/17 l) statt Kühl-Gefrier-Gerät (171 l/41 l)
Stufe 2	mittel	z. B. Gerät mit weniger Komfort	nur Kühlgerät ohne Gefrierfunktion
Stufe 3	stark	z. B. zeitaufwendige Verhaltensmaßnahmen: Gerät weniger nutzen	Kühlschrank 4 Monate im Jahr nicht nutzen, Lebensmittel auf Balkon/vor dem Fenster kühlen
Stufe 4	sehr stark	z. B. Verzicht auf Gerät, komplette Umstellung von Praktiken	gar kein Kühlschrank, dafür häufiger/andere Lebensmittel einkaufen; einmachen/konservieren …

friermöglichkeit gibt es keine Tiefkühlpizza, kein Speiseeis und keine Eiswürfel für Whisky oder Limonade im Kühlschrank. Wer diese Dinge nicht zu seinen täglichen Lebensmitteln zählt, wird den Verlust nicht als groß empfinden. Auf Stufe 3 gibt es eine deutlichere Verhaltensänderung: Das Gerät geht im Winter aus und die Lebensmittel werden die kalten Monate lang auf natürliche Weise gekühlt – z. B. auf dem Balkon oder auf der Fensterbank. Das erfordert ein wenig Handlungswissen und geeignete Behälter, da die Lebensmittel ja nicht einfrieren sollen. Insgesamt steigt der Verhaltensaufwand ein wenig und es müssen Erfahrungen gemacht, neue Routinen erlernt und in das tägliche Leben integriert werden. Stufe 4 schließlich stellt den vollständigen Verzicht auf das technische Gerät dar. Das bedeutet einen starken Eingriff in den täglichen Umgang mit Lebensmitteln und beinhaltet einen häufigeren Einkauf, die Kühlung draußen im Winter und das Haltbarmachen von Lebensmitteln.

▪ Tab. 7.5 beschreibt, wie viel Strom durch die besprochenen Suffizienzstufen in verschiedenen Bereichen im Haushalt eingespart werden kann.

Diese Tabelle zeigt die steigenden Einsparpotenziale, die mit den jeweiligen Suffizienzstufen verbunden sind. In manchen Bereichen wie Kochen oder Waschen wird kein Verzicht auf ein technisches Gerät in Erwägung gezogen. Die Einsparung erfolgt aus der Kombination von effizientem Gerät und einer mäßigen Verhaltensänderung. In anderen Bereichen (wie Fernsehen, Computer oder Wäschetrockner) wird die maximale Ersparnis durch einen Verzicht auf das Gerät erreicht. Es ist auch zu sehen, dass dort, wo mit Strom gekühlt oder gewärmt wird (Kühlschrank, Trockner), die meiste Energie verbraucht wird und dort am meisten durch Effizienz und Verzicht eingespart werden kann.

▪ **Tab. 7.5** Suffizienzpotenziale (Zweipersonenhaushalt, in kWh). (Fischer und Grießhammer 2013)

Suffizienzstufe	S1	S2	S3 (mit S2-Gerät)	S4	Maximale Ersparnis
Kühl-Gefrier-Gerät	67	96	117	160	160
Induktionsherd			80		80
Waschmaschine			30		30
Wäschetrockner			63	127	127
TV-Gerät	7	18	30	43	43
Notebook		20	30	40	40
Summe	74	134	350	370	480

7.7.4 Psychologische Chancen

Bei der Betrachtung der gerade gezeigten Tabellen mögen Sie sich die Frage gestellt haben, wie weit Sie oder Personen in Ihrem Umfeld gehen würden. Ab wann stellt sich ein Verzichtgefühl ein und wie kann man damit umgehen? Zunächst einmal gilt an dieser Stelle wie auch bei anderem Umweltverhalten, dass die Anreize der Situation „falschherum" stehen: Ein langfristiger kollektiver Nutzen steht einem unmittelbar empfundenen Verlust gegenüber (vgl. ► Kap. 5).

Hier hilft es, Überzeugungen, Normen, Emotionen und Verhaltensweisen in die Waagschale des eigenen unmittelbaren Nutzens zu legen. Das kann durch Wissenserwerb, Kontakt zu anderen gleichgesinnten Personen und das Ausprobieren durch neues, aus der Komfortzone gehendes Verhalten (z. B. Challenges, Detox) geschehen. Oft geht es in der Gruppe leichter. Erst durch das ernsthafte Ausprobieren von Energie-, Mobilitäts- oder Wohnoptionen wird uns ja klar, wo nicht nur die Unbequemlichkeiten, sondern im Gegenteil die gewonnene Zeit, die gewonnene Freiheit und der Einklang mit eigenen, tiefen Zielen und Normen liegen.

Eine unangenehme Störung des Wunsches nach einem nachhaltigen, suffizienten Lebensstil stellt der soziale Vergleich dar. Das hat mehrere Gründe. Menschen haben eine wohl angeborene Fähigkeit, Betrüger zu entlarven, und Neid gilt als Warngefühl für eine ungerechte Ressourcenverteilung (Cosmides 1989; Fliessbach et al. 2007). Wir sind also in Hinblick auf die Verteilung von Ressourcen in Gruppen von Personen sehr aufmerksam. Dazu kommt ein Effekt, den Allison und Messick (1990) fanden. Werden Versuchspersonen gebeten, als allein entscheidende Person eine Ressource unter den Mitgliedern einer Kleingruppe zu verteilen, so tun sie das grundsätzlich nach dem Equity-Prinzip, was eine Gleichverteilung unter allen vorschreibt. Doch je mehr Hinweise es gibt, dass die Versuchspersonen von dieser Regel abweichen können oder dies nützlich wäre (z. B. durch die Erfahrung bisher nichtkooperativer Interaktionen oder wenn viel auf dem Spiel steht), dann verletzen sie die Regel gezielt, entnehmen für sich mehr und geben den anderen weniger. Unser Gerechtigkeitsgefühl scheint also nach situativen oder persönlichen Gegebenheiten angepasst zu werden. Je mehr Ungerechtigkeit wir erlebt zu haben glauben, desto eher vergelten wir das mit eigener überproportional hoher Ressourcenentnahme. Das führt in Gruppen zu einer Eskalation der Entnahmen und zu permanenten negativen Affekten – es ist ein Wachstumsmotor, auch für Konsum. Der soziale Vergleich, so betrachtet, führt zu einer nicht endenden Spirale, die nicht glücklich machen kann, weil ja immer ein weiteres Wachstum nötig ist, um im Vergleich mit anderen mithalten zu können.

Das aufzulösen ist eine psychologische Aufgabe. Gelingt es einer Person, sich von den direkten (materiellen) Vergleichen zu lösen und dankbar zu sein für ein eigenes Leben in materieller Fülle (was für die meisten Personen in den Industrieländern gelten dürfte), ist diese endlose Wachstumsspirale durchbrochen. Es geht dieser Person also nicht darum, mehr als andere zu besitzen, sondern *genug* zu haben. Wenn dann noch der Fokus vom rein Materiellen weg und hin zu sozialen Beziehungen, Gesundheit, Lernen und innerem Wachstum gerichtet wird, ergeben sich direkt Gelegenheiten für Zufriedenheit und Glück, die man selbst gut beeinflussen kann. In ► Abschn. 7.9 gehen wir den psychologischen Ressourcen für nachhaltiges Verhalten nach.

7.8 Klima- und Umweltemotionen – wie Umweltkrisen unser emotionales Erleben verändern

Wir haben nun viel darüber gelernt, inwiefern sich psychologische und systemische Mechanismen gegenseitig verstärken können, um einen gesellschaftlichen Wandel anzutreiben. Einen weiteren Aspekt möchten wir im Folgenden beleuchten, nämlich inwiefern die Umweltkrise unser emotionales Erleben beeinflusst. Menschen sind – je nach ihrer Medienaffinität – tagtäglich mit Nachrichten, Informationen und Wissen konfrontiert. Dabei sind insbesondere seit den 2010er-Jahren Informationen zur Klimakrise kaum zu umgehen, auch wenn man eigentlich gar nicht mehr hingucken will. Aber ums Wollen geht es hier leider nicht – weder die Klimakrise noch das Artensterben oder das Müllaufkommen gehen ja einfach so weg, wenn wir sie ignorieren. Eher scheint es, als würden wir – zum Zeitpunkt des Schreibens dieses Buches im Jahr 2023 – die nachhaltige Entwicklung mit voller Geschwindigkeit vor die Wand setzen.

Wenn wir den Klimamodellen Glauben schenken, dann sind starke emotionale Reaktionen und damit einhergehende Sorgen oder Ängste kaum übertrieben. Es scheint mehr und mehr Menschen zu geben, deren Wahrnehmung der Umweltkrise mit äußerst negativen emotionalen Zuständen einhergehen. Erst in den letzten Jahren hat die Psychologie begonnen, sich systematisch mit den emotionalen Reaktionen auseinanderzusetzen, mit denen wir Menschen im Angesicht der umfassenden Umweltkrisen konfrontiert sind. So haben die empirischen Belege für akute und chronische Auswirkungen des Klimawandels auf die psychische Gesundheit in den letzten zehn Jahren stark zugenommen, und eine Vielzahl von Studien hat die Auswirkungen klimabedingter Gefahren auf die psychische Gesundheit untersucht, darunter posttraumatische Belastungsstörungen, Depressionen, Angstzustände, die Verschlimmerung psychotischer Symptome sowie Suizidgedanken und Suizidversuche (Cianconi et al. 2020). Wir werden im Folgenden einen kurzen Überblick über diese noch relativ neuen Konzepte und bisherige Befunde dieses dynamischen Forschungsfelds geben.

7.8.1 Emotionale Reaktionen auf Umweltkrisen

Wie wir über weite Strecken dieses Buches verdeutlicht haben, hat die wissenschaftliche Psychologie sich nun schon lange damit befasst, wie Menschen angesichts globaler und lokaler Umweltkrisen reagieren. Emotionen spielen dabei eine nicht unerhebliche Rolle.

Die Vielfalt an Umweltkrisen, mit der die Menschheit konfrontiert ist, sorgt für durchaus unterschiedliche emotionale Reaktionen und diese spiegeln sich auch in der Benennung von Konzepten wider, die die emotionalen Reaktionen auf diese Krisen charakterisieren. In Bezug auf Umweltkrisen lässt sich vor allem seit ca. 15 Jahren eine systematische Beschäftigung mit Ängsten und Trauer beobachten. Dabei gibt es sicherlich unterschiedliche Intensitäten und Qualitäten vor allem negativer Emotionen, die sich unterscheiden lassen. Zwischenzeitlich haben diese Themen – emotionale Reaktionen und psychisches Wohlbefinden – auch Einzug in die Arbeiten des *Intergovernmental Panel on Climatic Change* (IPCC 2022) gefunden.

So lassen sich im Kontext globaler Umweltkrisen mehrere Konzepte unterscheiden. Bei der sogenannten *Eco-Anxiety* – etwas holprig übersetzt vielleicht „Ökoangst" – handelt es sich etwa um die Wahrnehmung und das Erkennen von möglichen Bedrohungen planetarer Ökosysteme. Diese kognitive Komponente ist verknüpft mit mentalem Stress und negativen Emotionen. Etwas direkter formuliert könnte man auch sagen: Eco-Anxiety ist eine chronische Angst davor, dass die Umwelt dem Untergang geweiht ist (Stanley et al. 2021; Pihkala 2020). In ähnlicher Weise lässt sich *Climate Anxiety* (dt. Klimaangst) definieren. Hier handelt es sich um Ängste, die wesentlich mit der anthropogenen Klimaerwärmung zusammenhängen. Manche Wissenschaftlerinnen und Wissenschaftler sprechen bereits davon, dass es sich bei diesen Ängsten durchaus um klinisch relevante Ängste handeln kann (Clayton und Karazsia 2020). Das bedeutet, dass starke Ausprägungen von Klimaangst oder Eco-Anxiety dazu führen könnten, dass Menschen im Alltag nicht mehr wie gewohnt funktionieren, diese Ängste sie also tatsächlich einschränken. Daraus folgt, dass Menschen Strategien entwickeln müssen, mit solchen Ängsten umzugehen. Gleichzeitig muss klar sein, dass es sich bei diesen Ängsten (z. B. Klimaangst) nicht um eine klinische Angststörung handelt (Wullenkord et al. 2021). Anders als etwa Spinnenangst oder Flugangst, die für das Individuum beeinträchtigend, aber oft irrational sind (so sind Spinnen in Deutschland nicht lebensbedrohlich), handelt es sich bei Klimaangst um eine möglicherweise völlig rationale Reaktion.

Neben diesen Ängsten gibt es auch starke Gefühle des Verlusts in Bezug auf unseren Planeten. So beschreibt etwa der Begriff *Eco-Grief* (dt. Ökotrauer) eine Form von Trauer darüber, was wir als Menschen zu verlieren haben. Und das ist einiges: Wir können tatsächlich Landschaften oder ganze Ökosysteme verlieren und über diesen Verlust trauern. So erinnern sich manche vielleicht an schöne Spaziergänge durch einen Wald, der unter riesigen Maschinen dem Kohleabbau weichen musste, oder an den Anblick einst majestätischer Gletscher, von denen heute nur noch Reste zu sehen sind. Dieser Verlust kann sehr schmerzen. Eine weitere Ebene ist die Trauer über möglicherweise verlorenes umweltbezogenes Wissen. So kann es einen wahrlich traurig machen, wenn man erfährt, dass bereits ausgestorbene Pflanzenarten potenzielle Heilmittel gegen bestimmte Krankheiten in sich trugen. Oder man kann über wahrscheinliche zukünftige Verluste trauern – etwa bei dem Gedanken daran, was mit dem Great Barrier Reef oder dem Amazonasregenwald passiert und weiter passieren wird. Diese Verluste verspüren Menschen auf unterschiedliche Weise. Menschen, die zum Überleben auf bestimmte natürliche Umwelten angewiesen sind, verspüren vielleicht eher eine tiefe Trauer über den Verlust. Das ist für Menschen aus den industrialisierten Ländern im Moment möglicherweise schwer nachvollziehbar. Aber stellen wir uns einmal vor, Bewohnende eines Inselstaats im Pazifik zu sein, deren Land – deren Heimat – durch den steigenden Meeresspiegel unwiederbringlich verloren sein wird. Dieses Erleben von Verlust oder der Zerstörung des eigenen Lebensraums wird auch *Solastalgie* genannt – ein Gefühl von Trauer und Machtlosigkeit gegenüber Umweltveränderungen, die das eigene Leben vielleicht für immer verändern (siehe u. a. Cunsolo und Ellis 2018).

7.8.2 Empirische Befunde zu emotionalen Reaktionen

Die beschriebenen Arten von Ängsten und Trauer bezüglich Natur und Umwelt sind in vielerlei Hinsicht bereits konzeptuell ausgearbeitet und erst langsam bekommen wir belastbare Daten dazu, wie viele Menschen diese Emotionen verspüren und wie stark. In einer großen Studie wurden etwa 10.000 junge Menschen in 10 verschiedenen Ländern zu ihren Ängsten bezüglich des Klimawandels befragt (Hickman et al. 2022). Hier gaben gut 60 % der Befragten an, dass sie sich um das Klima sorgen und diesbezüglich Angst vor der Zukunft hegen. In einer in Deutschland durchgeführten Studie mit rund 1000 Befragten aus der Allgemeinbevölkerung wurde hingegen nur relativ gering ausgeprägte Klimaangst gemessen (Wullenkord et al. 2021). Weitere internationale Studien zeigen ähnlich eher gering ausgeprägte Klimaangst (Heeren et al. 2022; Whitmarsh et al. 2022). Zu Ökotrauer gibt es bisher keine aussagekräftigen Daten.

Eine weitere spannende Frage ist, inwiefern emotionale Reaktionen auf Klima- und Umweltkrisen mit anderen psychologischen Variablen zusammenhängen. So gibt es erste Studien, die zeigen, dass Menschen eine umso stärkere Klimaangst verspüren, je stärker sie die Klimaerwärmung als echtes Risiko betrachten (Reese et al. 2023). Interessanterweise ist stärkere Klimaangst auch mit einer stärkeren Motivation, sich für Klimaschutz einzusetzen, assoziiert – in mehreren Studien und über mehrere Länder hinweg (siehe z. B. Heeren et al. 2022; Whitmarsh et al. 2022; Wullenkord et al. 2021). Es scheint also bei diesen Ängsten nicht so zu sein, dass sie per se mit Apathie oder Wegducken zusammengehen. Allerdings wissen wir bisher nicht, unter welchen Bedingungen eine solche Angst um unseren Planeten handlungsfördernd oder handlungshemmend ist.

7.8.3 Klimaangst – und nun?

Bei der Klimaangst oder Eco-Anxiety handelt es sich aus unserer Sicht um eine rationale Angst. Hier scheint es zielführend, mit der Angst umzugehen zu lernen und diese in proaktives Verhalten zu kanalisieren. Hier besteht allerdings auch die Gefahr eines Missverständnisses: Wenn Klimaangst Menschen motiviert, sollten wir dann nicht noch mehr Angst machen? Das ist eher der falsche Weg. Wenn wir Angst vermeiden können, ist das für alle sicherlich der bessere Weg. Aber wenn

Menschen berechtigterweise Angst haben, dann ist es Aufgabe der Gesellschaft, der Politik und anderer Akteure, Wege zu finden, mit dieser Angst umzugehen. Eine Möglichkeit, diese Angst in Handlungsmotivation zu transformieren, besteht womöglich darin, sich mit anderen Menschen zusammenzutun. Menschen sind äußerst soziale Wesen und Gespräche und gemeinsame Aktionen mit anderen können in vielen Lebensbereichen helfen, negative Emotionen und Affekte zu verarbeiten und in konstruktives Agieren zu kommen. Denn was auch immer die Umweltkrise anrichtet – wir müssen lernen, damit umzugehen, und zwar schnell. Als globale Gesellschaft müssen wir insbesondere in den reichen Verursacherländern auf schnellstem Wege unsere Lebensweise so verändern, dass wir nachhaltiges menschliches Leben auf unserem Planeten noch lange erhalten. Dafür müssen wir auch einen Weg finden, mit den zu erwartenden Konsequenzen umzugehen, es schaffen, dass die Probleme uns nicht lähmen und die Angst uns nicht erstarren lässt.

7.9 Ressourcen für nachhaltiges Verhalten

Wie kann ein gesunder und nachhaltiger Umgang unter den Anforderungen einer sich wandelnden Welt ermöglicht, wie können Wohlbefinden gefördert und psychische Störungen verhindert werden? Viel hängt hier von der Verfügbarkeit und dem erfolgreichen Management von sogenannten persönlichen Ressourcen ab. Unter persönlichen Ressourcen versteht man die Dinge oder Zustände, die Personen wertschätzen und welche ihnen dabei helfen, Wertgeschätztes zu bekommen oder zu behalten (Hobfoll 1988, 1991). Fehlen einer Person solche Ressourcen, kommt es zu einem Verlust von Ressourcen oder droht ein solcher Verlust, werden Personen vulnerabel gegenüber psychischen oder anderen gesundheitlichen Störungen.

7.9.1 Systemische Ressourcen

Persönliche Ressourcen sind nicht nur individueller Natur, sondern stammen ebenso aus dem sozialen und gesellschaftlichen Kontext, in dem eine Person lebt. Das sind die sogenannten systemischen Ressourcen. Nach der Ressourcenerhaltungstheorie (Hobfoll 1988) zählen zu den systemischen Ressourcen Besitz oder Nutzungsmöglichkeiten (z. B. Wohnung und das Wohnumfeld, Auto, Geld), Zustände (z. B. feste Anstellung, Partnerschaft) und Möglichkeiten, bei der Gesellschaft Unterstützung zu suchen und zu erhalten, sei es in einem institutionalisierten oder privaten Rahmen. Diese Ressourcen schaffen und erhalten Möglichkeiten und Chancen in der Gesellschaft.

Allgemein werden Ressourcen geringer durch Verluste wie z. B. Arbeitslosigkeit, Krankheit, finanzielle Probleme oder den Tod eines geliebten Menschen. Auch eine Serie von Mikrostressoren kann zur Abnahme von Ressourcen beitragen. Interessanterweise heißt es in der Theorie auch, dass der Gewinn von Ressourcen nicht so viel zum Wohlbefinden beiträgt, wie deren Verlust das Wohlbefinden einschränkt (vgl. dazu auch Tversky und Kahneman 1974). Es gibt wenig unmittelbaren Vorteil darin, mehrere Wohnungen zu haben, wenn man eine Wohnung hat, mehr Essen, wenn man bereits Essen hat, oder soziale Unterstützung, wenn es diese bereits gibt. Allerdings können zusätzliche Ressourcen Reserven aufbauen für den Fall, dass es zukünftige Verluste gibt. Verluste hingegen signalisieren eine direkte Gefahr für die Zukunft, besonders dann, wenn die Ressourcen nicht umfangreich sind – also, wenn man z. B. seine (einzige) Wohnung verliert, nicht genügend Essen hat, um den Hunger zu stillen, oder den einzigen sozialen Kontakt verliert, den man hatte.

Insgesamt geben Ressourcen den Personen (zusätzliche) Freiheitsgrade bei der Bewältigung kritischer und neuartiger Situationen. Bei der Transformation der Gesellschaft ist zu erwarten, dass es zu solchen neuartigen Situationen kommen wird, welche die bisherigen Verhaltensweisen, Routinen und gesellschaftlichen Abläufe infrage stellen. Hier kommt also den Ressourcen eine besondere Bedeutung zu.

7.9.2 Personale Ressourcen

Dazu kommen noch individuelle Eigenschaften (wie z. B. Kenntnisse und Fähigkeiten, soziale Fertigkeiten, Gesundheit). Die sogenannten personalen, also individuellen psychischen Ressourcen sind die Ressourcen, die in einer Person vorhanden sind oder von ihr entwickelt werden können. Sie sind eingebettet in die sozialen Ressourcen einer Person (z. B. ihre persönlichen Netzwerke) und ihren Zugriff auf weitere systemische wie materielle oder institutionelle Ressourcen.

Hunecke (2013, 2022) schildert das Konzept der psychischen oder personalen Ressourcen. Danach fördern diese die erfolgreiche Befriedigung von Grundbedürfnissen einer Person, die erfolgreiche Bewältigung von belastenden Alltagsanforderungen (Coping) und letztlich auch das Persönlichkeitswachstum, indem eigene Fähigkeiten weiterentwickelt und Kontexte selbst gestaltet werden sollen (was wiederum systemische Ressourcen aktiviert und ausbaut). Nach diesem Konzept handelt es sich also um flexible gesundheitserhaltende oder diese wiederherstellende Handlungsmuster, kognitive Überzeugungssysteme einer Person, Bewältigungsstile, Fähigkeiten und Fertigkeiten. Ergebnis des Vorhandenseins und der Anwendung solcher Ressourcen sei psychische Resilienz (vgl. auch ▶ Abschn. 2.6.4 zur Resilienz von Systemen allgemein).

Speziell im Kontext der Anforderungen, die nachhaltige Lebensstile stellen, sieht Hunecke (2013) die folgenden Qualitäten von psychischen Ressourcen:

- Sie wirken weitgehend unabhängig von moralischen Appellen und materiellen Anreizen.
- Sie sind stattdessen auf eine Steigerung des subjektiven Wohlbefindens ausgerichtet.
- Es sollten ausreichend konkrete Strategien zur systematischen Aktivierung bzw. Förderung vorhanden sein.
- Die Ressourcen erreichen eine freiwillige und nicht manipulatorisch erzielte Verhaltensänderung.
- Sie können in gesellschaftlichen Handlungsfeldern bei möglichst vielen Personen angesprochen und gefördert werden.

Hunecke (2013) stellt die „Genuss-Sinn-Ziel-Theorie" des subjektiven Wohlbefindens vor. Sie setzt sich aus drei Anteilen einer guten, d. h. nachhaltigen und nachhaltig befriedigenden Lebensführung zusammen: erstens Hedonismus (verbunden mit Freude, einer eher kurzfristigen Emotion), zweitens Zielerreichung (eher mittelfristig und verbunden mit den Emotionen von Zufriedenheit und Stolz) und schließlich Sinn (langfristig angelegt und verbunden mit den Gefühlen von Gelassenheit, Sicherheit, Zugehörigkeit und Vertrauen). ◘ Tab. 7.6 verbindet die drei Anteile mit ihren Emotionen und nennt die zugehörigen psychischen Ressourcen sowie ihre Funktion für eine nachhaltige Lebensführung.

◘ **Tab. 7.6** Psychische Ressourcen im Kontext einer nachhaltigen Lebensführung in der Genuss-Sinn-Ziel-Theorie. (Verändert nach Hunecke 2013)

Anteile an einer guten Lebensführung	**Positive Emotionen**	**Psychische Ressourcen**	**Funktion für die Nachhaltigkeit**
Hedonismus	Freude	Genussfähigkeit: Fähigkeit, Sinneserfahrungen positiv zu erleben und damit das subjektive Wohlbefinden zu steigern	Erlebnisqualitäten statt Erlebnisquantitäten
Zielerreichung	Zufriedenheit Stolz	Selbstakzeptanz: Die Annahme der eigenen Person mit all ihren positiven und negativen Eigenschaften Selbstwirksamkeit: Subjektive Gewissheit, Anforderungssituationen aufgrund eigener Kompetenzen bewältigen zu können	Schutz vor kompensatorischem Konsum Glaube an individuelle Veränderungsmöglichkeiten
Sinn	Gelassenheit Sicherheit Zugehörigkeit Vertrauen	Achtsamkeit: Mentale Strategie, die Aufmerksamkeit absichtsvoll und nicht wertend auf den aktuellen Augenblick zu richten Sinnkonstruktion: Aktive, ergebnisoffene Suche nach umfassenden Erklärungen, die der eigenen Existenz eine überindividuelle Bedeutung verleihen Solidarität: Orientierung des eigenen Handelns an der Idee einer sozialen Gerechtigkeit	Deautomatisierungen Orientierung an sozialen und transzendentalen Werten Glaube an die Umsetzbarkeit sozialer Verantwortung im kollektiven Handeln

Genussfähigkeit als psychische Ressource stärkt nach dieser Theorie einerseits die Person, um sich Anforderungen zu stellen. Andererseits ermöglicht sie es auch bei einem umweltgerechten Lebensstil, durch die Qualität und nicht durch die reine Menge an Konsum Wohlbefinden und Genuss zu empfinden. Die Ressourcen Selbstakzeptanz und Selbstwirksamkeit stärken eine Person in ihrer Auseinandersetzung mit strukturellen und sozialen Anforderungen. Mit einem soliden Glauben an die Möglichkeit, individuell Veränderungen herbeiführen zu können (also handelnde und nicht eine passiv erduldende Person zu sein), sinkt die Wahrscheinlichkeit, dass aus Frustration auf Konsum zurückgegriffen werden muss. Das eigene Leben und Handeln als sinnvoll, d. h. eingebettet in einen größeren, die eigene Person übersteigenden Zusammenhang zu sehen, kann nach der Theorie Gelassenheit und Vertrauen stärken. Dabei spielt Achtsamkeit eine wichtige Rolle dabei, eigene Befindlichkeiten, soziale Beziehungen und Zustände in der Gesellschaft bewusst und unvoreingenommen wahrzunehmen und nicht in Routinen (im sogenannten Autopiloten) gefangen zu bleiben. Solidarität schließlich leitet das eigene Handeln nach Grundsätzen der sozialen Verantwortung und Gerechtigkeit.

Hunecke (2013) merkt an, dass es nicht zielführend ist, die einzelnen Anteile oder Ressourcen zu vereinzelt zu fördern, denn sie balancieren sich gegenseitig aus. Sonst bestünde die Gefahr einer isolierten (Über-)Aktivierung einzelner Ressourcen, und das wäre nicht nachhaltig. So kann z. B. die Genussfähigkeit ohne Einbettung Materialismus zur Folge haben, zu viel Selbstakzeptanz Narzissmus oder Achtsamkeit eine einseitige Anpassung an unterdrückende äußere Verhältnisse, uneingeschränkte Solidarität die Vernachlässigung eigener Bedürfnisse (Hunecke 2013).

7.9.3 Zufriedenheit im nachhaltigen Leben

Das Ziel der meisten Menschen dürfte ein gutes, gelingendes Leben sein. Den Weg dorthin in Materialismus und Konsum zu suchen war insbesondere in den letzten 70 Jahren ein vorherrschendes Ideal – jedoch, wie wir bereits im ► Abschn. 7.6 besprochen haben, handelt es sich hier eher um einen Weg, der mit einem möglichen Verlust an Zukunft erkauft wird. Nachhaltiges Leben schließt solche kurzfristigen, die Umwelt übernutzenden Scheinlösungen aus.

Lebenszufriedenheit ist ein überdauernder Affekt, der z. B. durch Erreichen der eigenen Ziele hervorgerufen werden kann. Wir hatten bereits in ► Abschn. 7.6.2 den Zusammenhang von Geld mit Lebenszufriedenheit beschrieben und haben festgestellt, dass es ab einem bestimmten Einkommensniveau kaum noch Steigerungen im subjektiven Wohlbefinden bzw. der Lebenszufriedenheit gibt. Geld wirkt also nicht eindimensional. Diener und Biswas-Diener (2011, S. 111) formulieren das so: „… that it is generally good for your happiness to have money, but toxic to your happiness to want money too much". Doch es ist nicht nur eine Frage der verfügbaren Menge: Dunn et al. (2008) stellen empirisch fest, dass es glücklicher macht, Geld für andere Menschen auszugeben als für sich selbst.

Kasser et al. (2004) finden, dass eine starke Orientierung an materialistischen Werten einerseits von Unsicherheitsgefühlen und andererseits von materialistischen Rollenmodellen gefördert wird. Eine solche Orientierung kann sich in toxischer Weise gegen die Person wenden. Die Empirie zeigt, dass dann die subjektive Zufriedenheit abnimmt, weil für das Wohlbefinden zentrale soziale und gemeinschaftliche Erfahrungen schwinden. Eine starke materialistische Orientierung geht einher mit höherem Konsum, mehr Schulden, einer geringeren Qualität sozialer Beziehungen, einer schlechteren Gesundheit und – wesentlich in unserem Kontext – vermehrt umweltschädlichem Verhalten (Kasser 2016). Entsprechend dieser Befunde fokussieren erfolgreiche Interventionen auf die Stärkung intrinsischer oder transzendenter Ziele, die Steigerung des Gefühls innerer Stärke und Sicherheit, und sie verringern den Einfluss von materialistischen Signalen aus der sozialen Umgebung (Kasser 2016). All das senkt den Einfluss sozialer Vergleichsprozesse auf der Dimension des Habens und stärkt innere Quellen von Zufriedenheit.

Literatur

Allison, S. T. & Messick, D. M. (1990). Social decision heuristics in the use of shared resources. *Journal of Behavioral Decision Making, 3*, 195–204.

Christakis, N. & Fowler, J. (2010). *Connected.* London: Harper.

Cianconi, P., Betrò, S., & Janiri, L. (2020). The impact of climate change on mental health: a systematic descriptive review. *Frontiers in Psychiatry, 11*, 74.

Clayton, S., & Karazsia, B. T. (2020). Development and validation of a measure of climate change anxiety. *Journal of Environmental Psychology, 69*, 101434.

Club of Rome (1972). *Die Grenzen des Wachstums. Bericht des Club of Rome zur Lage der Menschheit.* Stuttgart: Deutsche Verlags-Anstalt.

Cosmides, L. (1989). The logic of social exchange: Has natural selection shaped how humans reason? Studies with the Wason selection task. *Cognition, 31*, 3, 187–276.

Cunsolo, A., & Ellis, N. R. (2018). Ecological grief as a mental health response to climate change-related loss. *Nature Climate Change, 8*(4), 275–281.

Diener, E., & Biswas-Diener, R. (2011). *Happiness: Unlocking the mysteries of psychological wealth.* John Wiley & Sons.

Dunn, E. W., Aknin, L. B., & Norton, M. I. (2008). Spending money on others promotes happiness. *Science, 319*(5870), 1687–1688.

Felber, C. (2018). *Change everything: Creating an economy for the common good.* Zed Books Ltd.

Fischer, C. & Grießhammer, R. (2013): *Wenn weniger mehr ist. Suffizienz: Begriff, Begründung und Potenziale* (Öko-Institut Working Paper). Freiburg i.Br.: Öko-Institut.

Fliessbach, K., Weber, B., Trautner, P., Dohmen, T., Sunde, U., Elger, C.E. & Falk, A. (2007). Social Comparison Affects Reward-Related Brain Activity in the Human Ventral Striatum. *Science, 318*, 5854, 1305–1308.

Fuchs, D. A., & Lorek, S. (2005). Sustainable Consumption Governance: A History of Promises and Failures. In Journal of Consumer Policy (Bd. 28, Issue 3, S. 261–288). Springer Science and Business Media LLC. https://doi.org/10.1007/s10603-005-8490-z

Geels, F. W. (2004). From sectoral systems of innovation to socio-technical systems. *Research Policy, 33*, 6–7, 897–920. https://doi.org/10.1016/j.respol.2004.01.015

Geels, F. W., & Schot, J. (2007). Typology of sociotechnical transition pathways. *Research Policy, 36*, 3, 399–417. https://doi.org/10.1016/j.respol.2007.01.003

Gerten, D., Heck, V., Jägermeyr, J., Bodirsky, B. L., Fetzer, I., Jalava, M., ... & Schellnhuber, H. J. (2020). Feeding ten billion people is possible within four terrestrial planetary boundaries. *Nature Sustainability*, *3*(3), 200–208.

Grin, J., Rotmans, J. und Schot, J. (2010): *Transitions to Sustainable Development. New Directions in the Study of Long Term Transformative Change*. London: Routledge.

Hamilton, C. (2004). *Growth fetish* (Vol. 206). London: Pluto Press.

Heeren, A., Mouguiama-Daouda, C., & Contreras, A. (2022). On climate anxiety and the threat it may pose to daily life functioning and adaptation: A study among European and African French-speaking participants. *Climatic Change*, *173*(1), 1–17.

Hickel, J. (2019). The contradiction of the sustainable development goals: Growth versus ecology on a finite planet. *Sustainable Development, 27*, 5, 873–884. https://doi.org/10.1002/sd.1947

Hickman, C., Marks, E., Pihkala, P., Clayton, S., Lewandowski, R. E., Mayall, E. E., ... & van Susteren, L. (2022). Climate anxiety in children and young people and their beliefs about government responses to climate change: a global survey. *The Lancet Planetary Health*, *5*(12), e863–e873.

Hobfoll, S. E. (1988). *The ecology of stress.* Taylor & Francis.

Hobfoll, S. E. (1991). Traumatic stress: A theory based on rapid loss of resources. *Anxiety Research, 4*(3), 187–197.

Hunecke, M. (2013). *Psychologie der Nachhaltigkeit. Psychische Ressourcen für Postwachstumsgesellschaften*. München: oekom.

Hunecke, M. (2022). *Psychologie der Nachhaltigkeit: vom Nachhaltigkeitsmarketing zur sozial-ökologischen Transformation*. München: oekom.

IPCC, 2018: *Global Warming of 1.5°C. IPCC Special Report on the impacts of global warming of 1.5°C above pre-industrial levels and related global greenhouse gas emission pathways, in the context of strengthening the global response to the threat of climate change, sustainable development, and efforts to eradicate poverty* [Masson-Delmotte, V., P. Zhai, H.-O. Pörtner, D. Roberts, J. Skea, P.R. Shukla, A. Pirani, W. Moufouma-Okia, C. Péan, R. Pidcock, S. Connors, J.B.R. Matthews, Y. Chen, X. Zhou, M.I. Gomis, E. Lonnoy, T. Maycock, M. Tignor, and T. Waterfield (eds.)]. Cambridge University Press, Cambridge, UK and New York, NY, USA, 616 pp. https://doi.org/10.1017/9781009157940

IPCC, 2021: *Climate Change 2021: The Physical Science Basis. Contribution of Working Group I to the Sixth Assessment Report of the Intergovernmental Panel on Climate Change* [Masson-Delmotte, V., P. Zhai, A. Pirani, S.L. Connors, C. Péan, S. Berger, N. Caud, Y. Chen, L. Goldfarb, M.I. Gomis, M. Huang, K. Leitzell, E. Lonnoy, J.B.R. Matthews, T.K. Maycock, T. Waterfield, O. Yelekçi, R. Yu, and B. Zhou (eds.)]. Cambridge University Press, Cambridge, United Kingdom and New York, NY, USA, 2391 pp. https://doi.org/10.1017/9781009157896

IPCC, 2022: *Climate Change 2022: Impacts, Adaptation and Vulnerability. Contribution of Working Group II to the Sixth Assessment Report of the Intergovernmental Panel on Climate Change* [H.-O. Pörtner, D.C. Roberts, M. Tignor, E.S. Poloczanska, K. Mintenbeck, A. Alegría, M. Craig, S. Langsdorf, S. Löschke, V. Möller, A. Okem, B. Rama (eds.)]. Cambridge University Press. Cambridge University Press, Cambridge, UK and New York, NY, USA, 3056 pp. https://doi.org/10.1017/9781009325844

Jackson, T. (2011). *Wohlstand ohne Wachstum: Leben und Wirtschaften in einer endlichen Welt*. München: oekom.

Jackson, T. (2017). Wohlstand ohne Wachstum - das Update. Grundlagen für eine zukunftsfähige Wirtschaft. oekom verlag München.

Jackson, T. (2021). *Wie wollen wir leben? Wege aus dem Wachstumswahn*. München: oekom-Verlag.

Jackson, T., Jager, W., & Stagl, S. (2004). *Beyond Insatiability – needs theory and sustainable consumption. Consumption – perspectives from ecological economics*. Cheltenham: Edward Elgar.

Kasser, T. (2016). Materialistic values and goals. *Annual review of psychology*, *67*(1), 489–514.

Kasser, T., Ryan, R. M., Couchman, C. E., & Sheldon, K. M. (2004). Materialistic values: Their causes and consequences. In T. Kasser & A. D. Kanner (Eds.), *Psychology and consumer culture: The struggle for a good life in a materialistic world* (pp. 11–28). American Psychological Association. https://doi.org/10.1037/10658-002

Kuhnhenn, K., Da Costa, L. F. C., Mahnke, E., Schneider, L., & Lange, S. (2020). *A societal transformation scenario for staying below 1.5 C* (No. 23). Schriften zu Wirtschaft und Soziales.

Nakicenovic, N., Lempert, R. J., Janetos, A. C. (2014). A Framework for the Development of New Socio-economic Scenarios for Climate Change Research. *Climatic Change, 122*, 351–361. https://doi.org/10.1007/s10584-013-0982-2

Paech, N. (2012). *Befreiung vom Überfluss: auf dem Weg in die Postwachstumsökonomie.* oekom-Verlag.

Paech, N. (2013). Lob der Reduktion. *Politische Ökologie, 135*, 16–22.

Pihkala, P. (2020). Anxiety and the ecological crisis: An analysis of eco-anxiety and climate anxiety. *Sustainability, 12*(19), 7836.

Reese, G., Rueff, M., & Wullenkord, M. C. (2023). No risk, no fun…ctioning? Perceived climate risks, but not nature connectedness or self-efficacy predict climate anxiety. In Frontiers in Climate (Bd. 5). Frontiers Media SA. https://doi.org/10.3389/fclim.2023.1158451

Reheis, F. (2019). *Die Resonanzstrategie: warum wir Nachhaltigkeit neu denken müssen.* München: oekom-Verlag.

Richardson, K., Steffen, W., Lucht, W., Bendtsen, J., Cornell, S. E., Donges, J. F., … & Rockström, J. (2023). Earth beyond six of nine planetary boundaries. *Science Advances, 9*(37), eadh2458.

Rosa, H. (2005). *Beschleunigung: die Veränderung der Zeitstrukturen in der Moderne.* Berlin: Suhrkamp.

Rosenthal, J. K., Kinney, P. L., & Metzger, K. B. (2014). Intra-urban vulnerability to heat-related mortality in New York City, 1997–2006. *Health & Place, 30*, 45–60.

Sandberg, M. (2021). Sufficiency transitions: A review of consumption changes for environmental sustainability. *Journal of Cleaner Production, 293*, 126097. https://doi.org/10.1016/j.jclepro.2021.126097

Scheer, H. (2012). *Energy autonomy: The economic, social and technological case for renewable energy.* Earthscan.

Schubert, A., & Láng, I. (2005). The literature aftermath of the Brundtland report 'Our common future'. A scientometric study based on citations in science and social science journals. *Environment, Development and Sustainability, 7*(1), 1–8.

Stanley, S. K., Hogg, T. L., Leviston, Z., & Walker, I. (2021). From anger to action: Differential impacts of eco-anxiety, eco-depression, and eco-anger on climate action and wellbeing. *The Journal of Climate Change and Health, 1*, 100003.

Stevance, A.-S., Mengel, J., Young, D., Glaser, G. & Symon, C. (2015). *Review of the Sustainable Development Goals: The science perspective.* Paris: International Council for Science, International Social Science Council. Verfügbar unter: https://council.science/wp-content/uploads/2017/05/SDG-Report.pdf

Tröger, J., & Reese, G. (2021). Talkin' bout a revolution: An expert interview study exploring barriers and keys to engender change towards societal sufficiency orientation. *Sustainability Science, 16*, 827–840. https://doi.org/10.1007/s11625-020-00871-1

Tversky, A., & Kahneman, D. (1974). Judgment under Uncertainty: Heuristics and Biases: Biases in judgments reveal some heuristics of thinking under uncertainty. *Science, 185*(4157), 1124–1131.

UN General Assembly (2015). *Sustainable development goals. SDGs Transform Our World*, Agenda 2030, 6–28.

UNDP (United Nations Development Programme) (2020). Human Development Report 2020. The Next Frontier: Human Development and the Anthropocene. New York. Im Internet unter https://hdr.undp.org/content/human-development-report-2020

WBGU (Wissenschaftlicher Beirat der Bundesregierung Globale Umweltveränderungen) (2011). *Welt im Wandel. Gesellschaftsvertrag für eine Große Transformation.* Berlin: WBGU. Im Internet unter www.wbgu.de

WBGU (Wissenschaftlicher Beirat der Bundesregierung Globale Umweltveränderungen) (2014). *Klimaschutz als Weltbürgerbewegung. Sondergutachten.* Berlin: WBGU. Im Internet unter www.wbgu.de/sondergutachten/sg-2014-klimaschutz

Whitmarsh, L., Player, L., Jiongco, A., James, M., Williams, M., Marks, E., & Kennedy-Williams, P. (2022). Climate anxiety: What predicts it and how is it related to climate action? *Journal of Environmental Psychology*, *83*, 101866.

Wiedmann, T., Lenzen, M., Keyßer, L. T., and Steinberger, J. K. (2020). Scientists' warning on affluence. *Nature Communications, 11*, 3107. https://doi.org/10.1038/s41467-020-16941-y

World Commission on Environment and Development, & Brundtland, G. H. (1987). *Presentation of the Report of World Commission on Environment and Development to African and International and Non-governmental Organizations* ... June 7, 1987, Nairobi, Kenya. World Commission on Environment and Development.

Wullenkord, M. C., Tröger, J., Hamann, K. R., Loy, L. S., & Reese, G. (2021). Anxiety and climate change: A validation of the Climate Anxiety Scale in a German-speaking quota sample and an investigation of psychological correlates. *Climatic Change*, *168*(3), 1–23.

Methoden der Umweltpsychologie

Inhaltsverzeichnis

A. Ernst et al., *Umweltpsychologie*, https://doi.org/10.1007/978-3-662-69166-3_8

Als Teilgebiet der wissenschaftlichen Psychologie bedient sich die Umweltpsychologie einer Vielfalt von methodischen Zugängen. Dazu gehören klassische Ansätze wie Fragebogenforschung (Umfragen) oder psychologische Labor- und Feldexperimente. Darüber hinaus werden aber auch Methoden zur Analyse von persönlichen Netzwerken verwendet oder soziale Simulation, mit der sich dynamische Verhaltensweisen darstellen lassen. Mit der verstärkten Nutzung und Bandbreite von sozialen Medien lassen sich zudem auch Analysen großer Datenmengen nutzen (Big Data), um Aussagen über Verhalten in unterschiedlichen Kontexten zu treffen.

Die Umweltpsychologie ist wie die meisten Disziplinen der Psychologie durch eine große Bandbreite an Methoden charakterisiert. Unter Methoden verstehen wir dabei grundlegend erhebungstechnische Mittel, um konkrete Forschungsfragen in Handlungen zu übersetzen, die uns helfen, Antworten zu finden. Wenn wir also wissen möchten, ob Menschen eine positive Einstellung der Natur und Umwelt gegenüber haben, dann müssen wir uns eine Methode überlegen, die diese Frage beantworten kann. Wenn wir in Erfahrung bringen wollen, welche Mechanismen dazu führen, dass Aufenthalte in der Natur gesundheitsförderlich sind, brauchen wir Instrumente, um das bestimmen zu können. Methoden sind also ein unabdingbares Werkzeug, das empirische Forschung erst ermöglicht und uns dabei unterstützt, (umwelt-)psychologische Phänomene überhaupt verstehen zu können. Darüber hinaus helfen sie Wissenschaftlern und Wissenschaftlerinnen dabei, generiertes Wissen auch anwenden zu können.

In diesem Kapitel stellen wir verschiedene Methoden und Ansätze der umweltpsychologischen Forschung vor. Das sind zum einen Methoden, die sich klassischerweise mit der Psychologie als Disziplin in den letzten etwa hundert Jahren etabliert haben; zum anderen wollen wir auch Methoden beleuchten, die erst seit der jüngeren Vergangenheit Anwendung finden, vor allem aufgrund technologischer Entwicklungen. Dabei wird auffallen, dass die folgenden Methoden häufig in Kombination genutzt werden – und genutzt werden sollten. Dieses Kapitel bietet einen grundlegenden Überblick – für detaillierte Beschreibungen, wie etwa die Generierung von Fragebogenitems oder auch Programmierung von Onlinestudien funktionieren, verweisen wir jeweils auf entsprechende Literatur und Onlineressourcen.

8.1 Fragebogenstudien

Der einfachste Weg, herauszufinden, was Menschen über bestimmte Sachverhalte denken, ist, sie zu fragen. Indem wir mit Umfragen – egal ob über ein Onlinetool oder in Face-to-face-Situationen – Meinungen, Einstellungen oder auch Verhalten über Selbstauskunft erfassen, können wir anschließend Aussagen über bestimmte Sachverhalte und Zusammenhänge treffen. Wir können z. B. erfragen, wie viele Studierende zu Fuß, mit dem Auto, mit dem Fahrrad oder mit dem ÖPNV zur Uni kommen. Genauso können wir fragen, ob Menschen Umweltschutz wichtig finden oder bereit wären, sich aktiv für die Energiewende einzusetzen. Besonders spannend werden Fragebogenstudien dann, wenn sie ermöglichen, bestimmte psychologische Konstrukte miteinander in Beziehung zu setzen. Wenn wir z. B. in einem Fragebogen Menschen bitten, ihre moralischen Wertvorstellungen anzugeben, und sie im Anschluss fragen, wie oft sie in den letzten fünf Jahren geflogen sind, dann können wir diese Informationen in Beziehung setzen und testen, ob und inwiefern die moralischen Vorstellungen mit dem Flugreiseverhalten korrespondieren. Genauso können wir Menschen mittels Fragebogen bitten, anzugeben, wie sehr sie sich mit einer bestimmten Gruppe und deren Zielen identifizieren (z. B. mit Greenpeace oder der Fridays-for-Future-Bewegung). Im Anschluss könnten wir dann untersuchen, ob diese Identifikation mit dem tatsächlichen Verhalten zusammenhängt (ob diese Personen etwa auf Flugreisen verzichten oder Ökostrom beziehen).

Die Qualität von Fragebogenstudien hängt von einer Vielzahl von Faktoren ab, die wir hier nicht umfassend behandeln werden (dafür gibt es sehr gute Methodenbücher, siehe z. B. Döring und Bortz 2016). Neben strukturellen und formalen Aspekten der Itemformulierung (z. B. ob die Aussagen eindeutig, verständlich formuliert und weder zu schwierig noch zu leicht sind) ist es natürlich wichtig, sich vor Augen zu halten, welche Aussagen über eine Gesellschaft mit welchen Stichproben getroffen werden können. Hier ist es häufig wünschenswert, möglichst repräsentative Stichproben zu nutzen – also Gruppen von Menschen, die bzgl. einiger zentraler Eigenschaften eine Gesellschaft möglichst gut abbilden. Die Realität sieht allerdings oft anders aus. Zeitliche, finanzielle und personelle Einschränkungen erfordern es häufig, Gebrauch von sogenannten *Convenience Samples*, also Gelegenheitsstichproben zu machen. Darunter versteht man Stichproben (*samples*), die ohne spezielle Anforderungen an ihre Zusammensetzung und relativ bequem (*convenient*) erreicht werden können. Solche Stichproben kommen zustande, wenn man z. B. Studien mit Psychologiestudierenden durchführt, die dafür „Versuchspersonenstunden" (also eine Studienleistung) verbucht bekommen. Oder auch mit Studierenden im Allgemeinen, die mit einem Anreiz (z. B. Schokolade, monetäre Entschädigung) zur Studienteilnahme bewegt werden. Genauso zählt zu *Convenience*-Methoden, einen Link zu einer Onlinestudie über soziale Medien zu bewerben. Von den Daten, die mit solchen Stichproben erhoben wurden, kann man oft nicht direkt auf eine Grundgesamtheit (z. B. eine nationale Gesellschaft) schließen. Allerdings sind solche häufig homogenen Stichproben aber geeignet, um Zusammenhänge zwischen Variablen oder Prozesse zu entschlüsseln, die dann wiederum mit repräsentativen Stichproben bestätigt werden können. Über manche Onlinepanelanbieter kann allerdings auch (kostenpflichtig) auf repräsentative Stichproben zurückgegriffen werden.

Die gute Nachricht für viele Forscherinnen und Forscher ist dabei, dass es von großen nationalen und internationalen Forschungsinstituten immer wieder repräsentative Datensätze gibt, die öffentlich zugänglich und auswertbar sind. Als Beispiele sind hier z. B. der World Value Survey, das Eurobarometer, die Natur- und Umweltbewusstseinsstudien des Bundesamts für Naturschutz bzw. des Bundesumweltamts oder die Daten des Pew Research Center zu nennen (eine einfache Suche im Internet führt schnell zu den entsprechenden Anbietern). Diese beinhalten sehr oft Items, die für umweltpsychologische Fragestellungen relevant sind und damit auch Einzug in umweltpsychologische Forschung und Theoriebildung finden (siehe z. B. Reese und Jacob 2015; Rosenmann et al. 2016).

Die vielleicht wichtigste Einschränkung, der Umfrageforschung unterliegt, ist, dass Menschen in solchen Selbstberichten nicht immer wahrheitsgemäß antworten. Für manche Fragen könnte die Erinnerung von Menschen nicht ausreichend genau sein, etwa bei Fragen nach vergangenem Verhalten (z. B. „Wie häufig haben Sie in der letzten Woche Fleisch gegessen?"). Wenn Fragen zu privat sind oder Aussagen so formuliert sind, dass Menschen lieber ein gutes Bild von sich wahren möchten, als wahrheitsgemäß zu antworten (d. h., sozial erwünscht antworten), dann ist die Aussagekraft solcher Befragungen schnell geschmälert. Stellen Sie sich vor, Sie würden gefragt „Wie wichtig ist Umwelt- und Naturschutz für Sie persönlich?" – vermutlich würden Sie, selbst wenn es Ihnen vollkommen egal wäre, eine eher größere Wichtigkeit angeben, weil sie motiviert sind, ein möglichst positives Bild von Ihnen zu hinterlassen.

8.2 Laborexperimente

Laborexperimente gelten als der Königsweg zur Untersuchung kausaler Zusammenhänge zwischen psychologischen Faktoren. Ein Laborexperiment ermöglicht, zu beobachten, wie sich ein Phänomen „Y" ändert, wenn man absichtlich ein bestimmtes Merkmal „X" variiert. In Laborexperimenten werden daher streng kontrollierte Untersuchungssituationen geschaffen, indem möglichst viele, potenziell störende Einflüsse konstantgehalten werden. Werden unter diesen kontrollierten Bedingungen dann ein oder zwei Variablen gezielt variiert (in der Psychologie spricht man auch von „experimenteller Manipulation" der „unabhängigen Variablen" [UV]), so deutet dies darauf hin, dass Unterschiede bei im Anschluss gemessenen „abhängigen Variablen" (AV) auf diese Manipulation zurückzuführen sind. Sprich: Die UV hat einen kausalen Einfluss auf die AV. „Kausal" bedeutet hier, dass die UV die *Ursache* für Veränderungen in der AV ist.

Stellen wir uns vor, wir würden untersuchen wollen, ob Informationen über negative Konsequenzen des Klimawandels einen kausalen Effekt auf die Motivation, sich umweltgerechter zu verhalten, haben. Dann könnten wir der einen Hälfte der Versuchsteilnehmenden einen Text (z. B. aus einem Magazin) vorlegen, der den Klimawandel und seine negativen Konsequenzen zum Inhalt hat. Die andere Hälfte der Versuchspersonen würde einen ähnlichen Text erhalten, allerdings ohne, dass darin die negativen Konsequenzen erwähnt werden. Im Anschluss könnten wir mittels Fragebogen (▶ Abschn. 8.1) die Motivation, sich umweltgerechter zu verhalten, erfassen. Sollte sich ein Unterschied in der Motivation zwischen den beiden Bedingungen finden, so kann man davon ausgehen, dass die experimentelle Variation der negativen Konsequenzen für diesen Effekt verantwortlich ist. Vorausgesetzt ist hier allerdings, dass wir alle anderen Informationen „konstantgehalten" haben, dass sich die beiden Gruppen vorher also nicht unterschieden und sich auch der Ablauf des Experiments zwischen den Gruppen nicht unterschied, abgesehen von der Manipulation der UV.

Ein wichtiges Element der experimentellen Methode ist dabei die randomisierte Zuweisung von Versuchsteilnehmenden auf unterschiedliche Bedingungen. Das heißt, dass die Versuchsteilnehmenden von der Versuchsleitung zufällig auf die experimentellen Bedingungen aufgeteilt werden (z. B. die Bedingung „Text mit negativen Konsequenzen des Klimawandels" vs. die Bedingung „Text ohne negative Konsequenzen des Klimawandels"). Nur diese Zufallszuweisung erlaubt eine eindeutige kausale Schlussfolgerung, bei der wir also sicher sein können, dass unsere manipulierte Variable die Ursache für die Veränderungen in der abhängigen Variable ist. Bei Onlinestudien geschieht dies im Rahmen der Fragebogensoftware – hier lassen sich in der Regel verschiedene Randomisierungsoptionen einstellen.

8.3 Feldstudien und -experimente

Während Laborexperimente in der Regel in strikt kontrollierten Umgebungen stattfinden, ermöglichen Feldexperimente und -studien die Untersuchung von Fragestellungen in realitätsnäheren Forschungsumgebungen – eben im „Feld". Solche Feldstudien sind besonders dann nützlich, wenn sie empirische Forschung aus dem Labor holt und aufzeigt, dass sich empirische Laborbefunde auch unter „realen Bedingungen" zeigen.

Bei vielen umweltpsychologischen Fragestellungen ist eine echte experimentelle Untersuchung nicht möglich, weil eine randomisierte Zuweisung aus ethischen oder forschungspraktischen Gründen nicht erfolgen kann – etwa, wenn es um umwelt- und klimaschützendes Verhalten im Alltag oder die langfristige Wirkung von bestimmten Umweltfaktoren auf den Menschen geht. In solchen Fällen sind sogenannte *Quasiexperimente* eine gute Alternative. In Quasiexperimenten findet keine zufällige Aufteilung der Versuchsteilnehmenden statt, sondern es sind bereits Gruppen vorhanden, die sich in der UV unterscheiden. Wenn man etwa untersuchen will, ob eine natürliche Wohnumgebung (UV) gut für das psychische Wohlbefinden (AV) ist, dann kann man Menschen nicht zufällig für ein paar Jahre einer entsprechenden Wohnumgebung zuteilen. Man muss dann mit bestehenden Gruppen arbeiten (Menschen in einer natürlichen Wohnumgebung versus Menschen in einer weniger natürlichen Wohnumgebung) und bei gleichzeitiger statistischer Kontrolle anderer Faktoren die Wirkung solcher Zusammenhänge prüfen.

Feldstudien und -experimente können natürlich auch genutzt werden, um bisher nur im Labor beobachtete Sachverhalte auf ihre Validität im Feld zu untersuchen. Es gibt eine Vielzahl von Feldstudien und -experimenten in der Umweltpsychologie. Aufmerksam Lesenden sind einige davon in diesem Buch bereits begegnet. So sind etwa viele der Befunde, die sich mit normativem Einfluss befassen, aus Feldexperimenten hervorgegangen. In den „Handtuchstudien" (▶ Abschn. 4.2.3) z. B. wurde im touristischen Bereich untersucht, welchen Einfluss normative Informationen („Eine Mehrzahl der hier schlafenden Gäste benutzt ihre Handtücher mehrfach") auf umweltbewusstes Verhalten haben – in diesem Fall die Häufigkeit der Wiederverwendung von Handtüchern. Es wird nicht überraschen, dass Feldexperimente in der Regel sehr aufwendig sind und viele personelle Ressourcen benötigen, um sie durchzuführen. Außerdem gibt es sehr viele Störvariablen im Feld, die die Untersuchung erschweren können und beim Design so gut es geht berücksichtigt werden sollten. Gleichzeitig lohnt dieser Aufwand jedoch oft, da derartige Studien überzeugende Argumente für Kampagnen oder andere Interventionen liefern können.

8.4 Implizite Maße

Experimentelle und nichtexperimentelle Studien, die *selbstberichtete* Wahrnehmungen, Einstellungen oder Verhaltensweisen erfassen, sind nicht immer angebracht. Wie in ▶ Abschn. 8.1 beschrieben, liegt das Problem dieser sogenannten expliziten Maße darin, dass Versuchsteilnehmende ganz bewusst antworten und so leicht ihre Antworten verzerren können, um in einem möglichst guten Licht wahrgenommen zu werden. Genauso kann es sein, dass Versuchsteilnehmende bestimmte Erwartungen entwickeln, um welche Inhalte es in einem Experiment gehen könnte, und dann im Fragebogen mit dieser Erwartung konform antworten. Manchmal ist Menschen auch gar nicht so bewusst, dass sie eigentlich eine andere Einstellung haben, als sie in einem bestimmten Moment angeben. Um den bewussten Einfluss von Versuchsteilnehmenden auf ihre Antworten zu verringern, wurden sogenannte implizite Maße entwickelt. Die Grundidee solcher Maße ist es, Einstellungen und Verhalten so zu messen, dass Probanden nicht merken, was gerade gemessen wird. So kann man also Einstellungen und andere psychologische Konstrukte ohne die bewusste Kontrolle der Versuchspersonen erfassen – unter Beachtung forschungsethischer Gesichtspunkte.

Den meisten impliziten Erhebungsinstrumenten liegt dabei die theoretische Annahme zugrunde, dass im Gedächtnis von Personen bestimmte Begriffe mehr oder minder starke Assoziationen mit anderen Begriffen haben. So sollte der Begriff „Stuhl“ in der Regel stärker mit dem Begriff „Tisch“ assoziiert sein als mit dem Begriff „Nelke“. Diese Assoziationen werden klassischerweise durch computergestützte Methoden untersucht: Man untersucht also z. B., wie lange eine Person braucht, um zwei Begriffe als ähnlich oder unähnlich zu erkennen, und wertet diese Reaktionszeit als Maß für die Stärke der Assoziation. In der umweltpsychologischen Forschung werden implizite Maße besonders häufig zur Messung von Einstellungen genutzt. Die gebräuchlichsten sind hier der Implizite Assoziationstest (IAT; Greenwald et al. 1998), das evaluative Priming (Fazio et al. 1995), die Affect Misattribution Procedure (AMP; Payne et al. 2005) sowie die Go/No-Go Association Task (GNAT; Nosek und Banaji 2001) oder die Extrinsic Affective Simon Task (EAST; de Houwer 2003). Da es an anderer Stelle ausführliche und gut verständliche Beschreibungen dieser spezifischen Methoden gibt (siehe z. B. Gawronski 2009), beschränken wir uns in diesem Kapitel exemplarisch auf den IAT (siehe Beispiel-Box). Interessierte Lesende verweisen wir zudem auf die Artikel von Schultz et al. (2004), Verges und Duffy (2010) oder auch Beattie und McGuire (2012), die im Umweltkontext implizite Assoziationen mit verschiedenen Methoden belegen konnten.

▶ Beispiel

Der Implizite Assoziationstest (IAT)

Der IAT hat vor allem in der Einstellungsforschung viel zum Verständnis unbewusster Kognitionen beigetragen (wenngleich nicht völlig kritiklos, siehe z. B. Karpinski und Hilton 2001; Meissner et al. 2019). Die Hauptkomponente des IAT besteht darin, dass Versuchsteilnehmende bestimmte Objekte (sogenannte Targets) Kategorien zuordnen sollen.

Anhand einer Studie von Schultz et al. (2004), in der eine implizite Naturverbundenheit untersucht wurde, wird hier die Vorgehensweise des IAT erläutert. In einer typischen IAT-Studie wie dieser sitzen Versuchsteilnehmende vor einem Computerbildschirm und werden gebeten, durch Tastendruck Einstellungsobjekte und Adjektive oder andere relevante Begriffe zu klassifizieren. Dies geschieht über viele Durchgänge (sogenannte Trials) hinweg und wird gewöhnlich in Blöcke unterteilt, damit die Teilnehmenden zwischendurch verschnaufen können. Im ersten Block sollen Versuchspersonen Objekte einer Kategorie zuordnen. In der Studie von Schultz et al. (2004) ist ein Objekt beispielsweise „TIER“ und Versuchspersonen sollen durch Drücken der rechten oder linken Taste das Objekt einer der Kategorien, die jeweils am rechten und linken Rand des Bildschirms dargestellt sind, zuordnen. In ◘ Abb. 8.1 könnte z. B. das Objekt „BAUM“ durch den Druck auf eine linke Taste der Kategorie NATUR zugeordnet werden; durch Drücken einer rechten Taste der Kategorie „URBAN“ (im Originaltext „Nature“ und „Built“). Dabei werden Versuchsteilnehmende instruiert, diese Zuordnung so schnell wie möglich auszuführen. Im zweiten Block werden die Kategorien am Bildschirmrand durch „ICH“ und „NICHT ICH“ ersetzt (im Originaltext „me“ und „not me“), als Targets fungieren nun Begriffe, die für das Selbstkonzept relevant sind, wie etwa „MICH“ oder „ANDERE“. Nach diesen beiden Übungsblöcken folgen die eigentlich relevanten Blöcke. In diesen werden die Versuchsteilnehmenden instruiert, dass nun sowohl Objekte als auch selbstkonzeptrelevante Begriffe zu klassifizieren sind; an den Rändern des Bildschirms tauchen nun jeweils die Kategorien „NATUR/ICH“ auf der einen und „URBAN/NICHT ICH“ auf der anderen Seite auf. Probanden sollen nun z. B. die linke Taste drücken, wenn sie „BÄUME“ oder „MICH“ sehen, oder die rechte Taste, wenn Sie „AUTOS“ oder „ANDERE“ sehen. Nach einer Umlernphase in Block 5 – hier werden die Kategorien NATUR und URBAN auf dem Bildschirm vertauscht – folgen schließlich die Blöcke 6 und 7. In diesen werden den Probanden und Probandinnen nun die Kategorien „URBAN/ICH“ auf der einen und „NATUR/ANDERE“ auf der anderen Seite präsentiert. Sie sollen nun z. B. links drücken, wenn sie „AUTO“ oder „MICH“ sehen, oder rechts drücken, wenn sie „BAUM“ oder „ANDERE“ sehen.

Die Stärke der Assoziation von „NATUR“ und „ICH“ – also eine implizite Naturverbundenheit – zeigt sich nun in der Leichtigkeit, mit der die Zuordnungsaufgabe bei dieser Kategorienkombination gelingt, im Vergleich zu der vertauschten Kategorienkombination „URBAN“ und „ICH“. In anderen Worten: Je schneller eine Person selbstrelevante Begriffe und Objekte korrekt der Kategorie „NATUR/ICH“ zuordnen kann, relativ zur Kategorie „URBAN/ICH“, umso stärker ist ihre implizite Naturverbundenheit. Dieser IAT-Effekt zeigte sich in der Studie von Schultz et al. (2004) über zwei Studien hinweg und wurde repliziert (Schultz und Tabanico 2007; siehe auch für den Kontext Klimakrise z. B. Beattie und McGuire 2012). Zudem hing dieser sogenannte IAT-Effekt auch mit expliziten Maßen zusammen. Je stärker die implizite Assoziation, umso höhere biosphärische und umso niedrigere egoistische Werte gaben Versuchsteilnehmende an.

Wie oben bereits angedeutet gibt es, bei aller Nützlichkeit impliziter Maße, auch kritische Stimmen, etwa in Bezug auf die oft eher niedrigen Zusammenhänge mit expliziten Maßen, was darauf hindeuten kann, dass implizite und explizite Maße unterschiedliche Konstrukte messen (Karpinski und Hilton 2001). Andere Kritiker zeigen, dass neben den zugrunde gelegten Assoziationsprozessen auch andere kognitive Prozesse eine Rolle spielen (z. B. Figur-Grund-Asymmetrien, Rothermund et al. 2005). ◀

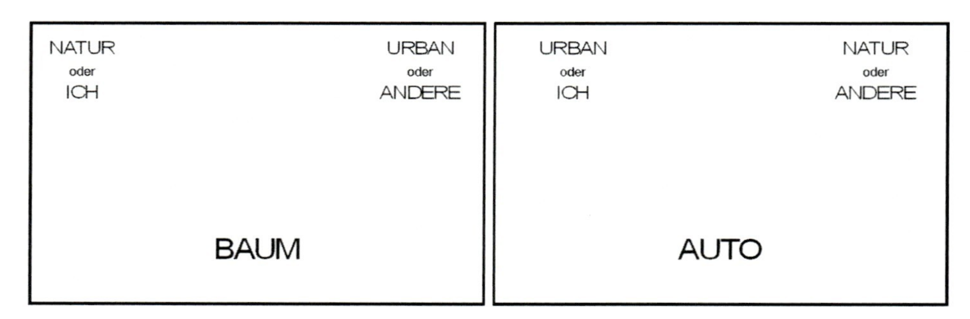

Abb. 8.1 Beispielhafte Darstellung eines Impliziten Assoziationstests (IAT)

8.5 Erhebung, Analyse und Modellierung persönlicher Netzwerke

Persönliche Netzwerke und die mit ihnen verbundenen empirischen Phänomene sind uns bereits mehrfach begegnet: in ► Abschn. 2.3 zur sozialen Komplexität sowie in ► Abschn. 4.4.3 zur Rolle von persönlichen Netzwerken bei der Innovationsausbreitung. In diesem Abschnitt soll nun ein Einblick in die methodischen Werkzeuge gegeben werden, mit denen Netzwerke erhoben, analysiert und modelliert werden. Es geht also darum, wie Form und Funktionsweise realer persönlicher Netzwerke aufgedeckt werden können, welche abstrakten Maße kennzeichnend für persönliche Netzwerke sind und letztlich darum, wie man aufgrund solcher Maße realistische Netzwerke im Modell generieren kann, wenn sie z. B. in der Realität nicht gut zugänglich sind. Gute Einführungen in die Netzwerkanalyse finden sich in Brandes und Erlebach (2005) und Hennig et al. (2012).

Insbesondere zwei Forschungsfragen werden mit der Erhebung persönlicher Netzwerke verknüpft. Die erste Forschungsfrage bezieht sich darauf, wie groß persönliche Netzwerke sind und welche Beziehungen in einem Netzwerk vorliegen, d. h. technisch gesprochen, welche Kanten es gibt. Wer geht eine Beziehung mit wem ein? Jede Person befindet sich gleichzeitig in verschiedenen gesellschaftlichen Rollen (bzw. sozialen Gruppen) und damit in verschiedenen Netzwerken: als Sportlerin, als Vater, als Berufstätige, als Mitglied in einem Verein, als Freundin usw. Die Kontaktpersonen (die sogenannten Alteri, lateinisch für „die anderen", im Singular Alter) können sich dabei überlappen (also Kontakte in mehreren Gruppen sein – etwa, wenn die Schwester auch in der gleichen Sportgruppe ist), tun das vielfach aber auch nicht (dann kennt man eine Person nur aus einer bestimmten Gruppe bzw. in einer bestimmten Rolle). Die Untersuchung persönlicher Netzwerke umfasst meist nicht das gesamte Netzwerk, sondern nur eine durch eine Rolle definierte Schicht davon, also z. B. das berufliche Netzwerk.

Bei der zweiten Forschungsfrage geht es darum, was die Kanten in einem Netzwerk denn genau darstellen, d. h., welche Art von Interaktion zwischen zwei Personen abgebildet werden soll. Schon in Onlinenetzwerken, wo es formal nur einen Typ Beziehung gibt („Freundschaft"), können diese Beziehungen jedoch unterschiedlich intensive Interaktionen auf der Kante aufweisen. Es können qualitativ sehr unterschiedliche Arten von Beziehungen untersucht und in Netzwerkkanten abgebildet werden: Verwandtschaft, Freundschaft, Bekanntschaft, Zeit miteinander verbringen, sich untereinander über ein bestimmtes Thema austauschen (z. B. über ein umweltrelevantes Thema) oder mehrere davon. Oft sind die Beziehungen symmetrisch (z. B. Bekanntschaft), manchmal aber auch nicht, so bei Expertise (A fragt B), wirtschaftlichen Beziehungen (A kauft bei B, A leiht Geld an B) oder ähnlichen Anliegen. Die Netzwerkkanten können auch unterschiedliche Stärken besitzen: Wie stark ist die Beziehung, wie oft sehen sich die beiden Personen, wie stark ist der Einfluss usw.

8.5.1 Werkzeuge zur Erhebung persönlicher Netzwerke

Wie wir gleich sehen werden, ist die Erhebung von Face-to-face-Netzwerken mit einigem Aufwand verbunden. Da kommt schnell der Gedanke auf, dass man doch darauf verzichten könnte und Onlinenetzwerke wie z. B. Facebook oder Instagram u. a. stattdessen als Datenbasis heranziehen könnte. Das ist in einigen Fällen auch sehr sinnvoll (vgl. ▶ Abschn. 4.4.3). Sie liefern mit relativ geringem Aufwand große oder sehr große Datenmengen. Allerdings sind Onlinenetzwerke kein direktes Abbild unserer Face-to-face-Netzwerke, denn sie decken sich nicht zwingend mit unseren Freundschaften „in real life". Je mehr Face-to-face-Kontakt, desto geringer ist die Wahrscheinlichkeit einer Onlinekante. Zum Beispiel sind Familienmitglieder in Onlinenetzwerken von Personen oft unterrepräsentiert.

Eine andere Informationsressource für alltägliche bzw. relevante Kontakte einer Person bieten Handydaten (Mit wem telefoniert man häufig?); diese sind allerdings zumeist nicht für die Forschung verfügbar.

In diesem Abschnitt wollen wir uns daher auf die Erhebung von Face-to-face-Netzwerken konzentrieren. Dabei gehen wir zuerst auf die quantitative Erhebung der Anzahl der Kanten eines Netzwerkknotens ein und danach auf deren Qualität. Dazu werden auch Methoden besprochen, um bei einer Person (z. B. mittels Fragebogen) die Informationen einzuholen, die wir zur Analyse des Netzwerks brauchen.

8.5.1.1 Namensgeneratoren

Erhebungen persönlicher Netzwerke erfolgen zumeist in zwei während der Befragung einer Person aufeinanderfolgenden Schritten. Schritt 1 ist dazu da, die Alteri, also alle als wichtig definierten Bezugspersonen, mit denen Ego (d. h. die Person, deren Netzwerk wir analysieren) eine Beziehung unterhält, aus dem interessierenden Netzwerk der Person zu generieren. Für diesen Schritt verwendet man als Methode sogenannte *Namensgeneratoren*. In Schritt 2 dienen die sogenannten *Namensinterpreter* dazu, mehr über die genannten Alteri herauszufinden. Sie werden im nächsten Abschnitt vorgestellt.

Namensgeneratoren unterscheiden sich in ihrer Komplexität und den jeweils erhobenen Daten. Einige Namensgeneratoren ergeben nur die Anzahl der Bezugspersonen von Ego – diese wird Gradzahl genannt. Andere identifizieren die genannten Alteri im Netzwerk namentlich.

- *Ein-Item-Generator*. Eine typische Frage für einen Ein-Item-Generator wäre z. B.: „Mit wie vielen Personen haben Sie durchschnittlich pro Tag Kontakt, einschließlich Hallo sagen, plaudern, über etwas reden, Dinge diskutieren, face-to-face, am Telefon oder über das Internet, egal, ob Sie die Person kennen oder nicht?" Die Frage ist für die Person zwar nicht ganz ohne Nachdenken, aber doch relativ leicht zu beantworten, ergibt aber nur eine Abschätzung der Gradzahl von Ego.
- *Hochskalierungsmethode*. Hierbei wird die Größe der ganzen Population (das sind alle Personen, die im Netzwerk dieser Person sind) aufgrund der Nennung einer Teilpopulation geschätzt, z. B. mit einer Frage wie: „Wie viele Personen mit dem Vornamen Michael kennen Sie?" Dabei muss der empirische Anteil der Stichprobe (hier die Michaels) in der Population bekannt sein. Dabei können (wie bei den Vornamen) auch regionale Verhältnisse oder das Alter der Befragten einen Einfluss haben. Auch dieser Namensgenerator ergibt nur die Gradzahl des Netzwerks.
- *Abschätzen der Größe des Netzwerks durch Aufsummieren*. Bei dieser Methode nennen die Befragten die Größe von verschiedenen ihrer persönlichen Teilnetzwerke (also des beruflichen, familiären usw. Netzwerks). Diese Zahlen werden summiert und ergeben so eine Schätzung der Größe des Gesamtnetzwerks von Ego.
- *Umgekehrte Small-World-Methode*. Bei dieser erhalten die Befragten eine Liste ihnen fremder Personen mit Wohnort und Beruf. Nun sollen sie Alteri aus ihrem Netzwerk nennen, die helfen könnten, ein Paket an die Personen in der Liste zu senden. Damit kehrt sie das Verfahren von Milgram (1967; vgl. ▶ Abschn. 2.3.2) um. Diese Art der Erhebung ist zwar aufwendig für die befragten Personen, sie generiert aber Alteri, die sonst leicht vergessen werden. Allerdings werden möglicherweise für das Versenden nicht nützliche Alteri erst gar nicht genannt. Diese Methode ergibt eine Liste von mit Namen identifizierten Personen im persönlichen Netzwerk und nicht nur dessen Größe.
- *Schneeballmethode*. Diese Methode versucht einen gangbaren Kompromiss zwischen Erhebung des Gesamtnetzwerkes von Ego und der Erhebung der Alteri von Ego und wiederum deren Netzwerken. Dabei werden für Ego wichtige, repräsentative Personen kontaktiert, und nach Befragung wird jede dieser Personen gebeten, jeweils für sie wichtige Personen zu nennen und die Umfrage an diese weiterzuleiten. Das kann z. B. mittels eines Abreißblocks und physischer Weitergabe oder per E-Mail geschehen. Diese Methode ist gut geeignet, um schwer erreichbare Populationen zu befragen, denn die forschende Person muss nicht jede dieser schwer erreichbaren Personen aus dem Netzwerk selbst aufsuchen. Sie ergibt aber zwangsläufig eine durch die befragten Personen verzerrte Stichprobe. Als Gegenmaßnahme können hier zusätzlich zufällig ausgewählte Alteri durch die Erhebenden befragt werden.
- *Tagebuchmethode*. Hierbei wird von Ego jeder Alter aufgeschrieben, mit dem oder der in einem bestimmten Zeitraum Kontakt bestand. Das ist einerseits aufwendig und damit nur über einen begrenzten Zeitraum durchführbar. Andererseits kann diese Methode auch sehr detaillierte Daten über aktive Teile des Netzwerks einer Person liefern.

Ein Punkt ist besonders wichtig: Transitive Beziehungen (also Cluster von Personen um Ego herum, die sich auch untereinander kennen) zu finden, ist erst durch (namentliche) Identifikation von Alteri möglich. Falls solche Beziehungen relevant für die Fragestellung sind (z. B. bei der Untersuchung von Arbeits- oder Freundesgruppen), kann die Befragung also nicht anonym durchgeführt werden. Nur so können die Alteri weiterbefragt werden (z. B. in der Schneeballmethode) und wieder zu Ego zurückleitende Kanten erkannt werden. Die Alteri namentlich zu nennen (und gegebenenfalls noch mehr Eigenschaften zu erheben), kann jedoch leicht Widerstand bei den Befragten auslösen und hat auch datenschutzrechtliche Implikationen.

8.5.1.2 Namensinterpreter

Namensinterpreter sind Methoden, die Alter-Attribute, also Informationen über die Eigenschaften der Alteri liefern. Das sind z. B. Geschlecht, Alter, Berufsstand, ihre Rolle im Netzwerk, Beziehungsdauer, Kontakthäufigkeit oder relationale Merkmale der Beziehung zwischen Ego und dem Alter, wie ihre emotionale Nähe, Kontaktqualität, Vertrauen, ihre Rolle als Vorbild usw. Diese Informationen kann man beispielsweise mittels Fragbögen erheben. Interessant sind auch die Übereinstimmung bzw. die Unterschiede in der Selbst- und Fremdwahrnehmung einer Beziehung. Zu den interessierenden Variablen kann auch gehören, ob ein Ego zumindest zum Teil weiß, ob seine Alteri sich untereinander kennen oder nicht.

8.5.2 Modellierung sozialer Netzwerke

Die empirische Analyse persönlicher Netzwerke hat, wie wir gerade gesehen haben, quantitative (es können kaum über alle Alteri einer Person Informationen gesammelt werden) und praktische (die Personen vergessen oder verweigern interessierende Informationen), darüber hinaus aber auch ethische (Fragen zu sozialen Beziehungen dringen in den Persönlichkeitsbereich von Personen ein) Grenzen. Ein Ausweg ist es, künstliche Netzwerke zu generieren, die sich mit realen, in der Vergangenheit empirisch beobachteten Netzwerken hinsichtlich ihrer Eigenschaften möglichst decken. Solche modellierten Netze werden genutzt zur Beschreibung von Ausbreitungsphänomenen in der Epidemiologie (z. B. Ausbreitungsabschätzungen in der Coronapandemie), Mobilitätsforschung (z. B. wie verbreitet Elektroautos in fünf Jahren sein werden) oder Marketing (z. B. Marktdurchdringungspotenzial eines neuen Produktes). Die Fragestellung ist also: Wie kann man Netzwerktopologien (d. h. Netzwerkformen) generieren, die die Eigenschaften realer sozialer Netze widerspiegeln?

Man versucht hierzu, die strukturellen Parameter der echten Netzwerke, also deren Eigenschaften auf der Makroebene, nachzubilden. Diese müssen zunächst einmal empirisch erhoben oder zumindest aus Daten geschätzt werden. Solche strukturellen Parameter, mit denen die Topologie eines Netzwerks beschrieben werden kann, haben wir schon in ▶ Abschn. 4.4.3 kennengelernt. Für den vorliegenden Abschnitt brauchen wir die folgenden beiden Kenngrößen:

- *Durchschnittliche Pfadlänge.* Sie wird auch charakteristische Pfadlänge genannt. Sie ist der Durchschnitt aller kleinsten Pfadlängen zwischen zwei beliebigen Knoten in einem Netzwerk.
- *Clusterkoeffizient C.* Er bedeutet, bezogen auf einen Knoten K, den Anteil der Knoten in der Nachbarschaft von K, die jeweils selbst Nachbarn voneinander sind. Welche meiner Bekannten sind untereinander bekannt? Wenn alle Nachbarn mit allen direkt verbunden sind, erreicht der Clusterkoeffizient seinen Maximalwert von 1 – dann handelt es sich um eine Clique. Den Wert 0 nimmt der Clusterkoeffizient an, wenn Ks Nachbarn untereinander gar nicht verbunden sind. Um den Koeffizienten für ein gesamtes Netzwerk zu berechnen, bildet man den Durchschnitt der Clusterkoeffizienten aller Knoten im Netzwerk.

Wenn wir uns an das Milgram-Experiment (Milgram 1967; ► Abschn. 2.3.2) erinnern, bei welchem zufällig ausgewählte Personen ein nur sehr ungenau adressiertes Paket so weiterleiten, dass es bei der Zielperson ankommt, so fand man dort eine überraschend kurze Kette von Kanten zwischen allen Knoten im Netz. Und das zeigte sich, obwohl die Dichte des Netzwerks (also das Verhältnis tatsächlicher Kanten zu den theoretisch möglichen Kanten) gegen Null geht: Die allermeisten Personen in den Bundesstaaten, in denen Milgram sein Experiment durchführte, kannten sich gegenseitig natürlich nicht. Als Grund haben wir die Transitivität ausgemacht, also die Tatsache, dass sich zwei Personen durch Vorgestelltwerden über einen gemeinsamen Bekannten kennenlernen – dass soziale Beziehungen „Abkürzungen" auf dem Weg zwischen Knoten darstellen und damit Cluster im Netzwerk entstehen lassen.

Realistische Netzwerke haben dementsprechend folgende hervorstechende quantitative Merkmale, die also auch bei modellierten Netzwerken gegeben sein sollten:

- Erstens besitzen sie einen hohen *Clusterkoeffizienten.* Albert und Barabási (2002) finden in sehr verschiedenen Netzwerken – wie z. B. von Schauspielern und Schauspielerinnen in einer internationalen Filmdatenbank oder Autorinnen und Autoren zahlreicher wissenschaftlicher Disziplinen –, dass der Clusterkoeffizient mit Werten zwischen 0,5 und 0,8 recht hoch ist.
- Zweitens haben sie eine geringe *durchschnittliche Pfadlänge.* In derselben Untersuchung zeigte sich, dass die durchschnittliche Pfadlänge in realen sozialen Netzwerken zumeist unter 6 und selten größer als 10 zu sein scheint – genauso also, wie man es aus dem Milgram-Experiment mit der Weiterleitung des Pakets erwarten würde.
- Als drittes Merkmal kann man erwarten, dass die *Grade der Knoten* (also die Anzahl der Nachbarn eines Knotens) nicht bei allen gleich sind, sondern sich in empirisch beobachtbarer Weise ungleich verteilen. Tatsächlich kann man in den verschiedensten Bereichen zeigen, dass sich die Grade oft nach einem Potenzgesetz verteilen (Barabási und Albert 1999; Newman 2005; Clauset et al. 2009). Beispielsweise hat in einem Netzwerk ein Knoten 1000 Nachbarn, 100 Knoten haben je 100 Nachbarn und 1000 Knoten haben je nur 1 Nachbarn.

Bis in die späten 1990er-Jahre waren die sogenannten *Zufallsnetzwerke* (Erdős und Rényi 1959) ein gängiges Vorgehen, um reale Netzwerke zu simulieren. Sie sind einfach herzustellen: Man startet mit einer beliebigen festen Anzahl an Knoten und zeichnet dann Kanten zwischen zufälligen Knoten ein. Mit jeder zusätzlichen Kante steigt die durchschnittliche Pfadlänge langsam an (sie folgt der Funktion log(N)) und erreicht so realistische Werte (Albert und Barabási 2002). Durch das stete Hinzufügen neuer Kanten hört die durchschnittliche Pfadlänge aber nicht auf zu wachsen. Das ist insofern ein Problem, als dass man vielleicht größere Netzwerke erzeugen, aber trotzdem realistische Pfadlängen behalten will. Zufallsnetzwerke besitzen darüber hinaus einen geringen Clusterkoeffizienten und sind damit keine guten Kandidaten für die Modellierung realer persönlicher Netzwerke, in denen der Clusterkoeffizient bekanntermaßen eher hoch ist.

Um da Abhilfe zu schaffen, schlugen Watts und Strogatz (1998) die sogenannten *Kleine-Welt-Netzwerke* vor. Dabei wird eine feste Zahl von Knoten mit einer durchschnittlichen Anzahl von Nachbarn erzeugt. Dann wird eine zufällige Neuverdrahtung einzelner Knoten vorgenommen, indem diese eine Kante von einem existierenden Nachbarn auf einen zufällig ausgewählten anderen Knoten legen. In wenigen Schritten sinken dabei die durchschnittliche Pfadlänge sowie der Clusterkoeffizient auf den empirisch gefundenen Bereich. Das Ergebnis ist allerdings ein sogenanntes egalitäres Netzwerk: Jeder Knoten hat ungefähr gleich viele Kanten (d. h. die ungefähr gleiche Gradzahl). Das ist bei realen persönlichen Netzwerken aber nicht der Fall.

Alle oben genannten Punkte werden durch die sogenannten *skalenfreien Netzwerke* erfüllt (Barabási und Albert 1999). Skalenfrei nennt man eine mathematische Beziehung, die konstant bleibt, egal wie groß die Menge der betrachteten Individuen ist. Im Fall der Netzwerke bleiben ihre Kenngrößen identisch, egal ob das Netzwerk groß oder klein ist. Auf diese Art kann man Netzwerke im Modell wachsen lassen, ohne dass sie ihre wünschenswerten Eigenschaften (hinsichtlich Pfadlänge, Clustering, Grad der Knoten) verlieren. Entsprechend ist der Algorithmus von Barabási und Albert (1999) eine Wachstumsregel: Ausgehend von einer kleinen Anzahl von Knoten (z. B. zwei) wird zu jedem Zeitschritt ein neuer Knoten mit z. B. einer Kante hinzugefügt. Diese Knoten werden aber nicht zufällig irgendwo ins Netz gehängt, sondern mit einer Präferenz für Knoten, die schon viele Nachbarn haben (daher heißt die Prozedur auch *preferential attachment*). Die Wahrscheinlichkeit, dass der neue Knoten eine Kante zu einem bestimmten alten Knoten bekommt, ist proportional zu dessen Grad. Wenn man dem genannten Algorithmus noch Homophilie hinzufügt, indem man die Knoten ihre Kante nicht nur nach der Gradanzahl des Zielknoten schlagen lässt, sondern auch nach der Ähnlichkeit auf einer Eigenschaft, so entsteht auch das erforderliche Clustering.

Wir haben bis jetzt drei klassische, einfache Methoden kennengelernt, Netzwerke mit immer plausibleren Eigenschaften künstlich zu generieren. Moderne Netzwerkmodelle beziehen deutlich mehr Daten ein, um realistischere Ergebnisse zu erzielen, wie etwa bei der Ausbreitungsmodellierung zu Pandemien (Brockmann 2020).

8.6 Soziale Simulation

Wir haben Umweltpsychologie als die Wissenschaft vom menschlichen umweltbezogenen Verhalten, umweltbezogenen Denken und Emotionen definiert (► Kap. 1) und sie damit in den Rahmen der klassischen Definitionen von Psychologie gestellt. Doch Umweltpsychologie macht Herausforderungen deutlich, die uns über die klassischen methodischen Antworten zur Untersuchung menschlichen Verhaltens, Denkens und Fühlens hinausführen. Das kann man an einem – nur am Rande umweltpsychologischen – Beispiel rasch verdeutlichen. Noch vor 50 Jahren war Rauchen nicht nur im privaten, sondern auch im öffentlichen Raum ein gewohntes Bild, weltweit. Es durfte in Flugzeugen und Restaurants geraucht werden, im Fernsehen lief keine Gesprächsrunde ohne Qualm, und es nahmen nur wenige Anstoß daran. Beharrliche medizinische Aufklärung, auch gegen die Anstrengungen der Tabaklobby, führte über die Jahrzehnte zu einer sozialen Ächtung, zu gesetzgeberischen Maßnahmen und letztlich zu einem drastischen Rückgang des Rauchens. Wichtig in unserem Kontext ist hier, dass eine Reihe von Einflüssen (und Gegeneinflüssen) bei sehr vielen Individuen über die Zeit zu einer Einstellungs- und Verhaltensänderung geführt haben und diese zusammengenommen eine gesellschaftlich bedeutsame Umorientierung hervorbrachten.

Bei der gesellschaftlichen Veränderung des Rauchens handelt es sich also um einen Prozess über die Zeit. Er beinhaltet unzählige individuelle Erkenntnis- und Lernprozesse. Diese Einflüsse und die beteiligten Personen interagieren miteinander. Genau solche Entwicklungen will auch die Umweltpsychologie letztlich verstehen und erklären, und in vielen Fällen auch mit anstoßen oder fördern, wie die Energiewende, die Verkehrswende oder die Agrarwende. Um solche, sich z. T. über längere Zeiträume erstreckende Entwicklungen zu verstehen, bedarf es einer Methode, die der Komplexität solcher Entwicklungen gerecht wird.

Das ist der Grund, warum soziale Simulation in diesem Buch etwas ausführlicher behandelt wird. Diese Methode macht sich technische Entwicklungen in der sogenannten verteilten künstlichen Intelligenz zunutze.

Soziale Simulation

Unter sozialer Simulation (engl. *social simulation*; oder auch agentenbasierte Modellierung, engl. *agent based modelling*, ABM) versteht man die computergestützte Darstellung von individuellen und gesellschaftlichen dynamischen Phänomenen. Kerngedanke ist dabei, dass (a) die entscheidenden Personen oder Institutionen sowie ihre Interaktion explizit repräsentiert werden und (b) gerade die Interaktion über die Zeit zwischen den so dargestellten Einheiten zu den empirisch beobachteten interessierenden Phänomenen führt.

Wir werden zunächst die Eigenschaften sozialer Simulation anhand der Notwendigkeiten der umweltpsychologischen Theoriebildung vorstellen. Dann werden die Begriffe Modell, Simulation und Szenarien besprochen. Abschließend werden zwei Anwendungsbeispiele ausführlicher vorgestellt und Hinweise zur weiterführenden Beschäftigung mit der Methode gegeben. Die Darstellung in den folgenden Abschnitten bezieht sich dabei stark auf Ernst (2009, 2010) sowie Jager und Ernst (2017).

8.6.1 Eigenschaften sozialer Simulation

Ziel sozialer Simulation ist die empirisch gestützte Beschreibung von menschlichem Verhalten in seiner Dynamik über die Zeit. Mithilfe von sozialer Simulation lässt sich Verhalten auch in noch nicht empirisch beobachteten Situationen abschätzen. Welche Eigenschaften muss ein Modell haben, damit solche Aussagen getroffen werden können?

8.6.1.1 Ein Instrument zur Beschreibung von Prozessen

Durch herkömmliche Befragung und Experimentieren erwirbt man Kenntnis darüber, wie psychologische Konzepte untereinander, mit Verhalten oder mit situativen Randbedingungen entweder korrelativ oder kausal zusammenhängen. Sowohl die Erfassung dieser Zusammenhänge als auch ihre Beschreibung sind aber *statisch*: Eine Korrelation oder ein statistisch signifikanter Unterschied sagen nichts oder nicht viel über den *Prozess* aus, *wie* es zu dem Zusammenhang oder dem Unterschied kommt. Auch für ein Experiment kann man eine Ursache für einen Unterschied annehmen und in der Untersuchung gegebenenfalls stützen, aber eine Prozessbeschreibung entsteht dadurch nicht.

Der allergrößte Teil der psychologischen empirischen Forschung und Theoriebildung beruht auf solchen statischen Zusammenhängen. Nur manche Theorien erreichen das Niveau von Stufentheorien – in der Entwicklungspsychologie z. B. Piaget (1964) und Kohlberg (1976), in der Umweltpsychologie Bamberg (2013). Sie können aber den Prozess des Übergangs von einer auf die andere Stufe nur ungenau beschreiben. Es ist jedoch interessant zu wissen, *wie* es zu etwas kam und *wie* sich die Dinge möglicherweise entwickeln werden. Bei diesen Fragen liegt der Fokus nicht mehr auf den statisch-korrelativen Zusammenhängen, sondern vielmehr auf Handlungsbegründungen und Plänen der beteiligten Personen.

Echte Prozesstheorien und Prozessbeschreibungen sind die vorherrschende Art von Theorien in den Naturwissenschaften. Für die Meteorologie z. B. ist es interessant, aus einem bestimmten Zustand des Wetters den nächsten abzuleiten, und das möglichst genau, damit wir auch etwas davon haben. In der Physik ist es wichtig, zutreffende Aussagen über das dynamische Schwingungsverhalten von Brücken zu machen oder über die Strömung an Flugzeugflügeln.

Echte Prozesstheorien sind aber in der Psychologie rar, und das aus zwei Gründen: Erstens ist es deutlich schwieriger, in dem komplexen und nicht direkt beobachtbaren Feld menschlichen Denkens und Entscheidens die entsprechenden Prozessdaten zu erheben, und zweitens wird deswegen – im Gegensatz zu den meisten Naturwissenschaften – dynamische Theoriebildung bisher nicht als übliche Forschungsmethode benutzt und auch nicht gelehrt.

Das Instrument für psychologische oder generell sozialwissenschaftliche dynamische Theoriebildung ist die soziale Simulation. Sie aggregiert keine Daten in Kennwerten (wie die Statistik), sondern generiert vielmehr simuliertes Verhalten (ein wenig wie die AI in einem Computerspiel) und liefert damit Modelldaten, vergleichbar mit empirischen Daten. Die Modelldaten können, wenn gewünscht, genauso statistisch analysiert werden und mit Daten aus empirischen Erhebungen mit Probanden verglichen werden, um die Güte des Modells abzuschätzen.

Zu den Stärken der sozialen Simulation gehört es, Entscheidungsprozesse von Personen explizit zu berücksichtigen. Warum tut jemand etwas? Wie ist das Zusammenspiel von Einstellungen, sozialen und situativen Einflüssen über die Zeit, und wie verändert sich Verhalten? Eine gute Erklärung für beobachtetes Verhalten liegt dann vor, wenn die theoretisch formulierte und im Computer simulierte psychologische Regel (oder ein Satz von mehreren Regeln) für das Verhalten dasselbe Verhalten erzeugt, welches tatsächlich empirisch beobachtet wird.

8.6.1.2 Individuum und Gesellschaft: Soziale Interaktion und Emergenz

Die Umweltpsychologie hat über eine lange Zeit eine genuin individuelle Perspektive eingenommen. Die sich uns stellenden Umweltprobleme sind aber bei Weitem nicht nur individueller Natur. Wie kann das zusammengehen? Wie wir in den vorausgehenden Kapiteln immer wieder feststellen konnten, sind es die Effekte eines massenhaften Fehlverhaltens, welche Nachhaltigkeitsprobleme verursachen. Es ist die Interaktion von (sehr) vielen Personen, die zu einer Umweltübernutzung führt. Dabei lassen sich die Vielen aber nicht alle über einen Kamm scheren, wie es z. B. beim in der Ökonomie verbreiteten Menschenbild des *Homo oeconomicus* vereinfachend geschieht, welches Menschen als allein nach Gewinn strebend ansieht. Im Gegenteil: Menschen sind heterogen, d. h. unterschiedlich hinsichtlich Wissen, Einstellungen, emotionaler Reaktionen, Empfänglichkeit für sozialen Einfluss, aber auch finanzieller Möglichkeiten oder Wohnort und vieler anderer Variablen.

Die sozialen Rückkopplungsschleifen können dabei (z. B. durch sozialen Vergleich) stabilisierend oder aber auch destabilisierend auf ein umweltschädliches Verhalten wirken. Eine Person A beeinflusst mit ihrem Verhalten eine Person B, indem sie deren situative und soziale Umgebung verändert. Im Gegenzug, und später in der Zeit, verändert die Person B ihrerseits die situative und soziale Umgebung für alle, mit denen sie verbunden ist. Die in Gruppen oder in der Gesellschaft beobachtbaren sozialen Effekte sind also eigentlich eine Abfolge unzähliger sozialer Interaktionen (wie normativer oder informativer Einfluss) über die Zeit.

Auf diese Weise verbinden sich auch die Mikroebene des individuellen Verhaltens und die Makroebene der gesellschaftlichen Effekte. Letztere kann als ein emergentes Phänomen (▶ Abschn. 2.2) betrachtet werden. Das bedeutet, dass die einzelnen Personen zusammen mit ihrer Interaktion die Gesellschaft ausmachen und umgekehrt gesellschaftliche Regeln ihrerseits die Personen beeinflussen. Soziale Simulation ist in der Lage, die individuellen Besonderheiten ebenso abzubilden wie die Interaktion der Vielen. Sie bildet kommunikative Strukturen in Form sozialer Netzwerke (► Abschn. 8.5) ab. So lassen sich plausible, mit empirisch gefundener Soziodemografie und psychologischen Variablen und Prozessen übereinstimmende künstliche Gruppen oder gar Bevölkerungen generieren. Komplexe gesellschaftliche Phänomene wie nicht lineare Entwicklungen und Kipppunkte z. B. bei sozialen Innovationen (siehe unser Eingangsbeispiel der Veränderung des Rauchens) können somit durch soziale Simulation beschrieben werden.

8.6.1.3 Interaktion mit der biophysikalischen Welt

Ein die Umweltpsychologie charakterisierendes Merkmal ist es, dass sie Menschen in der Interaktion mit der biologischen und physikalischen Umwelt zu beschreiben und verstehen sucht. Diese Interaktion verursacht einerseits Effekte in der modellierten Umwelt (z. B. die globale Erwärmung des Klimas), andererseits wirken diese Verhaltenskonsequenzen wieder auf die modellierten Entscheidenden zurück und stellen die Basis für verändertes Verhalten dar (z. B. motiviert die Klimakrise viele Menschen, sich nachhaltiger zu verhalten). Soziale Simulation bietet hier die einzigartige Möglichkeit der Integration psychologischer Theorien und Befunde mit Darstellungen von natürlichen Umwelten, indem sie an naturwissenschaftliche Modelle angeschlossen werden können. Diese können sich z. B. auf biologische Prozesse beziehen (Waldökosysteme, Wachstum von Feldfrüchten, Biodiversität), auf hydrologische Prozesse (Trockenheit, Überschwemmung, die Konsequenzen für Ober- bzw. Unterlieger an einem Gewässer), auf klimatische Entwicklungen wie Hitzewellen oder andere geografische Zusammenhänge (etwa bei der Betrachtung von Mobilität oder Stadt-Land-Unterschieden). Soziale Simulation bietet sich also von umweltpsychologischer Seite hervorragend als interdisziplinäres Forschungsinstrument an.

8.6.2 Modelle, Simulation und Szenarien

Soziale Simulation ist vor allem eine strenge Methode zur Entwicklung und Testung von Theorien des Verhaltens. Damit ist sie eine die klassischen experimentellen Verfahren in der Psychologie ergänzende Methode. Sie ist insbesondere dort hilfreich, wo ein direkter experimenteller Zugang zu einem realen System nicht möglich ist, aufgrund ethischer Bedenken (man denke an einen Flugsimulator, der problematische Flugsituationen testen hilft, ohne Menschenleben zu gefährden), der Komplexität des Gegenstands oder des Zeithorizonts (wie z. B. beim Klimawandel). Die hier besprochene Methode produziert lauffähige Theorien, also solche, die selbst Verhalten zu erzeugen in der Lage sind. Hierbei unterscheiden wir zwischen Modell und Simulation.

Modell

Ein Modell ist eine zweckmäßige Repräsentation eines realen Systems, oft in Form eines lauffähigen Computermodells.

Die Realität – insbesondere die des menschlichen Verhaltens – ist zu komplex, um sie direkt in sinnvoller Weise abzubilden. Mit einer 1:1-Repräsentation ist niemandem geholfen. Das kann man sich leicht an einer Landkarte klarmachen: In ihr werden die für den Verwendungszweck der Karte wichtigen Dinge hervorgehoben und andere gar nicht dargestellt. Auf einer Straßenkarte sind die Straßen z. B viel breiter dargestellt als sie es in Wirklichkeit (z. B. auf einem Satellitenfoto) sind. Modelle sozialer Simulation sind also eine vereinfachte Repräsentation eines realen gesellschaftlichen Systems im Computer. Dabei kann, je nach Zweck, das Modell auch drastisch vereinfacht sein – so wie eine Landkarte eben auch die Landschaft stark vereinfacht darstellt.

Eine vorrangig zu klärende Frage bei der Modellbildung ist es also, den Modellzweck festzulegen. Welche Frage soll beantwortet werden? Geht es um die Testung spezifischer Hypothesen? Um die Erklärung von empirisch beobachteten Verhaltensmustern, um ein tiefer gehendes Verständnis des Systemverhaltens, ein besseres Verständnis der Wechselwirkungen zwischen verschiedenen Einheiten im Modell? Welche Aspekte des Realsystems müssen im Modell repräsentiert sein? Und welche nicht?

Wichtig ist es dabei auch, die notwendige theoretische oder empirische Basis im Blick zu behalten. Welche für das Modell nötige Annahmen sind durch psychologische Theorien gedeckt, welche durch bereits vorliegende empirische Befunde, welche Daten sollen noch eigens für das Modell erhoben werden? Entsprechend der Theorie- bzw. Datenlage und dem Modellzweck können Modelle also ganz unterschiedliche Komplexitätsgrade annehmen, von einfachen, abstrakten Modellen bis hin zu sehr umfangreichen und detaillierten Systemen.

Im Rahmen sozialer Simulation bestehen die Modelle aus den für den betrachteten Bereich wichtigen *strukturellen Einheiten* (z. B. die Personen oder Haushalte) und *Regeln* für ihre Entscheidungen und ihr Verhalten, ihre *Interaktion* (z. B. die Kommunikation über Netzwerke) sowie die *Auswirkungen des Verhaltens* auf eine simulierte Umwelt. Die Auswirkungen wiederum wirken als Situation im nächsten Zeitschritt auf die entscheidenden Einheiten zurück; dieser Prozess wiederholt sich in allen folgenden Zeitschritten. Ein Kernelement von Computermodellen sind die in Programmiersprache formulierten Regeln für die einzelnen Entscheidungen treffenden Einheiten (z. B. die simulierten Personen).

Simulation

Eine Simulation ist die Nutzung eines lauffähigen Modells zur Durchführung von Modellexperimenten (das „Laufenlassen“).

Ist das Modell einmal erstellt (und fehlerfrei), kann es auf der Basis von vorher definierten Startbedingungen (die sogenannte Initialisierung) laufen. Dazu werden zyklisch die entscheidenden Einheiten (die auch als Agenten oder Akteure bezeichnet werden) reihum bezüglich ihrer Entscheidungen und ihres Verhaltens registriert und die Konsequenzen des Verhaltens für die Umwelt berechnet. Im nächsten Schritt wiederholt sich dieser Prozess, aber die Entscheidungen werden dann auf der Basis der nunmehr veränderten Umwelt getroffen. Das kann so oft wiederholt werden, wie für den Modellzweck erforderlich.

Wie viele Akteure im Modell enthalten sind, wie detailliert sie modelliert sind und wie viele Zeitschritte das Modell läuft, hängt ganz vom Modellzweck ab. Auch die Interpretation der Zeitschritte kann unterschiedlich sein: So können die Schritte je nach Modellzweck und -interpretation jede beliebige Zeiteinheit darstellen. Eine Simulation kann sich auf die Nachbildung von Daten aus der Vergangenheit beziehen (retrospektiv) oder auf der Basis einer simulierten gegenwärtigen Situation in die Zukunft gerechnet werden (prospektiv). Dies nennt man Szenario.

Szenario

Ein Szenario (Plural: Szenarien) ist die Simulation von zukünftigen Entwicklungen, die auf der Basis von bestimmten Startbedingungen zu erwarten sind. Die Startbedingungen können dabei entweder so gut wie möglich die aktuellen Randbedingungen abbilden oder aber zusätzlich verschiedene Interventionen darstellen, um deren Effekt auf die weiteren Entwicklungen abzuschätzen.

Simulierte Szenarien dienen der Beantwortung von „Was wäre, wenn …“-Fragen. Man kann sie als Simulation einer sozialen Realität verstehen, die die Analyse verschiedener Szenarien mit simulierten Interventionen ermöglicht.

Es ist wichtig zu betonen: Szenarien sind keine Vorhersagen. Es ist prinzipiell unmöglich, eine Vorhersage der Zukunft zu machen, und das gilt umso mehr in komplexen sozialen Kontexten. In der sozialen Simulation sprechen wir daher konsequent und streng von Szenarien und nicht von Vorhersagen. (Eine Wettervorhersage wird zwar so genannt, ist aber streng genommen ein Szenario. Tatsächlich werden für diese „Vorhersage“ jeweils viele Szenarien gerechnet und ein Mittelwert daraus bestimmt. So kommt es zu Aussagen wie „40 % Regenwahrscheinlichkeit“: In 40 % der Szenarien kam es zu Regen. Letztlich kann es dann tatsächlich regnen an einem Ort oder auch nicht.) Ein Szenario zu entwerfen heißt, dass wir dem Modell erlauben, in die Zukunft weiterzurechnen auf der Basis dessen, was wir jetzt annehmen. So ist es auch möglich, eine Reihe ähnlicher Szenarien zu erzeugen, die sich in bestimmten Startannahmen (wie z. B. psychologischen Interventionen) unterscheiden. Man kann diese Szenarien ebenso als Modellexperimente betrachten mit Daten, die – genau wie bei Realexperimenten – statistisch ausgewertet werden und mit Daten aus Realexperimenten verglichen werden können. Auf diese Weise können sich Realexperimente und Modellexperimente gegenseitig befruchten: Die Modellexperimente führen zu Hypothesen, die in der Realität experimentell überprüft werden können.

8.6.3 Beispiele

Um die Methode der sozialen Simulation zu illustrieren, sollen hier zwei Modelle genauer dargestellt werden. Das erste davon ist ein extrem einfaches Beispiel, was darüber hinaus leicht selbst zu testen und auch zu verändern ist – eine Einladung zum Spielen also.

▶ Beispiel 1: Das Partymodell

Das folgende Beispiel stützt sich auf das Programm Netlogo (▶ http://ccl.northwestern.edu/netlogo/; Wilensky 1999). Es ist im Netz frei erhältlich und ermöglicht einen sehr einfachen Start in die Welt der sozialen Simulation. Netlogo enthält eine umfangreiche Beispielbibliothek aus verschiedensten Fachgebieten, die Beispiele sind jeweils gut erläutert und sofort lauffähig. Netlogo benutzt eine einfache und gut verständliche Programmiersprache, sodass die Modelle auch leicht verändert werden können und die Veränderung direkt zu beobachten ist.

Das Partymodell in der Netlogo-Beispielbibliothek (dort zu finden unter Sample Models > Social Science > Party) basiert auf dem klassischen Modell von Schelling (1978) zur Segregation, also der Trennung von Menschen nach bestimmten Attributen. Der Hintergrund bei Schelling war die zu beobachtende Trennung der Wohnviertel von Menschen nach Hautfarbe, obwohl es keinerlei dahingehende planerische Eingriffe gab. Wie konnte es dazu kommen? Wilensky (1997) überträgt die Untersuchung dieses Phänomens auf die Grüppchenbildung bei einer Party. Anscheinend stehen doch immer Leute zusammen, die einander ähneln. Wie kommt das zustande?

Das Modell fußt auf zwei sehr simplen und plausiblen Annahmen:

- Man bleibt in einer Gruppe stehen, wenn man sich dort wohlfühlt; man wechselt die Gruppe, wenn man unzufrieden ist.
- Die simulierte Zufriedenheit eines Agenten (hier: einer modellierten Person) wird über eine Toleranzschwelle gegenüber andersartigen Agenten abgebildet.

Die Forschungsfrage bezieht sich darauf, wie intolerant die simulierten Entscheidenden sein müssen, um das Segregationsphänomen zu erzeugen. Man könnte meinen, dass dazu die einzelnen Agenten sehr intolerant (in Schellings Beispiel: intolerant gegenüber Nachbarn bzw. Nachbarinnen mit anderer Hautfarbe als der eigenen) sein müssten. Darüber soll nun die Simulation Aufschluss geben. Sie erfolgt Runde für Runde in folgenden Schritten:

1. Alle Agenten werden zufällig in Gruppen eingeteilt.
2. Jeder Agent bestimmt seine Zufriedenheit anhand der Toleranzschwelle p. Ein Agent ist zufrieden, wenn höchstens p % andersartige Agenten in seiner Gruppe sind. Im Partymodell ist das trennende Attribut das Geschlecht des Agenten.
3. Unzufriedene Agenten wechseln in eine zufällig ausgewählte andere Gruppe.
4. Schritte 2 und 3 werden so lange wiederholt, bis alle Agenten zufrieden sind.

Runde für Runde bestimmt also jeder Agent seine Zufriedenheit anhand seiner Toleranzschwelle. Ist diese z. B. 30 %, so toleriert ein weiblicher Agent bis zu 30 % „andersartige" Agenten, also männliche Partygäste in der gleichen Gruppe, bevor er unzufrieden wird und die Gruppe wechselt. Ist er zufrieden (überschreitet also der Anteil der männlichen Gruppenmitglieder nicht die 30 %ige Toleranzschwelle des weiblichen Agenten), bleibt er einfach. Geht der Agent, hat das nicht nur zur Folge, dass er sein Glück in einer neuen Gruppe sucht, sondern auch zwei andere Dinge: Der Prozentsatz der simulierten Männer und Frauen in den beiden Gruppen verändert sich – sowohl in der, die der Agent verließ, als auch der in der neuen Gruppe. Jede Wanderung verändert also die relativen Anteile der Geschlechter in den Gruppen und löst unter Umständen neue Wanderungen aus. Das geht so lange, bis sich ein Gleichgewicht eingependelt hat. Der Grad der Segregation in diesem Endzustand emergiert aus der Interaktion der Agenten untereinander und hängt direkt von deren Toleranzschwelle p ab.

In der Simulation kann die Toleranzschwelle frei gewählt werden. Das eignet sich, um Simulationsexperimente mit verschiedenen Schwellen durchzuführen. Finden wir also die Trennung in Grüppchen erst bei sehr intoleranten Agenten, d. h. bei einer niedrigen Toleranzschwelle? Tatsächlich finden wir bei einer Toleranzschwelle von 25 %, dass sich eine vollständige Trennung der Gruppen in wenigen Runden ergibt (◘ Abb. 8.2). Dort duldet ein Agent also nur ein Viertel andersartiger Agenten in seiner Gruppe. So etwas könnte man erwarten: Intoleranz führt zu Segregation. Was passiert also, wenn wir die Toleranz deutlich erhöhen? Es ist überraschend: Bei 50 % Toleranzschwelle (jeder Agent toleriert bis zur Hälfte der Gruppengröße Agenten mit anderem Attribut) sind zwar schon beim Start etwa 70 % der Agenten glücklich und bleiben in ihren Gruppen. Die Unzufriedenen wandern aber los und siehe da – am Ende stehen wieder vollständig homogene Gruppen. Wie tolerant müssen denn die Agenten noch sein, dass das nicht passiert? Das lässt sich leicht mit Netlogo herausfinden. ◄

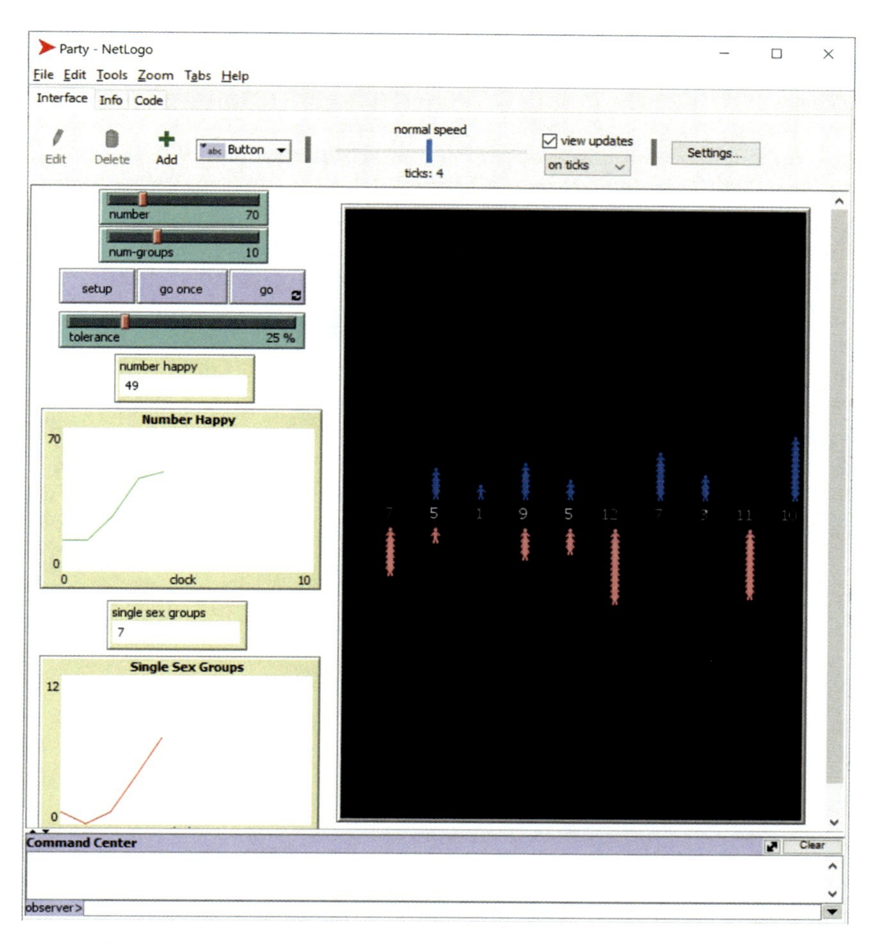

◘ **Abb. 8.2** Das Partymodell in Netlogo. (Wilensky 1997) nach vier Runden. Bei einer Toleranzschwelle von 25 % hat sich schon die Mehrzahl der Gruppen (7 von 10) vollständig segregiert. Nach wenigen weiteren Runden ist die ganze Party in homogene Gruppen aufgeteilt

In dem Beispiel zeigt sich, wie schon bei einfachsten Regeln die Interaktion der vielen simulierten Entscheidenden zu emergenten Phänomenen (▶ Abschn. 2.2) führt. Die Regeln können nun auf einfachste Weise variiert werden, um weitere Forschungsfragen zu beantworten. Das ist das Prinzip der sozialen Simulation.

Für wissenschaftliche Anwendungen von sozialer Simulation gibt es unzählige Beispiele (einen guten Einstieg in die Vielfalt gibt es im *Journal of Artificial Societies and Social Simulation*, JASSS: ▶ http://jasss.soc.surrey.ac.uk/JASSS.html). Zu den besonders einflussreichen frühen Simulationen zählen die künstliche Gesellschaft Sugarscape (Epstein und Axtell 1996) oder das darauf basierende Anasazi-Modell, was eine archäologische Fragestellung mit der Methode der sozialen Simulation angeht (Gumerman et al. 2003).

Soziale Simulation kann hervorragend zur Testung von Theorien in ihrer Gesamtheit genutzt werden, wie z. B. zur Testung des ELM-Modells (Petty und Cacioppo 1986) durch Mosler und andere (1998) und darauf aufbauend die Simulation des Einflusses von Minoritäten in Gruppen (Mosler 2006). Janssen und Baggio (2017) bedienen sich sozialer Simulation, um verschiedene verhaltenstheoretische Annahmen gegen empirische Daten zur Kooperation in einer Situation der Wasserknappheit zu testen.

Eine im engeren Sinn umweltpsychologische Simulationen ist z. B. der „Consumat“ (Jager 2000), der ein einfaches Modell des Konsumverhaltens darstellt und verschiedene empirische Anwendungen gefunden hat. Ernst (2002) simuliert das Verhalten in einem ökologisch-sozialen Dilemma. Ein anderes umfangreiches Modell simuliert die Wassernutzung, wasserbezogene Risikowahrnehmung und Innovationsausbreitung auf Basis der Theory of Planned Behavior im Bereich der Oberen Donau (Ernst et al. 2008; Schwarz und Ernst 2008, 2009). Es beinhaltet die Anbindung an einen großen naturwissenschaftlichen Modellkomplex. Weitere umweltpsychologische Modelle sind z. B. die Entwicklung der Akzeptanz bei der Endlagersuche für atomaren Müll (Stefanelli und Seidl 2017), Carsharing in Berlin (Schröder und Wolf 2017) oder Hilfeleistung bei Hitzewellen (Krebs 2017).

Zum Abschluss soll noch ein komplexeres Beispiel vorgestellt werden, was die Möglichkeiten eines empirisch umfangreich fundierten Modells zeigt.

▶ Beispiel 2: Ein Modell der Ausbreitung des Bezugs von Ökostrom

Vom Ökostromanbieter EWS (Elektrizitätswerke Schönau) war bereits in ▶ Abschn. 4.4.2 die Rede. Das SPREAD-Modell (Ernst und Briegel 2017; Ernst et al. 2014) simuliert die Ausbreitung des Bezugs von EWS-Ökostrom in Deutschland. Das Besondere ist hierbei, dass eine psychologische Simulation nach Zeit und geografischem Raum ausdifferenzierte Ergebnisse liefert. Das Ziel des Modells ist es, die räumliche Innovationsdiffusion zu reproduzieren, die in den von den EWS zur Verfügung gestellten (anonymisierten) Daten von Kundinnen und Kunden beobachtet wurde.

Die Agenten im SPREAD-Modell verfügen über Wahrnehmung, ein Gedächtnis und adaptive einfache Lernalgorithmen. Die Entscheidungsfindung kann je nach Situation deliberativ (also in einem tiefen Entscheidungsprozess), heuristisch oder als Gewohnheit erfolgen, also mit unterschiedlicher Tiefe der simulierten kognitiven Verarbeitung. Die berücksichtigten Ziele sind dabei Umweltorientierung, Kostenminimierung, soziale Konformität sowie wahrgenommene Zuverlässigkeit des Stromversorgers. Die Agenten sind des Weiteren über soziale Netzwerke miteinander verbunden.

In das Modell geht eine Vielzahl von Daten ein, wie z. B umfangreiche empirische Daten über die psychologischen Eigenschaften der zu simulierenden Akteure (Präferenzen, Entscheiden, Handeln in Bezug auf Ökostrom) je nach gesellschaftlichem Milieu, unterschiedliche Netzwerkgrößen und -eigenschaften je nach Milieu oder die Entwicklung der Grau- und Ökostrompreise. Besonders wichtig ist die räumliche Verortung der Milieus der Agenten, die auf den SINUS-Milieus (Sinus Sociovision 2005; Microm 2015) beruht (siehe zu den SINUS-Milieus auch ▶ Abschn. 4.4.3).

Das Modell enthält mehr als 300.000 Agenten, von denen jeder eine Anzahl von Haushalten eines bestimmten Typs repräsentiert. Zwischen ihnen befinden sich mehr als 3,5 Mio. Netzwerkkanten, über die die Agenten mit ihren Netzwerknachbarn kommunizieren. So können sie auch lernen, welchen Stromversorger die anderen Agenten haben, und werden u. U. angeregt, ihren eigenen Stromversorger nach ihren Präferenzen zu überprüfen.

◘ Abb. 8.3 zeigt eine Momentaufnahme während eines SPREAD-Laufs. Die Größe des roten Kreises um einen Ort ist proportional zur Anzahl der EWS-Kunden zum simulierten Zeitpunkt in dem Ort. Das Modell weist auf räumlich aggregierter Ebene eine einigermaßen gute Übereinstimmung mit der tatsächlichen Entwicklung der EWS-Kundschaft über die Zeit auf. Insbesondere kann es das Phänomen replizieren, welches man hierarchische Diffusion nennt: Eine Neuerung springt schneller von einer Großstadt in eine andere, als dass sie sich im Umland flächig ausbreitet. Hierfür sind die materiell besser gestellten umweltfreundlichen Milieus verantwortlich, die überwiegend in Städten zu Hause sind. Aber es gibt auch charakteristische Abweichungen, die auf unzureichende Berücksichtigung von bestimmten Faktoren im Modell hinweisen (andere Anbieter, Preisunterschiede der Anbieter u. a.). ◀

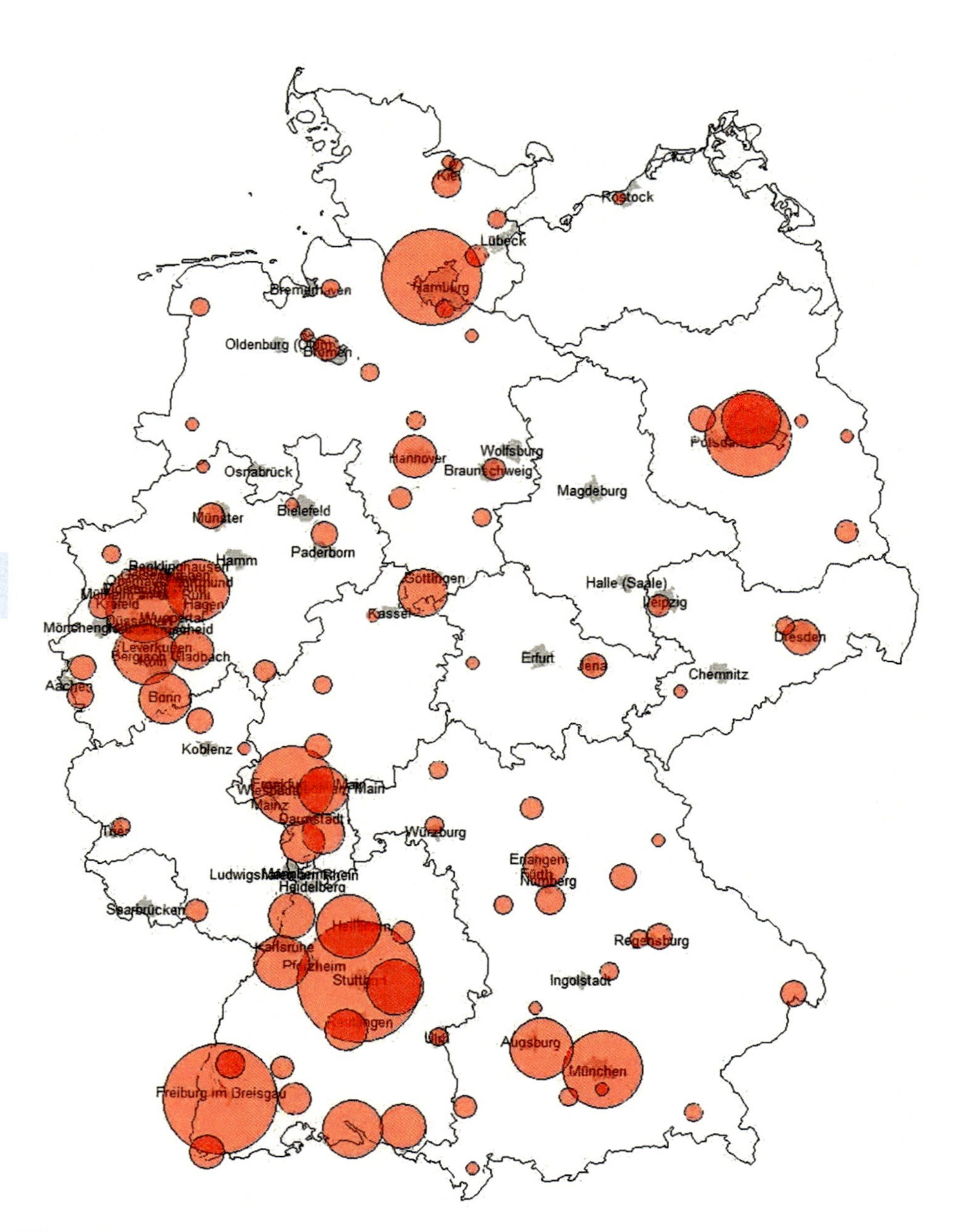

Abb. 8.3 Aufnahme während eines Laufs im SPREAD-Modell zur Ausbreitung von Ökostrom. (Ernst und Briegel 2017, S. 189; mit freundlicher Genehmigung von Elsevier BV)

8.7 Analyse von Big Data

Der Begriff Big Data – frei übersetzt „große Datenmengen“ – ist seit einigen Jahren in aller Munde. Kein Wunder, ermöglichen die schieren Datenmassen, die das Internet und die mit ihm verbundenen Technologien und Menschen bieten, doch nahezu Unerschöpfliches (und leider auch Missbräuchliches). Für die Umweltpsychologie kann die Analyse von Big Data an der Stelle interessant werden, an der diese Daten Aufschluss über psychologische Prozesse geben, deren Randbedingungen und Verortung in gesellschaftlichen Debatten liegt. So kann z. B. die Analyse von Tweets und Hashtags in Twitter bzw. X genutzt werden, um kommunikative Prozesse oder Verhaltensabsichten zu untersuchen. Murphy (2017) hat hierfür eine Art „Kochbuch“ geschrieben, mittels dessen man eine Schritt-für-Schritt Analyse von Twitter-Daten vollziehen kann. Wir wollen uns hier auf ein paar exemplarische Befunde beziehen, die sowohl das Potenzial als auch die Grenzen der Analyse von solchen Daten aufzeigen.

Ein anschauliches Beispiel zeigt, welche Rolle Vorbilder (in diesem Fall Leonardo DiCaprio, der in seiner Oscarrede 2016 ein flammendes Plädoyer für Klimaschutz gehalten hat) in der Debatte um den Klimawandel spielen können. Leas et al. (2016) untersuchten, wie oft Begriffe wie „,Klimawandel“ oder „globale Erwärmung“ über Google gesucht und via Twitter getweetet wurden. Sie fanden, dass diese Begriffe am Tag der Rede von Leonardo DiCaprio sehr viel häufiger getweetet wurden als z. B. am sogenannten Earth Day oder bei der Weltklimakonferenz COP 2015 in Paris – trotz vergleichbar prominenter Behandlung dieser Themen in klassischeren Nachrichtenportalen. Ähnlich sah es mit Google-Suchen aus. Besonders spannend an diesen Befunden war, dass sich dieses Muster vor allem in sozialen Medien, nicht aber auf globalen Nachrichtenseiten zeigte (siehe ◘ Abb. 8.4).

In ähnlicher Weise lassen sich auch Zusammenhänge zwischen verschiedenen psychologischen Konzepten über solche Analysen abbilden. Merle et al. (2019) haben z. B. untersucht, inwiefern der Begriff des *„global citizen“* (als Begriff für globale Identität, ► Abschn. 4.2.3) in Twitter genutzt wird und ob die Nutzung dieses Begriffs mit Inhalten verbunden ist, die im Kontext Nachhaltigkeit und Umweltschutz relevant sind. Dazu wurden über einen Zeitraum von 6 Monaten alle Tweets heruntergeladen, in denen der Hashtag „#globalcitizen“ vorkam. Anschließend wurden die Tweets aufbereitet und analysiert. Auf Grundlage von rund 35.000 englischsprachigen Tweets konnten die Forschenden zeigen, dass zusammen mit #globalcitizen vor allem andere Hashtags kommuniziert wurden, die mit Nachhaltigkeitsthemen und globalen Herausforderungen assoziiert waren (z. B. #hlpwater, #globalgoals oder #refugeeswelcome). Unter den Wörtern, die besonders häufig im Zusammenhang mit #globalcitizen genannt wurden, fanden sich wiederum besonders häufig solche, die unmittelbar mit Natur und Umwelt sowie Gerechtigkeit assoziiert waren. Diese Befunde zeigen also, dass ein Konzept wie globale Identität nicht nur im theoretischen Raum als Konzept dient, sondern auch in der Alltagskommunikation Anwendung findet. Genauso lässt sich analysieren, inwiefern Kampagnen wie etwa die des „#plasticfreeJuly“ rezipiert und verbreitet werden sowie welche Handlungsorientierungen (z. B. Boycott vs. Buycott) sich daraus ergeben können (Heidbreder et al. 2021).

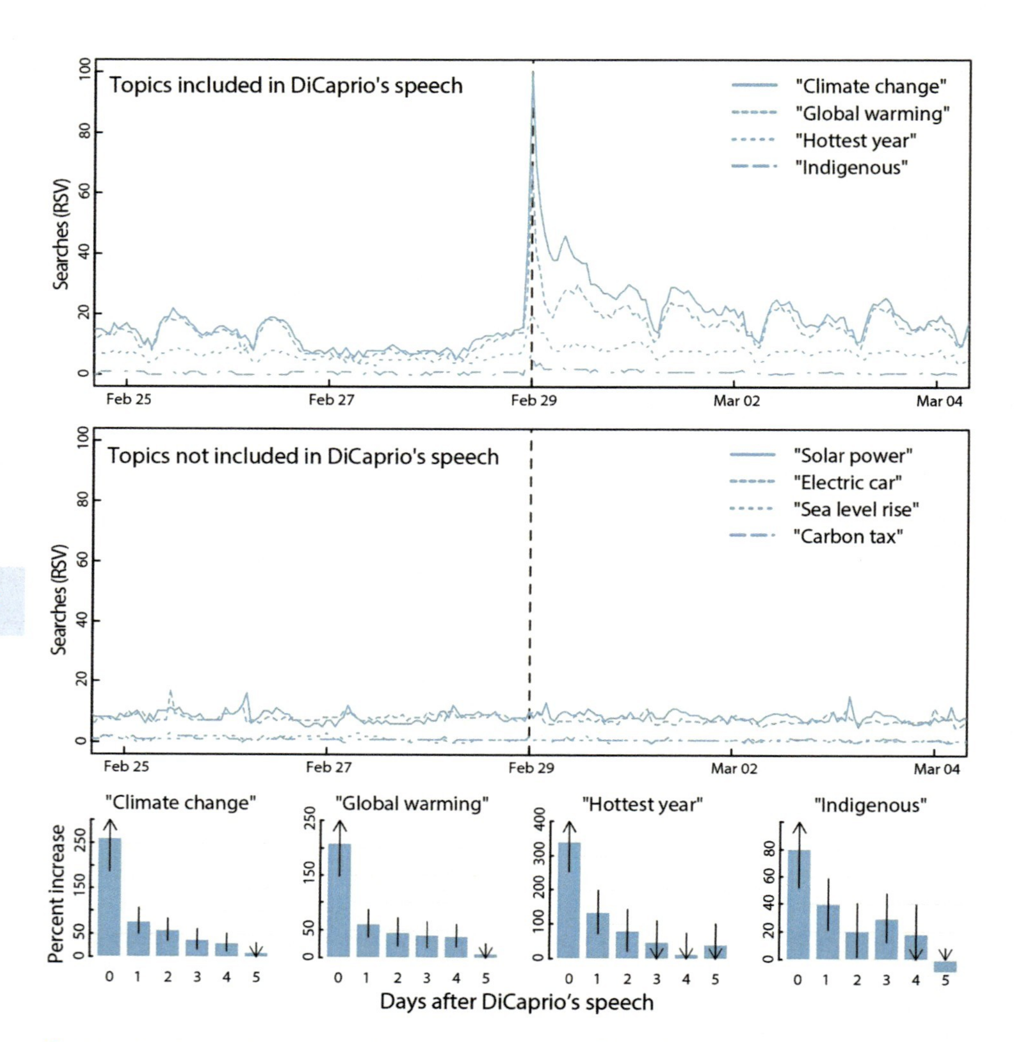

Abb. 8.4 Google-Suchen nach DiCaprios Oscarrede im Vergleich zu anderen Klimaschutzereignissen. (Leas et al. 2016, S. 5; mit freundlicher Genehmigung, CC BY)

Mit Analysen von Twitter-Daten lassen sich auch emotionale Reaktionen erfassen. Mithilfe sogenannter Sentiment-Analysen können Tweets (und Texte allgemein) hinsichtlich ihrer allgemeinen Valenz beurteilt werden. Sprich: Sind die Tweets eher positiv, eher negativ oder eher neutral. Für eine solche Analyse werden in der Regel bestehende Lexika zu Grunde gelegt, deren Wörter auf Dimensionen wie Valenz oder auch in Bezug auf konkrete Emotionen (z. B. Freude, Ärger) beurteilt wurden. So wurde etwa in der Studie von Merle und Kollegen (2019) gezeigt, dass Tweets, die #globalcitizen beinhalteten, im Mittel mit positiverer Stimmung der Tweets einhergingen – möglicherweise ein Hinweis für die „Empowerment"-Funktion, die eine solche globale Identität haben könnte.

Mit Hilfe solcher Sentimentanalysen lassen sich weitere umweltpsychologisch sehr spannende Fragen beantworten. In einer sehr illustrativen Studie gingen Lim et al. (2018) der Frage nach, ob sich Befunde zum Naturerleben auch in alltäglicher Kommunikation via Twitter widerspiegeln. Die Forschenden untersuchten, ob Menschen, die sich in einer natürlichen oder naturnahen Umgebung aufhalten, positiverer Stimmung sind als solche, die sich in urbaner Umgebung aufhalten. Dies sollte sich im *sentiment* – also der Stimmung – der Tweets ausdrücken. In der Tat zeigte sich, dass Tweets, die aus naturnahen Arealen abgegeben wurden (z. B. aus städtischen Parks) signifikant positivere Inhalte hatten als Tweets, die in bebauten Bereichen abgeschickt wurden. Solche Befunde sind gerade vor dem Hintergrund zunehmender Flächenversiegelung und Zugang zu Grünflächen wichtig – vor allem, da naturnahe Umgebungen wie etwa Parks einen positiven Einfluss auf unser Wohlbefinden haben (Hartig et al. 2014; Lee und Maheswaran 2011).

Zusammengenommen deuten diese Studien exemplarisch darauf hin, dass mit ausgefeilter Methodik bis dato schwierig zu untersuchende Zusammenhänge sehr gut abgebildet werden können. Die Analyse von Inhalten sozialer Netzwerke ist vor allem sinnvoll, da diese ein sehr reelles und alltagsrelevantes Setting bieten, fernab kontrollierter und zum Teil artifizieller Umgebungen, in denen psychologische Experimente häufig ablaufen. Letztlich ist es eine Kombination aus verschiedenen Methoden, die umfassende Einblicke in umweltpsychologische Prozesse bietet. Allerdings hat diese Methodik auch Grenzen. Wir wissen etwa nicht, inwiefern die Onlinekommunikation über Themen wie Klimawandel mit tatsächlichem Verhalten im Alltag korrespondiert. Zudem beschränkt sich der Großteil der bisherigen Forschung in dem Bereich auf englischsprachige Suchbegriffe und Hashtags, sodass, wie in anderer kulturell verzerrter Forschung, eine Generalisierung auf andere Kulturen nur schwer möglich ist. Dennoch deuten die bisherigen Befunde darauf hin, dass diese innovative Methodik neue Einblicke in psychologische und vor allem kommunikative Prozesse geben kann.

8.8 Virtual Reality

Abschließen möchten wir das Kapitel mit einer erst seit Kurzem verfügbaren Technologie – zumindest in einer Form verfügbar, dass sie für die Umweltpsychologie an Relevanz gewinnt. Unter *virtueller Realität* (Virtual Reality; VR) wird im Allgemeinen die Darstellung und Wahrnehmung von sowie die Interaktion mit einer computergenerierten, virtuellen Umgebung verstanden. Um dabei eine möglichst starke Immersion – also Realitätsnähe – zu schaffen, tragen Nutzende sogenannte VR-Brillen (siehe ◘ Abb. 8.5). In einigen Bereichen der Psychologie werden bereits seit längerem VR-Umgebungen genutzt und es hat sich gezeigt, dass die mit VR gemachten Erfahrungen tatsächlich Einstellungen und Verhalten beeinflussen (Blascovich und Bailenson 2011). So können VR-Umgebungen Menschen etwa dabei helfen, besser mit Panikstörungen oder Phobien umzugehen (Carl et al. 2019), aber auch Vorurteile verringern, wenn man sich z. B. in einen Avatar anderer Hautfarbe hineinversetzt (Peck et al. 2013). Ohne den Anspruch auf Vollständigkeit zu erheben, fallen in der Umweltpsychologie sofort drei Bereiche auf, in denen eine

Abb. 8.5 VR-Studien sind aufwendig, ermöglichen den Versuchsteilnehmenden aber eine starke Immersion. (Foto von Matthew Henry, negativespace.co)

VR-Umgebung genutzt werden kann: erstens, um Effekte von Natur auf Wohlbefinden, Gesundheit und Stress zu untersuchen. Zweitens, um Umweltwissen zu vermitteln und Umwelthandeln zu motivieren. Und drittens, um die Wahrnehmung und Nutzung von Gebäuden (sogenannte *usability studies*) zu untersuchen.

Die grundlegende methodische Herangehensweise von umweltpsychologischer VR-Forschung ist, dass Versuchsteilnehmende mittels technischer Erweiterungen wie VR-Brillen oder anderen immersiven Darstellungsmethoden virtuelle Umgebungen präsentiert bekommen. Diese Bedingungen werden dann z. B. mit weniger immersiven Darbietungsformen (z. B. Betrachtung von Fotos auf normalen Computerbildschirmen) verglichen. Alternativ lässt sich etwa in Studien zum Effekt von Natur auf Wohlbefinden eine VR-Naturumgebung mit einer urbanen VR-Umgebung (oder auch einer realen Umgebung) vergleichen. Mittels Prä-post-Design (d. h., dass sowohl vor als auch nach der Intervention bestimmte Indikatoren für Wohlbefinden gemessen werden) wird untersucht, welche Umgebungen zu mehr oder weniger Wohlbefinden führen. Hier werden dann z. B. Fragebögen verwendet, um das Stresslevel vor und nach einer VR-Intervention zu untersuchen. Im Folgenden stellen wir einige exemplarische Studien dar, die verschiedene dieser Untersuchungsdesigns anwenden.

Wie in ► Abschn. 3.1 geschildert, haben natürliche Umgebungen aus verschiedenen Gründen einen positiven Einfluss auf Wohlbefinden und können Stress sowie andere gesundheitliche Indikatoren zum Positiven beeinflussen. Neben dem einfachen Betrachten von Naturbildern in Laborexperimenten können Menschen in eine virtuelle, naturnahe Umgebung versetzt werden, um die entsprechenden Effekte zu untersuchen. So konnten etwa Tanja-Dijkstra et al. (2018) zeigen, dass eine VR-Küstenlandschaft im Vergleich zu einer urbanen VR-Umgebung zu weniger wahrgenommenen Schmerzen bei einer Zahnbehandlung führte. Eine ähnliche Studie zu chronischem Schmerz konnte zeigen, dass ein „meditativer VR-Spaziergang" durch Natur Schmerzempfinden verringerte im Vergleich zu einer

VR-freien Achtsamkeitsübung (Gromala et al. 2015). In Bezug auf Stressreduktion zeigte sich, dass eine visuelle Darbietung von Natur zu stärkeren Effekten führte, wenn die Darbietung besonders immersiv (versus weniger immersiv) war (de Kort et al. 2006). Während diese exemplarischen Studien darauf hindeuten, dass VR-Nutzung einen positiven Einfluss auf Stresserleben und Wohlbefinden haben kann, fehlt es bisher doch an systematischen Studien, die etwa analysieren, welche Art von Natur zu welchen Effekten führt. Auch ist bisher unklar, ob VR per se zu stärkeren Effekten führt als z. B. das reine Betrachten von Naturbildern – hier bietet die Studie von de Kort et al. (2006) einen ersten Ansatzpunkt.

Erste Studien deuten allerdings darauf hin, dass immersive VR-Naturerlebnisse ähnliche Effekte auf unser Wohlbefinden ausüben können wie Naturerlebnisse in physischer Natur. Dies könnte vor allem für Menschen relevant sein, die keinen direkten Zugang zu physischer Natur haben, z. B Menschen, die aufgrund von Krankheit oder Mobilitätsbeeinträchtigungen nicht selbst hinausgehen können. Mattila et al. (2020) zeigten etwa, dass ein virtueller Waldspaziergang zu positiverer Stimmung, mehr Erholung und geringerem Stresserleben führte. Sie vergleichen diese Daten mit Befunden von Spaziergängern und Spaziergängerinnen, die in physischen Wäldern unterwegs waren, und zeigten, dass virtuelle Umwelten ähnlich erholsam wirken wie physische. In einer Studie von Reese et al. (2022) wurden Versuchsteilnehmende in einem Experiment einer von zwei Bedingungen zugeordnet: einem Spaziergang durch einen Stadtwald oder einem virtuellen Spaziergang durch eine immersive Waldumgebung, die dem Stadtwald sehr ähnelte. Hier deuten die Befunde darauf hin, dass beide Umwelten zu einer positiveren Stimmung beitrugen und als ähnlich erholsam wahrgenommen wurden, wenngleich die Effekte in der physischen Natur etwas stärker waren. In einer weiteren Studie zeigten Reese et al. (2021), dass ein VR-Strandspaziergang den wahrgenommenen Stress verringern konnte – allerdings nur, wenn sich die Versuchspersonen leiten ließen, und nicht, wenn sie selbst in der VR-Umgebung agieren sollten. Wenngleich die Forschung zu Effekten virtueller Umwelten auf menschliches Wohlbefinden noch in den Kinderschuhen steckt, weisen mehr und mehr Befunde darauf hin, dass virtuelle Umwelten für Erholungszwecke durchaus genutzt werden können (für Überblicksarbeiten siehe Frost et al. 2022).

Bis dato gibt es nur erste und zudem uneindeutige Evidenz, dass die Wahrnehmung und das Erleben von Natur in einer VR-Umgebung Wissen, Einstellungen und Verhalten fördern können. So scheint z. B. die Betrachtung eines Naturvideos Naturverbundenheit zu erhöhen – allerdings unabhängig davon, ob dieses Video immersiv mittels VR-Brille oder über einen Monitor dargeboten wurde (Soliman et al. 2017). Schutte et al. (2017) verglichen in ihrer VR-Studie eine Natur- und eine urbane Umgebung und konnten zeigen, dass Versuchsteilnehmende nach einer VR-Naturerfahrung positiver gestimmt waren und angaben, erholter zu sein als Versuchsteilnehmer nach einer VR-Stadterfahrung (siehe auch Yu et al. 2018). Sprich: Es deutet einiges darauf hin, dass sich die klassischen Effekte von Natur auf Wohlbefinden und Gesundheit auch in VR-Umgebungen replizieren lassen. Inwiefern diese VR-Umgebungen allerdings stärkere Effekte auf unsere Psyche haben als etwa das bloße Betrachten von Bildern, ist bis dato noch nicht abschließend geklärt.

Die Frage, ob VR-Erlebnisse unsere Einstellungen und Verhaltenstendenzen in Bezug auf Umwelt- und Naturschutz fördern können, lässt sich bisher kaum beantworten. Allerdings gibt es einzelne vielversprechende Studien, die den Einsatz von VR in der Umweltbildung zumindest sinnvoll erscheinen lassen. Basierend auf der Annahme, dass das multisensorische Erlebnis innerhalb einer VR-Umgebung kognitive Verarbeitung verbessert (Ragan et al. 2012), untersuchten Markowitz et al. (2018) VR als ein mögliches Bildungsmedium. In einer Reihe von Studien gaben sie ihren Probandinnen und Probanden die Möglichkeit, sich in einer Unterwasserwelt über die Übersäuerung der Meere zu informieren. Dies führte tatsächlich dazu, dass die Teilnehmenden ein besseres Verständnis dieses komplexen Themas erlangten und zum Teil positivere Einstellungen gegenüber der Umwelt entwickelten. Wenngleich hier keine Kontrollgruppen oder längerfristigen Effekte untersucht wurden, zeigt es doch, dass die stetige Weiterentwicklung der VR-Umgebungen eine realitätsnahe Methode sein kann, um etwa Umweltveränderungen sichtbar und erlebbar zu machen – auch schon bevor sie tatsächlich eintreten.

Schließlich lässt sich als drittes Anwendungsfeld die Stadt- und Architekturpsychologie ins Feld führen. Auch hier gibt es bis dato eine überschaubare Forschungsliteratur, was möglicherweise in der bis vor Kurzem unzureichenden Realitätsnähe und Verfügbarkeit von VR-Technologie begründet ist. In sogenannten Nutzbarkeitsstudien können VR-Umgebungen sinnvoll sein, um z. B. vor einer Nutzung eines geplanten Gebäudes ein Gefühl für dessen Repräsentation und Ausmaß zu bekommen (Kuliga et al. 2015). Hier zeigt sich etwa, dass virtuelle Modelle von Gebäuden weitestgehend ähnlich bewertet wurden wie die tatsächlichen Gebäude, mit leichten Unterschieden in Bezug auf die erlebte Atmosphäre. Für Architektur, Bau und Ingenieurwesen sind digitale und seit einiger Zeit virtuelle Umgebungen in den Fokus gerückt, um schon bei der Planung und Kommunikation etwaige Rückmeldungen der Nutzenden einholen zu können (Heydarian et al. 2015).

Literatur

Albert, R., & Barabási, A. L. (2002). Statistical mechanics of complex networks. *Reviews of Modern Physics, 74*(1), 47.

Bamberg, S. (2013). Applying the stage model of self-regulated behavioral change in a car use reduction intervention. *Journal of Environmental Psychology*, *33*, 68–75.

Barabási, A.L. & Albert, R. (1999). Emergence of Scaling in Random Networks. *Science, 286*, 509–512.

Beattie, G., & McGuire, L. (2012). See no evil? Only implicit attitudes predict unconscious eye movements towards images of climate change. *Semiotica*, *2012*(192), 315–339.

Blascovich, J., and Bailenson, J. N. (2011). *Infinite Reality: Avatars, Eternal Life, New Worlds, and the Dawn of the Virtual Revolution.* New York, NY: Harper Collins

Brandes, U. & Erlebach, T. (Eds.) (2005). *Network Analysis.* Berlin: Springer.

Brockmann, D. (2020). Digitale Epidemiologie. *Bundesgesundheitsblatt – Gesundheitsforschung – Gesundheitsschutz, 63*(2), 166–175.

Carl, E., Stein, A. T., Levihn-Coon, A., Pogue, J. R., Rothbaum, B., Emmelkamp, P., ... & Powers, M. B. (2019). Virtual reality exposure therapy for anxiety and related disorders: A meta-analysis of randomized controlled trials. *Journal of Anxiety Disorders*, *61*, 27–36.

Clauset, A., Shalizi, C.R., & Newman, M.E.J. (2009). Power-law distributions in empirical data. *SIAM Review 51*, 661–703. https://doi.org/10.1137/070710111

De Houwer, J. (2003). The Extrinsic Affective Simon Task. *Experimental Psychology, 50*, 2, 77–85. https://doi.org/10.1026/1618-3169.50.2.77

De Kort, Y., Meijnders, A. L., Sponselee, A. A. G., & Ijsselsteijn, W. A. (2006). What's wrong with virtual trees? Restoring from stress in a mediated environment. *Journal of Environmental Psychology*, *26*(4), 309–320.

Döring, N., & Bortz, J. (2016). *Forschungsmethoden und Evaluation.* Wiesbaden: Springer.

Epstein, J. M., & Axtell, R. (1996). *Growing artificial societies: social science from the bottom up.* Brookings Institution Press.

Erdős, P. & Rényi, A. (1959). On Random Graphs. I. *Publicationes Mathematicae, 6*, 290–297.

Ernst, A. (2002). Modellierung der Trinkwassernutzung bei globalen Umweltveränderungen – Erste Schritte. *Umweltpsychologie, 6*(1), 62–76.

Ernst, A. (2009). Interaktion, Dynamik, Raum – Komplexe agentenbasierte Modelle in der Umweltpsychologie. *Umweltpsychologie, 13*, 1, 84–98.

Ernst, A. (2010). Social simulation: A method to investigate environmental change from a social science perspective. In Gross, M. & Heinrichs, H. (Eds.), *Environmental Sociology: European Perspectives and Interdisciplinary Challenges* (pp. 109–122). Berlin: Springer.

Ernst, A. & Briegel, R. (2017). A dynamic and spatially explicit psychological model of the diffusion of green electricity across Germany. *Journal of Environmental Psychology, 52*, 183–193. https://doi.org/10.1016/j.jenvp.2016.12.003

Ernst, A., Schulz, C., Schwarz, N. & Janisch, S. (2008). Modelling of water use decisions in a large, spatially explicit, coupled simulation system. In B. Edmonds, C. Hernández, K. Troitzsch (Eds.), *Social Simulation Technologies: Advances and New Discoveries.* Idea Group Inc., Hershey.

Ernst, A., Welzer, H., Briegel, R., David, M., Gellrich, A., Schönborn, S. & Kroh, J. (2014). *Scenarios of Perception of Reaction to Adaptation. Abschlussbericht zum Verbundprojekt SPREAD (CESR Paper 8).* Kassel University Press: Kassel.

Fazio, R. H., Jackson, J. R., Dunton, B. C., & Williams, C. J. (1995). Variability in automatic activation as an unobtrusive measure of racial attitudes: A bona fide pipeline? *Journal of Personality and Social Psychology, 69*(6), 1013–1027. https://doi.org/10.1037/0022-3514.69.6.1013

Frost, S., Kannis-Dymand, L., Schaffer, V., Millear, P., Allen, A., Stallman, H., ... & Atkinson-Nolte, J. (2022). Virtual immersion in nature and psychological well-being: A systematic literature review. Journal of Environmental Psychology, 80, 101765.

Gawronski, B. (2009). Ten frequently asked questions about implicit measures and their frequently supposed, but not entirely correct answers. *Canadian Psychology/Psychologie Canadienne, 50*(3), 141.

Greenwald, A. G., McGhee, D. E., & Schwartz, J. L. (1998). Measuring individual differences in implicit cognition: the implicit association test. *Journal of Personality and Social Psychology, 74*(6), 1464.

Gromala, D., Tong, X., Choo, A., Karamnejad, M., & Shaw, C. D. (2015, April). The virtual meditative walk: virtual reality therapy for chronic pain management. In *Proceedings of the 33rd Annual ACM Conference on Human Factors in Computing Systems* (pp. 521–524). ACM.

Gumerman, G. J., Swedlund, A. C., Dean, J. S., & Epstein, J. M. (2003). The evolution of social behavior in the prehistoric American southwest. *Artificial life*, *9*(4), 435–444. https://doi.org/10.1162/106454603322694861

Hartig, T., Mitchell, R., De Vries, S., & Frumkin, H. (2014). Nature and health. *Annual Review of Public Health, 35*, 207–228.

Heidbreder, L. M., Lange, M., & Reese, G. (2021). # PlasticFreeJuly – analyzing a worldwide campaign to reduce single-use plastic consumption with twitter. *Environmental Communication, 15*(7), 937–953.

Hennig, M., Brandes, U., Pfeffer, J. & Mergel, I. (2012). *Studying social networks. A guide to empirical research.* Frankfurt: Campus.

Heydarian, A., Carneiro, J. P., Gerber, D., Becerik-Gerber, B., Hayes, T., & Wood, W. (2015). Immersive virtual environments versus physical built environments: A benchmarking study for building design and user-built environment explorations. *Automation in Construction, 54*, 116–126.

Jager, W. (2000). *Modelling Consumer Behaviour*. Groningen, NL: Groningen University Press.

Jager, W., & Ernst, A. (2017). Introduction of the special issue: „Social simulation in environmental psychology". *Journal of Environmental Psychology, 52*, 114–118.

Janssen, M. A., & Baggio, J. A. (2017). Using agent-based models to compare behavioral theories on experimental data: Application for irrigation games. *Journal of Environmental Psychology, 52*, 194–203.

Karpinski, A., & Hilton, J. L. (2001). Attitudes and the implicit association test. *Journal of Personality and Social Psychology, 81*(5), 774.

Kohlberg, L. (1976). Moral stages and moralization. *Moral development and behavior*, 31–53.

Krebs, F. (2017). Heterogeneity in individual adaptation action: Modelling the provision of a climate adaptation public good in an empirically grounded synthetic population. *Journal of Environmental Psychology, 52*, 119–135.

Kuliga, S. F., Thrash, T., Dalton, R. C., & Hölscher, C. (2015). Virtual reality as an empirical research tool – Exploring user experience in a real building and a corresponding virtual model. *Computers, Environment and Urban Systems, 54*, 363–375.

Leas, E. C., Althouse, B. M., Dredze, M., Obradovich, N., Fowler, J. H., Noar, S. M., ... & Ayers, J. W. (2016). Big data sensors of organic advocacy: the case of Leonardo DiCaprio and climate change. *PloS one, 11*(8), e0159885. https://doi.org/10.1371/journal.pone.0159885

Lee, A. C., & Maheswaran, R. (2011). The health benefits of urban green spaces: a review of the evidence. *Journal of Public Health, 33*(2), 212–222.

Lim, K. H., Lee, K. E., Kendal, D., Rashidi, L., Naghizade, E., Winter, S., & Vasardani, M. (2018, April). The grass is greener on the other side: Understanding the effects of green spaces on Twitter user sentiments. In *Companion of the The Web Conference 2018 on The Web Conference 2018* (pp. 275–282). International World Wide Web Conferences Steering Committee.

Markowitz, D. M., Laha, R., Perone, B. P., Pea, R. D., & Bailenson, J. N. (2018). Immersive virtual reality field trips facilitate learning about climate change. *Frontiers in Psychology, 9*, 2364.

Mattila, O., Korhonen, A., Pöyry, E., Hauru, K., Holopainen, J., & Parvinen, P. (2020). Restoration in a virtual reality forest environment. *Computers in Human Behavior, 107*, 106295.

Meissner, F., Grigutsch, L. A., Koranyi, N., Müller, F., & Rothermund, K. (2019). Predicting behavior with implicit measures: Disillusioning findings, reasonable explanations, and sophisticated solutions. Frontiers in Psychology, 10, 2483.

Merle, M., Reese, G., & Drews, S. (2019). # Globalcitizen: an explorative twitter analysis of global identity and sustainability communication. *Sustainability, 11*(12), 3472.

Microm (2015). *Microm consumer marketing*. Retrieved from http://www.micromonline.de/zielgruppe/strategische-zielgruppen/microm-geo-milieusr/.

Milgram, S. (1967). The small world problem. *Psychology Today, 2*(1), 60–67.

Mosler, H. J., Ammann, F., & Gutscher, H. (1998). Simulation des Elaboration Likelihood Model (ELM) als Mittel zur Entwicklung und Analyse von Umweltinterventionen. *Zeitschrift für Sozialpsychologie, 29*, 20–37.

Mosler, H. J. (2006). Better be convincing or better be stylish? A theory based multi-agent simulation to explain minority influence in groups via arguments or via peripheral cues. *Journal of Artificial Societies and Social Simulation, 9*(3).

Murphy, S. C. (2017). A hands-on guide to conducting psychological research on twitter. *Social Psychological and Personality Science, 8*(4), 396–412.

Newman, M. E. (2005). A measure of betweenness centrality based on random walks. *Social Networks, 27*(1), 39–54.

Nosek, B. A., & Banaji, M. R. (2001). The go/no-go association task. *Social Cognition, 19*(6), 625–666.

Payne, B. K., Cheng, C. M., Govorun, O., & Stewart, B. D. (2005). An inkblot for attitudes: Affect misattribution as implicit measurement. *Journal of Personality and Social Psychology, 89*(3), 277.

Peck, T. C., Seinfeld, S., Aglioti, S. M., and Slater, M. (2013). Putting yourself in the skin of a black avatar reduces implicit racial bias. *Consciousness and Cognition, 22*, 779–787. https://doi.org/10.1016/j.concog.2013.04.016

Petty, R. E., & Cacioppo, J. T. (1986). The elaboration likelihood model of persuasion. In *Communication and persuasion* (pp. 1–24). Springer, New York, NY.

Piaget, J. (1964). Cognitive development in children: Piaget. *Journal of Research in Science Teaching, 2*(3), 176–186.

Ragan, E. D., Bowman, D. A., & Huber, K. J. (2012). Supporting cognitive processing with spatial information presentations in virtual environments. *Virtual Reality, 16*(4), 301–314.

Reese, G., & Jacob, L. (2015). Principles of environmental justice and pro-environmental action: A two-step process model of moral anger and responsibility to act. *Environmental Science & Policy, 51*, 88–94.

Reese, G., Kohler, E., & Menzel, C. (2021). Restore or get restored: The effect of control on stress reduction and restoration in virtual nature settings. *Sustainability, 13*(4), 1995.

Reese, G., Stahlberg, J., & Menzel, C. (2022). Digital shinrin-yoku: Do nature experiences in virtual reality reduce stress and increase well-being as strongly as similar experiences in a physical forest? https://doi.org/10.31234/osf.io/bsmdq

Rosenmann, A., Reese, G., & Cameron, J. E. (2016). Social identities in a globalized world: Challenges and opportunities for collective action. *Perspectives on Psychological Science, 11*(2), 202–221.

Rothermund, K., Wentura, D., & De Houwer, J. (2005). Validity of the salience asymmetry account of the Implicit Association Test: Reply to Greenwald, Nosek, Banaji, and Klauer (2005). *Journal of Experimental Psychology: General, 134*(3), 426–430. https://doi.org/10.1037/0096-3445.134.3.426

Schelling, T. (1978). *Micro-motives and Macro-Behavior*. New York: Norton.

Schröder, T., & Wolf, I. (2017). Modeling multi-level mechanisms of environmental attitudes and behaviours: The example of carsharing in Berlin. *Journal of Environmental Psychology, 52*, 136–148.

Schultz, P. W., Shriver, C., Tabanico, J. J., & Khazian, A. M. (2004). Implicit connections with nature. *Journal of Environmental Psychology, 24*(1), 31–42.

Schultz, P. W., & Tabanico, J. (2007). Self, identity, and the natural environment: exploring implicit connections with nature. *Journal of applied social psychology, 37*(6), 1219–1247.

Schutte, N. S., Bhullar, N., Stilinović, E. J., & Richardson, K. (2017). The impact of virtual environments on restorativeness and affect. *Ecopsychology, 9*(1), 1–7.

Schwarz, N., & Ernst, A. (2008). Die Adoption von technischen Umweltinnovationen: das Beispiel Trinkwasser. *Umweltpsychologie, 22*(1), 28–48.

Schwarz, N., & Ernst, A. (2009). Agent-based modeling of the diffusion of environmental innovations – An empirical approach. *Technological Forecasting and Social Change, 76*(4), 497–511.

Sinus Sociovision. (2005). *Die Sinus-Milieus in Deutschland 2005: Informationen zum Forschungsansatz und zu den Milieu-Zielgruppen*. Heidelberg: Sinus Sociovision.

Soliman, M., Peetz, J., & Davydenko, M. (2017). The impact of immersive technology on nature relatedness and pro-environmental behavior. *Journal of Media Psychology, 29*, 8–17.

Stefanelli, A., & Seidl, R. (2017). Opinions on contested energy infrastructures: An empirically based simulation approach. *Journal of Environmental Psychology, 52*, 204–217.

Tanja-Dijkstra, K., Pahl, S., White, M. P., Auvray, M., Stone, R. J., Andrade, J., … & Moles, D. R. (2018). The Soothing Sea: A Virtual Coastal Walk Can Reduce Experienced and Recollected Pain. *Environment and Behavior, 50*(6), 599–625.

Verges, M., & Duffy, S. (2010). Connected to birds but not bees: Valence moderates implicit associations with nature. *Environment and Behavior, 42*(5), 625–642.

Watts, D. J., & Strogatz, S. H. (1998). Collective dynamics of „small-world“ networks. *Nature, 393*(6684), 440–442.

Wilensky, U. (1997). *NetLogo Party model*. http://ccl.northwestern.edu/netlogo/models/Party. Center for Connected Learning and Computer-Based Modeling, Northwestern University, Evanston, IL.

Wilensky, U. (1999). *NetLogo*. http://ccl.northwestern.edu/netlogo/. Center for Connected Learning and Computer-Based Modeling, Northwestern University, Evanston, IL.

Yu, C. P., Lee, H. Y., & Luo, X. Y. (2018). The effect of virtual reality forest and urban environments on physiological and psychological responses. *Urban Forestry & Urban Greening, 35*, 106–114.

Ausblick

A. Ernst et al., *Umweltpsychologie*, https://doi.org/10.1007/978-3-662-69166-3_9

In diesem Buch wird eine Spur gelegt: Sie führt von den Funktionsweisen komplexer Systeme über die Treiber hinter menschlichem Umwelthandeln und Wirtschaften, deren Auswirkungen auf natürliche Ressourcen in verschiedensten Kontexten sowie den Auswirkungen dieser natürlichen Ressourcen auf menschliches Dasein bis hin zum Aufzeigen eines transformativen Weges zu nachhaltigen Lebensstilen und Wirtschaften im Einklang mit den Ressourcen, die uns auf diesem Planeten zur Verfügung stehen. Die bisher durchgängig steigenden Kurven der Extraktion und Umweltzerstörung sowie ein durch technologische Effizienzversprechen nur unwesentlich gebremstes Wachstum der Ausbeutung dieser planetaren Ressourcen lassen eine aufmerksame Person eher ratlos und frustriert zurück. Dagegen bieten die Konzepte von suffizienten Lebensstilen einen zuversichtlichen Ausblick auf Zufriedenheit in einer nachhaltig genutzten Welt. Zusammengenommen kann man diese Konzepte als die Grundzüge einer Psychologie für eine Postwachstumsgesellschaft bezeichnen: Es ist eine kritische und systemisch orientierte Psychologie, die sich eben nicht nur das Individuum anschaut, sondern dessen Bedürfnisse, Ziele, Wünsche, Einstellungen und Verhalten als dynamische Interaktion mit dem sozialen, gesellschaftlichen und ökologischen Umfeld begreift. Eine solche Perspektive hilft, Freiheitsgrade für zukünftiges menschliches Handeln zu bewahren oder zu schaffen. Und die brauchen wir dringend, um sicherzustellen, dass auch künftige Generationen in der Lage sein werden, ihre Bedürfnisse zu befriedigen.

Auch der Lebenszeithorizont vieler Leser und Leserinnen (und der optimistischen Autorinnen und Autoren) dieses Buches reicht bis ins vierte Quartal dieses Jahrhunderts. Es wird also auch für uns und Sie um das tatsächliche Erleben von Veränderungen gehen und nicht bloß ums Reden oder Sich-vorstellen. Welche Handlungsmöglichkeiten und -aufgaben hat nun aber jede einzelne Person im Hier und Jetzt, um zu einer für alle Menschen lebenswerten Zukunft beizutragen? Die Aussagen dieses Buchs lassen sich im Kern zu einem „Resilienz lernen!“ zusammenfassen.

Was sind die konkreten Dinge, die zu einem resilienteren Lebensstil führen können? Als Erstes fallen einem hier Themen wie Wissenserwerb, Energiesparen und Energieautarkie, nachhaltiges Wohnen und Mobilität oder suffiziente Ernährung und Konsum ein. Über jedes dieser Themen wurde in diesem Buch ausführlich berichtet. Es gibt unzählige Möglichkeiten, das eigene Leben suffizienter und damit nachhaltiger zu gestalten – nicht alles auf einmal, sondern kontinuierlich Schritt für Schritt und dafür dauerhaft und nachhaltig. Damit wird das eigene Leben auch resilienter (d. h. widerständiger) gegenüber ungewollten negativen Veränderungen. Vor allem dann, wenn man sich auf Veränderungen bei den sogenannten Big Points einlässt – also pflanzenbasierte Ernährung, solidarische und klimaschonende Mobilität, weniger Heizenergie, ökologischer Strom, Abkehr von übermäßigem Konsum – können wir als Gesellschaft starke und mittelfristig sichtbare Veränderungen erzeugen. Die Aufgabe für das System, von dem wir alle Teil sind, ist es, die Rahmenbedingungen zu schaffen, die uns diese Verhaltensänderungen erleichtern – und diese Rahmenbedingungen muss die Politik ermöglichen. Dabei darf man nicht vergessen: Wir alle sind Politik und beeinflussen, was in einer Gesellschaft passiert – ob wir wollen oder nicht.

Doch neben den augenfälligen Dingen im Außen sind auch die Dinge im Innen einer jeden Person wichtig. Wir haben begründet, dass ein suffizienter Lebensstil, Lebenszufriedenheit und Nachhaltigkeit eng miteinander zusammenhängen. Konsum ist oft Bedürfnisbefriedigung im Außen und sollte kritisch hinterfragt werden: Vielleicht sind es ja grundlegende Bedürfnisse, die wir versuchen durch Konsum zu befriedigen – obwohl es andere Wege gäbe. Wie gut kennen wir uns also selbst? Wie gut ist unser Wissen über und unser Zugang zu unseren Bedürfnissen und wie effektiv sind die Strategien, um sie zu befriedigen? Machen unsere eigenen Ziele langfristig glücklich? Woran messen wir unseren eigenen Erfolg? Wie eng sind unsere Beziehungen zu Menschen, bei denen wir uns einer wechselseitigen Unterstützung sicher sein können? In diesem Zusammenhang haben wir Eigenschaften wie Selbstakzeptanz, Achtsamkeit, ernsthafte Sinnsuche, Solidarität und Genussfähigkeit als psychische Elemente eines nachhaltigen Lebensstils beschrieben. Und auch die Arbeiten zur sogenannten Selbstbestimmungstheorie zeigen auf: Wir neigen vor allem dann zu umweltschädlichem Verhalten, wenn unsere Grundbedürfnisse nach sozialer Eingebundenheit, Kompetenzerleben und Autonomie nicht befriedigt sind.

Auch wenn der Planet Erde ohne uns sehr gut zurechtkommen würde, so ist der Mensch im Anthropozän doch die größte verändernde Kraft auf dem Planeten. Nie zuvor haben Menschen in einem solchen Ausmaß den Zustand der Erde beeinflusst. Dies bedeutet aber auch, dass die Verantwortung für einen menschengerechten Planeten bei uns Menschen selbst liegt. Inwiefern und von wem diese Verantwortung wahrzunehmen sei und ob sich Individuen oder Verantwortliche in Politik und Wirtschaft diese Verantwortung zu eigen machen, darüber gehen die Meinungen auseinander. Zu oft verstellen egoistische und kurzfristige Interessen die Sicht auf das große Ganze, fördern Schädliches und verzögern Notwendiges. Das haben wir mit der Struktur des ökologisch-sozialen Dilemmas hinreichend illustriert. Daher ist es nicht ausreichend, das eigene Leben in Richtung Nachhaltigkeit und Suffizienz zu formen: Neben dem Fußabdruck ist der Handabdruck (also Engagement oder Aktivismus) genauso wichtig. Inwiefern sind wir also bereit, selbst Verantwortung zu übernehmen, um Wissen für die Nachhaltigkeit zu verbreiten oder auf andere Weise – z. B. politisch – aktiv für eine Transformation zur Nachhaltigkeit einzustehen? Gesellschaftliches Engagement fördert die Selbstwirksamkeit und das Gemeinschaftsgefühl – und damit sowohl das Wohlbefinden als auch die sozialen Ressourcen, die uns helfen, in schwierigen Situationen zu bestehen und nicht den Mut zu verlieren.

Bisher war – für uns Menschen in Westeuropa – die Klimaerwärmung etwas, was schleichend voranschreitet. Das kann trügen, wie im Rahmen der Diskussion um das Unterschätzen von nicht linearen Entwicklungen deutlich wurde. Erinnern wir uns an die Art, wie das Coronavirus bei uns einsetzte und das Leben für eine lange Zeit fundamental veränderte: Zunächst fern geglaubt, dann in Europa angekommen und plötzlich eine unmittelbare, das Leben vieler bedrohende Pandemie, direkt vor der Haustür. Es ist nicht ausgeschlossen, dass durch die Klimaerwärmung ausgelöste umweltbezogene, aber auch gesellschaftliche Veränderungen ähnlichen Beschleunigungen unterliegen. Hier hilft nur eins: sehr wachsam, vorausschauend und resilient zu sein.

Erratum zu: Anwendungsfelder

Erratum zu:
Kapitel 6 in: A. Ernst et al., *Umweltpsychologie*, https://doi.org/10.1007/978-3-662-69166-3_6

Liebe Leserin, lieber Leser,

vielen Dank für Ihr Interesse an diesem Buch. Leider haben sich trotz sorgfältiger Prüfung Fehler eingeschlichen, die uns erst nach Drucklegung aufgefallen sind.

Die Abbildung 6.11 wurde hinsichtlich falscher Groß- und Kleinschreibung von Begriffen korrigiert. Die korrekte Version wird auch hier wiedergegeben.

Die aktualisierte Version dieses Kapitels finden Sie unter
https://doi.org/10.1007/978-3-662-69166-3_6

A. Ernst et al., *Umweltpsychologie*, https://doi.org/10.1007/978-3-662-69166-3_10

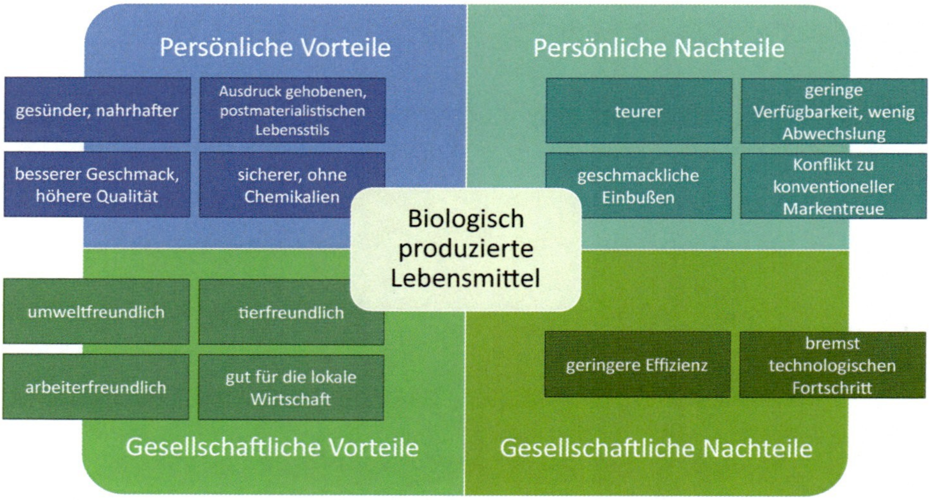

Persönliche Vorteile

gesünder, nahrhafter

Ausdruck gehobenen, postmaterialistischen Lebensstils

besserer Geschmack, höhere Qualität

sicherer, ohne Chemikalien

Persönliche Nachteile

teurer

geringe Verfügbarkeit, wenig Abwechslung

geschmackliche Einbußen

Konflikt zu konventioneller Markentreue

Biologisch produzierte Lebensmittel

umweltfreundlich

tierfreundlich

arbeiterfreundlich

gut für die lokale Wirtschaft

Gesellschaftliche Vorteile

geringere Effizienz

bremst technologischen Fortschritt

Gesellschaftliche Nachteile

Abb. 6.11 Annahmen, die Menschen mit Bioprodukten verbinden

Serviceteil

A. Ernst et al., *Umweltpsychologie*, https://doi.org/10.1007/978-3-662-69166-3

Anhang: Durchführungshinweise und Materialien zum Fischereispiel

Das Fischereispiel

Eine spannende und lehrreiche Möglichkeit, ein (simuliertes) ökologisch-soziales Dilemma selbst zu erleben, ist das Fischereispiel (siehe ► Abschn. 5.2; Ernst 1997; Spada et al. 1985). Mehrere Spielende oder Gruppen von Spielenden fischen in aufeinanderfolgenden Runden aus einem gemeinsam genutzten simulierten Gewässer. Zwischen zwei Runden „erholt" sich der Fischbestand wieder (wie in echten Gewässern auch von einer zur nächsten Fangsaison), allerdings sind den Beteiligten die genauen Regeln, nach denen sich der Bestand regeneriert, nicht offengelegt. Es wird lediglich zu Beginn und zum Ende jeder Runde (einer Fangsaison) der Fischbestand bekannt gegeben und mit der Zeit entwickelt sich ein Verständnis für die Vermehrung. Jede Person oder Gruppe hat einen Anreiz, selbst möglichst viel zu fischen, aber alle gemeinsam müssen dafür Sorge tragen, dass der Fischbestand nicht übernutzt wird und kollabiert.

Das Spiel kann mit Einzelpersonen oder mit Gruppen gespielt werden, sodass z. B. ein ganzes Seminar daran teilnehmen kann. Für Ihre Durchführung haben Sie Freiheit, das Spiel anzupassen. Für kleinere Gruppen hat sich eine Drei-Spielgruppen-Variante, für größere Gruppen eine 6-Spielgruppen-Variante bewährt. Im Folgenden wird die Drei-Gruppen-Variante beschrieben. In der 6-Gruppen-Variante muss der Protokollbogen für die Gruppen, aber insbesondere die maximal erlaubte individuelle Fangquote von 25 % auf 12 % angepasst werden.

Insbesondere die zu spielende Rundenanzahl können Sie variabel halten. Auf den Protokollbögen für die Spieler sollten allerdings unbedingt mehr Runden verzeichnet sein, als tatsächlich gespielt werden, um keinen Hinweis auf den Zeitpunkt des Spielendes zu geben.

Das Spiel dauert, je nach Diskussionsfreudigkeit der Teilnehmenden, mit Abschlussdiskussion etwa 90 min. Das Spiel beschleunigt sich, wenn Sie die Schätzungen für die optimale Fangquote oder die anderen Länder weglassen, jedoch ist dann die Datengrundlage für die Auswertung in der Abschlussdiskussion dünner.

Mit Seminargruppen ist es wahrscheinlich nicht nötig, die Motivation durch eine materielle Belohnung anzustacheln – das Spiel lebt sehr stark aus der Aufgabenstellung an sich. Falls Sie aber wollen, können Sie eine kleine materielle Belohnung für die Gruppe, die am meisten Fisch fängt, in Aussicht stellen.

Überblick über den Spielablauf und Durchführungshinweise

Zum Spiel werden die teilnehmenden Personen (zufällig) den einzelnen Gruppen (Ländern) zugewiesen. Die Gruppen sollten möglichst im Raum mit Abstand zueinander sitzen, damit ihre Diskussionen über die eigene Fangstrategie nicht von den anderen Gruppen mitgehört wird. Die Gruppen erhalten Namensschilder (etwa: Land A bis C in der Drei-Gruppen-Variante).

Es werden die Blätter mit den schriftlichen Instruktionen (siehe den Bogen „Regeln und Ziel im Fischereispiel" weiter unten) ausgeteilt. Jedes Land erhält ebenfalls einen Protokollbogen für das Spiel (siehe unten „Bogen zur Protokollierung des Spielverlaufs für die Spielgruppen"). Zwei Beispielrunden werden anhand des Bogens durchgesprochen und illustrieren den Spielablauf.

Der Ablauf des Spiels und die Regeln können auch auf einer Folie für alle präsentiert und gegebenenfalls erläutert werden. Der Ablauf ist wie folgt:

- Die Spielleitung gibt den Anfangsfischbestand zu Beginn der Runde bekannt (der zu Beginn des Spiels nach den Beispielrunden 140 t beträgt)
- Die Gruppen versuchen, die Fangquoten der anderen Länder zu schätzen. Was in der ersten Runde schwierig sein mag, wird eine wichtige Grundlage der Bestimmung der eigenen Fangquote sein
- Festlegung der eigenen Gruppenfangquote als Wert zwischen 0 % und 25 %. Die Gruppen notieren ihren Wert zusammen mit dem Gruppennamen (z. B. „Land A") auf einem Zettel. Die Zettel werden von der Spielleitung eingesammelt
- Veröffentlichung der Erträge für alle Gruppen durch die Spielleitung
- Die Spielleitung summiert die einzelnen Gruppenfangmengen und zieht die Summe vom Fischbestand ab. Es ergibt sich der Restfischbestand am Ende der Runde; er wird bekannt gegeben
- Schätzung des neuen Fischbestandes durch die Gruppen auf der Basis des Restfischbestands
- Schonzeit mit Vermehrung: Die Spielleitung entnimmt der Tabelle (siehe unten „Wachstumstabelle der Fischpopulation") auf der Basis des Restfischbestands den Anfangsbestand für die neue Runde, die mit seiner Bekanntgabe beginnt

Die Regeln des Spiels sind:

- Jedes Land darf pro Saison 0–25 % des Fischbestandes fangen (in der Drei-Gruppen-Variante)
- Es ist während des gesamten Spiels keine Kommunikation der Gruppen untereinander erlaubt. (Die Diskussion *innerhalb* der Gruppen stellt natürlich eine wesentliche Grundlage für die Findung der eigenen Verhaltensstrategie dar.)
- Ziel des Spiels: Jedes Land soll versuchen, Jahr für Jahr möglichst viele Fische zu fangen

Bei Auftreten der Frage nach der gesamten Anzahl der Spieldurchgänge kann man darauf hinweisen, dass die Anzahl der Durchgänge des Spiels festgelegt ist und z. B. 12 nicht übersteigt, aber aus Gründen des Spielablaufes die genaue Zahl nicht bekannt gegeben wird. Ebenso sollte auf die Frage, wieviel Fangmenge denn für ein Land pro Runde mindestens nötig sei, ausweichend geantwortet werden. Das eigentliche Spiel beginnt im Jahr 1 mit 140 t Fischbestand. Verständnisfragen können nun geklärt werden.

Möglichkeit zur Kommunikation im Spiel

Es kann im späteren Verlauf des Spiels die Gelegenheit zu einer oder mehreren kurzen Kommunikationsphasen zwischen allen Beteiligten im Plenum von z. B. 2 min Dauer vor der erneuten Festlegung der Fangquoten geben. Das ist insbesondere sinnvoll, wenn der Fischbestand nach einigen Runden bereits abgenommen haben sollte oder gar gefährdet ist. In dieser Diskussion mag es vorrangig um Absprachen für den weiteren Spielverlauf und Argumente für bestimmtes Fangverhalten, vielleicht aber auch um Schuldzuweisungen oder Versprechen hinsichtlich eigenen Verhaltens gehen. Der darauffolgende Durchgang wird dann ganz normal gespielt. Interessant ist auch, ob und warum sich jemand an die getroffenen Abmachungen gehalten hat oder warum nicht. Um das Spiel nach einer Kommunikationsphase zu beschleunigen, können Runden zusammengefasst werden, indem der Spielleitung jeweils zwei oder drei Fangquoten auf einmal gemeldet werden sollen, die dann in der Reihenfolge abgearbeitet werden.

Eine Gruppendiskussion nach Spielende

Nach Spielende sollte es unbedingt noch Zeit für eine gemeinsame Diskussion mit den Teilnehmenden geben. Dabei sollten zunächst die Struktur des Dilemmas und einige theoretische Hintergründe dargestellt werden. Es sollte auch die Vermehrungskurve des simulierten Fischbestands (siehe unten in den Materialien) gezeigt werden. Diese bildet eine biologische Räuber-Beute-Kurve nach Lotka-Volterra nach: Über 140 t Bestand ist nicht genug Nahrung für mehr Fische da, nach unten hin nimmt die Wachstumsrate des Bestands bis auf 0 ab. Dabei kann darauf hingewiesen werden, dass das Spiel im optimalen Vermehrungsbereich (es wachsen bei einem Restfischbestand von 98 t während der Schonzeit 42 t nach) gestartet wurde. Wäre der Fischbestand in diesem Bereich geblieben (was er vermutlich nicht ist), wäre Runde für Runde eine große Menge Fisch für alle zur Verfügung gewesen. Das lässt sich leicht vor allen Beteiligten durchrechnen und mit dem tatsächlichen Gesamtfang aller Gruppen vergleichen.

Es lohnt sich, noch einmal abzufragen, wie denn genau das erinnerte Spielziel lautete (ohne auf die Instruktionen zu schauen). Oft wird etwas genannt werden wie „den meisten Fisch fangen“, allerdings ohne die Einschränkung „Jahr für Jahr“. Das liefert eine gute Vorlage für die Besprechung individueller und kollektiver Rationalität und der Zeitdimension im Dilemma. Wäre der Fischbestand im ökologisch optimalen Bereich geblieben und wären die Erträge einigermaßen gleich unter den Gruppen verteilt gewesen (also bei gleichen oder ähnlichen Fangquoten), wäre das doppelte Spielziel (möglichst viel Fisch zu fangen und das Jahr für Jahr) erreicht worden und damit das Dilemma entschärft.

Insgesamt kann die Plenumsdiskussion interessante Aspekte der jeweiligen Beweggründe für das eine oder andere Verhalten der Gruppen im Konflikt zutage fördern, wie Gewinnmaximierung, Rettung des Fischbestands, gleiche Aufteilung des Gewinns, Modell- oder Vergeltungsverhalten, Sicherung eines Mindestertrags usw.

Solche Diskussionen können auch in die reale Umweltpolitik führen, z. B. mit der Frage, wie man am besten Einfluss auf überfordernde Beteiligte im Dilemma nimmt.

Literatur

Ernst, A. (1997). Ökologisch-soziale Dilemmata. Beltz Psychologie Verlags Union.

Spada, H., Opwis, K., & Donnen, J. (1985). Die Allmende-Klemme: Ein umweltpsychologisches soziales Dilemma. Psychologisches Institut der Universität Freiburg.

Vorlagen für die Materialien

Es folgen nun die Materialien, die zur Durchführung des Fischereispiels mit drei Gruppen benötigt werden:

1. Regeln und Ziel im Fischereispiel (vor Beginn des Spiels austeilen),
2. Protokollbogen für die Gruppen (vor Beginn des Spiels austeilen),
3. Wachstumstabelle zur Berechnung des jeweils neuen Ressourcenstands durch den Spielleiter (nicht austeilen),
4. Graph der Wachstumsfunktion des simulierten Fischbestands (nicht austeilen; nützlich als Material in der abschließenden Plenumsdiskussion).

Regeln und Ziel im Fischereispiel

In diesem Simulationsspiel sollen Sie in der Rolle von etwa gleich großen Ländern an einem gemeinsamen Gewässer handeln. Die Bewohner und Bewohnerinnen der Länder leben alle fast ausschließlich vom Fischfang. Es werden also ausreichende Fangerträge benötigt. Sie sind als Gruppe verantwortlich für die Festlegung der Fangquoten Ihres Landes.

Das Spiel verläuft in aufeinanderfolgenden Durchgängen, wobei jeder Spieldurchgang einer jährlichen Fischfangsaison entspricht. Am Anfang jedes Durchgangs gibt die Spielleitung die Fischmenge (in Tonnen) bekannt, die sich vor Beginn der jeweiligen Fangsaison im Gewässer befindet.

In jedem Durchgang hat nun zunächst jede Gruppe Gelegenheit, die von ihr gewünschte Fangquote (in % der gesamten Fischmenge) für die nachfolgende Fangsaison für sich zu diskutieren und festzulegen. Möglich ist eine Prozentangabe zwischen 0 % und 25 %, Nachkommastellen werden dabei nicht berücksichtigt. Zu der Festlegung Ihrer eigenen Fangquote sollen Sie auch abzuschätzen versuchen, welche Fangquote die anderen Gruppen wohl jeweils für sich festgelegt haben, da das ja Ihre eigene Entscheidung mit beeinflussen könnte.

Dann gibt jede Gruppe die von ihr gewählte Fangquote bekannt, indem sie sie auf einen Zettel (zusammen mit dem Gruppennamen) schreibt, der von der Spielleitung eingesammelt wird.

Die gesamte Fischfangmenge (in Tonnen) ergibt sich nun aus der Summe der drei Gruppenfangquoten. Der Fischfang reduziert die vorhandene Fischmenge, andererseits vermehren sich die Fische in der Schonzeit zwischen den Fischfangsaisons (d. h. den Runden) wieder.

Im Verlauf des Spiels soll jede Gruppe die folgende Zielsetzung vor Augen haben:

Jedes Land soll versuchen, Jahr für Jahr möglichst viele Fische zu fangen.

Bogen zur Protokollierung des Spielverlaufs für die Spielgruppen

Jahr	**1. Bsp.-Jahr**	**2. Bsp.-Jahr**	**1**	**2**	**3**	**4**	**5**	**6**	**7**	**8**	**9**	**10**	**11**	**12**
Gesamter Fischbestand zu Beginn der Fangsaison (in Tonnen)	150	145	140											
Ihre Schätzung der optimalen Gesamtfangquote (in %)	-	-												
Ihre Schätzung der Fangquote der ersten mitspielenden Gruppe (in %)	-	-												
Ihre Schätzung der Fangquote der zweiten mitspielenden Gruppe (in %)	-	-												
Ihre Fangquote (in %)	-	-												
Tatsächliche Fangquote der ersten mitspielenden Gruppe (in %)	-	-												
Tatsächliche Fangquote der zweiten mitspielenden Gruppe (in %)	-	-												
Gesamte Fischfangquote (in %)	28	32												
Gesamte Fischfangmenge (in Tonnen)	42	47												

Jahr	1. Bsp.-Jahr	2. Bsp.-Jahr	1	2	3	4	5	6	7	8	9	10	11	12
Restlicher Fischbestand (in Tonnen)	108	98												
Schätzung des Fischbestands zu Beginn der kommenden Fangsaison (in Tonnen)	-	-												

Wachstumstabelle der Fischpopulation (nur für die Spielleitung)							
x (t)	**x (t+1)**	**x (t)**	**x (t+1)**	**x (t)**	**x (t+1)**	**x (t)**	**x (t+1)**
0	0	38	43	76	103	114	147
1	0	39	45	77	104	115	147
2	1	40	46	78	106	116	147
3	1	41	47	79	107	117	147
4	2	42	49	80	109	118	147
5	2	43	50	81	110	119	147
6	3	44	52	82	112	120	148
7	4	45	53	83	113	121	148
8	5	46	55	84	115	122	148
9	7	47	56	85	116	123	148
10	11	48	58	86	118	124	148
11	12	49	59	87	119	125	149
12	13	50	61	88	121	126	149
13	14	51	62	89	122	127	149
14	15	52	64	90	124	128	149
15	16	53	65	91	126	129	149
16	17	54	67	92	128	130	150
17	18	55	69	93	130	131	150
18	20	56	71	94	132	132	150
19	21	57	73	95	134	133	150
20	22	58	75	96	136	134	150
21	23	59	76	97	138	135	150
22	24	60	78	98	140	136	150
23	25	61	79	99	141	137	150
24	27	62	81	100	142	138	150
25	28	63	82	101	142	139	150
26	29	64	84	102	142	140	150

x (t)	x (t+1)	x (t)	x (t+1)	x (t)	x (t+1)	x (t)	x (t+1)
27	30	65	85	103	143	141	150
28	31	66	87	104	143	142	150
29	32	67	89	105	144	143	150
30	34	68	91	106	145	144	150
31	35	69	92	107	145	145	150
32	36	70	94	108	145	146	150
33	37	71	95	109	146	147	150
34	38	72	97	110	146	148	150
35	40	73	98	111	146	149	150
36	41	74	100	112	146	150	150
37	42	75	101	113	146	-	-

x (t) = Restfischmenge am Ende eines Durchganges t (in Tonnen)
x (t+1) = Gesamte Fischmenge am Beginn des nächsten Durchganges (t+1, in Tonnen)

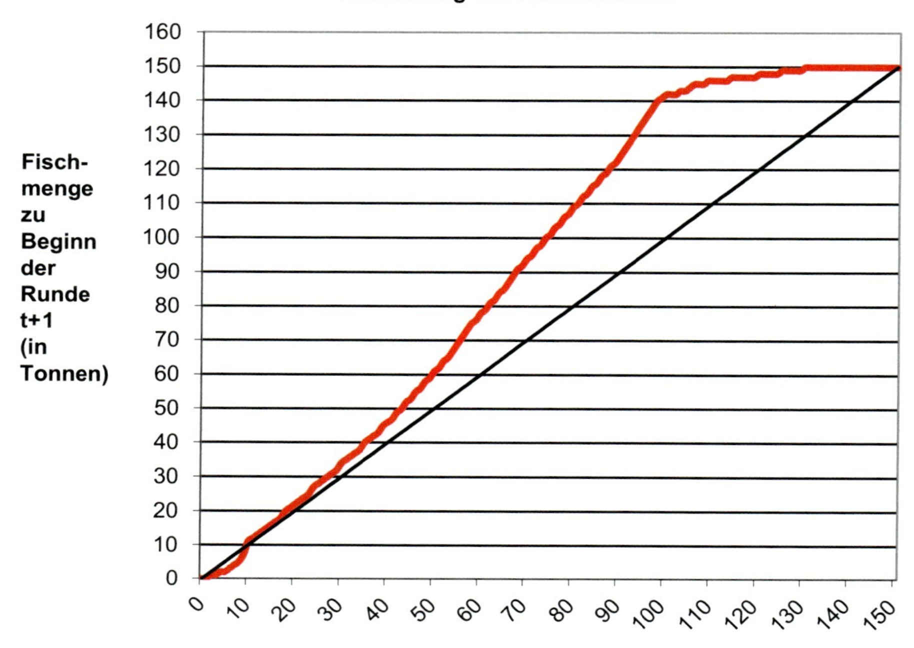
Vermehrung des Fischbestands
160
150
140
130
120
110
100
90
80
70
60
50
40
30
20
10
0
Fisch-menge zu Beginn der Runde t+1 (in Tonnen)
0
10
20
30
40
50
60
70
80
90
100
110
120
130
140
150
Restliche Fischmenge in Runde t (in Tonnen)

Stichwortverzeichnis

F

G

H

I

K

L

Q

R

S

T

U

V

W

Z

Printed in the United States
by Baker & Taylor Publisher Services